本书出版得到了浙江省哲学社会科学规划新兴交叉学科重大课题"重大突发公共卫生事件下公众风险感知、行为规律及对策研究"（项目批准号：21XXJC04ZD）和浙江省"生态文明与环境治理"文科实验室的支持。项目负责人：时勘。子课题负责人：吴志敏、于海涛、段红梅、何军。

浙江省哲学社会科学规划新兴交叉学科重大课题成果
（项目批准号：21XXJC04ZD）

环境心理与危机决策

时 勘 等◎著

科学出版社
北京

内 容 简 介

本书从加强生态文明建设入手，完成了生态监控评估系统的构建，探索了公共卫生事件中民众的心理行为特征，提出了青少年心理筛查与危机干预的新方法，并将漂浮疗法引入患者治疗和心理辅导教育中，取得了显著成效；还从网络大数据整合角度，在人职智能匹配、领导危机决策和360度反馈评价等方面取得了成果。全书共六章：第一章探讨了生态文明的环境心理学基础理论和方法，第二章研究了生态环境治理的危机管理方法，第三章验证了社区风险认知和民众情绪引导的途径与方法，第四章揭示了医患救治关系与民众抗逆成长的规律，第五章探索了网络数据背景下危机决策等新型途径和方法，第六章对全书内容进行了理论和方法层面的总结，并展望了环境心理学与危机决策学领域的未来发展趋势。附录部分向读者提供了可用于危机决策的评估量表和技术手册等。

本书是我国环境心理学与危机决策学领域具有创新意义的新著，可作为高等院校的管理决策学、健康心理学、教育技术学和环境建筑学等专业的学生用书，对于从事生态文明和环境治理的各领域科研工作者具有重要的参考价值，还可作为各级政府部门进行应急管理的培训用书，以及学校、社区和企事业单位开展环境治理的参考用书。

图书在版编目（CIP）数据

环境心理与危机决策 / 时勘等著. -- 北京：科学出版社，2024. 8. -- ISBN 978-7-03-079374-4

Ⅰ．B845.65

中国国家版本馆 CIP 数据核字第 2024V0B493 号

责任编辑：孙文影　冯雅萌 / 责任校对：王晓茜
责任印制：徐晓晨 / 封面设计：润一文化

科 学 出 版 社 出版
北京东黄城根北街 16 号
邮政编码：100717
http://www.sciencep.com

北京建宏印刷有限公司印刷
科学出版社发行　各地新华书店经销

*

2024 年 8 月第　一　版　　开本：720×1000　1/16
2024 年 8 月第一次印刷　　印张：31 1/2
字数：600 000

定价：198.00 元

（如有印装质量问题，我社负责调换）

前　　言

　　党的十八大以来，在以习近平同志为核心的党中央坚强领导下，经过不懈努力，我国在应对突发公共卫生事件方面取得了重大成果。目前，全球的生态环境依然呈现严峻形势，据福克斯新闻网（Fox News）等媒体报道，随着全球变暖等因素的影响，北极永冻土逐渐融化，可能释放出古老病毒，对人类构成新的威胁。2024年1月，世界卫生组织总干事谭德赛在出席达沃斯世界经济论坛时，就"X疾病"发出了警告，认为这种"未知"的病理现象可能导致更高的死亡率，并呼吁各国为应对这一共同敌人做准备。可以认为，目前所说的传染病并不代表某种具体的疾病，而是由未知病原体引发的"高致命、传染性、易变异"疾病。受全球气候加速变化、人类活动范围不断扩大、病原跨物种传播频繁发生等因素的影响，新型传染病的发生是很难避免的。因此，对于突发公共卫生事件的理论研究和实践探索，依然是学界面临的主要任务。我国政府非常重视传染病防治工作，2024年3月，世界卫生组织结核病/艾滋病防治亲善大使彭丽媛在湖南长沙雨花区洞井街道，调研了基层结核病防治工作，国家卫生健康委副主任、国家疾控局局长王贺胜也参加了这次调研活动。应该说，我们务必深入贯彻习近平总书记关于总体国家安全观的重要论述，坚持底线思维，随时准备应对未来传染病的挑战。

　　为解决突发公共卫生事件的发生、发展问题，了解民众的心理特征和应对行为的规律，特别是促使城市领导者在未来决策中科学地应对外部环境变化，2020年9月，课题组申请获批了浙江省哲学社会科学规划新兴交叉学科重大课题"重大突发公共卫生事件下公众风险感知、行为规律及对策研究"。经过近四年的努力，课题组在进行重大课题研究的过程中，聚焦生态环境治理、社区风险认知、医患救治关系和网络数据整合等环境心理学的关键问题，从民众的风险感知、应对行为、情绪特征和领导行为入手，在全国展开了多项网络调查，并对调研结果进行了科学总结，重点在生态环境监测评估、心理筛查与危机干预、医患救治与抗逆应对，以及大数据环境下的领导行为决策等方面开展了实验研究，获得了系列学术成果，并提交了智库报告和管理对策建议，完成了危机管理背景下社会心理服务平台的重建工作。回顾这一研究历程，可以从如下四个方面进行归纳总结。

1）生态环境治理研究。这部分通过区域危机管理的领导决策研究，从城市突发公共卫生事件治理研究向度的多维视角，分析了信息发布策略、环境治理政策和管理流程优化等问题的规律，从系统规定性等多向度揭示了生态环境治理的战略实施情况，并从过程、对策等角度揭示了城市突发公共卫生事件治理的战略情境。首先，在基于管理熵模型的生态文明监测评价研究中，我们以温州市为例，提出了由于城乡生态环境涉及自然环境、社会环境等复杂多变的情况，必须探索外部环境和人类行为的交互关系。该研究采用了定性和定量评估相结合的方法，建构出生态文明监测评价指标体系，并通过管理熵耗散结构模型，解决了多维度监测系统各要素的整合问题，实现了统一的生态监测评价体系的构建。其次，在"中华民族共同体意识与民众应对的交互关系研究"中，我们分析了外部环境变化与民众适应行为的关系，通过多轮民众心理行为调查，获得了民众风险认知、应对行为的宝贵数据，为领导决策提供了科学依据。由于政府及时的管理对策，各族人民的心态得以稳定，由此，民众的共情动机产生了罕见的力量，在此基础上，各级领导、基层民众与医护人员相互配合，呈现出基于中华民族共同体意识的心理认同，促进了各族民众的大团结，为取得应对公共安全事件的胜利奠定了坚实基础。生态环境治理部分的最后一项研究，是考察领导者危机决策风格在不同治理情境下的成效。课题组分三个时段对各级管理者及其下属进行了配对问卷调查，结果发现，在突发公共卫生事件的背景下，各级领导者均需要特别关注组织文化紧密性对下属工作投入的正向引导作用。研究还发现，采用紧密文化管理方式在团结民众方面可以发挥重要作用。该研究还探索了团队文化对于创新行为的影响机制，发现在一般情况下，团队文化越倾向于宽松，越能激发下属的工作投入，进而达到促进民众克服困难、不断创新的目的。不过，组织文化的"松"与"紧"是依据环境变化来表现不同的权变关系的。研究发现，当环境处于紧急情况时，紧密文化的效能会更好一些。该研究还探索了变革型领导风格对下属工作幸福感的影响机制，结果表明，管理者需要根据具体情境对下属的不同想法提供积极的反馈，从而实现对下属的工作重塑。为此，时勘、宋旭东等发表了《团队文化紧密性、变革型领导对员工创新行为的影响：一个受调节的中介模型》《变革型领导对员工工作幸福感的影响机制：工作重塑的中介作用与领导成员交换的调节作用》，以及"Mechanisms of organizational cultural tightness on work engagement during the COVID-19 pandemic: The moderating role of transformational leadership"等中英文学术论文。

2）社区风险认知研究。生态系统保护和环境可持续性发展已成为环境心理学研究的关键动力，在自然灾害频繁、环境问题恶化等公共卫生事件中，社区民众的风险感知规律引起了学术界更大的关注。首先，Paul Slovic（1987）于21世纪初提出风险认知是探索人们应对灾害的重要因素，而时勘于2003年在国内率先开展了公共卫生事件下风险感知的心理学研究，对17个城市进行了风险认知、行为应对和情绪干预的调查。在突发公共卫生事件中，我们考察了风险信息对民众应对行为的影响，重点探讨了风险认知对民众心理紧张度的调节作用，时勘等发表系列论文，揭示了民众的风险认知、应对行为取得的新进展。其次，课题组还开展了"影响社区老年人健康的因素及其心理调适措施"研究。随着年龄的增长，老年人的各项生理机能逐渐衰退，离开工作岗位使得社会角色发生转变后，出现了难以适应现实生活的状态。为此，课题组提出了有效缓解老年人身心健康的心理调适技术，开展了以认知功能、有氧训练、情绪管理及放松培训等为主题的辅导活动，特别研发了以保障睡眠为特色的减压调养舱，这些举措对于老年患者产生了明显的疗效。再次，时勘等还开展了"健康和财务状况对公共卫生事件应对行为的相互作用"的跨文化比较研究，研究发现进城务工的社会弱势群体在经济收入方面的困难是政府亟待解决的问题之一。最后涉及的是青少年的情绪引导问题，相关研究包括"大学生的存在意义与心理弹性：一个有调节的中介模型""同学排斥与青少年自杀行为的关系""大学生心理筛查与危机干预研究"等问题。其中第二项研究专门探讨了同学排斥与自杀行为的关系，结果发现，当校园心理氛围较差时，同学排斥通过孤独感影响自杀行为的间接效应会达到显著水平，而感知的校园心理氛围较好时，这一间接效应不再显著。另外两项研究探讨了大学生的存在意义与心理弹性、心理筛查与危机干预等方面的问题，均取得了显著的成效。

3）医患救治关系研究。首先，这部分介绍了课题组参与的诊断病毒威胁简易量表（Psychometric Validation of the Brief Coronavirus Threat Scale，BCTS）的跨文化研制工作。课题组先采用探索性因素分析（exploratory factor analysis，EFA）验证了所发现的预测要素，后来通过验证性因素分析（confirmatory factor analysis，CFA）证实了该量表的有效性，该量表已在北美和欧洲国家以及以色列和中国的成人中得到了实证验证。其次，这部分探索了漂浮疗法对医院患者的焦虑、睡眠质量的影响效果。漂浮治疗概念最早由神经生理学家Lilly于1954年提出，他在感觉剥夺（sensory deprivation）研究中发明了一种名为"隔离舱"的装置。在这种漂浮环境中，人躺在充满高浓度电解质液体的密闭舱内，使得人体能够轻松地漂浮在水面，这极大地减少了视觉、听觉、嗅觉、味觉以及触觉等感官输入信息的影响。课题组曾在2022年冬奥会期间将漂浮疗法用于运动员的体能恢复，取得了初步成效，目前与北京中医药大学合作，希望在改善患者的睡眠、焦虑方面得到一定进展。目前的研究将抗逆力模型引入对患者的心理辅导中，在实验期间还尝试将想象接触用于提升患者的抗逆力素养，并初步取得了明显效果。课题组在医患救治领域的另一项研究，涉及的是万金、时勘等开展的"心理脱离对六盘水市医护人员工作投入的影响"和"基于工作要求-资源模型的心理脱离影响机制"研究，研究重点是探索医护人员的心理脱离问题。我们基于工作要求-资源模型（job demands-resources model，JDR）构建了新的综合模型，结果表明，心理脱离为医疗机构提供了保障医护人员身心健康的管理对策，并且课题组开展的医护人员抗逆力团体辅导也取得了成效。此外，时勘、宋旭东和万金等开展的"社会支持对卫校学生积极应对灾害的影响机制"和"职业获得感对医护人员的工作绩效与发展"研究，均取得了令人满意的成效。

4）网络数据整合研究。这部分的研究主要借助心理服务平台开展危机决策规律的探索工作。在完成了多源大数据的特征抽取、表示与深度挖掘后，我们开展了多来源、多模态的有效聚合探索，为环境心理学研究提供了大数据整合背景下的探索结果。首先，在"联合张量补全与循环神经网络的时间序列插补法"研究中，基于一般统计的插补法只能捕捉线性时间要素，无法精准建构时间序列的非线性关系，而基于深度学习的插补法又缺乏考虑不同时间序列之间的相关性，我们提出了联合张量补全与循环神经网络的插补方法，并将此法用于心理服务平台，以提升数据聚合和集成的效率，取得了可观的成效。其次，在"基于知识图谱分析的大学生核心素养结构探索"研究中，我们通过知识图谱分析检索技术，对于胜任特征模型研究进展进行了文献计量学分析。基于关键词的共现、聚类与时区分析，形成了科学知识图谱的可视化结果。再次，在"环境治理人才选拔的智能匹配研究"中，我们基于位置服务（location-based services，LBS）的社交强关系匹配，确定了移动设备和用户所在的地理位置，这一数据聚合大大地加强了对环境治理人才的宏观管理。最后，在"长江三角洲城市危机决策者胜任特征模型构建""领导干部应急管理能力的培养模式""基于360度反馈的网络评价方法"等研究中，我们主要探索了数字经济条件下长江三角洲高端人才素养模型的建构效果。在面对突发公共卫生事件的困难时期，浙江省各行业管理者均表现出超强的应对能力，在危机决策方面积累了丰富的经验。课题组抓住这一时机，通过基于网络集成的团体焦点访谈，构建出危机决策者的共同性胜任特征模型和行业差异性胜任特征模型，这些成果不仅丰富了危机决策的学术智库，也为后期开展领导干部选拔和培训奠定了基础。

另外，本书附录部分向读者提供了可用于危机决策研究的评估量表和技术手册等。

2024年3月27日，在本书即将落稿之时，我们突然获悉：2002年诺贝尔经济学奖获得者丹尼尔·卡尼曼（Daniel Kahneman）教授去世，享年90岁整。丹尼尔·卡尼曼是我多年合作的好朋友，他作为"行为经济学"的奠基人，其理论发现不仅引发了一场心理学革命，更是打破了学科的藩篱，对于经济学、公共政策等领域产生了深刻的影响。2004年国际心理学大会在北京召开，他受中国科学院心理研究所的邀请来到中国参会。会前，他来到中国科学院心理研究所，与课题组就主观幸福感等问题进行了深入交流。应该说，今天本书有关危机决策的研究成果，也是渗透了双方多年来合作研究的积累。因此，本书的出版也应该是对丹尼尔·卡尼曼教授的最好纪念。

据此，通过前述生态环境治理、社区风险认知、医患救治关系和网络数据整合等四方面对环境心理与危机决策的系统探索，我们构建了基于大数据的社会心理服务新型平台，并在此基础上研发出"风险认知与管理决策"可视化平台。该平台获得了国家版权局的《计算机软件著作权登记证书》。在这一可视化平台中，我们建立了多通道媒体信息的统一数据存储与管理系统，开发出整体展示模块、数据监测模块、环保认知模块、治理行为模块和数据整合模块等五方面的可视化展示平台，这一成果不仅具有重要理论价值，还可以供各级领导根据数据处理结果进行相关地区的数据集成和管理决策工作。

综上所述，我们从生态环境治理对稳定国家安全的角度出发，揭示了本研究对于应对重大公共卫生事件的重要性，从生态环境治理、社区风险认知、医患救治关系和网络数据整合四方面完成了预期的研究任务。由于本研究涉及的是环境心理与危机决策的规律问题，我们将本书命名为《环境心理与危机决策》。应该说，在面对突发公共卫生事件的四年时间里，课题组全体成员团结一心，圆满地完成了浙江省哲学社会科学规划新兴交叉学科重大课题"重大突发公共卫生事件下公众风险感知、行为规律及对策研究"。目前，课题组已出版学术专著1部，发表学术论文30余篇，并获得国家版权局的《计算机软件著作权登记证书》。在此，我作为本课题的首席科学家，要特别感谢为本研究作出重要贡献的各子课题组负责人：吴志敏、于海涛、段红梅、何军。还要特别提及的是科研团队的如下成员：宋旭东、周海明、万金、焦松明、万方（加拿大）、Esther Greenglass（加拿大）、陈祉妍、李欢欢、许佳炜。还要特别提及的是我的研究生：张中奇、赵雨梦、钟涛、周瑞华、覃馨慧、王译锋、谭辉、李秉哲、周薇、董茜。此外，参与本课题的各高等院校的学者还有董妍、刘晔、徐淑慧、朱浩亮、章园园、梁开广、时雨、李琼、卢涛等。这里还要提到的是，焦松明、张中奇和钟涛等进行了最后的文稿校对工作。最后，我要特别对浙江省"生态文明与环境治理"文科实验室主任、温州大学校长赵敏教授，温州大学人文社科处处长胡瑜教授、发展规划处处长何毅研究员、教育学院院长李长吉教授和心理学系全体师生对本项目所给予的大力支持表示衷心感谢！

党的十八大以来，习近平总书记已连续十年同大家一起参加首都义务植树活动，他谈起连续十年参加义务植树的感受："这既是想为建设美丽中国出一份力……号召大家都做生态文明建设的实践者、推动者，持之以恒，久久为功，让我们的祖国天更蓝、山更绿、水更清、生态环境更美好。"[①]本书出版使我联想到我国在生态保护、环境改善和绿色发展方面取得的诸多成就，作为从事生态文明和环境治理的科研人员，我特别期盼后辈通过参与生态文明建设成为栋梁之材，这也应该是师者们的共同愿望："问渠那得清如许，为有源头活水来。"

大家在阅读本书之后，若有意见或建议，恳请发来电子邮件：shik@psych.ac.cn。

2024 年 8 月 5 日
于温州大学温州模式发展研究院

---

① 总书记十年树木．（2023-04-02）．https://www.gov.cn/yaowen/2023-04/02/content_5749756.htm[2024-08-01].

目　　录

第一章　生态文明的环境心理学问题 ……………………………………… 1
　　第一节　生态文明与环境治理 ……………………………………… 2
　　第二节　环境心理学研究进展 ……………………………………… 8
　　第三节　公共卫生事件与危机决策 ………………………………… 12
　　第四节　本研究的总体目标 ………………………………………… 18

第二章　生态环境治理的危机管理研究 …………………………………… 21
　　第一节　区域危机管理的领导决策研究 …………………………… 22
　　第二节　城市突发公共卫生事件治理研究向度的多维视角研究探讨 ……… 28
　　第三节　基于管理熵模型的生态文明监测评价研究——以温州市为例 …… 33
　　第四节　中华民族共同体意识与民众应对的交互关系研究 ……………… 46
　　第五节　危机安全信息对民众风险认知和应对行为的影响机制研究 …… 57
　　第六节　公共卫生事件预防背景下民众积极预防行为的影响机制研究 …… 74
　　第七节　政府区域管理政策下民众的心理行为特征及对策研究 ………… 80
　　第八节　组织文化紧密性对工作参与的影响机制：变革型领导的调节
　　　　　　作用 ………………………………………………………… 95
　　第九节　团队文化紧密性、变革型领导对员工创新行为的影响：一个跨层次
　　　　　　受调节的中介模型 ………………………………………… 112
　　第十节　变革型领导对员工工作幸福感的影响机制：工作重塑的中介作用
　　　　　　与领导成员交换的调节作用 ……………………………… 127

第三章　社区风险认知与民众情绪引导研究 …… 141

第一节　社区民众的心理行为和情绪引导的总体进展 …… 142

第二节　突发公共卫生事件下我国社区民众的心理应对研究 …… 148

第三节　民众对突发公共卫生事件的风险认知、心理状态与行为变化的关系研究 …… 157

第四节　民众风险认知熟悉度对积极应对方式的影响——负性情绪的中介作用和组织污名化的调节作用 …… 164

第五节　突发公共卫生事件期间健康和财务状况对应对行为的影响 …… 173

第六节　影响社区老年人健康的因素及其心理调适措施 …… 181

第七节　大学生的存在意义感与心理弹性：一个有调节的中介模型 …… 188

第八节　同学排斥与青少年自杀行为的关系 …… 197

第九节　大学生心理筛查与危机干预研究 …… 204

第四章　医患救治关系与抗逆成长研究 …… 225

第一节　医护人员与患者的抗逆力模型研究进展 …… 226

第二节　BCTS 的心理测量学验证 …… 230

第三节　基于抗逆力的漂浮疗法对患者治疗效能的实验研究 …… 245

第四节　心理脱离对医护人员工作投入的影响 …… 253

第五节　社会支持对卫校学生积极应对灾害的影响机制 …… 260

第六节　基于工作要求-资源模型的心理脱离影响机制研究 …… 269

第七节　医护人员抗逆力团体辅导有效性及其后效研究 …… 288

第八节　职业获得感对医护人员工作绩效的影响 …… 295

第五章　网络数据整合的危机决策研究 …… 303

第一节　混合网络下突发公共卫生事件的公众心理服务平台 …… 304

第二节　联合张量补全与循环神经网络的时间序列插补法 …… 309

第三节　基于知识图谱分析的大学生核心素养结构探索 …… 322

第四节　环境治理人才选拔的智能匹配研究 …… 335

第五节　长江三角洲城市危机决策者胜任特征模型构建 …… 352

第六节　领导干部应急管理能力的培养模式 …………………… 371
　　第七节　基于360度反馈的网络评价方法研究 …………………… 383
　　第八节　软著"风险认知与管理决策"可视化平台 ……………… 399

第六章　本研究的讨论、结论与应用价值 ……………………………… 409
　　第一节　本研究的总体讨论 …………………………………………… 410
　　第二节　本研究的主要结论 …………………………………………… 418
　　第三节　应用价值与未来展望 ………………………………………… 421

参考文献 ………………………………………………………………………… 425

附录 ……………………………………………………………………………… 451
　　附录1　生态文明监测评价问卷 …………………………………… 451
　　附录2　民众风险认知调查（A卷） ………………………………… 457
　　附录3　民众应对行为调查（B卷） ………………………………… 462
　　附录4　民众情绪与行为调查（C卷） ……………………………… 467
　　附录5　领导行为与组织文化调查（D卷） ………………………… 472
　　附录6　心理筛查与危机干预问卷 ………………………………… 477
　　附录7　诊断病毒威胁简易量表 …………………………………… 485
　　附录8　医院患者治疗调查问卷 …………………………………… 486

第一章

生态文明的环境心理学问题

第一节　生态文明与环境治理[①]

突发公共卫生事件历来都与环境治理存在着必然的联系，因为生态文明涉及自然环境的宏观规划、社会治理的绿色转型和环境变化的心理适应问题，所以，环境文化与气候变化存在紧密的联系。工业化产生环境、气候问题，其中环境应急与防范管理相当重要，也是突发事件的应急响应、应急损害与环境评估等工作务必考虑的基础性问题。

一、生态文明的研究范畴

2023年7月，习近平总书记在全国生态环境保护大会上发表重要讲话，指出"今后5年是美丽中国建设的重要时期"，要"牢固树立和践行绿水青山就是金山银山的理念，把建设美丽中国摆在强国建设、民族复兴的突出位置"；"持续深入打好污染防治攻坚战"，"深入推进环境污染防治，持续改善生态环境质量"，"坚持把绿色低碳发展作为解决生态环境问题的治本之策"。[②]在这里，我们特别强调要打造绿色发展高地，着力提升生态系统的多样性、稳定性，站在维护国家生态安全、中华民族永续发展和对人类文明负责的高度，切实加强生态保护修复监管，积极稳妥地推进碳达峰碳中和，构建清洁低碳、安全高效的能源体系。总之，要守牢美丽中国建设的安全底线，积极有效地应对各种风险挑战，保障我们赖以生存发展的自然环境不受威胁和破坏，为美丽中国建设提供基础支撑和有力保障。

本研究集合生态科学、心理科学、管理科学、计算机科学与人工智能等多个学科的力量，解决整体研究内容的核心构念问题。只有对生态文明的基本内涵、内容要素做整体上的把握，才能通过改造主客观世界来促进人与自然、社会以及自身共生共进发展。生态文明主要涉及自然环境、社会治理和心理适应三大方面（图1-1），

---

① 本节作者：时勘。
② 习近平：以美丽中国建设全面推进人与自然和谐共生的现代化．（2023-12-31）．https://www.gov.cn/yaowen/liebiao/202312/content_6923651.htm[2024-08-01]．

这些是确定突发公共卫生事件的落脚点和归宿点。我们认为，可从如下三方面来探索生态文明的基本结构问题。

图 1-1　生态文明的整体概念示意图

1. 自然环境的宏观规划

在开展生态文明的国家规划中，我国政府积极参与了全球气候治理规划，向全世界庄严承诺，力争在 2030 年前实现碳达峰、2060 年前实现碳中和目标，进而全面启动京津冀协同发展、粤港澳大湾区建设、"长三角"一体化和黄河流域生态保护等高质量区域规划；在战略规划中，将生态文明建设落实到生态环境保护、自然资源保护、节能减排、碳达峰碳中和等各专项规划协同中。为深入实施蓝天保卫战、碧水保卫战、净土保卫战，我国开展青藏高原、黄土高原、云贵高原等国家生态安全修复工程，在筑牢国家生态安全屏障方面确定国家的整体规划。

2. 社会治理的绿色转型

在生态文明建设中，我们要做到工业化与绿色化，以及治山、治水、治林、治田的协调，使得生态文化、生态环境、生态经济实现统一规划。只有逐步健全绿色循环发展的经济体系，才能走上"绿色且经济""循环且经济"的道路。目前，为了避免非常规突发公共卫生事件的发生，必须采用严格的法律制度来保护生态环境，以促进人类与自然的和谐共生。例如，在长江经济带和黄河生态带的大局协调中，生态文明建设的观念、思维、方法要统一布局，因此，必须加强社会治理和法律保护的协调工作，只有这样才能促进绿色转型。

3. 环境变化的心理适应

在生态文明建设中,人的心理适应在自然环境发生变化的情境下显得特别重要。浙江省处于沿海地区,台风、暴雨等自然灾害频发,这对于民众的心理适应更有特殊的要求:一方面,要在民众中进行环境风险意识的素养教育,开展适应海洋变化环境的专门培训;另一方面,民众在经历了各种重大事件之后容易身心疲惫,甚至出现抑郁状况,如何帮助广大民众适应自然环境剧变和社会事件频发带来的问题,也给生态环境建设中的心理健康教育提出了新的要求。

综上,当对于生态文明的整体概念有了明确的认识后,我们就可以有针对性地开展生态文明与环境治理的工作。

二、气候、财富和文化

从全球视野角度来看,我们的国际合作者荷兰格罗宁根大学 van de Vliert 教授,从 20 世纪 90 年代中期开始就对气候和文化的关系进行了大规模、系统性研究。他所著的《气候、富裕与文化》一书,探讨了气候和经济对文化形态的影响。他认为,气候和财富是当今人类文化的父与母,它们影响和塑造着人类文化。他提出的最有影响的假设是,社会文化的终极起源在于,人类所生存的气候条件在多大程度上偏离了"温和适宜"的气候条件。也就是说,在剧冷或剧热的气候条件下,人类需要通过发展社会文化来增强其对恶劣环境的适应性,这样,社会文化资源可以用来应对寒冬和炎夏(van de Vliert, 2009)。随着全球平均气温上升,平均降水量也有所增加,尤其是陆地表面的降水量。在此情况下,他将温度作为气候的主要维度和文化预测因子,并考虑降水量可能带来的影响。在不同的气候背景下,文化会呈现出不同的特点:气候越温暖的地方,民众的竞争性往往表现得越强。他发现,气温升高与公民竞争力增强之间存在明显的关系。在暖和的气候条件下,人们与他人的竞争就会表现得更加突出;而在寒冷的气候条件下,人们为了生存,家庭之间的合作或非竞争性行为可能会更多一些。因此,现代人群体在寒冷地区的竞争性较低,而在炎热地区则会表现出较高的竞争性。van de Vliert(2009)还强调气候变化和经济条件的稳定性对文化适应的影响。在稳定的气候条件下,如果面临经济崩溃,如苏联解体后的国家状况,会发生突然的文化变化;又如,在经济增长迅速的国家,如 21 世纪初的中国,也会出现剧烈的文化转变。总之,当大规模移民迁移到不同的气候-经济生态中时,必然会产生文化适应现象。文化持久性可能是由气候-经济生态的稳定性造成的,可见,气候-经济生态的变化对于解释文化现象至关重要。van de Vliert 教授还和笔者所在课题组的杨化冬等就气候与中国集体主义文化的关系展开过研究，该研究结果表明，人类通常具有集体主义精神。当应对苛刻的冬季或夏季时，贫困人口会变得更加倾向于集体主义（van de Vliert，2013）。该研究对来自中国 15 个省份 1662 名本地居民的调查数据进行了分析，结果表明，集体主义充分调节了气候经济困难对个人集体主义取向的互动影响，这说明，在中国，文化建设是一个自上而下的集体过程，它反映出国家文化对于人们集体行为的影响过程。

三、气候变化的发展趋势

地理纬度的降低将导致气候变暖，随之而来的是个体或群体之间的权力差异增大，此时，气候的冷热差异是因果链的开端。在温暖地区，应对气候变化较为容易；而在北美和斯堪的纳维亚半岛等相对寒冷的地区，人口增长和生存更多依赖于对自然环境的干预适应，从而对技术的需求增加，当社会变革的动力增大时，人们对权威更多地采取质疑的态度；但是，在中美洲和东南亚等相对炎热的地区，较少需要人为干预便可形成较为静态的社会环境，人们会倾向于服从，较少甚至不会质疑权威。由此可知，气候对社会变革、质疑权威等具有重要影响。所以，国际气候变化与政府决策确实存在着相应的关系。目前，在针对气候变化而产生的干预对策方面，国际权威期刊也有相应的研究成果在广泛传播中，如美国的耶鲁气候变化沟通机构和欧盟的"欧洲晴雨表"等多国调研机构，正在进行持续多年的考察气候变化对人们心态变化影响的追踪调查，这些结果为相关政策的制定和实施提供了指导性意见。

近年来，我国政府也日益关注公众气候变化意识和应对能力的研究。党的二十大报告提出，要"推动绿色发展，促进人与自然和谐共生"，将自然生态系统和社会经济系统同时纳入气候变化减缓与适应工作的重点领域，并强调了公众在构建气候适应型社会中的重要性。我国有关气候变化的心理学研究尚处于起步阶段，与国际前沿水平相比有较大差距，这与我国应对气候变化的大国定位和构建人类命运共同体的使命是不相匹配的。气候变化研究需要长期积累，通过气候变化的相关研究来推动我国气候心理学研究的进展，从而与我国的可持续发展相适应，这是环境心理学（environmental psychology）研究面临的紧迫任务。因此，我国气候变化领域的研究，需要在全球气候治理方面提升影响力，以便构建中国气候变化研究的自主体系，这样才能为优化全球气候治理体系贡献中国力量。

四、碳达峰与碳中和

200多年以来，工业化在推动人类文明进步的同时，也在一定程度上导致了环境、气候和可持续性问题。而现代非化石能源推动人类由工业文明走向生态文明，非化石能源发展不仅成了我国积极应对气候变化的国策，也是基于科学论证的国家战略，它使"能源革命"的阶段目标更清晰，要求我们为低碳能源转型作出更为扎实、积极的努力。在气候变化协定——《巴黎协定》签署五周年之际，我国向世界宣示了2030年前实现碳达峰、2060年前实现碳中和的国家目标。能源转型的第一个阶段是煤炭，第二个阶段为油气，进而才能转向非化石阶段。我国过去的产业能效偏低、结构高碳的粗放增长使得环境问题日趋凸显。因此，国家已将能源强度、高碳强度列入了政府的考核指标。2019年，我国的能源强度是世界平均水平的1.3倍[1]，如果要在2030年前实现碳达峰，目前仅剩不到十年时间，由此"十四五"期间的能源规划极为重要，它将为碳达峰的实现做好铺垫，进而为2060年前实现碳中和铺路。由此看来，节能提效目前已经成为我国能源战略的首要目标。从黑色、高碳逐步转向绿色、低碳，主要依靠"非化石能源+天然气"，是对内推进能源革命、对外构建人类命运共同体的关键融合。因此，可再生能源已经从"微不足道"到如今变得"举足轻重"。全球温室气体排放主要是二氧化碳，我国提出了"碳中和"战略目标，着力解决资源环境约束突出问题、实现中华民族永续发展，因此我国需要在能源转型方面迈出更加坚定的步伐。当前，在化石能源为主的战略下，我国降碳的主要措施是"提能效、降能耗"。在此背景下，制定出合理的碳达峰和碳中和目标将面对巨大的挑战，因为转型不力将导致国家能源系统和技术应对面临更大的困难。因此，必须坚定地将实现这一目标作为未来发展的关键战略，从而催生新的增长点，实现我国经济、能源、环境和气候的全面发展。可以认为，我国的生态文明建设正处于时代发展的拐点，在碳中和的目标下，未来的国家储备和消费才能发生根本变化，这确实需要全社会的共同关心和努力。

五、环境应急与防范管理

在环境应急与防范管理方面，有以下几项工作需要开展。第一，进行环境风险

---

[1] 碳达峰碳中和如何更有效地成为高质量发展引擎.（2021-12-31）. https://www.ndrc.gov.cn/wsdwhfz/202112/t20211231_1311184.html[2024-08-01].

识别，如地震、台风、洪水等的识别，还包括周边环境的风险受体，如大气环境、土壤环境受体，正常使用和事故状态下的物理、化学特性对于人体和环境的危害，以及基本的应急处置方法。此外，还需要明确每个风险单元的水、大气等安全预防措施，主要指第一时间内使用的内部应急物资、应急装备和应急救援队伍情况。第二，需要收集国内外同类突发事件的资料。结合突发事件的情境，分析可能引发的次生事件和最坏情境，如危险化学品的泄漏量、气体泄漏速率、泄漏液体蒸发量和释放环境风险物质的扩散途径等。在对环境风险预防和应对措施差距进行分析时，可以从配备的应急物资、应急装备特别是突发事件的风险控制水平、受体敏感程度等方面展开研究。第三，开展区域环境风险防范工作。市县两级政府要在充分调查辖区内民众生活、社会经济发展的情况下，有效地强化区域风险环境管理，还要进行环境风险识别，包括受体识别、风险源识别、热点区域识别。第四，要进行典型突发事件情境分析。要善于梳理事件，确立"热点地区"，进行环境预防与应急措施分析，通过环境风险源管理差距分析来确定重点环境风险企业、移动源，然后进行区域环境风险管理能力差距分析，完成环境应急联动机制的评估。

六、突发事件与环境评估

1. 突发事件的应急响应

这里的应急响应主要指参与突发事件的应急指挥、协调和调度工作，还包括突发事件的接报、应急响应工作。同时，根据对突发事件的事态评估、污染源排查，进行信息发布和现场处置等。突发事件的接报方面主要包括报警、接报、报告、通报和信息发布，而应急响应方面主要包括预警、启动应急预案、成立应急指挥部和进行环境应急监测工作。突发事件现场的应急处置工作主要包括抢险与救援、控制和消除污染、专家组工作指导等。终止应急响应的前提是，事件得到了控制，事件条件已经消除，采取的防护措施已经使民众免受再次伤害。总之，事件可能引起的中长期影响已经趋于合理，并保持在尽量低的水平上。

2. 应急损害的环境评估

一般来说，应急处置从开始到结束，在对突发事件所致的人身损害、财产损害以及生态环境损害的范围和程度等方面进行评估和计算，并对生态功能丧失程度进行划分之后，即可作出决定。在信息获取内容上，包括获取自然地理信息、人体健康信息、社会经济活动信息和生态环境信息等；在信息获取方式上，包括现场勘测、走访座谈、损害检测和问卷调查等。最终确认基线，既包括历史数据或区域数据的对比，也包括污染物暴露分析、损害程度与损害范围的确认，还包括应急处置、人身损害、财产损害以及生态环境的费用。其中特别需要启动中长期损害评估，包括对公众健康具有潜在风险的资源评估，如地表水资源、沉积物资源、地下水资源和土壤资源等数据的收集。对于生态环境是否构成潜在威胁的条件进行考察，包括污染物是否属于易迁移转化、生物毒性大的物质，环境介质中污染物与生物种群是否存在不可避免的暴露途径，还要明确污染物在环境介质中的浓度是否超过了生态风险标准。

第二节 环境心理学研究进展

环境心理学是 21 世纪以来心理科学领域的后起之秀。环境心理学于 20 世纪 70 年代初在北美地区兴起，是 21 世纪以来心理学领域取得突破的学科。通过回顾环境心理学的产生背景，可以发现人的环境意识、态度和行为及其相互影响对环境科学的发展有重要影响。环境心理学的研究不仅围绕社会需要确定主题，也为心理学本身的发展作出了重要贡献。不过其研究范畴还有待进一步明晰，这是本研究将探索的问题。

一、环境心理学发展历程

环境心理学探索环境与心理的相互关系，用心理学方法来分析人类经验和活动与社会-物理环境的相互作用，揭示各种环境条件下人的心理发生与发展的规律，为环境的设计和规划提供依据。20 世纪 80 年代后期，学者对环境知觉、生态心理学、人格与环境、环境与行为矫正、环境评价、环境应激等进行了大量研究，这为环境心理学建设作出了贡献，已被心理学界承认并列入《心理学大辞典》（林崇德等，2003）。20 世纪 90 年代至今，生态系统的保护以及环境的可持续性发展成为环境心理学的研究热点之一。此时，介入环境心理学研究的学者开始关注人与环境的可持续发展问题。就环境心理学的未来发展而言，如何实现人与环境之间关系的最优化，进而提升环境心理学的理论构建能力，是建立理论框架的长期发展目标。还有学者认为，环境心理学是关注人与环境交互作用和相互关系的学科，旨在改善人类活动与自然环境之间的相互关系，并使环境更加人性化。世界各国的环境心理学研究具有比较明显的国别特色，主要是因为各国的环境心理学者主要关心本国研究中自变量对于因变量的长期效应，但目前的相关理论却越来越多地涉及环境影响行为的中介变量、调节变量和相互作用关系，因此，探索独具中国特色的环境心理学问题至关重要。总体来看，环境心理学研究人的心理、行为及其所处环境之间的关系，旨在促进人工环境设计的人性化，改善人与自然关系的各类理论与实践研究问题。从学科性质来讲，环境心理学属于应用社会心理学范畴，且与工业心理学等学科渊源较深，环境心理学具有显著的多学科交叉性，不仅涉及建筑学、环境科学，而且与人类学、社会学、地理学等学科有密切联系。这些关系问题需要引起我们的关注，目前国内高等院校的心理学系、教育系，特别是环境学院开设了环境心理学课程，开展此方面的环境心理学研究任务是相当紧迫的。

二、环境-行为关系理论

从发展初期到逐渐走向成熟，环境心理学已走过了40多年的历程，目前主要有四个成形的理论影响相对深远，即唤醒理论、环境负荷理论、环境应激理论和生态学理论。学者总体认为，由于环境影响着人类生存，而人类对其所处环境也产生着影响，应倡导寻求环境与行为之间的平衡的研究。至于环境与行为之间的这种交互作用如何发生以及为何发生，可以从不同的理论角度来进行探讨。首先，从唤醒理论的角度来看，唤醒水平的提高主要体现在自主性活动等生理反应方面，应该说，唤醒理论可以预测低唤醒水平和高唤醒水平的行为表现之间的差异。因此，这一理论作为环境心理学的理论基础，在解释环境因素引起的一些行为变化时具有较强的预测力。其次，从环境负荷理论的角度来看，环境负荷理论主要源于认知心理学对于注意与信息加工过程研究的结果，该理论尤其关注个体对一些新奇刺激和意外刺激的反应。个体对外部刺激的加工能力是有限的，对外部刺激输入的注意容量也是有限的，所以需要关注环境负荷理论。再次，从环境应激理论的角度来看，目前环境应激理论是应用较为广泛的环境心理学理论之一。学者把应激理论视作整个的刺激-反应理论，用应激反应来标示由环境因素引发的有机体反应，这种反应包含生理、情绪与行为等成分。由于生理应激反应和心理应激反应通常是相互联系和相伴而生的，所以，环境心理学家通常将这些成分整合成一个理论，采用环境应激理论来解释。最后，从生态学理论的角度来看，它对于记录周围环境的生活状况、社会影响非常有帮助。不过，在进行环境评价时，也需要考虑该理论的不足，因为生态学理论往往凭借现场观察，使用真实行为作为观察内容，这种调查虽然考虑到人与环境关系的整体性效应，但由于缺乏对调查方法的控制，在具体的因果关系判断方面，还需要其他方法来弥补现场调查的不足。

三、风险感知与空间认知

环境心理学研究表明，环境知觉是环境心理学的基本认知单元，是个体捕获各种环境信息，并对信息进行组织和解释的过程，是已有各种获取知识相互作用的结果。生态知觉理论从知觉适应性功能出发，强调个体知觉反应过程在环境中的适应性，这对于理解环境知觉的本质、改进环境设计具有一定的意义。在空间认知方面，为了有效地实现环境之间的互动，个体需要在环境知觉的基础上进行一系列空间认知的加工活动，因此，个体对于空间的理解和心理操纵能力被称为空间认知能力，并在此方面探索认知地图和城市意象问题。认知地图主要指个体对于外部环境的心理表征，是为有机体提供环境的结构模型的内容。尽管在认知地图的构建中空间知识表征并不完善，但作为一个简化的认知结构，其还是有益于个体适应环境的，因为它可以提高人们的认识和理解水平。在城市意象方面，识别性是城市最重要的特征，人们通常容易接受可读性强的环境，城市也不例外。在构建城市意象时，人们通常会使用路径、边界、区域、节点和地标这五种基本元素，而在构建认知地图时通常会采用草图识别法、识别任务法和距离估计法等方法。认知成图是指个体形成有关环境的内部空间表征的过程，可以在个体发展过程中逐步完善起来。寻路能力是指人们在实际环境巡航过程中，通过智能化的导航系统或个人判断，有效地选择最佳路径并顺利到达目的地的能力，寻路能力与认知成图存在个体差异。这与个体的一般空间能力、寻路策略以及年龄、教育水平、社会经济等背景因素之间仍然存在不可分割的关系，个体这些知识和技能的提高有助于提升环境设计质量，有利于加深个体对空间本质的理解。

四、噪声、空气质量与拥挤等

我们可以从物理学和心理学两方面对噪声进行不同的描述：噪声在物理学上是指频率和振幅杂乱的声震荡，在心理学上则是指干扰人的工作、学习和休息，并使人们感到烦躁的声音。有些噪声是与人类活动相关的，尤其是与生产活动相伴的。引起噪声的振动源被称为噪声源。根据噪声源的不同,噪声可以被分为交通噪声、工业噪声、社会生活噪声和航空航天噪声。在噪声的影响方面,噪声的生理效应主要体现在对听力的危害,以及对健康的影响。噪声过强或持续时间过久,都会导致人的听力受损。噪声在很多方面都会影响人的健康,它对于工作绩效的影响机制目前尚无统一的理论解释。噪声与社会行为之间的关系集中于三个方面:噪声与人际吸引的关系、噪声与攻击性行为的关系,以及噪声与利他行为的关系。噪声的预防和控制可以通过制定噪声标准和采取有效防治措施来实现。

还有一些潜在因素需要考察,如日照,日照不仅能改善个人的情绪,而且会增进助人行为的发生,日照水平还对作业绩效具有一定的影响。此外,颜色具有明度、色调和饱和度三个维度,人们通常喜欢明快而不沉闷的颜色。而从温度来看,炎热和寒冷都会改变人的觉醒水平,并会导致人们不适。无论是高温还是低温,都会影响个体完成任务的作业绩效。从大范围的地区温度差异来看,温度还会对地区的文化氛围有重要影响。

空气质量则是更重要的环境心理学研究主题。目前的研究证据显示,空气污染对个体的感知觉、心理健康、作业绩效和社会行为均有重要的影响。这里,特别需要谈到空气质量导致的环境危害问题。从自然灾害与应激的关系来看,人们事前是否得到足够的关于空气质量的警报,是影响灾难事件应激的重要因素。预警系统的效率、人们的准备工作等因素都会影响预警的有效性,危险知觉、社会影响以及可能获得的资源等因素,也可能预测临近灾难时人们的反应。通常,人为灾难对人们的控制感的威胁更大。若人们拥有稳定的资源,在失去后重获资源将有助于减少人们的压力反应,而有关人为灾难的研究表明,良好的应对风格与接受全面准确的公共健康信息服务,对于缓解受害者的压力具有重要的意义。

拥挤机制的理论模型主要涉及生态学模型、超载模型、密度-强度模型、激活模型和控制模型五种,它们均得到了一定的实证研究的支持。关于拥挤机制的理论研究目前处于亟待发展和完善的状态。长期处于高密度下的拥挤状态,会对动物的健康和行为产生严重的消极影响,高密度拥挤也会对人们的情绪产生消极影响。此方面的研究多为相关研究,虽不够全面,但有迹象表明高密度拥挤产生的消极影响居多。

五、个人空间与环境设计

个人空间是指一个人周围若受到他人侵犯则会引发不适的空间,这是人们用于传达和调控亲密度的重要机制。个人空间有什么作用呢？首先，可用于自我保护，它将作为身体的缓冲区来保护个体免受他人侵犯。其次，可用于传达和管理人际关系，个体会以同样的方式而不是补偿行为去回应对方。一般来讲，个人空间是可以测量的，会受到双方的情感关系、吸引力等因素的影响。在个体因素上，个人空间还会受到年龄、性别、种族等背景因素的影响。来自不同文化背景的人们，在个人空间、交际距离方面确实存在差距。那么，多大的距离会使师生、同事、上下级的互动产生更好的效果呢？这是环境心理学家需要关注的问题。在学习环境中，适度的师生距离更有助于学生完成学习任务。在临床情境中，来访者和咨询师之间保持合适的距离也是至关重要的。在开展群体活动中，最佳的空间设计也是需要研究的问题。为此，环境心理学家建议，需要对社会向心式讨论模式进行关注。所谓社会向心式，即鼓励人们进行社会交往，其空间布置应当有利于人们聚在一起。因此，社会离心式环境一定要设计好。比如，尽管某些医院的病房装饰后焕然一新、颜色明快、设备齐全，然而这也会让置身其中的患者有被孤立的感觉，或者存在压抑的感觉。再如，如果将座椅安排成背靠背的方式摆放是不利于人们交流的：绝大多数椅子都靠墙摆放，面朝同一个方向；而另外一些椅子则以背靠背的方式摆放，坐在那里的个体只能看到对面的墙壁和地板，很少能和人交谈。这种设计是存在一定问题的，主要原因是这种空间设计不利于人们之间的交往。总之，个人空间的研究对于环境设计具有一定的启发意义。如果能同时考虑到设计的空间距离、相互之间的位置等，这有助于改善被试的交往目标，因此，采用最佳的空间设计有助于有效的集体活动的开展。

当然，除了上述五方面的内容之外，有关环境的私密性、领域性以及行为对策等问题也是值得环境心理学研究者关注的。由于本书主要涉及与危机决策有关的重大公共卫生事件，随着环境心理学研究的深入，未来可能还需要不断补充其他内容，使得相关心理学研究内容更加完善，更能满足社会发展的需要。

第三节　公共卫生事件与危机决策

20世纪80年代以来，由于气候变化、自然灾害频繁、环境问题恶化等一系列公共卫生事件的发生，风险认知（risk perception）领域的研究引起学者的关注。风险认知是个体对存在于外界各种客观风险的主观感受与认识，这些主观感受与认识会受到心理、社会和文化等多方面因素的影响。20世纪80年代以后，研究者开始考虑将个体的价值观、社会等因素纳入进来，为此，风险的文化理论强调根据不同的价值观和信念把人们划分成若干文化群体，从心理学角度提出了心理测量学模型，总结出影响风险认知的重要维度和特征。但是，基于真正的风险危机情境的大规模现场取样调查，特别是基于组织管理环境下的民众风险认知与心理行为研究几乎没有出现。

一、风险认知研究

在重大公共卫生事件的研究领域，时勘在国内率先提出开展我国民众在重大公共卫生事件下风险认知的心理学研究，并带领课题组对国内17个城市4231人展开了民众对于SARS的风险认知、行为应对和情绪干预的两轮追踪调查。结果发现，传染病信息通过风险认知影响个体的应对行为和心理健康，其中，风险评估、心理紧张度、应对行为和心理健康等因素是有效的预测指标（时勘等，2003），从而初步形成了社会心理预测模型。后来，课题组还根据该研究所获得的调研结果提供了多次社会心理预警通报。在此基础上，2008年汶川大地震发生后，时堪等又针对民众灾后应激障碍形成了新的干预方法（时勘等，2008）。在此阶段，中国科学院心理研究所李纾等也在汶川地震中发现了"心理台风眼（psychological typhoon eye）"效应这一独特的心理现象，即在灾难出现的中心区域，民众的心理反应比中心以外地区的个体显得更为平静的现象（李纾等，2009）。此后，谢佳秋等（2011）又从风险认知和风险行为倾向两方面验证了这一效应的客观存在，进而推测"心理台风眼"效应可能与民众是否亲历风险后果、心理承受阈限及心理变量的特征有关。至今看来，民众风险认知规律还有待进一步的深入探索。

二、应对行为和情绪引导

在医护人员的应对行为方面，SARS后期的医护人员在受干扰程度等行为指标上的得分显著高于普通民众。Fredrickson等（2001）指出，积极的情绪感受使人们更愿意表现出对组织有益的行为。Wolmer等（2005）的研究表明，在灾难事件发生后，对民众的早期干预可以有效地减轻症状，提升其适应性。在2008年汶川大地震中，汤超颖等（2009）在探索汶川地震伤病员、学生群体等的心理辅导策略时提出，采取心理救助站团体辅导、入户"一对一"心理干预的心理援助方式更具有成效。Boscarino 等（2011）在对于美国"9·11"事件的灾后干预中发现，以社区为基础的危机干预效果优于传统的多阶段心理治疗方法。Everly 和 Lating（2013）则认为，从经济角度来丰富灾难中的心理援助是危机干预的一种有效方法。研究者在应对突发公共卫生事件的情绪引导中发现，政府、社区在对传染病线索进行科学分析的基础上确定宣传策略，可以减轻民众的恐慌心理。但是，此类研究在应对行为方式以及情绪变化历程、中介因素及系统干预方法等方面，仍然存在需要进一步探索的内容。

三、组织污名化

"组织污名化"（organizational stigma）这一概念于 2007 年被引入组织行为学领域。美国加州理工学院教授 Patrick W. Corrigan 与我们课题组合作，开展了艾滋病患者污名化研究，发现美国所调查地区，以及中国的香港和北京地区的人力资源招聘主管，在面对艾滋病患者的社会认知方面存在组织污名化等消极的心理现象，而且三个地区之间存在明显的文化差异（Corrigan et al.，2010）。课题组成员赵轶然和陈晨从社交能力、条件自尊和时间取向等方面进行职场排斥研究后提出了改进职场排斥的建议，认为应该为流动儿童提供与不同背景的同伴进行相互接触的机会，这有助于流动儿童适应与融入新居住地的生活[①]。时勘等（2020）针对突发公共卫生事件的调查发现，其他地区民众对于来自武汉和湖北省其他地区的人们存在组织污名化心理现象。综上所述，某些地区确实存在组织污名化导致的偏见和刻板印象，这不利于协同配合，阻碍了复工复产的经济复苏。鉴于此，组织污名化研究需要引起学术界的高度重视。

四、紧密文化与松散文化

紧密文化有很强的社会规范，对异常行为的容忍度很低，而松散文化仅有很弱的社会规范，对异常行为容忍度很高，前者是规则制定者，后者是打破规则者。"紧

---

① 职场排斥的相关因素及对策.（2018-05-07）. http://sscp.cssn.cn/xkpd/xlx/201805/t20180507_4236954.html[2024-08-01].

密文化-松散文化"是一个复杂的、整合的多级系统,包括远端生态和历史威胁(如人口密度大、资源稀缺、领土冲突、疾病和环境威胁)。"紧密文化-松散文化"不仅可以解释周围的世界,而且能够预测将要发生的重大事件。因此,以突发公共卫生事件为背景,探索"紧密文化-松散文化"这一特殊问题的领导决策方式,有利于进行组织协调,更好地控制全球传染病传播,妥善制定复工复产策略,为发展区域经济服务。

五、变革型领导

美国工业与组织心理家 Bass（1995）最早关注危机突发事件中的领导行为,他认为,变革型领导行为能够对下属的努力和绩效产生积极效应。李超平和时勘（2005）据此编制了适合于我国国情的变革型领导问卷（Transformational Leadership Questionnaire, TLQ）,提出变革型领导结构要素包括德行垂范、领导魅力、愿景激励与个性化关怀等维度。李锡炎（2009）认为,变革型领导具有应对变化、促进转化的辩证思维,并注重发挥追随者的潜能,可以提升组织在危机中求机遇、在风险中求发展的能力。薛澜（2020）则表示,重大公共卫生事件对于管理者是前所未有的挑战,有的领导在常态下可能是非常好的管理者,但在危机情况下就不一定能适应其职责,因此,新形势对变革型领导方式提出了全新要求。鉴于此,无论是危机时期还是和平时期,都需要思考公共卫生事件下领导模式的选择。为此,课题组将变革型领导风格作为危机管理中的正确决策研究务必探索的问题。

六、公共卫生事件中的贫困问题

公共卫生事件大范围暴发对于全球经济产生了重大影响,从而导致经济增长放缓。在受传染病困扰的人群中,尤其应当关注贫困人员和老弱病残人群。Brcic 等（2011）开发了贫困识别工具,主张通过三方面（收入是否入不敷出、饮食问题和居住问题）来筛查重大公共卫生事件中的贫困民众,从而确定关注策略。在对孟加拉国农村家庭的研究中,课题组讨论了绝对贫困与相对贫困的定义,探索了除收入之外预测主观幸福感的因素。在对重大公共卫生事件的研究中,需要针对贫困人群,超越收入指标来探索社会公正问题,以确定解决贫困问题的方法。

七、抗逆力模型

在重大危机之后的组织康复中,抗逆力作为独立的构念,在灾难心理学和临床心理学领域越来越受到关注。不少学者把研究重点放在遭受重大创伤事件后特殊群体的适应、恢复和成长上,如地震幸存者(刘得格等,2009)、救援人员(时雨等,2008)和留守儿童(陈晓晨等,2016)的抗逆成长规律问题。李旭培(2012)还考察了不同群体的抗逆力与工作投入的关系,发现抗逆力对工作投入有显著的正向影响。郝帅等(2013)基于公务员抗逆力结构开展的研究发现,以拓展训练和心理健康讲座的干预形式来提升被试的抗逆力,其效果较为显著。梁社红和时堪(2016)的研究发现,个体抗逆力和团队抗逆力均可通过心理干预来提升其适应性,他们还展开了针对煤矿工人群体的抗逆力干预研究,这一研究验证了安全心智培训模式对于提升应对方式有效性的效果。不过,应对重大公共卫生事件的抗逆力模型研究还有待进一步深入。

八、大数据与信息管控

李国杰和程学旗(2012)指出,大数据分析方法与技术在重大公共卫生事件中的作用越来越大,利用搜索引擎大数据对甲型H1N1流感进行预测,不仅快于通过调查获得的经验数据分析结果,而且准确度更高。郑建君(2019)认为,大数据时代的来临改变着个体对客观世界的认知和人们的行为方式,还影响着人们的互动模式,积极引入大数据技术这一新方法能够推动和优化区域管理,有利于在社会治理框架下提升心理建设水平。本研究采用联机分析处理方式,对系统数据信息存储、集成与呈现的数据库信息进行了系统化总结,力争在后期采用可视化展示的方式来揭示地缘分布的数据信息,从动态角度提供整体运行情况。评价工作既包括室内实验获得的动态数据,也包括现场调查和第三方评价的结果,因此,可以呈现包含数据的来源、收集、存储的方法以及实时的动态变化等内容。为此,本研究将通过现有的数据分析,以智能化方法,通过数据挖掘、集成和整合对各方面情况进行可视化呈现。这里,特别要求通过智能系统对原始数据进行再加工,将多源异构数据进行清洗、深度挖掘后,形成整合后的智库数据包,以动态图表、词云的报告形式呈现出来,以便各级领导通过环境监测系统及时获得现状调查情况,并提出对策建议。

九、社会心理服务体系

为响应党的十九大提出的"加强社会心理服务体系建设，培育自尊自信、理性平和、积极向上的社会心态"的要求，课题组开展了"中华民族伟大复兴的社会心理促进机制研究——社会心理服务体系探索"，以期探索和完善社会心理服务模式与工作机制。本书依托的"重大突发公共卫生事件下公众风险感知、行为规律及对策研究"课题也把社会心理服务体系的持续探索作为最终研究目标。政府部门、心理学专业机构和社会力量在常态下能够明确分工，依据个体和社会需要进行匹配和精准供给，而在应急管理情境下需要改进工作方式，为民众提供更加及时、有序的心理服务，因此构建完善的社会心理服务体系是非常有必要的。

十、需要探讨的问题

通过回顾生态文明与环境治理，特别是环境心理学研究的基础问题，针对"重大突发公共卫生事件下公众风险感知、行为规律及对策研究"课题的总体要求，本研究对关于领导风格、组织污名化、贫穷问题、抗逆力和大数据信息管控等诸多问题的研究积累进行了分析，充分认识到了应对突发公共卫生事件的紧迫性。综上，本书研究聚焦的科学问题如下。

1）从构建人类命运共同体的高度，认真反思和解决重大公共卫生事件中的社会治理的基础性与前瞻性问题。

2）通过大数据和信息管控规律的探索，揭示区域管理中影响突发公共卫生事件的环境因素，并解决评价系统问题。

3）深刻思考需要突破的空间，确定民众风险认知、应对行为及对策研究需要解决的重大前瞻性核心问题。

4）系统揭示社区生活中需要解决的老年人、弱势群体的贫困问题，以及青少年心理筛查和自杀自伤的根源问题。

5）探索在突发公共卫生事件中，如何解决救治患者的心理问题，同时探索医护人员的抗逆力模型及心理脱离的问题。

6）考察在混合网络条件下，如何破解大数据集成和人工智能的焦点问题，建立基于突发公共卫生事件的对策模型。

第四节 本研究的总体目标

通过对生态文明、环境治理、环境心理学、公共卫生事件与危机决策研究的文献进行述评，本研究聚焦"重大突发公共卫生事件下公众风险感知、行为规律及对策研究"，为重建应对突发公共卫生事件的社会心理服务体系而努力。下面介绍本研究的整体设计和研究框架。

一、整体设计

通过对全球生态变化、环境治理预防、环境心理行为等多项内容的分析，特别是对于民众风险认知、公众情绪引导和领导行为决策的梳理，本研究确定了应对突发公共卫生事件问题的关键所在，并在此背景下确立了研究的总体目标、研究对象和探索途径。

1. 总体目标

从总体目标来看，本研究主要探索的是环境心理学的四个核心问题，即生态环境治理、社区风险认知、医患救治关系和网络数据整合问题。

目标1：生态环境治理。需要开展不同地区的跨文化比较研究，以明确如下问题：不同地区民众在突发公共卫生事件中风险信息感知规律的差异是什么；领导者怎样进行宏观决策；在生态治理方面，如何开展环境监测评价，如何开展各地区的环境监测工作。特别需要就区域管理决策的组织文化进行探索，进而揭示领导决策中松紧文化的权变关系。

目标2：社区风险认知。社区是突发公共卫生事件发生的至关重要的基层单元，需要了解民众的风险认知发生规律，并在此基础上建立预测模型；需要探索社区贫困人群的心理状态，以及老年群体的心理关爱问题；需要探索社区周边的学校中青少年群体的心理健康教育问题，特别是他们是否存在自伤自杀行为，以及提供如何进行预防的理论依据和心理辅导模式。

目标3：医患救治关系。医院是突发公共卫生事件发生的主要场所，医护人员面对传染病和患者的双重压力，本研究考察如何为他们提供心理应对的理念和方法；患者面对突发公共卫生事件时，为保证治疗更加有效，除了医学治疗方法之外，心理咨询和团队辅导能否有增益效果？医患双方是公共卫生事件中重要的互动双方，能否形成救治过程中的独特方式来促进双方的合作共赢、健康成长？

目标4：网络数据整合。在数济时代，面对突发公共卫生事件，有效利用大数据和智能化技术，远程实现人员、职能的智能匹配，探索危机决策者的胜任力模型，并采用360度评估的雷达图展示方法，均需依赖于网络大数据的有效收集、特征抽取、分析挖掘及表现形式。最终目标是通过一个可视化的平台来呈现这些信息，从而构建起一个支持社会心理服务的大数据系统。

2. 研究对象

研究对象为国内各地的普通民众、医护人员和患者，以及城市各级领导干部和群众，重点探索突发公共卫生事件中民众的风险感知和危机决策规律。

3. 探索途径

本研究通过对突发公共卫生事件的现状分析，聚焦关键的科学问题，设计出新的心理行为调查问卷。通过区域危机管理社会治理研究、社区民众的行为应对和情绪引导研究、医护人员和患者的抗逆力模型研究以及网络数据整合和危机决策研究，获得了民众的风险认知、行为应对和情绪引导的调查数据，并通过实验研究和现场研究数据的分析，形成研究成果。

二、研究框架

本研究的总体构想是：通过对突发公共卫生事件的客观需求分析，聚焦关键的科学问题，即"重大突发公共卫生事件下公众风险感知、行为规律及对策研究"，设计出新型的心理行为调查系统和实验研究方案，最后，通过实证研究来达到研究目的。本研究主要探索生态环境治理、社区风险认知、医患救治关系和网络数据整合的四大环境心理学问题，研究框架如图1-2所示。

图1-2左侧的第一、二、三列框图指出了本研究的目标——突发公共卫生事件及其产生的内外影响因素，包括文献综述揭示的六方面问题：全球生态变化、环境治理防控、环境心理行为、风险信息认知、公众情绪引导和领导行为决策。这是建设心理行为调查系统的依据。

图1-2的第四列框图介绍了心理行为调查系统所涉及的研究内容：研究一为"生态环境治理的危机管理研究"，包括环境治理跨文化比较、区域管理与宏观决策、三垟湿地的监控评估、松紧文化与管理决策。研究二为"社区风险认知与民众情绪引导研究"，包括风险认知与民众应对、贫困人群的脱贫致富、老年群体的心理关爱、

青少年危机干预研究。研究三为"医患救治关系与抗逆成长研究",包括医院社区的危机治理、医护人员的压力应对、医院患者的漂浮治疗、医患互动的抗逆成长。

图1-2的第五列框图介绍的是继续开展的心理行为调查系统所涉及的研究内容,即研究四"网络数据整合的危机决策研究",包括网络空间的人职匹配、事前决策的胜任模型、安全心智的培训模式和360度反馈雷达图展示。第五列还涉及成果整合。本研究将通过大数据高效获取的途径,特征抽取、挖掘与表征,计算机智能化演示平台展示成果整合内容。

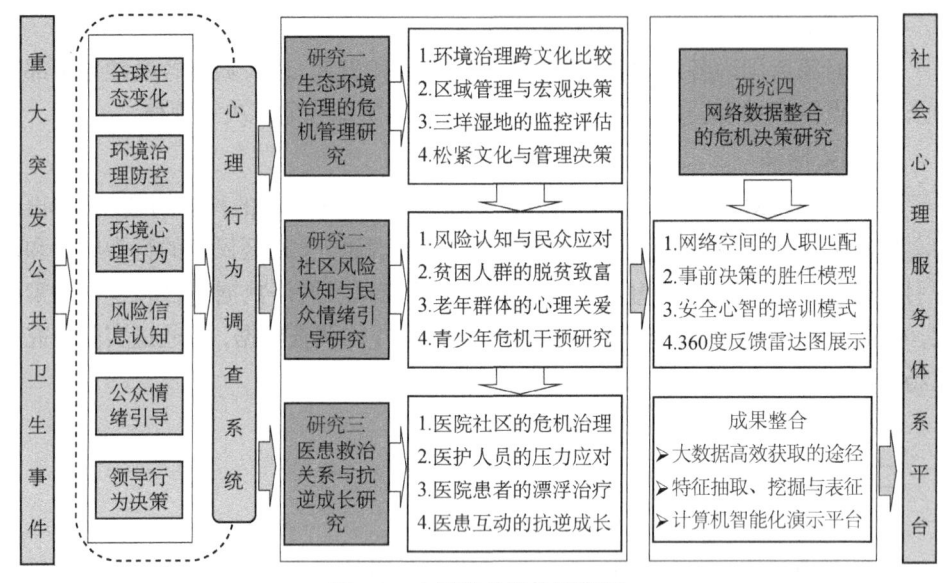

图 1-2 本研究的整体框架图

通过前述四项子研究,本研究对心理行为实验研究获得的数据进行整合,形成智库报告、核心期刊论文和管理对策建议,最终转化至图1-2最右侧的社会心理服务体系平台。

本研究按照这一整体思路,逐项实施"重大突发公共卫生事件下公众风险感知、行为规律及对策研究"课题的研究计划。总体来讲,本研究将根据重大课题的整体思路,聚焦生态环境治理、社区风险认知、医患救治关系和网络数据整合等环境心理学的核心问题,设计出新型的心理行为调查系统,对民众的风险感知、民众的应对行为、民众情绪与行为、领导与组织文化等开展多轮网络调查,根据问卷调查结果和生态环境监测评估、心理筛查与危机干预、医院患者治疗和领导干部应急决策模型的实验研究结果,向有关部门领导提交智库报告和管理对策建议,为重建危机管理应对体系服务。

第二章

生态环境治理的危机管理研究

第一节　区域危机管理的领导决策研究[①]

当前，各国面临的区域管理的安全威胁仍然突出。不过，面对种种挑战，我国民众在党的领导下，众志成城共克时艰，已取得了重大胜利。在区域管理的生态文明与环境治理的危机管理工作中，领导决策应该是予以关注的主要问题。实证分析结果表明，应探索公众的风险认知、行为规律及情绪引导问题，所涉及的领导决策问题包括信息发布、治理政策的可接受性和流程优化的成效，特别要研判对弱势群体的心理关爱规律。本研究已通过实证研究解决了上述问题，并向浙江省领导、国家自然科学基金委员会和中国科学院提交了智库报告，还对未来区域危机管理领导决策进行了展望。

基于世界面临的非传统的安全威胁日益突出这一背景，危机管理再次成为各国学者关注的热点。中国和其他国家同为一个命运共同体，面对这种共同的重大挑战，大家应携手应对，共同进行危机管理，为更加美好的未来而努力。Norman R. Augustine 认为，危机管理是指在危机意识和危机观念的指导下，各主体对已经暴发或可能暴发的危机进行辨识、监控、预测、控制、协调，从而达到减少危害、回避危机的目的（转引自熊卫平，2012）。作为英国危机管理学领域的代表人物，Regester 和 Larkin（2008）认为，只要确保充分有效的事前防范工作，就可能最大限度地降低危机发生的可能性和实际危害。还有学者提出，构建应急管理体系的关键在于，将政府、医疗机构和公民作为应对主体，将媒体作为信息桥梁（彭宗超等，2020）。在应对处置领域，Murauskiene 等（2017）通过对立陶宛健康系统的调研分析，从组织架构的层面出发，对政府职能进行了探讨与分析，提出了提升城市政府的应急管理能力是提高国家整体应急管理能力水平的关键，这是推进国家治理能力现代化的必由之路。

一、科学决策的必要性

在区域突发公共卫生事件中，政府领导者应正确地识别面临的各种突发情况，

[①] 本节作者：吴志敏、时勘。

从而进行科学决策，如何破解这些突发信息隐含的问题，是对各级政府执政能力的重大考验。为此，需要先阐明什么是领导决策。Herbert A. Simon 指出，"管理就是决策"（转引自丁煌，2004）。在突发公共卫生事件的决策过程中，稳定的制度化建设是基本保障，而面对具体问题时，领导者的灵活应对则是问题得到真正解决的关键。在了解民众意愿方面，领导者应该特别关注和识别不同阶层群体出现的心态差异，这样才能为政策的出台提供科学依据。只有了解了政府决策的透明性与社会公平之间的关系，才能获得民众的信任，促进决策的正确执行。为此，本研究从整体角度来探索区域危机管理的危机决策规律，这对于突发事件的协同应对与流程优化尤为重要。在开展此方面研究时，除了关键案例分析之外，本研究采用模拟仿真技术来设计多部门无缝隙快速决策路径，从而形成基于系统集成和协同应对的机制，以便科学、有序地应对突发公共卫生事件。

二、区域危机管理的决策内容

1. 区域危机管理的决策方向

本研究涉及区域治理的领导行为研究，如开展不同地区的跨文化比较研究，从而明确如下问题：不同国家和地区民众风险信息感知规律的差异是什么；哪些负性信息会带来恐慌、焦虑情绪；怎样发布信息才能更好地引导民众理性应对；在管理方式上，何种背景下采用紧密文化的领导策略，何种背景下采用松散文化的领导策略；在宏观决策中，采用怎样的领导风格更加富有成效；在企业的生产中，怎样避免事故，运用安全心智模式让组织正常运行。

2. 具体涉及的决策内容

在具体研究内容方面，针对自然环境、区域气候、社会治理诸方面，本研究介绍了基于社会心理服务的生态文明监测评价研究，特别是以温州市为例，具体介绍了环境治理评价系统的实施情况，重点介绍了第三方评估的方法。在理论研究方面，本研究介绍了松紧文化（即松散文化和紧密文化）对领导行为决策的影响，以及团队文化紧密性[①]、变革型领导对员工创新行为的影响，此外，还对变革型领导对员工工作幸福感的影响机制进行了探索。

3. 地方政府的主体作用

传染病感染属于区域突发公共卫生事件，管理者务必通过建立非常规突发事件的协同机制来实现对传染病的预测、控制和干预。在我国，地方政府是构建和运

---

① 本书中，团队文化紧密性同组织文化紧密性。

行非常规突发事件协同治理的关键主体,需要在应对传染病时实现综合协调,从行政体系、医疗机构、供应商、志愿者和社区居民等方面协调多元化的主体关系。在涉及多元主体的社会治理机制中,政府需要承担元治理角色,即发挥核心责任作用,为多元主体的有效互动提供规则、建立秩序、促成集体行动。湖北省武汉市应对突发公共卫生事件的前期案例表明,一些地方机构仍然采用行政主导方式来应对治理难题,这就导致行政体系的治理能力较为有限,可能会影响传染病预防效果。本研究在后期构建的基于流程优化的"主体多元—结构塑造—机制选择—实现协同"的新型协同社会治理模式,由于形成了系统集成和全过程多部门协同应对机制,提升了预防效果。

三、领导决策的主要途径

区域管理的危机管理究竟涉及哪些宏观决策问题呢?这是本研究需要把握的大方向。本研究从宏观区域角度出发,在调查问卷设计过程中,考虑到在面对突发重大公共卫生事件时需要了解如下情况:首先,需要了解民众的风险感知特征,特别是这些认知特征对于民众自身的情绪体验的影响;其次,需要了解领导危机决策时应采用怎样的指导思想,如组织文化的松紧程度如何,是采取严厉的紧密文化方式,还是采取放任自流的松散文化方式;最后,需要了解民众对于政府各种决策方式的认同态度。课题组通过实证研究,探索了领导决策的主要途径,具体如下。

1. 危机决策的全球化视野

当今世界面临的威胁日益突出,在面对各种传染疾病时,必须考虑到中国和世界其他国家同为一个命运共同体,中国在传染病预防方面采取了主动担当的态度,承担起在公共卫生领域的国际责任,通过"古老方法加现代化科技",构建起了强有力的本国"防线",比如"围堵策略",国家和区域层面在相当长一段时间里鼓励民众勤洗手,保持社交距离,并进行大规模的体温监测,暂停公众集会,还呼吁民众减少出行流动等。同时,大数据、人工智能、物联网和 5G 等新科技为我国的预防方法插上了"翅膀",使之更加高效和便民。我国已与全球多个国家、国际组织和地区组织等分享了传染病预防和诊疗方案。面对传染病这样狡猾的"敌人",我国在奋力进行风险管理的同时,也第一时间与其他国家开展科研合作。面对这一共同的重大挑战,我国通过分享知识和经验,携手应对挑战,才迎来了共同建设美好明天的现实。应该说,中国用实实在在的行动赢得了世界的普遍认同与赞赏,体现了负责任大国的担当,生动践行了构建人类命运共同体的承诺。

2. 领导决策的信息发布方式

在突发公共卫生事件的应急管理中，应急信息是多方力量共同应对危机的重要纽带，信息的发布和共享效果直接影响了突发公共卫生事件的应急管理效果。中国疾病预防控制信息系统覆盖的省份有 30 多个，已经成为我国监测突发公共卫生事件最主要的途径（杨竹青，2022）。如何正确认识突发公共卫生事件中科学决策面临的新情况、破解信息发布机制的新难题，是对各级政府执政能力和党员干部领导能力的重大考验。突发公共卫生事件的科学决策面临环境不确定性和信息复杂性的新挑战。此前，全球先后出现了埃博拉病毒传播以及甲型 H1N1 流感暴发等多个有影响力的突发公共卫生事件，给人类社会造成了巨大的影响和威胁。在多个突发公共卫生事件应急管理过程中，我国政府的科学决策发挥了重要作用。在今天的互联网时代，突发事件传播更快、传播范围更广、影响力更大，这使得应急决策面临时间紧迫、信息混乱、高风险和动态化等挑战。互联网新媒体对事件的各种猜测和评论会给整个社会带来紧张感与焦虑感，领导者的决策措施被置于"放大镜"下，稍有不慎，就会在互联网上受到来自多方面的批评。同时，应急决策实施效果的不可逆性、突发事件的高度紧迫性及复杂多变性，也给领导者带来了较大的心理压力。在这方面，我们改进了信息发布方式，妥善地处理了领导决策这方面的问题。

3. 管理政策的民众认同研究

在领导决策中，其应对政策能否得到民众的认同和接受是关键问题。由于情况危急、局面骤变、人心不安和舆论关注等危机态势，危机管理政策的执行面临着"先天缺陷"、认同障碍、参与困惑和价值纠结等困境。在社会治理和公共政策研究中，我们将民众认同界定为危机管理政策和项目影响利益的鉴定标准。Miehl（2011）提出，在应急管理中建立有效的沟通与协作机制，是实现应急管理能力提升的重要途径。课题组配合政府，检索了类似突发公共卫生事件等重大危机管理政策、规划所涉及的民众争议问题，将案例分析与文献综述结合起来，并应用经验分析法进行了问卷调查和案例分析，从而揭示出不同社会阶层民众认同的群体差异，为出台精准化的公共卫生问题干预措施提供了理论基础。此外，课题组采用了定性与定量混合设计的方法，探究政府危机管理政策的透明度与社会公平对民众认同的作用，从而揭示出民众认同的影响机制。在民众认同实施机制研究的基础上，课题组还探究了基层民众对不同危机管理沟通方式的社会认同差异，为后期社会认同实施方案提供了建议。本研究选择了危机情境下的典型案例，采用行为实验方法探查了不同宣传条件、信息透明程度、社会参与度对民众社会认同度的影响机制，从而获得了促进民众社会认同的最佳沟通方案。

4. 协同应对和流程优化

在组织协作层面,组织能力、组织间冲突、合作经验以及文化、权力、资源的差异都会影响应急管理系统的构建与维系(Nolte & Boenigk,2013;Liu et al.,2021)。突发公共卫生事件危机治理研究综合了管理科学、信息科学、心理科学等跨学科成果,探索了突发公共卫生事件与协同治理体系的关系,特别应用了前景理论、突变理论、协同治理理论和方法,探索了特殊约束条件下风险治理及协同应对的关系,从而构建出基于流程优化的"主体多元—结构塑造—机制选择—实现协同"的新型协同社会治理模式。在此基础上,课题组应用无缝隙化组织、证据合成和多元主体、知识本体等理论和方法,建立了多部门协同决策、资源共享和资源重构的预测模型。过去,课题组曾以 SARS 和其他传染病两种情境为例,应用模拟仿真、CBR(case-based reasoning,基于案例推理)、RBR(rule-based reasoning,基于规则推理)等技术,设计出多部门无缝隙快速决策体系,形成了基于系统集成和多部门的公共卫生事件协同应对机制,所取得的成果为我国科学、高效、有序应对突发公共卫生事件提供了重要的决策依据。

四、区域危机管理的主要对策

新冠病毒感染是新中国成立以来传播速度最快、感染范围最广、预防难度最大的突发公共卫生事件。在这场世所罕见的传染病预防阻击战中,如何乘势完善重大传染病预防体制,健全基于流程优化的危机治理体系,成为应对传染病决策、淬炼治理能力的必答问题。本研究从完善区域突发公共卫生事件危机治理的角度出发,在如下方面展开了对策研究。

1. 化解重大风险,维护国家安全

真正把问题解决在萌芽之时、成灾之前,这是风险管理的重中之重。急性传染病传播迅速、危害巨大,如果处置失当、应对失误,不仅会严重影响人民群众的日常生活,还会造成人心恐慌、社会不稳,消解经济建设的多年成果。各级政府始终按照习近平总书记的重要指示,把完善体制机制、坚持底线思维作为时刻防范卫生健康领域重大风险的关键。这些年来,课题组密切关注全局性重大风险问题,也把加强公共卫生队伍建设和基层预防能力提升作为化解重大风险的重大举措,从而促进了国家安全与医防工作的结合。

2. 健全治理体系,提升预防对策

抗击突发公共卫生事件,是对国家治理体系和治理能力的一次大考。重大传染病直接影响社会发展大局稳定,严重干扰对外开放和国家安全,其冲击力和危害性

是前所未有的。在此背景下，课题组也服务于健全国家治理体系、完善公共卫生服务体系，努力协助政府切实做好传染病预防和卫生事件的应对工作，还在加强社会综合预防方面投入大量精力，以期为提高人民健康水平略尽绵薄之力。

3. 保障生命安全，促进身心健康

2020年2月14日，习近平总书记主持召开中央全面深化改革委员会第十二次会议并发表重要讲话时强调，"确保人民群众生命安全和身体健康，是我们党治国理政的一项重大任务"[①]。在区域管理中，针对民众的生命安全和身心健康问题，特别是防范传染病流行和预防疾病扩散，针对新老问题交融、防治形势复杂、预防难度增大的外界变化，我国政府制定了一系列社区预防措施，为保障人民的生命安全和身心健康付出了卓有成效的努力，在社区治理方面经受住了公共卫生事件的考验。

4. 加强区域管理，开展科学研究

通过此次应对区域突发公共卫生事件的危机管理工作，课题组与区域内各级政府配合，以健全社会治理的危机防范的紧迫任务为核心，将过去的区域危机管理科研工作加以系统化和完善化。具体的实施框架在本研究开始之初就已经形成，总体背景为：建立风险危机下的国际视野，以人类命运共同体审视、领导决策与信息发布、管理政策与民众认同为指导思想来开展科研工作，在综合分析的基础上完成区域社会治理的科研工作。这样，危机管理研究就可以为全球人类命运共同体建设目标而努力，更好地提升社会治理下民众的社会认同效果。

五、区域危机管理的未来研究

未来，我们将进一步深化如下几个方面的研究：第一，完善重大公共卫生事件情境下公众行为规律的调查工具和量表开发，为线下实地调查提供科学依据；第二，深化区域社会治理下信息发布和危机治理的流程优化问题，并构建适应不同情境的领导决策权变模型；第三，继续关注社区组织各类人群的情绪引导规律，特别是特困人员、残疾人员以及一线社区管理干部的心理健康需求，还要深入探究医护人员面对压力的应对方法，以及其对不同类型病患治疗的心理辅导规律；第四，通过人工智能分析技术，基于前期研究获得的大数据，构建综合性公众风险认知、行为规律和情绪引导的展示平台，以期为政府决策、组织运作提供服务。

---

① 人民健康，总书记一直高度重视. （2021-03-29）. http://www.qstheory.cn/laigao/ycjx/2021-03-29/c_1127266281.htm[2024-08-01].

第二节　城市突发公共卫生事件治理研究向度的多维视角研究探讨[①]

城市突发公共卫生事件治理理论体系应包括突发事件治理的系统理论、过程理论和对策理论。我们从治理研究向度的多维视角出发，为政府决策提供咨询服务，特别关注城市突发公共卫生事件治理的战略情境，开展了一系列密不可分、相互关联的研究。组成这一系统的角色包括政府、非政府组织、媒体和社会公众四部分。城市突发公共卫生事件治理中，人们研究得最多，也最为成熟的部分就是城市突发公共卫生事件治理的对策理论，具体包括三种：事前对策，包括突发事件预防、突发事件预警以及突发事件情景模拟；事中对策，包含突发事件的决策、危机公关和突发事件的隔离控制；事后对策，包括突发事件的具体干预、从危机状态中恢复过来，直至对公共卫生事件进行总结。当前，人们对城市突发公共卫生事件的系统元素，如突发公共卫生事件中的政府、媒体及突发事件治理利益相关者等已经有较多研究。由于认识得比较晚，学界对城市突发公共卫生事件的系统特征，如突发公共卫生事件的系统方法等的研究相对比较薄弱。

一、系统规定性视角的城市突发公共卫生事件治理向度分析

1. 突发公共卫生事件系统观和系统方法

必须从系统的观点出发理解和管理城市突发公共卫生事件。经典的突发事件系统观点及方法是所谓的"新三论"，即耗散结构论、协同论和突变论。处于没有平衡支撑的非线性区所构建的稳定、有序的框架结构，在与外界进行物质与能量的交换之后，才可以保持结构稳定，这种情况被称为"耗散结构"。协同论针对子系统所构建的系统宏观结构质变进行研究，总结出了序参量之间的合作和竞争。根据协同论，系统从无序到有序变化的过程中，不管原先是平衡相变还是非平衡相变，都遵循相同的基本规律，即协调规律。突变论指出，系统所保持的基本状态，一般可以使用参数来表示。此时系统保持稳定状态，用来表示状态的函数是一个唯一数

[①] 本节作者：吴志敏、时勘。

值。如果参数在特定环境当中发生变化，系统则会随之改变而处于不稳定状态。还有一些研究者认为，当系统状态发生变化时，其参数也会随之发生再改变，不稳定状态也有可能会变成稳定状态，此时，系统状态则会发生突变。随着系统理论的发展，软系统方法、博弈论等许多新方法对城市突发公共卫生事件中的问题具有越来越强的解释、解决效用。在城市突发公共卫生事件中如何分别选择并运用这些系统方法的研究，目前还处于初步探索阶段，根据系统的层次和特点对突发事件进行类型划分可作为一项非常重要的前期准备程序。按照突发公共卫生事件来源，可将其分为内生型突发事件和外生型突发事件；按照突发公共卫生事件状态的复杂程度、性质以及控制的可能性，可将其分为结构良好的突发事件和结构不良的突发事件。

2. 系统角色研究

（1）政府

政府权力源自人民，其存在价值即为人民谋求福祉。城市突发公共卫生事件的发生危及人民的生命和财产安全，因此，承担城市突发公共卫生事件治理的责任是政府存在的目的使然。加快政府转型是适应我国城市突发公共卫生事件变化的必然要求，作为政府转型的目标，建设公共服务型政府对我国政府的绩效标准、政府职能、管理方式、施政理念等都提出了新要求。政府管理着所有的公共事务，不仅行使着各种权力，同时还担负着政治、行政、法律责任，因此，政府必须要在城市突发公共卫生事件发生的情况下处于绝对责任主体地位，担负着人民乃至国家安全责任，必须管控好城市突发公共卫生事件并削弱其造成的危害。

（2）非政府组织

非政府组织是依法建立的具有一定志愿性质的、非营利、非党派、非政府、自主管理并致力于解决各种社会性问题的社会组织。目前，在社会经济、政治和环境等领域，非政府组织已成为影响与推动社会发展的重要力量。非政府组织的工作内容复杂多样，可谓五花八门，但它们具有一些共有特性，如民间性、专业性、灵活性等。它们在专业技术、灵活性、组织机制等方面具有优势，这有利于其在应对城市突发公共卫生事件时发挥重要的作用。非政府组织作为政府职能的延伸，在城市突发公共卫生事件治理中具有突发事件预警功能、信息传递功能、心理疏导功能、信念支撑功能、汇集社会资源功能等。

（3）媒体

媒体作为城市突发公共卫生事件传播中最主要的信息沟通渠道，它的功能发挥直接关系到城市突发公共卫生事件传播和治理的效果。2003年"非典"发生后，国内媒体在城市突发公共卫生事件传播的参与中日益呈现出不断发展、不断突破的趋势，开始发挥越来越重要的作用。媒体是突发事件的预警者、突发事件信息的传递者、社会关系的协调者，以及社会动员和舆论的引导者、监督者、反思者。人们在这个时候会比平常更加迫切地关注媒体，以获得更多的信息。

3. 社会公众

社会公众是城市突发公共卫生事件的直接侵害对象，市民的生命和财产安全是城市突发公共卫生事件治理最重要的内容。市民的危机意识、预防能力和应对水平是决定城市突发公共卫生事件治理效果的重要因素。公众参与有助于政府充分考虑和重视广大人民群众的疾苦、利益与愿望，并可以使政府在城市突发公共卫生事件治理的过程中充分考虑广大公众的利益和愿望，减少政策决策的盲目性，提高政策的合法性。公众参与还可以减少政策执行时遇到的困难，有利于政策的有效执行。另外，公众参与可以增强他们在突发公共卫生事件处理过程中的责任感和对城市突发公共卫生事件决策的宽容精神，还可以使他们成长为更具民主观念和民主能力的人，可以坚定他们在城市突发公共卫生事件治理中的主体地位。

二、过程规定性视角的城市突发公共卫生事件治理向度分析

城市突发公共卫生事件治理过程理论视突发事件为动态的存在过程，并积极探索其发生、发展过程中整体及各阶段的基本表征。起初，突发事件治理过程理论对突发事件周期性复发的重视程度不够，针对单个突发事件阶段及其发展过程的研究分析较多。近几年来，由于相似突发事件经常发生和组织学习理论的活跃，学习过程被作为突发事件过程理论的重要组成部分，具体表现在以下方面。

首先，危机潜伏期理论。城市突发公共卫生事件治理的一个基本前提就是，事件在发生之前都会有各种各样的前期征兆和苗头，及时发现这些可能导致突发公共卫生事件的先兆并采取适当的措施应对，则可能防止突发公共卫生事件的暴发。通过搜集和整理各种信息，采取科学合理的方法进行研究，就需要对激发突发公共卫生事件发生的"导火索"采取必要的防范、控制策略，以避免突发事件的发生。但是，基于城市突发公共卫生事件的暴发具有不确定性，人们必须牢固树立"危机意识"，善于捕捉突发公共卫生事件征兆的各种信息，以做好应对各种突发公共卫生事件的心理和物质方面的准备。

其次，突发事件生命周期理论。该理论是指突发事件因子从出现到处理结束的过程中，有不同的生命特征。突发事件治理的单周期过程模型通常可以分为三个阶段：突发事件前、突发事件和突发事件后。有部分研究者将突发事件生命周期划分

为潜伏期、发展期、暴发期、治愈期这四个阶段，还有研究者把突发事件生命周期划分为潜伏期、显现暴发期、持续演进期、消解减缓期和解除消失期这五个阶段，甚至将其分为六七个阶段。突发公共卫生事件尽管可能会经历生命周期的数个阶段，但只要处理得当，突发公共卫生事件也可能不会发生，即在突发公共卫生事件暴发之前将其彻底消灭。

最后，突发事件学习理论。近年来，同类型的突发公共卫生事件呈现出某种循环特征，并不断发生、引发人们特别重视突发公共卫生事件生命过程的周期性和跨时空的相似性规律。因此，在城市突发公共卫生事件治理中，组织学习理论得到应用，并发展成突发事件学习理论。突发事件学习理论认为，突发事件具有跨组织的周期性与相似性，要有意识地不断学习并积极改进突发事件治理方法，以不断提升应对相似性城市突发公共卫生事件的治理能力。

三、对策规定性视角的城市突发公共卫生事件治理向度分析

在对突发事件客观过程进行认识的基础上，城市突发公共卫生事件治理如何挖掘人和系统的潜力，以达到趋利避害的效果？在城市突发公共卫生事件治理中，最为成熟的部分就是治理对策理论，具体对策包括以下几种。

1. 事前对策

城市突发公共卫生事件治理的事前对策主要包含城市突发公共卫生事件预防、城市突发公共卫生事件预警和城市突发公共卫生事件的情景模拟。

1）城市突发公共卫生事件预防。城市突发公共卫生事件预防是治理中最为重要的管理方式，致力于从根本上减少事件的发生及事态的恶化，以防范缩减城市恶性事件。当前，在我国"经济转轨，社会转型"的重要机遇期，城市突发公共卫生事件的发生概率大大提高，当代城市治理的精髓在于潜伏期的管理层面。

2）城市突发公共卫生事件预警。在某种程度上，城市突发公共卫生事件预警比某一事件的解决显得更加重要。城市突发公共卫生事件预警要求组织预先制定应对策略，避免在城市突发公共卫生事件发生时无法积极响应以至束手无策。不过，预警也存在过分依赖、错误预警和系统失灵等局限性。

3）城市突发公共卫生事件的情景模拟。这里所讲的城市突发公共卫生事件的情景模拟是指对情境系统运行的模仿与演练，以达到事件准备并提高突发事件的治理能力，关键在于尽可能多地还原现实场景和环境等因素，塑造一个真实性高的事件情境，结合所设定的场景，在前期计划基础上进行模拟活动的同时，不断总结

过程中的细节和经验,以此来完善应对计划。随着科学技术的不断更新和发展,这种情景模拟可以以多种形式展开,这样不仅能提高成果转化效率,还能在人力、物力和财力上极大地节约投入。

2. 事中对策

城市突发公共卫生事件治理的事中对策主要包含进行事件决策、开展危机公关和事件最终决策。

1）进行事件决策。事件决策是指在城市突发公共卫生事件发生后,立即考虑采取一切可能的隔离措施,将城市突发公共卫生事件控制在尽可能小的范围内,切断一切使突发事件得以蔓延的途径。这就要求突发事件治理主体预判问题并彻底阻断危及其他通道的根源,进而强化现场控制力度,疏散转移相关参与者,实时评价事件的发生规模,实现实时监控,确保信息畅通、资源充足,并积极争取相关利益者的合作,进而考虑城市突发公共卫生事件的影响因素等。

2）开展危机公关。危机公关的实质就是依赖民间组织的力量,建立大范围的监督机制,在危机预防和控制上下重锤,团结一切可以团结的力量,维护社会组织的稳定和发展。危机公关的独特之处是在危机爆发后,社会组织的自我恢复能力提高,通过前期与公众建立良好的信誉关系,其在面对危机时可调动隐形资产进行应对。然而,这样的措施对于严重的城市突发公共卫生事件则显得抵抗力较弱,若过分依赖这种手段,一旦遭遇大危机,那后果将是不可想象的。

3）事件最终决策。事件最终决策主要探索各种因素对最终决策产生的影响。作为非程序化决策的城市突发公共卫生事件决策与常规决策存在的差别较大。由于突发事件治理中的决策涉及不同相关者的利益,突发事件治理决策必须遵循治理行为涉及的利益的优先性。人们在突发事件中的信息处理能力存在偏差,尤其是领导者等关键人物的认知偏差、不良的精神状态及无意识等都会对决策产生重要的影响。

3. 事后对策

城市突发公共卫生事件治理的事后对策主要包含城市突发公共卫生事件干预、危机状况恢复和危机谋利转型。

1）城市突发公共卫生事件干预。城市突发公共卫生事件干预属广义的心理治疗范畴。突发公共卫生事件干预是指借用简单心理治疗的手段,帮助当事人解决迫在眉睫的问题,恢复心理平衡,安全度过危机。城市突发公共卫生事件来临时,遭受突如其来的冲击的社会群体,在心理上往往出现不同程度的恐慌和忧虑。突发公共卫生事件当事人的康复不仅仅需要医生的干预,更需要家庭、社区等的多方帮助。因此,要帮助那些受突发公共卫生事件影响的人们摆脱不良境遇,重塑信心。

2）危机状况恢复。如何尽快消除危机爆发后的消极影响，重建修补或更新设施，是危机恢复的必要环节，这对于组织的可持续发展至关重要。危机状况恢复既要注意有形恢复，也要关注社会心理的无形恢复，这才是完善的危机状况恢复。

3）危机谋利转型。城市危机转型同时也意味着机会和转机的来临。如果正视并解决城市突发公共卫生事件所反映出来的问题，积极总结城市突发公共卫生事件有可能创造的新生的契机和革新的动力，还可以在危机中利用"机会"谋求有利结果。突发事件中的"机会"既表现为异向机会，也表现为同向机会。从系统变化来看，无论是同向机会还是异向机会，如果处理得当，危机可以变为契机。

第三节 基于管理熵模型的生态文明监测评价研究——以温州市为例[①]

近年来，生态文明和环境保护引起广泛的社会关注，成为生态学、环境心理学等多个交叉学科的热点议题之一。为实现生态文明的可持续发展，探究外部环境和人类行为的交互作用，本研究从环境监测与评价入手，采用定性和定量评估相结合的方法，建构出基于社会心理服务的生态文明监测评价体系，通过管理熵方法构建了生态文明监测指标的管理熵耗散结构模型，并在浙江省温州市初步实施了该评价体系，在试点评价工作中取得了初步成效。结果表明，该地区监测指标总熵流值为 -0.4831（负熵），即该地区生态发展与运行效果向健康状态演进，但在土地资源利用效率（0.0286）、环境友好产业发展（0.0278）两项指标上的熵流值为正，需得到进一步改善。本研究有利于提升温州市在生态文明评价上的监管效能，为解决气候变化、自然灾害等潜在公共卫生事件提供客观信息，助力生态文明建设。

随着全球环境问题的日益凸显，生态文明建设已经成为人类社会发展的重要方向。以习近平同志为核心的党中央把生态文明建设摆在全局工作的突出位置，为推进美丽中国建设、实现人与自然和谐共生的现代化提供了指引方向。为了实现可持续发展目标，各国纷纷提出生态环境保护政策和措施。然而，要全面了解生态环

---

① 本节作者：时勘、张中奇、宋旭东。

境的状况并有效监测其变化并非易事。实现生态文明的可持续发展,探究外部环境和人类行为的交互作用非常重要。因此,建立一个可靠、高效的生态文明监测系统显得尤为重要。

一、生态文明

生态文明是人类在遵循客观发展规律的前提下,通过改造主观世界的实践来促进人与自然、社会以及自身共生共进的和谐关系状态的过程。当今,有些人盲目追求经济的高速发展,过度开采资源。生态系统遭到严重破坏,自然资源过度损耗,迫使人类加快探索生态文明绿色循环的可持续发展模式。党的十八大以来,国家把生态文明建设作为关系中华民族永续发展的根本大计,展开了一系列开创性工作,从解决突出生态环境问题入手,注重点面结合,实现了由重点整治到系统治理的重大转变。生态文明建设作为中国特色社会主义的重要组成部分,已经成为国家发生历史性变革的显著标志,作为衡量生态文明发展和实施效果的重要手段,生态文明监测逐渐成为研究的热点领域。

二、生态文明监测

1. 生态文明的监测技术

生态文明监测系统以高科技手段为支撑,可以对生态环境的各个要素进行实时监测、数据收集和分析,帮助相关部门进行科学决策。通过监测系统,政府和各行业部门能够了解生态保护成果、资源利用效率、生态环境质量和绿色发展过程等方面的情况(Stevens,1994),及时发现问题和风险,制定相应的政策和措施,为生态文明建设提供科学依据。近年来,监测系统的建构研究已经从单一的数据采集转向了多源数据融合(Hajjaji et al.,2021)、云技术应用和人工智能优化等(Ullo & Sinha,2020),这无疑极大地提升了生态文明监测的科学性和实用性。目前,国内外多采用物联网(Fang et al.,2014)、遥感和 GIS 技术、传感器技术(Adu-Manu et al.,2017;Tyagi et al.,2020)、Sentinel-2 影像(Li et al.,2021)等提取各种环境影响因子,并开展生态环境评价和分析监测。这些技术以网络信息为主,构成了环境监测系统,帮助应对各种复杂条件下的环境监测,并被应用于各个领域,服务于日常生活(Li et al.,2021)、水质污染监测(Adu-Manu et al.,

2017；Tyagi et al., 2020）、空气污染监测（Dhingra et al., 2019）和农作物损害评估（Fritz et al., 2019）等。

2. 生态文明的监测指标选择

生态文明监测指标的选择和评估对于实现环境监测和评估方案的目标至关重要。20世纪70年代，环境监测指标概念的应用通常集中在生物体上，作为水污染、大气污染等的具体指标，目前这类指标仍然是生态学和环境评估的重要组成部分。随着生物学和生态学的发展，理化指标也被纳入生态监测指标体系中，用于分析理化参数和重金属污染的影响，以此对当地的沿海生态系统进行评估。Rahman（2021）以砷（As）、镉（Cd）、铬［(Cr)(VI)］、汞（Hg）和铅（Pb）五种重金属元素为指标，监测它们对大气圈、土壤圈、水圈、生物圈等不同自然系统的影响。然而，将生态文明监测指标局限于自然科学指标显然是不够的，忽略了作为环境主体的人与环境产生的交互作用。加拿大国家环境计划（The Canadian State of the Environment Program）的背景报告中提出了6个领域45个指标的注释书目，6个领域分别为生活质量指标、环境指数、环境质量概况、生物指标、化学指标和城市环境指标（转引自时堪等，2024）。我国学者梁龙武基于对京津冀城市群的研究提出，服务业水平、财政收入、居民收入、教育水平、互联网应用是减少环境污染的因素（Liang et al., 2019）。人文指标的引入使得整个生态文明监测指标体系变得更加完善，但目前国内外在此方面的探索相对较少。本研究从环境监测与评价出发，探索了构建生态环境友好型指标体系的方法，在调查我国城市和农村生态文明监测指标的基础上提出了新的生态文明监测指标体系，通过基于异构信息表示、知识图谱构建和多模态数据融合等关键技术，将不同来源、不同层次的数据语义知识汇聚到环境治理模型之中，设计出生态文明监测与评价系统，为国内外生态环境及解决目前气候变化、自然灾害等危机事件提供评价指标，助力生态文明建设。

三、管理熵理论与评价模型

1. 管理熵理论与耗散模型

管理熵理论借鉴了德国科学家克劳修斯（Clausius）在1865年随热力学第二定律一同提出的熵思想，以及比利时统计物理学家普里高津（Prigogine）后来提出的耗散结构理论。所谓管理耗散结构，就是管理耗散过程中形成的自组织和自适应管理系统（任佩瑜等，2013）。之后在国内开展的研究中，任佩瑜教授在结合管理科学和复杂科学的基础上，率先提出了管理熵思想，这是管理的文化、制度、政策和方法。在相对封闭的组织运动中，有效能量会逐渐消耗，无效能量则会不断增加，在这个不可逆转的过程中，组织管理熵值增加，管理效率递减，系统则向无序方向发展（任佩瑜，1997）。宋华岭和王今（2000）则提出，广义管理熵是指将管理熵理论运用于整个社会领域中，而狭义管理熵则是指将管理熵理论用于提高微观企业管理系统的有序度和管理效率方面。较之先前的研究方法，管理熵的提出有效地弥补了一般效能评价方法在定性、定量指标协同方面的不足，解决了计量结果复杂、过度依靠数值数据等缺陷，是进行组织管理效率评价的有效工具之一（薛倚明等，2017）。

根据 Katz 和 Kahn（2015）的开放系统理论，生态环境监测系统与环境之间存在着相互作用关系，这里，生态环境监测系统可以被看作一个开放系统，能和外部环境进行持续的物质和能量交换，进而从环境中吸收数据、信息和能量，以不同方式维持运行。总之，通过环境监测，我们可以监测不同环境因素的动态变化，从而更好地把握生态系统的状态和变化趋势。此外，在系统与环境相互作用和信息交换的过程中，借助系统内部的反馈机制，监测系统可以提供及时、准确的数据和信息，以帮助环境管理部门进行资源管理决策。通过管理熵方法，管理熵耗散结构模型的各项指标可以得到整合，从而大大地提升监管系统的效能，也使得公众更加关心环境治理的评价工作。

2. 基于管理熵的生态文明监测评价

在生态监测的评价方法方面，国内外常用的方法主要有主成分分析法、层次分析法（analytic hierarchy process，AHP）、人工神经网络法和综合指数法等，通过这些方法对搜集到的数据进行分析处理，获得对某一地区环境的整体评价。但是，这些方法的使用在各项评价指标的整合方面仍有不足，主要是评价结果之间的可比性较差。近年来，国内外学者使用熵法对环境监测的各项指标进行了整合，取得了较大的研究进展。其中，Mahamma 等（2023）基于熵的地下水灌溉质量指数等，对水质指数和重金属污染指数进行了评价和整合，而 Kumar（2021）通过信息熵对地表水水质进行了评价，还有研究者（Du & Gao，2020）基于 AHP 熵值赋权对烟台市海洋牧场生态安全进行了评价。为此，本研究将在上述评价方法的基础上，将管理熵评价方法引入生态监测评价系统中，构建了生态文明监测的管理熵耗散结构模型，试图在解决管理熵聚合问题的基础上，使得多维度监测系统的各要素得以整合，实现统一的生态监测，进而将生态法治、社区健康和社会公平的多项内容纳入统一的、可比较的环境监测系统中。

四、生态文明监测的评价指标体系

1. 生态文明监测指标的实证调研工作

为了构建生态文明监测的评价指标，课题组：①开展了生态文明与环境治理相关专家的实证调研，先后在北京、上海、杭州和温州等地，邀请了105位专家进行有关环境监测的网络开放式问卷调查；②在获得调查数据之后，对调查内容进行编码分析，获得了初步的研究结果；③根据这一调研结果，先后在北京、温州两地组织了两场生态监测指标设置的团体焦点访谈。参加这两次调查的专家分别来自生态学、社会学、心理学和马克思主义哲学等领域，共17人。随后，课题组对访谈调查结果进行了汇总，获得了环境监测调查结果：第一，在自然环境方面，专家认为，国家生态政策重点关注全球气候治理规划，特别是碳达峰、碳中和目标在民众中的信心指数；第二，在社会治理方面，专家强调，需要了解绿色转型过程中民众对区域统筹政策的心态反应，特别是对绿色法律意识的认识状况；第三，在心理适应方面，专家认为，需要了解民众的风险环境意识、生态教育需求和心理承受能力，特别要调查特殊群体的心理状况，进而确定问卷调查中的心理要素。

2. 生态文明监测指标的构建程序

通过梳理现有生态管理规范和治理标准，本研究在一些地区进行了试点，基本确定了生态文明监测指标的构建程序（图2-1）。

步骤一：评价指标的筛选。在对我国城市和农村的生态文明监测指标进行调查的基础上，提出新的监测体系的一级指标体系，包括生态保护、资源利用、环境质量、生态安全、绿色发展、循环经济、文化建设、民生环境、国际合作、法律管理等指标系统，将在后期通过实证研究不断完善。

步骤二：指标权重的确立。在建立生态文明监测指标的基础上，针对每项指标在综合考评中的地位，确定指标的评估权重，进而构建综合评估模型。在参考国内外有关生态评估指标之后，采用AHP的多元定量方式，并应用判断矩阵法来综合确定各指标的权重，最后，采用专家小组评议或德尔菲法来综合界定权重。

步骤三：评分标准的确立。由于各项指标的单位、数量级不同，不可能对各项指标直接进行运算或比较，对评估体系的二、三级指标分别建立相应的定性或定量标准。目前，指标评价采用Ⅰ（非常不同意）、Ⅱ（不同意）、Ⅲ（有点不同意）、Ⅳ（有点同意）、Ⅴ（同意）和Ⅵ（非常同意）六个等级并依次赋值，最后确立评分标准。

步骤四：指标体系的完善。指标体系将定期进行修订，根据不断出现的新需求进行调整和改进。这里，特别需要强调的是核心指标的稳健性和代表性，通过考察生态系统监测的时空变异性，如季节性变化等趋势，以便保证生态文明监测指标体系的持久性。生态文明监测指标体系建立流程图如图 2-1 所示。

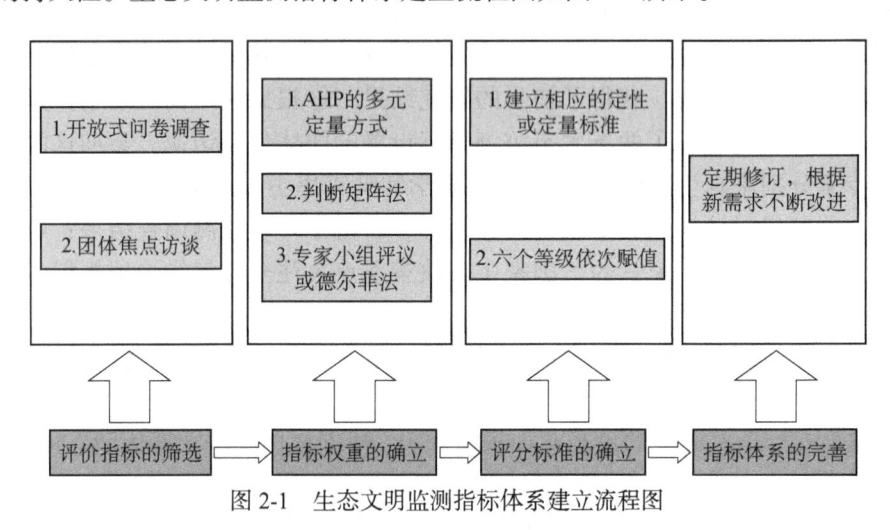

图 2-1　生态文明监测指标体系建立流程图

研究发现，由于生态环境具有较大的地区差异，不同的省份，甚至相同省份的不同地区的评价指标在内容上均存在差异。课题组已在浙江省内各地区初步完成了有效性验证，通过获得的反馈信息来明确监测指标的可操作性。考虑到地区性指标的差异性，课题组根据不同地区的具体情况，采用 AHP 设定了监测指标的权重系数，在个别地区还单独设定了监测指标，以便特殊情况下的观察和评价之用。

3. 生态文明监测指标体系设置

经过对生态文明问卷三个基本维度的确立和四个步骤的细化，最终构建出生态文明监测指标体系，如表 2-1 所示。

表 2-1　生态文明监测指标体系及指标说明

指标体系	监测指标
生态保护	自然保护区覆盖率、濒危物种保护、生态修复与重建等
资源利用	水资源利用效率、能源利用效率、土地资源利用效率等
环境质量	大气污染指数、水质状况、土壤污染程度等
生态安全	生态系统稳定性、灾害风险评估、生态灾害防治等

续表

指标体系	监测指标
绿色发展	温室气体排放、可再生能源利用率、环境友好产业发展等
循环经济	废物处理和回收利用率、原材料消耗、循环经济模式实施等
文化建设	生态教育覆盖率、生态文化传播、生态文化保护等
民生环境	环境健康状况、生活环境质量、生活水平与环境等
国际合作	跨境生态问题、国际环境公约遵守、国际援助和技术转让等
法律管理	生态保护政策实施、环境监管和执法、管理创新和组织支持等

五、生态文明监测的第三方评估

1. 第三方评估的来源

习近平总书记指出,"生态文明建设正处于压力叠加、负重前行的关键期,已进入提供更多优质生态产品以满足人民日益增长的优美生态环境需要的攻坚期"[1]。在生态文明监测系统的指标体系确定之后,本研究就进入生态文明监测系统的实施阶段,通过精准治污、科学治污、依法治污工作,深入打好生态多维度评估的攻坚战,形成跨学科、跨领域的综合治理体系。目前的关键是通过此生态文明监测系统确定的评估体系三级指标,来参与各地区的第三方评估工作,在获得试点经验和成效之后,为政府、企业和公众提供评估工具的支持,以解决生态文明监测系统的可操作性问题。

2. 管理熵评估方法及耗散模型的构建

根据已有经验,评估实施的关键在于使各项评价指标叠加融合,能够整合成统一指标,这样评价结果才具有可比性。为此,本研究将管理熵评价方法引入生态文明监测的评价系统中。由于解决了管理熵聚合问题,多维度监测系统各要素得以整合,由此实现了统一的生态文明监测工作。

(1)管理熵耗散模型计量公式

生态系统作为非线性的复杂系统,在一定时期内,在管理熵的作用下会产生管理熵流值,若人们不正当地使用自然资源,且不加以管理干预,则会形成正熵增,生态系统的稳定性和健康水平也会不断降低。在施加科学的管理干预后,经由管理

---

[1] 习近平出席全国生态环境保护大会并发表重要讲话.(2018-05-19).https://www.gov.cn/xinwen/2018-05/19/content_5292116.htm?allContent[2024-04-20].

耗散作用就会产生负熵增，生态系统的健康水平就会得以提升。这样，二者的共同作用就会使得组织健康系统的管理熵总值发生积极变化，即管理耗散模型中一级系统的熵流值发生积极变化。体系内友好生态环境具备的十大维度形成二级维度熵流值的加权平均，整体生态环境的健康状况就会使得生态文明监测系统中10项一级指标的熵值结果协同呈现。

在管理耗散模型中，二级维度熵流值的计量公式为：

$$D = \sum_{i=1}^{n} K_i ds_i \quad （式2-1）$$

其中，D 为目标二级维度体系产生的熵值，i 为该体系中产生的各项三级子指标，K_i 为评价对象各子指标在特定维度下的权重，权重是依据该指标反映的生态文明监测系统的监测效能在体系中的贡献率，运用熵权法计算而得的，赋权公式为：

$$K_i = \frac{1 + ds_i}{\sum_{i=1}^{n}(1 + ds_i)} \quad （式2-2）$$

式（2-1）、式（2-2）中，ds_i 为各三级生态文明监测指标所产生的管理熵流值，计算公式为：

$$ds_i = -K_B X_i Ln X_i \quad （式2-3）$$

其中，K_B 为管理熵系数，n 为二级维度体系内三级子指标的个数，X_i 为各项三级子指标值和指标得分标准值的比值。

管理耗散模型通过管理熵系数表达出下述观点：复杂系统内每增加一个评价子指标，其二级维度熵流值会增加一个单位，所追加的边际成本也会相应上升。系统越庞大，子指标熵的变化对一级系统整体熵值的作用越小。但管理熵系数的功能具有相对性，在把各二级维度体系作为独立系统单元进行分析时，需考虑每个维度内部的边际成本差异。在将各二级维度体系置于生态文明监测系统的整体进行考察时，各维度体系会相对转变为简单要素。此时，边际成本的差异可不予计算。

（2）管理熵耗散模型的建立

第一，建立指标体系矩阵 A。

通过管理熵流值的定量计算可以获得测量指标二级维度矩阵。

$$A = (a_1, a_2, a_3, \cdots, a_i) \quad （式2-4）$$

其中，a_i 为目标评价组织的管理熵值。

第二，构造各影响因素之间的相互作用矩阵 $\boldsymbol{B}$。

$$\boldsymbol{B} = (b_{ij})_{10 \times 10} \qquad (式2-5)$$

其中，b_{ij}（$i=1,2,\cdots,10$；$j=1,2,\cdots,10$）为建立的生态文明监测评价体系中10个二级体系内部子指标的相互作用力大小。

第三，构造影响因素权重矩阵 $\boldsymbol{C}$。

使用熵权法来量化各项指标对综合评价的不同影响，即评估指标权重。

$$\boldsymbol{C} = (c_i)T_{i \times 10}$$

其中，c_i（$i=1,2,\cdots,10$）分别代表了10个二级维度体系熵流值在一级系统熵流值中的权重。

第四，计算管理熵流值：

$$S = \boldsymbol{A} \times \boldsymbol{B} \times \boldsymbol{C} = (a_1, a_2, a_3, \cdots, a_i) \times (b_{ij})_{10 \times 10} \times (c_i)T_{i \times 10} \qquad (式2-6)$$

其中，S 是整个生态文明监测系统的总熵，它是由指标体系矩阵 $\boldsymbol{A}$、各影响因素之间的相互作用矩阵 $\boldsymbol{B}$ 和因素权重矩阵 $\boldsymbol{C}$ 相乘而得的。当熵流值 S 为负值时，生态监控与运行效果向健康状态演进；当熵流值 S 为正值时，则表明生态监控与运行效果的管理效能可能存在一定问题，需要根据发现的不足加以改进。

3. 基于管理熵的温州市生态文明监测评价的实证分析

（1）指标数据来源

本研究利用生态文明监测系统中的数据分析和机器学习，对温州地区的环境报告、政策文件和社会舆情等文本信息进行自动化分析，然后，对该地区不同来源、不同层次的环境监测数据进行智能处理和挖掘，通过数据预处理、数据清洗和特征抽取等技术，对收集到的数据进行初步处理，得到有价值的信息。本研究涉及的具体指标数据来自《中国统计年鉴2022》《2022年温州统计年鉴》《2022年温州市生态环境状况公报》《2022年上半年温州市排污单位执法监测评价报告》《温州市第三次全国国土调查主要数据公报》《温州市能源发展"十四五"规划》《温州市重点源监测数据公示》等政府文件和公报，经过综合分析、筛选得到了温州市在生态保护、资源利用、环境质量、生态安全、绿色发展、循环经济、文化建设、民生环境、国际合作和法律管理等方面的具体数据。

（2）管理熵流值计算

选取温州市为目标对象，根据所测各项指标来建立管理熵耗散模型，以此为基础得到温州市生态监测指标熵流值结果，如表2-2所示。

表 2-2 温州市生态文明评价指标计算表

指标		指标得分 D_i	比较值 $X_i=D_i/D$	熵流值 $ds_i=-K_B X_i Ln X_i$	权数 $K_i=(1+ds_i)/\sum_{i=1}^{n}(1+ds_i)$	加权得分
一、生态保护（熵流值合计：-0.0829）	自然保护区覆盖率	3.5702	1.4929	-0.2495	0.2087	-0.0521
	濒危物种保护	3.9886	1.3444	-0.1659	0.2320	-0.0385
	生态修复与重建	2.7539	0.7296	0.0959	0.3048	-0.0292
二、资源利用（熵流值合计：-0.0119）	水资源利用效率	4.2314	1.9429	-0.0855	0.2132	-0.0346
	能源利用效率	4.1184	1.3564	-0.0814	0.2293	-0.0248
	土地资源利用效率	4.2642	0.8906	-0.1711	0.3542	0.0286
三、环境质量（熵流值合计：-0.0153）	大气污染指数	4.3328	1.3678	-0.2116	0.2587	-0.0520
	水质状况	4.6194	1.3144	-0.0414	0.2326	-0.0365
	土壤污染程度	4.5190	0.7589	-0.1458	0.3842	-0.0257
四、生态安全（熵流值合计：-0.0224）	生态系统稳定性	3.3218	1.5845	-0.2084	0.2765	-0.0598
	灾害风险评估	3.6906	1.2470	-0.1296	0.2832	-0.0315
	生态灾害防治	4.2882	0.2497	-0.1693	0.3048	-0.0242
五、绿色发展（熵流值合计：-0.0221）	温室气体排放	4.3502	1.1360	-0.0924	0.2087	-0.0569
	可再生能源利用率	4.1176	1.5698	-0.0501	0.2320	-0.0344
	环境友好产业发展	4.3289	0.4527	-0.1458	0.3048	0.0278
六、循环经济（熵流值合计：-0.0385）	废物处理和回收利用率	4.1906	1.5382	-0.2048	0.2491	-0.0546
	原材料消耗	4.1399	1.3488	-0.0358	0.2587	-0.0325
	循环经济模式实施	4.3457	0.5790	-0.1347	0.3029	-0.0238
七、文化建设（熵流值合计：-0.0283）	生态教育覆盖率	4.5359	1.2315	-0.2248	0.5671	-0.0512
	生态文化传播	4.1184	1.2425	-0.1531	0.1322	-0.0345
	生态文化保护	4.2642	0.7568	-0.1673	0.3084	-0.0270
八、民生环境（熵流值合计：-0.0429）	环境健康状况	3.6906	1.2989	-0.0500	0.2351	-0.0526
	生活环境质量	4.2882	1.3672	-0.0364	0.2934	-0.0394
	生活水平与环境	4.5190	0.1679	-0.1570	0.3945	-0.0237
九、国际合作（熵流值合计：-0.0527）	跨境生态问题	4.1399	1.2367	-0.3043	0.2479	-0.0588
	国际环境公约遵守	3.9886	1.3779	-0.0362	0.2132	-0.0355
	国际援助和技术转让	4.2642	0.5468	-0.1599	0.3547	-0.0247
十、法律管理（熵流值合计：-0.0648）	生态保护政策实施	4.2314	1.4683	-0.2499	0.2934	-0.0514
	环境监管和执法	3.9886	1.5689	-0.1465	0.2232	-0.0380
	管理创新和组织支持	4.2642	0.1369	-0.2237	0.3407	-0.0236

1）构建二级维度矩阵 A。根据表 2-2，在计算出各二级体系生态指标熵流值的基础上，构造总熵值各影响指标的水平矩阵 A：

$A=(a_1, a_2, a_3, \cdots, a_{10})=(-0.0829, -0.0119, -0.0153, -0.0224, -0.0221, -0.0385, -0.0283, -0.0429, -0.0527, -0.0648)$

2）构造各影响因素权重矩阵 C：

$$C_i = \frac{\sum_{i=1}^{11}(1+ds_i)^* e^{K_{Bi}}}{\sum_{i=1}^{11}\sum_{i=1}^{11}(1+ds_i)^* e^{K_{Bi}}} \quad \text{（式 2-7）}$$

权重矩阵 **C** 即各二级指标体系得出的生态文明监测系统指标的构成因素强度大小，并在消去各子体系的激励熵系数的非线性作用后得到的标准化激励效果，计算出标准化的生态文明监测指标二级维度水平，以及其在生态文明监测系统中的份额。由式（2-7）得出权重矩阵 **C** 如下：

$$C = \begin{Bmatrix} 0.1156 \\ 0.1068 \\ 0.1035 \\ 0.0980 \\ 0.0924 \\ 0.0896 \\ 0.1015 \\ 0.0932 \\ 0.0982 \\ 0.1012 \end{Bmatrix}$$

3）构造各影响因素之间的相互关系矩阵 **B**。管理熵耗散模型的关系矩阵 **B** 和权重矩阵 **C** 都用来解释分熵流值各自对生态文明监测系统一级指标熵流值总熵的影响情况，即各二级系统的效果对于总生态监测结果施加影响的作用力。用熵权法确定权重矩阵 **C** 时，关系矩阵 **B** 的数值可通过权重矩阵 **C** 确定：

$$b_{ij} = \begin{cases} 1 & i = j \\ \dfrac{a_j}{a_i} & i \neq j \end{cases} \quad \text{（式 2-8）}$$

代入权重矩阵 **C** 的具体数值便可计算出关系矩阵 **B** 的取值。

$$B = \begin{bmatrix}
1.0000 & 0.9239 & 0.8953 & 0.8478 & 0.7993 & 0.7751 & 0.8780 & 0.8062 & 0.8495 & 0.8754 \\
1.0824 & 1.0000 & 0.9691 & 0.9176 & 0.8652 & 0.8390 & 0.9504 & 0.8727 & 0.9195 & 0.9476 \\
1.1169 & 1.0319 & 1.0000 & 0.9469 & 0.8928 & 0.8657 & 0.9807 & 0.9005 & 0.9488 & 0.9778 \\
1.1796 & 1.0898 & 1.0561 & 1.0000 & 0.9429 & 0.9143 & 1.0357 & 0.9510 & 1.0020 & 1.0327 \\
1.2511 & 1.1558 & 1.1201 & 1.0606 & 1.0000 & 0.9697 & 1.0985 & 1.0087 & 1.0628 & 1.0952 \\
1.2902 & 1.1920 & 1.1551 & 1.0938 & 1.0313 & 1.0000 & 1.1328 & 1.0402 & 1.0960 & 1.1295 \\
1.1389 & 1.0522 & 1.0197 & 0.9655 & 0.9103 & 0.8828 & 1.0000 & 0.9182 & 0.9675 & 0.9970 \\
1.2403 & 1.1459 & 1.1105 & 1.0515 & 0.9914 & 0.9614 & 1.0891 & 1.0000 & 1.0536 & 1.0858 \\
1.1772 & 1.0876 & 1.0540 & 0.9980 & 0.9409 & 0.9124 & 1.0336 & 0.9491 & 1.0000 & 0.9491 \\
1.1423 & 1.0553 & 1.0227 & 0.9684 & 0.9130 & 0.8854 & 1.0030 & 0.9209 & 0.9704 & 1.0000
\end{bmatrix}$$

（3）一级系统管理熵流值的最终计算

管理熵流值 S 的取值为：

$$S = A \times B \times C = (a_1, a_2, \cdots, a_i) \times (b_{ij})_{10\times10} \times (c_i) T_{i\times10} = -0.4831 \quad \text{（式 2-9）}$$

4. 分析与讨论

首先，根据模型评价结果，该地区监测指标总熵流值为-0.4831<0，说明该地区生态发展与运行效果向健康状态演进，同时也反映出该地区在以下几个方面做出的工作是有成效的：第一，该地区政府重视生态环境的保护，及时调整和执行环境保护政策，推动可持续发展；第二，企业坚持绿色发展，注重生态安全，资源利用率高，降低了经济发展对环境产生的影响；第三，公民环境保护意识高，节约资源，低碳环保。各主体紧密合作，形成共识，共同承担责任，确保了生态环境的可持续性与人与自然的和谐发展，也推动管理熵流值呈现出有序、稳定、上升的负熵值。

其次，在二级体系中，各管理熵流值均为负数，且熵流绝对值远大于0.01，说明该地区各二级生态环境监测指标的实施状况对降低总指标熵流值的作用均是积极的。其中，生态保护维度的负熵绝对值最大（-0.0829），法律管理维度次之（-0.0648），反映出该地区政府重视生态环境保护及生态修复的政策发布与实施，注重提供资金支持和政策激励，也注重加强建立和维护生态保护区与自然保护区，推动生态修复和生物多样性保护，实现人与自然和谐发展。

再次，从三级体系的各项生态监测指标熵流值具体观测该地区的生态环境状况，发现土地资源利用效率（0.0286）、环境友好产业发展（0.0278）两项指标熵流值为正，对该地区生态环境发展有不利影响，拉低了该地区资源利用和绿色发展两大体系指标的熵流值。在后续的实地调研中发现，该地区仍存在土地大量闲置或低效方式利用、不合理的生产方式导致的土地退化、企业缺乏环保技术等问题，证实了该评价体系的有效性。

最后，本研究所提出的监测评价指标体系对于环境监测治理具有一定的理论和实践意义。一方面，提供了生态环境监测的评价方法，可以为政府等管理决策部门提供关键的信息支持，促进环境治理的科学化和精细化，有效减少主观因素的干扰，增强决策的科学性和可信度。此外，通过与计算机技术的结合，可以实现实时分析和文本处理，能够及时发现异常情况，并提供预警和处理方法，这样的决策和咨询系统有助于避免污染的蔓延和生态被破坏的风险，为政策制定者、环保机构和研究人员提供实用的参考和借鉴，有利于实现可持续发展和生态文明建设的目标。另一方面，在评价方法上，基于管理熵的生态监测评价有利于增强监管系统的客观性，其中涉及公众主观感受的因素使公众更加积极地参与对生态文明和环境治理的协同工作。所以，本研究提出的基于管理熵的生态监测评价增强了环境治理的客观性，公众主观因素提升了生态环境共建的参与感，为实现可持续环境治理作出贡献，也对生态文明有重要促进作用。

六、研究结论与未来展望

第一，本研究通过对国内外生态监测与评价研究成果的分析和总结，结合我国国情和实际需求，提出了一种基于社会心理服务的生态文明监测评价体系。具体而言，本研究从以下几个方面展开了工作：首先，开展生态文明与环境治理相关专家的实证调研，分析当前已有监测系统存在的问题和不足之处，得出有关生态文明监测系统的各项指标体系；其次，基于专家团体焦点的会商结果，为监测指标的界定和评估打下坚实基础；最后，使用该监测系统对温州某地区进行实地施测，得到相关决策部门的积极反馈。通过开展以上工作，本研究建立了一个完善的生态文明监测系统，这有利于提升监管系统效能，使公众更加积极地参与生态文明和环境治理的评价工作，为实现可持续发展作出了实际贡献。

第二，本研究基于管理熵理论和方法分析了生态文明监测系统各维度指标的正、负熵流值，同时识别出某地区某时某刻的生态环境在不同维度下的协同变化趋势，将形成的管理熵耗散模型应用于生态环境指标的评估，使各项评价指标叠加融合，能够整合成统一指标。由于解决了管理熵聚合问题，多维度监测系统各要素可以得以整合，从而实现了统一的生态监测，进而产生针对性的环境治理方案，将生态法治、社区健康等多项内容纳入可比较的环境监测系统之中，这显然丰富了管理熵理论在生态学领域的应用。

第三，由于生态环境具有较大的地区差异，不同的省份，甚至相同省份不同地区的评价指标在内容上可能存在差异，所以，本研究所得出的生态文明监测系统仍需在全国各地继续进行有效性验证，通过获得的反馈信息来验证环境监测指标的可操作性，对于个别特殊地区，则需要单独设定监测指标。在后期调查和评价工作实施中，我们重点在如下两个方面加以推进。一方面，将扩大应用地区，进行对比分析。例如，在温州地区政府、企业和社区取得实施成效之后，将在浙江省范围内的其他一些城市进行生态文明监测系统的验证性工作，进而在全国范围内进行宣传和推广工作。另一方面，为取得逻辑上更为紧密的因果推断结果，后期将重点纳入逐月、逐年的纵向动态数据，如面板数据等，以进一步获得更为稳定和明晰的论证结果。

第四节　中华民族共同体意识与民众应对的交互关系研究[①]

本研究基于四轮心理学网络调查，分析了中华民族共同体意识与抗击突发公共卫生事件有效的互动关系。在突发公共卫生事件初期，民众对信息的风险认知现状以及政府及时、有效的预防措施呈现了中华民族的社会凝聚力与共情式担当；在突发公共卫生事件中期，风险认知的地区差异与应对现状呈现了共情动机的激发对抗击突发公共卫生事件的激励作用，通过疏导认知偏差，促进个体克服"心理台风眼"效应，促进民族自信心的全面发展；在突发公共卫生事件稳定期，当地民众与医护人员群体的特殊心理调查呈现了基于中华民族共同体意识的认同式心理调节与内生式情感治愈的关系，从而有助于消除组织污名化的心态，促进了抗击突发公共卫生事件的人文关怀工作；在突发公共卫生事件后期，经济困难群体、职业群体、学生群体的恢复调查呈现了对特殊群体心理健康问题的关注，以特殊群体的心理成长促进中华民族共同体意识的长效发展。在突发公共卫生事件后期，我们以中华民族共同体意识承接人类命运共同体意识，关注共生心理场与社会结构系统。

一、中华民族共同体意识与民众应对的国际比较研究

近年来暴发的传染病是一场灾难，既是对政府的危机管理、社会治理和应对能力的考验，也是对中华民族共同体意识的检测。我国政府有效地控制了该传染病的蔓延，与此形成鲜明对比的是西方国家政府的应对模式的低效能。1985年，当艾滋病在美国传染造成大量人员死亡时，里根总统才首次公开提及"艾滋病"这个词。而2019—2020年，当美国疾病控制中心宣布已造成数千万人感染时，美国政府依然没能采取有效的防范措施。对于中国在应对突发公共卫生事件中的表现，世界卫生组织总干事谭德塞高度评价，称中方行动速度之快、规模之大，世所罕见[②]。

[①] 本节作者：时勘、覃馨慧、宋旭东、焦松明、周海明。
[②] 习近平会见世界卫生组织总干事谭德塞．（2020-01-29）．http://politics.people.com.cn/n1/2020/0129/c1024-31563950.html[2024-08-01].

中国采取了果断、有力的措施来控制传染病传播，不仅体现出国家对本国人民生命健康的高度负责，更体现出国民在应对突发公共卫生事件的危急关头具有中华民族共同体意识。在抗击传染病的过程中，各族人民表现出高度一致的爱国主义精神和团结、坚忍、奉献的精神，取得的成效与中华民族共同体意识密不可分。本研究从心理学角度出发，探索在突发公共卫生事件中民众的风险认知与应对行为，揭示其中的社会心理现象和规律，为后期预防工作提出对策建议。

二、研究基础与问题提出

1. 风险认知研究

突发公共卫生事件首先引发的是公众的风险信息感知。所谓风险，指在不确定情境下不利事件或危险事件发生、发展的可能性。风险认知是个体对存在于外界各种客观风险的主观感受与认识，而这些主观感觉会受到心理、社会和文化等多方面因素的影响（时勘等，2003）。基于风险认知，应对突发公共卫生事件的行动有赖于社会基础性工作，需要国家-社会互动建构的支撑。Slovic（1987）从心理学角度提出了心理测量学模型，总结出影响风险认知的重要维度和特征。他认为，对风险事件的评判被人们知觉为"难以控制的"，其高风险一端包括"未知的"和"不可控制的"两大类，其位置可以直接显示出人们对风险的知觉特征。2003年，时勘带领课题组率先在国内开展了民众的风险认知和社会心理预警研究，结果发现，我国民众在风险认知、行为应对和情绪干预方面呈现出一定的特点和规律（时勘等，2003），据此形成有关风险认知的社会心理预测模型，为政府提供了多项对策建议。

2. "心理台风眼"效应研究

在突发公共卫生事件中，不同地区的人们对传染病各类风险信息的认知与主观判断可能存在一些认知偏差。李纾等（2009）发现了地震风险认知中的"心理台风眼"效应，谢佳秋等（2011）年又从风险认知和风险行为倾向两方面验证了"心理台风眼"效应，认为"心理台风眼"效应的出现与民众是否亲历风险后果、心理承受阈限及心理变量的特征有关，即"心理台风眼"效应的分析离不开不同生态场域下民众主体的主观能动与民众个体的行为心态，"心理台风眼"效应必然需要具体情境下认知主体的行为分析与价值判断。

3. 污名化现象研究

"污名"是指某些个体或群体因身体缺陷导致难以正常发挥社会功能而被贴上

贬损性和歧视性标签的消极社会心理现象。这种心态往往专门指向特定群体，如针对麻风病患者、精神病患者、吸毒人群或艾滋病患者的歧视情况。2010年，时勘与美国加州理工学院的Corrigan教授合作，开展关于艾滋病患者的污名化研究，发现美国所调查地区，以及中国的香港和北京地区的被试在有关艾滋病患者的认知方面存在着较严重的污名化现象，且三个地区存在着明显的文化差异。由于传染病的传染性，个体可能在公共卫生事件中产生污名化的社会心理，这种污名化行为反映了整个社会在面对风险事件时的普遍担忧。污名化现象反映出社会生态与个体心态的紧密联系，社会心理场中的个体心理需要生态的情感维系，方能消解个体心态中的污名化印象。

4. 松紧文化研究

在传染病背景下，不同国家与地区的各级政府所采取的应对和预防措施可能会受到其社会文化因素的制约。美国马里兰大学的Gelfand教授（2011）在松紧文化规律的探索上作出了杰出贡献，她认为，松紧文化不仅关注国与国之间的社会规范差异，也关注国家内部、省份间、组织间、社区间的社会规范差异。因此，松紧文化是理解社会结构、组织结构的一种新角度。在传染病背景下，松紧文化可以帮助我们从宏观与微观层面理解不同国家、社会、组织的应对情况，以文化生态氛围与社会建构基础呈现文化基因下的生态涵化。

5. 研究问题的提出

基于已有的研究基础和课题组在风险认知、行为应对等领域的积累，本研究针对突发公共卫生事件进行系列调查，涉及的主要问题如下。

第一，探索突发公共卫生事件后公众的风险认知、行为规律及公众情绪引导问题，设计风险感知、行为规律及情绪引导方面的心理学调查指标，完成量表的预测工作，进而开始探索认知主体价值判断的突发公共卫生事件所涉及的风险认知规律，特别是"心理台风眼"效应问题。

第二，探讨孤寡老人、困难儿童、特困人员、残疾人、患者、病亡者及其家属的情绪引导规律，为加强心理干预提供依据。同时，通过差异化策略，启动分区分级、分类分时的调研方案，探明灾难情境下的社会心理服务体系的现状和改进措施，并且启动贫困问题的成因和松紧文化背景的跨国比较研究，发挥文化基因的生态涵化功能。

第三，调查医护人员在面对突发公共卫生事件时的情绪引导问题，尤其是创伤后应激障碍及其康复方法，了解不同感染程度的患者在治疗和康复期间的压力源，从而揭示突发公共卫生事件中医护人员与患者进行有效沟通的规律，特别要探讨组织污名化等特殊问题，启动个体心态的情感维系与情感调节。

三、各阶段系列调查及结果分析

在上述研究框架下，课题组从 2020 年初开始进行了四个阶段的调查，每一阶段聚焦不同的核心问题，通过问卷统计分析获得突发公共卫生事件背景下民众社会心理与应对方式的调查结果。

1. 有关民众的风险信息认知现状的调查

在突发公共卫生事件发生的初期（2020 年 1 月 27 日—2 月 19 日），针对民众对突发公共卫生事件中的各类风险信息的认知与行为反应问题，研究者在 27 个省和 4 个直辖市开展网络调查，答卷者均自愿参加，每个地区均配有问卷调查的辅导员，收回有效问卷达 2144 份。

2. 突发公共卫生事件的主要风险影响因素分析

面向全国发布的调查问卷包含传染病信息感知问卷和风险认知评估问卷，旨在了解民众对传染病的致病风险的认识、恐惧心理以及对传染病预防的正向信息，分析结果如下。

首先，在使民众感知到突发公共卫生事件的主要风险的信息中，民众受各条信息的影响程度从高到低排序依次为"新增死亡人数"（81.04%）、"累计死亡人数"（80.17%）、"所在单位/小区有无患者"（79.31%）、"所认识的人有无患者"（76.13%）、"同龄组有无患者"（64.57%）。这一结果说明，民众除了对最具生命威胁的信息——新增和累计的死亡人数较为敏感外，更多关注的是在物理空间（即民众的交往空间）中距离自身较近的人群，即"所在单位/小区有无患者"是影响民众患病风险评估的主要因素。

其次，在引发恐惧心理的信息中，民众对各条信息的认同程度（认同该信息可以使自己产生恐慌）从高到低排序依次为"病毒的传染性"（90.76%）、"缺乏治疗方法"（78.79%）、"病毒致命性"（65.03%）、"互联网消息"（64.16%）、"周围人的害怕和传言"（55.08%）、"患者死亡率"（55.08%）、"康复后有后遗症"（55.08%）、"致病原因不清"（55.08%）。这说明病毒的传染性、缺乏治疗方法、病毒致命性是导致民众恐慌的最主要因素，而周围人的害怕和传言、康复后有后遗症等，也会在一定程度上造成民众恐慌。

最后，在对传染病预防的正向信息中，有 89.54% 的民众认为"传播渠道封堵措施"对自己有正面影响，此外，"治疗环境改善"（88.04%）、"公交水电信息"（83.35%）、"新增治愈人数"（83.12%）、"政府新闻发布"（82.02%）、"治愈出院人数"（80.93%）和"政府领导人、专家的采访、谈话"（70.52%）等正面信息对民众的风险认知均有积极影响。这充分说明政府和医疗系统等各个部门采取的干预措施起到了稳定民众情绪的作用。

本研究从风险认知的角度出发，从熟悉程度和控制程度两个维度对 7 类风险事件进行了统计分析，结果如表 2-3 所示。

表 2-3　民众风险认知结果统计表

风险事件	熟悉程度 M	熟悉程度 SD	控制程度 M	控制程度 SD
传播途径和传染性	3.84	0.84	3.14	0.81
预防措施和效果	3.73	0.76	3.39	0.72
病毒的病因	3.45	1.01	3.10	0.90
治愈率	3.17	0.87	2.98	0.74
愈后有无传染性	2.55	1.06	3.17	0.93
愈后对身体的影响	2.48	1.00	3.00	0.83
对病毒的总体感觉	3.59	0.76	3.39	0.71

风险认知分析结果表明，民众对不同信息的认知敏感度存在一定差异。在熟悉程度方面，传播途径和传染性、预防措施和效果、病毒的病因等信息更易引起民众的关注；在控制程度方面，民众更加关注预防措施和效果、愈后有无传染性、传播途径和传染性等问题。

3. 传染病信息的风险认知地图分析

为了进一步分析风险认知的现状，本研究通过绘制风险认知地图的形式来呈现调查结果，见图 2-2。

风险认知地图表明，2003 年，病毒的病因还在不可控制、不熟悉一侧，但是，到了 2020 年，病毒的病因则到了可以控制、比较熟悉的一侧。此外，2020 年，民众对病毒的总体感觉、传播途径和传染性、预防措施和效果均处于风险因素空间的右上端，即偏向于比较熟悉和可以控制这一端；而无论是 2003 年还是 2020 年，愈后对身体的影响和愈后有无传染性则始终在非常陌生这一端，也就是说，民众对于这些因素的认识比较陌生,容易产生恐慌情绪,这些因素仍然处于不可控或不熟悉的范围(焦松明等,2020)。

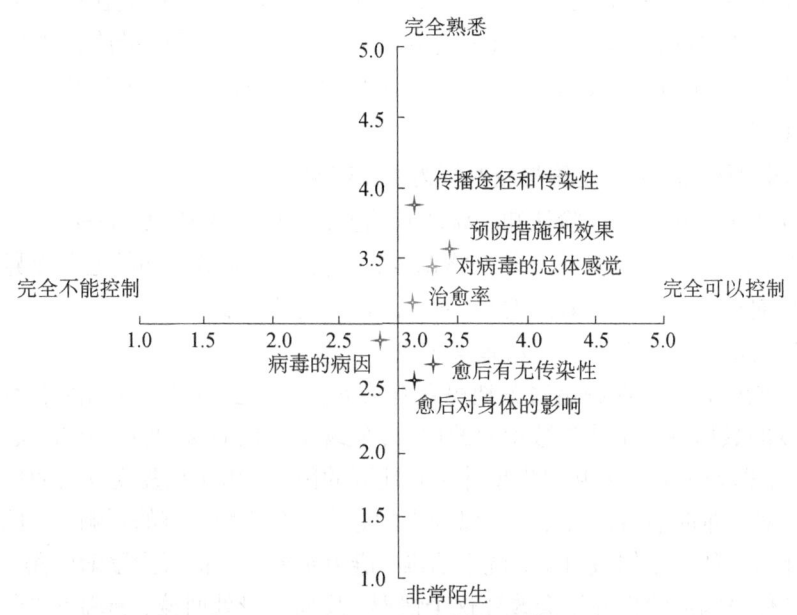

图 2-2 2003 年和 2020 年民众对各类传染病信息的风险认知比较

注:上图为 2003 年课题组调研突发公共卫生事件时所获得的 4321 名民众的风险认知地图,下图为 2020 年课题组调研突发公共卫生事件时所获得的 2144 名民众的风险认知地图

4. 民众风险认知词云分析

在对于传染病感知的描述方面,本研究采用的问题是,"当提到传染病时,你会联想到什么其他的词语或事件(请写出四项)"。统计 2144 位被试的回答结果后发现,排在前面的高频词分别是"非典"(571 次)、"传染"(330 次)、"口罩"(261 次)、"隔离"(206 次)、"死亡"(182 次)、"武汉"(101 次)、"病毒"(96 次)、"SARS"(92 次)、"流感"(90 次)、"蝙蝠"(84 次)、"禽流感"(67 次)和"消毒"(64 次)。同时,结合被试的选项,使用 Tagul 词云制作软件对民众风险认知进行词云分析,结果显示民众在传染病期间会想到诸如非典、传染和死亡等词汇,出现心理紧张感,该结果也从侧面反映出民众的风险认知现状。

该阶段的调查结果充分体现了我国面对突发公共卫生事件的治理能力,以及社会凝聚力与共情式担当。民众风险认知现状与政府及时有效的预防是中华民族共同体意识这一社会基础厚积薄发的结果,即国家-社会互动建构,政府举措的政治象征与民众顺势的社会承认强化互动,推动对突发公共卫生事件的及时预防与有效应对。一方面，由于社会主义制度的优越性，公民一律平等，各民族群众无论贫富、是何阶层，面对传染病都能及时得到免费治疗，这极大地增强了各族人民的安全感与共同体意识；另一方面，广大民众在社会主义核心价值观下形成共识与团结，积极配合政府、社区的各类预防措施，很快形成了社会各阶层的通力配合，抓住了关键的防疫时机，实现了对于公共卫生事件的及时和有效应对。

5. 风险认知的地区差异与应对行为机制研究

在初步了解民众的风险认知现状的基础上，2020年3月20日—4月19日，课题组通过问卷星平台展开第二轮网络调查，聚焦民众风险认知的地区差异与民众的行为应对机制，获得有效问卷3729份，其调查结果如下。

（1）公共卫生事件中的"心理台风眼"效应

在本轮调查中，课题组对各地民众有关突发公共卫生事件的风险熟悉程度和控制程度的数据进行了非参数检验的比较，发现了民众的认知特征存在"心理台风眼"效应，即处于突发公共卫生事件中心地区的民众，由于反复受到负面信息的刺激，在面对灾难时表现出麻木、习以为常的心态。在这种心态的影响下，民众的防疫意识下降，如对于佩戴口罩、洗手消毒、避免聚集等防护行为逐渐松懈。研究发现，告知传染病危险性并不会改变这个情形，反而是身处西藏、新疆等"台风边缘地带"的人，会因缺乏传染病信息而过度紧张，这也验证了李纾等在2009年的研究结果。此种现象警示我们必须关注不同生态场域下民众主体的主观能动与价值认知，增强民众的主观能动性与认知价值性。

（2）风险认知与行为应对的预测模型

该阶段主要探索风险信息中的正性与负性信息如何通过个体抗逆力和组织抗逆力等中介变量影响民众的风险认知。第二轮针对民众的风险认知与行为应对调查发现，不同类型的信息对民众的风险认知作用不同：患病信息、与自身关系密切的信息可负向影响风险认知，而治愈信息和预防措施可正向影响风险认知，即治愈信息和预防措施越多，民众认知到的风险越小。患病信息影响越大，与自身关系越密切的信息，越会直接导致民众的回避应对行为。预测模型分析还发现，个体的风险认知是民众应对行为的重要预测变量，从风险认知到回避应对的路径系数为负，从风险认知到积极应对的路径系数为正，即个体认知到的风险越大，越会采用回避应对行为，而个体认知到的风险越小，越会理性地采取积极应对行为。

（3）灾难后的哀伤辅导建议

在此次突发公共卫生事件中，湖北，特别是武汉地区，有近千家民众失去了亲人，让失去亲人的民众真正从灾难中走出来，是灾后管理与心理援助必须关注的问题。课题组根据此次调研的结果，向中央政府提出将4月4日（清明节）作为全国哀悼日的建议，这一建议迅速被采纳。

面对突发公共卫生事件，需要认识到不同地区民众的风险认知差异，以采取适宜的宣传与教育措施，利用正向信息对民众风险认知的正向影响来增加其积极应对行为。基于个体感知、行动经历的差异，突发公共卫生事件应对行为必然需要考虑区域性差异，而从关注差异到聚焦共同性是中华民族共同体意识的题中应有之义。针对新疆、西藏等边远少数民族地区，一方面需要防止病毒传入，另一方面要缓解民众的紧张情绪。而针对突发公共卫生事件中心地区，要防范因"心理台风眼"效应带来的负性影响，还要重视对患者、逝者亲属的心理援助，缓解其痛苦情绪，提高其创伤后的成长水平。

综上，在此次突发公共卫生事件期间，民众的风险认知存在一定的差异，甚至呈现出"心理台风眼"效应，但是这次事件却起到了类似聚焦镜的作用，不仅是对国家能力、政府治理水平的重大考验，更是对民族共同体精神的重大考验，促使各民族人民凝聚起来形成精神合力，以最坚忍的精神、最紧密的团结、最和谐的集体行动共同应对危机，增强了各族人民的共同体意识。此次突发公共卫生事件能够在较短时间内在我国得以控制，除了依靠强大的国家能力与政府治理能力外，中华各民族同胞在长期的交往互动中形成的"万众一心，众志成城"民族共同体精神也是攻坚克难的重要因素。

6. 组织污名化现象与抗逆力研究

第三轮取样（2020年5月7—24日）中有8378人参加问卷调查，主要关注当地民众与医护人员群体在此次突发公共卫生事件中出现的特殊心理现象，这里主要指公共卫生事件中的污名化现象及其消除对策。调查发现，在突发公共卫生事件中，社会风险事件可引起针对特定群体的污名化现象。在本轮问卷调查中，结合突发公共卫生事件的特殊性，课题组对以往调查污名化问题的问卷进行了修订。调查结果显示，在突发公共卫生事件期间，我国非传染病地区的居民确实存在"组织污名化"的特殊心态。课题组根据此调查结果向各级政府提出了管理对策。虽然在正面宣传和政策实施中，相关部门已经采取了一些措施来防止社会排斥现象的发生，但这一问题依然比较严重，并得到了各级政府的认真对待，回应了中华民族共同体意识的认同心理基础，政府部门以政治站位保障了社会心理场的和谐稳固。各级政府部门要为彻底消除"污名化"心态作出更大的努力，让民众明白，剑之所向不该是自己的同胞，而应该是病毒。此乃回应中华民族共同体意识的个体心态培育，政府部门需以价值导向保障个体心理的价值理性和主体心理的精神归属。

7. 医护人员的抗逆力模型研究

医护人员等救援人员的工作压力剧增给传染病后期的管理工作带来了很多问题，传染病预防的常态化使得医护人员心理压力短期难以降低。在这种情境下，医护人员如何从工作中实现心理解脱等问题，引起了社会各界的普遍关注。为此，本研究欲探索如下问题：①严苛型领导与医护人员从工作中的心理解脱呈现何种关系，并以此为基础进一步探讨心理解脱的作用机制；②领导者如何通过情绪耗竭的中介作用来影响医护人员的工作状态，以便引导其从工作中实现心理解脱；③研究预测，增强医护人员的抗逆力可以缓冲情绪耗竭对心理解脱的影响。

本研究采用自评方法，共收集配对问卷 1010 份，使用相关统计软件进行分析，得出的主要结论如下：①严苛型领导与医护人员从工作中获得的心理解脱呈显著负相关，组织内领导的严苛性水平越高，医护人员的心理解脱水平越低；②情绪耗竭在严苛型领导和心理解脱间起完全中介作用，严苛型领导能够通过情绪耗竭来负向预测心理解脱水平；③抗逆力在严苛型领导经过情绪耗竭影响心理解脱的路径中起到调节作用。对于组织和领导者而言，要加强健康型组织建设以及员工援助计划项目的推广；对于医务工作者个体而言，应当注重积极自我调节和自身抗逆力的培养，提高抗压能力。在参与课题组工作的研究人员中，武汉大学人民医院张丙宏主治医生、北京大学第一医院护士长王爱丽、新疆医科大学第五附属医院赴武汉医疗救援队，在保障医护人员和患者应对传染病的抗逆力模型研究、医院应对危机的信息管理评价以及患者心理康复等方面展开了较为系统的研究，并建构起医护人员抗逆力培训课程体系。此外，课题组还专门为湖北省社会心理学会救援队提供了危机干预技术培训支持。

第三阶段的研究结果启示我们，要关注"组织污名化"这一影响各民族团结的心理现象，通过加强宣传教育工作将其消除。在祖国危难时刻，站在抗击传染病第一线的全国各地、各民族医务工作者令人敬佩，他们表现出的爱国主义、民族团结、奉献牺牲的精神，是中华民族共同体意识的最佳写照。在"组织污名化"的消解中，个体心态是根本，污名化的消解是情感力量所在。社会心理场下个体心态的"组织污名化"与抗击传染病下医护人员的心理康复均需要内生式情感调节。

8. 复工复产影响机制与青少年成长研究

在传染病在我国基本得到控制的情况下，课题组于 2020 年 8 月 4—24 日进行了第四轮取样，有 4883 人参加了调查。该阶段关注的是经济困难群体在公共卫生事件中的应对问题、影响职业群体复工复产的因素，以及学生群体在传染病逆境中的心理恢复与成长。

(1) 经济困难群体的贫困应对心理机制

偏远民族地区可能面临因疫致贫、返贫与产业发展困难等问题。课题组在贵州省六盘水市开展了边远地区入户调查工作，引入并修订了加拿大学者 Brcic 等在 2011 年编制的贫困识别工具，从饮食、居住、收支平衡三个维度来衡量当地居民的生活水平，获得了 412 份有效问卷。调查发现，经济困难群体由于自身收入水平的局限，无法在平时保证充足的储蓄，故而感知到更大的风险威胁，贫困程度调节了风险威胁对致富动机的影响，即贫困程度越高的个体，其感受到的风险威胁越大，可能产生更高水平的致富动机，即提升了其内源性动力。贫困应对的心理机制为中华民族共同体意识的长效发展提供了经济型文化基因的涵化思路。

(2) 复工复产背景下领导行为的影响因素

本研究采用了测量宏观层面的国家松紧文化量表和微观个体层面的情境行为约束度量问卷，于 2020 年 8 月进行了网络调查，共获得有效问卷 4883 份。相关分析显示，文化松紧度与积极应对传染病行为存在显著的正相关关系，进一步的路径分析显示，在突发公共卫生事件中，文化松紧度可以显著正向预测积极应对传染病行为，即文化越倾向于紧密，积极应对传染病行为就越多。在企业等组织复工复产的语境下，变革型领导可以在紧密文化背景下产生更大的效力。领导者在复工复产过程中表现出的变革型领导行为，会在很大程度上促进员工的创新行为，而团队成员关系在变革型领导对创新行为的影响过程中起到了中介作用，即变革型领导营造的良好团队氛围可以促进团队成员相互合作、彼此信任和相互配合。在考虑领导行为有效性的同时，也必须考虑到更宏观的文化变量的影响，复工复产中的松紧文化对应传染病后期中华民族共同体意识的文化维度，同时，复工复产中的松紧文化背景以结构型文化序列促进中华民族共同体意识的长效发展。

(3) 突发公共卫生事件背景下青少年成长的实验研究

调查结果表明，中华民族共同体意识对于灾难中的抗逆成长教育发挥着重要作用（赵刚，蒲俊烨，2020）。本研究参考林崇德教授提出的中国学生发展六大核心素养，结合党的十八大以来习近平总书记强调的文化自信思想，以及本次突发公共卫生事件背景下抗逆成长的特殊需求，构建了青少年核心胜任特征的模型框架，并在此基础上设计了对应的干预培训实验。鉴于突发公共卫生事件的影响，本研究采取了网络培训的方式，培训共 18 个课时，有 62 名大学生参加了干预培训实验。培训之前，被试被随机分配到实验组与控制组，实验组接受干预培训，控制组接受常规的思想道德教育培训。在同一时间内发放培训资料供双方阅读，通过成长评估模型来衡量实验组学生在干预培训前后的变化情况，并与控制组通过前后测进行比较。实证研究结果证实，基于核心胜任特征的成长评估模型为教育变革注入了新的活力。今后，随着评价模型的不断完善，这种动态的评价模型在课程设计和成长评估等方面将会发挥越来越大的作用。

总之，调研结果表明，探索致富的内生动力的心理机制，并结合复工复产中的文化背景与组织领导因素，有望促进经济困难群体与民族产业的共同发展。加强培育青少年的文化自信与抗逆成长要素，也有利于中华民族共同体意识的培养。

四、总体讨论和对策建议

1. 提高民众风险认知能力

（1）过度焦虑、心理恐慌的应对策略

认知是情绪产生和心态形成的关键环节，针对公共卫生事件中民众存在的过度焦虑与心理恐慌现象，应提高民众的风险认知能力，持续发挥中华民族共同体意识这一社会心理机制的潜入功能。调查结果表明，政府发布的治愈人数、传染病疫苗的研发进展和采取的防范措施等正性信息可显著提升民众的抗逆能力，缓解其心理恐慌；对于负性信息，要引导民众正确看待和妥善处理与自身关系密切、物理空间距离更近（如所处同一社区单元甚至同一楼层）群体的社交关系，需要明确告知病毒传播的途径，使其在交往时采取正确的防护措施，避免接触感染。

（2）病原和愈后心理的影响因素

在秋冬季节，传染病可能会反弹，在进行科学普及的过程中，应该实事求是地让民众了解科学发现的长久性和艰辛性，对于"愈后对身体的影响"和"愈后有无传染性"等问题，引导民众相信科学、避免盲目悲观，还使他们认识到对突发公共卫生事件的完全控制是需要时间的。

2. 对认知偏差进行疏导：减轻"心理台风眼"效应

在传染病流行期，针对"心理台风眼"效应这一心理现象，应及时开展有针对性的宣传工作，克服民众习以为常的麻木心理。加大对边远地区传染病知识的科普力度，为了预防民众出现麻木和松懈情绪，在车站、机场等人群高密集场所，应帮助民众做好旅途中的自我防护工作。根据实际情况，利用集中力量办大事的制度优势，采取适当措施促进企业恢复生产。

3. 消除污名化的负面心态，加强社会组织的协同治理

污名化现象不利于社会稳定和民族团结，在各级行政机关、街道、居委会、企事业单位等联合风险管理行动中，要注意加强组织的协调治理，通过一系列措施消除针对来自特定地区及群体的污名行为。发挥大数据的优势，加强信息公开，及时

为公众出行等提供有效预警信息。政府还要加强正面的宣传引导，大力宣扬各族人民同心协力、携手风险管理的团结精神，将中华民族共同体意识认同心理基础的浸入与场域心理系统的沁入贯穿于实际行动之中。

五、结语：心理学的全球合作倡议

铸牢中华民族共同体意识既是一个将共同体意识融入民族灵魂的社会心理过程，又是一个将共同体意识转化为各民族自觉维护祖国统一和民族团结、为实现中华民族伟大复兴而不懈奋斗的知行合一的过程。面对公共卫生事件，全国各族人民在以习近平同志为核心的党中央坚强领导下，众志成城，齐心风险管理，凸显我国"全国一盘棋"、集中力量办大事的制度优势，彰显出中华民族共同体意识的坚实心理基础与强大精神力量。我们将继续坚定地走有中国特色的"中国道路"，不断增强社会主义意识形态在民族地区的凝聚力和引领力，继续推动我国各族人民走向包容性更强、凝聚力更大的命运共同体，为世界作出表率。

2020年3月27日，《科学》(Science)杂志刊发了一篇社论，期望全球科学界携手开启一场特殊的"曼哈顿多边合作计划"。为此，笔者也发表了文章，向国际心理学界展示我们的全球范围的合作计划，希望共同促进基于人类命运共同体意识下的跨文化心理学研究。我们再次呼吁，全世界心理学研究者要团结一心，坚守人类命运共同体理念，关注共生心理场建构，运用社会系统联动效应齐心协力，为彻底战胜突发公共卫生事件作出新的贡献！

第五节　危机安全信息对民众风险认知和应对行为的影响机制研究[①]

本研究通过对2144位居民的问卷调查，从风险沟通视角入手，考察了传染病流行期间风险信息对民众应对行为的影响，探讨了风险认知的中介作用和民众心理紧张度的调节作用。研究结果表明，首先，在风险信息上，治愈信息和患病信息

---

① 本节作者：时勘、周海明、焦松明、郭慧丹、董妍。

对民众的风险认知影响最大,且显著地高于与自身关系密切的信息和预防措施的影响。其次,与2003年风险认知因素空间位置图的结果相比较,"病毒的病因"从不熟悉和不可控的一端转向熟悉和可控的一端,这表明,我国民众的风险认知能力比2003年有较大提高。但是,"愈后对身体的影响"和"愈后有无传染性"仍然处于不熟悉和不可控一端。再次,我国突发公共卫生事件中心地带的民众存在着"心理台风眼"效应。最后,危机安全信息通过风险认知对民众的应对行为产生影响,这进一步验证了风险预测模型的适用性。同时,心理紧张度调节了风险认知在风险信息与应对行为之间的中介关系,这为今后应对重大公共卫生突发事件提供了可资借鉴的对策建议。

长期以来,由于自然灾害、疾病、贫困、人口剧增和战争等因素的影响,全球被卷入更深的风险漩涡,这些风险的根源更多在于人为因素的影响,如苏联切尔诺贝利的核泄漏、日本由地震引发的核事故等,总之,灾难事件波及人类生活的多个领域,使得民众变得更加恐慌和脆弱。近些年来,受到突发公共卫生事件的影响,中国政府在社会治理方面面临着极大的挑战。如何解决风险事件给国家和人民带来的种种威胁,政府除了要提升面对重大公共卫生事件的应对能力,更要引导民众增强风险意识,使其面对风险灾难事件时有正向的应对行为和情绪管控心态。此次突发公共卫生事件暴发后,关于病毒的报道表现出与SARS类似的特征,2003年SARS的高传染性与一定的死亡率唤起了民众的风险感知,引起了民众高度紧张、恐慌和焦虑等情绪。然而,此次突发公共卫生事件所导致的风险感知与2003年的公共卫生事件时的风险感知存在一定的差异(许明星等,2020),2003年的公共卫生事件主要集中在北京、广东等地,其他地区的病例数比较少见;而此次突发公共卫生事件,虽然初期有典型的高风险区,但是,随着春节人口的大量流动,风险源遍布全国,因此,两者之间在风险认知、情绪状态和应对行为等方面存在一定的差异。那么,在经历了16年左右的演变之后,民众在风险认知、应对方式上有哪些变化呢?本研究于2020年1月下旬,采用问卷调查方法开展了民众应对突发公共卫生事件信息的风险认知研究,试图将所得结果与此前的SARS调研结果进行比较,以便为更好地应对重大公共卫生事件提供理论依据和应对方法。

一、文献回顾

认知风险最早源于风险评估和行为应对的一系列研究(Vlek & Stallen,1980),

特别是 Slovic 于 1987 年发表的文章 "Perception of risk"（风险感知），对于后继的公众风险认知探索有重要的影响。人们主要依赖直觉的风险判断来估计各种有危险的事物。研究者根据量化研究的成果开发了风险认知模型。在该模型中，风险信息通过影响民众的风险认知进而预测风险应对，同时，通过绘制风险认知地图，可更直观和形象地勾勒出民众在风险事件中的风险认知状态。该模型的突出特征是强调风险信息、风险认知和行为应对等几个方面，并且以模型的形式来探索这几个变量之间的关系，为更好地应对突发事件提供了理论基础。早在 2003 年，时勘等（2003）便以风险认知预测模型为基础针对公共卫生事件展开初始探索，除了延续之前的研究范式外，还在研究方法、研究内容等方面进行了较为深入的探索，试图获得更为系统的研究结果。首先，在研究方法方面，研究者仍然主要采用问卷调查法，参考了不同时期开发的突发公共卫生事件风险知觉量表展开调查研究，并辅以适当的访谈调查作为补充。在突发公共卫生事件期间，课题组对 17 个城市 4231 人进行了两轮 SARS 风险认知追踪调查，结果发现，传染病信息是通过风险认知影响个体的应对行为的，风险评估、心理紧张度等是有效的预测指标（时勘等，2003），这为政府提供了管控传染病和引导民众情绪的对策建议。后来，针对文献的检索进一步发现，通过对 57 项风险认知的相关文献进行分析，有 55 项研究通过问卷调查的方式探讨了风险情境中民众的风险认知状态。除了采用问卷调查法之外，国内王炼和贾建民另辟蹊径，从信息因素角度，利用互联网环境下信息搜索的序列数据，探讨了突发性灾害事件下风险认知的动态特征（王炼，贾建民，2014）。这些研究为本研究开展突发公共卫生事件的风险认知研究提供了参考信息。其次，在研究内容方面，研究者通过聚焦不同的领域，进一步验证或者丰富了该模型的有效性。2008年汶川大地震发生后，基于 2003 年的研究基础，时勘等（2008）对民众创伤后应激障碍的灾后康复问题展开研究，提出了一系列干预方法。应该说，人们的风险认知和风险反应受到信息系统（认知系统）、人格特质和社会因素的交互影响，在公共卫生事件应对方面，创伤后应激障碍的研究成果也发挥了重要的作用。同时，杨静等（2005）从突发事件的分类分级方面进行了研究，将突发事件的分类分级与资源保障程度紧密联系起来，为建立突发事件处置预案提供了依据。另外，在研究风险知觉的内容方面，李纾等发现，民众在地震风险认知中出现了"心理台风眼"效应，即处于地震中心区的民众对于风险的感受水平明显地低于地震远离区的民众，容易产生麻痹思想（李纾等，2009；Li et al.，2009）。许明星等（2020）指出，客观危险与主观害怕之间的关系常常并非一一对应，尽管危险事件是客观存在的，但可能并不存在真实的风险或者客观的风险，而且在突发公共卫生事件期间对民众进行的调查也验证了"心理台风眼"效应。以上这些研究成果对于本研究有重要的参考价值。

二、问卷设计

调查问卷主要涉及传染病信息感知、风险认知评估、心理紧张度和应对行为调查四个方面。

1）传染病信息感知问卷：根据风险信息因素的分类（Baldassare & Katz, 1992），本研究编制了传染病信息感知问卷。该问卷共分为四个维度：患病信息、治愈信息、与自身关系密切的信息和政府的防范措施。该问卷采用利克特5点计分法，1代表"无影响"，5代表"有很大影响"。本研究中，四个维度的内部一致性系数分别为0.93、0.92、0.86、0.88，总量表的内部一致性系数为0.95。

2）风险认知评估问卷：该问卷主要根据Slovic（1987）的理论编制而成（Burton et al.，1978）。本研究将风险认知分为熟悉程度和控制程度两大维度，并确定了风险认知测量指标，分为六类风险事件。该问卷采用利克特5点计分法，其中熟悉程度分量表的问卷等级为从1（代表"很陌生"）到5（代表"很熟悉"），内部一致性系数为0.85；控制程度分量表的问卷等级为从1（代表"完全失控"）到5（代表"完全控制"），内部一致性系数为0.86。

3）心理紧张度问卷：该问卷主要参考了时勘等在SARS期间编制的心理紧张度问卷（时勘等，2003）。该问卷采用利克特5点计分法，1代表"很不同意"，5代表"非常同意"，分数越高表明紧张度越高。本研究中，该问卷的内部一致性系数为0.81。

4）应对行为调查问卷：本研究根据SARS期间的具体情况，对该量表的测量内容进行了大幅度的修订，经过验证后形成了10个条目的应对行为调查问卷。此次又根据突发公共卫生事件的情况，在该问卷中增加了应对突发公共卫生事件的内容，如"及时洗手"等。该问卷包括两个维度，即积极应对和回避应对，其中积极应对维度又分为自我保护和主动应付两个方面。本研究中，积极应对和回避应对两个维度的内部一致性系数分别为0.76和0.78。

三、调查样本

2020年1月下旬，课题组借助问卷星平台，采用方便抽样方法进行了网上问卷调查。为了与 2003 年 SARS 期间的调查进行比较，本研究在设计之初就从人口统计学变量上进行了相应的匹配工作，具体在性别、职业人群、学历分布以及传染病所在地区等变量上进行了匹配，确保两次比较不会因为人群的差异而影响统计效果。在各省份的实施过程中，每个省份均配有电话联系人进行答卷咨询。本次调查共涉及 31 个省份，于 2020 年 2 月中旬完成。经最后的统计，有效问卷为 2144 份。参加调查的人员包括国家机关干部 159 人、公司职员 380 人、服务业人员 47 人、医护人员 213 人、农民 55 人、离退休无业人员 33 人、个体从业者 69 人、进城务工者 37 人、学生 557 人、科教文卫（医护人员除外）420 人和其他人员（未标明身份）174 人。参与调查的人员在各省份的分布情况以及性别、年龄和受教育程度等人口学变量上的分布情况如表 2-4 和表 2-5 所示。

表 2-4　调查总体情况分布表 1

省份	样本数（人）	省份	样本数（人）
北京	211	湖北	41
天津	30	云南	14
内蒙古	20	贵州	35
江西	60	广西	18
河南	128	宁夏	7
四川	75	新疆	74
上海	44	青海	6
吉林	31	福建	12
广东	169	河北	51
甘肃	67	湖南	46
辽宁	112	安徽	37
陕西	32	重庆	55
江苏	54	黑龙江	24
山东	195	海南	6
山西	36	西藏	92
浙江	358	其他地区	4

表 2-5　调查总体情况分布表 2

人口统计学指标		占比（%）
性别	男	68.10
	女	31.90

续表

人口统计学指标		占比（%）
年龄	20 岁以下	1.03
	20～29 岁	13.91
	30～39 岁	31.98
	40～49 岁	31.42
	50～59 岁	21.22
	60 岁及以上	0.44
受教育程度	初中及以下	8.74
	高中、中专和技校	23.37
	大专	25.46
	本科	34.20
	硕士及以上	8.23

四、分析程序

本研究采用 SPSS 21.0 和 AMOS 17.0 等软件对数据进行处理。通过描述性统计分析和差异检验等方法对风险信息、风险认知和应对行为等要素进行分析，然后采用相关分析、回归分析和结构方程模型等方法进行进一步检验。

1. 风险信息现状的调查结果分析

本研究编制了传染病信息感知问卷，共包括四个维度：患病信息、治愈信息、与自身关系密切的信息和政府的防范措施。经过对这四类信息进行的影响作用分析，发现民众在评估突发公共卫生事件风险大小时，四类信息的作用是不同的，存在显著差异（$F=249.50$，$p<0.001$）。事后比较分析发现，患病信息和与自身关系密切的信息、患病信息和政府的防范措施之间都存在显著差异；另外，治愈信息和与自身关系密切的信息、治愈信息和政府的防范措施之间也存在显著差异。从均值的比较结果来看，治愈信息的影响最大（3.16），之后依次是患病信息（3.13）、政府的防范措施（3.06）和与自身关系密切的信息（2.84）。为了使每个条目的影响效应精确化，本研究进一步探索了影响风险评估的最主要因素，分析结果表明，在因素一"患病信息"中，"医护人员患者人数"的影响作用最大，其数值为 3.42；在因素二"治愈信息"中，"新增治愈人数"的影响作用最大，其数

值为 3.19；在因素三"与自身关系密切的信息"中，"您所在单位和住宅区有无患者"的影响作用最大，其数值为 3.04；在因素四"政府的防范措施"中，"病毒传播渠道封堵措施"的影响作用最大，其数值为 3.39。这说明，即使是同一类别的信息，也存在着影响作用的差异。本研究所介绍的四项影响因素均介于有影响至有较大影响之间。

2. 风险认知现状的调查结果分析

（1）风险认知的结果分析

有关情况在表 2-3 已经有较为详细的分析，即民众对 6 类风险事件感受到的熟悉程度从高到低依次是传播途径和传染性、预防措施和效果、病毒的病因、治愈率、愈后有无传染性和愈后对身体的影响。民众对 6 类风险事件感受到的控制程度从高到低依次是预防措施和效果、愈后有无传染性、传播途径和传染性、病毒的病因、愈后对身体的影响和治愈率。这表明民众对不同信息的认知敏感度不同，具体表现是，在熟悉程度方面，民众会更加关注传播途径和传染性、预防措施和效果、病毒的病因等；而在控制程度方面，民众更加注意预防措施和效果、愈后有无传染性、传播途径和传染性等。

（2）风险认知地图的分析

为了进一步探究民众风险认知特点的相互依存性，本研究采用风险认知地图的方式来进一步描述"熟悉程度"和"控制程度"这两个综合特征，这里以 Slovic（1987）提出的"熟悉程度"和"控制程度"为坐标，形成 2020 年传染病信息的风险认知地图（图 2-3）。从分析结果来看，2020 年，民众对多数风险事件处于较为熟悉和能够控制这一象限，但对"愈后对身体的影响"仍然处于不能控制和不够熟悉状态，对"愈后有无传染性"的问题仍感到比较陌生。时至今日，研究者并没有对 SARS 等传染病的愈后传染、出院后对身体是否有伤害等报告精准的研究结果。因此民众仍然担心"愈后有无传染性"和"愈后对身体的影响"等问题。值得注意的是，原来处于不熟悉、不能控制一端的"病毒的病因"，变为可以控制和比较熟悉的因素了。

3. 风险认知词云图分析

本研究结合被试的选项使用了 Tagul 词云制作软件，编制出民众风险认知词云图（图 2-4）。从词云图中可以看出，民众在传染病期间经常想到的是非典、传染、口罩、隔离和死亡等词汇。可以认为，这些词汇不断在民众脑海中出现，如果不注意引导，它们会加剧民众的心理紧张感。这也从另一侧面反映出民众的风险认知现状。

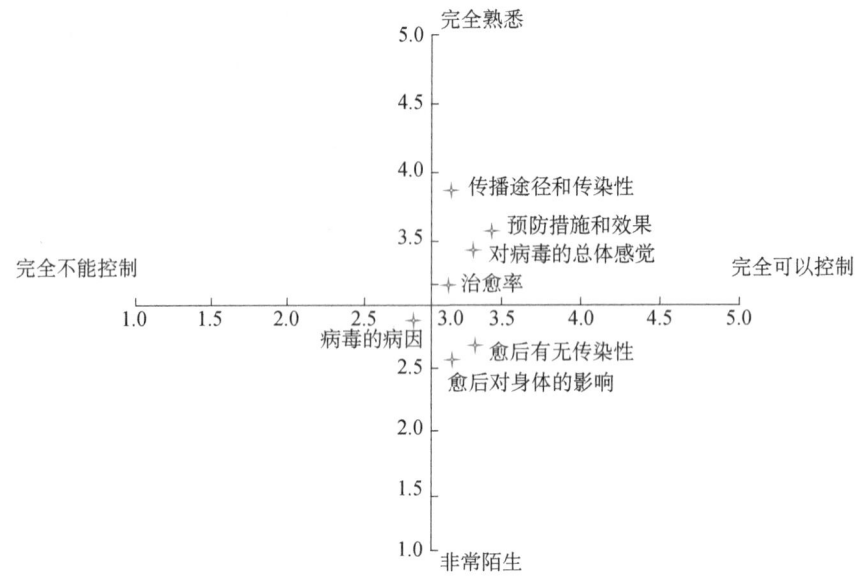

图 2-3 2020 年民众风险认知地图

图 2-4 风险认知词云图分析

4. 民众风险认知的"心理台风眼"效应

本研究还比较了不同地区在风险认知上的差异。根据"心理台风眼"效应的分析逻辑及传染病的不同等级,本研究将这些地区划分为传染病暴发区、传染病严重区和远离传染病区,据此分析这些地区在风险认知的熟悉程度和控制程度上的差异,结果见表 2-6。可以看出,在熟悉程度维度上,方差分析的结果表明,三组存在极其显著的差异($F=9.87$,$p<0.001$),表现为传染病暴发区民众对风险认知的熟悉程度($M=3.55$)显著高于传染病严重区($M=3.30$)和远离传染病区($M=3.49$)。在控制程度维度上,方差分析的结果表明,三组存在显著差异($F=4.22$,$p<0.05$),

表现为传染病暴发区的控制程度（M=3.44）显著高于传染病严重区（M=3.29）和远离传染病区（M=3.28）。熟悉程度和控制程度的数值越大，风险认知水平就越低，这一结果表明，传染病暴发区呈现出"心理台风眼"效应。在针对2008年汶川地震的研究中，李纾等（2009）就发现了这一心理现象。本研究在2020年再次发现了这种心理现象：由于长时间面对突发公共卫生事件、反复受到这种刺激的影响，疫区中心地区的民众就会习以为常，产生麻木松懈的情绪。如果不注意这一问题，这些地区可能出现传染病反弹的情况。

表2-6　不同地区风险认知差异比较

风险认知维度	地区	M	SD	F	p
熟悉程度	传染病暴发区	3.55	0.56	9.87***	0.000
	传染病严重区	3.30	0.58		
	远离传染病区	3.49	0.53		
控制程度	传染病暴发区	3.44	0.46	4.22*	0.015
	传染病严重区	3.29	0.53		
	远离传染病区	3.28	0.34		

注：*p<0.05，***p<0.001，下同

5. 风险信息、风险认知与应对行为之间的关系

为了进一步探索风险信息、风险认知与应对行为之间的关系，本研究通过有中介的调节效应模型，检验了风险信息对风险认知、应对行为的影响。在模型中，风险信息作为自变量，民众的应对行为作为因变量，风险认知作为中介变量，民众的心理紧张度作为调节变量，分析后得到如下结果。

（1）变量之间的相关分析

各变量之间的相关关系如表2-7所示，结果表明，正性信息和风险认知、应对方式之间存在显著的正相关关系；负性信息和应对方式之间存在显著的正相关关系，负性信息和风险认知之间存在显著的负相关关系；风险认知与应对方式之间存在显著的正相关关系。

表2-7　各变量之间的相关分析结果（N=2144）

变量	1	2	3	4	5	6	7	8
1 性别	1							
2 年龄	−0.096**	1						
3 受教育程度	−0.023	0.025	1					

续表

变量	1	2	3	4	5	6	7	8
4 正性信息	−0.035	0.001	0.066*	1				
5 负性信息	0.027	−0.123**	0.200**	0.324**	1			
6 风险认知	−0.011	0.069*	−0.084*	0.061*	−0.061*	1		
7 应对方式	0.012	0.134**	0.116*	0.156**	0.062*	0.212**	1	
8 心理紧张度	0.064*	−0.075*	0.029	0.144**	0.174**	−0.074*	0.124**	1

（2）风险信息对应对行为的影响：风险认知的中介作用

本研究采用结构方程模型进行中介效应检验。在模型中，风险信息的四个维度信息作为自变量，风险认知作为中介变量，积极应对和回避应对作为因变量。检验结果如表2-8和图2-5所示。其中，表2-8中的模型1为初始模型，根据结构方程模型提供的修正指标对该模型进行了修改；模型2在模型1的基础上增加了"从患病信息通往回避应对"一条路径，增加路径后，模型拟合度得到了改善；而模型3在模型2的基础上增加了"从与自身关系密切的信息通往回避应对"一条路径，增加路径后，模型拟合度进一步得到了改善；模型4在模型3的基础上增加了"从政府的防范措施到积极应对"一条路径，增加路径后，模型的各项拟合指数都达到了最优。

表2-8 中介模型检验的拟合度指数表

模型	χ^2/df	GFI	CFI	TLI	RMSEA
模型1	15.596	0.984	0.973	0.928	0.083
模型2	8.546	0.992	0.988	0.963	0.059
模型3	6.182	0.995	0.993	0.974	0.049
模型4	1.569	0.999	0.999	0.997	0.016

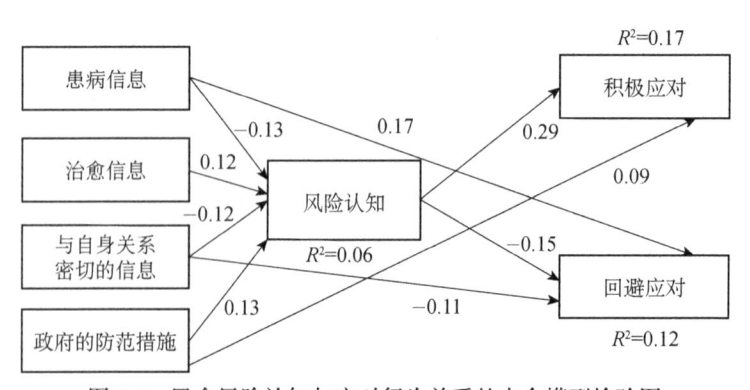

图2-5 民众风险认知与应对行为关系的中介模型检验图

从图 2-5 中可以看出，影响风险认知的信息因素的作用是不同的：患病信息和与自身关系密切的信息可负向影响风险认知，治愈信息和政府的防范措施可正向影响风险认知，即患病信息、与自身关系密切的信息的影响越大，民众的风险认知水平越高；而治愈信息和政府的防范措施的影响越大，民众的风险认知水平越低。这与 2003 年 SARS 期间的结果一致（王炼，贾建民，2014）。此外，患病信息和与自身关系密切的信息都直接地影响着回避应对，即患病信息的影响越大，越容易导致民众产生直接的回避应对行为；与自身关系越密切的信息影响越大，越不容易导致民众产生直接的回避应对行为。同时，患病信息和与自身关系密切的信息也通过风险认知间接地影响着积极应对和回避应对。此外，政府的防范措施直接正向影响着积极应对，政府的防范措施影响越大，民众越会采用积极应对行为，同时，政府的防范措施也通过风险认知间接地影响着积极应对和回避应对。进一步发现，在中介模型中，个体的风险认知是风险应对的重要预测变量，风险认知通往回避应对的路径系数为负，通往积极应对的路径系数为正，这说明，民众的风险认知水平越高，感知到的风险越大，越不可能采取回避应对行为；而民众的风险认知水平越低，越不可能理性地采取积极应对行为。

（3）风险信息对应对行为的影响：有中介的调节效应

为了进一步探讨民众的情绪在整个路径图中的作用，本研究以风险信息为自变量，以应对方式为因变量，以风险认知为中介变量，以心理紧张度为调节变量，构建了有中介的调节模型。通过多个有中介的调节效应检验，发现了以治愈信息为自变量，以风险认知为中介变量，以积极应对为因变量和以心理紧张度为调节变量的有中介的调节模型。

如表 2-9 所示，在控制了性别、年龄和受教育程度之后，治愈信息对风险认知的回归系数显著（$\beta=0.07$，$p<0.05$）；在控制了治愈信息后，风险认知对积极应对的回归系数显著（$\beta=0.27$，$p<0.001$）。同时，Bootstrap 检验结果表明，95%CI 为 [3.17, 3.61]，不包括 0，表明中介效应得到了验证。此外，在控制了性别、年龄和受教育程度之后，治愈信息和心理紧张度的交互项对风险认知的回归系数显著（$\beta=0.06$，$p<0.05$），表明调节效应得到了验证。

表 2-9 中介作用和调节作用的检验（$N=2144$）

变量	方程1（积极应对）				方程2（风险认知）				方程3（积极应对）			
	β	SE	t	95%CI	β	SE	t	95%CI	β	SE	t	95%CI
性别	0.03	0.04	0.87	[-0.04, 0.11]	0.07	0.03	2.09	[0.01, 0.12]	0.04	0.04	1.16	[-0.03, 0.12]
年龄	0.07	0.02	4.80	[0.04, 0.11]	-0.03	0.01	-2.32	[-0.06, -0.01]	0.06	0.02	4.11	[0.03, 0.09]

续表

变量	方程1（积极应对）				方程2（风险认知）				方程3（积极应对）			
	β	SE	t	95%CI	β	SE	t	95%CI	β	SE	t	95%CI
受教育程度	0.07	0.02	3.43	[0.03, 0.11]	0.01	0.02	0.76	[-0.02, 0.05]	0.08	0.02	4.20	[0.05, 0.12]
治愈信息	0.08	0.02	4.49	[0.04, 0.11]	0.07	0.01	4.81	[3.17, 3.61]	0.08	0.02	4.68	[0.04, 0.11]
风险认知	0.14	0.04	3.70	[0.06, 0.21]					0.27	0.04	7.06	[0.20, 0.35]
心理紧张度					-0.30	0.10	-3.09	[-0.48, -0.11]				
治愈信息和心理紧张度的交互项					0.06	0.02	2.46	[0.01, 0.11]				
R^2	0.07				0.03				0.10			
F	15.17***				8.57***				22.81***			

为了进一步验证调节效应，本研究还进行了简单斜率（simple slope）检验，结果见图2-6，对于高心理紧张度（+1 SD）的个体而言，治愈信息对风险认知有显著影响（β=0.066，p<0.01）；而对于低心理紧张度（-1 SD）的个体而言，治愈信息对风险认知没有显著影响（β=0.001，p>0.05）。本研究还检验了患病信息、与自身关系密切的信息以及政府的防范措施和心理紧张度的交互项对风险认知的影响，结果没有发现调节效应。总之，这些检验结果证明，本研究假设中的预测是准确的，

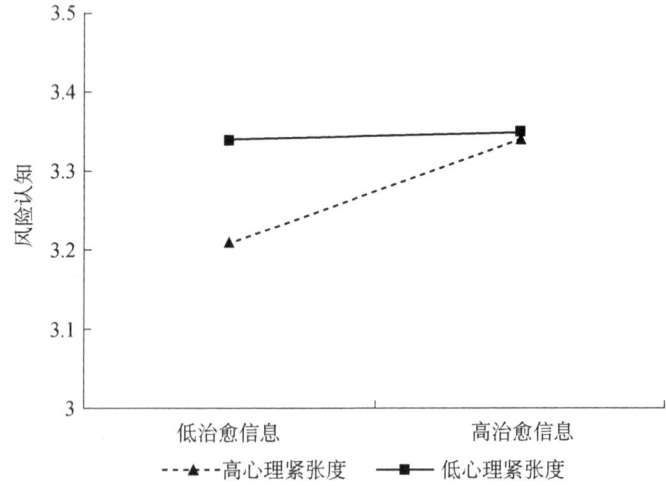

图2-6 心理紧张度在治愈信息和风险认知之间的调节效应

也就是说，只要把握了民众的风险认知信息规律，就可以对民众的应对行为进行预测，把握其情绪状况，进而进行情绪引导。

最后，本研究还进行了有中介的调节效应检验，结果如表 2-10 所示，治愈信息通过风险认知影响民众的积极应对，高心理紧张度组的间接效应显著，而低心理紧张度组的这一关系不显著。

表 2-10　有中介的调节效应检验

组别	B	SE	95%CI
高心理紧张度	0.007	0.007	[0.007，0.034]
低心理紧张度	0.001	0.001	[-0.009，0.012]

五、讨论

1. 风险信息导致的恐慌因素分析

本研究发现，在影响民众的风险信息中，治愈信息尤其是新增治愈人数对民众的影响最大；其次是患病信息，在患病信息中，医护人员患病人数对民众的风险认知产生的影响最大。这与 2003 年时勘等的研究结果略有不同。在 2003 年公共卫生事件期间，与民众自身关系密切的信息，即物理空间距离更近的环境，如所在单位和住宅区中有无患者，最能影响他们的风险认知。之所以会有这样的不同，原因在于民众在经历过公共卫生事件之后，对 SARS 的传播途径及其致死率都有较为深刻的了解，所以对死亡会有较高的风险评价。人们对二手信息的有效性持怀疑态度，更容易相信自己感官所获得的证据。因此，经验不仅会影响个人如何了解和感知风险，而且会影响他们的行为反应（程培堽，殷志扬，2012；朱越等，2020；Laska，1990）。例如，认为空气污染对健康构成真正威胁的人更有可能采取改善环境的行动，会更多地通过乘坐公共交通来保护自己免受空气污染（Evans et al.，1988）。这说明，从环境风险中感知到了威胁可能会导致民众采取行动来进行自我保护。在此次突发公共卫生事件中，民众被隔离在家，有较多时间关注媒体发布的各种信息，当了解到病毒类似于 SARS，并且当时的信息传播系统的效能明显优于 2003 年，加之对死亡有关的字眼依然较敏感，所以，民众会更多地关注治愈人数、新增治愈率等信息。

此外，对于患病信息，不同于 SARS 期间的新增死亡人数的影响，本次调查结果表明，民众对新增医护人员患病人数产生了更大的风险认知。之所以会出现这种情况，原因在于此次政府动员了数万名医护人员进行传染病预防，深入疫区抢救传染病患者，这在中国历史上是前所未有的。因此，医护人员的健康问题更加牵动亿万民众的心，加之医护人员身处抢救第一线，是身处最危险境地的群体，这方面的负性信息更能激起民众的风险认知。此次突发公共卫生事件发生之后，各种渠道的信息纷至沓来，除了每天发布的全国各地的新增死亡人数等信息之外，对于医护人员的报道也是层出不穷。医护人员属于与感染人群接触最直接、频次最高的重要群体，他们的发病信息当然更能直接影响人们的认知。排在较后位置的是政府的防范措施和与自身关系密切的信息。这两方面的信息排在后面的原因，与政府的果断决策有关。在传染病发生初期，中国政府果断地作出对疫区进行隔离的决定，并要求普通民众不聚集、不出门，还加大了对于社区和乡村要道的传染病预防措施的实施力度。这一举措得到了广大民众的响应，世界卫生组织对此给予了充分肯定。民众在此过程中感受到了政府的态度和各项举措的力度，因此积极配合，内心的安全感也增强了，对这些风险信息的认知水平也就降低了。

2. 两次风险认知地图的因素变化

从调查结果来看，民众的整体风险认知处在风险因素空间的右上端，即处在由完全熟悉和完全控制所组成的象限内。这与时勘等2003年5月上旬发现的公共卫生事件风险认知地图的结果大体上一致（时勘等，2003），但两次情况还是有一定差异的。面对突然袭来的突发公共卫生事件的肆虐和蔓延，民众能够在短时间内形成对病毒的熟悉感和可控制感，特别是对于病毒的病因的认识出现了可喜的变化，从不可控制和不够熟悉转变为可以控制和比较熟悉，这与政府迅速而有力的应对行为有很大关系，给予了民众较为清晰的认识，增强了民众的信心，加之政府能够充分利用网络媒体进行突发公共卫生事件的宣传，所以，病毒的病因的这一转变也从侧面肯定了政府、科研专家和媒体宣传的作用。

不过，民众对于愈后对身体的影响和愈后有无传染性的风险认知仍然处于不能控制和不熟悉的一端。这说明对于突发公共卫生事件的了解是一个不断摸索的过程，科学界以及医护群体只能在现有知识和能力的基础上进行解释与宣传，而随着医疗水平的不断提升，民众对其的了解不断增多，从而逐渐减少由对传染病的未知而产生的恐慌。比如，突发公共卫生事件发生后，伴随着国家推动对传染病救治的科研攻关，大规模临床试验以及研究的持续开展，民众对抗病毒成效的认识水平进一步提升。国家加强抗传染病药物的技术储备和研发，并作为公共项目来储备，提升了应急处置能力。随着国家层面在技术以及药物研发上的不断投入和积累，民众对诸如愈后对身体的影响等问题更加了解，其所引起的焦虑等问题会在很大程度上得到缓解。同时，这一问题的存在也进一步说明，突发公共卫生事件是全人类共同的敌人，需要政府部门以及医护工作者精诚合作、相互交流，加深对其的了解，进而在最大限度上实现最终胜利。

3. "心理台风眼"效应：疫区内外的认知差异

研究结果表明，传染病暴发区民众的风险认知水平与传染病严重区和远离传染病区存在显著差异，其在风险认知的熟悉程度和控制程度两个方面都表现出较高的分数，而高分数表明其风险认知的水平较低。这一结论验证了"心理台风眼"效应。这在2008年汶川地震中就有类似的发现（李纾等，2009；谢佳秋等，2011）。根据Melber等（1977）的简单暴露效应理论，刺激的简单暴露能够成为改善个体态度的充分条件，刺激的不断强化会导致熟悉程度的提升，进而使个体对刺激的敏感度下降。在此次突发公共卫生事件中，暴发地民众长时间处于风险刺激中，刺激的不断强化会导致民众的适应性逐渐增强，进而使民众对风险的敏感程度降低，导致出现麻痹大意的心理。这一发现对于应对突发公共卫生事件有重要的指导意义。

4. 风险认知与应对行为之间的关系模型

本研究运用结构方程模型的方法，分析了风险信息、风险认知和应对行为之间形成的关系模型，并据此发现，患病信息和与自身关系密切的信息可以直接影响回避应对，同时也可以通过风险认知的中介作用间接地影响积极应对和回避应对。政府的防范措施既可以直接影响积极应对，同时也可以通过风险认知间接地影响积极应对和回避应对。从风险信息的类型划分来看，患病信息和与自身关系密切的信息属于负性信息，政府的防范措施和治愈信息属于正性信息。研究发现，负性信息通过负向影响风险认知进而影响回避应对，正性信息通过正向影响风险认知进而影响积极应对。如果风险已被经历或容易被发现，则民众感知到风险的可能性就会增加，这种"可用性启发"意味着灾难性事件或大量的媒体报道可能会扭曲民众对风险的认识（Melber et al.，1977）。在获得的关系模型中，患病信息和与自身关系密切的信息作为负性信息，很容易被民众感知到，因此会导致民众过度恐慌，使得民众采取回避应对行为，这实际上是不利于民众身心健康的。有研究指出，民众经常性地通过采取具体行动来展示出对气候变化的反应，因此应对气候变化这样紧迫的威胁，可以通过政府或社区的努力来直接进行缓解。对于此次传染病，政府采取了切实的措施来帮助民众更好地应对，社区通过严格的身份准入制度来保证人们的安全，通过这样的管理方式，民众具备了较好的经验来适应社区管理新模式，因而能采用更好的自我保护性防御行为。另外，风险信息通过风险认知影响应对行为的结果与时勘等在SARS期间的研究结果是相当一致的，即传染病信息通过影响个体的风险认知，进而对民众的应对行为等预警指标产生影响。在预测模型中，个体的风险认知状态是评估预警指标的基础和前提。还有研究指出，保护行动也会受到诸如可用资源、感知控制和对负责机构的信任等因素的影响（时勘等，2003）。因此，虽然有风险信息的存在，但是民众还需要对信息进行加工，这是因为，对于资源和控制感的不同理解，也会导致民众采取不同的应对策略。

最后还需指出，本研究运用有中介的调节方法对民众的应对行为进行了分析，结果发现，在风险信息影响应对行为的路径中，心理紧张度是调节这种关系的重要变量。过去曾有研究指出，在高风险认知的情境下，人们更加愿意实施主动应对行为。然而，哪些因素会迫使民众实施主动预防性行为以应对环境的威胁，这还需要进一步检验。Stefano 和 Ferdinando（2015）的研究表明，个体对风险的认知通常与其采取预防性行为来应对风险的倾向有关，但也不足以促使人们在更高层次上采取预防性行为。事实上，情感变量有可能与风险信息产生相互作用，进而对风险认知产生影响，并影响随后的应对行为（Stefano & Ferdinando，2015）。但是，从本研究结果中可以看出，民众的紧张心理感破坏了积极信息对风险认知的影响，民众的高心理紧张感会干扰甚至破坏治愈信息对风险认知的影响，从而导致积极应对行为变少。然而，风险信息中的患病信息、与自身关系密切的信息等负性信息在该模型的作用并没有得到验证。根据谢晓非等（2003）的研究结果，在影响风险认知的因素里，信任等积极心理因素会对应对风险的行为发挥重要作用。而在本研究中，治愈信息和出院人数、政府的防范措施等正性因素确实会增强民众的信任感和安全感，进而降低民众对风险的认知，并会促使民众通过理性分析后形成积极应对行为。不过，面对突发公共卫生事件，民众的心理紧张感是始终存在的，这种紧张心理确实使积极应对行为受到了一定程度的削弱，因此，还需要寻求其他情绪引导的方法，从多个角度来帮助民众理性地面对现实，进而减少人们对风险的失真判断，形成更为长期的理性平和心态。

六、管理启示

针对突发公共卫生事件的实证研究以及分析，本研究提出如下政策建议。

第一，从本研究的时间维度来看，在传染病暴发初期，公众对风险信息的感知处于爆发性增长阶段，此时，事实性信息得到快速、高频率的发布和传播（Keller et al.，2006），这类信息包括传染病影响的范围、受传染病控制的大概区域、政府紧急采取的应对措施等，重点是突出信息的真实和快速。不过，在信息的发布上，要重点区分正性信息和负性信息的发布策略。时勘等曾指出,当负性信息超过一定限度,甚至违背人们风险认知规律进行信息轰炸时,效果可能适得其反(时勘等,2003)。

第二,从空间维度来看,要根据"心理台风眼"效应,针对不同地区的民众进行不同的情绪引导。对于传染病暴发地区的民众,在继续进行生命安全保障教育的同时,要杜绝他们产生麻木、松懈的情绪。而对于传染病边缘地区的民众,则应该通过科学预防知识、技能的宣传等,使他们掌握疾病传播的规律,缓解恐慌心理,理性对待传染病的风险。结合上述分析,在针对"心理台风眼"效应上,要有重点地采取相应的应对策略。比如,在传染病产生地区,要采取一切措施,使该地区的民众坚持到底,避免疫情出现反弹;针对远离疫区的地区,特别要处理好传染病防范和复工复产的关系,不得过度防范,心理干预工作要更加精准,解决好民众的情绪疏导问题。根据"心理台风眼"效应带来的启示,做到精准预防,能够更快地实现应对公共卫生事件的胜利。

第三,根据风险认知理论,人们对损失的负性情绪体验会比同等大小的收益所带来的正性情绪体验更为强烈,与普通认知信号相比,潜在的认知风险信号更能吸引人们的关注,因此,针对"愈后对身体的影响"和"愈后有无传染性"等问题,也可以专门研究有针对性的宣传策略,以避免民众信息过载。而基于心理紧张度这一负性情绪对于民众风险认知和积极应对行为的破坏作用,在后期的民众情绪引导中,可进一步探讨如何缓解民众的焦虑和紧张情绪,探讨多维立体的、分层次的民众心理疏导和救助策略,倡导基于人类命运共同体思路下的情绪引导策略。

七、研究结论

本研究进行了突发公共卫生事件信息对民众风险认知和应对行为的影响机制调查研究,结果发现:①在风险信息上,治愈信息和患病信息对民众的风险认知影响最大,且显著高于与自身关系密切的信息和政府的防范措施的影响。②与课题组 2003 年 SARS 期间进行的风险认知因素空间位置图的比较结果表明,"病毒的病因"从不熟悉和不可控制的一端转向可以控制和比较熟悉的一端,但"愈后对身体的影响"和"愈后有无传染性"仍然处于不熟悉和不可控的一端。③差异检验结果表明,处于突发公共卫生事件中心地带的民众存在着"心理台风眼"效应。④结构方程模型分析结果表明,传染病信息通过风险认知对民众的应对行为产生影响,这再一次验证了风险预测模型的适用性。⑤通过有中介的调节效应的检验,验证了民众情绪在结构方程模型中的调节效应,为下一步进行情绪疏导提供了科学依据。

需要指出的是,本次调查发现了心理学领域的传染病研究的一个重要规律,那就是要伴随医学界对疾病认识的深入和传染病的传播,来决定人们的风险认知和应对行为是否出现了发展的对应性,从而在研究中体现这种与解析疾病发展相同步的关系。比如,在突发公共卫生事件暴发初期,民众对于风险信息的感知也处于爆发性增长阶段,恐慌、焦虑是其主要特征,传染病信息的快速、高频率传播也使得其影响范围和波及区域越来越大。此时,对于各国政府来说,不论社会治理的价值观如何,采取积极措施控制传染病是唯一正确的选择,中国政府正是采取了紧急的应对措施,赢得了宝贵的时间。这里需要重点突出的是初期信息的真实和快速,民众通过积极配合,心理状态得以恢复,这是中国民众在风险信息感知初期阶段的特点。当传染病进入中期,由于这些风险信息反复刺激疫区中心地带的民众,在传染病进入相持阶段时,疫区中心地带的民众就出现了"心理台风眼"效应。

第六节　公共卫生事件预防背景下民众积极预防行为的影响机制研究[①]

本研究分析了公共卫生事件预防背景下民众信息感知对积极应对行为的影响,以及预防自我效能感的中介效应和松紧文化的调节效应,并提出了相应的对策建议。本研究采用传染病信息感知量表、积极应对行为量表、松紧文化量表和传染病预防自我效能感量表,调查了4500名民众,共收回4500份问卷,剔除不合格问卷551份,有效问卷为3949份(有效率为87.8%)。结果表明,民众传染病信息感知能显著预测积极应对行为($\beta=0.06$,95%CI 为 0.03~0.08),传染病预防自我效能感能显著预测积极应对行为($\beta=0.29$,95%CI 为 0.27~0.32),即传染病预防自

---

① 本节作者:周海明、万金、李琼、曾敏、时勘。

我效能感在传染病信息感知与积极应对行为之间起部分中介作用。此外，中心化后的传染病信息感知与中心化后的松紧文化的交互项对传染病预防自我效能感有显著预测作用（$\beta=-0.19$，95%CI 为 $-0.23\sim-0.15$），即松紧文化能调节传染病信息感知对传染病预防自我效能感的影响。综上，在公共卫生事件预防背景下，传染病信息感知能够直接或间接地通过传染病预防自我效能感来影响民众的积极应对行为，松紧文化在其中起到调节作用。

时勘等（2003）在构建心理预警系统的研究中指出，通过风险事件的认知研究，可以构建起民众心理健康与应对方式等的心理行为预测指标系统。风险事件引起人们的警觉，进而会显著影响人们的应对行为。同时，民众采取积极应对行为的机制在于提升其传染病预防的自我效能感。这种效能感来自民众抗击传染病的信心，而且研究也发现，信息的负面性会传达出一种积极的正面特征，使得民众感受到一种信心回升和风险消退。从松紧文化角度来看（孙东河，2021），在我国紧密文化中，社会规范度高，通过规范隔离、戴口罩等措施，民众的步调一致，缩小了传染病的扩散范围，为有效预防传染病奠定了坚实的基础。这些过往的经验以及紧密文化在实践中的效应，也使民众看到了制度的优越性，因此信心不断提升，不仅在国家规范要求下实施积极的预防行为，而且会自觉自发地采取积极预防行为。因此，松紧文化有利于民众采取积极应对行为。结合以上分析，本研究将探索在公共卫生事件预防背景下，民众积极应对行为的影响因素（图 2-7），并为后期的预防以及对民众的心理干预提供一定的参考依据。

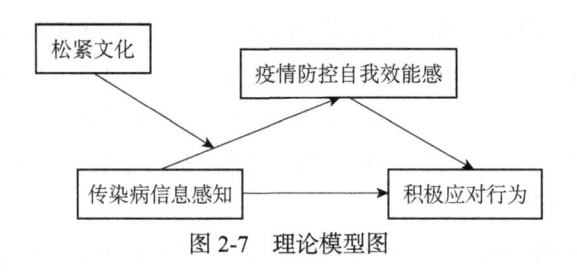

图 2-7　理论模型图

一、对象与方法

1. 对象

以问卷星在线平台为调查工具，在全国按区域进行取样。其中，东北地区包括黑龙江省和辽宁省；华东地区包括山东省、江苏省、安徽省以及上海市；华北地区包括北京市、天津市和河北省;华中地区包括河南省和湖南省;华南包括广东省和海南省;西南包括四川省、云南省和西藏自治区;西北地区包括陕西省、青海省和新疆维吾尔自治区。共收回问卷4500份,有效调查问卷3949份,有效率为87.8%。在人口统计学变量上,在性别变量中,女性1936人(49.0%),男性2003人(50.7%),其中有10位(0.3%)被试没有标注性别;在年龄变量上,20岁以下有376人(9.5%),20~29岁有869人(22.0%),30~39岁有982人(24.9%),40~49岁有1182人(29.9%),50岁及以上有540人(13.7%);在婚姻变量上,已婚有2690人(68.1%),未婚有1091人(27.6%),离异或者丧偶有168人(4.3%);在学历变量上,大专及以下有1296人(32.8%),本科有2394人(60.6%),研究生有259人(6.6%);在职业变量上,公司职员有1332人(33.7%),医护人员有508人(12.9%),工人有758人(19.2%),政府部门工作人员有219人(5.5%),个体从业者有204人(5.2%),其他有928人(离退休人员等)(23.5%)。

2. 测量工具

(1)传染病信息感知量表

采用Marjanovic等(2014)编制的传染病信息感知量表(Epidemic Information Perception Scale, EIPS)测量民众感知到传染病威胁大小。该量表由5个项目组成,采用利克特5点计分法(1代表"完全没有",5代表"非常多"),得分越高表明民众感知到的威胁程度越大。本研究中,该量表的内部一致性系数为0.90。

(2)传染病预防自我效能感量表

传染病预防自我效能感量表(Self-Efficacy Scale, SES)由Jerusalem和Schwarzer(1992)编制,用于测量面对传染病时,民众感知到的应对程度,典型的题目如"我相信我能有效地应对它"。该量表有4个项目,采用利克特5点计分法(1代表"完全不符合",5代表"完全符合"),得分越高,表明民众对传染病预防的信心程度越高。本研究中,该量表的内部一致性系数为0.89。

(3)积极应对行为问卷

采用Billings和Moos(1984)编制的传染病积极应对行为问卷(Positive Coping Behavior Questionnaire, PCBQ)测量在传染病期间,民众采取的积极应对行为,典型的题目如"戴口罩""确保自己有充足的睡眠"。该量表有9个项目,采用利克特5点计分法(1代表"完全没有",5代表"非常多"),得分越高,表明民众采用的应对行为越积极。本研究中,该量表的内部一致性系数为0.87。

(4)松紧文化量表

采用Gelfand等(2011)编制的松紧文化量表(Tight-Loose Culture Questionnaire,

TLCQ）测量民众所处的文化。该量表包含 21 个项目，分为宏观层面和个体层面两个维度，采用利克特 7 点计分法（1 代表"完全不同意"，7 代表"完全同意"）。本研究选取了 TLCQ 中松紧文化宏观层面的 7 个项目，计算这 7 个项目的平均分，得分越高，表明文化越趋向于紧密。本研究中，该量表的内部一致性系数为 0.87。

数据采用 SPSS 21.0 以及 Hayes（2017）编写的宏程序 PROCESS 3.1 进行统计分析，采用的统计方法包括相关分析、回归分析以及有调节的中介效应检验。其中有调节的中介效应检验采用偏差校正的百分位 Bootstrap 方法，重复取样 5000 次，计算 95%CI。

二、结果及分析

1. 共同方法偏差检验

本研究中使用的问卷是自评问卷，有可能存在共同方法偏差问题，因此采用 Harman 单因素检验法对共同方法偏差问题进行检验。将 EIPS 的 5 个项目、SES 的 4 个项目、PCBQ 的 9 个项目以及 TLCQ 的 7 个项目进行未旋转的主成分分析，结果发现，5 个因子的特征根大于 1，第一个因子能解释总变异的 23.45%，远低于 40% 的标准，说明不存在严重的共同方法偏差问题。

2. 各变量的描述性统计与偏相关分析结果

对传染病信息感知、传染病预防自我效能感、松紧文化和积极应对行为 4 个变量进行相关分析。结果显示，传染病信息感知与传染病预防自我效能感呈显著负相关，$r=-0.29$；传染病信息感知与积极应对行为呈显著正相关，$r=0.25$；传染病预防自我效能感与积极应对行为呈显著正相关，$r=0.37$。这 3 个研究变量两两之间均呈显著相关，为进一步检验研究变量间的机制提供了支持。

3. 有调节的中介效应检验

采用 PROCESS 3.1 中的模型 7，以职业和年龄为控制变量，以传染病信息感知为自变量，以积极应对行为为因变量，以传染病预防自我效能感为中介变量，以松紧文化为调节变量，进行有调节的中介效应检验，结果见表 2-11。传染病信息感知能正向预测积极应对行为（$\beta=0.06$，95%CI 为 0.26~0.30），传染病预防自我效能感能正向预测积极应对行为（$\beta=0.29$，95%CI 为 0.27~0.32）。可见，传染病预防自我效能感在传染病信息感知、积极应对行为之间起部分中介作用。

表 2-11　传染病信息感知对积极应对行为的预测模型

预测变量	传染病预防自我效能感 β	SE	t	95%CI	积极应对行为 β	SE	t	95%CI
年龄	0.01	0.01	0.68	[−0.02, 0.03]	−0.03	0.01	−3.41*	[−0.05, −0.02]
职业	−0.01	0	−0.04	[−0.01, 0.01]	−0.01	0.01	−0.04	[−0.01, 0.01]
传染病信息感知	0.06	0.02	4.56*	[0.03, 0.06]	0.06	0.03	24.57*	[0.26, 0.30]
传染病预防自我效能感					0.29	0.02	22.13*	[0.27, 0.32]
松紧文化	1.14	0.07	16.05*	[0.99, 1.28]				
传染病信息感知×松紧文化	−0.19	0.02	−9.53*	[−0.23, −0.15]				

同时，松紧文化对该中介模型具有调节作用。为了检验松紧文化对中介模型的调节效应，本研究将松紧文化区分为高、低两个水平，对中介模型进行了调节效应分析。结果发现，传染病信息感知与松紧文化的交互项对传染病预防自我效能感有显著的预测作用（$β$=−0.19，95%CI 为−0.23~−0.15），表明松紧文化调节了传染病信息感知对传染病预防自我效能感的关系。高、低松紧文化下的调节效应存在差别，在高松紧文化（紧密文化）条件下，传染病信息感知对传染病预防自我效能感的效应显著（$β$=−0.04，95%CI 为−0.05~−0.02）；而在低松紧文化（松散文化）条件下，传染病信息感知对传染病预防自我效能感的效应不显著（$β$=0.01，95%CI 为−0.02~0.02）。

简单斜率检验（图 2-8）进一步发现，在低松紧文化（松散文化）条件下，无论是高传染病信息感知还是低传染病信息感知，其对传染病预防自我效能感的影

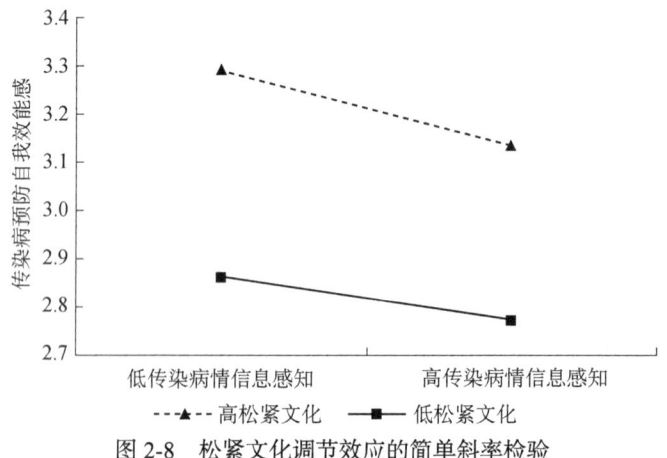

图 2-8　松紧文化调节效应的简单斜率检验

响均不显著；而在高松紧文化（紧密文化）条件下，高传染病信息感知对传染病预防自我效能感的影响显著低于低传染病信息感知的影响。而且无论是何种传染病信息感知程度，高松紧文化（紧密文化）条件下民众的传染病预防自我效能感都高于低松紧文化（松散文化）条件下民众的传染病预防自我效能感。

三、讨论

1. 传染病风险认知对积极应对行为的直接效应

本研究发现，传染病信息感知直接影响积极应对行为。这一结果可以用保护动机理论来解释。人们将信息感知为严重是影响人们行为改变的重要因素，人们通过参与到预防行为中来降低风险认知，因此，对传染病信息的风险认知是人们采取后续行动的必要条件。另外，对 SARS、H5N1 和 H1N1 等相关文献进行梳理后发现，感知传染病严重性是人们采取积极预防措施的重要影响因素，人们感觉到某种传染病对自身的危害越大，就越有可能采取积极的防御措施。另外，Oh 等（2021）以公共卫生事件为研究对象得出了相同的结论，即对于公共卫生事件，人们感知到的传染性越严重，越容易采取保护性行为。

2. 有调节的中介效应分析

本研究发现，传染病信息感知与松紧文化的交互项通过影响传染病预防自我效能感，进而对积极应对行为产生影响，这表明除了传染病信息感知对积极应对行为影响这一直接作用路径外，传染病信息感知还可以与松紧文化相互作用，通过传染病预防自我效能感的间接效应作用于积极应对行为。松紧文化反映的是对偏差行为的惩罚度与强度的社会规范文化，其中"紧"指规范强，对偏差行为的包容度低；而"松"指规范弱，对偏差行为包容度高。它包括两个关键要素：社会规范度和对偏差行为的容忍度。从测量学角度来看，松紧文化是一维两极的概念，一维是指松紧文化维度，两极指松端与紧端（Gelfand et al., 2011），而且在测量的过程中，默认松紧文化的测量得分越高，文化越紧；得分越低，文化越松。"松紧文化"的概念一经提出，就增进了对人类心理与行为差异的理解和预测（Norenzayan, 2011）。在突发公共卫生事件暴发初期，我国实施了严密的传染病预防策略，通过规范民众的行为，采取封城、封村等策略，使传染病在较短的时间内得到了有效控制，这种举全国之力战胜传染病的行为堪称一种奇迹，也充分显现出预防过程中紧密文化的重要作用。在紧密文化情境下，面对传染病的传播与反弹，民众看到了行为规范对防疫的重要作用，以及紧密文化这一规范行为所带来的抗击传染病的重大胜利，使民众的传染病预防自我效能感得到不断提升。

自我效能感是指个体在应对各种任务时表现出的一种自信心，在判断是否可以实现预定目标时起着至关重要的作用（杨程惠等，2020）。传染病预防自我效能感是指个体在应对传染病的过程中所表现出的战胜传染病的一种自信，而这种自信对实现积极行为起着重要作用。本次调查发现，传染病预防自我效能感能够显著影响积极应对行为。这与以往的研究结果较为一致，比如，有研究发现，在较大的压力环境下，较高的自我效能感能够帮助医学生采取积极的应对策略（陈明炫等，2021）。范亚硕等（2019）通过对难治性肺炎患者和健康体检者两组被试进行研究发现，自我效能感与应对方式间呈显著相关，并且自我效能感是预测应对行为的重要变量。在传染病期间，基于以往抗击传染病的一次次胜利所积累起来的信心，民众能够主动地采取诸如戴口罩和不聚集等有效的防疫行为。

因此，通过以上分析，在传染病预防过程中，民众看到了紧密文化对于有效抗击传染病所发挥的重要作用，而一次次抗击传染病的胜利增强了民众的自我效能感，进而使他们积极主动地作出良好的应对行为。因此，本研究带来如下重要启示：其一，在突发危机事件面前，紧密文化的作用至关重要。在传染病等灾害发生的过程中，规范民众的行为，实施严格的预防防范措施，能够高效地取得抗击传染病的重要胜利。其二，本研究的结论进一步验证了班杜拉的自我效能感理论，即个体自信心的提升是通过在直接经验中不断取得胜利而逐渐积累起来的。突发公共卫生事件出现了大大小小数十次的反弹，但是通过一次次采取严格的预防措施，民众取得了一次又一次的胜利，由此所积累起来的信心对于民众战胜任何困难都将是一笔宝贵的财富。其三，在传染病预防的各个阶段，采取诸如戴口罩、不聚集、勤洗手等积极应对行为是重中之重。

第七节 政府区域管理政策下民众的心理行为特征及对策研究[①]

为了更好地落实政府区域管理政策，为民众心理疏导和领导管理决策提供对策建议，本研究采用方便抽样方法，对30个省份5743人进行了问卷调查。研究结

---

① 本节作者：周海明、万金、李琼、曾敏、时勘。

果表明，民众基本认同政府区域管理政策，上海地区民众的认同度较其他地区低，部分民众存在认知行为的盲点，政府与民众的认知存在偏差，需要调整政策。回归模型分析结果表明，变革型领导行为对降低民众风险心理威胁和负性情绪有重要的作用；在传染病预防对策方面，医疗团队的快速组建取得了一定的成效，对政府区域管理现状的管理熵评估验证了城市防疫工作评估模式的可行性。由此得出如下结论：在政府区域管理下，民众在传染病预防举措方面存在认知行为盲点，领导的管理引导行为可降低民众的风险威胁和负性情绪。本研究还就居家办公、半封闭管理等提出了相应建议。

一、研究背景

1. 国内外研究的发展趋势

长期以来，由于地震与海啸等自然灾害、气候、贫困、人口剧增和战争等因素的影响，人类卷入更深的风险漩涡。灾难事件对人民生命安全和心理健康造成了重大威胁，引发公众对风险信息的感知及恐慌心理的蔓延。风险认知最早源于风险评估和行为应对的一系列研究（Vlek & Stallen，1980）。Slovic 认为，对风险事件的评判被人们知觉为"未知的"和"不可控制的"两大类，其在分类结构中的位置可以直接显示出人们对风险的知觉特征（转引自时勘等，2003）。2003 年，当中国暴发公共卫生事件时，时勘等（2003）率先在国内开展了民众的风险认知研究，结果发现，我国民众在风险认知、行为应对和情绪干预等方面呈现出一些独特的规律，根据这些规律，课题组为政府提供了多项对策建议。政府区域管理的目标就是落实防范对策，因时、因势不断调整预防措施是从根本上维护广大民众健康而作出的决策（焦松明等，2020）。

2. 课题组前期的研究进展

公共卫生事件发生后，课题组结合民众面对传染病的心理行为特征做了四次全国性调研，先后对风险认知、"心理台风眼"效应、组织污名化等展开了调查和分析（Brcic et al.，2011）。Brcic 等（2011）开发的贫困识别工具于 2020 年被加拿大曼尼托巴大学的万方教授引入我国，之后，我国研究者利用此工具在西南贫困地区展开了入户调查，了解了突发公共卫生事件期间民众收入是否入不敷出、饮食和居住方面的问题，探索了心理健康、财务状况是如何影响民众应对突发公共卫生事件的信心的（时勘等，2021）。时勘等（2021）的研究完善了社区动态预警和协同应对系统的建设工作。时勘等还与加拿大约克大学的 Esther 教授等 9 个国家的学者共同研发了 BCTS，该工具在北美、欧洲和我国均被证明具有较好的鉴别度（任佩瑜等，2001）。本研究也将应用该量表来评估人们感知的突发公共卫生事件的风险威胁，进而讨论有针对性的心理辅导方法。

3. 本研究将要探索的问题

为了探索政府区域管理预防系统的有效性，首先，本研究将了解弱势群体救助的成效，并探索物资供应能否满足民众需求，具体将通过社会学调研方法来获得上述信息。随后，本研究将运用心理学实证方法，采用 BCTS 来调查各地民众面对风险威胁时的心理状况，探索如何使来自不同地区的医护人员快速组建团队，并考量组建团队新方法的有效性。最后，本研究结合前述调查获取的数据，在某些城市展开针对政府区域管理成效的组织评估工作，并基于管理耗散结构理论（李超平，时勘，2005）评价不同地区政府区域管理的成效，为下一步管理决策提供依据。

二、研究的总体框架

1. 调查目的

本研究旨在探索外部客观环境和内部心理感受对民众抗击传染病的影响，并在此背景下探讨政府的传染病预防举措和管理行为引导对民众心理行为的影响，从而揭示政府区域管理政策的成效，形成后期传染病预防管理对策。

2. 总体框架

本研究的整体框架是：首先，了解政府区域管理的外部客观环境影响因素，如传染病通报、隔离生活状况和医疗物资供应的情况；随后，探索内部心理感受影响因素，包括官方政策宣传、传染病信息传播和风险威胁感知的作用；最后，在前述基础上探索传染病预防举措的作用，并在管理行为引导效能方面，探索民众应对心态调适、合作团队快速组建等方面的效果，考察整体预防工作成效。本研究的整体框架如图 2-9 所示。

三、调查的总体情况及分析

1. 被调查民众的区域分布

本研究通过网络调查方式收集数据，以我国各地区的民众为被试，在去除答题过快、选择倾向无变化的样本后，最终确定了 5743 份有效数据。各地区的样本分布情况见表 2-12。

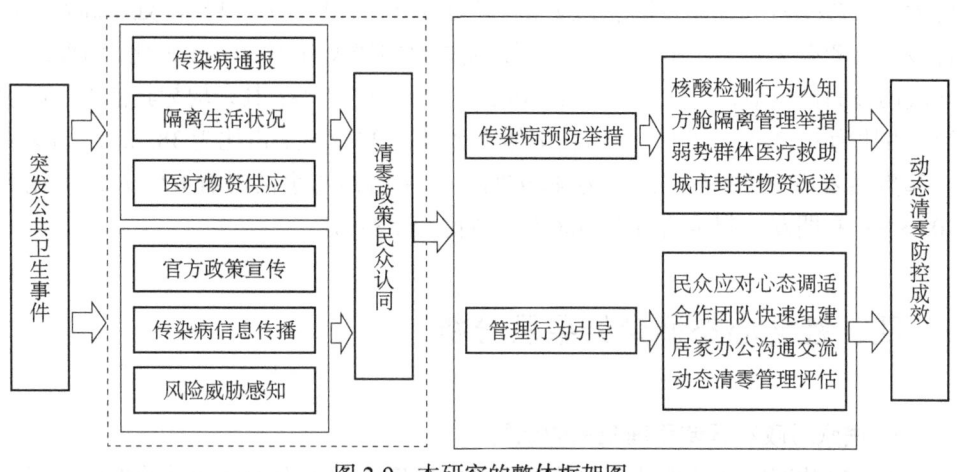

图 2-9 本研究的整体框架图

表 2-12 各地区的样本分布情况（N=5743） （单位：人）

地区	人数	地区	人数	地区	人数	地区	人数
新疆	19	甘肃	45	福建	88	上海	299
内蒙古	20	海南	53	江苏	90	湖南	352
云南	21	贵州	58	湖北	92	浙江	354
宁夏	26	安徽	69	四川	107	辽宁	536
青海	26	黑龙江	72	北京	109	广西	652
山西	35	吉林	72	山东	228	江西	1516
重庆	40	陕西	78	河南	258	港澳台	32
河北	44	天津	76	广东	276	总计	5743

2. 被试的人口统计学变量

本次调查样本的人口统计学变量情况如下：女生有 3237 人（41.47%），男生有 2506 人（58.53%）；40 岁及以下的有 4544 人（79.12%），40 岁以上的有 1199 人（20.88%）；受教育程度为大学及以上的有 2828 人（49.24%），高中及以下的有 2915 人（50.76%）；公司职员有 1833 人（31.92%），学生有 1788 人（31.13%），不稳定职业人员有 721 人（12.55%），企事业管理者有 320 人（5.57%），进城务工人员有 213 人（3.71%），医护人员有 199 人（3.47%），从事其他职业的人员有 669 人（11.65%）。

3. 被试在突发公共卫生事件中的生活状态

在本次调查中，大部分被试生活在没有传染病或仅有少数发病报道的地区，占比为 69.77%；身处高发疫区、未被隔离者有 410 人，占比为 7.14%；处于高发疫区且被隔离者有 276 人，占比为 4.81%；其他情况的居民有 1050 人，占比为 18.28%。本次调查的被试中，独自生活者有 446 人，占比为 7.77%；其余均与其他人一起生活，占比为 92.23%。其中，生活在集体宿舍者有 2212 人，占比为 38.52%；与家人一起生活者有 2352 人，占比为 40.95%；和伴侣共同生活者有 625 人，占比为 10.88%；和朋友一起生活者有 108 人，占比为 1.88%。

四、社会心态调查结果及分析

1. 民众对政府区域管理政策的认同

民众对政府区域管理政策保持较高的认同度，但上海地区和其他地区呈现出认知方面的差异（图 2-10）。调查发现，对于预防措施，全国有 91.8% 的民众选择了同意或非常同意。有 84.22% 的民众认为，如不实施政府区域管理政策，必将导致传染病的大规模反弹，上海民众对政府区域管理政策的认同度偏低（64.2%），全国民众对政府区域管理政策的认同度较高（70.0%）。从全国民众的共同反应来看，有 47.94% 的民众认为公共卫生事件已不能构成对生命健康的巨大威胁，44.72% 的民众对传染病对经济发展的影响表示非常担心。

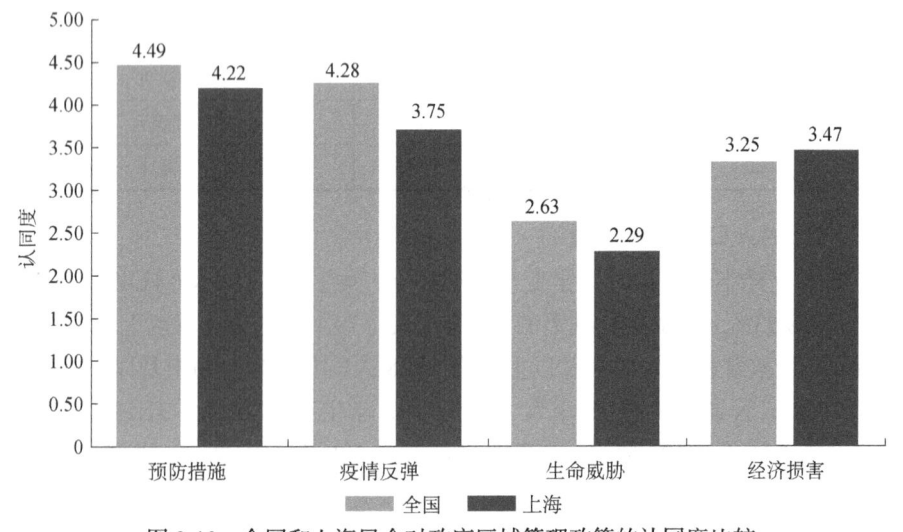

图 2-10 全国和上海民众对政府区域管理政策的认同度比较

2. 民众对传染病蔓延的心理感受

课题组调查了全国民众对传染病态势的心理感受，发现各地区民众的感受存在差异，具体来说，上海民众对医疗和物资保障尤为担忧，占比达 40.58%，而全国民众中对此持担忧态度者仅占 18.51%；上海民众因为传染病和家人待在一起的时间变长，家庭关系有所改善，支持率达 35.51%，明显高于全国 25.61%的水平；但在战胜传染病的信心和对各类传染病信息保持冷静方面，上海民众持支持态度者占 53.62%，低于全国 64.32%的水平。由于面临经济下行态势与行业经营困难，全国有 33.29%的民众感到生活压力增大。

3. 民众检测行为的认知盲点

调查结果显示，部分民众对于次生感染的产生存在认知盲点。美国科学家在《暴露科学与环境流行病学杂志》(*Journal of Exposure Science & Environmental Epidemiology*)上撰文指出，对校园周围的空气和表面采集的样本进行测试后发现，人们通过呼吸感染传染病的可能性是由接触表面感染的 1000 倍[①]。也就是说，这一认知盲点是导致次生传染的高危因素。本次调查结果还表明，报告可能出现瞒报、漏报的现象，需要派专人来规范数据获取方式，以保证所获数据的精准性。并在全国范围内加强检测行为规范的宣传、监控和引导，以避免出现次生感染问题。

4. 医院管理存在的问题

采用以快制快、有备无患的措施是政府区域管理政策实现的重要保障。此外，上海民众对医院的卫生条件是否达标最为关切（88.49%），并希望达到康复标准的人员尽快出院，以节省医院的资源。民众赞成为 14 岁以下或 65 岁以上的老幼者和孕产妇开设专门的医疗点，且上海地区民众对此的支持率高达 96.52%。此外，上海被调查民众还建议，死亡人数统计应排除 80 岁以上基础性疾病患者，这样能更客观地体现政府区域管理政策的实际成效。全国和上海民众对于医院提供给隔离人员的支持效能的评价见表 2-13。

表 2-13　全国和上海民众对于医院提供给隔离人员的支持效能评价（*N*=5743）(单位：%)

调查项目	全国	上海
加大保洁力度，满足卫生基本需求	78.03	88.49
及时给患者提供治疗方案	83.04	84.89
病患符合出舱标准时，及时解除对其的隔离	74.15	81.29

---

① 科技早新闻来了.（2022-05-06）. https://m.thepaper.cn/baijiahao_17952790[2024-08-01].

续表

调查项目	全国	上海
每个床位配备各类日用品和御寒用品	83.79	79.14
安装无线网络，保障网络畅通	74.99	81.29
"吃得饱"，另配零食水果，尽量"吃得好"	77.54	76.26
配备运动设备，增强隔离人员身体素质	69.70	64.75

5. 困难群体的识别与帮扶

本研究采用了修订的 Brcic 等（2011）的贫困识别工具（时堪等，2021），从"收入是否入不敷出、饮食、居住"等方面来识别公共卫生事件中的经济困难群体。本研究采用线上和线下测评方式，还针对受教育程度较低的个体进行了"一对一"测试，然后依据测试结果将被试分为三种类别，计算出被试在饮食、居住、收支平衡三个维度上的均值，将得分在 3 分及以上的个体纳入困难群体中。表 2-14 展示了上海某社区各类别经济困难群体的人数及其百分比。

表 2-14　困难群体分类表（以上海某社区为例）

维度	类别	人数（人）	百分比（%）
饮食	本人或家属曾因没有足够的钱买食物而挨饿	50	16.0
	吃不起营养均衡的食物	56	17.9
	付完月租、水电等账单后通常没有余钱买其他食物	57	18.3
	饮食困难群体（以维度均值≥3 为标准）	38	12.2
居住	担心失去住处	97	31.1
	搬到预算能承受的住所	86	27.6
	居住困难群体（以维度均值≥3 为标准）	149	47.8
收支平衡	很难在月底保持收支平衡	129	41.3
	没有足够的收入来维持生计	90	28.8
	收支平衡困难群体（以维度均值≥3 为标准）	113	36.2

在城市管理部门和社区的支持下，不同类型的困难群众均得到了物质或资金方面的帮助。饮食困难群体以特殊的高龄老人、独居老人、患病老人和残障人士为主，针对这类群体，上海市建立了专门为社区特殊困难群体服务的志愿者队伍，为特殊困难群体提供生活物资配送服务，协调街道提供生活照料的服务。针对居住困难群体，上海公安机关建立了涵盖来沪居住困难群众的网络联系，流浪人口得到妥

善安置。针对收支平衡困难群体，停工停产造成了部分收支平衡困难的群体，首要任务是保障该类群体，尤其是零工、散工等无正式劳动合同，但存续事实劳动关系的人员获取隔离期间的生活补贴。由于停工带来的经济危机，有的人想要回乡，但更多的人则期待复工后能够重新找到工作，从而负担家庭开支。课题组将调查结果反馈给上海市社保部门和相关社区，请其解决具体问题。对于符合离沪条件的人员，课题组建议相关部门资助其返回家乡。

6. 区域管理的物资供应

在传染病大流行时段，为了保障外地支援物资顺利地送达上海各小区，上海市对外地援沪车队均实施了优化入沪通行证等的办理手续，交警部门对此进行了路线引导，保障了市区内物资运输的畅通，各社区居委会直接参与管控区内支援物资出入楼栋配送方案的制定，从而避免了物资在小区外积压的情况。在保障调拨物资跨区运输方面，上海市打通了小区"最后一百米"，解决了支援物资进小区难的问题。

7. 关于区域管理的效能评价

在区域管理方面，本研究取得了如下值得关注和总结的结果。

第一，全国民众对政府区域管理政策保持较高的认同度，但民众认为传染病对其生命健康的威胁已经不如初期那么严重了，而是更多地关注其对经济社会发展的损害。我们需要探寻面对经济下行和难以经营的症结，寻求恢复经济发展的新路径。

第二，在医院管理的人员收治方面，应考虑对入住人员的进一步鉴别管理，主要是将患有基础性疾病的人员单列出来进行治疗，特别应关注患病程度严重的人群，及时为其提供治疗方案，保障重症患者的药品供应，特别是要为弱势群体患者开设专门的医疗救助点。

第三，本次调查采用的贫困识别工具比较符合线上和线下测试的要求，可以鉴别困难群体在饮食、居住、收支平衡方面的不同需求，上海地区在区域管理的物资供应方面的经验也值得其他地区借鉴。

五、管理行为引导的实证调研结果及分析

1. 民众应对的心态调适

（1）松紧文化、变革型领导对风险威胁心理的影响机制

本研究考察了政府区域管理下领导行为的作用机制。松紧文化是国际上最新

产生的针对社会文化的一种理论，通过社会规范的强度和对偏差行为的容忍度来探索不同国家松紧文化的差异（Hackman & Wageman，2005）。在发生公共卫生事件的背景下，领导者究竟采用怎样的文化来应对公共卫生事件？什么样的领导风格更适合进行监管控制？民众在公共卫生事件中对风险威胁的心理状态如何？这些是亟待探讨的问题。为此，本研究针对领导行为机制提出了如下假设。

假设1：松紧文化对风险威胁具有正向预测作用。风险威胁是指个体对可能到来的伤害或损失的重要预期。目前已经证实，民众在公共卫生事件中感受到的风险威胁越高，则越容易产生更高水平的紧张、愤怒、疲劳、抑郁、焦虑等心理状态。

假设2：风险威胁正向预测民众在公共卫生事件中的心理反应。变革型领导主要表现为领导者的德行垂范、领导魅力、愿景激励和个性化关怀等心理行为品质（Wageman，1997），已有研究表明。领导者会通过自身的德行垂范来激励民众保持信心，并通过个性化关怀降低民众的风险威胁感。

假设3：变革型领导在松紧文化对风险威胁的影响中起着负向调节作用。政府区域管理政策认同是民众在公共卫生事件中感受到的一个关键认知变量。领导者若能提升民众对政府区域管理政策认同的程度，则会降低民众面对公共卫生事件的心理威胁水平。

假设4：政府区域管理政策认同在风险威胁对心理反应的影响中起着负向调节作用。综上所述，本研究的理论假设模型图如图2-11所示。

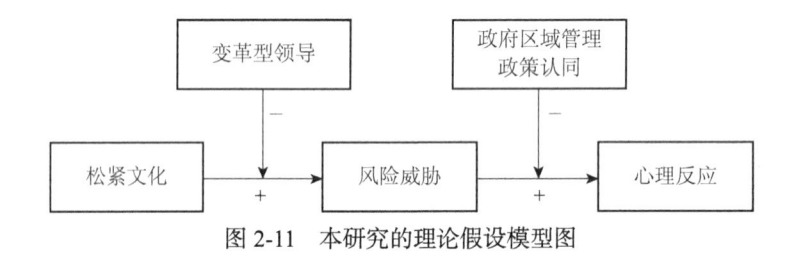

图2-11 本研究的理论假设模型图

本研究考察了变革型领导和政府区域管理政策认同的调节作用，结果表明（表2-15），松紧文化和变革型领导的交互项对风险威胁的影响显著（$B=-0.049$，$t=-2.213$，$p<0.01$），风险威胁和政府区域管理政策认同的交互项对心理反应的影响更为显著（$B=-0.124$，$t=-5.143$，$p<0.001$），变革型领导和政府区域管理政策认同在模型中均起到了显著的负向调节作用。这表明，本研究所提出的4个假设均得到了验证。政府区域管理政策认同在风险威胁对心理反应的影响中起重要的负向调节作用，但是，经过变革型领导的调节，在传染病疫情严重的情况下，倡导紧密文化削弱了风险威胁对心理反应的消极影响，缓解了民众的心理压力。

表 2-15　松紧文化、风险威胁对心理反应的有调节的中介分析表

项目	风险威胁				心理反应			
	B	SE	t	95%CI	B	SE	t	95%CI
截距	2.467	0.436	5.664***	[1.613, 3.321]	0.170	0.277	0.614	[−0.373, 0.713]
性别	0.017	0.045	0.381	[−0.071, 0.105]	0.004	0.033	0.122	[−0.061, 0.069]
年龄	−0.001	0.001	−2.384**	[−0.002, 0]	0	0	0.300	[−0.001, 0.001]
受教育程度	0.062	0.017	3.677***	[0.029, 0.094]	−0.071	0.013	−5.650***	[−0.095, −0.046]
松紧文化	0.061	0.087	0.7006*	[0.110, 0.232]	0.012	0.021	0.587	[−0.029, 0.053]
变革型领导	−0.005	0.116	−0.044	[−0.232, 0.221]				
松紧文化×变革型领导	−0.049	0.022	−2.213**	[0.051, 0.036]				
风险威胁					1.062	0.086	12.311***	[0.893, 1.231]
政府区域管理政策认同					0.122	0.071	1.707	[−0.018, 0.261]
风险威胁×政府区域管理政策认同					−0.124	0.024	−5.143***	[−0.172, −0.077]
R^2	0.012				0.446			
F	3.954***				222.574***			

总体来看，松紧文化对风险威胁具有正向预测作用，虽然风险威胁对公共卫生事件中民众的心理反应有影响，但领导行为在应对风险威胁上产生更大的作用，使得民众更加认同政府区域管理政策。

（2）民众感受到的风险威胁心理的现状分析

采用 BCTS 来评估人们感知到的传染病风险威胁，结果表明，民众感知到的传染病的总体风险威胁在 80% 以上，主要表现在不确定性（45.32%）、风险性（32.07%）、威胁性（30.21%）、心理担忧（25.90%）、认知困扰（23.74%）等方面，如图 2-12 所示。心境状态量表的调查结果显示，民众在"神经紧绷、因担心而无法放松、心神不安""紧张惶恐、悲伤、烦躁的威胁""感到自己没用、不抱希望、沮丧、愤怒"等方面均存在一定的困扰，特别值得关注的是，在暴力行为倾向表露方面，选择"很多"的民众占比达到了 21.58%，这是出现暴力行为的前兆。这种情况需要引起各地卫生健康部门的高度重视。除了领导干部深入社区、学校和方舱医院进行安抚之外，我们还与上海地区的心理学学术组织和一线心理咨询机

构联系，告知他们这一调研结果，特别是就如何使基层组织的医护人员和心理咨询人员掌握应对风险威胁心理的方法展开了专业辅导培训，从而有针对性地解决了突发公共卫生事件时期的特殊心理问题。特别需要指出的是，民众在突发公共卫生事件中产生的心理问题往往比物质问题、生理问题等的持续时间更长，当处于表层的突发公共卫生事件呈下降趋势甚至消退时，停滞于民众内在的心理创伤很有可能依然存在，需要通过较长时间的解惑疏导才能逐渐消退，所以，心理疏导人员在较长时间内有艰巨的咨询任务要完成。

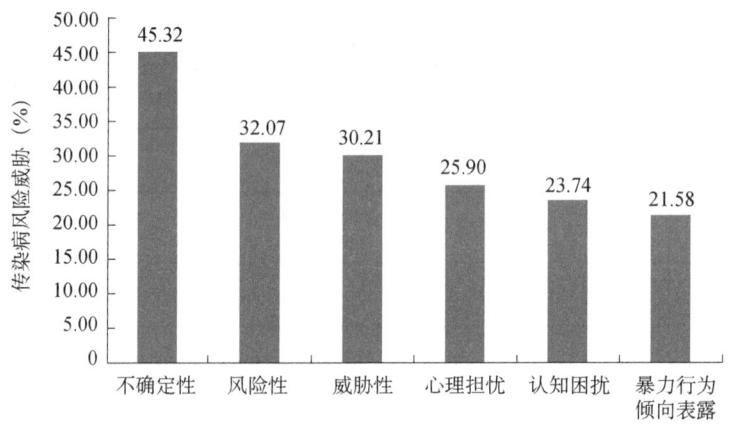

图 2-12 民众风险威胁和情绪行为统计表

2. 合作型团队的快速组建

（1）快速组建团队的要求

面对严峻的风险管理形势，在上海本地医护人员紧缺的情况下，本研究开展了就地快速组建团队的现场实验工作。哈克曼（Hackman）与瓦格曼（Wageman）两位教授曾经归纳了全球不同行业 120 多个高管团队快速组建团队的经验，发现表现优异的团队仅占 21%，表现一般的团队占 37%，而高达 42%的团队表现差。为此，他们提出了包括目标感召力、支持环境等在内的打造卓越团队的六项组建条件（转引自任佩瑜等，2013）。本次上海传染病应对过程中，有医护人员团队、社区居委会团队、外卖员快递员运输团队和志愿者合作团队的组建需求。为此，课题组选择了最急需的医护人员团队组建作为紧迫问题，开展快速组建团队的新方法尝试，具体选择了"五步十分钟"法来快速组建团队。

（2）具体的实施过程与方法

结合三区分级管理的要求，课题组采用了改进后的快速组建团队的方法，具体选择了上海某卫生中心对来自全国医护人员开展动态组建团队的实验工作。共组建了 3 支小分队，每个团队由 6 名成员组成，包括本地医护人员、外来支援人员与临时调配的医护人员等。事先这些成员相互之间并不熟悉,为了使他们能够应对工作量大、风险性高和配合要求紧密的紧急医疗任务,我们采用的具体方法是:通过十分钟明确行动整体目标,让团队成员相互熟悉,明晰各自的职责及界限,并针对特殊情况下可能发生的情境展开预演,针对遗留问题与关注事项进行总结。训练之后,通过电话核实配药信息、打包分类药物等情况,专人对接协助居委会志愿者,新组建的医疗团队保障了年老患者的日常用药,实现了医疗团队的全方位服务,受到了客户和社区领导的表扬。

（3）合作型团队建设的绩效评估

合作型团队建设的绩效评估是危机管理中需重点关注的议题。根据团队目标依存的类型,本研究将绩效评估工作分为"合作""竞争""独立"三种目标状态,对选取的多组医疗卫生团队开展人际互动活动,对团队组建前后绩效的差异进行分析,结果发现,新组建的团队在合作性目标（0.51）、建设性争论（0.33）、合作性冲突（0.20）上有较大的进步,而在竞争性目标（-0.33）、独立性目标（-0.35）、竞争性冲突（-0.26）等负性指标方面出现了明显消退。由此证实,新组建的合作型团队达到了预期快速组建的要求。图2-13的结果体现了医疗卫生团队快速组建前后的绩效评估差异。

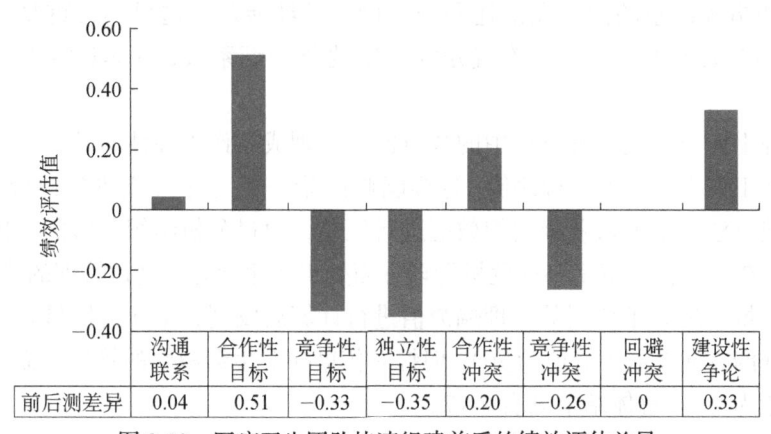

	沟通联系	合作性目标	竞争性目标	独立性目标	合作性冲突	竞争性冲突	回避冲突	建设性争论
前后测差异	0.04	0.51	-0.33	-0.35	0.20	-0.26	0	0.33

图2-13 医疗卫生团队快速组建前后的绩效评估差异

3. 政府区域管理的评估效果

（1）政府区域管理的评估指标体系

在设计调查框架之前,课题组就考虑了对调查结果进行整体组织评估的问题。全部调查工作结束后,根据调查的七个方面,课题组将政府区域管理评估分为传染病预防举措和管理行为引导两方面,每一方面下设具体的一级指标和二级指标,见表2-16,数据来源于之前的社会学调查和心理学调查。

表 2-16 政府区域管理评估的评价指标体系

因素	一级指标	二级指标	因素	一级指标	二级指标
传染病预防举措	检测行为认知	认知盲点、管理救援、医疗救助、物资派送	管理行为引导	松紧文化	个体层面、国家层面
	政府区域管理政策认同	预防措施、传染病反弹、生命威胁、经济损害		变革型领导	德行垂范、愿景激励、领导魅力、个性化关怀
传染病预防举措	风险认知威胁	不确定性、风险性、心理担忧、认知困扰	管理行为引导	社会支持	情感支持
	应对情绪反应	紧张、焦虑、抑郁、气馁、发怒、敌视、疲劳、迟钝		自我效能感	自我效能
	贫困识别	饮食困难、居住困难、收支平衡困难		积极应对	情感应对、工具应对
	致富动机	行为倾向		直接回应	否认行为、物质使用、行为脱离

（2）子指标的管理熵流值分析

这些指标体系的内容在前述调查分析中已经涉及，这里不再重复。下面将对这些调查数据进行管理熵流值分析。K_B 为管理熵系数，具体计算方法见本章第三节。

选择上海市风险管理过程中的政府区域管理成效作为评估对象，以组织健康状态评价工作为切入点进行评价，这样能够获得综合、协同、精准的评价结果。采用管理熵方法对上海市各级组织数据进行汇总，通过分析组织健康的总体指数发现，民众在突发公共卫生事件危机管理方面处于无序状态，这是管理的薄弱之处。对政府区域管理政策认同的管理熵流值进行计算后发现，上海的区域管理政策结果在向好的方向发展（熵值为负），但针对传染病对生命威胁的管理方面还需要加强（熵值为正），总体结果见表 2-17。

表 2-17 政府区域管理政策认同的管理熵流值（上海）

项目	标准值	中位数	得分标准化	熵值	管理耗散效用	指标体系总效用	熵权数	加权熵值	熵流值
预防举措	3	4.4787	1.4929	−0.2495	0.7505	3.5957	0.2087	−0.0521	−0.0829
传染病反弹	3	4.0333	1.3444	−0.1659	0.8341	3.5957	0.2320	−0.0385	

续表

项目	标准值	中位数	得分标准化	熵值	管理耗散效用	指标体系总效用	熵权数	加权熵值	熵流值
生命威胁	3	2.1889	0.7296	0.0959	1.0959	3.5957	0.3048	0.0292	
经济损害	3	3.5606	1.1869	−0.0848	0.9152	3.5957	0.2545	−0.0216	

结合政府区域管理评估的总体结果来看，在传染病预防举措方面，风险威胁的管理熵流值接近 0（$ds=-0.0062$）。虽然政府区域管理政策认同总体来看结果向好（$ds=-0.0829$），但针对生命威胁方面的管理还需要加强（$ds=0.0292$）。此外，上海市虽然能做到对贫困群体的识别（$ds=-0.1984$），但缺少对致富动机（$ds=-0.0870$）及应对情绪反应（$ds=-0.1025$）的关注。在管理行为引导方面，上海市在民众积极应对（$ds=-0.2003$）、直接回应（$ds=-0.1567$）、自我效能感（$ds=-0.1219$）方面的管理效果较好，但在组织领导效能方面还未能取得应有的引领突破，变革型领导维度（$ds=-0.1208$）的熵值评价在整体结果中还不够突出，在管理实践方面还需要更好地将其与组织管理的松紧文化（$ds=-0.1381$）结合起来进行考量。

4. 关于管理行为引领的效能评价

第一，通过探索民众风险威胁心理的影响机制发现，领导干部的变革型领导行为可显著影响民众的心理反应。领导干部通过德行垂范、个性化关怀等行为方式，可以显著增强民众抗击公共卫生事件的信心以及对政府区域管理政策的认同。此外，通过对民众风险威胁心理的现状调查发现，民众在面对较强的风险威胁心理时感受到的不确定性、风险性和威胁性处于最高水平，还存在较高水平的心理担忧，其中"暴力行为倾向表露"的威胁性达 21.58%，政府需要缓解民众的心理压力。

第二，在快速团队组建方面，课题组采用"五步十分钟"法成功组建了服务队伍，并通过检验培训实验前后测的差异性证实了团队合作的重要性。在后期测试时，合作性目标、建设性争论和合作性冲突有明显增加，沟通联系也明显增加，而竞争性目标、独立性目标和竞争性冲突等消极指标出现降低效果。这表明快速团队组建方法确实促进了医护人员的合作和团结。

第三，本研究通过管理熵评估方式汇集了各方面数据，探索了政府区域管理政策的整体评估成效。特别在传染病预防举措和管理行为引导两方面下设 12 项一级指标和 37 项二级指标，通过指标熵流值统计矩阵和最终汇聚的负熵流值，测量出政府区域政策的管理效能。结果表明，在传染病预防举措方面，风险威胁的管理熵流值接近 0（$ds=-0.0062$），这是首要解决的问题。在管理行为引导方面，本研究强调了组织领导效能的引领作用，不过，变革型领导维度熵值评价还需要继续改进，在管理实践中还需要将其与松紧文化结合起来考量。研究证实，管理熵评价可以作为政府区域管理有效的评价工具。

六、研究总结

第一，在政府区域管理的认同度方面，民众认为实施政府区域管理政策、加强预防措施是完全必要的，民众对该政策阻碍经济发展的影响表示非常担心。为此，在贯彻政府区域管理政策的同时，务必寻求恢复经济发展的有效路径。

第二，在医疗救助与物资供应方面，封闭管理时尤其要解决年老与弱势群体医疗资源短缺问题。在困难群体的识别与帮扶方面，采用新编贫困识别工具可以有效解决对于饮食困难、居住困难、收支平衡困难群体的识别问题。

第三，在民众心理调适方面，民众感受到的风险威胁在 80%以上，要关注不确定性、风险性、威胁性、心理担忧和认知困扰等心理困扰问题；特别值得关注的是，不少民众在"暴力行为倾向表露"一项上选择了"很多"，需要根据这部分人的实际需求，采取专门的心理疏导方法进行针对性干预，此外还要高度重视医护人员的人身保护和情感关怀。

第四，在快速团队组建方面，本研究采用的"五步十分钟"法取得了较大的成功，总结出了包括目标感召力、赋能条件、合理结构和相互支持在内的快速组建团队的必要条件，可以作为未来推广该方法的参考。在具体组建团队的实践中，要明确团队的行动整体目标，让团队成员清晰职责,同时针对遗留问题与关注事项进行总结也是十分必要的。

第五，在针对政府区域管理的整体评估方面，实证结果表明，采用管理熵的评价方法对所提出的传染病预防举措、管理行为引导展开评估，通过一、二级指标熵流值统计矩阵和负熵流值雷达图，可以测量出政府区域管理效能。另外，本研究对于未来科学的定量评估也提出了行之有效的对策建议。

第八节　组织文化紧密性对工作参与的影响机制：变革型领导的调节作用[①]

松紧文化作为对组织发展起重要作用的文化维度之一，正在改变人们对组织中心理与行为的认识。本研究分3个时段对来自中国5个企业的领导及其员工进行了配对问卷调查。结果发现，组织文化紧密性更多地受到变革型领导的影响。与以往研究结果不同的是，借助于变革型领导的调节作用，组织文化紧密性对员工工作投入起到了正向的预测作用，而员工工作投入还受到团队成员交换（team-member exchange，TMX）的中介影响，团队成员交换对员工工作投入产生了促进作用。未来研究将探索其他领导风格与组织文化松紧性的权变影响，以揭示出不同领导风格对员工工作投入的不同作用机制。

一、工作投入研究的必要性

当前在职业领域的组织行为学中，研究者主要探讨员工的心理压力、工作倦怠等消极心理特质，对员工工作投入等积极心理特征的关注程度不够（Bakker et al.，2008）。员工工作投入作为测量工作态度的积极因素，与组织承诺（Kim et al.，2018）、工作绩效、员工留职意愿（Dai et al.，2019）以及工作满意度（Meng & Berger，2019）等结果变量存在着密切的关系，员工工作投入与工作倦怠位于同一连续体的两端（Maslach & Leiter，2008；Bakker & Demerouti，2008），特别是工作资源（Schaufeli & Bakker，2004）对员工工作投入的影响尤为重要。一项相关的元分析研究指出（Crawford et al.，2010），各种工作资源对员工工作投入确实产生很大的影响。此类研究对员工工作投入的理解与解释在很大程度上依赖于工作要求-资源模型，但已有的工作要求-资源模型中应加入一些新内容。本研究认为松紧文化作为宏观文化环境的重要因素，应该引起研究者的关注和重视。现有的研究框架往往忽视组织文化因素对员工工作投入的先导作用。

[①] 本节作者：时勘、宋旭东、周薇。

近年来，研究者探索了组织中的等级文化、团队氛围、集体主义-个人主义价值观等对员工工作投入的影响（Lee et al., 2017）。笔者认为，应该将组织文化紧密性是否影响以及如何影响员工工作投入纳入研究框架中。

近年来，基于松紧文化理论所提出的组织文化紧密性逐渐成为审视组织内各类心理行为现象的新视角。特别是在突发公共卫生事件期间，关于紧密和宽松的文化差异引发了研究者的广泛讨论。本研究立足于组织内成员所感知到的社会规范强度和对偏差行为的容忍度，在中国突发公共卫生事件期间进行了实证调查，以考察特殊时期组织文化紧密性对员工工作投入的影响。此外，员工工作投入是领导力与追随者两极之间关系的研究范畴，目前的研究更多以领导者为中心来探索领导风格（Felfe & Schyns, 2010; Howell & Shamir, 2005）、领导成员交换（Yukl et al., 2009）等对员工工作投入的影响，这虽然可以证明领导行为对员工工作投入的直接影响，但同时恰好证明了目前较为缺乏从组织团队层面来探究组织文化、领导行为对员工工作投入影响的证据。为了解决上述问题，本研究将从组织文化的视角出发，探查组织文化紧密性、团队成员交换对员工工作投入的影响，并重点关注变革型领导与组织文化紧密性产生权变的交互作用。

二、理论基础和研究假设

1. 组织文化紧密性与员工工作投入

组织文化被定义为共同的信念、观念和期望，这些信念、观念和期望表征了组织如何以特定的方式解决问题。以往对组织文化的研究中，有关规则与秩序的内容得到了广泛关注，例如，等级文化因为在员工中设定了严密规则和预期行为，被认为是最能控制员工的一种文化（Martins & Terblanche, 2003），会对员工的工作积极性与主动性产生一定的负面影响（Biong et al., 2010）。在这种文化中，员工一般严格按照既定的管理规则行事（Idris et al., 2010），这限制了员工本身对工作的主动投入和创造性，这是一种普遍的看法。在规则与秩序对工作投入影响的探索中，已有研究还对"集体主义-个人主义""权力等级"等相关概念进行了探讨。这些概念本身在内涵上各有侧重，并非直接从组织成员共享的规范感知角度出发来研究规则对员工投入的影响。

本研究所探讨的组织文化紧密性是指组织的文化强度。有关文化紧密性的研究最早来源于人类学领域，Pelto（1968）发现，由爱斯基摩人（Eskimo）、库贝欧人（Cubeo）、哈特人（Hutterites）、桑布鲁人（Samburu）等组成的早期人类社群，在社群文化松紧性上呈现出很大差异。近年来，Gelfand等（2011）系统提出了"松紧文化"的学术概念来区分现代国家的文化强度差异，主要的立足点就在于不同国家的文化紧密性不同。松紧文化理论根源于多个学科，包括人类学、社会学和心理学。33个国家的跨文化研究表明，各国的文化紧密性差异很大，而且这种结构完全区别于传统研究意义上的文化价值观（Gelfand et al.，2011）。根据松紧文化理论的观点，松紧文化是一个从宏观到微观的系统模型，宏观的社会文化会影响社会机构、组织、团队和个体的心理行为，而工作机构是一个在社会环境中延续和强化主导规范的开放系统，工作场所和组织团队中也存在稳定的文化紧密性特征（Gelfand et al.，2011；Qin et al.，2021）。在工作组织层面，组织文化紧密性指的是工作组织中成员所共享的组织规范的强度以及对组织成员偏差行为的容忍度。现有的研究较少从这一角度探索组织文化紧密性在工作组织中对个体心理行为的影响。

在工作场所中，组织文化紧密性会对员工工作投入产生什么影响呢？目前，国内外有关文化紧密性对员工工作投入影响的文献较少，并且已有研究得出的结论也不尽相同。工作投入被定义为一种积极的、充实的、与工作相关的精神状态，其特点是活力、奉献和专注（Schaufeli et al.，2002），除了代表对工作或组织的心理认同外，还代表积极、充实的与工作相关的情绪和认知状态（Saks，2006；Schaufeli & Bakker，2010）。从概念来看，通常情况下，组织文化紧密性会对员工工作投入产生消极影响。Rattrie等（2020）在一项元分析中发现，相较于宽松文化，紧密文化不利于员工的工作投入。同时，该研究指出在紧密文化中，高工作要求是紧密文化对员工工作投入产生负面影响的主要原因。但是，已有的研究结论主要是基于欧美国家的调查分析结果得出的，并且调研大多发生在日常情境中，同样的结论在紧密文化国家中可能并不适用。因此，组织文化紧密性对员工工作投入是否存在类似的影响，尚缺乏针对性研究。Taras等（2010）认为，相对于宽松文化，在紧密文化中，组织文化对员工个人工作态度和行为的预测能力更强。理论上，中国是一个紧密文化的代表性国家，中国的工作组织会有更高的约束性与秩序性。组织文化越倾向于紧密，表明个体感知到的组织规则越多、强度越大，个体在组织内的行为将会不自觉地受到更多的限制，下属员工将很难在工作中进行投入与创造（Gelfand et al.，2011）。在团队成员关系上，较强的社会规范感知会在一定程度上阻碍团队成员之间关系的发展。还有研究指出，团队成员在组织中的关系质量更多表现为一种非正式关系，高紧密文化的氛围、团队成员对越轨行为的低容忍度也不利于组织成员之间的良好沟通与社会关系的发展。这种作为工作投入的重要支持性资源的人际资源的缺少，会使处于这种状态下的员工产生更低的工作投入。但是，也有研究表明，这样的结论在紧密文化国家中并不适用，例如，土耳其研究者发现，在他们的实证数据中，紧密文化对员工工作投入有显著的正向预测作用（Kiliç et al.，2020）。以往结论的适应性也会受到特定调查情境和历史发生的重大事件的影响。本研究主要在紧密文化的代表性国家——中国进行，笔者认为紧密文化国家中的领导与员工更倾向于凝聚在一起共同面对危机和挑战，并表现出高度的工作投入状态。据此，本研究认为，组织文化紧密性对员工工作投入起促进作用。

2. 团队成员交换的中介作用

团队成员交换指个体成员对其在团队中和其他成员之间整体交换关系的感知，包含成员对其愿意帮助其他成员、分享想法和反馈的看法，以及从其他成员那里获得信息、帮助和认可的程度。不同团队成员交换的质量在内容和强度上均有差异，高质量的团队成员交换关系强调社会情感的交换，意味着团队成员更加团结协助（Kamdar & Van，2007）；低质量的团队成员交换关系则以完成工作任务为导向，限制了团队成员完成任务时的交互作用，会导致团队成员之间缺乏合作、沟通和信任（Liden et al.，2010）。在理论上，团队成员交换的产生改变了过往以领导、主管为主要角色的观点，使以往领导成员交换（leader-member exchange，LMX）中的纵向关系转换为横向关系，从而将视角投向工作中的同伴群体。在工作过程中，绝大多数员工与同龄人的互动时间往往多于与领导互动的时间，因此，同伴群体的影响力可能在某些情况下大于领导的影响力。组织文化紧密性是一个新兴的概念，现有研究很少直接涉及组织文化紧密性对团队成员交换这一作用关系的讨论。因此，本研究从组织文化紧密性这一角度出发，致力于探讨组织文化紧密性如何影响团队成员交换。

在团队成员交换与工作投入的关系研究中，绝大部分研究结果表明团队成员交换对工作投入具有积极的影响。具体来说，第一，高质量的团队成员交换反映了团队成员之间彼此坦诚和互相支持的意愿，这种意愿促使员工与同事建立起亲密的心理联系和有效的工作关系（Seers，1989），使员工能够全身心地投入到工作中。第二，高质量的团队成员交换意味着团队成员彼此之间更愿意分享与任务相关的资源，对工作情况进行紧密、及时的沟通与反馈，共同解决工作中遇到的问题或困难，促进了员工提升工作投入的内在动机和情感（Markos & Sridevi，2010）。第三，基于工作要求-资源模型，在组织环境中，工作要求与工作资源可以影响工作投入（Demerouti et al.，2001）。高质量的团队成员交换意味着有更多的员工之间存在社交互动,这种社交互动是一种有效的工作资源,有利于产生积极的组织结果(Cropanzano & Mitchell,2005)。Liao 等(2013)的研究表明,工作场所的横向社会交换关系(即团队成员交换)是工作投入的重要前提。Ancarani 等(2017)对公立医院的研究结果也表明,团队成员交换可以显著正向预测工作投入。Vough 等(2017)注意到工作同伴之间的人际互动有助于实现他们的目标,并且能增强他们在工作中的积极性与投入度。

目前,虽然还未有研究探讨团队成员交换作为中介变量对组织文化紧密性与员工工作投入的影响,但已有研究从团队层面出发,为团队成员交换在组织文化与领导行为对团队绩效的影响中起作用提供了证据。例如,Murillo(2006)的研究结果表明,团队成员交换作为中介变量,在团队信任(team trust)对集体效能和团队工作绩效的作用中产生影响。Ko(2005)的研究发现,变革型领导风格和团队成员的集体主义精神(collectivism)会帮助团队成员之间形成高质量的团队成员交换,作为中介变量的团队成员交换会提升团队成员的社会凝聚力、团队绩效和存续能力。虽然目前已取得一些研究进展,但在以往的组织团队层面对工作投入先导因素的探索中,一些最重要的因素,如组织中的等级文化、团队氛围、集体主义-个人主义价值观等,尚未获得高度关注。有关组织文化中规则与秩序在近年来逐渐引起研究者的兴趣,但现有的相关实证研究证据仍不多。据此,本研究提出了在组织中客观存在的"组织文化紧密性"概念,来扩展已有对工作投入产生影响的组织文化前因变量研究的"语料库"。

3. 变革型领导的调节作用

工作投入是员工的一种积极工作态度,主要被看作领导力与追随者之间关系的一种体现,表明了领导行为对员工工作投入的直接影响。虽然这证明了领导行为是探讨员工工作投入时绕不开的话题,但也会导致现有研究更多地以"领导者为中心"来探索领导风格(Felfe & Schyns,2010;Howell & Shamir,2005)、领导成员互动(Yukl et al.,2009)等对员工工作投入的影响。据此,领导力总是被置于首要地位,或是将其作为考察工作投入的出发点,但是这种固化的思路似乎不总是对的。领导本质上是一种影响过程,基于工作资源-要求理论,领导也可以被理解为影响工作投入的一种关键性工作资源。据此,本研究寻求一种思路上的转变,更多地将变革型领导行为作为一个调节因素来考量。

变革型领导者通过赋予下属承担任务的重要意义和价值,激发其内在动机和高层次需要,促使下属为了组织利益而牺牲自身利益,从而取得超过原有期望的结果(Bass & Riggio,2010)。大量实证研究表明,变革型领导可以通过增加员工的工作资源正向预测员工工作投入,且研究者一直在探索其影响机制(Bui et al.,

2017)。变革型领导可以作为一种可获得的工作资源，这种资源的获得将促进员工工作态度的积极改变，往往伴随着更高的工作投入、更高的工作满意度和工作绩效，使组织可以长期稳步发展（Saks，2006）。领导行为与文化因素的交互影响是本研究考察的重点之一。从开放系统的角度来看（Katz & Kahn，1978），领导过程并不是在真空中发生的，相反，它会受到组织所嵌入的更广泛的文化价值观的影响（Dickson et al.，2003；House et al.，2004）。以往研究主要考察组织文化在变革型领导对组织结果变量影响中的调节作用，例如，Golden 和 Shriner（2019）在一项研究中考察了组织文化是否调节了变革型领导力与员工自我评价的创造性绩效之间的关系，结果发现不同类型的组织文化在其中起到不同程度的调节作用。变革型领导时常也扮演着调节角色（Kumako & Asumeng，2013；Shin & Zhou，2007）。在中国紧密文化的背景下，变革型领导行为可以显著调节全体团队成员之间的关系，从而使得团队成员齐心协力，共同投入到工作中。这表明，良好的组织氛围、良好的团队成员交换有利于员工工作投入的产生。因此，本研究从组织文化紧密性的视角出发，探讨变革型领导在组织文化紧密性对员工工作投入影响中的调节作用。

4. 本研究的总体假设模型

基于上述文献回顾与分析以及松紧文化理论（Gelfand et al.，2011），本研究将员工工作投入视为一个系统的动机激励过程。本研究的假设模型如图 2-14 所示，本研究本质上是在探究组织文化紧密性和变革型领导如何共同影响团队成员交换，进而促进员工工作投入。本研究认为，由于突发公共卫生事件的威胁，中国作为紧密文化的国家，在面对危机情境时会采取一系列政策措施，这同样会影响工作组织中个体的心理行为。虽然在常规条件下，组织文化紧密性可能会抑制员工工作投入，但是在危机情境中的紧密文化国家，组织文化紧密性可能会促进员工工作投入来帮助组织更快地渡过难关。其中，变革型领导会起到动机激励作用。团队成员交换作为一个有助于促进员工工作投入的关键因素，在本研究中被认为是关键的中介变量。

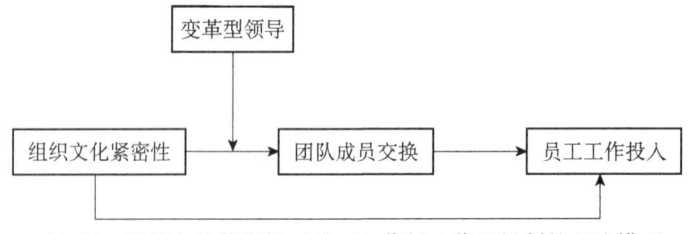

图 2-14 组织文化紧密性对员工工作投入作用机制的理论模型

据此，在文献分析的基础上，本研究提出以下假设。

H1：组织文化紧密性对员工工作投入存在正向预测作用。

H2：团队成员交换在组织文化紧密性与员工工作投入之间起中介作用。

H3：变革型领导在组织文化紧密性对团队成员交换的预测作用中起正向调节作用。

三、对象与方法

1. 参与者和程序

本研究对来自浙江省 5 家民营企业的领导和员工团队进行了配对问卷调查，这 5 家企业主要从事服装、电器、机械化工的生产经营活动，在活动规模上属于制造业类中型企业。在获得了企业高层领导对研究工作的认可和支持后，本次调研工作得到了企业的人力资源部经理的积极协调。在企业内部采取随机抽样方法抽取参与者，并采用企业中的领导与员工上下级配对的模式，即每一位中层以下领导（班组长）与随机抽取的 5 位员工相匹配。本次调查采用纸质问卷调查方式，为企业领导和员工设计了有针对性的两套调查问卷，采用自评和他评相结合的方式采集调研数据。为了确保数据具有代表性，从每个团队中随机选取了 5 位员工参与调查。课题组对每一个团队的领导和员工进行编码，以确保调研数据是保密的。首先，共发放领导问卷 75 份，员工问卷 375 份。其次，调查分三个阶段进行，每个阶段的问卷调查时长为一周。在第一次数据采集的时间段（T1），员工填写人口学变量数据以及组织文化紧密性量表和变革型领导量表。2 个月后，在第二次数据采集的时间段（T2），仅仅向在 T1 中完成问卷的员工发放第二批问卷，让员工完成团队成员交换量表。又 2 个月后，在第三次数据采集的时间段（T3）进行最后一次数据采集，让员工的领导完成员工工作投入量表。由于每一阶段中领导和员工均存在一定的流失，且各阶段均有领导和员工的流动，最终收集到了 51 位领导干部及其 255 位下属的数据，总计 306 人（数据回收率为 68.00%）。在进行数据清洗并移除无效数据后，最终保留了 228 份有效样本（数据有效率为 74.51%），含 38 位领导干部和 190 位下属的数据。其中，男性 136 人（59.65%），女性 92 人（40.35%），平均年龄为 39.39 岁（SD=8.76）。本次调查研究通过了温州大学伦理委员会的审核，在进行问卷调查之前取得了所有被试的知情同意和确认。

2. 测量工具

（1）组织文化紧密性量表（T1）

本研究采用的组织文化紧密性量表改编自 Gelfand 等（2011）开发的广义上的

松紧文化调查量表。该量表包括组织规范的数量和清晰度、对违反规则的容忍度以及组织对规范的总体遵守情况。例如，要求被试对"我觉得在我们团队如果有人行为不当，其他人会强烈反对"这一陈述的心理赞同程度进行打分，共计6个条目。该量表中所提到的"组织规范"，通常指组织中不成文的行为标准。该量表采用利克特6点计分法，1代表"完全不同意"，6代表"完全同意"。在本研究中，整个量表的Cronbach's α 系数为0.91，MacDonald's ω 系数为0.91。

（2）变革型领导量表（T1）

本研究采用李超平和时勘（2005）等开发的变革型领导量表。该量表共包括26个条目，具体分为德行垂范、愿景激励、领导魅力、个性化关怀四个维度。基于模型简化的原则，将四个维度的题目分别打包。真正有效的激励和沟通被认为是加强创新的关键因素，在中国情境中如何实现有效的激励和沟通在本研究中得到特殊考虑。在西方背景下，研究者常用的测量问卷为Bass（1985）编制的多因素领导量表（Multifactor Leadership Questionnaire，MLQ），但越来越多的学者发现MLQ在中国情境下的拟合指数与可靠性并不理想，据此本研究选择变革型领导量表。在本研究中，整个量表的Cronbach's α 系数为0.79，MacDonald's ω 系数为0.86。

（3）团队成员交换量表（T2）

本研究采用Seers等（1995）的10项团队成员交换量表的改编版。根据银行管理人员的喜好，原始量表的Cronbach' α 系数为0.88（Haynie，2011；Tse & Dasborough，2008）。该量表共包括10个条目，采用利克特5点计分法，代表性项目包括"你多长时间向其他团队成员提出关于更好的工作方法的建议？""在繁忙的情况下，你多长时间自愿努力帮助团队中的其他人？"本研究中，该量表的Cronbach's α 系数为0.94，MacDonald's ω 系数为0.94。

（4）员工工作投入量表（T3）

本研究采用Schaufeli等（2002）编制的员工工作投入量表。该量表共有14个条目，包括活力、奉献、专注三个维度，采用利克特5点计分法，1代表"非常不同意"，5代表"非常同意"。题目包括"工作时，我感到自己强大而且充满活力""我对工作充满热情""当我工作时，时间总是过得飞快"等。本研究中，该量表的Cronbach's α 系数为0.90，MacDonald's ω 系数为0.93。

为了对各量表的信度进行可靠性估计，本研究通过对测量模型进行验证性因素分析，计算了各量表所测量变量数据的Cronbach's α 系数和MacDonald's ω 系数。结果发现，在本研究中，组织文化紧密性（T1）与团队成员交换（T2）的Cronbach's α 系数和MacDonald's ω 系数一致，变革型领导（T1）和员工工作投入（T3）的MacDonald's ω 系数高于Cronbach's α 系数。通过比较二者的大小，并结合 Cronbach's α 系数潜在假设的满足条件，推断本研究中的变革型领导（T1）和员工工作投入（T3）两个变量很有可能不满足陶氏等价假设（Cho，2016），造成了 Cronbach's α 系数出现低估信度的现象（Cho & Kim，2015；Lucke，2005；Raykov & Marcoulides，2017）。所以，在本研究中，采用 MacDonald's ω 系数可能更科学（Trizano-Hermosilla & Alvarado，2016）。从结果来看，无论是 Cronbach's α 系数还是 MacDonald's ω 系数，各个变量数据的信度指数均大于 0.7，这表明本研究中各变量数据的信度符合测量学标准（Henson，2001）。

3. 数据分析

本研究采用 SPSS 24.0 与 Mplus 8.3 统计软件，对各变量进行相关分析、回归方法以及结构方程模型的建立与验证，采用基于普通最小二乘法（ordinary least square，OLS）的运算来估计直接效应与间接效应，并在 CINTERVAL（BCboostrap）检验中进行路径显著性检验与效应量估计。

四、结果及分析

1. 共同方法偏差的检验

本研究采用 Harman 单因素分析法对所有有效数据进行常用的偏离分析。结果表明，有 21 个因子的特征根大于 1，其中第一个因子的方差解释率为 31.01%，低于 40% 的临界值。本研究还对单因素模型进行了验证性因素分析，结果显示，模型的拟合度较差（χ^2/df=9.25，CFI=0.59，TLI=0.58，NFI=0.56，RFI=0.55，RMSEA=0.09）。根据验证性因素分析方法，如果单因素模型的拟合指数不佳，表明共同方法偏差问题不严重。因此，本研究中数据的共同方法偏差问题并不严重。

2. 相关分析

各变量之间的描述性统计以及皮尔逊积差相关分析结果如表 2-18 所示。

表 2-18　变量之间的相关分析结果（N=228）

变量	M	SD	1	2	3	4	5	6	7	8	9	10
1. 员工性别	0.65	0.48	1									
2. 员工年龄	38.59	9.14	0.19**	1								
3. 员工受教育程度	1.75	0.80	−0.44**	−0.21**	1							
4. 领导性别	0.70	0.46	0.55**	0.14*	−0.39**	1						
5. 领导年龄	42.62	6.03	0.05	0.20**	0.14*	0.10	1					

续表

变量	M	SD	1	2	3	4	5	6	7	8	9	10
6. 领导受教育程度	2.21	0.82	−0.45**	−0.11	0.36**	−0.50*	−0.08	1				
7. 组织文化紧密性	5.01	0.70	0.08	0.30**	−0.13	0.16*	0.09	−0.17*	1			
8. 变革型领导	4.21	0.52	0.11	0.14*	0.01	0.14	0.18**	−0.12	0.48**	1		
9. 团队成员交换	4.14	0.55	0.19**	0.19**	−0.80	0.26**	0.12	−0.25**	0.46**	0.58**	1	
10. 员工工作投入	3.97	0.65	0.21**	0.12	−0.14*	0.39**	0.12	−0.23**	0.12	0.20**	0.31**	1

注：性别变量中，女性=0，男性=1，下同

揭示各变量之间两两相关关系的散点图如图 2-15 所示，由此发现，本研究所涉及的组织文化紧密性、变革型领导、团队成员交换和员工工作投入 4 个变量两两之间均存在正相关关系。根据拟合的线性趋势线的斜率以及表 2-19 中的相关系数，组织文化紧密性与变革型领导（r=0.48，p<0.01）、团队成员交换（r=0.46，p<0.01），变革型领导与团队成员交换（r=0.58，p<0.01）、员工工作投入（r=0.20，p<0.01），团队成员交换与员工工作投入（r=0.31，p<0.01）均存在显著的正相关关系，这就为后面进一步的线性回归分析和结构方程模型的建立提供了基础。

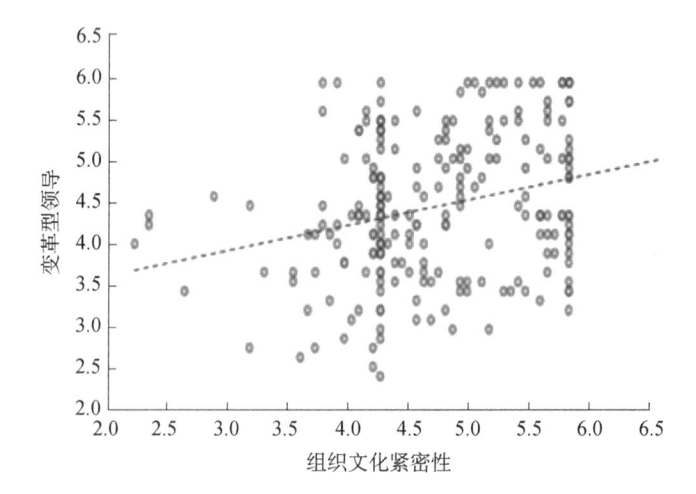

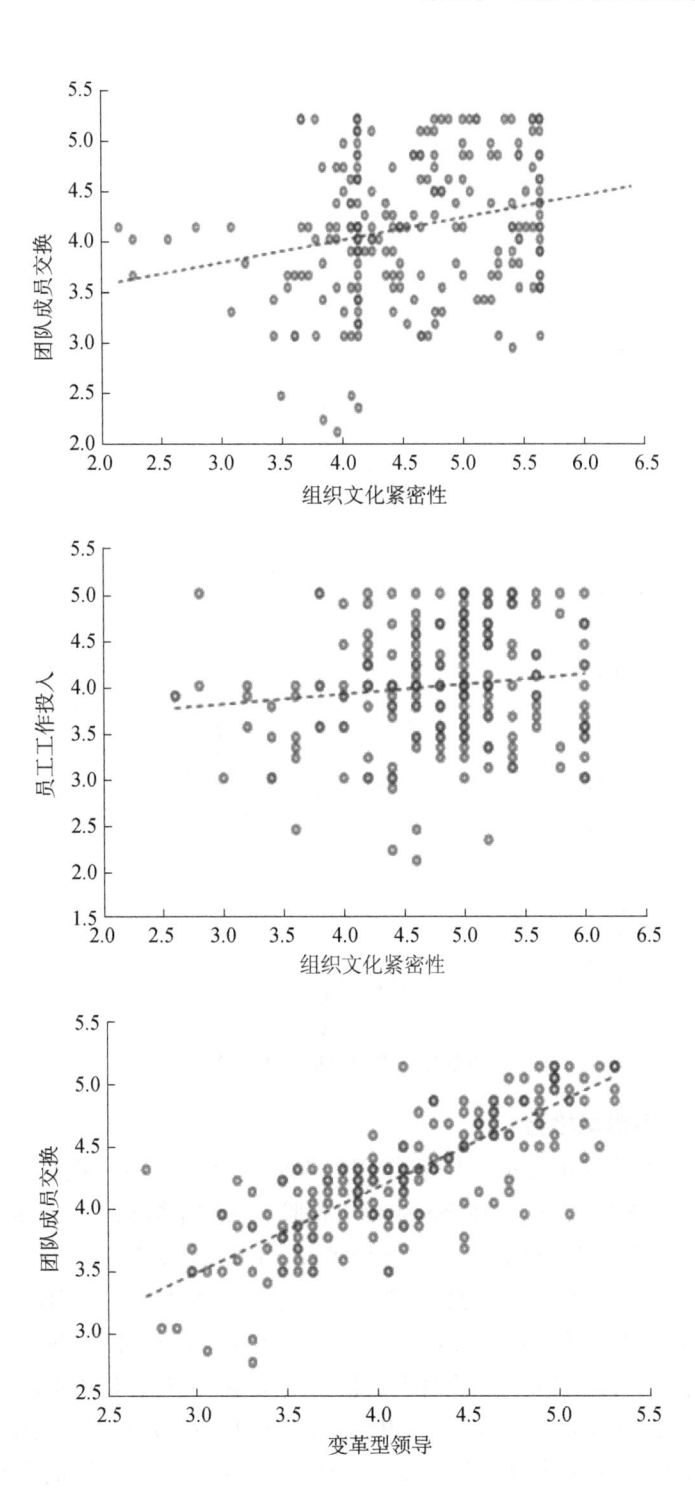

图 2-15 变量之间的散点图

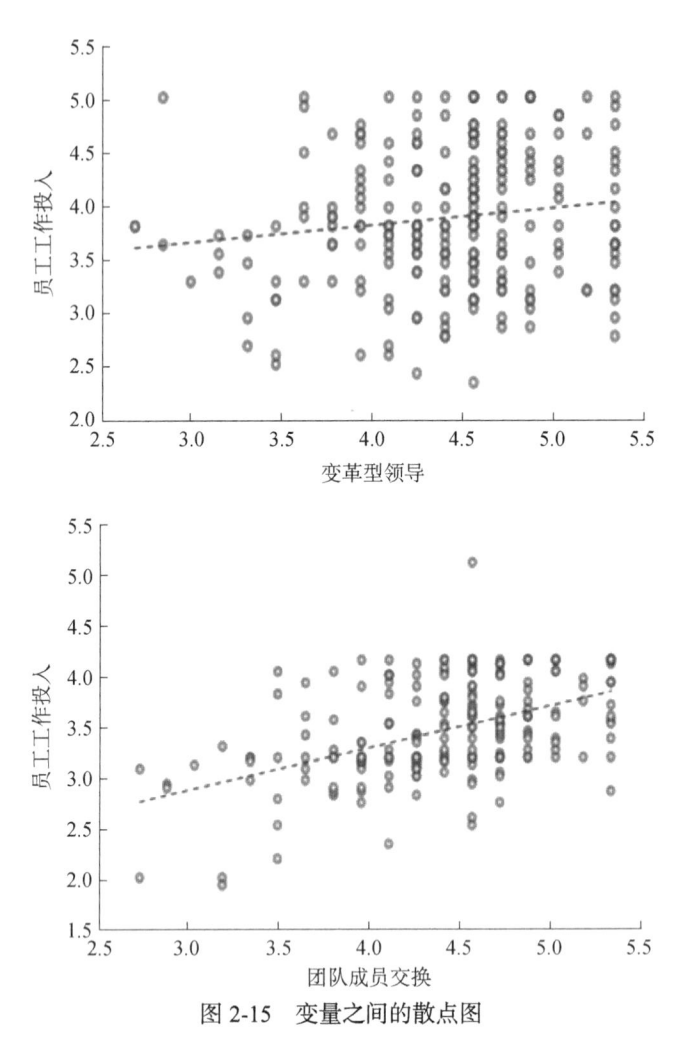

3. 中介作用模型检验

为了探究团队成员交换的中介作用，本研究进行了中介效应检验，通过在 Mplus 中进行 CINTERVAL（BCboostrap）检验，在样本数据中反复抽样 1000 次，采用极大似然估计法进行估计，并取 95%CI，结果如表 2-19 所示。结果表明，在控制了领导与员工的性别、年龄和受教育程度之后，组织文化紧密性对员工工作投入的正向预测作用显著（$B=0.394$，$Z=3.007$，$p<0.01$），本研究的假设 1 得到了支持。在路径分析上，组织文化紧密性对团队成员交换（$B=0.414$，$Z=4.208$，$p<0.001$），以及团队成员交换对员工工作投入（$B=0.332$，$Z=2.366$，$p<0.05$）的正向预测作用均显著，"组织文化紧密性→团队成员交换→员工工作投入"的中介效应显著

（$B=0.130$，$Z=2.120$，$p<0.05$），本研究的假设 2 也得到了支持。

表 2-19　模型的作用路径和中介效应分析表（$N=228$）

变量	自变量：组织文化紧密性			中介变量：团队成员交换			因变量：员工工作投入		
	B	SE	Z	B	SE	Z	B	SE	Z
员工性别	−0.205	0.117	−1.750	0.147	0.102	1.438	−0.076	0.108	−0.700***
员工年龄	0.018	0.006	3.109**	0.001	0.004	0.350	0.003	0.005	0.561
员工受教育程度	−0.045	0.065	−0.693	0.070	0.046	1.526	−0.008	0.060	−0.132
领导性别	0.166	0.129	1.288	0.097	0.113	0.864	0.461	0.115	4.002
领导年龄	−0.003	0.007	−0.435	0.006	0.005	1.170	0.005	0.007	0.739
领导受教育程度	−0.111	0.056	−1.988*	−0.049	0.045	−1.078	−0.015	0.055	−0.274
组织文化紧密性				0.414	0.098	4.208***	0.394	0.131	3.007**
团队成员交换							0.332	0.140	2.366*
R^2	0.145			0.322			0.230		
F 值	3.123**			4.362***			4.216***		

4. 有调节的中介作用模型检验

组织文化紧密性属于组织层面的变量，其作用于团队成员交换还会受到变革型领导的调节。因此，本研究进一步对变革型领导行为是否在组织文化紧密性的作用路径中起作用的问题进行了调节分析，采用稳健的极大似然估计法，拟合指数为 0.01。在控制了领导与员工的性别、年龄和受教育程度之后，本研究对变革型领导在组织文化紧密性和团队成员交换之间的作用进行了有调节的中介效应检验，结果如表 2-20 所示，组织文化紧密性和变革型领导的交互项显著（$B=0.083$，$Z=2.233$，$p<0.05$）。这表明变革型领导起到了显著的正向调节作用，本研究的假设 3 得到了支持。

表 2-20　变革型领导在组织文化紧密性和团队成员交换之间有调节的中介效应分析（$N=228$）

变量	自变量：组织文化紧密性			中介变量：团队成员交换			因变量：员工工作投入		
	B	SE	Z	B	SE	Z	B	SE	Z
员工性别	−0.168	0.096	−1.751	0.113	0.091	1.238	−0.065	0.085	−0.763
员工年龄	0.309	0.069	4.489***	0.041	0.066	0.630	0.039	0.08	0.491

续表

变量	自变量：组织文化紧密性			中介变量：团队成员交换			因变量：员工工作投入		
	B	SE	Z	B	SE	Z	B	SE	Z
员工受教育程度	-0.066	0.086	-0.766	0.074	0.065	1.136	-0.012	0.076	-0.160
领导性别	0.143	0.100	1.427	0.099	0.092	1.074	0.356	0.086	4.147**
领导年龄	-0.017	0.068	-0.247	-0.001	0.062	-0.020	0.044	0.069	0.640
领导受教育程度	-0.115	0.083	-1.392	-0.061	0.073	-0.840	-0.032	0.077	-0.420
组织文化紧密性				0.262	0.070	3.727***	0.387	0.111	3.486**
变革型领导				0.502	0.097	5.187***			
组织文化紧密性×变革型领导				0.083	0.037	2.233*			
团队成员交换							0.272	0.097	2.790**
R^2	0.177			0.481			0.223		
F	2.875**			7.239***			4.025***		

进一步的简单斜率分析（图 2-16）表明，随着不同水平的变革型领导的加入，组织文化紧密性对团队成员交换的促进作用得以加强。这表明，在紧密文化背景下，变革型领导的加入可以显著正向调节整个团队成员的交换关系，进而更好地使团队成员齐心协力、共同投入到工作中。

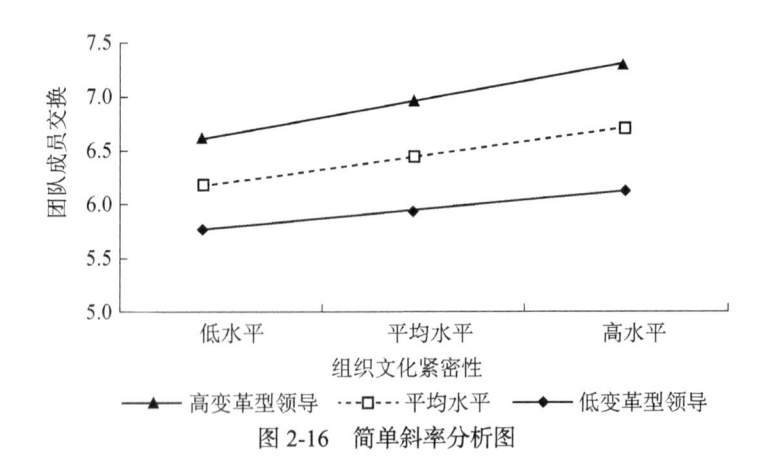

图 2-16 简单斜率分析图

五、讨论

基于松紧文化理论、调查分析得到的数据结果以及国内外研究文献，本研究探讨了组织文化松紧性对员工工作投入的影响，并讨论了团队成员交换在其中的中介作用以及变革型领导的调节作用，主要的理论贡献如下。

第一，本研究将组织文化紧密性纳入对员工工作投入的前因变量中，通过路径分析得到了组织文化紧密性对员工工作投入存在促进作用的证据。本研究的结论不同于以往研究发现的组织文化紧密性对员工工作投入存在消极影响的结论。对此，我们主要基于松紧文化理论的新视角，并结合中国民族文化的特点与参与者所在企业工作条件来综合评价本研究结果。首先，本研究是在突发公共卫生事件发生的背景下进行的，中国作为一个紧密文化的代表性国家，在历史和生态上相对于宽松文化的国家对危机具有更强的敏感性（Gelfand et al.，2011），往往采用高度同步和投入的态度来解决危机，突发公共卫生事件引发了中国的高度重视并采取了严格的预防措施。其次，中华传统文化具有五千多年的历史，这使得历史与社会文化的力量对组织和员工个体的影响非常大。中华民族传统文化中的"礼"文化代表了个体对自身道德规范的高要求，"家国"文化实质上代表着个体在面对重大事件时倾向于承担家庭和国家的责任，团结一致，共同克服困难。在这样的民族文化与个体的交互影响下，组织更倾向于设立高强度的组织规范，并对组织内个体的偏差行为持低容忍度，通常会有更加严格的组织秩序和更多的监管等。在中国的大环境下，组织文化的紧密状态得到了激活，这影响到工作组织中的团队和个体，组织内的领导和员工会转入危机情境下的心理状态，表现为增大组织规范的强度来激发员工的投入状态。最后，我们在针对不同所有制企业的对比研究中发现，变革型领导风格被认为是影响组织文化强弱的主要因素：在民营企业中，领导与员工的相互影响关系更为紧密。在面临对生命健康构成强大威胁的突发公共卫生事件时，紧密文化下的领导与员工更倾向于凝聚在一起，共同面对危机与挑战，从而增强组织整体的文化紧密度，这在一定程度上使组织目标更加一致，进而使员工产生更高水平的工作投入。本研究将松紧文化的应用扩展到对工作投入的研究中，并结合中华民族的文化特点和企业的组织工作状态对研究结果进行解释，这为更好地理解不同文化下的员工工作投入提供了新的解释。此外，现有文献对工作投入的解释在很大程度过于依赖传统的工作要求-资源模型，其实，工作要求-资源模型在不断地发展中，本研究涉及的组织文化紧密性就是对工作投入研究的重要补充。综上可以认为，本研究结果进一步丰富了组织文化紧密性对员工工作投入影响的研究。

第二，本研究强调团队成员交换在组织文化紧密性对员工工作投入影响中的中介作用。首先，本研究在组织文化紧密性对团队成员交换的影响上获得了与以往研究不一样的结论。以往研究认为，高质量的团队成员交换关系通常需要在一个安全、开放和积极的人际环境中得以实现，而本研究得到的结果却与之相反。利用松紧文化的适应性，可增强团队成员的一致性（Gelfand et al., 2011）。在基于紧密文化的工作组织中，高水平的组织规范和监控惩罚减小了组织内部的差异，使得团队成员具有了更强的文化聚合力量和一致性，在面对突发公共卫生事件带来的危机和挑战时，这种紧密文化的力量增强了团队成员工作关系的高同步性和高一致性，使组织内的团队成员相互支持，从而加强了团队成员之间的心理联系和工作关系（Kahn, 1990; Seers, 1989），进而提高了工作投入的质量和水平（Kahn, 1990）。其次，从互惠的角度来看，这种高同步性和高一致性也促使团队成员之间产生更高水平的互惠性交换。团队成员的付出得到了其他成员的认可和回报，进而产生更高水平的工作投入，从而为实现组织的共同目标作出贡献。最后，本研究中考察的团队成员关系是从团队成员之间的"横向"关系出发的，这与以往文献强调的领导与员工之间的"纵向关系"存在显著差异（Felfe & Schyns, 2010），在一定程度上打破了以往"以领导者为中心"的固有思路。本研究中的所有参与者均来自具有紧密文化的中国，紧密文化促使他们在应对外界环境和现实威胁时总能保持一致性（Gelfand et al., 2011），所以，中国文化背景下的工作团队具有天然的文化紧密性倾向，在面对危机和挑战时，团队成员交换能够解释组织文化紧密性对员工工作投入的积极影响。

第三，本研究揭示了组织文化紧密性促进员工工作投入的作用机制。应该说，变革型领导发挥了积极的调节作用，这在一定程度上丰富了领导行为与组织文化的交互作用关系。领导过程并不是在真空中发生的（Katz & Kahn, 1978），必须同时考虑领导行为与组织所嵌入的社会文化的相互作用（Dickson et al., 2003; House et al., 2004）。本研究在考察组织文化紧密性对员工工作投入的作用机制时发现，领导行为是消除文化差异的有力手段之一（Bouncken, 2009），变革型领导在其中发挥了重要的作用。研究表明，变革型领导通过愿景激励、德行垂范可以从本质上激励员工增加工作投入，这与以往研究得到的结论类似。变革型领导营造的良好团队氛围也促进了团队成员间相互合作、彼此信任和相互配合（Engelen et al., 2014）。从社会交换理论和资源保障理论来看，变革型领导促成了团队成员之间的互惠和交换，团队成员根据掌握的资源给予其他成员帮助，进而促使团队成员之间相互合作、彼此信任和相互配合。本研究涉及的中国情境下变革型领导的特殊因子"德行垂范",可以起到带动员工投入到其所从事的工作中去的作用,变革型领导可以被企业员工视为一种直接的工作资源,员工在此背景下将会形成高质量的交换关系,不仅仅是经济方面的关系,还是精神和文化方面的互动关系。因此,变革型领导可以强化组织文化紧密性对团队成员交换、员工工作投入的促进效果。

第四,本研究结果对于提高员工工作投入水平可提供三方面启发:①在企业的创新管理中,各创新团队的文化紧密性应成为值得考量的重要因素,可以通过测量现有的文化松紧程度来确定现状,并根据公司中工作团队的愿景使命,颁布和调整相应的规定来对工作团队的文化松紧性进行一定程度的动态调整。②基于松紧文化的视角,企业领导可以将自身的领导行为风格与松紧文化的权变策略结合起来,通过在一些领域加强规范,在另一些领域放松规范,确保松紧文化成为一种有益的力量,使其在领导行为对员工工作投入的影响方面发挥重要的促进作用。③团队成员交换是公司管理中需要重点考虑的因素,团队关系质量可能是调动员工工作积极性的关键因素之一,通过促进公司中团队成员之间的交往,让他们更快地进入工作投入状态,进而促进员工有优秀的绩效表现。

六、研究结论

本研究基于松紧文化理论,通过对企业组织的实证调查,探索了组织文化紧密性对员工工作投入的影响机制。结果表明,组织文化紧密性对员工工作投入存在显著的正向预测作用,团队成员交换在其中起到中介作用,团队成员交换的质量越高,员工工作投入的水平就越高。此外,变革型领导与组织文化紧密性的交互作用也起到正向调节作用,变革型领导加强了组织文化紧密性对员工工作投入的积极作用。本研究提供的组织文化紧密性对员工工作投入产生积极影响的证据,为提高组织内员工的工作投入水平提供了可操作的方案。

七、研究局限性与未来展望

尽管本研究取得了一些重要发现,但是仍然存在一定的局限性,需要在未来的研究中进一步完善。未来,将在控制团队成员的个体价值观之后,进一步探索组织文化松紧性和变革型领导对员工工作投入的影响,希望获得更具有说服力的结论。关于组织文化与领导行为权变影响问题,未来将对更多的领导行为方式(如交易型领导等)以及文化松紧性的权变关系进行比较,以进一步揭示紧密文化对员工工作投入的影响。

第九节 团队文化紧密性、变革型领导对员工创新行为的影响:一个跨层次受调节的中介模型[①]

松紧文化是指社会中个体所感受到的社会规范的强度和对偏差行为的容忍度,应用于组织层面上的团队文化紧密性则代表着团队规范的强度。根据松紧文化理论,本研究探索了团队文化紧密性对员工创新行为的影响,以及变革型领导的调节作用和员工工作投入的中介作用。采用问卷调查法,在三个阶段对中国的5个企业组织进行调查,最终获得了来自企业领导和员工的288份配对问卷。结果发现,团队文化紧密性通过员工工作投入的中介作用,对员工创新行为产生显著的负向影响。换言之,工作场所中的团队文化越倾向于宽松,越能激发员工的工作投入,进而促进员工的创新行为。此外,变革型领导在模型中起到了显著的正向调节作用,可以缓解团队文化紧密性对员工工作投入和员工创新行为的消极影响。本研究丰富了松紧文化理论对员工创新行为的影响和作用机制的理解。未来研究中,我们还将更加深入地探索团队文化紧密性与不同的领导风格交互影响员工创新行为的作用机制。

一、紧密文化与团队合作

在当前知识驱动型的数字经济时代,最大限度地激发员工的创新潜力已成为组织发展的首要任务(Johnston & Bate, 2013)。员工创新行为是组织创新的基础和来源,如何激发员工的创新行为已成为当前人力资源研究者和企业实践者共同面对的议题。早期的观点特别关注创新的内部个人特征,如个性和动机。但笔者认为,创新行为受到外部环境的巨大影响,组织文化是诠释员工创新行为的重要成

[①] 本节作者:时勤、宋旭东、周瑞华、周薇。

因，特别是员工对工作场所的环境感知较少，需要得到充分关注。组织文化可以被定义为一个相互作用的群体的深层次共享价值模式和影响社会效能的假设（Maznevski，2002）。Amabile 和 Pratt（2016）探索了组织环境等外部因素对创新的协同激励作用，发现组织文化对员工创新行为确实具有重要影响。在组织文化的相关研究中，以往研究从个人主义-集体主义、权力距离、男性/女性化、不确定性规避等方面尝试对企业员工的创新行为进行解释（Hofstede，1980；Bouncken，2009；Engelen，2018；Tsegaye et al.，2020）。个人主义价值观由于其鼓励独特性，在创新行为方面比集体主义价值观更具优势（Goncalo & Staw，2006）。但是，文化是一个多维度的概念，可能对创新行为产生重要影响（Gelfand et al.，2006）。近年来，松紧文化立足于个体感知到的社会规则的强度和对偏差行为的容忍度，具有区别于传统文化价值观的特殊意义（Gelfand et al.，2011）。尽管以往研究已经从国家层面对"紧密文化"与"松散文化"背景下的创新产出进行了对比，但从团队层面考察文化紧密性与创新的真实关系显得并不完全相称，尤其是采用跨层分析技术来考察团队文化紧密性、变革型领导对员工创新行为的影响方面。此外，由于松紧文化的概念和界定起源于欧美国家，西方文化背景下的结果也不一定适用于东方文化背景，在特定的文化情境下来考察这一问题更具有现实意义。据此，探索紧密文化背景下中国团队对员工创新行为的影响机制显得尤为必要。因此，本研究将开展团队文化紧密性对员工创新行为的作用机制研究。由于研究还处于起步阶段，为了深入地理解团队文化紧密性与员工创新行为的关系，尤其是探索其作用机制显得非常必要。因此，在基于中国紧密文化的工作场所中，采用跨层分析技术来考察团队文化紧密性与变革型领导的交互作用，进而探索它们如何影响员工创新行为，将有助于更好地理解工作场所中的团队促进作用。

二、理论假设的提出

在本研究中，松紧文化被视为理解员工创新行为的核心理论。Gelfand 等（2011）通过对33个国家的跨文化研究表明，世界各国的文化松紧性差异很大，而且这种结构完全区别于传统意义上的文化价值观，如个人主义-集体主义、权力距离等。据此，松紧文化成为近年来国际上对现代国家和社会进行文化维度划分的标准之一，主要用于测量组织的社会规范强度和对偏差行为的容忍度。紧密文化强调强的社会规范和对偏差行为的低容忍度；而宽松文化则强调弱的社会规范和对偏差行为的高容忍度（Gelfand et al.，2011）。松紧文化理论是一个多层次的理论

(Gelfand et al., 2011），从远端的生态、历史的威胁、社会作用到近端的组织、团队和个人作用，来理解社会规范的力量。松紧文化理论不仅关注国与国之间、不同社会之间的宏观社会规范差异，亦关注国家内部、组织之间和团队之间的社会规范差异。松紧文化理论认为，文化紧密性反映在日常反复出现的情境中，而工作环境是员工日常生活的主要情境（Gelfand et al., 2011），工作团队中的文化紧密性可以通过影响团队成员的认知、动机和行为使团队成果产生差异。

据此，有理由假设，松紧文化是一种理解组织中工作团队的新角度。本研究将松紧文化应用到团队文化层面，从而提出了"团队文化紧密性"的概念：高团队文化紧密性的工作团队意味着拥有强大而严格的规范，这些规范规定了有限的可接受行为范围，违反这些规范的行为将受到严厉的负面制裁；反之，低团队文化紧密性的工作团队的特点是缺乏明确定义的规范，允许较广泛的许可行为，团队成员的越轨行为被容忍，甚至被鼓励。以往的研究认为，文化与员工创新行为具有密不可分的关系（Lukes & Stephan, 2017；Yao, 2022）。但值得注意的是，长期以来，研究者关注的重点往往在于文化价值观，相对忽视了文化的其他方面对创新行为所产生的影响（Gelfand et al., 2006）。本研究将有助于更好地理解团队文化紧密性促进或阻碍员工创新行为的条件。本研究涉及的主要问题如下。

1. 团队文化紧密性与员工创新行为

创新是一种对组织成功发展起关键作用的重要因素。"松紧文化"的概念一经提出，它如何影响创造力和创新行为就引发了大量的实验研究和实证调查。因此，松紧文化成为在组织情境中讨论员工创新行为所需要考量的关键因素。在国家层面，一项有关松紧文化与创造力的元分析表明，来自紧密文化国家的个体比来自宽松文化国家的个体更不可能参与和成功完成文化距离遥远的外国创意任务，且文化距离越大，文化紧密度的负面影响越大（Taras et al., 2010）。Uz（2015）调查了68个国家的价值观、信念，并采用标准差来确定各国的文化松紧性程度，结果发现，创新意味着引入变化、改变现状，这是宽松文化的特征，并与紧密文化特征（有序、可控、稳定）相斥，因此，紧密文化有碍于创新。在组织层面上，宽松文化下的组织创新频率更高、速度更快，但紧密文化下组织的创新实施率会更高（Katz et al., 2005）。在个体层面上，研究者对不同的环境怎样影响个体在实验中的创造力进行了探索，并将实验场景设置为井然有序的房间或混乱的空间，结果发现，在凌乱的房间里待了一段时间的个体，在头脑风暴任务中的表现更好（Vohs, 2013）。尽管人们在不同层面上对松紧文化对创新的影响进行了广泛讨论，但从团队层面考察团队文化紧密性与员工创新行为关系的研究还是非常少。部分研究虽然对团队层面有所考虑，但采用跨层分析技术进行调查分析的实证研究不多。例如，心理学家 Gelfand 等（2020）要求几组人在校园里以完全相同的速度完成一项创造性任务后，结果表明，与按自己的节奏行走的团队相比，与其他人同步行走的团队创造力更差。Gedik 和 Ozbek（2020）还考察了不同集体主义水平下团队层面的文化紧密性、公正性和创造力之间的联系，结果发现，在集体主义水平较低的团队中，团队公平性在团队文化紧密性与团队创造力之间起中介作用。

根据松紧文化理论和已有的研究证据可以发现，宽松文化比紧密文化更加无序，无序实际上有利于团队成员跳出原有的思维框架，实施创新行为的束缚和代价会更低，这在一定程度上说明，团队文化紧密性越低，员工创新行为的表现就越多。团队文化紧密性概念是团队成员所共享的、感知到的团队文化对规则秩序的约束强度和对员工越轨行为的容忍度，员工创新行为的概念本身也意味着员工对既有规则的突破，且表现出与常规行为不同的创新行为，包括可能需要改变组织结构或行为流程（Miron et al., 2004）。由此可见，在团队中，较低的团队文化紧密度要求团队成员出现更少的秩序与一致性，而要提高对变化和不确定的宽容程度，使团队内部的员工承担更少的责任与接受更少的惩罚，从而激发员工创新行为（Gelfand et al., 2006）。换言之，探索团队文化紧密性对员工的创新行为的影响，本质上就是探索团队文化中有关规范和秩序的强度对员工在行为上突破规则的影响。

据此，本研究提出如下假设：

H1：团队文化紧密性负向预测员工创新行为。团队文化越倾向于紧密，越不利于员工创新行为的产生。相反，团队文化越倾向于宽松，员工表现出的创新行为越多。

2. 员工工作投入的中介作用

工作投入的特点是员工在工作中表现出高活力和高专注。活力是指充沛的精力，专注则是指全身心地沉浸在工作中（Schaufeli et al., 2002）。根据松紧文化理论，在具有紧密的团队文化的工作场景中，团队文化越紧密，周围环境中的规则和秩序的强度就越大。具体来看，员工在工作中会主动地感知周围环境中的规则秩序和监管强度，感知自身表现出越轨行为所带来的风险威胁水平和惩罚强度。团队中员工对团队文化紧密度的感知将直接影响其工作投入的程度和水平，即规则和秩序的强度越大，员工的活力水平和对工作本身的专注水平越低。这也印证了工作投入的支撑性理论，即资源保存理论的观点，工作投入本质上是一种积极、充实、与工作相关的情绪和认知状态（Saks, 2006），与自身获得的工作资源紧密有关。如果员工所在的工作团队处于一个紧密的团队文化环境中，那么，员工就会花费更多的认知资源来了解和遵守团队的规则和秩序，并会花费更多的认知和情感资源关注他人的控制，避免作出违反规则的越轨行为，这就导致员工花费在专注于工作本身上的资源大大减少,从而降低其对工作的专注程度。这种状态具有普遍性与持久性,并且不只针对特定的对象(Schaufeli et al., 2002)。

关于文化紧密性对员工工作投入的影响的实证研究较少。研究发现,相较于宽松文化,紧密文化不利于员工工作投入;在紧密文化中,高工作要求会对员工工作投入产生负面影响(Rattrie et al., 2020)。Taras等(2010)认为,相对于宽松文化,更紧密的文化对员工个人工作态度和行为的预测能力更强。中国作为一个紧密文化国家,探究文化紧密性对员工工作投入的影响具有重要的意义,因此课题组探索了突发公共卫生事件背景下文化紧密性对员工工作投入的影响。通常在紧密文化社会中,企业组织会有更大的约束性;而在宽松文化社会中,企业组织会有更大的自由,对偏差行为相对更为宽容,这在一定程度上有利于打破规则和创新。理论上,文化越紧密表示个体感知到的规则多、强度大,个体在企业组织内的行为将会受到种种限制;同时在领导-成员关系上,下属员工将很难在工作中积极投入与创造,通常会伴随着更低的领导授权和工作重塑水平等。此外,较强的社会规范感知在一定程度上会阻碍团队成员之间的关系发展。团队成员在组织中的关系质量更多表现为非正式关系,高紧密文化的氛围、团队成员对越轨行为的低容忍度显然不利于团队成员之间的良好沟通与社会关系的发展。这种作为员工工作投入的重要支持性资源的人际资源的缺少,会使长期处于此种状态下的员工有着更低的工作投入。基于此,本研究提出如下假设:

H2:团队文化紧密性对员工工作投入存在显著的负向预测作用。

由于认知、情感和体力的协同作用,员工工作投入或有望推动创新行为(Hakanen, Schaufeli, & Ahola, 2008)。从认知投入来看,想法的产生不仅发生在头脑风暴的初始阶段,而且发生在解决问题和采取行动的持续认知过程中。情感投入则有助于员工对创新努力的目的和意义充满信心,并向他人传达乐观情绪,这有助于促进整个组织的积极行为(Bakker & Demerouti, 2008)。从体力投入的角度来看,员工若在创新过程中产生了疲劳感,则会失去提出创造性想法的内部动机(Shuck et al., 2017)。个体越倾向于采取积极主动的方法来解决问题,就越会倾向于投入更多的认知资源,全身心地参与到工作中,进而就会体验到积极的情绪,这有助于人们探索、吸收新的信息和经验,并将其加以应用。以往研究表明,在组织文化与领导行为对员工创新行为的影响过程中,员工的态度是一个重要的中介变量。工作投入作为一种对所致力于的工作在情感和行为上的高度承诺状态,已被证实在组织文化与员工创新行为之间起重要的中介影响(Kwon & Kim, 2019)。以往研究针对员工工作投入的中介机制的讨论也比较广泛。工作投入在学习型组织文化、员工感知到的组织支持和对创新行为的影响中均发挥了重要的中介作用(Yu et al., 2013; Aldabbas et al., 2021)。此外，从自我决定理论（self-determination theory）的视角来看，个体的内在动机和积极情绪是创新行为的重要组成部分，因为它激发了创新过程中更深层次的内在动机和投入程度。Amabile（1996）通过确定创造力的三个维度，即动机、知识和技能，强调了内在动机在创新过程中的作用。内在动机有助于个人变得更为灵活、动力持久和目标导向。有研究表明，内在动机与更宽松的文化紧密相关，而组织文化是员工工作投入的一个重要影响因素，据此，松紧文化作为组织文化研究领域的新内容，是员工工作投入的重要影响因素，员工在工作中感知到的文化越宽松，驱动其做好工作的内在动机就越强烈，进而产生更多的主动创新行为。目前，学者对员工工作投入在文化紧密性与创新行为关系中的中介作用的探讨较少。综上，员工工作投入在团队文化紧密性与员工创新行为的关系中起中介作用。为此，本研究提出如下两项假设：

H3：员工工作投入对员工创新行为存在显著的正向预测作用。

H4：员工工作投入在团队文化紧密性与员工创新行为中起到中介作用。

3. 变革型领导的调节作用

松紧文化理论是一种多层次系统理论，从开放系统的角度来看（Katz & Kahn, 1978），一方面，组织文化并不是在真空发生的，往往受到组织中领导行为的具体影响（Dickson et al., 2003; House et al., 2004）；另一方面，领导行为也可以在一定程度上增强组织文化的强度。在工作场所中，领导行为是影响员工对工作和环境感知的首要影响因素。在考虑领导行为的同时，研究者往往还需要考量其特定的文化背景。虽然本研究重点考察的是团队文化紧密性对员工创新行为的影响，但团队文化只有和领导行为相结合，才能更有效地发挥出对员工创新行为的影响效果。据此，在探索员工创新行为的激励过程时，本研究也重点考虑了领导行为产生的影响问题。变革型领导被认为是激发员工创新行为的一种有效的领导行为（Noruzy et al., 2013），且不论是在西方国家还是在亚洲国家均具有稳定的预测效能（Salim & Rajput, 2021）。Bass（1985）认为，变革型领导使员工意识到工作的重要意义，可以提升员工的内在需求层次，使员工超越个人利益而追求所在团队和组织的利益，为达到领导者的要求而投入额外的努力，从而产生超出预期的创造力。大量实证研究表明，变革型领导可以通过增加员工的工作资源，正向预测员工工作投入（Ghadi et al., 2013; Bui et al., 2017），这包括在团队层面对下属产生影响（Shamir et al., 1993）。当变革型领导者为员工获得资源、信息、反馈以及发展机会提供便利时，员工更有可能精力充沛、敬业、全神贯注于工作（Amor et al., 2020）。

在松紧文化理论中，领导行为是影响文化松紧性作用效果的直接因素（Gelfand, 2006; Gelfand et al., 2011），改变领导行为可以实现文化作用效果的结构性松散（structured looseness）和灵活性紧密（flexible tightness）。Gelfand（2006）提出松紧文化的多层次模型，认为松紧文化的影响是一个自上而下的过程，从文化层面到领导层面，最后到个体行为层面。其中，变革型领导被视作调节紧密文化作用效果的一种重要领导风格（Gelfand，2019）。它通过影响员工感知到的环境中规范秩序的强度，进一步影响员工的工作投入水平和创新行为表现。具体来看，在紧密文化背景下，工作场所中员工的规范感知强度较大，领导所掌握的权力往往使其能够集中团队内丰富的工作资源。变革型领导通过提倡变革，专注于内部需求层次的提高和价值引领，而不是关注团队文化的规范强度，以最大可能地提高员工对工作的投入程度。一方面，变革型领导通过发挥外部激励作用，提供具有充足资源的工作环境，从而提升员工的工作意愿，使其实现工作目标；另一方面，变革型领导通过发挥内部激励作用，给予下属一定的决策自由度，从而满足其自主性的需要，促进员工成长、学习与发展。以上两方面的实现均需要变革型领导给予下属员工一定的自由度。这种自由度和自主性的提高，在一定程度上调节了外部团队规范的强度。这意味着，变革型领导可以缓解紧密文化带来的消极影响，并且发挥出紧密文化的独有优势。基于此，本研究提出如下假设：

H5：变革型领导在团队文化紧密性对员工工作投入的预测作用中起负向调节作用。

4. 本研究的假设模型

基于上述文献回顾与分析，本研究基于松紧文化理论（Gelfand et al.，2011），将员工创新行为视为一个系统的激励过程。该过程本质上是探究团队文化紧密性和变革型领导如何共同影响员工工作投入，进而促进员工创新行为的过程。本研究重点探索团队文化紧密性对员工创新行为的可能影响，并在此基础上考察变革型领导这样一种强有力的领导风格与团队文化紧密性之间的交互作用，此外还将考察员工工作投入作为关键中介变量所发挥的作用。综上，本研究形成了如图2-17所示的理论模型。

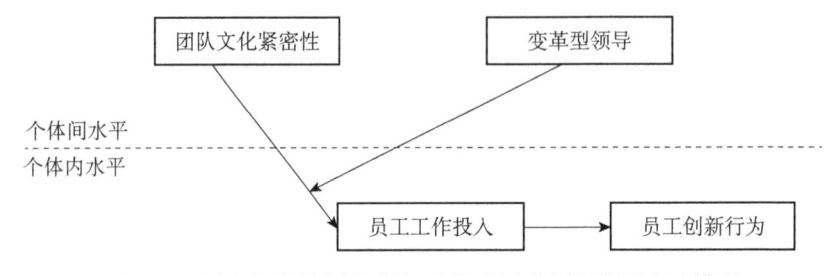

图2-17 团队文化紧密性对员工创新行为作用机制的理论模型

三、对象与方法

1. 参与者和研究程序

本研究取样于中国贵州省某地区高绩效企业的领导和员工团队，采取随机抽样方法进行，并采用企业中的领导与员工上下级配对的模式，每1位中层以下领导（班组长）与随机抽取的5位员工相匹配。采用纸质问卷调查方式，为企业领导和员工设计了有针对性的两套调查问卷。采用自评和他评相结合的方式采集调研数据。本研究共发放领导问卷75份，员工问卷375份。然后，分三个阶段进行调查，每个阶段问卷调查的时长为1周左右。在第一次数据采集的时间段（T1），员工填写人口学变量数据以及团队文化紧密性量表和变革型领导量表。2个月后，在第二次数据采集的时间段（T2），仅仅给在T1中完成问卷的员工发放第二批问卷，让他们完成员工工作投入量表。又2个月后，在第三次数据采集的时间段（T3）进行最后一次数据采集，给员工的领导发放问卷，让他们完成员工创新行为量表。由于每一阶段中领导和员工均存在一定的流失，最终，共收集到领导干部51人，配对下属255人，合计306人（数据有效率为68.00%）。经过数据清洗剔除无效数据后，最终得到288份有效数据（数据有效率为94.12%）。

2. 测量工具

（1）团队文化紧密性量表（T1）

该量表改编自 Gelfand 等（2011）开发的广义上的松紧文化调查量表。该量表包括社会规范的数量和清晰度、对违反规则的容忍度以及每个国家对社会规范的总体遵守情况，例如，对"我觉得在我们团队如果有人行为不当，其他人会强烈反对"这一陈述的心理赞同程度进行打分，共计6个项目。该量表中所提到的"团队规范"，通常指团队中不成文的行为标准。该量表采用利克特6点计分法。从"完全不同意"到"完全同意"。去除因子载荷不佳的题目后，本研究采用该量表中的4个条目。在本研究中，整个量表的内部一致性系数为0.91。

（2）变革型领导量表（T1）

本研究采用李超平和时勘（2005）等开发的变革型领导量表。该量表共26个题项，包括德行垂范、愿景激励、领导魅力、个性化关怀四个维度，采用利克特5点计分法，1代表"非常不同意"，5代表"非常同意"。基于模型简化的原则，将四个维度的题目分别打包。真正有效的激励和沟通被认为是加强创新的关键因素，在中国情境中如何实现有效的激励和沟通在本研究中得到特殊考虑。在本研究中，整个量表的内部一致性系数为 0.79。

（3）员工工作投入量表（T2）

采用 Schaufeli 等（2002）编制的工作投入问卷。共 14 个条目，包括活力、奉献、专注三个子维度。采用利克特 5 点计分法，1 代表"非常不同意"，5 代表"非常同意"。例题为"工作时，我感到自己强大而且充满活力"，"我对工作充满热情"，"当我工作时，时间总是过得飞快"。去除因子载荷不佳的题目后，本研究采用 8 个条目。在本研究中，整个量表的内部一致性系数为 0.90。

（4）员工创新行为量表（T3）

采用 George 和 Zhou（2001）开发的员工创新行为问卷，共 9 个条目。问卷采用利克特 7 点计分法，1 代表"非常不同意"，7 代表"非常同意"。每个题项所指行为反映员工创新行为的典型性程度。去除因子载荷不佳的题目后，本研究采用 6 个条目。在本研究中，整个量表的内部一致性系数为 0.97。

3. 信效度分析

本研究采用 SPSS 24.0 和 Mplus 8.3 统计软件进行统计分析。首先，采用验证性因素分析对共同方法偏差进行检验；其次，对各变量之间的关系进行相关分析；最后，在相关分析的基础上，采用跨层回归的方式探讨变革型领导的调节作用。

首先，进行了测量模型的验证，通过验证性因素分析发现，团队文化紧密性（χ^2/df=2.255，CFI=0.991，TLI=0.974，RMSEA=0.074，SRMR=0.020）、变革型领导（χ^2/df=1.940，CFI=0.990，TLI=0.984，RMSEA=0.064，SRMR=0.019）、员工工作投入（χ^2/df=2.134，CFI=0.981，TLI=0.973，RMSEA=0.071，SRMR=0.024）、员工创新行为（χ^2/df=1.907，CFI=0.992，TLI=0.986，RMSEA=0.063，SRMR=0.015）均具有良好的拟合指标。其次，在测量项目的信度（表 2-21）上，测量模型的因子、项目以及项目的载荷（estimate，EST）上所有项目对因子的路径均显著，并且路径系数均在 0.58 以上。基于标准化的因子载荷，计算了项目信度（R^2）、组合信度（composite reliability，CR）和聚合效度。组合信度指各维度题目的内部一致性，本研究中，各因子的组合信度为 0.811~0.929，符合大于 0.7 的标准。聚合效度指平均方差萃取量（average variance extracted，AVE），指各维度对题目的平均解释能力，本研究中，各因子的聚合效度为 0.521~0.686，均大于 0.5 的标准值。总体来看，本研究所使用的量表的信效度均处于可以接受的范围内。

表 2-21　测量模型的信效度指标值（N=288）

测量模型		参数显著性检验			项目信度	组合信度	聚合效度
因子	项目	B	SE	EST	R^2	CR	AVE
团队文化紧密性	SJ1	0.696***	0.043	16.286	0.484	0.811	0.521
	SJ2	0.744***	0.041	18.113	0.554		
	SJ3	0.836***	0.036	23.498	0.699		
	SJ4	0.589***	0.051	11.555	0.347		
变革型领导	BG1	0.721***	0.037	19.280	0.520	0.871	0.629
	BG2	0.787***	0.032	24.309	0.619		
	BG3	0.780***	0.032	24.446	0.608		
	BG4	0.876***	0.025	34.782	0.767		
员工工作投入	TR1	0.809***	0.026	31.192	0.654	0.927	0.614
	TR2	0.675***	0.039	17.443	0.456		
	TR3	0.775***	0.029	26.389	0.601		
	TR4	0.780***	0.029	27.060	0.608		
	TR5	0.832***	0.023	35.459	0.692		
	TR6	0.841***	0.023	37.374	0.707		
	TR7	0.824***	0.024	33.879	0.679		
	TR8	0.717***	0.035	20.564	0.514		
员工创新行为	CX1	0.826***	0.024	34.176	0.682	0.929	0.686
	CX2	0.846***	0.022	38.392	0.716		
	CX3	0.875***	0.019	46.024	0.766		
	CX4	0.778***	0.028	26.862	0.605		
	CX5	0.816***	0.025	32.478	0.666		
	CX6	0.825***	0.024	34.037	0.681		

四、结果及分析

1. 共同方法偏差检验

本研究采用 Harman 单因素分析法对所有有效数据进行共同方法偏差检验。结果表明，有 21 个因子的特征根大于 1，其中第一个因子的方差为 31.01%，低于 40% 的临界值。本研究还对单因子模型进行了验证性因素分析，结果显示模型的拟合度较差（χ^2/df=9.25，CFI=0.59，TLI=0.58，NFI=0.56，RFI=0.55，RMSEA=0.09）。根据验证性因素分析方法，如果单因素验证性因素分析模型的拟合指数不佳，表明共同方法偏差问题不严重。因此，本研究中数据的共同方法偏差问题并不严重。

2. 相关分析

各变量之间的描述性统计以及皮尔逊积差相关分析结果如表 2-22 所示。团队文化紧密性与员工工作投入、员工创新行为均呈显著相关。变革型领导与员工工作投入呈显著正相关,员工工作投入与员工创新行为呈显著正相关。

表 2-22　变量之间的相关分析结果（N=288）

变量	M	SD	1	2	3	4	5	6	7	8	9	10
1. 员工性别	0.65	0.48	1									
2. 员工年龄	38.59	9.14	0.191**	1								
3. 员工受教育程度	1.75	0.80	−0.444**	−0.211**	1							
4. 领导性别	0.70	0.46	0.548**	0.138*	−0.385**	1						
5. 领导年龄	42.62	6.03	0.045	0.202**	0.143*	0.101	1					
6. 领导受教育程度	2.21	0.82	−0.447**	−0.107	0.360**	−0.497**	−0.080	1				
7. 团队文化紧密性	5.01	0.70	0.080	0.302**	−0.131	0.155*	0.088	−0.174*	1			
8. 变革型领导	4.21	0.52	0.111	0.143*	0.005	0.135	0.181**	−0.123	0.480**	1		
9. 员工工作投入	4.14	0.55	0.192**	0.191**	−0.077	0.258**	0.122	−0.247**	0.457**	0.579**	1	
10. 员工创新行为	3.97	0.65	0.207**	0.122	−0.138*	0.394**	0.122	−0.231**	−0.124*	0.198**	0.314**	1

3. 假设检验

第一步，进行零模型（M0、M0'）检验，查看两者间是否具有显著差异。因变量员工创新行为（T3）和调节变量变革型领导（T1）均可以聚合到组织层面。

第二步，在零模型的基础上加入个体与组织层面的控制变量，得到新模型 M1 和 M5。

第三步，检验"团队文化紧密性→员工创新行为"路径的主效应。根据模型 M2 可知，团队文化紧密性对员工创新行为具有显著的负向影响（β=−0.66，p<0.01），假设 H1 获得了支持。

第四步，分别检验"团队文化紧密性→员工工作投入"和"员工工作投入→员工创新行为"这两种路径的影响。模型 M6 的结果表明，团队文化紧密性对员工工作投入具有显著的负向影响（β=−0.53，$p<0.01$）；模型 M3 的结果表明，员工工作投入对员工创新行为具有显著的正向影响（β=0.47，$p<0.01$）。

第五步，为区分中介变量的组间和组内变异，将个体层的中介变量员工工作投入的均值进行中心化处理，同时将其置于组织层的截距。如表 2-23 中的模型 M4 所示，将团队文化紧密性与员工工作投入加入模型中后，员工工作投入的组内效应对员工创新行为的正向作用显著（β=0.43，$p<0.001$），员工工作投入的组间效应对员工创新行为的正向作用显著（β=0.50，$p<0.01$）。与此同时，"团队文化紧密性→员工创新行为"的这一路径的直接效应不再显著，由此可知，员工工作投入在其中起到完全中介作用。为进一步检验员工工作投入的中介作用，采用蒙特卡罗法进行验证，发现团队文化紧密性通过员工工作投入对员工创新行为产生影响的间接效应为 0.08，95%CI 为[0.017，0.042]，所以假设 H3 获得了支持。

表 2-23 团队文化紧密性和员工创新行为之间的有调节的中介作用分析（N=288）

变量	因变量：员工创新行为					中介变量：员工工作投入				
	M0	M1	M2	M3	M4	M0'	M5	M6	M7	M8
截距	3.23**	3.65**	3.92**	3.41**	2.94**	5.22**	5.31**	5.76**	5.84**	5.90**
员工性别		0.02	0.01	0.02	0.01		0.02	0.02	0.03	0.03
员工年龄		0.02*	0.01	0.02*	0.01		0.02	0.03*	0.02	0.01
员工受教育程度		0.03	0.03	0.03	0.03		0.01	0.03	0.01	0.03
领导性别		0.03	0.04*	0.03	0.02		0.04*	0.01	0.01	0.02
领导年龄		0.03*	0.03*	0.03*	0.03*		0.03*	0.02	0.03*	0.03*
领导受教育程度		0.03	0.03	0.03	0.03		0.01	0.03	0.01	0.03
员工工作投入				0.47**	0.43***					
团队文化紧密性			−0.66**		0.48		−0.53**	0.56**	0.50**	
变革型领导									0.03	0.02
团队文化紧密性×变革型领导										0.06**
员工工作投入					0.50**					
Pseudo R^2		0.15	0.19	0.25	0.36		0.18	0.21	0.25	0.29
Δ Pseudo R^2		0.15	0.04	0.10	0.21		0.18	0.03	0.07	0.11

此外，为了更加直观地反映变革型领导的调节作用，本研究绘制了调节效应图（图 2-18）。相对于低水平团队文化紧密性，在高水平团队文化紧密性条件下，团队文化紧密性对员工工作投入的负面影响得到缓解。

图 2-18　简单斜率的分析图

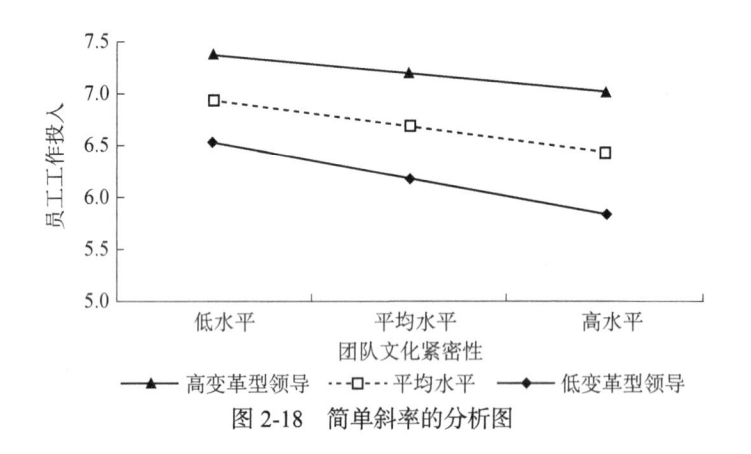

五、讨论

基于松紧文化理论以及国内外研究文献，本研究考察了团队文化紧密性对员工创新行为的影响。通过对 5 个组织工作团队的实地研究，发现团队文化紧密性与员工创新行为呈负相关，员工工作投入在其中起中介作用，变革型领导在其中起正向调节作用。下面讨论本研究的理论和实践意义。

1. 理论意义

第一，本研究探索了团队文化紧密性对员工创新行为的影响机制，这一结果扩大了对员工创新的前因变量的探讨范围，从长期被忽视的文化的一个方面"团队文化松紧性"的角度出发，论述了员工外部感知到的工作场所中的规范强度对员工创新行为的可能影响，研究结果在采用松紧文化理论对员工创新行为进行解释方面作出了贡献。此外，本研究通过跨层分析，证明了团队文化紧密性对员工创新行为的负向影响，本质上说明了员工在工作场所中对外部环境中规范和秩序的强度感知会影响其在工作中的创新行为表现。以往研究更多地从国家层面（Taras et al., 2010）、组织层面（Katz et al., 2005）和个体层面（Vohs et al., 2013）出发，对松紧文化对创新产出和创造力的影响进行了探索，但本研究从团队层面出发，以团队文化紧密性作为视角在工作团队中进行相关研究，丰富了这一领域的文献研究。有研究者探索了团队层面的文化紧密性问题（Gedik et al., 2020），但是落脚点在团队创造力上。在理论基础上，现有文献对员工创新行为的理解与解释在很大程度上过于依赖以往的工作要求-资源模型、调节焦点理论、社会信息加工理论、社会交换理论等（Lee et al., 2017），虽然已有理论框架也在不断发展中，如工作要求-资源模型经历了四次变革，但是依据已有的理论模型对员工创新行为的解释，很有可能忽视了其他能对员工创新行为作出重要解释的观点。所以，本研究基于松紧文化理论对员工创新行为的探究，具有一定的理论意义。据此，本研究将松紧文化理论应用于团队层面，扩展了已有研究关于工作团队中员工创新行为的前因变量的"语料库"。这既是对员工创新行为的研究拓展，也丰富了松紧文化理论的应用场景。

第二，本研究揭示了在团队文化紧密性影响员工创新行为的过程中，变革型领导发挥的正向调节作用。组织文化并不是空洞地起作用（Katz & Kahn, 1970），必须同时考虑领导行为对组织文化进行影响、塑造和调节的过程（Dickson et al., 2003；House et al., 2004）。因此，本研究根据松紧文化理论，考察了变革型领导与团队文化紧密性的交互影响，以期获得对员工创新行为的最佳激励效果。研究结果证明了变革型领导可以在文化偏紧密的团队中发挥积极作用，形成一种灵活性紧密。这也与以往的观点契合，Bouncken（2009）认为，领导行为是消除文化差异中不利成分的有力手段。Mittal（2015）认为，变革型领导通过利用权力地位和合法基础在紧密的文化中获得更多的认可，因此，相对于宽松文化来说，变革型领导更能在紧密文化中发挥效能。在紧密文化中，领导力与文化之间的契合更为重要：与员工期望一致的领导者与员工工作投入之间有更强的正相关关系。例如，魅力型领导在个体主义和灵活的文化中更有效，而变革型领导在集体主义和严格的文化中更有效。本研究结论丰富了变革型领导在团队文化松紧性影响员工创新行为方面的边界效应。据此，本研究在中国紧密文化的背景下，研究了变革型领导和团队文化紧密性的交互作用对工作投入和员工创新行为的影响，对松紧文化理论和领导有效性理论均具有一定的理论与实践价值。

第三，本研究证实了员工工作投入在模型中的中介作用，挖掘了团队文化松紧性、变革型领导影响员工创新行为的认知机制。团队文化紧密性作为员工感知到的外部环境因素，影响着员工对工作环境中规则和秩序的强度感知。本研究的结果表明，员工工作投入作为员工对工作的活力和专注程度的体现，在团队文化紧密性与员工创新行为的关系中起关键的中介作用。工作投入本质上是一种情绪和认知状态（Saks, 2006），并且受到认知资源的限制。本研究的价值在于，通过探讨团队文化紧密性和变革型领导的交互作用，证明了这种工作投入的状态不仅受到团队外部环境中的规则强度的影响，还会受到变革型领导所带来的员工内部自主性激发的影响，这种工作投入状态是内外部因素共同作用的结果。据此，本研究丰富了团队文化紧密性对员工创新行为影响的中介机制的探讨。

第四，本研究是在紧密文化的代表性国家——中国的情境下进行的，所以，本研究具有相对的重要性，因为针对跨文化的研究变量在不同的宏观文化环境中比在边界之外更具备适用性意义。以往针对文化紧密性对创新行为影响的大部分研究都是在西方背景下进行的。近年来，有关文化和领导力的研究开始阐明关于被认为有效与无效的领导属性的普遍和文化特定性问题（Gelfand et al.，2011）。本研究丰富了文化松紧性在不同国家和社会内部的研究结果，为未来进行跨文化比较提供了文献支撑。

2. 实践意义

在实践意义上，本研究可为企业的人力资源管理人员激励员工创新行为提供三点启发。

第一，在企业的创新管理中，企业中、各个创新团队组织中的文化松紧性成为需要考量的一个重要因素，可以通过测量其现有的文化松紧性程度来确定现状，并根据公司的愿景使命，通过颁布和调整相应的规定，从而在一定程度上改变企业的文化松紧性。

第二，基于松紧文化的视角，企业领导可以将自身的领导行为风格与松紧文化的权变管理策略结合起来，通过在一些领域加强规范，在另一些领域放松规范，在一定程度上确保松紧文化成为一股强大的力量，对领导决策发挥积极作用。

第三，组织文化和领导行为可以被视为增加员工在工作中获得的各种资源的重要途径，丰富的工作资源有利于员工在工作中转换工作态度，变得更加积极主动，使他们在工作投入的状态下有更多的创新行为表现。

六、研究结论

在当今社会经济均处于高速迭代的时代背景下，创新已经成为一个组织的核心竞争力，最大限度地激发和增加组织内的员工创新行为成为需要探索的核心问题。本研究在松紧文化理论的基础上，探索了团队文化紧密性对员工创新行为的作用机制。结果表明，团队文化紧密性对员工创新行为存在显著的负向预测作用，并且团队文化紧密性通过工作投入的中介作用，能够对员工创新行为产生显著的消极影响。但是，变革型领导与团队文化紧密性的交互作用显著，能够对员工创新行为起到正向调节作用，变革型领导缓解了团队文化紧密性对员工工作投入的不利影响。本研究丰富了松紧文化理论对员工创新行为的影响和作用机制的理解。

七、研究局限性与未来展望

尽管本研究获得了一些重要发现，但是仍然存在一定的局限，需要在未来的研究中加以完善。

首先，由于时间、精力等限制，本研究采用了多时间点设计，虽然在一定程度上可以依据时间顺序对变量进行解释，但是并不是严格意义上的纵向设计，还不能对因果关系作出更充分的解释，未来可以进一步设计纵向追踪调查加以补充验证。

其次，未来还可以在控制个体价值观（如个人主义-集体主义）的条件下，探索团队文化松紧性与变革型领导对员工创新行为的影响，可能会获得更具有说服力的结论。

最后，关于团队文化紧密性与领导行为权变影响的研究框架，未来将对更多的领导行为方式（如交易型领导等）以及文化松紧性的权变关系进行比较分析，以进一步揭示紧密文化对员工创新行为的影响。

第十节　变革型领导对员工工作幸福感的影响机制：工作重塑的中介作用与领导成员交换的调节作用[①]

本研究以工作要求-资源理论为基础，探索了变革型领导风格对员工工作幸福感的影响机制。具体采用问卷调查法对企事业的领导者及其直接下属进行调研，采用自评和他评相结合的方式，共获得104名领导者和886名直接下属的数据。研究结果表明，变革型领导对员工工作幸福感具有正向影响，而员工的工作重塑在变革型领导和工作幸福感之间起部分中介作用；领导成员交换在变革型领导和工作重塑之间起到正向调节作用；变革型领导通过工作重塑影响工作幸福感，而领导成员交换正向调节了这一中介路径。据此，领导者应根据具体情境表现出变革型领导行为，对员工的新想法提供积极反馈，促进员工的工作重塑，进而提高员工的工作幸福感。

[①] 本节作者：时勘、宋旭东、周瑞华、郭慧丹。

一、引言

工作幸福感是指个体对自身的工作经历和职能进行心理、生理和社会上的整合性评估。随着人本主义思潮和积极心理学的兴起与发展，工作幸福感作为从以往"工作满意度"研究中发展出的概念，在内涵上更加宽泛。在学术领域，对工作幸福感的探讨逐渐成为研究热点。在应用领域，工作幸福感作为企业员工对自身工作过程的整体上的心理理解，受到企业界管理者的广泛重视。工作幸福感对员工的身心健康和组织的健康发展均有重要影响。综上，本研究旨在探讨企事业单位中管理者的行为对员工工作幸福感的影响及作用机制。

在影响组织员工工作幸福感的众多因素中，组织中的领导风格是课题组首要关注的因素。以往研究表明，伦理型领导、包容型领导、道德型领导等领导风格对员工幸福感均存在不同影响（Chughtai et al., 2015）。其中，变革型领导风格对工作幸福感的影响逐渐成为学术界探讨的热门话题。变革型领导风格倾向于通过改变员工在认知、情感、社会关系、环境氛围等方面的态度，对工作幸福感产生影响。基于此，本研究将重点探索变革型领导风格对工作幸福感的影响机制。

基于工作要求-资源模型，工作的要求与资源分别会通过分化的路径产生积极和消极影响。受积极心理学思潮的影响，针对工作幸福感的研究逐渐倾向于对工作资源双通路模型中的动机过程（增益路径）的探索。其中，工作重塑作为个体通过对工作进行积极的重新建构从而获得所需工作资源的方式（Zhang, 2019），可能是揭示变革型领导风格影响工作幸福感的一个关键的中介变量。另外，这一动机过程还会受到文化环境和社会关系的制约，在以关系为导向的中国社会情境中，领导成员交换作为表征员工在组织中与直属领导的社会关系质量高低的关键变量，具有重要的意义。基于领导成员交换理论，"圈内人"相比"圈外人"获得的领导成员交换质量更高，员工更有可能得到更多的心理和物质工作资源的支持，进而激发自身的工作重塑水平，在工作过程中感知到更高水平的工作幸福感。然而，从量化的角度来看，不同质量水平的领导-员工关系对于员工需求满足和工作幸福感之间关系的作用机制尚未清晰。由此，本研究一方面力图检验工作重塑关系在变革型领导和工作幸福感之间的中介效果，另一方面欲进一步探求领导成员交换在变革型领导风格、员工工作重塑和工作幸福感之间的调节效应。

Bass 提出变革型领导理论，包括领导魅力、愿景激励、智力激发和个性化关怀四个维度（Bass, 1995）。李超平和时勘（2005）提出，中国情境下的变革型领导风格应该包括"德行垂范"这一不同于西方领导概念的特殊维度。变革型领导作为内涵基本相同的领导行为风格，具有跨文化的稳定性和区分性。与传统领导风格不同的是，变革型领导风格并不强调完全监管，而是赋予员工充分的信任和自主权（陈晨等，2015）。目前，针对内涵取向的不同，工作幸福感主要包括主观、心理和整合三种类型（彭怡，陈红，2010）。整合工作幸福感同时注重员工在工作情境下的情感状态和心理功能，是目前的研究热点。

以往研究结果证实，变革型领导风格对员工的工作满意感和工作投入存在积极影响，并可以通过激发工作动机提升工作幸福感（Fernet et al., 2015）。从内容结构上分析，变革型领导的四个维度对工作幸福感均存在积极作用。领导魅力使领导能够在组织利益与员工的健康幸福之间进行有效的平衡；愿景激励使领导鼓励员工从长远的角度出发来考虑问题，克服短暂的挫折；智力激发使领导帮助员工分析问题，突破现有思路和局限，以创新的方式来解决问题；而个性化关怀使领导能够根据员工的特异性情况赋予其具有个人意义的特别关注，特别是在中国背景下有助于领导与员工之间关系的塑造。这样的领导行为可以塑造一种舒适安全的工作氛围，使员工振奋自信，激发员工独立解决问题，使他们以更加积极的态度投入工作，去感受工作对自身和组织的共同意义，进而体验到工作幸福感。根据上述分析，本研究提出如下假设：

H1：变革型领导风格可以积极预测员工感知到的工作幸福感。

工作重塑是指员工自主地在认知、责任边界等方面改变对自身所承担工作任务的态度和要求，使自己的工作更好地与自身的能力、兴趣和价值观等保持一致，从而保持工作的挑战性和意义性。基于工作要求-资源理论，Tims 和 Bakker（2010）指出员工工作重塑是组织中的员工主动寻求工作资源支持、增加挑战性工作要求的主动行为，强调员工的自主能动性，而不是一味地接受领导的工作安排，结合自身的思考，以更高的要求对自身所承担的工作任务进行革新。有效的工作重塑会激发员工更大的意义感体验。而在本研究中，变革型领导的主要目标是鼓励员工进行自我管理，促进员工的独立思考和创造行为。此外，变革型领导通过向员工描绘出个性化的未来愿景，同时通过心理授权等方式表达出对员工的信任和期待，不断激发员工工作重塑的动机。另外，工作重塑的概念亦符合自我决定理论中个体对自主需要的追求，员工在工作中有效发挥自主性，基本需要在一定程度上得到满足，这些均会使个体在工作中感受到幸福感。后玉蓉等（2021）基于自我决定理论，分析了工作重塑通过增加员工对工作意义的感知进而提升工作幸福感，并对个体层面的人-岗匹配和组织层面的支持性人力资源实践进行了验证分析。员工工作重塑对个体在工作中感知到的幸福感具有积极效应。工作重塑可以使员工将个人的知识、能力、需求和偏好与工作结合起来，从而增强工作的意义，提升工作中的积极体验和满意度。此外，工作重塑能够使员工在工作要求和工作资源二者之间取得相对平衡，有助于员工获得积极感受，缓冲工作压力、工作倦怠和抑郁等消极感受。根据上述分析，本研究提出如下假设：

H2：员工工作重塑在变革型领导和工作幸福感之间存在中介效应。

变革型领导不仅需要考虑领导单方面的特质和行为，还要考虑领导者和员工双方的互动。根据社会交换理论，领导成员交换表征着员工在组织中与直属领导的互动行为以及在多次互动经验中形成的不同质量的社会关系（Khorakian & Sharifirad，2019）。如果员工对领导的行为产生积极回应，最后形成双方行为的互相依赖，那么一开始的互动关系就会发展成高质量关系并保持相对稳定（任孝鹏，王辉，2005）。另外，员工处于领导成员关系的圈内或圈外，会得到不同程度的资源（Martin et al.，2018）。由于变革型领导的情感资源和社会资源有限，不可能与不同的员工发展完全相同的领导成员交换关系，而是以员工角色承担为基础建立不同的交换关系。当员工基于不同的领导成员交换关系解读领导行为并作出行为反应时，领导成员交换可能会影响变革型领导行为的有效性。高质量的领导成员交换关系会使员工拥有更多来自领导的信任、资源和信息支持，也拥有更大的决策权力，从而激励员工承担风险，促进其工作重塑行为。这部分员工被领导归为"圈内人"，而领导对"圈外"员工的关注和支持相对较少。"圈内"与"圈外"的员工对应着不同质量的领导成员关系，低水平的领导成员交换关系会对变革型领导风格影响下的员工工作重塑产生削弱作用；反之，高水平的领导成员交换关系则会起到强化作用。以往研究证实，领导成员交换可以调节领导行为与工作满意感（王辉等，2009），在变革型领导与关系认同和创新行为之间存在调节作用（Jyoti & Bhau，2016）。张光磊等（2021）还从双重关注模型的角度出发，深入探索了不同性质的领导成员交换对员绩效的差异作用。根据上述分析，本研究提出如下假设：

H3：领导成员交换正向调节变革型领导风格影响下的员工工作重塑。

如前文所述，员工工作重塑可能在变革型领导与员工工作幸福感之间扮演中介角色，不同质量水平的领导成员交换可能会导致变革型领导对员工工作重塑的影响效果产生差异。本研究进而提出包含完整路径的有调节的中介假设，推断领导成员交换不仅能够在变革型领导影响员工工作重塑中起调节效果，还能够进一步影响对变革型领导工作幸福感的作用效果。根据上述分析，本研究提出如下假设：

H4：领导成员交换可以调节变革型领导通过工作重塑影响工作幸福感的中介效应。

也就是说，员工感知到的领导成员交换水平越高，变革型领导对员工工作重塑的正向作用越大，进而对员工工作幸福感的正向影响就越大。综上所述，本研究的理论假设模型如图 2-19 所示。

图 2-19 本研究的理论假设模型

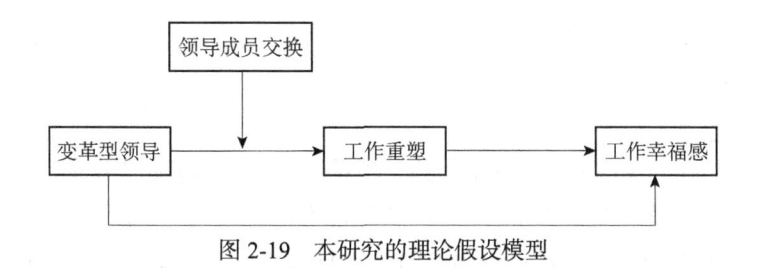

二、对象与方法

1. 对象

本研究在北京和山东的企事业单位进行调查，共发放问卷 1013 份，剔除无效问卷后，获得有效问卷 990 份。其中，男性 155 人，占 15.7%，女性 835 人，占 84.3%；被调查员工的年龄为 18—25 岁的有 134 人，占 13.5%，年龄为 26—30 岁的有 321 人，占 32.4%，年龄为 31—40 岁的有 343 人，占 34.6%，年龄为 41—50 岁的有 139 人，占 14%，年龄为 51—60 岁的有 53 人，占 5.4%；最高学历为大专的有 157 人，占 15.9%，本科的有 671 人，占 67.8%，硕士及以上的有 162 人，占 16.4%；普通员工有 886 人，占 89.5%，基层管理者有 50 人，占 5.1%，中层管理者有 54 人，占 5.5%。

2. 测量工具

（1）变革型领导量表

采用李超平和时勘（2005）编制的 26 项变革型领导量表，例题如"我的领导廉洁奉公，不图私利"（1="非常不同意"，5="非常同意"）。本研究中，该量表的 Cronbach's α 系数为 0.97，验证效度为 χ^2/df =5.86，GFI=0.94，NFI=0.93，CFI=0.94，TLI=0.95，RMSEA=0.08。

（2）工作重塑问卷

采用 Slemp 和 Vella-Brodrick（2013）编制的 15 项工作重塑问卷，根据评估群体的不同进行了人称上的改变，例题如"员工会主动地调整任务的类型或者范围以便更好地完成工作"（1="非常不同意"，5="非常同意"）。本研究中，该问卷的 Cronbach's α 系数为 0.94，验证效度为 χ^2/df =7.03，GFI=0.95，NFI=0.93，CFI=0.95，TLI=0.94，RMSEA=0.09。

（3）工作幸福感问卷

采用黄亮（2014）编制的 26 项工作幸福感问卷，例题如"在工作中，我的感受会被考虑"（1="非常不同意"，5="非常同意"）。本研究中，该问卷的 Cronbach's α系数为0.93，验证效度为χ^2/df=11.89，GFI=0.91，NFI=0.94，CFI=0.93，TLI=0.92，RMSEA=0.13。

（4）领导成员交换量表

采用Scandura和Graen（1984）的7项单维量表，例题如"我觉得我的领导对我工作上的问题及需要非常了解"（1="非常不符合"，6="非常符合"）。本研究中，该量表的Cronbach's α系数为0.91，验证效度为χ^2/df=14.35，GFI=0.93，NFI=0.92，CFI=0.92，TLI=0.91，RMSEA=0.16。

（5）数据统计与分析

本研究采用自评与他评相结合的方式，以进一步减少共同方法偏差问题的产生。员工方面，需要对领导者的变革型领导行为进行他评，并对领导成员交换、工作幸福感进行自评。领导者方面，需要对员工的工作重塑进行他评。在统计分析过程中，将性别、年龄、工作年限、受教育程度作为协变量。采用SPSS 24.0和Mplus 7.0软件进行数据处理和统计分析。

三、结果及分析

1. 共同方法偏差检验与区分效度检验

本研究采用Harman单因素分析法对数据进行主成分分析，结果显示，第一个主成分仅解释了31.83%的方差变异，因此本研究不存在严重的共同方法偏差问题。采用验证性因素分析考察变革型领导、工作重塑、工作幸福感、领导成员交换的区分效度，结果表明（表2-24），相比其他模型，四因素模型的拟合指数最优，因此上述变量的区分效度较好。

表2-24 验证性因素分析结果

类别	χ^2	df	χ^2/df	RMSEA	NFI	CFI	GFI	TLI
单因素模型	45187.27	2627	17.20	0.13	0.45	0.43	0.47	0.42
二因素模型	28336.42	2626	10.79	0.10	0.59	0.62	0.60	0.61
三因素模型	24980.22	2624	9.52	0.09	0.70	0.76	0.74	0.75
四因素模型	22541.68	2621	8.60	0.07	0.92	0.93	0.92	0.94

注：单因素模型：变革型领导+工作重塑+工作幸福感+领导成员交换；二因素模型：变革型领导，工作重塑+工作幸福感+领导成员交换；三因素模型：变革型领导，工作重塑，工作幸福感+领导成员交换；四因素模型：变革型领导，工作重塑，工作幸福感，领导成员交换

2. 描述性统计与相关分析

各变量的均值、标准差与相关系数如表 2-25 所示。结果表明，变革型领导与员工工作重塑呈显著正相关，变革型领导与工作幸福感呈显著正相关，工作重塑与工作幸福感呈显著正相关。此结果初步支持了本研究的基本假设。

表 2-25 各变量的均值、标准差与相关系数

变量	M	SD	1	2	3	4
1. 变革型领导	3.85	0.99	—			
2. 工作重塑	4.02	0.57	0.46**	—		
3. 工作幸福感	4.65	0.83	0.51**	0.72**	—	
4. 领导成员交换	4.33	0.95	0.72**	0.57**	0.68**	—

3. 工作重塑的中介效应检验

根据 Baron 和 Kenny (1986) 所提出的中介检验程序，考察工作重塑在模型中的中介效应。具体而言：首先，检验变革型领导对工作幸福感是否具有显著正向影响；其次，检验变革型领导对工作重塑是否具有显著正向影响；再次，检验工作重塑对工作幸福感是否具有显著正向影响；最后，如果上述 3 个条件都成立，则将变革型领导和工作重塑同时纳入回归方程，若变革型领导对工作幸福感的作用减弱或不再显著，则工作重塑具有中介作用。分析结果如表 2-26 所示。

表 2-26 中介效应层级回归结果

变量类型		工作重塑			工作幸福感		
		模型 1	模型 2	模型 3	模型 4	模型 5	模型 6
常量		4.01***	2.86***	4.61***	2.69***	2.37**	1.15***
控制变量	性别	−0.06	−0.03	−0.11	−0.07	−0.05	−0.04
	年龄	0.02	0.05	0.10**	0.14**	0.07**	0.10
	工作年限	0.01	0.01	0.01	−0.04	0.01	0.01
	受教育程度	0.01	0.01	−0.03	0.01	−0.04	−0.04
自变量	变革型领导		0.27***		0.44***		0.21***
中介变量	工作重塑					1.06***	0.89***
R^2		0.01**	0.22***	0.02**	0.29***	0.53***	0.58***
$-\Delta R^2$			0.21**		0.27***	0.52***	0.56***
F		1.07	54.91**	3.86**	79.87***	221.90***	222.66***

根据模型 1 检验结果，性别、年龄、工作年限、受教育程度均不会显著影响工作重塑。由模型 2 可知，变革型领导对工作重塑有显著正向影响。在模型 3 的基础上，将自变量变革型领导纳入回归方程中，得到模型 4，结果表明，变革型领导对工作幸福感具有显著正向影响，假设 H1 得到了支持。同样，模型 5 的回归结果表明，工作重塑对工作幸福感有显著正向影响。最后，考察变革型领导与工作重塑共同对工作幸福感的影响，模型 6 的回归结果表明，工作重塑对工作幸福感具有显著正向影响，且变革型领导对工作幸福感的预测作用减弱。结果表明，工作重塑在变革型领导与工作幸福感之间发挥着部分中介作用，假设 H2 得到了证实。

4. 领导成员交换的调节效应检验

在检验领导成员交换的调节作用之前，首先对变量进行中心化处理，然后采用层级回归法进行检验，见表 2-27 中的模型 3 检验结果。在控制主效应后，变革型领导与领导成员交换的交互项对工作重塑有显著影响，表明领导成员交换在变革型领导对工作重塑的影响中存在显著的调节作用。此外，从简单斜率图（图 2-20）中可以发现，在高领导成员交换水平的条件下，变革型领导行为对工作重塑的正向预测斜率比低领导成员交换水平下的斜率更大。由此，假设 H3 得到了验证。

表 2-27 领导成员交换的调节效应检验结果

变量类型		工作重塑		
		模型 1	模型 2	模型 3
常量		4.62***	4.47***	4.42***
控制变量	性别	−0.11	−0.07	−0.07
	年龄	0.10***	0.11***	0.11***
	工作年限	0.01	0.01	0.01
	受教育程度	−0.03	−0.02	−0.02
自变量	变革型领导		0.06*	0.08**
调节变量	领导成员交换		0.56***	0.55***
交互项	变革型领导×领导成员交换			0.06**
	R^2	0.02**	0.48***	0.49***
	$-\Delta R^2$		0.47***	0.01**
	F	3.86**	153.50***	134.76***

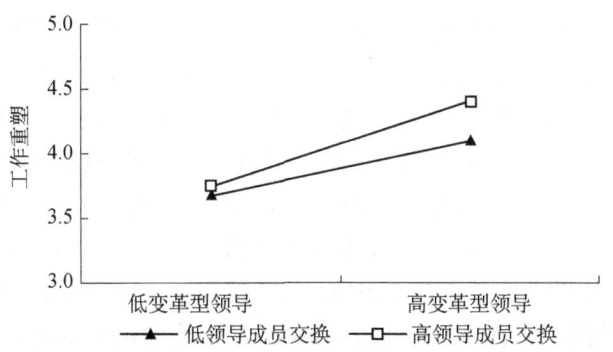

图 2-20 领导成员交换对变革型领导与工作重塑关系的简单调节效应图

将工作幸福感作为因变量，变革型领导作为自变量，工作重塑作为中介变量，领导成员交换作为调节变量，并纳入 4 个控制变量（即性别、年龄、工作年限、受教育程度），使用 PROCESS 程序中的模型 8，并设置重复抽样次数为 5000 次的 Bootstrap 检验，结果如表 2-28 所示。对于高领导成员交换的员工而言，变革型领导通过工作重塑对工作幸福感的间接效应相对较强，间接效应值为 0.110，95%CI 为[0.065，0.158]，不包含 0。对于低领导成员交换的员工而言，变革型领导通过工作重塑对工作幸福感的间接效应值为 0.021，95%CI 为[-0.023，0.064]，包含 0。这表明，领导成员交换质量越高，工作重塑在变革型领导与工作幸福感之间的中介作用就越强。因此，假设 H4 得到了验证。

表 2-28 有调节的中介效应检验结果

领导成员交换质量	间接效应	间接效应的 95%CI	
高领导成员交换	0.110	0.065	0.158
低领导成员交换	0.021	-0.023	0.064

四、讨论

1. 变革型领导对工作幸福感的直接作用

本研究表明，变革型领导对员工工作幸福感确实具有显著的正向影响。此结果和以往研究结果一致。员工的工作幸福感是一种积极的情感和态度，与工作绩效、组织承诺、组织公民行为等组织结果变量存在正相关关系，而且能够通过溢出效应提升幸福感（苏涛等，2018）。尽管已有研究探讨了变革型领导与员工幸福感之间的关系，但在理论和实践上聚焦于工作幸福感的研究相对较少。

本研究讨论了变革型领导和工作幸福观的关系，变革型领导激发了员工对于工作目标的思考，使其领悟到目标的价值与意义，从而实现远超预期的目标（Bass, 1995）。根据需要层次理论，个体需要为由基本性需要和成长性需要组成的多层次状态，变革型领导更多地通过激发员工的高层次需要起到驱动作用，这种高级需要更多地表现为内在的、成长性的、高价值感的特异性动机。个体的高层次需要得到满足以后，真正持久、深刻的工作幸福感就会随之而来，这也正是变革型领导刺激员工的关键所在。另外，基于员工视角，变革型领导通过对员工的价值激励，给员工提供大量的帮助，赋予员工充分的自主权，营造充满正能量的工作氛围，使员工对工作产生主动性，转变之前不恰当的认知评价，从而对工作产生积极的情绪体验，这也符合自我决定理论中个体自主需要的满足。据此，变革型领导行为模式可以有效提升员工的工作幸福感。

2. 工作重塑的中介作用

从认知心理学的角度来看，领导对员工的变革型领导行为并非直接对员工幸福感产生影响。变革型领导不仅仅是一种激励员工的管理手段，也是一种外部的调节行为，需要通过员工个体内部的认知加工，对员工的情感体验和行为发生影响。据此，本研究在探索变革型领导对员工工作幸福感的作用机制时，重点探讨了员工工作重塑在其中的中介作用。依照工作要求-资源理论的"双路径"假设，存在两条影响路径，即增益与损耗，它们均会对员工及其工作产生影响。工作幸福感被视作一种积极影响，主要起作用的是模型中的动机激励过程。工作重塑是个体通过对工作进行积极的重新建构从而获得工作资源的方式，是个体为了增强工作的意义，使工作更符合自身能力和兴趣的一种积极主动行为（Zhang, 2019）。由此可知，工作重塑能够帮助员工发现工作的价值和意义，这与变革型领导关注激励员工发现工作的价值和意义的作用具有一致性，区别在于变革型领导的立足点在于领导启发，而工作重塑的立足点在于个体自身主动对任务的认知重塑，可能还伴随着行为上的关系重塑。另外，工作重塑的价值重构和积极主动性质与工作幸福感的产生机制相一致。据此，在理论上，工作重塑是揭示变革型领导与员工工作幸福感之间关系的重要中介变量。已有研究对变革型领导、工作重塑和工作幸福感三者之间关系的探讨非常少，本研究的结果表明，变革型领导行为确实通过影响员工工作重塑进而提升了员工工作幸福感，拓展和丰富了三个变量之间关系的研究。具体来说，变革型领导可以通过改变员工的工作需求、自主权和社会支持等工作资源，从而影响员工应对工作的方式。当变革型领导行为真正对员工产生影响时，其通过促进员工工作重塑使员工发展出对于工作的正确主观认知以及稳固良好的情感体验，这样才能最终提升其工作幸福感。

3. 领导成员交换的调节效果

国际上有关变革型领导作用机制的研究非常丰富，国内也对中国情境下变革型领导的结构、内涵等有着不断深入的探索（李超平，时勘，2005；孟慧等，2013）。在总结有关中介变量的基础上，本研究提出了对变革型领导作用机制的理论解释，认为变革型领导是一个由内而外的从心理认知到社会关系、工作环境的整体过程。本研究对领导成员交换的调节作用的分析，本质上就是探索个体对自我和外界关键对象（例如，领导）之间社会关系的评价变化，以及这种领导成员交换评价的变化所产生的员工对领导布置任务的重新诠释与员工在工作中体会到的幸福感的影响。

在检验领导成员交换作用时，本研究特别考虑了中国文化背景的影响。我国作为一个紧密文化的国家（Gelfand et al.，2011），通过日常生活中社会规范的联结，维系着人与人、人与社会之间的社会关系。在具体工作情境中，特别是物质资源匮乏的状态下，正式或者非正式的人际关系往往在很大程度上通过心理影响对行为机制发挥调节作用。根据领导者-成员交换理论，领导者对待下属员工的方式存在一定区别。具体来说，领导者由于与不同下属成员的亲疏程度不同，逐渐发展出不同质量水平的领导成员交换。领导成员交换质量越佳，则该员工更容易被看作"圈内"成员，受到更多的关注与信赖，因此相较于其他成员可能享有更为丰富的工作资源，并且在和领导沟通交流时有着更为努力、积极的态度与行为，从而充分发挥自己的智慧与能力来完成工作任务。相较于目前已有的研究多从个体特质、认知评价的单向维度来探讨工作幸福感的提升，本研究基于领导成员交换理论，从领导与成员这一双向关系中寻求突破，发现了领导成员交换的调节作用，这表明变革型领导的效能会因组织内个体之间人际情境关系的质量高低而存在差异。

据此，本研究对领导成员交换在变革型领导与员工工作重塑之间的调节作用进行了实证检验，结果表明，变革型领导的作用确实会受到领导成员交换的影响：当员工主观体验到的领导成员交换质量处于一种较高水平时，变革型领导对员工工作重塑和工作幸福感的影响较大；相反，当员工体验到的领导成员交换质量处于较低水平时，员工工作重塑和工作幸福感受到变革型领导的影响较小。本研究将领导成员交换作为调节变量，探索了不同的领导成员交换水平对模型的影响，所获得的结果有助于理解变革型领导对员工工作重塑和工作幸福感发挥影响效应的边界条件。

4. 理论与实践的贡献

在理论意义上，第一，本研究探讨了变革型领导对员工工作幸福感的影响及作用机制，结果表明变革型领导对员工幸福感能够产生积极影响。该结论不仅证实了变革型领导是员工工作幸福感的重要前因变量，还从领导行为的角度扩展了变革型领导的影响后效。第二，本研究强调了员工工作重塑的因素发现，挖掘了变革型领导影响员工工作幸福感的认知机制。变革型领导行为作为员工感知到的外部激励的主要因素，通过员工内部工作重塑的认知加工，会进一步对员工的工作幸福感产生积极影响。这一结论丰富了组织行为学中变革型领导对员工工作幸福感的作用机制的探索。第三，在工作场景中，领导和员工之间的所有互动是建立在一定质量水平的领导成员交换关系上的。本研究发现变革型领导在组织中对员工工作幸福感的产生影响会受到领导成员交换关系的正向调节。本研究的结论丰富了对领导与成员之间人际互动因素在变革型领导影响员工工作幸福感的边界效应的探讨。

在实践贡献上，后来的企业实践发现，根据具体情境来实现变革型领导行为的作用机制，可以最大限度地激励员工和促进员工的工作重塑，使员工产生更大的工作投入，在实际工作中体验到工作幸福感，在这个过程中，员工对待工作的认知、态度和情感也会发生积极变化。

五、研究结论

首先，变革型领导对工作幸福感具有直接的正向影响。其次，工作重塑在变革型领导对工作幸福感的影响中起到部分中介作用。此外，领导成员交换在变革型领导和工作重塑之间起到正向调节作用，具体表现为，领导成员交换水平越高，变革型领导对工作重塑的正向影响越强。最后，变革型领导通过工作重塑影响工作幸福感，而领导成员交换正向调节了这一中介路径。领导成员交换水平高的员工会更主动地重塑工作，探寻工作内蕴含的价值，在工作中体验到更多的幸福感。

六、未来的研究方向

尽管本研究获得了一些重要发现，但是仍然存在一定的局限，需要在未来的研究中进一步完善。首先，由于时间的限制，被试的抽样方式基于横断面数据，还不能对因果关系作出更充分的解释，未来可以进一步收集一些纵向数据，如开展多阶段调查等加以补充。其次，未来还可以对于变革型领导各维度要素对工作幸福感的影响展开探索。再次，在控制变量的选取上，未来可以专门考虑伦理型领导、包容型领导等可能对员工工作幸福感产生显著影响的领导风格变量,并将其纳入模型控制变量的分析中,以进一步探究变革型领导解释量的变化。最后,本研究关于领导员工关系方面的探索属于组织层面的探索,较之过去研究中仅从心理授权等认知层面的探索有所推进,未来还可以从工作环境、组织文化层面探索变革型领导对工作幸福感的影响机制。

第三章

社区风险认知与民众情绪引导研究

第一节　社区民众的心理行为和情绪引导的总体进展[①]

本章介绍的是突发公共卫生事件期间社区民众的心理行为和情绪引导问题，这实际上是当今环境心理与危机决策领域至关重要的研究问题。在突发公共卫生事件出现时，课题组主要探索了民众对信息的风险认知现状以及政府的预防措施所呈现的社会凝聚力与共情式担当等状况，还探索了风险认知的地区差异与应对情况，从而揭示了当地民众与内生式情感治愈的关系，还探讨了经济困难群体、老年人群体和青少年群体的心理规律。在获得行为应对和情绪之间的相互关系后，课题组还开展了线上线下相结合的青少年逆境成长的实验探索，结果发现，青少年的心理健康问题不仅是突发公共卫生事件发生期间存在的问题，在今天的生活中，网络依赖、抑郁症状、心理痛苦和自伤行为仍然时有发生。为此，需要建立一套科学完善的心理筛查和危机干预系统，关键是做好心理健康辅导工作和对存在严重心理障碍个体的干预工作。

一、心理行为与情绪引导的理论依据

社区民众面对的风险信息分别为与自身关系密切的信息、患病信息、治愈信息和政府的预防措施。在全国调研中，我们根据 Slovic（1987）的理论编制风险认知问卷，对 Billings 和 Moos（1984）开发的积极应对行为问卷进行了修订，还增加了心理紧张度-情绪量表，用其测量调节变量，构建了突发公共卫生事件风险认知模型。此外，还考虑了民众情绪特征和组织污名化等因素，主要探讨风险信息中的正性信息（含变革型领导和合作型团队）与负性信息（含心理负荷和组织污名化），通过个体抗逆力和组织抗逆力等中介变量，对民众的风险认知、民众对各种风险事件的评判等方面的影响。本研究根据熟悉程度和可控程度来评判民众风险认知的水平高低，并增加了对民众风险认知后的情绪反应和应对行为的调查，还采用了积

[①] 本节作者：于海涛、时勘。

极应对和回避应对作为预测指标。总体来讲，本次调查系统包括风险认知、应对行为、情绪引导、变革型领导、组织污名化和抗逆力等因素，这就是前面提到的心理行为调查系统。确定好心理调查系统之后，我们主要进行风险认知与组织应对、青少年危机应对教育、贫困人群的心理关爱等的研究。最后，在以上研究的基础上，构建了管理决策的社会心理服务平台，以促进社会治理的现代化。

二、问卷调查的结构和主要内容

1. 问卷调查结构

本次社区民众问卷调查的结构如图 3-1 所示。

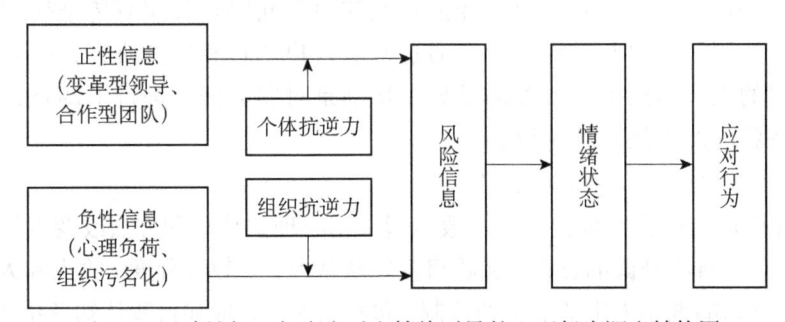

图 3-1　风险认知、行为应对和情绪引导的心理行为调查结构图

为了保护广大人民群众的根本利益，解决风险事件给人民群众带来的种种威胁，除了提升政府面对突发公共卫生事件的应对能力之外，更要引导民众在面对风险事件时有正向的应对行为和情绪管控，这就需要探究民众对突发公共卫生事件的风险认知、情绪表现和行为规律，通过探索民众的情绪引导规律，更好地了解民众情绪的发展变化趋势，这对于缓解民众情感焦虑、维护突发公共卫生事件期间的社会安定有重要实践意义。

2. 主要的研究内容

本研究以突发公共卫生事件为切入点，探究不同群体的行为应对和情绪引导的特点、表现方式，揭示影响不同群体行为应对和情绪引导的因素，特别是了解行为应对和情绪之间的交互关系，考察引导民众情绪的各种方法的有效性。具体包括如下子研究。

（1）环境心理与危机决策研究

课题组基于一系列环境心理与管理决策研究发现，首先通过风险认知探索，形成了有关风险认知的社会心理预测模型，并根据其应用成果为政府管理决策提供了多项对策建议。此外，在"心理台风眼"效应、组织污名化方面，课题组在国际合作的基础上，发现在进行管理决策时，要关注污名行为的社会生态与个体心态的紧密联系，并且在松紧文化规律的探索上作出了贡献。在铸牢中华民族共同体意识方面，课题组希望心理学研究者团结一心，运用社会结构系统联动效应齐心协力，为人类命运共同体建设作出贡献。

（2）弱势群体的经济状况与引导方法

课题组采用问卷调查和文献回溯技术，考察突发公共卫生事件背景下老、弱、病、残等弱势群体的社交网络对其行为的影响，以及不同时期弱势群体网络行为和应对情绪的关系，特别是通过跨文化比较研究，探讨了健康和财务状况与应对行为的相互影响。其中，课题组与加拿大学者共同开展了一项大规模的调查，探讨个体的健康状况和经济状况如何共同影响其应对传染病的信心，以及随后的积极应对和放弃行为，通过开展入户调查和田野研究，探索了不同社会阶层的人在情绪引导方面的差异，特别是对弱势群体进行了调查，给出了改善经济状况的可操作性建议。

（3）社区老年人心理调适工作

心理调适也称为心理调节，一般是指采用心理学技巧和方法改变老年人的心理活动，促进身心健康的过程。课题组主要从基因、受教育程度、收入和人格特质出发，探索影响老年人生活决策的机制，包括情绪、心境和自我认知评价等，使得个体在自愿条件下作出与追求幸福有关的行为，包括良好的人际关系、自控力和做出积极参与工作、锻炼等行为。幸福引擎模型分为输入（inputs）、过程（process）和结果（outcomes）三部分。幸福引擎模型可以体现社区老年人与其他群体的互动关系，进而通过内部心理过程来影响老年人的主动健康行为。

（4）学生危机应对教育研究

课题组从实证角度考察了大学生存在意义与抗逆力的关系，并探讨了社会支持的中介作用以及情绪智力和父母凝聚力的调节作用。并采用问卷调查法、实验法探究了学生群体的行为应对和情绪发展的关系，验证了各种教育形式的效果，以提高学生危机应对的有效性。

（5）学生心理筛查与危机干预

以习近平同志为核心的党中央特别关心学生心理健康问题，教育部等17部门印发了《全面加强和改进新时代学生心理健康工作专项行动计划（2023—2025年）》，提出要建立健康教育、监测预警、咨询服务和干预处置"四位一体"的学生心理健康工作体系，要加强心理健康监测，建立"一生一策"心理健康档案，分类制定心理健康教育方案，要就强化应急心理援助，有效安抚、疏导和干预等方面开展工作。课题组借助问卷星，采用网络调查法，重点对某高校近万名大学生开展了心理筛查和危机干预工作，取得了明显的成效，有关工作还在进行中。

三、当前研究进展

社区民众的心理行为和情绪引导涉及多项研究，在研究的理论发现和实践方面，主要取得了如下重要进展。

1. 环境心理与危机决策的理论探索

首先，通过风险认知探索发现，我国民众在风险认知、行为应对和情绪干预方面呈现出独特的规律，据此课题组形成了有关风险认知的社会心理预测模型，并根据其应用成果为政府管理决策提供了多项对策建议。其次，通过对"心理台风眼"效应的研究发现，"心理台风眼"效应的出现与民众是否亲历风险后果、心理承受阈限及心理变量的特征有关，特别是发现"心理台风眼"效应的分析离不开生态场域下的主观能动性与民众个体的心态。再次，通过对松紧文化的深层次探索发现，这是一种理解中国社会和组织结构的新角度。以文化生态氛围与社会建构来呈现文化基因下的生态涵化，是未来环境心理与危机决策领域可以深化的研究内容。还需要强调的是，2020年3月27日，《科学》(*Science*)杂志刊发了一篇社论，期望全球科学界携手开启"曼哈顿多边合作计划"。为此，笔者在国际心理学界提出全球范围的合作计划，希望共同促进基于人类命运共同体意识的跨文化心理学研究。我们再次呼吁，全世界心理学研究者团结一心，坚守人类命运共同体理念，关注共生心理场建构，运用社会结构系统联动效应，齐心协力，为应对各种危机事件作出新的贡献。

2. 突发公共卫生事件期间弱势群体的应对行为研究

在跨文化的比较研究中，课题组与加拿大心理学家合作，通过对个体自我报告的健康和财务状况的分析，探查这些因素对贫困人员的综合影响，进而确定受突发公共卫生事件限制的不合规人群的现状，结果显示，经济状况较差的人更有可能放弃应对突发公共卫生事件。本研究探讨了个人收入和健康状况等公共卫生行为的驱动因素，认为公共卫生管理者应该明确，缺乏财政资源是民众放弃积极应对努力的关键要素。弱势群体积极应对行为的减少和放弃倾向的增大主要是由于其缺乏应对危机的经济资源。因此，公共卫生管理者可以利用经济激励措施，为那些需要财政支持的弱势群体提供应对困难的支持。调查结果表明，在这一时期，弱势群体大多生活在密集和拥挤的社区，这样的环境大大地助长了病毒传播。

在城市化进程中，一部分人从农村转移到城市，生活在拥挤的环境中，造成了更大的传播风险。研究结果还表明，健康群体可能无意中对社区中更脆弱的群体构成威胁，主要原因在于他们因所从事的工作类型的不同而难以理解弱势群体。因此，社区管理者可以将财政救助工作更精确地集中于弱势群体，使他们远离有风险的物理工作环境。最后，政策制定者和公共卫生官员需要采取惩罚性措施，使违反限制措施的人改变行为。本研究结果表明，直接解决财务水平较低的人的收入问题，包括提供适当的补贴，比其他策略更有效。这些发现对于今天的社区管理决策依然有重要的参考价值。

3. 老年人健康促进的心理调适技术

在社区心理行为和情绪引导工作中，专门针对老年人的心理调适应用了如下新技术和新手段。第一，针对失智老人的培训和康复训练。失智是严重威胁老年人身心健康的精神疾病。随着人口老龄化，失智患病率逐渐升高，失智给家庭和社会带来了巨大的经济负担，但当前对失智问题尚无特效治疗方法。早期采取的预防和干预措施能够延缓或推迟失智的发生。课题组举办多次专家论证后，基于取得的脑科学实证研究成果，在上海市静安区开展认知功能训练、有氧训练、情绪管理和放松训练等针对失智老人康复的主题活动，帮助7000多名失智老人构筑了社会支持系统，促进了失智老年人的心理康复。第二，呼吸和睡眠训练。呼吸和睡眠质量可以影响各年龄人群的身心健康。睡眠呼吸疾病的具体表现是睡眠打鼾、反复呼吸暂停、夜间反复憋醒、血压升高、心绞痛、心律失常，严重者甚至夜间猝死。积极开展睡眠呼吸疾病的临床工作，对于提高国民健康水平和生活质量意义重大。呼吸和睡眠训练活动已经在北京、上海等地投入使用，以提升老年人的呼吸与睡眠质量。第三，死亡应对与临终精神关怀。晚期癌症患者除了要忍受疾病带来的痛苦，还要适应疾病所造成的角色转换。晚期癌症患者面临的最大挑战是如何走向死亡。死亡应对与临终精神关怀旨在提供舒适的物质条件来减轻患者的疼痛，增加中医药参与的舒缓疗护，提供安宁护理方法指导。我们已经在多个地区的生理关怀的基础上，建立起心理关怀与精神关怀的整合模式。第四，丧亲人群的哀伤辅导。丧亲对个体的影响是非常大的，而实际的社会支持不仅能够缓解丧亲的悲痛，也能够对丧亲适应产生直接或间接的影响。对社区中丧亲老年人的哀伤辅导可以有效改善这一群体的心理健康状况，缓解他们的无助、恐惧等负面情绪，并帮助他们重新投入生活。课题组从多学科整合的视角出发，探究了心理调适技术的新方法和新手段，并对运用效果进行了评估，从社会层面来提升社区民众的健康水平。

4. 学生心理筛查与危机干预研究

当前，加强青少年心理健康教育已成为全社会的共识，为此，课题组提出了"心理筛查三级干预系统"的构想，并在此基础上编制了包含心理应对、网络依赖、特质焦虑、压力反应、抑郁症状、心理痛苦、自我伤害和组织健康等八因素的调查模型。在本次大学生心理筛查与危机干预的研究中，课题组选择了河南省某高校为实验单位进行实验工作。初期的调研结果表明，需要对所有人员进行心理健康教育辅导活动，对于处于二级干预状态的学生，需要展开一些针对性的辅导，而对于处于三级干预状态有心理痛苦和自伤自杀行为的学生，还需要专门采用"一对一"的心理陪护工作，并采用针对性的危机干预措施。在进行了5个月的追踪之后，课题组对该校学生再次进行了三级干预模型成效的调查，获得了后期调查结果，对于处于三级干预状态的各类型人员的人数和心理特征状况变化进行比较分析，结果表明课题组采用的分类别的心理辅导和干预工作取得了突破性进展。课题组还将在完善心理筛查与危机干预模式的基础上，在中小学全面展开此项工作。

四、未来展望

本章以中华民族共同体意识与民众应对突发公共卫生事件的交互关系研究作为切入点，介绍了社区环境心理与危机决策、弱势群体的引导方法、老年人的心理调适以及学生心理健康筛查与危机干预的研究和实践工作，达到了预期目标。在下一步工作中，可以继续开展如下工作。

在环境心理与危机决策方面，全球各地也不可避免地会有地震灾害，还涉及核污染等问题，此外全球化的气候变化也要求在生态文明建设教育中，让广大民众有大局和长远意识，做好环境综合治理工作。

在弱势群体的经济状况与引导方面，目前进行的生态文明建设也涉及乡村发展战略问题。我国不发达地区要实现致富，仅靠政府单方面的努力显然是不够的。本次跨文化比较的结果也告诉我们，困难人员的心理状态至关重要，因此需要增强他们的致富动机，以使其共同参与城市建设和乡村发展。

在老年人的心理调适工作方面，很多心理调适技术已经在全国健康型组织的示范基地推广。在未来的社会心理服务体系建设中，社会各界，特别是专家队伍需要主动参与支持老年人的心理辅导工作，这样方能将辅导活动持久地开展下去。未来，研究者可从多学科视角出发，探究心理调适技术的新方法和新手段。

在学生危机应对教育方面，除了要解决学生在公共卫生事件中的心理弹性问题之外，培养学生的审辨性思维、核心胜任特征的心理品质也尤为重要。特别是如何将自适应学习等情境探索模式应用于大、中、小学生的学习活动中，也是未来需要探索的问题。

在学生心理筛查与危机干预方面，心理筛查与危机干预工作正在全国各实验学校开展，课题组已经积累了一些经验。由于是借助问卷星平台实施的网络调查，实施难度不是很大，关键在于要在调查过程中做好组织工作。未来的难点在于，需要进一步完善测量系统，还需要在中小学和成人中检验危机干预方案的效果。

第二节 突发公共卫生事件下我国社区民众的心理应对研究[1]

本研究分析了我国应对突发公共卫生事件取得阶段性胜利的全过程，通过对民众进行风险认知调查，发现死亡人数与自身关系密切的信息对风险认知的影响最大，社区民众存在心理台风眼效应与组织污名化现象，课题组对此提出的引导策略产生了成效。松紧文化对领导行为的影响研究结果表明，"松"或"紧"文化对突发公共卫生事件发生的不同阶段的权变决策存在不同的作用，要关注权变领导对创新行为的影响。本研究对于农村困难群体的入户调查拓展了对困难成因的认识。另外，本研究开展的青少年抗逆成长的实验也取得了明显的成效。建议未来加强松紧文化对领导行为的权变研究，深入探索乡村人口内生动力的形成规律，并探索不同群体的应急管理培训规律，为社区提供更加科学完善的动态监测系统。

人类历史上曾暴发过数次严重的流行疾病，如西班牙流感、SARS、中东呼吸综合征和埃博拉出血热，但突袭而至的新冠肺炎疫情则更为严重、持续时间更长，并在全球200多个国家和地区传播，造成了重大的社会和经济损失。本研究将通过一系列调查研究，揭示民众应对突发公共卫生事件的心理行为特征，以为民众的心

---

[1] 本节作者：时勘、李晓琼、宋旭东、覃馨慧、焦松明、王译锋、杨雪琪、李秉哲、周海明。

理健康、应对策略的社会治理提供心理学依据。还将对社区民众心理行为调查进行系统梳理与再分析，希望对社区管理工作的开展有所助益。

一、突发公共卫生事件下社区民众的风险认知研究

1. 研究背景

突发公共卫生事件首先引发的是公众的风险信息感知。风险认知是指公众倾向于依赖个人主观直觉判断对情境中的各种危险事物进行认知评估，这在人类的自我保护和社会行为中发挥着重要作用（Cho & Lee，2006）。根据 Slovic 的心理计量学范式，风险认知主要包括两个维度：① "恐惧"，反映了感知到的缺乏控制和灾难性潜力；② "未知风险"，指的是不可观察的危险（Peters & Slovic，1996；Siegrist et al.，2005）。流行疾病暴发会激发这两个方面，使人们感受到明显的威胁。在 SARS 期间，时勘和胡卫鹏曾对民众的风险认知特点进行了研究，结果发现，在传染病高发期，民众的风险认知多集中在传染病本身是否可控方面，对负性信息的认知能够提高民众的风险认知能力；在传染病流行后期，民众的风险认知集中在传染性方面，对于媒体发布的信息感知相对理性（时勘，胡卫鹏，2004）。

2. 研究结果及分析

本研究采用传染病信息感知问卷，对来自各省份的 2144 名民众进行了调查。该问卷有四个维度，分别为患病信息、治愈信息、与自身关系密切的信息和政府的防范措施。总量表的 Cronbach's α 系数为 0.95。还采用风险认知评估问卷，分别从熟悉程度和控制程度方面进行了调查。该问卷采用利克特 5 点计分法，总问卷的 Cronbach's α 系数为 0.81。此次调查也考察了社区民众对传染病风险认知的总特点。结果发现：民众对于传染病的传播途径和传染性最为熟悉，与以往灾难应对相比，传染病预防措施和效果的可控性较强。

从调查获得的风险认知地图（即图 2-3）来看，民众的风险信息感知特点为：民众的承受程度处于比较熟悉和可以控制的一端，这说明我国政府的干预措施以及相关政策得到了民众的认可；但民众对于"愈后对身体的影响"和"愈后有无传染性"等因素的认识还比较陌生，容易产生恐慌情绪。与以往研究进行对比后发现，社区民众对突发公共卫生事件的总体承受能力已经表现为较能承受，这对政府掌握和预测社区民众的心理与行为、制定有效应对政策有一定的借鉴意义。

3. 心理台风眼效应研究

（1）研究背景

Gilovich 等（2000）在一项研究中发现了一种非常特殊的区域感知风险现象——"台风眼"效应。它是指处于风险事件中心的群体对风险事件的感知程度往往低于周边地区民众的感知程度。国内研究人员在 SARS 期间也在公众风险认知调查中初步得出了类似结果，即处在中心地区的民众风险知觉程度不高，而处在不严重地区的民众的风险知觉程度反而较高，类似现象也在地震风险知觉的研究中得到了确认（Li et al., 2009）。研究认为，心理台风眼效应使得非当地民众的焦虑心理、从众行为水平均显著高于当地民众，非当地民众的心理恐慌也比当地民众更为严重。

（2）本次调查结果及分析

课题组对湖北和新疆、西藏地区的调查数据进行了对比分析（图 3-2），发现湖北地区民众对传染病的控制程度显著高于新疆、西藏等地区的民众（r=-3.31，p=0.001），而在熟悉程度方面没有显著差异（r=-0.70，p=0.491）。湖北地区民众在经历 2 个月左右的隔离后，民众容易产生麻木心态，当看到治愈人数快速增加时，会产生盲目乐观的心态，在此效应下，真实情况容易被掩盖（焦松明等，2020；Zhang et al., 2020）。而在远离湖北的新疆、西藏地区，人们接收到的信息与事实不对称，民众掌握的风险信息有限，引起了更大的恐慌（Forsell et al., 2019）。民众一般对危险的气氛更敏感，恐惧可能激活长期记忆，让人们更长时间地记住不良事物（Rafiq et al., 2020），由此产生负面情绪，如紧张、恐惧、焦虑等。本次调查结果进一步证实了心理台风眼效应的存在。依据心理台风眼效应进行宣传教育，以引导民众理性地看待问题，这对于不同地区民众的心态调整和应对行为都会产生正面作用。

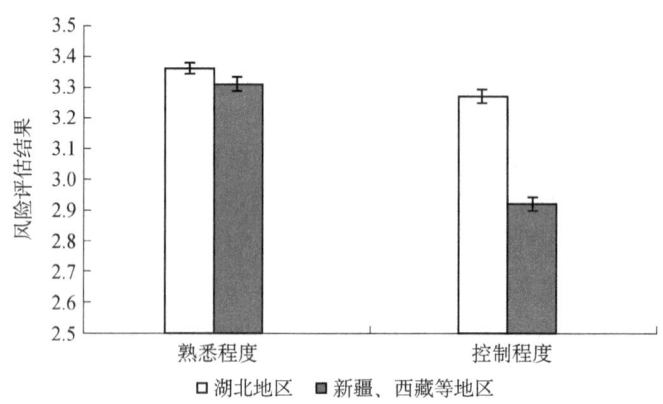

图 3-2　不同地区民众对信息风险评估的差异比较

4. 组织污名化研究

（1）研究背景

污名化是指个体被迫拥有破损身份，并在社会群体中逐渐丧失社会信誉和社会价值，遭受排斥性社会回应的过程（张爱军，王子睿，2020）。Crandall（1991）的研究表明，疾病特征（如严重程度和传染性）可能导致污名化。那么，不同国家和地区对于采取强制性措施的态度如何呢？这里需要从两个方面来考量：一方面不同国家和地区的民众对待这种强制性防范措施的态度不同；另一方面民众对于传染病严重地区的人们的组织污名化存在差异。对于民众这方面风险认知特征的获取，可为社区治理提供专门的对策建议。

由于文化差异和制度原因，西方倡导个人自由的国家往往疏于传染病管控，难以采取严密的自我防护和社会管控措施，因此，病毒会加速传播；而在东亚等国家和地区，由于在突发公共卫生事件发生初期实现了较好的控制，避免了突发公共卫生事件迅速传播，这方面以我国的管控效果尤为明显。调查结果表明，西方某些国家的民众会出现对亚裔人采取防范措施的歧视行为。那么，在国内，民众对待突发公共卫生事件发生地区的人士是否也存在排斥行为呢？甚至对于参与风险管理的医护人员、志愿者等具有鲜明社会身份的人员，民众是否有可能拒绝他们进入社区呢？课题组对以上问题进行了专题调查。基于以往研究及风险事件下行为应对与污名的相关理论，本研究以负性情绪为中介变量，以组织污名化为调节变量，了解民众风险认知熟悉度、应对方式和组织污名化之间的关系，以引导社区民众在风险事件下的情绪与行为。

（2）调查结果及分析

针对传染病污名化的典型行为，课题组在2008年污名化研究的基础上，构建了测量突发公共卫生事件污名化的调查量表，结合传染病具体情况加以改编后，编制了12个题目，采用利克特5点计分法，1代表"非常不同意"，5代表"非常同意"。本研究中，该量表的Cronbach's α 系数为0.91。

首先，本研究对风险认知熟悉度、积极应对方式、负性情绪和组织污名化进行了相关分析。结果显示，风险认知熟悉度与民众的积极应对行为呈显著正相关（$r=0.44$，$p<0.01$），与负性情绪呈显著负相关（$r=-0.07$，$p<0.05$）；积极应对方式与负性情绪呈显著负相关（$r=-0.07$，$p<0.05$），与组织污名化呈显著负相关（$r=-0.08$，$p<0.01$）；负性情绪与组织污名化呈显著正相关（$r=0.35$，$p<0.001$）。其次，采用Hayes开发的SPSS宏程序PROCESS来分析组织污名化对风险认知熟悉度和负性情绪的调节作用，以及对负性情绪中介效应的调节作用，调查结果如图3-3所示。

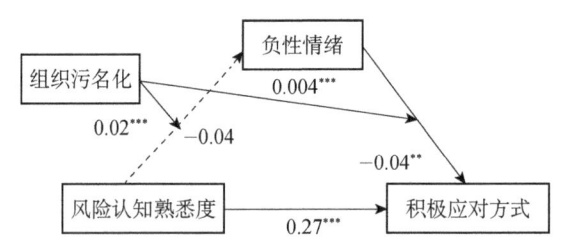

图 3-3　负性情绪的中介作用以及组织污名化的调节作用模型

注：虚线表示路径系数不显著

分析结果显示，回归模型中风险认知熟悉度与组织污名化的交互作用对负性情绪的影响达到显著水平（$\beta=0.02$，$p<0.001$），负性情绪与组织污名化的交互作用对积极应对方式的影响也达到显著水平（$\beta=0.004$，$p<0.001$）。本研究还进一步检验了组织污名化对负性情绪中介效应的调节作用，结果发现，当组织污名化程度较高时，风险认知熟悉度通过负性情绪作用于积极应对方式的间接效应并不显著（95%CI 为[−0.007，0.002]，包含 0）；当组织污名化程度较低时，风险认知熟悉度通过负性情绪作用于积极应对方式的间接效应显著（95%CI 为[0.003，0.029]，不包含 0）。所以，进行"去污名化"是非常必要的，政府及有关部门应在民众形成污名化之前采取相关措施。据此，建议社区管理部门通过调节民众的负性情绪来促进其对传染病的积极应对态度，以避免某些民众面临"天灾"和"人祸"的双重困境。课题组直接将这些调研结果反馈给各地卫生健康委员会，通过相关地方政府文件的发布，告知不同疫区的民众应树立正确的态度，抵制污名化的消极影响。我们还通过当地使馆向国外华人就如何应对组织污名化等问题提出了相应的建议。总之，有关组织污名化的研究结果和对策建议，对社区民众应对污名化的心理现象具有积极的作用。

二、社区心理学近期研究及发展趋势

在社区工作进入传染病后期阶段，急需对新时期的领导风格、职业群体在后期的职业适应规律进行探索，以便为企业、乡村、社区的民众和青少年学生的胜任特征培养与成长评估工作提供心理学依据。

1. 紧密文化和宽松文化的比较研究

2011 年，Gelfand 等在《科学》杂志上发表了名为 "Differences between tight and loose cultures: A 33-nation study" 的论文，首次提出了将文化松紧性作为对现代国家和社会进行文化维度划分的标准。Gelfand 等以社会规范的强度和对偏差行为的容忍度来定义"松紧文化"的概念。为此，本研究从松紧文化的宏观国家层面和微观个体层面出发,分析了我国民众在突发公共卫生事件期间的心理行为状态,并且在传染病的不同时期对文化的"紧"与"松"进行了对比。

本研究具体探索了不同时期"紧"策略与"松"策略的效果差异,在控制了性别、年龄因素之后,对有调节的中介模型进行了检验。结果表明(图3-4、图3-5),松紧文化与变革型领导行为的交互项对创新行为及团队成员关系的预测作用均显著(创新行为:B=0.03,t=2.07,p<0.05;团队成员关系:B=0.04,t=1.97,p<0.05)。进一步的简单斜率分析表明,松紧文化不仅能够在变革型领导对团队成员关系的影响中起调节作用,而且能够调节变革型领导对创新行为的预测作用。在公共卫生事件后期,领导者在企业复工复产中若表现出宽松文化的变革型领导行为,将在很大程度上促进企业员工的创新行为。本研究还发现,团队成员关系在变革型领导对创新行为的影响过程中也起到了促进作用,变革型领导可在团队层面影响创新行为,团队成员关系在其中起中介作用。由此可见,在传染病后期,采用宽松的文化策略,更能促进团队的人际关系,进而激发个体的创新行为。

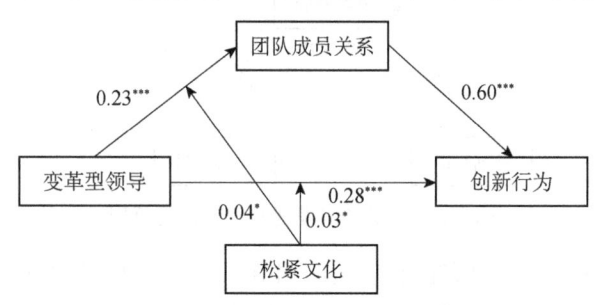

图3-4 松紧文化的调节作用模型

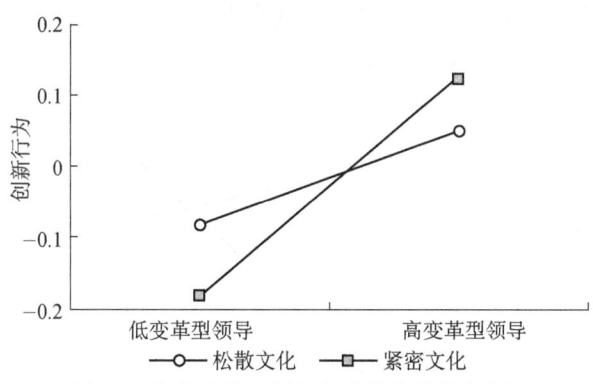

图3-5 松紧文化对创新行为的简单斜率分析

2. 乡村振兴的心理学研究

中共中央、国务院印发的《中共中央 国务院关于实现巩固拓展脱贫攻坚成果同乡村振兴有效衔接的意见》明确提出,在巩固脱贫攻坚成果的基础上,把工作重点转移到乡村振兴工作上来。本研究从心理学角度探索了如何通过"扶志扶智"来助力乡村振兴。对于扶贫问题,心理学界大多是基于贫困文化理论来解释贫困的成因的(徐富明,李欧,2017),也有探讨脱贫内生动力的机制问题的。但是,针对困难群体致富动机的实证研究却较少,而且缺乏统一的测量标准。在突发公共卫生事件尚未完全解决的背景下,生活危机和风险威胁仍然发挥着重要作用。2020年7月下旬,课题组在六盘水地区开展了边缘地区的入户调查,探索了困难群众的"相对贫困"问题。调查结果验证了一个有调节的中介模型(图3-6),揭示了困难群体在突发公共卫生事件影响下的心理变化。研究发现,突发公共卫生事件导致困难群众的各类生活计划被打断,并通过风险威胁影响其致富动机,风险威胁与客观贫困程度的交互项对致富动机的预测作用显著($B=-0.15$,$t=-3.38$,$p<0.01$)。

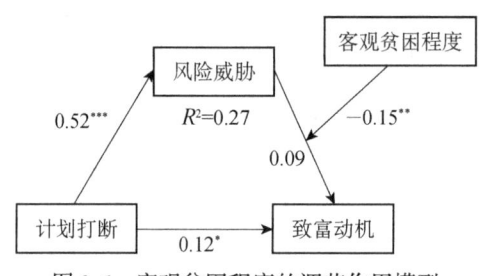

图 3-6 客观贫困程度的调节作用模型

研究结果还表明,客观贫困程度负向调节了风险威胁对困难群体致富动机的影响。客观贫困程度的中介效应分析显示,当困难群体处于较低生活水平时,风险威胁对致富动机的预测作用显著,而随着生活水平的提高,风险威胁对致富动机的预测作用逐渐变得不显著,根据这一结果,本研究绘制出了简单斜率分析图(图3-7)。

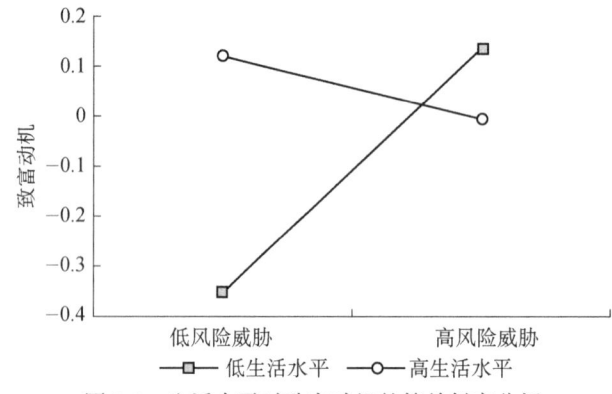

图 3-7 生活水平对致富动机的简单斜率分析

结果表明，对于生活较为困难的群体，风险威胁对其致富动机的影响较大，而对于生活境况较好的群体，风险威胁对其致富动机的影响不显著。研究结果还表明，生活困难群体由于自身收入水平限制，无法在平时有足够多的储蓄。故而突发公共卫生事件发生时，计划被打断（尤其是工作被打断）会导致其收入来源受到影响，因此会感到更大的风险威胁，这将进一步降低其改善生活水平的致富动机。这些研究结果为开展心理脱贫辅导与乡村振兴提供了新的依据。

3. 民众应对传染病的抗逆成长研究

青少年的"核心素养"是 21 世纪初世界各国对于未来社会变革尤为关注的问题之一。2020 年，中共中央、国务院印发的《深化新时代教育评价改革总体方案》中指出，"坚持科学有效，改进结果评价，强化过程评价，探索增值评价，健全综合评价，充分利用信息技术，提高教育评价的科学性、专业性、客观性"。时勘等（2020）在吸收林崇德教授的六大核心素养的框架和谢小庆教授的审辩式思维的基础上，提出了强化国家认同、民族自信等元素的八项核心胜任特征。突袭而至的公共卫生事件对青少年胜任特征的发展，特别是创伤后成长能力带来了新的挑战。本研究对青少年群体的危机应对的认知特征、行为反应和创伤后恢复成长进行了现状调查，发现了对于青少年抗逆成长的特殊要求。在此基础上，本研究探索了青少年核心素养的短板特征，并制定了新的培训方案。此后，课题组开展了青少年核心胜任特征模型及其成长评估的实验研究，采用专门开发的核心胜任特征测试问卷检验了干预培训效果，结果发现（表 3-1），实验组得分显著高于控制组得分。与研究对象自身的前测得分相比较，实验干预培训后的测试得分显著更高。通过 SGP（student growth percentile，学生成长百分等级）模型分析，实验组在第二次施测中的进步更加明显，实验组在经过培训干预后，大多数人（58.1%）取得了显著进步，而控制组的进步程度要显著低于实验组，由此，干预培训效果得到了验证。

表 3-1　实验组与控制组核心胜任特征前后测 t 检验及 SGP 模型分析

组别	类型	平均值	平均差值	标准差	t	SGP 模型分析（N＆R）	
实验组	前测	23.16	−4.49	4.26	−4.15***	SGP≤50	13（41.9%）
	后测	27.65		5.52		SGP≥50	18（58.1%）
控制组	前测	25.19	1.19	2.04	5.32***	SGP≤50	27（87.1%）
	后测	24.00		2.21		SGP≥50	4（12.9%）

注：N 代表 SGP 值大于等于或者小于等于 50 的人数，R 代表相应人数所占的比例

本研究认为，在突发公共卫生事件期间，对青少年群体核心胜任特征进行培训有助于其创伤后成长。青少年核心胜任特征模型的成长百分等级模型符合教育评估规律，对于健全综合考核评价也有重要的理论意义和实践价值。

三、社区心理学研究未来展望

未来，将以多维度、多水平、多取向的角度开展社区治理和社区心理研究。首先，社区心理学研究中所探讨的"紧"与"松"的管理策略不应该是一成不变的，本研究将松紧文化因素纳入对领导行为变量的权变考量中，致力于探索能最大限度发挥管理效能的规律。在前传染病时代，文化越倾向于紧密，个体的积极应对行为就越多。今后，还将系统探索松紧文化和变革型领导的各结构要素的权变影响，通过揭示松紧文化的独特规律来指导城市建设，从全新角度探索社区心理学和社会心理服务体系建设的理论及方法。

其次，社区心理学的未来研究还可进一步服务于乡村振兴。本研究已经探索了乡村地区生活困难群体在突发公共卫生事件中的致富动机等心理机制，未来可以针对心理健康素质、核心胜任特征的提升方法等进行研究。这是因为，一方面，只有提高乡村人口的内生动力和职业技能，才能为发展好当地特色产业提供人力资源支持，才能彻底拔掉"穷根"，实现有尊严、可持续地致富，并预防返贫现象，巩固脱贫成果；另一方面，通过调整贫困人口脱贫后的心理落差，化解其心理矛盾，帮助乡村民众树立积极向上的价值观，增强脱贫人员的致富动机，达到破除城乡在空间、经济、社会、基础设施、公共服务生态环境等方面的二元对立关系，助力城乡产业融合发展。

再次，随着中国城市化进程的不断加速，社区的规模也随之发展壮大，社区的组织结构与人群结构更加复杂。在已有研究的基础上，研究者需要针对社区青少年学生、企事业职工和中老年民众的差异特点，制定应急管理培训规划，使社区培训系统更加完善，以利于社区居民形成更加紧密合作的关系。

最后，数字经济时代的到来改变着社区居民对客观世界的认知特征和行为方式，也影响着不同群体之间的互动模式。我们建议积极引入大数据技术，推动和优化社会治理，提升政府、企业、医院、社区和学校的整体应急管理能力，为国家、地方各级政府和社区提供科学完善的动态监测系统，并将公众风险认知、行为规律及情绪引导研究提高到一个新的水平。

第三节 民众对突发公共卫生事件的风险认知、心理状态与行为变化的关系研究[①]

本研究探讨了民众对突发公共卫生事件的风险认知、心理状态与行为变化的相互关系，特别是心理弹性的中介作用。课题组采用改编的社会心理调查问卷和心理弹性量表，对民众风险认知、心理弹性、心理状态和行为变化进行了调查，采用SPSS和Mplus软件进行统计分析。结构方程模型分析结果显示，心理弹性在民众的风险认知、心理状态与回避性行为变化之间起完全中介作用，在民众的风险认知和积极行为变化之间起部分中介作用。研究结果表明，民众的风险认知可通过心理弹性间接影响心理状态，从而产生积极的行为变化。

风险认知是民众对风险源所携带的风险的个人主观判断，受风险认知不确定等因素的影响，民众会表现出不同的心理状态，如难过失望、积极乐观、焦虑恐惧和恐慌无助等，由此会产生不同的行为变化，如减少外出，或者散播恐慌谣言、祈求神灵保佑、暴饮暴食、回避与人交流等。人们的风险认知越清晰，就越能在危机中保持良好的心态，并影响个体随后的应对行为。心理弹性是个体面对困难和逆境时不断适应的心理表现。研究发现，动态风险认知有助于增强心理弹性（Kerr & Mackenzie, 2020），民众对突发公共卫生事件的风险认知越清晰，心理弹性就越强。根据特质心理行为模型，个体心理弹性越强，就越能降低个体对传染病风险的认知水平，从而改变个体的心理状态，促使积极行为变化的发生，并减少回避性行为。本研究试图通过探索心理弹性在风险认知、心理状态和应对行为变化中的中介作用，以为传染病心理危机干预和突发事件监测提供研究依据。

一、对象与方法

1. 对象

2020年1月24—31日，课题组在全国范围内通过网络平台向普通民众随机发

[①] 本节作者：金银川、郭亚宁、时勘、谷亚男、史康、任垒、张良、宋磊、李逢战、杨群。

放问卷,调查对象包括各年龄段不同职业的人群,旨在揭示人们的风险认知、心理状态、行为变化和心理弹性等特征。共回收问卷1107份,其中,有效问卷达1038份,有效率为93.8%。参与调查的民众的人口学信息见表3-2。

表3-2 参与调查的民众的人口学信息

人口学变量		人数(占比)	人口学变量		人数(占比)
性别	男	447(43.1)	地区	湖北省	242(23.3)
	女	591(56.9)		其他省	796(76.7)
年龄(岁)	<18	28(2.7)	职业	医护人员	128(12.3)
	18~24	192(18.5)		教师	135(13.0)
	25~30	212(20.4)		公务员	60(5.8)
	31~40	343(33.0)		工人	61(5.9)
	41~50	186(17.9)		学生	166(16.0)
	51~60	65(6.3)		军人和警察	49(4.7)
	>60	12(1.2)		公司职员	236(22.7)
学历	博士研究生	64(6.2)		服务业人员	55(5.3)
	硕士研究生	204(19.7)		个体从业者	55(5.3)
	大学本科	459(44.2)		暂无职业	45(4.3)
	大学专科	167(16.1)		其他职业人员	6(0.6)
	高中/中专/技校	103(9.9)		退休人员	23(2.2)
	初中	34(3.3)		农民	19(1.8)
	小学及以下	7(0.7)			

注:括号外为人数,单位为人;括号内为百分比,单位为%,因四舍五入存在误差,部分数据和不为100%,下同

2. 方法

(1)社会心理问卷调查

采用中国科学院心理研究所开发与编制的 SARS 社会心理调查问卷(全国版),该问卷共40个条目,采用利克特5点和10点计分法,主要调查民众的心理与行为状态。该问卷具有较高的信度和效度。本研究根据突发公共卫生事件的情况进行了条目删减,并对个别字词进行了修改和合并,形成了突发公共卫生事件调查问卷,共有21个条目,具体包括风险认知、心理状态、积极行为变化和回避性行为变化四个分量表。

1)民众对突发公共卫生事件的风险认知:风险认知分量表包括6个条目,主要反映个体对传染病风险的熟悉程度。该问卷采用利克特5点计分法,1~5分别

表示很陌生、有点了解、一般、比较了解、很熟悉，分数越高，表明民众的风险认知水平越高，即对传染病风险的熟悉程度越高。

2）民众在突发公共卫生事件期间的心理状态：心理状态分量表包括7个条目，主要反映个体的内心活动，如压力、抑郁不快、觉得人际关系紧张、对自己失去信心、觉得自己没用等。该问卷采用利克特5点计分法，1～5分别表示从来不、很少、有时、经常、一直如此，分数越高，表明民众的心理状态越好。

3）民众在突发公共卫生事件期间的积极行为变化：积极行为变化分量表包括4个条目，主要反映个体在突发公共卫生事件发生后积极行为发生变化的程度，如重视消毒洗手习惯、减少外出和接触他人、出门习惯戴口罩、讨论和宣传相关知识与预防方法。该问卷采用利克特5点计分法，1～5分别表示从来不、很少、有时、经常、一直如此，分数越高，表明民众的积极行为变化程度越明显。

4）民众在突发公共卫生事件期间的回避性行为变化：回避性行为变化分量表包括4个条目，主要反映个体在突发公共卫生事件发生后回避性行为发生变化的程度，如工作负担加重、睡眠不足或睡眠质量下降、通过暴饮暴食缓解情绪、祈祷祖先或神灵保佑。该问卷采用利克特5点计分法，1～5分别表示从来不、很少、有时、经常、一直如此，分数越低，表明民众的回避性行为越少。

（2）心理弹性问卷调查

采用Connor和Davidson于2003年编制、于肖楠和张建新于2007年修订的心理弹性量表。该量表共25个条目，包含坚韧、自强、乐观三个维度。该量表采用利克特5点计分法，0～4分别表示完全不是这样、很少这样、有时这样、经常这样、几乎总是这样，得分越高，表明个体的心理弹性越强。研究表明，心理弹性量表具有较好的信度（梁园园，2014）。

（3）统计学分析

2020年1月24—31日，通过问卷星在全国范围内进行网络调查。借助社交软件和微信分享进行随机发放，尤其在湖北省进行重点收集，被试确认自愿参与后方可答题。采用SPSS 22.0和Mplus 8.3软件对数据进行统计分析，包括t检验、方差分析、相关分析、回归分析、结构方程模型（测量模型和路径模型）检验。

由于问卷调查存在局限性，数据可能存在共线性问题，在数据分析前有必要对其共同方法偏差进行检验。本研究采用Harman单因素分析法进行共同方法偏差检验。结果显示，单因素模型（所有因素合并为一个因素）无法拟合，表明本研究的共同方法偏差问题并不明显，测量结果能反映研究的内涵。

二、结果

1. 民众对突发公共卫生事件的风险认知、心理状态和行为变化特征

调查发现，全国民众对突发公共卫生事件的风险认知均分为 3.82 分，这表明民众对传染病的认知熟悉程度较高。对病毒的传播途径和传染性、预防措施和效果、官方措施和信息等较为熟悉，而对病毒的病因和治愈率等还比较陌生。民众整体心理状态不错，部分人偶尔会觉得精神上有压力、抑郁不快、人际关系紧张等。可见，调查时民众的心理行为变化总体上比过去有较大改善，在行为上能做到减少外出和接触他人。当然，他们也存在睡眠不足、通过暴饮暴食缓解情绪、祈祷祖先或神灵保佑等不良行为和心态。这说明大部分民众主要依靠科学防范措施来预防疾病，同时也说明我国公共宣传工作做得比较到位，政府发布的各种科学预防措施能较好地引导民众的行为，提高了民众的预防意识和能力。

（1）人口学变量与各研究变量的关系

t 检验结果显示，民众在心理状态、心理弹性和积极行为变化上存在显著的性别差异。男性的心理状态（$t=2.280$，$p<0.05$）、心理弹性（$t=4.713$，$p<0.01$）得分显著高于女性，男性更易出现积极行为变化（$t=2.691$，$p<0.01$）。方差分析结果显示，不同年龄段的民众在风险认知（$F=3.697$，$p<0.01$）和心理弹性（$F=2.429$，$p<0.05$）上存在显著差异。其中，31～40 岁民众的风险认知程度较高，60 岁以上的民众程度相对较低。不同地域民众的心理状态（$t=-3.667$，$p<0.01$）、积极行为变化（$t=4.254$，$p<0.01$）、回避性行为变化（$t=3.263$，$p<0.01$）和心理弹性（$F=-2.032$，$P<0.05$）存在显著差异。湖北省民众的风险认知、心理弹性、心理状态显著差于其他地区民众，比其他地区民众更容易产生积极的行为变化。不同学历的民众对传染病的风险认知（$F=3.279$，$p<0.05$）、心理状态（$F=3.814$，$p<0.01$）和回避性行为变化（$F=4.151$，$p<0.01$）存在显著差异。学历越高，民众的风险认知程度越高，其中博士研究生级别的风险认知程度最高。不同职业民众在传染病风险认知（$F=3.170$，$p<0.01$）、心理状态（$F=2.538$，$p<0.01$）、回避性行为变化（$F=1.862$，$p<0.05$）和心理弹性方面（$F=2.563$，$p<0.01$）存在显著差异。医护人员、军人和警察对传染病的风险认知程度较高，退休人员、服务业人员和农民对传染病的风险认知程度相对较低。医护人员的回避性行为变化显著高于军人和警察、公司职员，教师、军人和警察、农民的心理弹性得分显著高于退休人员。

（2）各研究变量间的相关分析

对民众有关突发公共卫生事件的风险认知、心理状态、行为变化、心理弹性 4

个研究变量进行相关分析，结果显示，民众的心理弹性与对传染病的风险认知（$r=0.257$, $p<0.01$）、心理状态（$r=0.369$, $p<0.01$）、积极行为变化（$r=0.294$, $p<0.01$）均呈显著正相关，与回避性行为变化（$r=-0.219$, $p<0.01$）呈显著负相关。民众的心理状态与回避性行为变化（$r=-0.631$, $p<0.01$）呈显著负相关。民众的风险认知与积极行为变化（$r=0.485$, $p<0.01$）呈显著正相关。这为进一步的检验假设提供了支持。

2. 心理弹性在民众的风险认知和心理状态、应对行为变化关系中的中介效应模型

采用结构方程模型考察突发公共卫生事件期间心理弹性在民众风险认知对心理状态、积极行为变化和回避性行为变化影响中的中介作用。结果显示，各因子指标拟合良好。验证性因素分析结果表明，风险认知各指标因素的载荷为 0.796、0.843、0.729、0.880、0.677、0.629，Cronbach's α 系数为 0.886。心理状态各指标因素的载荷为 0.1583、0.605、0.720、0763、0.755、0.596、0.754，Cronbach's α 系数为 0.854。积极行为变化各指标因素的载荷为 0733、0.856、0.539、0.474，Cronbach's α 系数为 0.756。回避性行为变化各指标因素的载荷为 0.522、0.507、0.812、0.493，Cronbach's α 系数为 0.698。心理弹性总量表及其三个维度的 Cronbach's α 系数分别为 0.956、0.934、0.901、0.658。测量模型拟合指数良好 [$\chi^2=2902.641$, CFI=0.864, IFI=0.856, RMSEA=0.062, SRMR=0.053]，说明测量模型可接受，可以进行后续的结构方程模型分析。

结构方程模型分析结果如图3-8所示，民众对传染病的风险认知可显著正向预测心理弹性（$\beta=0.28$, $p<0.05$），心理弹性可显著正向预测心理状态（$\beta=0.40$, $p<0.05$）、积极行为变化（$\beta=0.15$, $p<0.05$），并可显著负向预测回避性行为变化（$\beta=0.29$, $p<0.05$），表明民众的风险认知水平越高，其心理弹性水平越高，心理

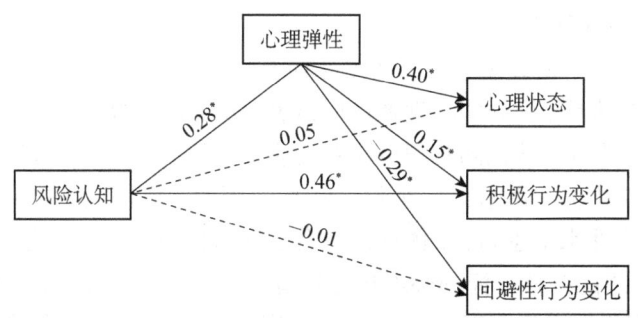

图3-8 心理弹性在风险认知和心理状态、积极行为变化、回避性行为变化的中介效应图

注：虚线表示路径系数不显著

状态越好，越容易产生积极行为变化，并减少回避性行为的发生。在控制心理弹性变量后，民众的风险认知对心理状态（β=0.05，p=0.488）和回避性行为变化（β=-0.01，p=0.879）的预测作用不显著，说明心理弹性在风险认知和心理状态、风险认知和回避性行为变化的关系中起完全中介作用。在控制心理弹性变量后，民众的风险认知对积极行为变化（β=0.46，p<0.05）的预测作用显著，95%CI为 [0.004,0.052]，结果不包含0，说明心理弹性在风险认知和积极行为变化的关系中起部分中介作用。

三、讨论

1. 突发公共卫生事件风险认知、心理状态、行为变化与心理弹性之间的关系

（1）风险认知对心理弹性的影响

回归分析与结构方程模型分析结果显示，突发公共卫生事件期间民众的风险认知可显著预测其心理弹性，心理弹性可显著预测其积极行为变化，即民众的风险认知水平越高，其心理弹性水平越高，越容易产生积极行为变化。本次研究结果与大学生群体的模型和民众的风险认知模型（时勘等，2003）所得出的结论一致，即个体的风险认知状态可预测其后续的应对行为。在突发公共卫生事件期间，民众一直处于风险环境中，通常会采取一定行为来缓解其内心压力，通过多关注相关信息来增加对传染病的认识与熟悉程度，进而可能会采取积极的应对行为来降低传染病所带来的负面影响，从而在面对风险时增强掌控感，减少内心焦虑。这一结果与已有研究结果存在一致性，具体表现为，民众的风险认知越高，心理弹性水平就越高。心理弹性作为个体健康生活中的重要资源，可以帮助个体抵抗逆境、积极适应环境，而人们对疾病的客观认识越多，越容易激发其心理弹性。

（2）心理弹性对心理状态、行为变化的影响

本研究结果表明，民众的心理弹性可显著预测其心理状态。对糖尿病患者的研究表明，心理弹性可显著预测其积极应对疾病的良好心理状态，可作为慢性疾病群体的心理测量学指标（雷阳，张静平，2015）。因此，面对突发公共卫生事件，认知风险和心理弹性水平越高，个体往往越会表现出积极的心理状态来应对变化（顾源等，2019），越能维持平稳的心理状态并适应环境，从而缓解负面情绪带来的影响。此外，心理弹性可显著正向预测个体的积极行为变化，负向预测其回避性行为变化，这与刘倩等（2020）对甲状腺功能减退症患者的研究和赵蔓和孙春荣（2017）

对 2 型糖尿病患者的研究得出的结论一致。他们认为，患者若偏向于乐观或具有坚韧的心理弹性，则更能获得良好的自我管理能力。高水平的心理弹性会促使个体追求积极的适应性行为，同时减少消极与负面情绪，并回避消极行为的发生。心理弹性的本质是个体在遇到挫折后仍保持乐观心态、不被困难打倒的能力，这种能力越强，越能促使人们产生积极行为来面对逆境（陈娟，李丽君，2018）。青少年高水平的心理弹性也可以减少其自伤行为（林丽华等，2020），高水平的心理能力可以促进更多的正向行为。在个体受到挫折时，积极的心理品质可以帮助个体增加积极的适应性行为，也就是说，抗压能力较强的人在遇到危机后会主动地激发自身的心理保护因子，从而使其在危机发生后迅速恢复健康水平。

2. 心理弹性在风险认知和心理状态、行为变化关系中的中介作用

结构方程模型分析结果表明，人们的风险认知可通过心理弹性来影响其心理状态。这意味着个体的风险认知可以激发其心理弹性，使其以乐观的心理状态来应对突发公共卫生事件。风险认知水平较高的人在负性事件中往往表现出高水平的心理弹性来保持乐观的心理状态。在日常工作中，安全的风险认知会影响个体的心理健康状况，风险认知水平越高，个体越容易保持坚韧不拔的品质，从而提升健康积极的心理状态，而对传染病的风险认知可以通过心理弹性间接地对其应对行为产生影响。相关研究表明，民众的风险认知可以显著预测其应对行为和无意传谣行为（胡伟等，2020）。还有研究表明，个体若对危机有较高的风险认知，通常会有更安全的行为（肖泽元，2014）。行为动机理论也表明，如果人们对危险源有高度的风险认知，则会更倾向于增加保护性行为或改变原有的危险行为。为此，课题组转换视角，引入心理弹性的中介变量，发现人们对传染病的风险认知水平越高，其客观认识程度越高，越容易使其心理弹性水平升高，而高水平的心理弹性更容易使人们看到事件的积极一面，提升其对抗危机的能力，使其在面临危机时能克服压力，有足够的力量面对挑战，并积极地面对生活。所以，个体的风险认知水平可以通过心理弹性影响其积极行为变化。因此，相关部门应加大对预防传染病相关知识的传播力度，提高人们的风险认知能力，从而提升人们的心理弹性，使人们保持健康积极的心理状态。

3. 本研究的结论和局限性

（1）结论

本研究对突发公共卫生事件下民众的心理状况进行了调查，可以帮助相关部门更加全面深入地了解突发公共卫生事件中民众的风险认知及其对应对行为和心理状态的影响，并为此后的洪水、地震等突发性灾害事件的风险管理提供有价值的理论和实践指导。

（2）局限性

本研究仍存在一定的局限性：首先，本研究采用的是横断研究方法，只探讨了民众的风险认知对其行为变化和心理状态的影响，还需要进一步采用追踪设计来考察民众的风险认知对行为变化和心理状态的长久影响；其次，本研究仅在数据上证实了各变量之间的关系以及中介变量在其中的作用，未来应当进行相关干预的追踪研究来证实干预的长期效应。

第四节　民众风险认知熟悉度对积极应对方式的影响——负性情绪的中介作用和组织污名化的调节作用[①]

本研究以1071名人员为被试，采用风险认知熟悉度分量表、积极应对方式分量表、污名量表及负性情绪量表进行测量，构建了一个有调节的中介模型。研究结果表明，民众负性情绪在风险认知熟悉度与积极应对方式之间发挥中介作用；组织污名化在风险认知和积极应对方式的关系中起调节作用；组织污名化调节了民众风险认知熟悉度通过负性情绪影响积极应对方式的前半路径和后半路径。在低组织污名化条件下，风险认知熟悉度对负性情绪的负向预测显著；在高组织污名化条件下，风险认知熟悉度对负性情绪的负向预测作用减弱。当组织污名化水平较高时，风险认知熟悉度通过负性情绪作用于积极应对方式的间接效应不显著；当组织污名化水平较低时，风险认知熟悉度通过负性情绪作用于积极应对方式的间接效应显著。

探究民众的风险认知、行为应对方式一直是重要的研究课题。风险的心理测量理论认为，人们可以通过"忧虑性风险"和"未知性风险"两个因素对风险事件作出评估，第一个因素的高风险端被知觉为"难以控制的"，第二个因素的高风险端被知觉为"不熟悉的"，这是理解民众在遇到各种风险事件时所作出反应的基础。风险认知其实就是民众对客观风险事件的主观判断和感受，这种渗透着个体经验

[①] 本节作者：徐淑慧、时勘、王译锋。

的认知可能与实际情况相符或不相符（简留生等，2006）。在以往研究中，有的研究者探究了影响民众的风险认知因素（王甫勤，2011），还有少量研究者通过实验设计考察了不同视觉媒介的可视化方式对受众风险认知的影响。研究发现，图片、视频等视觉媒介可以有效地提高受众对风险的熟悉度（周敏等，2018）。从风险社会学的研究视角来看，风险是在"关系"中被建构出来的。大众媒介在这一建构过程中对公众的风险认知具有重要的影响（项一嶔，张涛甫，2013）。还有研究者通过量化研究证实了信息丰富性是公众环境风险认知的重要影响因素（王刚，宋锴业，2018），风险信息的畅通性会影响消费者的风险认知水平，进而影响其购物决策（王志涛，苏春，2014；叶乃沂，周蝶，2014）。

一、研究假设

以往研究侧重于在不同风险事件中对各种风险理论进行检验，比较松散，特别是较少从风险理论的角度对应对方式进行探讨。所谓应对方式是指人们通过调动自身资源应对困难和挫折的一种方式，是以问题为中心，主动解决自身所面临的问题或困境的一种方式（王灿等，2010），是稳定因素与情境因素交互作用的结果（罗世兰，2017）。相关研究表明，积极应对方式与日常积极情绪相关，对幸福感具有正向预测作用。此外，积极应对与抑郁呈显著负相关（刘双金，2018；赵琛徽，于姗姗，2013）。以往研究更多关注的是积极应对方式在各变量关系中的中介作用（刘双金，2018），大多数研究将积极应对方式作为中介变量，探究积极应对方式的正向作用，较少考察风险认知熟悉度与积极应对方式之间的关系。民众的风险认知熟悉度可能影响其积极的行为应对方式，但国内尚缺乏对二者关系间作用机制的探究。深入探究民众在突发公共卫生事件期间的风险认知熟悉度和积极应对方式之间的关系，有助于理解风险认知熟悉度以何种方式对积极应对行为方式发挥作用。这一方面可以为探讨风险认知熟悉度与积极应对方式之间关系的后续研究提供参考，另一方面也可以为政府或相关部门采取干预方案应对突发公共卫生事件提供依据。研究表明，民众对风险信息的评估会导致一系列情绪问题，如正性信息可以缓解焦虑，从而降低风险认知熟悉度，有助于积极行为应对的产生（时勘，2003）。但风险事件发生后，民众往往会出现一系列负性情绪体验，这也是人们面对风险压力时的正常反应。在这种情境下，民众更需要建立积极的应对方式，提升其效能。相关研究表明，负性情绪对消极应对方式具有预测作用（谢爱等，2016）。感受到更高水平负性情绪的民众，更容易陷入负面事件的反刍中（房俨然等，2019）。负性情绪会抑制个体在追踪任务中的完成效果（苏晶等，2016），这种抑制会影响到个体的社会决策行为（王芹等，2012）。综合以上分析，本研究提出如下假设：

H1：风险认知熟悉度既影响积极应对方式，又影响负性情绪。

以往研究发现，在各类突发事件中，整个社会的风险意识与污名化的形成有密切关系。民众对社会风险的整体情绪通过污名对象得以展示。污名行为反映了整个社会在面对风险事件时的普遍担忧。针对组织污名化的形成机制，管理者与风险政策制定者应进行合理处理，引导群众在面临风险事件时作出合理决策。现代社会高度分工，知识隔离削弱了个体对风险的认知能力和决策能力，互联网的使用使人们对爆炸式的信息出现判断"无能"的现象，加上媒介对风险事件的不当报道，从而可能加剧污名化的发展，而污名则可能引发人们在心理上的反感和行为上的拒斥。为此，本研究提出如下假设：

H2：风险认知熟悉度通过负性情绪的中介作用影响民众的积极应对方式。

戈夫曼（2009）认为，污名是"一种令人丢脸的特征"，是指某一个体或群体因具有一些不受欢迎的特性而受到社会其他成员的贬低与歧视，也就是说，污名是由社会定义并在社会交往过程中形成的（姚星亮等，2014）。还有学者进一步指出，污名他人可以提高知觉者的可控感以及缓解焦虑和威胁感（Jost & Burgess，2000）。谴责理论则认为，污名是责任归因的基本表现，个体将疾病与某种群体联系起来，从而增强对其的控制力（Castro & Farmer，2005）。公众污名是指一般公众根据污名对受污群体作出的反应。公众污名会给受污者带来负面影响。而进化论观点认为，公众污名是一种有助于减少群体受到威胁的策略，有助于人类的生存和繁衍（转引自李强等，2008）。于是，本研究提出如下假设：

H3：组织污名（即公众污名）化调节民众风险认知熟悉度通过负性情绪影响积极行为应对方式的前半路径和后半路径。

综上所述，本研究建构了一个有调节的中介模型，来考察民众风险认知熟悉度与积极应对方式的关系及其作用机制，具体见图3-9。

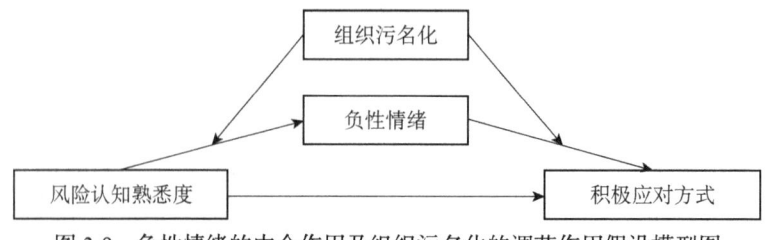

图3-9 负性情绪的中介作用及组织污名化的调节作用假设模型图

二、对象与方法

1. 对象

本次调查采取线上调研法,样本选择的是"没有暴发传染病区域"的人员,共回收有效问卷 1071 份,其中男性有 420 人,占总样本数的 39.22%,女性有 651 人,占总样本数的 60.78%。被试的年龄分布为:20 岁以下的有 203 人,占总样本数的 18.95%;20~29 岁的有 350 人,占总样本数的 32.68%;30~39 岁的有 203 人,占总样本数的 18.95%;40~49 岁的有 203 人,占总样本数的 18.95%;50~59 岁的有 100 人,占总样本数的 9.33%;60 岁及以上的有 12 人,占总样本数的 1.12%。在此次的样本中,初中及初中以下学历的有 115 人,占总样本数的 10.74%;高中学历(中专、职高)的有 204 人,占总样本数的 19.05%;大专学历的有 252 人,占总样本数的 23.53%;大学本科学历的有 415 人,占总样本数的 38.75%;硕士及硕士以上学历的有 85 人,占总样本数的 7.94%。

2. 测量工具

(1)风险认知熟悉度

采用时勘课题组编制的风险认知问卷中的风险认知熟悉度分量表(时勘等,2003),该量表包括 10 个条目,用于考察民众对病毒的病因、传播途径和传染性、治愈率、预防措施和效果、愈后对身体的影响、愈后有无传染性、微信/政府发布的各种信息、政府采取的措施等有关传染病总体情况的熟悉度。采用利克特 5 点计分法,1 代表"很陌生",5 代表"很熟悉",分数越高,表明民众对传染病情况的熟悉度越高。本研究中,该分量表的 Cronbach's α 系数为 0.91。

(2)积极应对方式

采用时勘课题组编制的应对方式量表的积极应对方式分量表(时勘等,2003),该量表共包括 6 个条目,采用利克特 5 点计分法,1 代表"绝不",5 代表"经常",分数越高,表明民众的应对方式越积极。本研究中,该分量表的 Cronbach's α 系数为 0.73。

(3)负性情绪

负性情绪量表(Moussa et al.,2021)共有 21 个条目,包括抑郁、焦虑和压力三个维度,每个维度各有 7 个条目,采用利克特 5 点计分法,1 代表"不符合",5 代表"总是符合",分数越高,表明民众的负性情绪越严重。本研究中,该分量表的 Cronbach's α 系数为 0.96。

(4)污名化

参照 Link 等编制的贬值歧视量表(Link,1987),结合突发公共卫生事件的具体情况加以改编，形成量表，以测量关于突发公共卫生事件的组织污名化程度。该量表包括 12 个条目，采用利克特 5 点计分法，1 代表"非常不同意"，5 代表"非常同意"，分数越高，表明组织污名化程度更严重。本研究中，该量表的 Cronbach's α 系数为 0.91。

3. 研究程序与数据分析

本研究通过问卷星进行在线测试，并辅以电话咨询的方式，对测试过程中可能存在的问题进行解答。一段时间后，关闭问卷作答通道，统一回收数据。采用 SPSS 21.0 软件进行信度分析、描述性统计和相关分析，采用 PROCESS 程序进行中介效应和调节效应分析。

三、结果及分析

1. 共同方法偏差的检验

本研究的数据来源比较多样化，采用 Harman 单因素分析法来检验共同方法偏差问题。结果显示，特征根大于 1 的因子有 8 个，其中第一个因子的方差解释率为 27.97%，低于 40% 的临界标准，这表明，本研究不存在共同方法偏差问题。

2. 描述性统计与相关分析

对风险认知熟悉度、积极应对方式、负性情绪和组织污名化进行相关分析，结果（表 3-3）显示，风险认知熟悉度与民众的积极应对行为呈显著正相关（$r=0.44$，$p<0.01$），与负性情绪呈显著负相关（$r=-0.07$，$p<0.01$）；积极应对方式与负性情绪呈显著负相关（$r=-0.07$，$p<0.05$），与组织污名化呈显著负相关（$r=-0.08$，$p<0.01$）；负性情绪与组织污名化呈显著正相关（$r=0.35$，$p<0.001$）。因此，研究假设 H1 和 H2 得到了初步验证，为后续的统计分析提供了可行性条件。

表 3-3　各变量的描述性统计及相关分析（$N=1071$）

变量	M	SD	风险认知熟悉度	积极应对方式	负性情绪	组织污名化
风险认知熟悉度	37.76	6.54	1			
积极应对方式	23.71	4.21	0.44***	1		
负性情绪	29.74	10.68	−0.07**	−0.07*	1	
组织污名化	29.54	9.43	−0.16***	−0.08**	0.35***	1

3. 有调节的中介模型检验

采用 Hayes 开发的 SPSS 宏程序 PROCES 分析组织污名化对风险认知熟悉度和

负性情绪的调节作用，以及对负性情绪中介效应的调节作用。分析结果（表 3-4）显示，回归模型中风险认知熟悉度与组织污名化的交互作用对负性情绪的影响达到显著水平（$\beta=0.18$，$p<0.001$），负性情绪与组织污名化的交互作用对积极应对方式的影响也达到显著水平（$\beta=0.20$，$p<0.001$）。这说明，组织污名化不仅可以调节风险认知熟悉度对负性情绪的预测作用，而且能够调节负性情绪对积极应对方式的中介作用，即组织污名化在模型的前半路径（风险认知熟悉度对负性情绪的影响）和后半路径（负性情绪对积极应对方式的影响）的调节效应均显著。由此，假设 H2 和 H3 得到验证。

为了更直观地呈现组织污名化对风险认知熟悉度与负性情绪之间的关系，以及对负性情绪与积极应对方式之间关系的调节效应，本研究将组织污名化按照平均数加减一个标准差的标准分为高、低组，进一步进行简单斜率检验（图 3-10、图 3-11）。在组织污名化水平低的条件下，风险认知熟悉度对负性情绪的负向预测作用显著；在组织污名化水平高的条件下，风险认知熟悉度对负性情绪的负向预测作用减弱。

进一步检验组织污名化对负性情绪中介效应的调节作用，结果显示，当组织污名化水平较高时，风险认知熟悉度通过负性情绪作用于积极应对方式的间接效应不显著（95%CI 包含 0）；当组织污名化水平较低时，风险认知熟悉度通过负性情绪作用于积极应对方式的间接效应显著（95%CI 不包含 0）。另外，在组织污名化的三个水平上，负性情绪在风险认知熟悉度与积极应对方式关系中的中介效应呈现出在低组织污名化水平上显著，而在中、高组织污名化水平上不显著的特点（表 3-5）。

表 3-4 有调节的中介模型检验

项目	负性情绪			积极应对方式		
	β	SE	t	β	SE	t
常变量		0.31	0.51		0.12	199.71***
风险认知熟悉度	−0.06	0.05	−0.90	0.37	0.02	14.94***
组织污名化	0.33	0.03	11.90***	−0.04	0.01	−0.54
负性情绪				−0.15	0.01	−3.04**
风险认知熟悉度×组织污名化	0.18	0.00	3.60***			
负性情绪×组织污名化				0.20	0.00	4.17***
R^2		0.13			0.21	
F		53.26***			71.28***	

图 3-10　组织污名化对风险认知熟悉度与
负性情绪之间关系的调节效应

图 3-11　组织污名化对负性情绪与
积极应对方式之间关系的调节效应

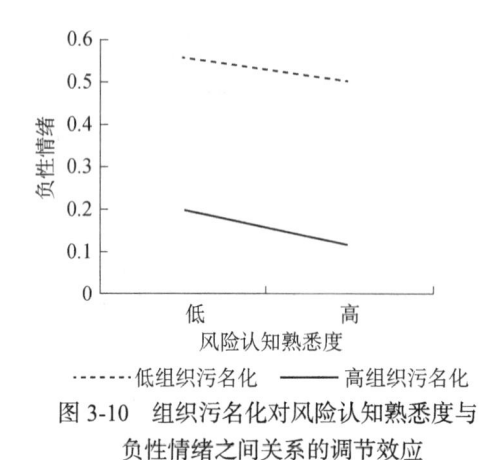

表 3-5　有调节的间接效应分析

指标	β	SE	95%CI
低组织污名化	0.014	0.007	[0.003, 0.029]
中度组织污名化	0.002	0.003	[-0.003, 0.007]
高组织污名化	-0.001	0.002	[-0.007, 0.002]

四、讨论

1. 调节的中介模型

基于以往研究及风险事件下行为应对与污名的相关理论，本研究以负性情绪为中介变量，以组织污名化为调节变量，构建了一个有调节的中介模型，不仅可以明确民众的风险认知熟悉度如何影响积极应对方式（即负性情绪的中介作用），而且对风险认知熟悉度在何种条件下对积极应对方式产生更强影响作出了回应（即组织污名化的调节作用），研究结果还对揭示民众的风险认知熟悉度与积极应对方式的关系、引导民众的情绪与行为有一定的借鉴意义。

2. 负性情绪的中介作用

"压力源-情绪"模型认为，个体对压力源的感知会导致负性情绪，最后会演变为反生产行为。本研究发现，民众的风险认知熟悉度能够通过负性情绪对积极应对方式产生负向预测作用。该结果支持了以往研究关于消极情绪会窄化认知加工、损害执行功能（陈玲玉等，2014）的结论。民众因低风险认知熟悉度而产生压力，进而诱发出负性情绪,这将降低民众积极应对风险的效能。众所周知,在突发公共卫生事件期间,民众会接收到各种各样关于传染病的信息,在此背景下,风险认知熟悉度便成为一个重要的影响人们作出反应的因素(时勘等,2003)。风险认知熟悉度对负性情绪的影响可从以下几方面来理解。首先,民众越了解风险事件,越能有效地提高对风险的控制力(范春梅等,2012)。当控制感增强后,民众对风险事件的负性情绪就会减少;反之,若民众获得的关于风险事件的信息极少,其就会失去对风险事件的控制感,从而导致一系列负性情绪的产生,如焦虑、惶恐、抑郁等。其次,当民众对风险信息处于"不确定"状态时,民众对信息的有效性就会产生怀疑,对传染病的认知就会处于一种"不确定"的状态,从而表现出抱怨、他人归因(归因为传染病暴发区)等,这种情绪会随着人际交往的发展进一步传染,从而引发更多民众产生负性情绪。负性情绪对积极应对行为的影响已被相关研究证实,积极应对方式与人际困扰、抑郁呈显著负相关(雷希等,2018)。消极情绪能够干扰抑制功能,同时会增强与情绪相关想法的联结网络的激活,所以会导致认知资源的损耗,进而影响到个体对当前任务的执行能力(范春梅等,2012)。民众在面对风险事件时产生的消极情绪会触发其产生不恰当的行为反应,进而表现为对积极应对方式的负向影响。

3. 组织污名化的作用

本研究发现,组织污名化在风险认知熟悉度与负性情绪、负性情绪与积极应对方式之间起调节作用,即在"风险认知熟悉度—负性情绪—积极应对方式"这一中介链条上发挥作用。具体而言,对于低组织污名化水平个体,风险认知熟悉度可显著负向预测其负性情绪,而对于高组织污名化水平个体,这一预测作用不存在。也就是说,增强风险认知熟悉度会使低组织污名化水平的民众受益。对于低组织污名化水平的民众,风险认知熟悉度较高者比风险认知熟悉度较低者的负性情绪水平要低,这种污名化现象反映了社会民众对公共卫生事件的普遍担心,而对他人进行污名化处理可使他们有效转移这种由传染病风险事件带来的恐惧、焦虑等负面情绪(张乐,童星,2010)。所以,当组织污名化水平较低时,风险认知熟悉程度可有效负向预测个体的负性情绪,而当组织污名化水平较高时,风险认知熟悉度对负性情绪的预测作用变得不显著。同理,对于低组织污名化水平个体,负性情绪可显著负向预测其积极应对方式,而对于高组织污名化水平个体,这一预测作用不存在。污名化的目的是将公共卫生事件的发生归因于某一群体,从而将由公共卫生事件引发的不良情绪成功"转移"。

五、研究结论与管理对策

首先，民众对传染病的风险认知熟悉度对于降低其负性情绪体验、增加其积极风险应对行为具有重要的作用。因此，在今后的公共卫生事件中，政府和有关组织要及时披露与风险事件的相关信息，从而降低公众的负性情绪水平，提升公众的积极应对方式。

其次，政府应重视对民众组织污名化的干预在疾病预防中的重要性。本研究所揭示的组织污名化的调节作用表明，信息管理者在通过提高民众风险认知熟悉度的途径来促使民众产生积极应对行为时，需先降低民众的组织污名化程度，对其进行良好的辅导，因此，要在组织污名化出现之初就将其制止。通过合理的舆论引导尽量减轻组织污名对传染病预防的影响，减少组织污名情况的出现，而且要进一步疏导被污名者的情绪，促使他们产生积极行为，从而提高预防疾病的效率。

最后，在响应政府的号召参与传染病预防工作方面，个人除了应做好卫生预防工作之外，还应该熟悉与传染病相关的各种知识和信息，做到心中有数，避免不合理的恐慌。要重视对自身负性情绪的调节，理解污名的不合理性和暂时性，并在具备传染病知识的前提下进行理性思考，不污名他人。身处传染病区的民众内心应强大起来，当受到社会排斥时要及时寻找有关部门的帮助，必要时要前往心理咨询站寻求帮助，避免污名标签的进一步内化。

六、未来展望

本研究讨论了组织污名化在民众风险认知熟悉度与行为应对关系中的调节作用，但对如何降低民众组织污名化程度的问题尚未深入研究。后续研究将重点讨论传染病后期民众组织污名化的心理机制及相应的干预措施，为社会危机干预提供理论建议。本研究采取的是横断研究，无法解释变量之间的因果关系，因此，后续研究还应加入纵向追踪研究或者行为实验，来验证自变量与因变量之间的关系。本研究中所采用的工具均属于自陈量表，收集到的数据的客观性可能存在一些问题，未来的研究中将尝试采用他人口语报告法等多元化方式获取数据，以提高获得数据的可信度。

第五节　突发公共卫生事件期间健康和财务状况对应对行为的影响[①]

本研究探讨了财务和健康状况对人们采取积极应对措施（即采取预防措施）和放弃应对的联合影响。对3834人进行调查研究，结果表明，经济水平较低的人更不可能表现出积极应对行为，更有可能放弃应对，人们应对传染病扩散的自信程度促成了这一效应。健康状况可能与个体的经济状况产生相互作用，经济状况较低的健康人群对自己应对能力的信心水平较低，因此不太可能采取积极的应对措施，更有可能放弃应对传染病。本研究呼吁决策者为不符合条件的群体找到更有效的解决方案，以使他们能够在面对社会危机时遵守常规的指导方针，同时建议决策者将支持工作的重点放在低收入群体的财务支持上，防止人们应对能力的降低。

一、背景

在处理与健康相关的逆境时，个体差异（即个性和财务状况）可以产生显著的行为差异。这方面的文献调研结果表明，具有黑暗人格特征的人不太可能遵守健康协议，也不太可能受到以同情为中心的公共信息的影响。来自低收入阶层的人遵守保护措施的能力较低，因为他们更有可能是无法参与远程工作的工作者，也不太可能遵守安全协议，大多数人的健康素养还很差。先前的研究考察了个体在健康相关压力源下的财务状况对其应对行为的影响，研究结论是，经济状况较差的人表现出一种"转移-持续"策略，以让自己适应这种威胁（Chen & Miller, 2012; Lam et al., 2018），而不是努力消除威胁（Lam et al., 2018），因为他们缺乏必要的财政资源来支持生活（Chen & Miller, 2013）。事实上，迄今为止的研究表明，转移-持续模型（shift-and-persist model）更适用于社会经济地位较低的个体。对于经济状况较低、身体质量指数较高的年轻人来说，该模型可以作为一种保护和防御机制（Chen et al., 2015）。因此，接受生活的压力而不作出积极的努力去消除压力，是这些人经常采用的策略。基于这些研究结果，课题组提出，由

[①] 本节作者：Mehmet Yanit、时勘、万方、高非。

于低（高）财务状况与转移-持续模型之间的兼容性更强（Chen & Miller，2012；Lam et al.，2018），低财务状况人群在传染病期间更倾向于接受威胁，更不愿意作出积极的努力，更有可能放弃任何应对行为。因此，可以认为，拥有较高（相对于较低）财务状况的人可能有更大的信心。与财务状况较低的人相比，财务状况较好的人更有可能表现出积极的应对行为（而不是放弃）。这里需要注意，尽管之前的研究主要关注有形资源，如财务状况如何影响一个人处理健康相关问题的信心，但很少有研究探讨诸如健康状况等无形资源和诸如财务状况等有形资源如何交互影响一个人处理与健康有关问题的信心，以及随后产生的应对行为。

据此推断，经济资源较少（即财务状况较差）的健康群体由于无法获得能够充分减轻或消除与其健康有关的财政资源，很可能在应对能力方面存在信心不足的情况。基于这一前提，我们认为，与那些拥有较多经济资源的人（无论他们的健康状况如何）相比，那些拥有较少经济资源但健康状况较高的人，更有可能接受生活中的传染病威胁。为此，本研究将探讨个体的健康状况和财务状况如何共同影响其应对传染病的信心。综上所述，本研究探索的主要问题如下：①为什么有些人放弃或拒绝与公众合作，努力控制病毒的传播？②为什么经济地位较低的人更有可能采用"转移-持续"策略？

二、对象与方法

1. 对象及招募

课题组招募了3834名参与者（55%的人为女性，50%的人的年龄在30岁及以上）。G功率分析表明，招募3834名参与者可以让我们检测到一个小的效应量（$f^2=0.02$）。本研究结果可被应用于全球化文化背景。本调查研究获得了温州大学伦理评审委员会的批准。

2. 测量工具

（1）积极应对

采用经历问题的应对取向量表，选取其中衡量积极应对的两个条目，让参与者对他们在应对突发公共卫生事件方面所做的努力或采取的策略情况进行评估，采用利克特4点计分法，1代表"非常不同意"，4代表"非常同意"。量表中两个条目之间的相关系数为0.75，表明量表的信度较高。

（2）放弃

放弃量表的2个条目改编自COPE量表（The COPE Inventory，应对量表）

(Carver et al., 2013)。参与者被要求对他们同意或不同意放弃应对突发公共卫生事件的程度（或者他们已作出放弃应对突发公共卫生事件的尝试）进行评分，采用利克特 4 点计分法，1 代表"非常不同意"，4 代表"非常同意"。量表中两个条目之间的相关系数为 0.87，表明量表的信度较高。

（3）应对信心

为了衡量应对能力的信心，要求参与者回答以下 4 个问题，对同意或不同意陈述的程度进行评级：①"我有信心能有效地应对公共卫生事件形势"；②"感谢我的足智多谋，对如何处理这种情况有信心"；③"我能在面对困难时保持冷静，因为我相信可以依靠自己的应对能力"；④"当我遇到这个问题时，相信我可以找到几种解决方法"。采用利克特 4 点计分法，1 代表"非常不同意"，4 代表"非常同意"。本研究中，该量表的 Cronbach's α 系数为 0.90，说明该问卷具有较高的信度。

（4）乐观

采用改编的 COPE 量表（Carver et al., 2013）中的两个条目来测量参与者的乐观情绪，这两个条目为"我一直试图从不同的角度看问题，让情况看起来更积极""我一直在寻找正在发生的好事"。要求参与者对他们同意或不同意的程度进行打分，采用利克特 4 点计分法，1 代表"非常不同意"，4 代表"非常同意"。相关分析表明，量表中两个条目之间的相关系数为 0.62，表明量表具有良好的信度。

（5）否认

采用改编的 COPE 量表（Carver et al., 2013）中的两个条目来测量参与者的否定性，参与者对"我一直对自己说'这不是真的'"和"我一直拒绝相信它发生了"这两句话的同意或不同意程度进行打分，采用利克特 4 点计分法，1 代表"非常不同意"，4 代表"非常同意"。量表中两个条目之间的相关系数为 0.79，表明量表具有良好的信度。

（6）焦虑

要求参与者按照 5 分制（1 代表"一点也不焦虑"，5 代表"非常焦虑"）对自己的焦虑程度进行打分，以此来衡量他们的焦虑程度。

（7）健康状况

要求参与者按照 5 分制（1 代表"差"，5 代表"极好"）给自己的健康状况进行打分，以此来衡量他们的健康状况。

（8）财务状况

本次研究使用贫困指标来衡量个体的经济状况。结合研究者（Brcic et al., 2011）开发的贫困量表，使用利克特 7 点计分法（共 9 个反向编码和标准项目）来衡量参与者的经济状况，如"在过去的一年里，有几天我或我家里的某人挨饿，因为我们没有足够的钱买食物"，"月底我很难找到收支平衡"，或"与其他生活在我国家的人相比，我目前的生活水平更好"。本研究中，该量表的Cronbach's α 系数为0.78，表明量表具有良好的信度。

3. 操作步骤

参与者按照以下变量顺序填答问卷：积极应对、放弃、应对能力的信心、乐观、否认、焦虑、健康状况和财务状况。问卷以人口统计问题结束（包括性别、年龄、受教育程度和婚姻状况），耗时约15分钟。

4. 统计分析

数据分析使用R软件包和Hayes的SPSS宏程序PROCESS。为了分析财务状况对积极应对和放弃行为的主要影响，在R环境中进行OLS回归，并使用lm函数。为了分析中介效应和有调节的中介路径，采用SPSS宏程序PROCESS模块中的模型7。

三、结果及分析

在两个独立的模型中测试财务状况对积极应对和放弃行为的主要影响，采用逐步进入法，第一步包括人口统计学变量，如年龄、性别、婚姻状况、受教育程度，以及其他控制变量，如乐观、否认、焦虑和健康状况；第二步中添加了财务状况。本项研究的目的是探讨个体由财务状况所产生的积极应对和放弃的独特差异。各变量的描述性统计结果见表3-6。

表3-6 各变量的描述性统计（N=3834）

变量	M	SD	相关系数
积极应对	2.49	0.86	$r=0.75$
放弃	1.49	0.82	$r=0.87$
应对信心	2.59	0.84	$\alpha=0.90$
乐观	2.39	0.85	$r=0.62$
否认	1.74	0.88	$r=0.79$
焦虑	2.26	1.21	NA
健康状况	4.36	0.84	NA
财务状况	4.70	1.04	$\alpha=0.78$

注：NA指尚未计算单个项目的可靠性

本研究采用了类似的方法进行中介分析和有调节的中介分析。在中介分析中，在两个模型中检验了财务状况对积极应对和放弃的直接与间接影响。在有调节的中介分析中，考察了财务状况和健康状况之间的交互作用对应对信心的影响，以及对积极应对和放弃的影响，同时控制了协变量的影响。感兴趣变量的相关矩阵如表3-7所示。

表 3-7　感兴趣变量的相关矩阵

变量	1	2	3	4	5	6	7	8
1.积极应对	1							
2.放弃	0.18***	1						
3.应对信心	0.33***	0.02*	1					
4.乐观	0.59***	0.32***	0.32***	1				
5.否认	0.36***	0.53***	0.09**	0.33***	1			
6.焦虑	−0.02	0.11***	−0.16***	−0.03	0.12***	1		
7.健康状况	−0.04*	−0.10***	−0.01	−0.07***	−0.15***	−0.19***	1	
8.财务状况	0.07***	−0.18***	0.18***	0.07***	−0.23***	−0.19***	0.04*	1

1. 经济状况对积极应对和放弃的影响

OLS 回归结果（表3-8）显示，在控制了年龄、性别、婚姻状况、受教育程度等人口统计学变量和乐观、否认、焦虑、健康状况等感兴趣变量后，财务状况可正向预测人们的积极应对（$\beta=0.05$，$SE=0.01$，$p<0.001$），并可负向预测人们的放弃（$\beta=-0.08$，$SE=0.01$，$p<0.001$）。此外，模型1和模型2的回归步骤（第一步）与财务状况作为附加预测因子（第二步）的回归步骤之间的模型比较表明，财务状况显著解释了积极应对（$F=17.13$，$p<0.001$）和放弃（$F=44.22$，$p<0.001$）的独特差异。

表 3-8　主要效应的逐步回归结果和模型拟合指标

	步骤与变量	模型1：积极应对	模型2：放弃
第一步	年龄	−0.02（0.01）+	−0.01（0.01）
	性别（男性）	0.02（0.02）	0.04（0.02）+
	婚姻状况（已婚状态）	−0.04（0.03）	−0.05（0.03）+
	受教育程度	0.05（0.01）***	−0.03（0.01）*
	乐观	0.52（0.01）***	0.17（0.01）***
	否认	0.19（0.01）***	0.42（0.01）***
	焦虑	−0.01（0.01）	0.02（0.01）**
	健康状况	0.01（0.01）	−0.04（0.01）**
	调整后的 R^2	0.3852	0.3080

续表

步骤与变量		模型1：积极应对	模型2：放弃
第二步	年龄	−0.03（0.01）*	0.002（0.01）
	性别（男性）	0.03（0.02）	0.04（0.02）
	婚姻状况（已婚状态）	−0.04（0.03）	−0.05（0.03）+
	受教育程度	0.04（0.01）***	−0.01（0.01）
	乐观	0.52（0.01）***	0.18（0.01）***
	否认	0.20（0.01）***	0.41（0.01）***
	焦虑	−0.01（0.01）	0.02（0.01）**
	健康状况	0.01（0.01）	−0.04（0.01）**
	财务状况	0.05（0.01）***	−0.08（0.01）***
	调整后的 R^2	0.3878	0.3158
ΔR^2		0.0026***	0.0078***
F		17.13	44.22

注：括号外数据为标准化回归系数，括号内数据为标准化回归系数的标准误差。通过调整每个步骤之间的 R^2 差异，来比较模型适合度之间的不同。+表示 $p<0.1$，下同。

2. 对应对能力的信心的中介作用

通过 SPSS 软件的 PROCESS 模块考察财务状况与积极应对或放弃之间的关系是否通过应对信心来调节。控制人口统计学变量（年龄、性别、婚姻状况和受教育程度）和其他感兴趣变量（乐观、否认、焦虑和健康状况），进行中介分析，结果表明应对信心确实在财务状况和积极应对之间的关系中起到中介作用。财务状况对积极应对的间接影响是积极而显著的（$\beta=0.02$，95%CI=[0.01，0.02]）。财务状况和放弃之间的关系也被应对信心所调节。财务状况通过应对信心对放弃产生显著的负向影响（$\beta=-0.01$，95%CI=[−0.01，−0.003]）。

3. 健康状况的调节作用

通过 SPSS 软件的 PROCESS 模块检验健康状况是否调节应对信心在财务状况与积极应对或放弃之间的中介作用。通过应对信心来具体考察财务状况和健康状况对积极应对、放弃的交互作用。结果显示，财务状况和健康状况对应对信心有显著的交互作用（$\beta=0.03$，$SE=0.01$，$p<0.05$）。在控制了人口统计学和其他感兴趣变量后，进一步分析发现，无论健康状况如何，其均对应对信心对积极应对的交互作用有显著的间接影响（低健康：$\beta=0.01$，$SE=0.003$，95%CI=[0.01，0.02]。中等健康：$\beta=0.01$，$SE=0.003$，95%CI=[0.01，0.02]。高健

康：β=0.02，SE=0.003，95%CI=[0.01，0.02]），并且对放弃也有显著的间接影响（低健康：β=-0.004，SE=0.002，95%CI=[-0.01，-0.002]。中等健康：β=-0.01，SE=0.002，95%CI=[-0.01，-0.003]。高健康：β=-0.01，SE=0.002，95%CI=[-0.01，-0.004]）。

模型1（β=0.01，95%CI=[0.001，0.01]）和模型2（β=-0.002，95%CI=[-0.004，-0.0003]）的显著调节指标表明，高健康人群的经济状况对积极应对和放弃的间接影响显著大于中等健康人群和低健康人群，高健康人群会使用积极应对行为，产生更多的应对举措。

4. 稳健性检验

本研究为了测试调节中介模型的稳健性，测试了焦点调节中介模型的功能。初始模型的协变量分析表明，与应对信心相似，乐观和否认也对两个因变量有显著影响（表3-9）。为此，本研究控制了竞争模型中的其余变量，在模型中测试了这些变量作为替代中介的情况。

表3-9 控制协变量后的中介模型的变量参数

变量	模型1：积极应对	模型2：放弃
年龄	-0.03（0.01）*	0.004（0.01）
性别（男性）	0.01（0.02）	0.04（0.02）+
婚姻状况（未婚）	-0.05（0.03）+	-0.05（0.03）+
受教育程度	0.03（0.01）**	-0.002（0.01）
应对信心	0.15（0.01）***	-0.06（0.01）***
乐观	0.47（0.01）***	0.20（0.01）***
否认	0.19（0.01）**	0.41（0.01）***
焦虑感	-0.004（0.01）	0.02（0.01）*
财务状况	0.03（0.01）**	-0.07（0.01）***

当单独测试时，对于每个潜在中介变量来说，被调节的中介模型的95%CI均包括0（表3-10）。这一结果表明，在95%CI上，没有一个潜在中介变量能够显著调节被调节的中介模型。因此，可以排除对上述有调节的中介模型的其他解释，进一步促进应对信心在这一焦点关系中的稳健性。更重要的是，模型1（β=0.01，95%CI=[0.001，0.01]）和模型2（β=-0.002，95%CI=[-0.004，-0.0003]）的显著调节指标表明，相较于中等健康人群和低健康人群，在健康人群（高健康人群）中财务状况对积极应对和放弃的间接影响显著更大，低财务状况会使得高健康人群变得不太可能采用积极应对行为。

表 3-10　不同中介变量的 95%CI

中介变量名称	积极应对	放弃
乐观	−0.01～0.02	−0.003～0.01
否认	−0.003～0.01	−0.01～0.02

研究结果支持了我们的假设。财务状况可以预测个体在应对突发公共卫生事件时采取积极应对方式的可能性和放弃倾向。财务状况较差的人不太可能积极应对传染病，而更有可能放弃应对。当进行协变量检验时，这种效应仍然显著。本研究还发现，这些影响是由人们的应对信心所调节的，财务状况较差的人对自己的应对能力表现出更少的信心，更不可能积极应对传染病，更有可能放弃应对。对参与者自我报告的健康状况进行了有调节的中介效应分析，结果表明，财务状况较差的健康人群在应对能力方面明显会出现信心缺失，他们采取积极应对的可能性更低，更有可能放弃应对。这些发现具有重要的理论价值和实践意义。

四、讨论

本研究试图通过被试自我报告的健康和财务状况，检查哪些因素对个体的积极应对行为和放弃倾向产生影响，以此来确定会受疾病因素影响的人群。结果显示，财务状况较差的个体采取积极应对措施的意愿较低，更有可能放弃应对。这一结果具有重要意义。总体来看，本研究的结论如下。

第一，本研究的工作丰富了关于公众行为差异的现有研究。之前的工作探讨了性别、文化价值观、个体意识形态差异对应对行为的影响，并发现男性更有可能放弃面对疾病，具有松散文化倾向的人们对于自己的政党和意识形态有强烈的认同感。本研究探讨了财务和健康状况的影响，结果表明，人们积极应对行为的减少和放弃倾向的增加，主要是由于缺乏应对危机的经济资源。为此，相关人员可以利用经济激励措施，为那些需要得到财政帮助的人积极抗击疾病提供支持。

第二，在城市化进程中，从农村到城市的移民往往生活在拥挤的环境中，低经济地位的群体更需要得到关爱和帮助。为了保护老年人和慢性病患者，还需要确定更可能传播病毒的那部分人群，以便政府的财政救助工作能更精确地集中到这些风险人群中，使他们远离较为危险的物理环境。

第三，对限制措施的支持者的态度是"如果我能适应，你也能适应"。事实上，正如调研结果所暗示的，如果这种态度是特定于某个社会阶层的，从长远来看，可以预期，当前的限制冲突将导致社会经济收入不同的阶层之间产生更大的两极分化。因此，我们提醒政策制定者采取必要措施，防止情况的进一步加剧。

第四，政策制定者和相关人员应采取促进措施，迫使违反限制措施的人改变行为。本研究结果还表明，直接解决财务状况较低的群体的财务资源问题，比现有的其他策略更有效。政府相关人员可以通过提高这些群体的收入所得、增加他们获得与健康相关的产品服务的机会来缩小财务差距。因此，未来应进一步研究政府相关人员应采用何种有效的宣传策略，以增加弱势群体在防治流行病方面的自信心。

五、研究结论

我们一致认为，突发公共卫生事件期间政府采取的预防措施有效地防止了感染率的上升。然而，预防措施的有效性取决于人们是否愿意采取有效措施，政府相关人员应根据人们的健康和财务状况来决定为相对贫穷的人群提供相应的财政支持，为他们不合规的群体行为找到更有效的解决方案，以使他们能够在未来可能出现的其他社会危机中遵守国家政策。

第六节 影响社区老年人健康的因素及其心理调适措施[①]

随着年龄的增长，老年人的各项生理机能会逐渐衰退。他们不仅容易罹患各种疾病，而且也容易出现孤独、抑郁等心理问题。本研究首先阐述了老年人的身心发展特点以及影响老年人身心健康的因素，其次介绍了能够有效缓解老年人身心健康的常见心理调适技术，最后从失智老人的培训和康复训练、呼吸和睡眠训练、死亡应对与临终的精神关怀以及丧亲的哀伤辅导等方面探讨了心理调适新技术在提升老年人身心健康方面的作用，并提出了较为成熟的对策。

---

① 本节作者：董妍、时勘。

健康是人类最普遍、最根本的需求。2016年8月，习近平总书记出席全国卫生与健康大会并发表了重要讲话，强调"要倡导健康文明的生活方式，树立大卫生、大健康的观念，把以治病为中心转变为以人民健康为中心，建立健全健康教育体系，提升全民健康素养，推动全民健身和全民健康深度融合"①。2019年，我国发布《健康中国行动（2019—2030年）》指出"人民健康是民族昌盛和国家富强的重要标志"，"健康中国"正式升级为国家战略。建设"健康中国"是习近平新时代中国特色社会主义思想的重要组成部分。在我国人口老龄化加速演进的现实状况下，仅仅关注发病后的治疗，总体效果可能会不够理想。因此，了解影响老年社区居民的健康情况，并结合心理调适的方法主动进行健康预防，可能是未来值得关注的方向。

一、老年人身心健康发展的特点

随着年龄的增长，老年人的各项生理机能会逐渐衰退，这是一种自然现象，但也会给老年人带来身心健康方面的诸多问题。从身体健康方面来看，老年人的各种感官能力在下降，这会导致老年人看不清眼前的东西，听不清楚别人的话语，食之无味、冷暖不知。老年人的平衡能力和操作能力也在下降，容易摔跟头。此外，老年人容易罹患各种慢性疾病（贾丽娜等，2011），如糖尿病、高血压、心脏病、癌症等。伴随大脑功能的衰退，老年人的注意力和记忆力也会有比较明显的退化（汤慈美，2009）。比如，老年人会出现注意力涣散、不集中的情况，容易出现钻"牛角尖"现象。在记忆方面，老年人的近期记忆、机械记忆能力减退，容易出现"舌尖现象"。

由于生理和健康状况的变化，老年人也容易产生一定的心理问题。首先，随着离开工作岗位，老年人的社会角色发生转变，可能会导致他们难以适应社区的生活，觉得生活没有意义，因而变得抑郁。尤其是"空巢"老人缺乏周围人的关心和照顾，如果再罹患上一些生理疾病，他们很容易感到生活没有希望。其次，老年人的身体健康状况下降，特别是当各器官功能衰退并导致一些疾病时，老年人会担心自己得了不治之症，给家人带来负担，从而会感到焦虑不安（陈娟等，2019）。再次，老年人的孤独感体验会有所上升。一方面，由于子女

---

① 习近平：推动全民健身和全民健康深度融合．（2022-08-08）．http://www.news.cn/politics/2022-08/08/c_1128898172.htm[2024-08-01].

不在身边，自己又离开了工作岗位，老年人与外界的人际沟通有所减少；另一方面，虽然社区可能会为老年人提供一些主题活动，但是，如果老年人没有主动参与的意愿，同样会缺少与社区中其他老年人的联系，这会进一步加深老年人的孤独感体验。最后，睡眠障碍是老年人最常见的身心问题。老年人大脑皮质兴奋和抑制能力下降，这会导致他们出现睡眠减少或者睡眠质量下降的情况，比如入睡困难、早醒、睡眠浅、多梦等。

二、影响社区老年人健康的因素

1. 生活方式与健康

生活方式对健康的影响是显而易见的，世界卫生组织的专家曾指出，在发达国家，由生活方式不健康引起的疾病，如高血压、心脏病、中风、癌症和呼吸道疾病等导致的死亡人数占总死亡人数的 70%~80%，在不发达国家中占 40%~50%[①]。生活方式对健康的影响是渐进和隐蔽的，长期不良的生活方式对老年人健康的影响还是比较大的。研究发现，许多疾病的发生与不良饮食习惯有关，如高脂肪、高胆固醇、高糖、高盐饮食等与糖尿病、心脏病和高血压等有密切关系。吸烟、过度饮酒是引发很多疾病的危险因素。例如，吸烟不仅容易导致肺癌，也与冠心病有关，甚至还会提高个体对感冒的易感性（Cohen et al., 1993）。从提升健康水平的角度来看，研究者发现喝茶对健康有积极的促进作用，喝茶 6 周能够降低男性体内血小板的激活水平和血浆中的 C 反应蛋白水平（Steptoe et al., 2007）。因此，喝茶对冠心病具有预防作用。综上，养成健康的生活方式，对于降低老年人的发病率、提高老年人的生活质量具有十分重要的意义。

2. 运动与健康

除饮食方面之外，缺乏运动也会增加老年人罹患各种疾病的风险。运动会促进人体分泌多巴胺，提升老年人的积极情绪，同时运动也能促进老年人对钙质的吸收。因此，适当运动对老年人的身心健康有利。随着免疫能力的下降，老年人特别容易感染病毒而增加身体不健康的危险。Irwin 等（2003）的研究表明，中国传统的运动项目——太极拳，可以提高老年人带状疱疹病毒特异性细胞免疫功能，进而

---

① 不良生活方式导致患病人数剧增.（2005-09-22）. https://news.sina.com.cn/o/2005-09-22/21327011581s.shtml[2024-08-01].

提升老年人的健康水平。

3. 积极情绪与健康

首先,积极情绪能够增强个体的免疫抗体反应,有利于身体健康。研究者已经发现,积极情绪得分高的被试存在更高水平的免疫抗体反应,能够降低乙肝病毒和流感病毒的易感性。积极情绪也能够缓解慢性疾病的病情。例如,积极情绪能够促进中风患者、髋骨骨折患者的恢复(Seale et al., 2010),同时能使糖尿病患者减少引起死亡的危险行为(Moskowitz et al., 2008)。相反,缺少积极情绪,具有较多的消极情绪,会提高冠心病、高血压、哮喘等的发病程度。其次,积极情绪也会提升个体的心理健康水平。有研究发现,积极情绪能够提高幸福感水平、缓解抑郁。因此,老年人可以通过改善自己的情绪来提升身心健康水平。

4. 家庭、社会因素与健康

在影响老年人健康的因素中,除了性别、年龄等个体因素之外,家庭和社会因素对老年人的健康也有较大的影响。首先,家庭经济水平高的老年人对自身健康的关注和投入比较多,更容易有良好的健康状况(段文娟,竺愿,2019)。其次,老年人的家庭关系和婚姻满意度情况也会影响老年人疾病的康复。家庭关系和睦、婚姻满意度高的老年人更容易保持健康的身心状况。最后,多项研究证明,子女和其他社会支持、应对方式与老年人的身心健康状况显著相关(段文娟,竺愿,2019)。因此,提高老年人的身心健康水平,需要家庭和社会的共同参与。

三、心理调适对老年人健康的促进作用

1. 心理调适的概念与理论

心理调适也称为心理调节,一般是指用心理学的技巧和方法改变个体的心理活动,促进身心健康的过程。幸福引擎模型对上述影响老年人身心健康的因素进行了分析,可以解释心理调适对老年人身心健康作用的机制。幸福引擎模型是 Forgeard 等于 2011 年提出的,该模型将影响幸福的因素分为输入(inputs)、过程(process)和结果(outcomes)三个部分。输入是指促成幸福的资源,具体指既定的因素或环境因素,从国家角度讲,包括国内生产总值、政治自由、健康服务等;从个人角度讲,包括基因、受教育程度、收入、人格特质等。过程是指影响幸福的机制的内部状态,具体是指影响个体决策的内部机制,包括情绪、心境、认知评价等。结果是指反映幸福的本质上有价值的行为,个体在自愿条件下作出的与幸福有关的行为,包括良好的人际关系、自控力、积极参与工作、锻炼等。根据该模型,国家和个人因素可

以通过个体的内部心理过程影响个体的身心健康行为和健康水平。

2. 心理调适的传统方法

针对老年人心理调适的传统方法主要包括健康老年人的心理护理干预方法和老年患者的心理行为干预方法。心理护理干预的目的在于通过帮助解决老年人存在的各种心理困惑和心理问题，使其顺利度过老年阶段，辅导老年人积极面对生活中可能出现的负性事件和突发问题，提升老年人的心理健康水平。针对老年人的身心发展特点，应对老年人进行合理的心理护理。首先，要与老年人建立完善、紧密、互相信赖的关系；其次，要为老年人创建良好的身心环境，如创建社区中的老年驿站、心理愉悦室等；再次，要定期开展心理健康的科普宣传工作，对老年人进行身心健康教育；最后，要完善对老年人的心理支持系统，疏导老年人的不良情绪。针对老年患者的心理行为干预方法主要是指通过对老年患者实施心理行为干预来改善其身心状态，进而提高其生活质量，促进其身体健康，减少其由躯体疾病带来的痛苦、焦虑、抑郁等心理问题。心理行为干预可以针对患者的躯体症状（如帮助高血压患者降低血压），也可以针对患者的身体不适（如帮助偏头痛患者缓解疼痛）；可以针对患者的心理状况（如帮助癌症患者改善情绪），也可以针对患者的不良行为（如帮助冠心病患者戒烟）。已有研究发现，生物反馈治疗和干预可以有效控制患者的血压和心率（Nakao et al., 2000），运用认知行为疗法可以治疗慢性疼痛，矫正A型行为，降低心肌梗死复发率。应激管理干预有助于改善冠心病患者的不良情绪，而短程集体心理干预能够提升癌症患者的身心状态。

3. 心理调适的新技术和新手段

（1）失智老人的培训和康复训练

失智是严重威胁老年人身心健康的精神疾病。研究者发现，随着人口老龄化，失智患病率逐渐提高。失智给家庭和社会带来了巨大的经济负担，但当前对其尚无特效治疗方法。研究证实，早期采取预防和干预措施能够延缓或推迟失智的发生。在理论研究的基础上，课题组采用综合手段对失智老人进行了干预和培训，取得了一定的成效。首先，举办了多次专家论证，通过确定实施方案，组织发动老年人参与培训活动，对上海市江宁路街道7700位老年人开展了认知功能的筛查和评估，全面开展宣传及筛查工作。其次，建立了集上海市精神卫生中心、静安区精神卫生中心、江宁路街道社区卫生服务中心为一体的三级服务网络，组建专业化服务团队开展服务工作，如开展了认知功能训练、有氧训练、情绪管理、放松训练、健康讲座等主题活动。通过自愿报名、社区动员的参与方式，老年人分别参加认知训练班、有氧训练班和情绪管理班，每班确定1名组长，项目的课程设置以老年人自身需求为导向，每个训练班为期3个月，每周2次。认知训练班通过益智健脑训练帮助老年人提高认知功能，如通过聚精会神来锻炼脑功能；有氧训练班通过有氧运动增强老年人的心血管功能，改善认知功能；情绪管理班主要运用生物反馈技术促进老年人调整呼吸，让老年人体会放松，学习管理情绪的方法。除了通过团体心理素质训练来提升老年人的心理能力外，课题组还开展了多次主题活动。每期课程结束后均要进行效果评估工作，评估指标包括服务满意度、认知功能状况改善程度、对失智的改善程度、改变信念持有率和行为改变率。一般在项目开展3个月后进行效果评估工作，这大大地提升了工作效率。截至2018年9月底，认知功能训练课、有氧训练课和情绪管理课分别开展了多次，累计781人次参与。老年人已形成了正确的课程认识，认真对待每次课程，积极配合完成相应训练（时勘，郭慧丹，2018）。该训练项目取得了初步成效，不仅给老年人提供了系统规范的心理行为干预服务，而且为老年人搭建了人际交往平台，帮助老年人构筑了社会支持网，使他们产生了积极的心理状态，促进了老年人良好的身心发展。未来可以通过该项目促进老年人及其家庭和社会加深对老年人社区照顾的理解，在老龄化趋势下探寻有效、实用的干预措施。

（2）呼吸和睡眠训练

呼吸和睡眠质量可以影响各年龄人群的身心健康。睡眠呼吸障碍是具有潜在危险的常见病症，以睡眠呼吸暂停综合征（sleep apnea syndrome，SAS）最为常见（熊信林等，2019）。这种病症的具体表现是睡眠打鼾、反复呼吸暂停、夜间反复憋醒、血压升高、心绞痛、心律失常、晨起头痛、白天嗜睡和记忆力衰退等，严重者甚至夜间猝死。积极开展睡眠呼吸系统疾病的临床干预工作，对于提高国民健康水平、提高生活质量意义重大。呼吸系统疾病最常见的是上呼吸道感染性疾病，如由普通感冒或流感引起的打喷嚏、流鼻涕、咽喉疼痛以及支气管、肺部的炎症。治疗的原则是在疾病的初期阶段加以控制，治疗的方法除药物的对症治疗外，物理治疗也是极有效的手段之一，当然，患者自己的生活状态对疾病的治疗也起着决定性的作用。呼吸系统疾病还包括过敏性的呼吸系统疾病、气道阻塞性的呼吸系统疾病、呼吸系统肿瘤等。为主动预防呼吸疾病，首先，个体要提高自身对外界环境致病因素的抵抗能力；其次，应不断改善国民的生活环境，减少因环境污染而不断增加的呼吸系统疾病类型。此外，也有一些物理治疗方法可以缓解呼吸系统疾病的症状，但调养身心才是根本。为此，北京睡眠与健康促进会建立了以保障睡眠为特色的医养结合中心。该中心研制了减压调养舱,已经进入试用阶段,这一设备在健康体检(检测压力等5个指标)、常规减压(舒缓压力、预防疾病)、慢性疲劳(改善疲劳乏力、免疫力下降)、失眠康复(均衡身心修复睡眠机制)、抑郁康复(均衡身心改善递质分泌)、焦虑康复(均衡身心抑制交感活性)以及综合康复(疗程调理改善各类慢病)方面已经产生了明显的疗效,未来可以尝试在社区中投入使用,以提升老年人的呼吸与睡眠质量。

(3)死亡应对与临终关怀

临终关怀运动于20世纪50年代起源于英国,但对于临终关怀实践和理论的研究是70年代才逐渐展开的,我国关于临终关怀的学术研究直到21世纪才逐渐增多。临终关怀是一个涉及医学、护理学、心理学、宗教学、社会学等不同学科的综合领域,需要有不同训练背景的研究者共同努力来解决理论和实际应用中的问题。晚期癌症患者除了要忍受疾病带来的痛苦以外,还需要适应疾病所造成的角色转换。作为患者,他们的社会活动发生了根本性的改变,与家人和朋友的交流也发生了改变。而且,晚期癌症患者面对的最大挑战是如何走向死亡。因此,死亡应对与临终关怀旨在提供舒适的物质条件来减轻患者的疼痛,增加中医药参与的舒缓疗护,创造出安宁护理方法,在告别仪式的举行和志愿者服务方式上,更多地体现出人性化关爱的特色,现已经取得了较好的成效。但是,临终关怀的实际工作中还存在如下问题:社会接受度不够,服务内容有待完善,医护人员紧缺以及政府和社会支持不足。未来应该在多学科背景人员的参与下,在生理关怀的基础上,建立心理关怀与精神关怀的整合模式。

(4)丧亲人群的哀伤辅导

老年人在生命的最后阶段不仅要面对自己死亡的问题,也可能要面对配偶死亡的问题。丧亲对个体的影响是非常大的,而实际的社会支持不仅能够缓解丧亲的悲痛,也能够对丧亲适应产生直接或间接的影响。当丧亲个体能够开放、坦诚地与他人谈论和分享自己的想法与感受时,社会支持能够促进个体进行意义重建。因此,对社区中丧亲老年人的哀伤辅导,可以有效改善这一群体的心理健康状况,缓解他们无助、恐惧等负面情绪,并帮助他们重新投入生活。综上所述,社区是老年人活动和生活的重要场所,如何在社区中通过心理调适技术有效提高老年人的身心健康水平、提高老年人的生活品质是十分重要的议题。未来的研究应多从多学科的整合视角,探究心理调适技术的新方法和新手段,并对这些方法的运用效果进行评估,最终从社会层面提升老年人的健康和幸福水平。

第七节 大学生的存在意义感与心理弹性：一个有调节的中介模型[①]

本研究提出4个假设，来探讨大学生的存在意义感与心理弹性的关系及其内在机制。本研究以安徽省540名大学生为被试，对存在意义感、社会支持、情绪智力、父母亲密度和心理弹性进行了问卷调查。结果表明，首先，存在意义感、社会支持、情绪智力、父母亲密度、心理弹性两两之间均呈显著正相关。其次，社会支持在存在意义感对心理弹性的影响中起部分中介作用。再次，情绪智力调节了存在意义感与心理弹性之间的关系，在高情绪智力和存在意义感的大学生中，其对心理弹性的影响更显著。最后，父母亲密度对社会支持与心理弹性之间的关系具有调节作用，社会支持对父母亲密度高的大学生心理弹性的影响更为显著。存在意义感对大学生心理弹性具有中等中介作用。

一、引言

在大学生的心理健康研究中，研究人员将能促进个体适应负面环境的因素称为"弹性"（Peters et al.，2005），而心理弹性则被描述为"抗压性"，是指个体面对逆境、创伤或巨大压力等负面事件时的适应能力，是对困难或其他不良经历的有效反应（Windle et al.，2011）。作为促进个体健康的重要心理变量，意义的存在具有积极的影响（King et al.，2006）。Steger等（2009）提出，存在意义是指人们对生活中的意义以及自己的人生目的、目标或使命的理解，这有助于提升自我价值观。研究还发现，存在意义感强的个体更容易在困境中找到积极意义，实现人生价值，积极调动自身内外部的保护因素，并利用积极的情绪体验努力从消极情绪中恢复过来，进而更好地应对困境（Lai & Liu，2012）。相关研究还表明，当个人体验到更高的存在意义时，他们会有更多的积极情绪和更少的消极情绪（Steger et al.，2009）。因此，本研究提出如下假设：

[①] 本节作者：于海涛、蔡婧、时勘。

H1：存在意义感可以正向预测心理弹性。

社会支持是指个人从社会关系，如亲戚、朋友和团体中获得的物质和精神支持。研究表明，社会支持与生活意义密切相关（刘亚楠等，2016）。存在意义感强的大学生能够更好地明确目标，体验自身价值，提升生活热情，与周围人建立联系，获得更多的社会支持。已有研究发现，在实施相关干预措施以增强生命意义后，个体与社会的距离缩小，个体的社会支持水平和生活质量逐渐提高（胡倩倩等，2022）。此外，一个人主观感受到的社会支持越多，他的心理弹性就越大，就能更好地适应新环境（吕艺芝等，2020）。还有研究发现，拥有更多社会支持的人具有更大的心理弹性和更高的心理健康水平（Lee et al.，2020）。社会支持作为保护心理弹性的重要外部因素（Herrman et al.，2011），使个体相信自己被关心和接受，更有动力克服困难，改善心理健康。换句话说，具有高存在意义感的个体能够获得更多的社会支持，而社会支持在保护心理弹性方面发挥着重要作用。因此，本研究提出如下假设：

H2：社会支持在存在意义感与心理弹性之间起中介作用。

情绪智力是指个人处理情绪信息的能力，本质上是指感知、使用、理解和管理情绪的能力。在防传染病扩散的封闭环境中，个人将不可避免地感到压力增加、负面情绪加剧以及出现其他负面反应。许多研究者发现，情绪智力可以调节个体对压力的感知。与高情商的人相比，低情商的人通常会经历更大的压力（Ayranci et al.，2012）。此外，研究表明，情绪智力可以增强积极情绪（Sánchez-Álvarez et al.，2016）。同时，高情商的个体能够有效调控负面情绪，获得更多积极的情绪体验（Koydemir & Schütz，2012），缓解内心压力，不断从生活经历中提取意义，优化人生目标和价值观（Teques et al.，2016），提高面对不良事件时的应变能力。存在意义感与心理弹性的关系随情绪智力水平的不同而变化，对于情绪智力水平高的大学生，存在意义感对心理弹性的预测作用更大。因此，本研究提出如下假设：

H3：情绪智力调节存在意义感与心理弹性之间的关系。

根据社会生态学的抗逆力理论（Liebenberg et al.，2012），抗逆力反映了个体在应对困难时影响其获取和利用资源的社会生态环境与个人特征（朱晓伟等，2018）。在个人的环境因素中，家庭环境非常重要，良好的家庭关系有助于个人主动适应客观环境。在家庭关系中，亲子关系是个体的重要组成部分，对个体的发展起着关键作用（Dorrance et al.，2021）。作为亲子关系的积极方面，父母凝聚力指父母与子女之间的亲密情感联系，表现为父母与子女之间的积极互动行为或心理亲密度（Dawson & Pooley，2013；Zhang & Fuligni，2006）。良好的亲子关系是个体成长的社会支持因素（叶宝娟等，2020），能使个体获得基本的知识、技能和价值观，更好地发展社会关系，提高心理适应能力。研究发现，亲子关系对个体的情绪适应有直接的保护作用（Zhao et al.，2015）。在突发公共卫生事件期间，亲子亲和力强的个体能更好地缓解负面情绪，更快地适应周围环境，逐渐适应与他人在线交流的生活方式，减少独处的时间，获得更多的社会联系，增强心理韧性。此外，社会支持和心理弹性之间的关系取决于父母的凝聚力水平。对于父母亲密度较高的大学生，社会支持对其心理弹性有较强的预测作用。因此，本研究提出如下假设：

H4：父母亲密度调节社会支持与心理弹性之间的关系。

综上所述，本研究提出 4 个假设，试图探究关于大学生的存在意义感，进一步从社会支持的角度预测存在意义感和心理弹性之间的关系（陈娟娟等，2019）。本研究从生命体验意义维度出发，探讨大学生存在意义感与心理弹性之间的关系，以及社会支持的中介作用、情绪智力和父母亲密度的调节作用。同时，本研究从个体特质和社会环境两个方面入手，探讨大学生心理弹性的影响因素，以提高突发公共卫生事件期间大学生的心理健康水平。基于这 4 个假设，各变量之间关系的假设模型见图 3-12。

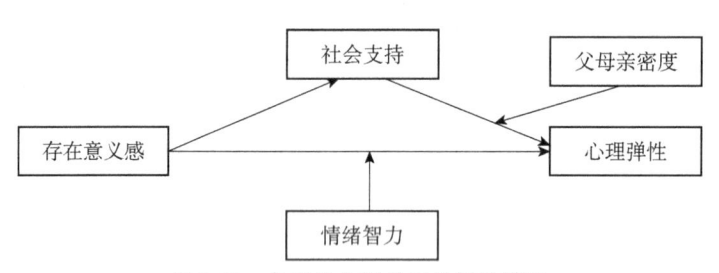

图 3-12 各变量之间关系的假设模型

二、对象与方法

1. 对象

本研究采用方便抽样的方法对安徽省两所高校的在校大学生进行了调查。在与两所大学达成协议后，确定了收集数据的日期，学校代表向学生简要介绍了研究情况，并提供了知情同意书。所有签署知情同意书的学生都收到了一个微信二维码。通过扫描二维码，学生可以在他们的手机上获得匿名电子问卷。没有提前通知学生收到调查表的日期。三个多月后，共收到电子问卷 630 份，剔除回答不完整和信息缺失的问卷后，得到有效问卷 540 份，有效率为 85.71%。在被调查者中，男女学生分别为 234 人（43.33%）和 306 人（56.67%）；226 人（41.85%）是独生子女，314 人（58.15%）有兄弟姐妹。被调查者的年龄为 17～28 岁（M=20.91，SD=2.06）。

2. 测量工具

1）心理弹性量表。本研究采用胡月琴、甘怡群（2008）编制的心理弹性量表来测量心理弹性。该量表包含 27 个条目，分为个人力量和支持两个维度。个人力量维度包括目标专注、情绪控制和积极认知 3 个因素，个人支持维度包括家庭支持和人际帮助 2 个因素。采用利克特 5 点计分法（1 代表"完全不匹配"，5 代表"完全匹配"），分数越高，表明个体的心理弹性越好。本研究中，该量表的 Cronbach's α 系数为 0.90。

2）存在意义感量表。本研究使用 Steger 等（2006）编制的存在意义感量表来测量个人的感知意义水平，并确定个人感到自己的生活有意义、有价值和有目的的程度。该量表包括两个维度，即存在意义和寻找意义，共有 9 个条目，采用利克特 7 点计分法，分数越高，表明个人的存在意义感越强烈。本研究中，该量表的 Cronbach's α 系数为 0.70。

3）社会支持评定量表。社会支持评定量表由肖水源（1994）编制。该量表共 10 个条目，分为客观支持、主观支持和支持利用度三个维度，总分和各分量表得分越高，表明个体的社会支持程度越高。本研究中，该量表的 Cronbach's α 系数为 0.70。

4）情绪智力量表。采用根据 Salovey 和 Mayer（1990）的情绪智力理论编制、王才康（2002）修订的情绪智力量表。该量表共 33 个条目，分为情绪感知、自我情绪管理、他人情绪管理和情绪利用 4 个维度，采用利克特 5 点计分法，第 5、28 和 33 个条目为反向评分，其余 30 个条目均为正向评分。分数越高，表明个体的情绪智力水平越高。本研究中，该量表的 Cronbach's α 系数为 0.93。

5）父母亲密度量表。父母亲密度量表是由 Olson 等于 1979 年开发的，用于测量亲子关系的亲密度，该量表是一维的，共包括 10 个条目，分为父亲和母亲分量表（两个分量表的条目相同）。该量表采用利克特 5 点计分法，父母-子女关系的总分为两个分量表的平均分，分数越高表明父母-子女关系越好。本研究中，该量表的 Cronbach's α 系数为 0.87。

3. 统计分析

采用 SPSS 26.0 软件进行数据分析。采用 Hayes 编写的 PROCESS 模块，对假设模型与模型 4（测试中介模型）、模型 59（测试调节变量对中介模型所有路径的调节作用）进行测试。

三、结果及分析

1. 共同方法偏差检验

采用 Harman 单因素分析法来检验样本数据的共同方法偏差问题。结果表明,在不旋转的条件下,特征根大于 1 的 18 个因子解释了 65.06% 的变异,其中第一个因子解释了 23.10% 的变异,低于 40% 的临界标准。这表明,本研究不存在严重的共同方法偏差问题。

2. 各变量的描述性统计与相关分析

描述性统计和相关分析结果见表 3-11。结果表明,存在意义感、社会支持、情绪智力、父母亲密度与心理弹性两两之间均存在显著的正相关关系。

表 3-11　描述性统计和相关分析结果（$N=540$）

类别	$M \pm SD$	存在意义感	社会支持	情绪智力	父母亲密度
存在意义感	5.24 ± 0.89				
社会支持	3.74 ± 0.75	0.40**			
情绪智力	3.84 ± 0.49	0.57**	0.43**		
父母亲密度	3.56 ± 0.63	0.36**	0.51**	0.37**	
心理弹性	3.49 ± 0.55	0.62**	0.51**	0.59**	0.55**

为了避免交互项与自变量和调节变量之间的共线性,首先对自变量和调节变量进行标准化处理。使用 SPSS 进行三步调节中介效应分析,使用偏倚校正百分位数 Bootstrap 检验重复样本 5000 次,以计算 95%CI。

第一步,测试一个简单的中介模型。模型 4 被用来检验社会支持在存在意义感和心理弹性关系中的中介作用。回归分析显示,存在意义感对心理弹性有显著的正向预测作用（$\beta=0.62$,$p<0.001$）,在回归方程中加入社会支持后,存在意义感仍对心理弹性有显著的预测作用（$\beta=0.47$,$p<0.001$）。存在意义感可显著正向预测社会支持（$\beta=0.39$,$p<0.001$）,而社会支持可显著正向预测心理弹性（$\beta=0.36$,$p<0.001$）。中介效应 $ab=0.14$,$SE=0.02$,95%CI=[0.11, 0.19],表明社会支持在存在意义感与心理弹性的关系中起部分中介作用。

第二步,检验情绪智力对中介模型各路径的调节作用,结果见表 3-12。情绪智力在存在意义感与心理弹性的关系中起调节作用,而情绪智力对中介模型中其他路径的调节作用不显著。为了进一步揭示情绪智力的调节作用,根据情绪智力的值（加或减一个标准差）进行高、低分组。当情绪智力水平较低时,存在意义感对心理弹性的影响很小（B_{simple}=0.20，p<0.001，95%CI=[0.10，0.30]）。当情绪智力水平较高时，存在意义感对心理弹性的影响较大（B_{simple}=0.44，p<0.001，95%CI=[0.36，0.53]）（图 3-13）。当情绪智力水平较低时，中介效应为 ab=0.03，SE=0.02，95%CI=[-0.01，0.08]。当情绪智力水平较高时，中介效应为 ab=0.09，SE=0.02，95%CI=[0.04，0.13]。

表 3-12　情绪智力的调节作用

类别	因变量：社会支持 β	95%CI	因变量：心理弹性 β	95%CI
存在意义感	0.20***	[0.11，0.29]	0.32***	[0.25，0.39]
情绪智力	0.32***	[0.23，0.41]	0.28***	[0.20，0.35]
存在意义感×情绪智力	0.07	[-0.002，0.134]	0.12***	[0.06，0.18]
社会支持			0.29***	[0.22，0.35]
社会支持×情绪智力			0.04	[-0.02，0.09]
R^2	0.23		0.56	
F	52.20***		134.80***	

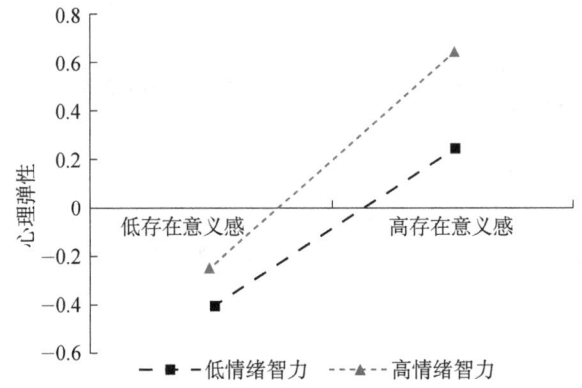

图 3-13　情绪智力对存在意义感与心理弹性之间关系的调节作用

第三步，检验父母亲密度对中介模型各路径的调节作用。表 3-13 显示了父母凝聚力调节效应的测试结果。结果表明，父母亲密度对社会支持与心理弹性之间的关系具有显著的调节作用，但对存在意义感与社会支持、存在意义感与心理弹性之间的关系无显著的调节作用。为了进一步证明父母亲密度的调节作用，根据父母亲密度的值（加或减一个标准差）进行高、低分组。当父母亲密度水平较低时，社会支持对心理弹性的影响较小（B_{simple}=0.17，p<0.001，95%CI=[0.09，0.26]）。当父母亲密度水平较高时，社会支持对心理弹性的影响较大（B_{simple}=0.32，p<0.001，95%CI=[0.23，0.40]）（图 3-14）。当父母亲密度水平较低时，中介效应为 ab=0.05，

$SE=0.02$,$95\%CI=[0.02，0.09]$。当父母亲密度水平较高时，中介效应为 $ab=0.07$，$SE=0.02$，$95\%CI=[0.04，0.11]$。

表 3-13 父母亲密度的调节作用

类别	因变量：社会支持		因变量：心理弹性	
	β	95%CI	β	95%CI
存在意义感	0.25***	[0.17，0.32]	0.41***	[0.35，0.47]
父母亲密度	0.43***	[0.35，0.50]	0.28***	[0.21，0.35]
存在意义感×父母亲密度	−0.02	[−0.08，0.04]	0.02	[−0.03，0.31]
社会支持			0.25***	[0.18，0.31]
社会支持×父母亲密度			0.07**	[0.02，0.12]
R^2	0.31		0.56	
F	81.64***		133.69***	

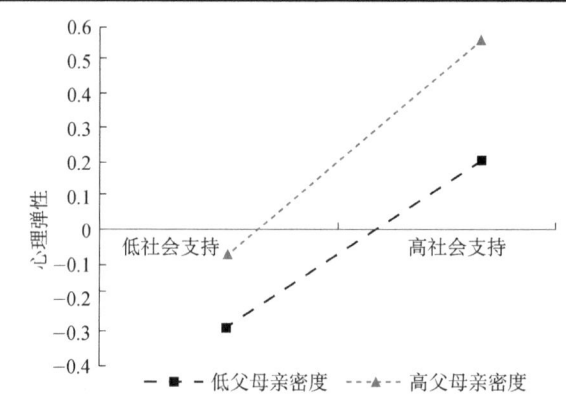

图 3-14 父母亲密度在社会支持与心理弹性关系中的调节作用

四、讨论

本研究发现，存在意义感可以正向预测心理弹性，H1 得到了验证，这也与以往的研究结果一致。大学生作为一个特殊群体，针对公共卫生事件的预防措施使他们不能自由地从事社会活动，还不得不从课堂学习过渡到在线学习，这些非凡的经历使他们不可避免地产生一定程度的抑郁。研究发现，对于一些情绪异常（如过度焦虑、易怒等）程度较高的大学生，通过不断重新审视生命中的意义，他们部分人得以明确人生的目的和价值，增强内心的心理力量和自身的韧性。然而，缺乏存在意义感的人更容易抑郁，更容易出现自我认同危机和其他消极的心理状态，并且更难从负面情绪中恢复，这也影响了他们的适应能力（Arslan & Yıldırım，2020）。存在意义感在增强心理弹性方面起着重要的作用。

本研究还发现，社会支持在存在意义感与心理弹性之间起中介作用，H2 得到了验证。陈秋婷和李小青（2015）的研究表明，社会支持可以有效地增强生活意义，但本研究的结果与他们的结果并不一致，可能是因为大学生对生活体验的意义感更高，对自己的目标和价值观的感知更强，这代表了自我肯定。通过加强自我意识来缓解负面情绪，可以培养更多积极情绪，促进人际关系的发展，这可以使个体的心理健康状况得到改善，使其社会支持水平得以提升。这两个变量之间的关系应在未来的研究中得到进一步研究。根据弹性动态模型，当一个人有更多的外部支持，如社会支持时，心理弹性会增强。社会支持包括来自家人、朋友和其他人的支持，是强大的保护因素，特别是在负面生活事件中，个人获得的社会支持越多，就越能积极克服困难，减少内心的脆弱，进一步增强了自身的韧性。

本研究还发现，情绪智力在存在意义感与心理弹性之间的关系中起调节作用。具体而言，高情绪智力增强了存在意义感对心理弹性的积极影响，H3 得到了验证。以往研究发现，人生意义与情绪幸福感相关，大学生在疾病预防过程中，难免会产生焦虑、失眠、抑郁等负面情绪。然而，面对政府区域管理，高情绪智力的大学生仍然能够在日常生活中找到快乐，体验到更多的积极情绪，不断提高自身的存在意义感，乐观地看待事物，进一步增强心理弹性。然而，对于低情绪智力的大学生来说，他们的脆弱性使他们在很长一段时间内无法克服实际困难，伴随而来的情绪低落使他们难以体验生命的价值，难以克服不良反应，产生适应困难。研究表明，情绪智力可以促进情绪调节和心理健康。因此，提高个人的情绪智力可以帮助他们更好地克服困难，提高应变能力。

研究还发现，父母亲密度在社会支持与心理弹性的关系中起到调节作用。具体而言，高水平的父母亲密度增强了社会支持对心理弹性的积极影响。H4 得到了验证。根据压力缓冲模型，社会支持可显著缓解社交距离的负面影响所带来的压力（Cohen & McKay，2020），亲子关系是社会支持系统中的重要因素。父母亲密度水平较高的大学生更愿意与父母分享日常事件，从父母那里得到更多的支持和理解，与社会的联系也更紧密。因此，在处理困难情况时，高水平的父母亲密度增强了他们的心理弹性，使他们能够保护自己免受伤害。当亲子相容性水平较高时，个体能够与他人或社区形成更好的联系，促进社会支持对心理弹性的积极影响。而父母亲密度低的大学生与父母关系疏远，可能将这种情况泛化到与周围人的人际交往中，不利于建立良好的社会关系，在这种情况下，社会支持对抗逆力的影响不显著。因此，大学生需要与父母进行良好的沟通，以获得更多的关心和支持，从而提高大学生的心理弹性。

五、研究的局限性

本研究存在以下局限性：①受调查人力、物力等成本的限制，本研究采用了基于问卷调查的横断面设计，无法证明变量之间的因果关系。未来的研究可以通过收集纵向数据进一步验证存在意义感与心理弹性之间的关系及其心理机制。②本研究的数据基于参与者的主观报告，因此可能存在主观偏见问题。未来的研究应考虑从各种来源收集数据，以更客观地衡量相关变量。③本研究采用的抽样方法为方便抽样，因此可能难以在较大范围内代表总体结果。未来可以尝试对不同阶段的群体进行研究，以进一步丰富存在意义感和心理弹性的研究。④本研究探讨了大学生的存在意义感与心理弹性之间的关系，未来的研究可以考察其他群体，如儿童、青少年等不同阶段群体，以淡化方便取样方法的消极影响。

六、研究结论

本研究探讨了大学生存在意义感与心理弹性的关系，并探讨了社会支持的中介作用以及情绪智力和父母亲密度的调节作用。一方面，本研究的结果丰富了该领域的文献，为教育工作者提供了理论依据，为促进大学生的心理健康提供了有效的建议；另一方面，本研究结果对大学生心理健康问题的预防及相应的教育干预实践具有现实意义。

其一，公共卫生事件期间，面对全球性传染病，大学生在预防背景下不可避免地产生了一定的负面情绪体验，如焦虑、恐惧等。针对大学生的情绪行为问题，教育工作者应稳定并进一步调整学生的情绪，通过提升学生的存在意义感，帮助学生逐步适应环境，不断增强其心理弹性。这种积极的协同效应有助于维护大学生的心理健康（Yang et al., 2020）。

其二，学校应积极关注大学生的心理健康，增进对大学生日常学习和社会生活的了解，从心理重建的角度提出提高大学生抗压能力和适应能力的相关建议，降低出现负面心理问题的可能性。

其三，政府相关部门应积极构建保障工作机制，引导大学生树立乐观向上的人生观，培养大学生敬畏生命、坚韧不拔的优秀品质，促进社会健康和谐发展。

第八节 同学排斥与青少年自杀行为的关系[①]

本研究基于自杀人际理论,采用整群抽样法对1218名青少年进行了问卷调查,探讨了同学排斥与自杀行为的关系。结果表明:同学排斥对自杀行为的预测作用显著;孤独感在同学排斥对自杀行为的影响中起中介作用;感知校园氛围负向调节了孤独感与自杀行为的关系,同时负向调节了孤独感在同学排斥与自杀行为之间的中介作用。当感知校园氛围较低时,同学排斥通过孤独感影响自杀行为的间接效应显著;当感知校园氛围较高时,这一间接效应不再显著。

一、引言

自杀是青少年死亡的主要原因之一,目前已被视为严重的心理疾病问题(Cheek et al.,2020;Massing-Schaffer et al.,2019)。据国家卫生健康委员会(2020)公布的统计年鉴数据,2019年,我国每10万名10~14岁青少年中便超过1人死于自杀,而这一数值率不及15~19岁青少年群体自杀死亡率的一半。青少年自杀死亡前,可能存在自杀意念、自杀计划、自杀尝试等不同程度的自杀行为(Peng et al.,2021;杜睿,江光荣,2015)。因此,青少年群体的自杀行为及其影响因素长期以来吸引着研究者的广泛关注。社会排斥是指个体在身体上和情感上与他人或群体分离的经历,如被拒绝或忽视(Riva & Eck,2016)。自杀人际理论认为,来自亲密他人的社会排斥使得个体的归属需求受损,被排斥带来的心理痛苦甚至比躯体上的疼痛更加令人难以忍受,以至于个体可能会用伤害自己的方式来应对这种痛苦,因而社会排斥可被视为自杀行为最强有力的预测因子之一。

进入青春期后,同学之间的人际关系逐渐取代了与父母的依恋关系,成为青少年社交生活的重心。然而,长期遭受同学拒绝与忽视的经历会导致青少年体验到大量负面情绪,并可能产生自杀倾向来逃避社会排斥带来的伤害(Chen & Sun,2020)。国外有调查发现,大量青少年在过去几个月内至少经历过一次同伴排斥事件,这些

[①] 本节作者:刘晔、蓝简、时勘、于悦、刘晓倩、王国芳、李汇方。

事件和自杀行为存在显著正向关联（Cheek et al., 2020; Massing-Schaffer et al., 2019）。国内研究也发现，校园排斥经历可显著增强青少年的自杀意念（张野等, 2021）。尽管新近的研究致力于解释排斥为什么会导致自杀行为，但这些研究比较重视对被排斥者四种基本需要的威胁、生命意义感的缺失等认知方面的路径在其中所发挥的中介作用，对于被排斥后的情绪情感体验关注较少。例如，Chen 和 Sun（2020）发现，被排斥的经历会削弱个体的生命意义感，威胁个体的获取、结合、理解和防御四种基本需要，同时引发负性情绪，进而导致自杀想法的产生。由此，先前研究并未充分考察个体在遭遇排斥后的人际情绪体验，这阻碍了对于同学排斥人际效果的全面理解。故本研究旨在回应"为什么"这个问题，进一步阐明同学排斥影响青少年自杀的重要机制。据此，本研究提出如下假设：

H1：同学排斥正向预测青少年自杀行为。

自杀人际理论认为，消极的人际关系常通过个体的挫败归属感作用于自杀行为，其中孤独感是归属需要未满足时产生的不愉快的情绪体验（van Orden et al., 2010）。孤独感指个体对其社会关系不满的主观体验，常伴随负性情绪，代表一种社会痛苦机制（Stein & Tuval-Mashiach, 2015）。同学排斥是一种典型的外部威胁情境，容易使青少年在学业、心理和社交上处于不利的地位，阻碍其交往与归属需求的满足。因此，遭遇同学排斥的青少年会体会到强烈的孤独感。实证研究的结果也显示，同伴排斥对孤独感具有正向预测作用（Xiao et al., 2021）。更进一步地，为逃避归属需求受挫所引发的心理痛苦，自杀可能是个体的一种极端选择。May 和 Klonsky（2013）认为，个体自杀是为了逃避以孤独感为代表的痛苦情绪体验。研究表明，我国青少年的孤独感与自杀行为存在显著正向关联（Peng et al., 2021）。在 40 项自杀研究中，60%的研究发现孤独感对自杀行为存在显著影响（Calati et al., 2019）。据此，本研究提出如下假设：

H2：孤独感在同学排斥与青少年自杀行为之间起中介作用。

经历孤独体验的青少年并非都存在自杀行为，van Orden 等（2010）在自杀人际理论中补充道，个体对归属受挫现状感到绝望是产生自杀愿望的先决条件。如果处在孤独中的青少年发现处境可以改善，那么其很可能会专注于缓解痛苦，而非结束自己的生命（Klonsky & May, 2015）。有学者指出，积极的校园氛围对逆境中的青少年具有较强的保护作用，可调节个体因素与自杀行为之间的关系（Benbenishty et al., 2018）。校园氛围指校园生活的质量和特征，主要基于个体学校生活的经验模式（Thapa et al., 2013）。校园氛围与同学排斥的区别在于，同学排斥聚焦校内同龄人与自己的人际关系，而校园氛围侧重于学生对学校宏观环境的整体感知，包括学校的规范、目标、价值观、教学实践、组织结构和全校所有师生之间的关系（Thapa et al., 2013）。和谐的校园氛围可为青少年提供更多与教师、同学互动和建立密切关系的机会，有利于孤独中的青少年看到归属需求得到满足的希望，从而抑制自杀意念的产生（Li et al., 2016）。相反，消极的校园氛围意味着全校师生整体关系不佳、校园欺凌现象严重、校内学习生活糟糕等（谢家树等，2016）。对上述情况的感知令处于孤独状态的青少年基本需求进一步受阻，心理痛苦无处排解，从而加剧负面心理感受，甚至引发绝望（Li et al., 2016）。据此，本研究提出如下假设：

H3：感知校园氛围负向调节孤独感与青少年自杀行为之间的关系，即感知校园氛围越差，孤独感与自杀行为的关系越强。

本研究基于自杀人际理论，提出了一个有调节的中介模型（图3-15），认为同学排斥通过孤独感间接促进自杀行为，该间接效应的第二阶段依赖于感知校园氛围。同学排斥会挫败青少年的归属需求，使青少年产生较强的孤独体验。当感知校园氛围较差时，青少年更容易对摆脱孤独感到绝望，故选择自杀这一极端方式摆脱痛苦。相反，当感知校园氛围较好时，因被同学排斥而感到孤独的青少年更可能关注痛苦得以缓解的可能性，而非自杀（Klonsky & May, 2015）。综上，本研究提出如下假设：

H4：感知校园氛围负向调节同学排斥通过孤独感影响青少年自杀行为的间接效应，即感知校园氛围越好，这一间接效应越弱。

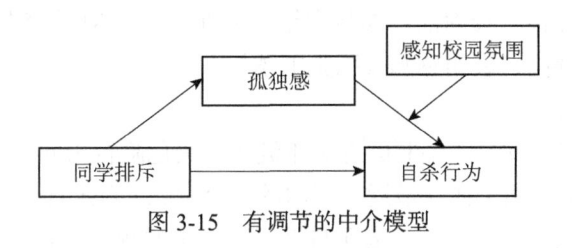

图 3-15 有调节的中介模型

二、对象与方法

1. 对象

本研究选取四川省某市 8 所中小学的小学 4 年级至高中 2 年级青少年，以班级为单位进行整群抽样，进行问卷调查。问卷施测得到了校方授权，并遵守匿名原则填写。共回收问卷 1324 份，其中有效问卷 1218 份（有效率为 91.99%）。被试年龄为 9~20 岁。男生有 600 人，女生有 608 人，10 人未报告性别；小学高年级学生有 495 人，初中生有 414 人，高中生有 309 人；被试父亲的职业主要涉及产业工人（510 人，占比为 41.9%）、商业服务业人员（211 人，占比为 17.3%）和个体工商户（130 人，占比为 10.7%）；被试母亲的职业主要涉及商业服务业人员（382 人，占比为 31.4%）、无业（含退休、过世）（226 人，占比为 18.6%）和产业工人（196 人，占比为 16.1%）。

2. 测量工具

（1）同学排斥

在 Ferris 等（2008）编制的工作场所排斥量表基础上进行改编，将排斥发出者限定为同学，将发生场景限定为学校。采用利克特 7 点计分法，共 13 个条目，含 1 项反向计分题，总分越高，说明受到同学排斥的程度越高。本研究中，该量表单因素模型的拟合指标良好（χ^2/df=5.18，RMSEA=0.10，CFI=0.91，TLI=0.89，SRMR=0.05）。

（2）孤独感

采用 UCLA 孤独感量表（UCLA Loneliness Scale）测量孤独感。该量表已被广泛应用于以我国青少年为样本的实证研究中。采用 4 点计分法，包括 20 个条目，其中 10 个条目为反向计分，总分越高，表明孤独感水平越高。

（3）校园氛围感知

采用谢家树等（2016）修订的特拉华校园氛围量表（学生卷）中文版。包括师生关系、尊重多样性、校内活动参与度等八个维度，共 31 个条目，采用利克特 4 点计分法，得分越高，表明感知校园氛围越好。

（4）自杀行为

采用王孟成等（2012）编制的青少年健康相关危险行为问卷的自杀行为题项，共 3 个条目，分别评估个体在最近一年内的自杀意念、自杀计划、自杀尝试。采用利克特 5 点计分法，得分越高，表明自杀行为发生的频率越高。

（5）控制变量

为了检验学校层面的同学排斥对青少年自杀行为的独特预测作用，本研究对人口学变量（性别、年龄）和家庭系统中的风险因素（家长职业、家长的心理虐待与忽视）进行了控制。其中，父母亲职业分别涉及 8 个类别，本研究分别创建 7 个虚拟变量以控制家长职业的影响。心理虐待与忽视采用邓云龙等（2007）编制的儿童心理虐待与忽视量表进行测量，该量表采用利克特 5 点计分法，得分越高，表明家长的心理虐待与忽视问题越严重。

三、结果及分析

1. 共同方法偏差

使用 Harman 单因素分析法进行共同方法偏差检验。结果显示，特征根大于 1 的因子有 16 个，第一个因子解释了 27.61% 的方差变异，小于 40% 的临界标准，说明本研究不存在严重的共同方法偏差问题。

2. 描述性统计与相关分析

如表 3-14 所示，同学排斥、孤独感与自杀行为两两之间均呈显著正相关，这为后续的假设检验提供了初步证据。控制变量与孤独感、自杀行为呈显著相关，故所有控制变量均被纳入数据分析，以避免有偏差的参数估计。

表 3-14 描述性统计与相关分析（N=1218）

类别	M	SD	1	2	3	4	5	6	7
1.同学排斥	2.34	1.00	(0.91)						
2.孤独感	1.97	0.56	0.66***	(0.89)					
3.感知校园氛围	3.17	0.50	−0.47***	−0.56***	(0.96)				
4.自杀行为	1.42	0.79	0.35***	0.45***	−0.36***	(0.85)			
5.性别 a	1.50	0.50	0.02	0.06*	0.02	0.16***	—		
6.年龄	13.40	2.34	0.11***	0.20***	−0.35***	0.15***	−0.05	—	
7.心理虐待与忽视	2.06	0.72	0.41***	0.46***	−0.44***	0.46***	−0.05	0.12***	(0.93)

注：对角线上面的括号里为 Cronbach's α 系数；a 性别：男生=1，女生=2。由于父母亲职业已转化为虚拟变量，故其分析结果未在表格中呈现，下同

3. 有调节的中介模型

采用 Mplus 8.6 软件进行中介检验和有调节的中介检验，参数估计采用 Bootstrap 方法，重抽样次数为 5000，数据分析前对每个预测变量进行标准化处理，并用多重插补法补齐随机缺失值。如表 3-15 所示，同学排斥可正向预测自杀行为（$B=0.14$，$p<0.001$），H1 得到了验证。在固定控制变量的影响后，同学排斥对孤独感具有显著的正向影响（$B=0.56$，$p<0.001$），孤独感对自杀行为具有显著的正向影响（$B=0.21$，$p<0.001$）。中介分析表明，同学排斥通过孤独感影响自杀行为的间接效应显著（间接效应为 0.12，95%CI=[0.09，0.15]），H2 得到了验证。

表 3-15 中介效应分析结果

预测变量	未固定控制变量 自杀行为 B	未固定控制变量 自杀行为 t	固定控制变量 孤独感 B	固定控制变量 孤独感 t	固定控制变量 自杀行为 B	固定控制变量 自杀行为 t
同学排斥	0.14	4.79***	0.56	20.83***	0.03	0.80
孤独感					0.21	6.48***
性别	0.14	7.39***	0.06	3.07**	0.13	6.92***
年龄	0.07	3.74***	0.11	5.47***	0.05	2.54*
心理虐待与忽视	0.30	10.18***	0.21	8.16***	0.26	9.01***

有调节的中介效应分析结果表明（表 3-16），孤独感与感知校园氛围的交互项对自杀行为有显著的预测作用（$B=-0.10$，$p<0.001$）。简单斜率检验分析表明，当感知校园氛围较差时，孤独感对自杀行为的正向预测作用显著（$B_{simple}=0.27$，$p<0.001$）；当感知校园氛围较好时，孤独感对自杀行为的预测作用不再显著（$B_{simple}=0.06$，$p=0.146$）。由此，H3 得到了验证。

表 3-16 有调节的中介效应分析结果

预测变量	孤独感 B	孤独感 t	自杀行为 B	自杀行为 t
同学排斥	0.56	20.73***	0.02	0.60
孤独感			0.17	4.92***
感知校园氛围			−0.07	−2.06*
孤独感×感知校园氛围			−0.10	−4.25***
性别	0.06	3.12**	0.13	6.95***
年龄	0.11	5.21***	0.04	1.98*
心理虐待与忽视	0.21	8.15***	0.25	8.23***

如表 3-16 所示，当感知校园氛围较低时，孤独感在同学排斥与自杀行为之间的中介作用显著，间接效应为 0.15，95%CI 为[0.11，0.19]；当感知校园氛围较高时，孤独感的中介作用不显著，间接效应为 0.03，95%CI 为[−0.01，0.08]。两种水平之间的差异显著，组间差值为−0.12，95%CI 为[−0.16，−0.07]，由此 H4 得到了验证。图 3-16 显示了感知校园氛围的调节作用。

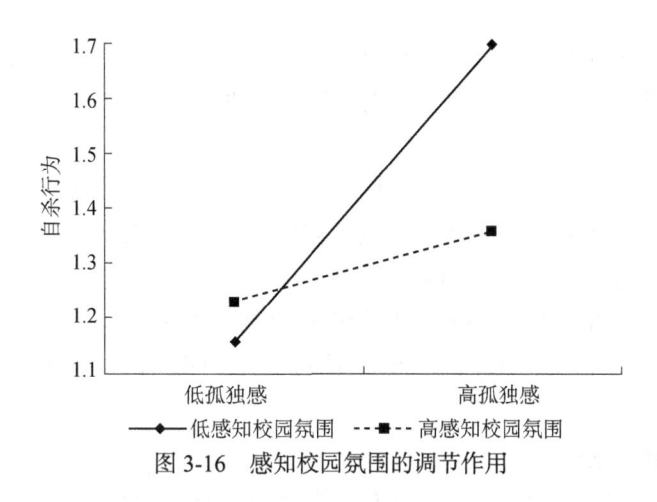

图 3-16　感知校园氛围的调节作用

四、研究结论与局限性

1. 研究结论

本研究探究了同学排斥对青少年自杀行为的影响及其作用机制与边界条件。首先，本研究发现同学排斥可正向预测青少年自杀，支持了自杀人际理论对消极人际关系潜在风险的强调，与以往研究结论相印证（Cheek et al., 2020; Massing-Schaffer et al., 2019; 张野等, 2021）。当前研究缺少对特定关系来源的社会排斥的关注（张登浩等, 2021），本研究聚焦于来自同学的社会排斥，在一定程度上弥补了该领域研究的不足。

其次，本研究识别出孤独感是同学排斥突破青少年心理防线对其自杀行为产生影响的传导机制。以往研究主要探讨了生命意义感、基本心理需要等变量的中介作用（Chen & Sun, 2020），忽视了个体遭遇排斥后的情绪体验。本研究从社交中的情绪体验出发，选取孤独感这一兼具社交性与情绪性的变量，探索了同学排斥与自杀行为间的机制。孤独感是个体对人际关系不满意时产生的一种负性情绪体验，既包含认知成分，又是一种不愉快的情绪体验，综合地反映了排斥造成的多层次伤害。

再次，本研究识别出感知校园氛围是孤独感影响自杀行为的作用边界。尽管自杀人际理论指出并非所有的挫败归属感都会恶化到绝望的程度，但个体究竟在何种情况下对当下的孤独感现状感到绝望，现有的理论解释并不充分。本研究结果表明，对所处的校园环境的感知很可能是驱使青少年通过自杀排解孤独感的一个关键因素。由此，本研究丰富并拓展了自杀人际理论提出的对人际关系现状感到绝望的情境条件，从而为孤独感在个体间的差异化影响提供了有益的见解。

最后，本研究发现，感知校园氛围可调节孤独感在同学排斥与自杀行为之间的间接作用。Chen 和 Sun（2020）指出，排斥所产生的痛苦与自杀的关系可能受到社会接受可能性的削弱，该观点得到了本研究的证实。当感知校园氛围较消极时，青少年更倾向于认为因同学排斥而产生的孤独感是持久的、不可改变的，自杀是摆脱痛苦的唯一方式。相反，当青少年感知校园氛围较好时，同学排斥的消极影响更可能止步于孤独感。

2. 研究的局限性

根据研究结果，本研究建议，针对被排斥的青少年，教育工作者可开展社交技能培训，帮助其被同伴接纳；学校应营造积极的校园氛围，如建立优良校风校纪、增加教职工对青少年的社会支持、增加全校同学之间社交接触的机会等。本研究存在以下一些不足。

第一，本研究为自我报告的横断研究，难以确立因果关系，未来研究可采用纵向设计弥补这一不足。

第二，同学排斥与孤独感之间的关系可能受个体认知因素的调节，如归因方式等，未来可补充这方面的研究。

第三，家庭是青少年成长的又一重要环境，青少年自杀行为可能受到家长多方面因素的影响。本研究仅测量了家长职业及心理虐待与忽视，未来研究可以考虑其他可能存在的控制变量，以确保研究结论的严谨性和可靠性。

第九节　大学生心理筛查与危机干预研究[①]

2016 年，国家卫生计生委等 22 个部门联合印发了《关于加强心理健康服务的指导意见》；2021 年，教育部办公厅又颁布了《关于加强学生心理健康管理工作的通知》；2023 年，教育部等 17 个部门联合印发了《全面加强和改进新时代

---

① 本节作者：时勘、赵雨梦、张中奇、宋旭东、陈祉妍、李欢欢、白萌、梁丽娜、杨雪琪。

学生心理健康工作专项行动计划（2023—2025年）》。这些举措从根本上对于改变心理健康教育的现状起到了决定性的作用。如何通过"五育"并举来完善心理预警干预，营造健康成长环境，这确实是改善当前心理健康教育工作的关键之处。当前，大学生群体在学习生活、适应环境和人际关系等方面面临的压力明显增大，频频出现焦虑、抑郁等消极情绪，这严重地影响了他们的生活和学习，少数人甚至出现精神疾病、自伤自杀行为，因此，开展大学生心理筛查与危机干预研究是改善心理健康教育的关键举措之一。

一、心理筛查的文献回顾

1. 大学生心理筛查的研究现状

1999年高等院校扩招以来，高等教育转向大众化教育，办学规模不断扩大，学生数量迅速增加。中国科学院心理研究所傅小兰等（2023）发表了《中国国民心理健康发展报告（2021—2022）》，该报告使用流调中心抑郁量表、广泛性焦虑障碍量表采集样本，从中抽取成年人样本6859份，覆盖31个省份。调研发现，在抑郁症状高风险群体中，与大学生群体接近的18~24岁年龄组的抑郁风险检出率高达24.1%，显著高于其他年龄组。任杰（2009）采用SCL-90症状自评量表的调查发现，大学生在强迫症状方面的得分也最高，具有中度以上症状者的比例高达34.1%，其次是人际关系敏感、焦虑和抑郁，大学生的心理问题检出率为20.6%。于孟可等（2022）对突发公共卫生事件期间青少年的心理健康状况展开了研究，在调查的8079名学生中，37.4%的青少年出现了焦虑症状，伴有抑郁症状和焦虑症状的青少年占比高达31.3%。闫春梅等（2022）的研究表明，突发公共卫生事件期间大学生的抑郁发生率为38.76%，焦虑发生率为16.36%。可见，不论从哪方面看，我国大学生群体的心理健康状况均需得到关注。

2. 自伤自杀行为的相关研究

Zubin和Spring（1977）将素质-压力模型用于解释个体应对压力时的表现和反应，发现个体素质（包括技能、能力、态度等）与所面临的压力之间存在着相互作用，共同决定着自杀行为。早期社会学理论也从社会整合与情绪调控视角阐释了自杀机制（Durkheim & Emile，2005），认为社会整合，即个人与社会群体的联系以及被接受程度，与自杀行为有关，社会整合度低的人自杀的可能性会增大。还有学者（Zhang，2019）提出了自杀扭力理论（strain theory of suicide），认为生活事件可能引起自杀意念的产生，作为心理压力源可能触发冲突、挫折、心理困扰和无望，甚至绝望。当一个人有心理压力却无法得到解决时，就会感到受折磨或者愤怒，压力的内部释放则可能诱发抑郁、焦虑、自残或自杀的意念。

3. 心理危机的干预策略现状

常用的心理危机干预策略主要有心理咨询、团体辅导和家庭疗法等，心理危机干预可以为处于心理危机状态的个体提供适当的帮助，使其尽快摆脱困境。针对大学生群体，心理危机干预主要解决突发心理事件（如自杀、暴力事件等）以及长期存在的焦虑、抑郁等心理问题。采用萨提亚模式进行团体心理辅导，可提升大学生的应对能力，有效促使大学生减少使用消极应对方式。目前，研究者更多地采用成熟型、积极型的辅导方式，不过，这类干预措施比较缺乏针对性，而且是短效的。

4. 抑郁症状与自伤自杀的关系

目前，人们普遍将抑郁症状的研究作为诱发自伤自杀行为的根源。陈芷妍等（2023）在《中国国民心理健康发展报告（2021—2022）》中，选用流调中心抑郁量表，采集了国内 30 801 位普通人群被试，其中青少年样本为 5072 人；还采集了精神疾患样本 415 人，并建立了常模，以用于大规模心理筛查。该量表的设定特点是敏感度优于特异度，筛查分为两级，10 分以上为轻度抑郁风险者，17 分以上为重度抑郁风险者并进入临床评估诊断。在他们的研究中，得分低于 10 分的青少年占 75.8%，得分高于 17 分的重度抑郁风险者占 7.4%。根据量表编制者的报告，在轻度抑郁风险者中检出约 10% 的抑郁症，重度抑郁风险者中这一比例约为 40%～50%（王森等，2020）。该抑郁风险筛查具有较好的特异度，抑郁风险筛查得分具有较好的敏感度。通过抑郁症状的筛查，可以发现自伤自杀行为者所占的比例。不过，患有抑郁症与自伤自杀行为并不存在必然的因果联系。中国人民大学李欢欢教授认为，自我伤害是当个体面对挫折且心理应对资源不足时出现的一系列不适应性反应，包括各类情绪、认知、生理和行为症状，严重时还会出现自伤自杀（Li et al., 2014）。根据抑郁的认知理论，个体面对特殊事件产生的抑郁，是客观事物和抑郁主体主观认知同步影响的产物，两者是否存在必然联系尚不得而知。李欢欢等还构建了网络依赖对自我伤害影响机制模型，并且认为，首先，网络依赖对自我伤害具有显著影响，依赖程度越高，自我伤害程度越大，抑郁状态在网络依赖对自我伤害的影响中起中介作用；其次，网络依赖可能导致个体出现抑郁状态，在处理生活压力或负性事件时，个体无法采用积极应对方式，且感知到抑郁症状不断加重，因此会产生较大的问题。网络依赖和自伤自杀的关系还有待明确。

5. 心理痛苦与自伤自杀的关系

心理痛苦是一种由心理需要受阻导致的内疚、愤怒、绝望等精神上感到痛苦的体验。Shneidman 在 1993 年提出了心理痛苦理论，强调当个体的心理需要受阻时，就会产生心理痛苦，如果这种痛苦的程度超过了个体所能承受的最大极限，个体就会将自杀当作结束这种无法忍受的心理煎熬的唯一方法，从而采取自杀行为。李欢欢等为此提出了心理痛苦三因素模型，包括痛苦的认知评价（痛苦唤醒）、痛苦的身心症状（痛苦体验）和痛苦引发的动机行为趋向（痛苦逃避）三个维度（Li et al., 2014）。他们认为，心理痛苦与自杀意念、自杀未遂的关系非常密切，并构建了外部要求对自杀行为的条件过程模型，而心理痛苦在模型中起着中介作用，情绪感知在其中起着调节作用。对于该模型，首先，外部要求会对自杀行为产生显著的预测作用，过高的外部要求会对心理健康产生不良影响。其次，个体的感知、情感的升级与认知的被激活会导致实际自杀行为的发生，心理痛苦在模型中起到中介作用。他们认为，对于意志力较脆弱的青少年，在遭遇压力性事件时更容易产生自我否定和悲观情绪，从而导致更强烈的心理痛苦，最终就可能产生自杀等极端行为。再次，心理应对在其中起到认知调节作用，良好的认知调节会帮助青少年很好地适应压力情境，从而减少负面情绪；反之，则有可能加剧负性情绪，甚至导致自杀行为的发生。李欢欢等在自杀心理痛苦三因素模型的基础上，开发出用于预测自杀的测量工具，这一工具在施测中表现出良好的预测效度，特别是在重性抑郁症患者中，痛苦逃避对自杀未遂的预测效能显著高于其他自杀易感因素。经过慎重的文献分析，本研究决定，在对于自伤自杀行为的预测中，除了考虑《中国国民心理健康发展报告（2021—2022）》中的抑郁症状研究外，还将特别考虑李欢欢等开发的心理痛苦测量工具。

二、本研究的总体构想

1. 大学生心理筛查现状

当前，大学生普遍承受学业、就业压力，社交焦虑等心理健康问题突出。课题组参与撰写的《中国国民心理健康发展报告》，通过中国心理健康量表（简版）、流调中心抑郁量表（简版）等工具的调研发现，与大学生群体接近的 18～24 岁年龄组抑郁风险检出率达 24.1%，显著高于其他年龄组（陈祉妍等，2023）。闫春梅等（2022）采用抑郁症状量表、广泛性焦虑量表等工具进一步证实，抑郁与焦虑的比率分别达到 38.76% 和 16.36%。在众多心理问题中，自伤与自杀行为所造成的后果最为致命。据世界卫生组织报告，自杀是 15～29 岁群体的第四大死亡原因[①]。还有研究显示，我国大学生自杀意念的患病率持续攀升（Huang et al., 2022）。因此，深入探究大学生自伤自杀行为的影响因素显得至关重要。

2. 自伤自杀行为的相关研究

导致自伤自杀行为的因素有很多，多数学者认为，抑郁症是诱发自伤自杀行为的主要因素。还有研究表明，抑郁与自杀未遂呈显著正相关（吴才智等，2020），这一发现得到了 Pozuelo 等（2022）的支持。尽管抑郁症与自杀风险密切相关，但二者之间并不存在绝对的因果关系。李欢欢等对此进行了深入探讨，构建了心理痛苦三因素模型，将导致自杀的心理痛苦分为痛苦唤醒、痛苦体验和痛苦逃避等相互影响的因素，其中，痛苦逃避被确认为核心维度，与自杀意念及未遂行为更加紧密相关（Li et al., 2014）。因此，需特别关注心理痛苦等因素对自杀风险的预警作用。而素质-压力模型（Zubin & Spring, 1977）强调了个体素质与压力之间的动态关系，提出二者共同影响自杀行为。自杀扭力理论（Zhang, 2019）则从生活事件出发，阐述了压力源如何诱发冲突、挫败感乃至绝望。当个体无力应对压力时，心理压力的内化可能催生自伤自杀的想法。基于此，构建自伤自杀行为预测机制时需立体审视，综合考量个体心理状态，不仅需识别抑郁等心理疾患，更要剖析心理痛苦等因素，以构建较为全面的预测模型。

3. 三级干预模型的提出

Keyes（2002）提出的心理健康连续体模型（mental health continuum model）认为，心理健康是一个连续的状态，从完全没有到极度痛苦，中间存在着各种状态，为此，可以通过不同层级的连接建立完整的心理健康预测系统。本研究提出了构建心理筛查与危机干预三级模型的构想（图3-17）：该模型从初级干预阶段的心理应对、网络依赖入手，探查初级影响因素；通过中级干预阶段的特质焦虑和压力反应来揭示较为严重的心理问题；最后深入到高级干预阶段的抑郁症状、心理痛苦和自伤自杀等极端心理问题。在这一系统中，课题组重点引入章婕等（2010）编制的抑郁量表和李欢欢等（Li et al., 2014）编制的三维心理痛苦量表，并设计了一系列针对不同心理健康水平的标准化问卷，以此构建心理筛查与危机干预三级模型。在探索过程中，课题组并不仅仅拘泥于高危人群的淘汰式筛查，而是系统探测处于各层次人员的心理问题，进而实施动态的干预策略，遏制心理状况的严重化趋势，力争在各阶段心理问题初显时予以处理。这种模式层层设防、分层筛查，主要目的

[①] 世卫组织发布预防自杀新指南. http://world.people.com.cn/n1/2021/0620/c1002-32135119.html.

是避免心理问题发展成自伤自杀等极端问题，一旦出现心理波动能够及时应对，从而建立起坚实的心理健康防线。

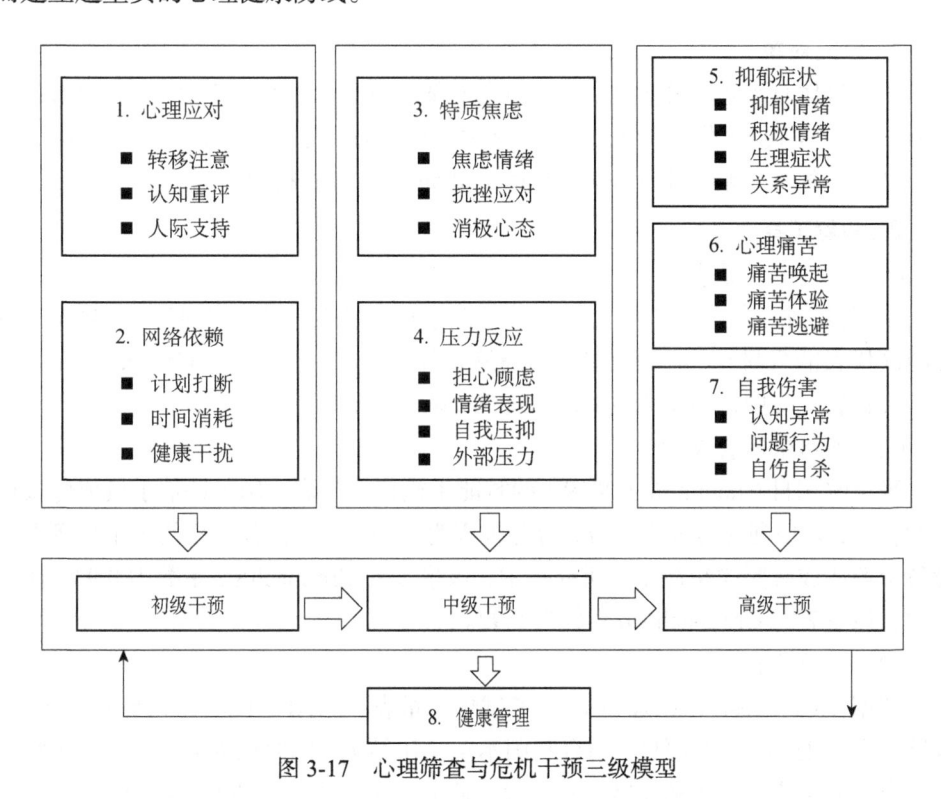

图 3-17　心理筛查与危机干预三级模型

4. 研究总体思路

课题组通过"研究一　大学生自伤自杀影响机制的初步探索""研究二　高心理危机人群自伤自杀行为的预测研究""研究三　心理筛查与危机干预的追踪效果研究"来验证三级干预模型的有效性。在研究一中，初级干预阶段测查心理应对和网络依赖因素；中级干预阶段调查特质焦虑、压力反应因素；高级干预阶段考察抑郁症状、心理痛苦和自伤自杀因素。每一阶段都要考察健康管理的影响作用，这样逐层揭示这些因素交互作用的关联性。在研究二中，针对中级干预阶段，课题组以高心理危机群体为研究对象，逐层探索压力反应、特质焦虑、抑郁症状和心理痛苦等因素对于自伤自杀行为的影响机制，最终为制定有效的干预措施提供科学依据。研究三则针对高级干预阶段，考察 5 个月心理辅导和危机干预之后大学生的心理行为变化，以验证三级干预模型的有效性。

三、研究一　大学生自伤自杀影响机制的初步探索

1. 研究对象

采取群体全覆盖抽样方法，选取河南省某高校大学生为研究对象，获得有效数据 9476 份，问卷回收率为 85.05%，其中男性 3064 人（32.33%），女性 6412 人（67.67%）。样本年龄集中于 18~25 岁（90.46%），以农村户籍为主（73.96%）。

2. 调查工具

（1）心理应对量表

采用自陈祉研等（2019）的国民心理健康技能量表，得分范围为 1~44 分，得分越高代表情绪调节、心理应对能力越差。研究一中，该量表的 Cronbach's α 系数为 0.76；研究二中，该量表的 Cronbach's α 系数为 0.74。

（2）网络依赖量表

采用改编自 Cheung 等（2019）的智能手机依赖量表，用于评估手机成瘾或依赖的程度，采用利克特 6 点计分，得分范围为 1~60 分，得分越高代表手机等电子设备依赖或成瘾倾向越严重。研究一中，该量表的 Cronbach's α 系数为 0.93；研究二中，该量表的 Cronbach's α 系数为 0.92。

（3）特质焦虑量表

依据 TAS（Test Anxiety Scale，考试焦虑量表）、TAI（Test Anxiety Inventory，考试焦虑量表）的有关项目，结合我国本土试用结果，同时根据升学、就业等特殊需要自编的量表，采用利克特 4 点计分，研究一中，该量表的 Cronbach's α 系数为 0.92；研究二中，该量表的 Cronbach's α 系数为 0.83。

（4）压力反应量表

采用自编的压力反应量表，测查个体受情境影响表现出的压力与情绪状态，得分范围为 1~80 分，得分越高代表个体压力越大、情绪状态越严重。研究一中，该量表的 Cronbach's α 系数为 0.96；研究二中，该量表的 Cronbach's α 系数为 0.95。

（5）抑郁症状量表

采用流调中心抑郁量表，采用利克特 4 点评分（0~3），得分范围为 0~60 分。按照中国科学院心理研究所使用该量表在全国城市建立的常模，以 43 分为临界值，43 分及以上的被试有抑郁倾向（章婕等，2010）。研究一中，该量表的 Cronbach's α 系数为 0.94；研究二中，该量表的 Cronbach's α 系数为 0.91。

（6）心理痛苦量表

采用李欢欢等编制的三维心理痛苦量表，采用利克特 5 点计分，得分范围为

1～85分，总分超过61.89分表明个体的心理痛苦状态严重（Li et al., 2014）。研究一中，该量表的Cronbach's α系数为0.98；研究二中，该量表的Cronbach's α系数为0.97。

（7）自我伤害量表

采用改编自王淼等（2020）的中学生心理危机状态问卷，原问卷共37题，分为认知、抑郁、焦虑、生理症状和自杀自伤5个维度。改编后共25题，测查被试最近4周（即1个月）的实际情况，对自我伤害状态进行评定。该量表的最后4题报告被试伤害自己的次数和具体方式。研究一中，该量表的Cronbach's α系数为0.96；研究二中，该量表的Cronbach's α系数为0.95。

（8）健康管理量表

采用改编自松紧文化量表（Gelfand et al., 2011）的组织干预问卷，用于评估被试所在单位健康管理状况，各条目得分相加为总分，得分范围为1～40分，得分越高，代表被试所在单位健康管理工作越完善。研究一中，该量表的Cronbach's α系数为0.98；研究二中，该量表的Cronbach's α系数为0.98。

3. 初步结果分析

（1）共同方法偏差检验

采用Harman单因素分析法对所有数据进行共同方法偏差分析，结果表明，有15个因子的特征根大于1，其中第一个因子的方差解释率为35.90%，小于40%的临界值，表明不存在共同方法偏差。

（2）各变量的描述性统计与相关分析

各变量的描述性统计以及相关分析结果如表3-17所示。

表3-17 各变量的描述性统计与相关分析结果

变量	M	SD	1	2	3	4	5	6	7
1. 心理应对	24.74（26.94）	4.89（4.76）	1	−0.20**	0.31**	−0.09*	0.08*	−0.06	0.03
2. 网络依赖	31.64（38.52）	10.89（10.69）	0.13**	1	0.27**	0.53**	0.46**	0.40**	0.42**
3. 特质焦虑	40.04（48.97）	9.70（7.46）	0.45**	0.54**	1	0.47**	0.63**	0.41**	0.47**
4. 压力反应	45.96（57.77）	12.86（10.62）	0.25**	0.63**	0.68**	1	0.69**	0.61**	0.51**
5. 抑郁症状	18.11（30.73）	11.26（9.32）	0.36**	0.51**	0.78**	0.72**	1	0.77**	0.71**
6. 心理痛苦	30.33（53.82）	14.59（16.45）	0.26**	0.43**	0.61**	0.59**	0.76**	1	0.69**
7. 自伤自杀	34.59（53.65）	11.83（13.86）	0.28**	0.43**	0.62**	0.56**	0.74**	0.82**	1

注：圆括号内数字为研究二中各变量的分析结果；下三角为研究一中各变量的相关系数；上三角为研究二中各变量的相关系数

（3）压力反应在网络依赖对自伤自杀影响方面的中介作用

为了探究压力反应的中介作用，在控制了性别、年龄、户籍和受教育程度后，进行路径回归和中介效应的检验。以网络依赖为自变量，以自伤自杀为因变量进行检验，结果见表3-18。网络依赖对压力反应的正向预测作用显著（$B=0.739$，$Z=78.154$，$p<0.001$），对自伤自杀的正向预测作用不显著（$B=-0.001$，$Z=-1.311$，$p>0.05$）。压力反应对自伤自杀产生正向影响（$B=0.014$，$Z=20.613$，$p<0.001$）。结果表明，网络依赖对个体自伤自杀行为的影响依赖于个体的压力反应。

表3-18 模型的作用路径和中介效果分析结果

变量	中介变量：压力反应			因变量：自伤自杀		
	B	SE	Z	B	SE	Z
截距	21.139	1.377	15.351***	2.799	0.094	29.838***
性别	−0.018	0.221	−0.082	−0.032	0.015	−2.122*
年龄	−0.115	0.347	−0.330	−0.042	0.023	−1.794
户籍	0.477	0.235	2.033*	−0.051	0.016	−3.213**
受教育程度	0.254	0.174	1.460*	0.015	0.012	1.235
网络依赖	0.739	0.010	78.154***	−0.001	0.001	−1.311
压力反应				0.014	0.001	20.613***
R^2		0.393			0.065	
F		1227.178***			110.266***	

为进一步验证心理应对在模型中的调节效应，在控制了性别、年龄、户籍和受教育程度后，对网络依赖与自伤自杀之间的关系进行有调节的中介检验。采用极大似然估计法，拟合指数为0.01。在控制了性别、年龄、户籍和受教育程度后，对心理应对在网络依赖、压力反应和自伤自杀关系的影响进行有调节的中介效应检验。结果表明，网络依赖和心理应对的交互项对压力反应的作用显著（$B=0.009$，$Z=5.902$，$p<0.001$），说明心理应对在模型中起到了显著的正向调节作用。由此，研究假设得到了验证：网络依赖正向影响压力反应，压力反应进一步影响自伤自杀，心理应对在网络依赖对压力反应的影响中起正向调节作用。

表3-19 网络依赖和自伤自杀之间的有调节的中介分析

变量	中介变量：压力反应			因变量：自伤自杀		
	B	SE	Z	B	SE	Z
截距	16.521	1.785	9.253***	2.799	0.094	29.838***
性别	0.315	0.215	1.462	−0.032	0.015	−2.122*

续表

变量	中介变量：压力反应			因变量：自伤自杀		
	B	SE	Z	B	SE	Z
年龄	−0.120	0.338	−0.357	−0.042	0.023	−1.794
户籍	0.365	0.228	1.599	−0.051	0.016	−3.213**
受教育程度	0.214	0.169	1.266	0.015	0.012	1.235
网络依赖	0.487	0.039	12.403***	−0.001	0.001	−1.311
心理应对	0.209	0.048	4.322***			
网络依赖×心理应对	0.009	0.002	5.902***			
压力反应				0.014	0.001	20.613***
R^2	0.426			0.065		
F	1104.621***			110.266***		

调节效应的简单斜率图如图 3-18 所示，大学生心理应对能力在网络依赖对压力反应的影响中起显著的正向调节作用，心理应对得分越高，个体的情绪调节与应对现实的能力就越强。所以，具有高心理应对能力的个体可通过转移注意、认知重评和寻求社会支持来缓冲网络依赖对压力反应的不良影响。这也表明，心理应对能力作为一种心理技能和资源，对心理健康具有积极的意义。

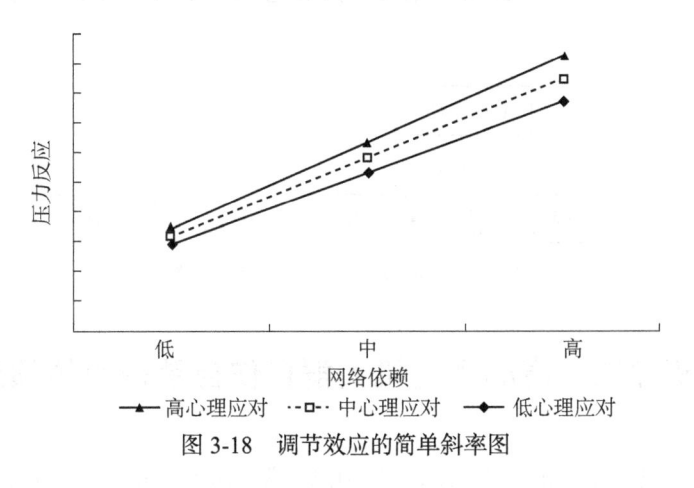

图 3-18 调节效应的简单斜率图

（4）网络依赖、压力反应对自伤自杀的初步预测结果

为获得压力反应在网络依赖对自杀自伤行为预测作用中的中介效应，通过 Bootstrap 方法对模型进行中介效应检验，将放回的自主抽样次数设置为 5000 次，结果如表 3-20 所示。对于心理应对能力较强的大学生而言，网络依赖通过

压力反应影响自伤自杀行为的间接效应相对较强。对于心理应对能力较弱的大学生而言，网络依赖通过压力反应影响自伤自杀行为的间接效应值为0.010，说明网络依赖对自伤自杀行为的直接作用不显著。可见，网络依赖并不一定会直接导致青少年自伤自杀行为，但可以通过压力反应的中介机制对自伤自杀行为产生影响。

表 3-20 有调节的中介效应检验（N=9476）

效应路径		β	SE	95%CI 上限	95%CI 下限
直接效应		−0.001	0.001	−0.003	0.001
间接效应	路径1（−1 SD）	0.010	0.001	0.008	0.011
	路径2（Mean）	0.010	0.001	0.009	0.012
	路径3（+1 SD）	0.011	0.001	0.009	0.012

研究还发现，即使在高心理应对的条件下，压力反应的中介效应值也仅有0.011，这是一个较小的效应值。结合模型路径系数（图3-19）可以发现，问题主要出现在模型后半段的"压力反应→自伤自杀"（$B=0.014$，$p<0.001$），可能是因为研究样本数为9476人，其中多数是心理健康状况正常的被试，高心理危机人数比例较低，对结果不具备高精度的解释意义，所以后续需要进行更有针对性的研究。

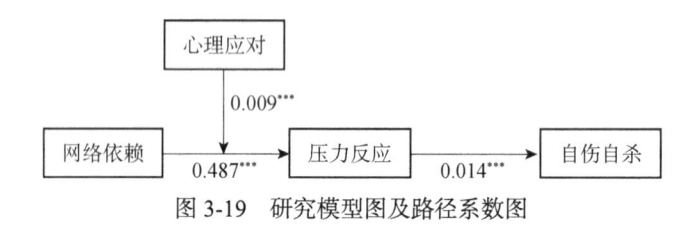

图 3-19 研究模型图及路径系数图

四、研究二 高心理危机人群自伤自杀行为的预测研究

为了构建更为精确的自伤自杀行为预测模型，研究二精简样本规模，将研究对象聚焦到高心理危机人群，即有明显的抑郁症状倾向、承受严重心理痛苦，并明确报告存在自伤自杀行为的群体。通过探究这一特定人群，力求揭示出自伤自杀行为背后的复杂心理机制，为三级干预模型提供更为坚实的数据支持，推动更精准的风险评估与干预策略，以避免自伤自杀行为的发生。

1. 被试筛选过程

（1）高心理危机被试的确定

分析发现，在第一次调查中，有857名大学生属于高心理危机人群，在后续测试的配对中，去除流失数据后，最终得到661份匹配的有效数据。其中，男性264人，女性397人，年龄在18～25岁。确定这661人的依据包括：①按照中国科学院心理研究所建立的流调中心抑郁量表常模，量表得分在43分及以上者符合条件（章婕等，2010）。②心理痛苦量表得分超过61.89分或痛苦逃避维度得分超过10.75分（Li et al., 2014）。③自我伤害量表中第23、24题（尝试过自伤自杀）作出肯定选择。符合上述条件之一者即可。

（2）自伤自杀主要方式的划分

661名被试报告的自伤自杀方式大致分为五种：①切割或划伤：通过锐器（如刀片、剪刀等）在皮肤上制造伤口。②撞击：故意以头撞墙或其他硬物，或用手或其他物件击打自己身体某部位。③拒食或暴饮暴食：节食以致营养不良，或通过过量进食后催吐、滥用泻药等对身体造成伤害。④药物滥用和酗酒：不适当或过量使用药物、酒精，明知有害健康仍持续为之。⑤过度运动：超出身体承受能力的剧烈运动导致身体损伤。

2. 研究结果及分析

（1）共同方法偏差检验

采用Harman单因素分析法对3个时间点的研究数据进行共同方法偏差检验。结果表明，第一次提取中有6个因子的特征根大于1，第二次提取中有10个因子的特征根大于1，第三次提取中有7个因子的特征根大于1。在三次提取中，第一个公因子解释的变异量均低于40%的临界值（分别为38.21%、39.33%、39.69%），这表明不存在严重的共同方法偏差问题。

（2）中介作用模型检验

为了探究情绪焦虑、抑郁症状和心理痛苦的中介作用，在控制了性别、年龄、户籍和受教育程度后，本研究进行了路径回归和中介效应检验，结果见表3-21。在R studio中借助lavvan包进行结构方程模型建构，结果表明，压力反应对情绪焦虑的正向预测作用显著（$B=0.449$, $Z=10.473$, $p<0.001$），对抑郁症状的正向预测作用显著（$B=0.648$, $Z=12.330$, $p<0.001$），且对心理痛苦的正向预测作用显著（$B=0.875$, $Z=11.886$, $p<0.001$）。在后面的路径分析中，情绪焦虑对自伤行为有显著的正向预测作用（$B=0.324$, $Z=9.449$, $p<0.001$），对自杀行为也有显著的正向预测作用（$B=0.313$, $Z=8.934$, $p<0.001$）。而抑郁症状对自伤行为也表现出显著的正向预测作用（$B=0.229$, $Z=8.778$, $p<0.001$），并对自杀行为有显著的正向预测作用（$B=0.229$,

$Z=8.675$，$p<0.001$）。心理痛苦对自伤行为正向预测作用显著（$B=0.153$，$Z=8.686$，$p<0.001$），对自杀行为的正向预测作用显著（$B=0.189$，$Z=10.407$，$p<0.001$）。此外，模型1、模型2、模型3的拟合指标均表明，建构模型与理论模型拟合较好。

综上，路径分析结果表明，压力反应通过情绪焦虑、抑郁症状、心理痛苦，对自伤自杀行为的预测路径均显著，这些数据分析结果支持了三级干预模型的假设。

表 3-21　压力反应对自伤自杀行为的多中介路径结构方程模型分析表

变量	模型1 情绪焦虑（T2）$B(SE)$	模型1 自伤行为（T3）$B(SE)$	模型1 自杀行为（T3）$B(SE)$	模型2 抑郁症状（T2）$B(SE)$	模型2 自伤行为（T3）$B(SE)$	模型2 自杀行为（T3）$B(SE)$	模型3 心理痛苦（T2）$B(SE)$	模型3 自伤行为（T3）$B(SE)$	模型3 自杀行为（T3）$B(SE)$
性别	−0.086* (0.037)	−0.028 (0.031)	−0.029 (0.029)	−0.091* (0.045)	−0.035 (0.032)	−0.035 (0.030)	−0.051 (0.069)	−0.049 (0.032)	−0.048 (0.030)
年龄	0.034 (0.056)	0.007 (0.047)	0.018 (0.044)	0.003 (0.068)	0.018 (0.048)	0.028 (0.045)	0.250* (0.104)	−0.020 (0.048)	−0.013 (0.045)
受教育程度	−0.047 (0.030)	0.043 (0.025)	0.006 (0.024)	−0.001 (0.036)	0.028 (0.026)	−0.009 (0.024)	−0.003 (0.055)	0.028 (0.026)	−0.009 (0.024)
压力反应	0.449*** (0.043)			0.648*** (0.053)			0.875*** (0.074)		
情绪焦虑		0.324*** (0.034)	0.313*** (0.035)						
抑郁症状					0.229*** (0.026)	0.229*** (0.026)			
心理痛苦								0.153*** (0.018)	0.189*** (0.018)

注：括号内数据为标准误差。模型1的拟合结果为：$\chi^2=551.930$, $df=177$, RMSEA=0.057, SRMR=0.042, CFI=0.940, TLI=0.930。模型2的拟合结果为：$\chi^2=325.842$, $df=123$, RMSEA=0.050, SRMR=0.041, CFI=0.961, TLI=0.953。模型3的拟合结果为：$\chi^2=140.249$, $df=65$, RMSEA=0.042, SRMR=0.045, CFI=0.977, TLI=0.969

为了探明情绪焦虑、抑郁症状、心理痛苦三者的中介效应，本研究还对模型进行了偏差校正的百分位 Bootstrap 检验，结果如表 3-22 所示，"压力反应→情绪焦虑→自伤自杀"的中介效应显著，"压力反应→抑郁症状→自伤自杀"的中介效应显著，"压力反应→心理痛苦→自伤自杀"的中介效应显著。这表明情绪焦虑、抑郁症状和心理痛苦均对高心理危机个体的自杀行为存在显著的中介作用，特别是心理痛苦在三者中具有更为显著的中介影响和预测作用。

表 3-22　情绪焦虑、抑郁症状、心理痛苦的中介效应检验

中介效应路径	B	SE	Z	95%CI
路径1：压力反应→情绪焦虑→自伤自杀	0.286	0.048	5.941***	[0.203, 0.390]
路径2：压力反应→抑郁症状→自伤自杀	0.296	0.051	5.760***	[0.201, 0.402]
路径3：压力反应→心理痛苦→自伤自杀	0.301	0.053	5.664***	[0.207, 0.415]

注：SE 和 95%CI 通过 5000 次 Bootstrap 反复抽样估计得到

（3）心理预测模型的总体分析结果

通过对 661 名高心理危机被试的分析，本研究获得了压力反应对自伤自杀行为的综合模型（图 3-20），特别是发现了情绪焦虑、抑郁症状和心理痛苦三条中介路径的效能。此外，自伤自杀行为高危被试的心理预测模型分析结果表明，不同程度的情绪焦虑、抑郁症状和心理痛苦均能显著预测自伤自杀行为，还发现心理痛苦比情绪焦虑、抑郁症状更有可能导致个体的自伤自杀，这对心理筛查和辅导干预具有特殊意义。

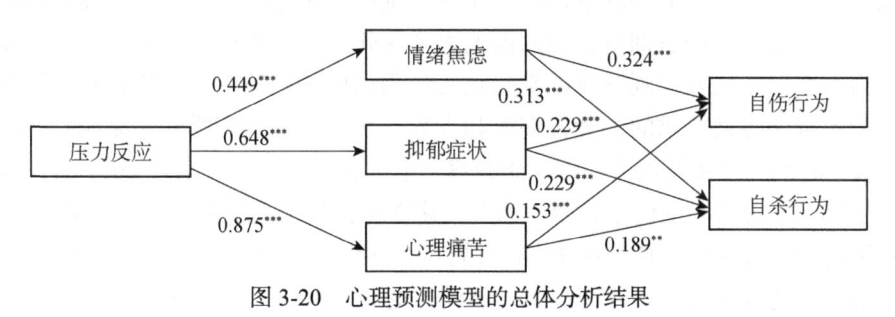

图 3-20　心理预测模型的总体分析结果

五、研究三　心理筛查与危机干预的追踪效果研究

1. 学校的心理辅导体系和健康管理举措

（1）三级干预模式的心理辅导体系

实证研究结果表明，三级干预模式的心理辅导体系特别重要。

初级干预阶段推行以心理弹性为核心的心理辅导项目，特别关注网络依赖倾向的学生，整合家庭、学校与社区资源提升大学生发展素养，在学校引入学生心理委员制度，并加强家校沟通，为需要额外支持的学生提供专业咨询与服务。

中级干预阶段聚焦于特质焦虑的识别与缓解。通过团体辅导传授有效的压力管理技巧，采用情境模拟和角色扮演等互动方式来加深学生对特质焦虑的理解，让

学生学会识别和接受情绪波动，以预防严重的负性情绪发生。

在高级干预阶段，对于筛查出有抑郁症状、心理痛苦和自伤自杀行为的学生，务必在学校心理咨询中心进行登记，并启动"一对一"陪护计划，确保他们能获得个性化关怀与支持，并通过家校沟通会议引入家长的支持。这一阶段不仅关注即时的心理危机干预，更致力于长远的心理康复和个人成长。此外，对于自杀风险高的学生，实施从心理识别到全程干预的流程管理，咨询专家提供面对面咨询，给学生制定出个性化干预方案，并提供药物治疗、认知行为疗法方面的综合支持。同时，激活同伴互助网络，对学生进行多侧度追踪，以降低心理问题复发的风险。

（2）学校健康管理的系列举措

遵照《全面加强和改进新时代学生心理健康工作专项行动计划（2023—2025年）》，我们设计并开展了健康管理调查，发现学校能够将健康管理融入战略规划，全面保障了师生健康。对此，课题组开展了如下工作：第一，强化心理咨询中心的功能定位，设立专门的心理危机应对小组，确保在紧急情况下能够快速响应；第二，建设和完善心理咨询室，引入温州大学温州模式发展研究院网络心理测试系统，为学生提供从入学到毕业的常态化心理测试监护；第三，严格执行教育部规定，配备符合咨询要求的心理咨询教师人数，引入临床心理学专家来校指导；第四，采纳时勘教授主编的《心理健康教育（第二版）》教材（时勘，2019），引导全校学生接受完善的心理健康教育；第五，建立预警与干预机制。依托大数据技术，建立了健全的心理危机预警系统，对可能有心理风险的学生进行及时筛查、识别和跟踪辅导，使得学校健康管理三级干预模式更加完善。

2. 干预效果评估

对河南省某高校9476名学生进行心理筛查与危机干预，在实施5个月的三级干预模式之后，再次对该校学生进行调查，共获得了8655份有效数据，经前后测数据匹配共得到7402份问卷。对未完成后测的学生进行分析，发现其分布与总体分布趋势一致，因此这种数据缺失属于正常现象，不会对研究结果产生异常影响。采用配对样本 t 检验，分析被试在各变量上前后测的数据差异，进一步验证干预效果。

（1）三级干预阶段的筛选标准

1）高级干预阶段筛选标准

被试需要同时符合下列条件：①按照中国科学院心理研究所流调中心抑郁量表全国城市常模，量表得分在43分及以上者符合条件（章婕等，2010）；②心理痛苦量表得分超过61.89分或痛苦逃避维度得分超过10.75分（Li et al., 2014）；③自我伤害量表中第23、24题（尝试过自伤自杀）作出肯定选择。

2）中级干预阶段筛选标准

不属于高级干预阶段，但具有下列条件之一者：①按照吴明隆（2010）的分类，焦虑量表和压力反应量表得分在前 27%的学生符合条件，即焦虑量表得分≥47 分，或者压力反应量表得分≥54 分；②流调中心抑郁量表得分≥43 分（章婕等，2010）；③心理痛苦量表得分超过 61.89 分或痛苦逃避维度得分超过 10.75 分（Li et al., 2014）；④自我伤害量表中第 23、24 题（尝试过自伤自杀）作出肯定选择。

3）初级干预阶段筛选标准

不属于中级、高级干预阶段，但具有下列条件之一者：①焦虑量表得分<47 分；②压力反应量表得分<54 分；③流调中心抑郁量表得分<43 分；④心理痛苦量表得分<61.89 分或痛苦逃避维度得分<10.75 分；⑤自我伤害量表第 23、24 题（尝试过自伤自杀）作出否定选择。

（2）实施三级干预模式后的心理筛查结果

在实施 5 个月的三级心理干预之后，各阶段人群比例发生显著变化：初级干预阶段人数比例从 58.09%增至 65.49%，中级干预阶段人数比例从 40.97%降至 34.17%，而高级干预阶段人数比例从 0.94%降至 0.37%。结果见图 3-21。追踪数据表明，原处于中级和高级干预阶段的学生的心理健康状况有所改善，部分学生迁移至初级干预阶段，这反映了心理三级干预模式的有效性。

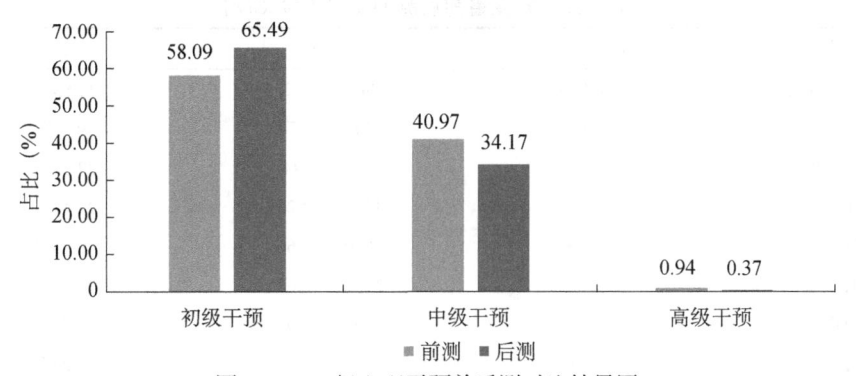

图 3-21 三级心理干预前后测对比结果图

在健康管理调查中，得分越高表示健康管理工作越完善。调查发现：得分在 1～10 分的人的占比从前测的 1.41%降至后测的 1.36%；得分在 20～30 分和 30～40 分的人的占比合计达到 94.58%（图 3-22）。这表明，心理干预措施显著地提升了大学生对学校健康管理的满意度，这是对学校心理健康管理工作的充分肯定。

图 3-22 健康管理测试结果图

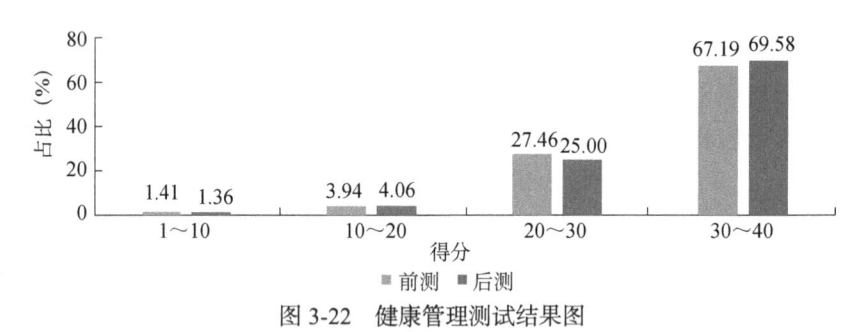

（3）干预前后大学生在各结果变量上的得分情况对比

经过前后测数据匹配得到了 7402 份样本，使用配对样本 t 检验（$M_{后测}-M_{前测}$）评估学生在各结果变量上的变化。结果（表 3-23）表明，与前测相比，被试在心理应对（$t=11.83$，$p<0.001$，$d=0.14$）、网络依赖（$t=19.03$，$p<0.001$，$d=0.22$）、特质焦虑（$t=27.54$，$p<0.001$，$d=0.32$）、压力反应（$t=27.47$，$p<0.001$，$d=0.32$）、抑郁症状（$t=49.84$，$p<0.001$，$d=0.58$）、心理痛苦（$t=26.14$，$p<0.001$，$d=0.30$）和自伤自杀（$t=33.65$，$p<0.001$，$d=0.39$）等方面都有所改善，说明三级心理干预模式是有效的。被试在健康管理方面（$t=8.24$，$p<0.001$，$d=-0.10$）也有所改善，这表明学校的健康管理举措取得了显著进展，进一步证实了心理干预对于构建和完善学校健康管理体系具有非常积极的作用。

表 3-23 各变量前后测的差异（$M \pm SD$）

变量	前测	后测	t
心理应对	25.19 ± 4.58	24.31 ± 4.93	11.83***
网络依赖	32.79 ± 10.15	29.80 ± 10.74	19.03***
特质焦虑	41.54 ± 8.33	38.54 ± 9.44	27.54***
压力反应	47.67 ± 11.36	43.42 ± 12.28	27.47***
抑郁症状	19.96 ± 9.09	16.01 ± 10.60	49.84***
心理痛苦	31.40 ± 14.26	27.65 ± 12.68	26.14***
自伤自杀	35.65 ± 11.72	32.15 ± 10.05	33.65***
健康管理	31.42 ± 7.16	32.34 ± 7.27	-8.24***

采用配对样本 t 检验，对比干预前后 661 名高心理危机大学生群体的数据，结果（表 3-24）显示，与前测相比，被试在抑郁症状（$t=16.16$，$p<0.001$，$d=0.63$）、心理痛苦（$t=23.19$，$p<0.001$，$d=0.90$）和自伤自杀（$t=21.44$，$p<0.001$，$d=0.83$）方面都有明显的改善，其中，心理痛苦减轻得最为明显。个体在情绪、认知和行为方面也有所改善，自伤自杀倾向减弱。

表 3-24　高心理危机被试各变量前后测的差异（M±SD）

变量	前测	后测	t
抑郁症状	30.73 ± 9.32	26.35 ± 11.02	16.16***
心理痛苦	53.82 ± 16.45	41.20 ± 15.67	23.19***
自伤自杀	53.65 ± 13.86	44.33 ± 12.32	21.44***

六、总体讨论、研究结论与未来展望

1. 总体讨论

（1）心理筛查和危机干预的总体成效

本研究结果表明，网络依赖正向影响压力反应，压力反应则进一步影响自伤自杀。心理应对在网络依赖对压力反应的作用中起到正向调节作用。这些发现与先前的同类研究结果是一致的。例如，李松岩与梁胜（2023）的研究证实，网络依赖与压力反应之间存在密切关系，Sun 等（2022）认为，高水平压力是诱发青少年自伤自杀意图的重要因素，而 Konaszewski 等（2021）的研究也强调了良好应对策略对心理健康的积极影响。

（2）高心理危机学生心理干预与辅导干预

聚焦 661 名高心理危机学生的数据分析显示，压力反应通过情绪焦虑、抑郁症状和心理痛苦，在预测自伤自杀行为方面发挥了明显的作用，特别是发现了心理痛苦是最为关键的影响因素。既往研究亦有力佐证了焦虑、心理痛苦和大学生自杀风险紧密关联（苏斌原等，2024），尤其在青少年群体中，处于心理痛苦状态的个体的痛苦逃避行为能显著预测其自杀危机（魏诗洁等，2022）。此外，抑郁也被证实是自伤自杀行为的重要影响因素（尹斐等，2024；赵颖等，2021）。

（3）三级干预模型对健康管理的突出贡献

学校根据健康管理调查的结果，"五育并举"，加强了心理健康教育，并取得了明显成效，达到了《全面加强和改进新时代学生心理健康工作专项行动计划（2023—2025 年）》的要求。本研究构建的三级干预模型更是一种全面、递进的心理健康支持体系，明显地弥补了以往侧重于危机后应对的不足，研究结果更具体地展示了分层次健康管理的优势。通过三级干预，学校不仅能筛查出有自伤自杀行为的学生，还能有效识别出具有抑郁症状尤其是心理痛苦的学生，实现了全面而系统的心理健康守护。

（4）心理筛查和危机干预未来需面对的机遇与挑战

由于自伤自杀行为具有复杂性，心理筛查和危机干预仍然面临机遇与挑战。在三级干预模型中，我们倡导家庭、学校、社会形成合力，共筑心理健康防护网。在心理筛查方面，研究者除了要继续深化对大学生群体的研究，今后还要在中小学全面拓展心理筛查和危机干预的研究工作，这种规律性探索将面临新的挑战。此外，在学校健康管理方面，管理者应将健康型组织建设的思想引入学校管理评价系统中，在新质生产力理念植入高等院校管理之际，促进学校健康管理体系的完善是今后努力的方向。

2. 研究结论

第一，研究结果表明，网络依赖通过压力反应这一中介变量间接影响自伤自杀行为，心理应对在网络依赖对压力反应的作用中起正向调节作用。对网络依赖这一因素特殊作用的发现和干预，是本研究的重要创新。

第二，压力反应通过情绪焦虑、抑郁症状和心理痛苦显著影响自伤自杀行为。其中，心理痛苦对自伤自杀行为具有更强的预测力，这一特殊作用的发现，使得三级干预模型有了更坚实的理论依据。

第三，心理筛查与危机干预三级模式有效缓解了当前大学生的心理困扰，基于三级干预模式提出的促进大学生心理健康的团体辅导和个体陪护方法，对于改进高等院校的心理健康教育具有重要的创新意义。

第四，通过5个月的追踪管理效能实证研究，三级干预模式从整体上提高了高等院校对学生的心理健康管理水平，本研究所构建的学校健康管理模式对于提升我国高等院校管理水平具有重要的示范作用和推广意义。

3. 未来展望

根据心理筛查和干预研究的结果，本研究提出如下展望。

第一，在心理筛查方面，目前还不能保证万无一失，因为在很多情况下，导致自伤自杀行为的偶然因素有很多，需要在理论和实践方面继续进行探索与完善。所以，未来在心理筛查和危机干预方面，还需要做深入的实证验证工作。

第二，在未来研究中，将加大推广力度，特别是在中小学系统内广泛开展心理筛查和心理辅导工作，尽早识别潜在的心理健康需求，为广大学生筑起心理健康防线，为培养具备强健心理素质的下一代奠定坚实基础。

第三，在心理辅导方法上，课题组已在一些中等学校引入漂浮治疗方法，并且将抗逆力模型培训融入其中，通过想象接触、催眠技术来强化心理辅导的成效。这也是下一章将要讨论的议题。

第四，未来应将健康型组织评价模型应用于学校健康管理方面，创建一个全面、综合的评估体系，以促进学校环境的整体健康，不仅关注个体（教师与学生）的身心健康，还重视组织层面的能力发展与文化创新。该模型将围绕"身、心、灵"三大核心领域，每个领域下设"身心健康、胜任发展和变革创新"等具体维度，以确保评价体系的科学性。

第四章

医患救治关系与抗逆成长研究

第一节 医护人员与患者的抗逆力模型研究进展[①]

以习近平新时代中国特色社会主义思想为指导，全面贯彻党的二十大精神，落实新时代党的卫生与健康工作方针，以人民健康为中心，坚持基本医疗卫生事业公益性，深化"三医"联动改革，围绕"县级强、乡级活、村级稳、上下联、信息通"目标，通过系统重塑医疗卫生体系和整合优化医疗卫生资源，推进了以城带乡、以乡带村和县乡一体、乡村一体，加快建设紧密型县域医共体，从而提升了基层医疗卫生服务能力，让群众就近就便享有更加公平可及、系统连续的预防、治疗、康复、健康促进等健康服务。在突发公共卫生事件中，我国举国之力救助患者，医护人员表现尤其出色。课题组进行的第三轮问卷调查主要涉及抗逆力模型的内容，旨在从个体和群体两个水平探索医护人员的成长问题。传染病患者的调查也同步进行，课题组探索了不同患病等级的人员心理救助的规律和心理辅导方法，具体探索的内容包括：构建突发公共卫生事件期间政府信息公开质量评价指标体系；提出医护人员抗逆力干预模式，形成抗逆力机制，建构医护人员抗逆力培训课程体系；构建与实施传染病患者情绪引导干预方案，通过行为事件访谈形成患者干预方案；还进行了医护人员创伤心理康复的工作，并通过线上、线下辅导方式，为其提供了心理干预服务。

一、抗逆力的概念及发展过程

抗逆力是心理学领域的一个关键概念，指个体在面对生活中的压力、困境和逆境时所展现出来的适应、坚韧和积极面对的心理品质。抗逆力的概念最早可以追溯到20世纪70年代，当时的研究焦点在于儿童如何在面临高风险环境，如贫困、家庭破裂、暴力时，依然保持良好的适应情况。此后研究者主要关注个体抗逆力的基础探索，从关注社会心理问题导向转为挖掘个体能力的优势导向。20世纪90年代，研究者开始认识到抗逆力是一个动态变化并受多重因素影响的过程，开始探究逆境中的保护性因素及其如何相互作用以催生个体抗逆力，也对个体与环境的互动关系给予了重视，并开发与应用了抗逆力测量工具。21世纪以来，抗逆力研究实

[①] 本节作者：段红梅、时勘、钟涛。

现了从理论到实践应用的重要跨越，研究焦点转向了如何在实践中识别和确定抗逆力的影响因素，以及其在个体、家庭及社会环境的发展状况，从而将抗逆力融入实践观察中，成为可操作的实践对象，然而构建坚实而全面的抗逆力理论框架仍然是核心议题。突发公共卫生事件毫无疑问是一大逆境。它不仅直接威胁到公众的生命安全和身体健康，还改变了民众的日常生活方式。2019年底开始，突发公共卫生事件在全球范围内迅速蔓延，我国作为最早遭受冲击的国家之一，民众承受了巨大的挑战与压力。传染病导致医疗资源紧张，给患者救治带来困难，健康生活方式受到挑战。长期的心理压力也引发或加重了民众的各类身心疾病。长时间区域管理措施、社交距离限制以及对未来不确定性的担忧等因素，使我国民众的心理健康状况面临严峻考验，研究抗逆力被提升到了前所未有的高度。因此，研究抗逆力理论有助于加强社区、家庭乃至整个社会系统的韧性建设，更好地降低传染病带来的负面影响，保障社会稳定和谐。

二、课题组的最新研究进展

1. BCTS 在 9 个国家的心理测量学验证

众多证据表明，突发公共卫生事件是一个突出的威胁，急需一个能采用的工具以衡量传染病的感知所带来的威胁。于是，通过国际合作，课题组采用横断面设计方法，先后展开了两项研究（N=4719）来检验 BCTS，在 9 个国家成人样本中获得了因素结构和标准效度，这 9 个国家分别是加拿大、美国、英国、德国、意大利、希腊、西班牙、中国和以色列。结果表明，BCTS 是一个有效和可靠的工具，可以在各国背景下进行测量，并能帮助不同国家理解和预测、评价和应对传染病的影响。随机的元分析模型表明：BCTS 与自我监测症状密切相关，是一种与传染病相关的警示工具，可以测量民众能否对传染病保持警惕，能够帮助民众回避情境密切相关的、可能传播病毒的地方，而且可以避免对传染病的担忧。课题组的上述研究结果为验证 BCTS 的有效性提供了充足的证据支持。

2. 医护人员的抗逆力研究

研究发现，由于工作时间长，过度接触到伤病和死亡，长期精神高度紧张，造成严重的身心耗竭，医护人员面临着更大的工作倦怠、身心失衡，从而影响工作质量。课题组的调查发现，中国医护人员的工作投入为中度水平，低于欧美国家医护人员；抗逆力处于中度偏低水平，他们通常承受着生理和心理的双重压力，由于工作时间长，工作环境存在被感染的风险，这会影响他们的工作状态。在此背景下，抗逆力能帮助他们更好地应对工作。医护人员长期精神高度紧张，压力过大，身心健康受到了巨大影响。对医护人员开展干预研究，特别是进行团体心理辅导培训，可以提高医护人员的抗逆力。这一结论验证了"抗逆力是类状态特质，兼具特质性和状态性，既有一定稳定性，又可以干预开发"（King et al.，2015）的观点，为抗逆力培训提供了实证依据。通过对医护人员进行情绪管理、自我效能、压力应对和沟通合作等方面的团队心理辅导，他们的抗逆力也得到了提升。这说明，个体抗逆力提升具有多种可行方案，不同群体应根据其工作压力和情绪特点设计相应的抗逆力模型提升方案。实验组追踪测试的抗逆力得分显著优于控制组，说明抗逆力干预效果具有持续性。

3. 漂浮疗法对患者的焦虑、睡眠质量的影响研究

近年来，漂浮疗法被广泛应用于运动医学、疼痛管理领域，新型的"漂浮舱"不断改进。随着健康潮流的兴起，漂浮疗法在全球范围内受到了更多的关注和实践。本研究中采用的漂浮液成分为接近饱和的七水硫酸镁（$MgSO_4 \cdot 7H_2O$），漂浮液体温度与被试体温保持一致，能够对治疗诸如周期性头痛、心肌功能失调、高血压和气喘等疾病起到良好作用，能有效消除局部水肿，并作用于周围血管、神经、肌肉，抑制运动神经纤维的冲动，减少乙酰胆碱的释放，使血管平滑肌舒张、血管扩张，加快炎症的消退，促进组织的修复。本研究对 8 例流行病患者进行了个案研究，将研究对象分为两组，每组 4 人，一组接受抗逆力培训配合漂浮治疗，另一组仅接受漂浮治疗，实验总共进行两周，并对患者进行了一系列测量，采用的测量工具包括个体抗逆力量表、汉密尔顿焦虑量表（Hamilton Anxiety Scale，HAMA）、匹兹堡睡眠质量指数（Pittsburgh Sleep Quality Index，PSQI）量表等。干预结束后，再次对所有被试进行焦虑、睡眠等标准化测试，了解他们的情绪变化、抗逆力提升的感受以及对漂浮治疗的体验和反馈。后来正式实验的结果表明，漂浮治疗作为一种创新且有效的治疗方法，在补充和强化常规医学疗法的基础上，能够带来显著的临床效果。接受漂浮治疗的个体在缓解焦虑、应对抑郁以及提高睡眠质量方面表现出更积极的变化。漂浮疗法不仅有助于降低患者的应激水平，促进内在平静状态的建立，而且能有效减少夜间觉醒次数，提高整体睡眠效率，实证数据证实了这一疗法在短期及长期疗效上的优势，尤其体现在生活质量的整体提升上。本研究强调了抗逆力训练与漂浮治疗相结合所带来的协同效应，将抗逆力治疗纳入综合治疗方案后，患者不仅在情绪调控能力上有显著提升，还表现出了更强的心理弹性与适应能力，这无疑为应对生活挑战、预防疾病复发以及实现全面康复奠定了坚实基础。

4. 医护人员工作投入的影响机制

工作投入是一种积极的工作状态，体现了个体在工作中表现出的活力、奉献和专注的程度，因此，提升医护人员的工作投入，对于提高其工作质量和提高患者的满意度具有重要意义。以往研究多从降低疲劳、情绪耗竭等入手，课题组对贵州省六盘水市 13 家二级和三级医院的医护人员进行了问卷调查，研究对象包含医生、护士和药技人员。结果发现，心理脱离确实能够提升医护人员的工作投入水平。本研究从资源储备角度验证了心理可得性的作用。根据资源保持理论，心理脱离可帮助员工修复因工作要求消耗的资源。根据工作疏离感理论，心理脱离会导致员工脱离组织情境，降低组织承诺和组织认同，产生对工作的距离感。而工作疏离感会降低工作奉献等工作表现。总之，心理脱离对工作投入具有负向影响。高职业使命感能激发个体持久而稳定的组织承诺，从而缓解工作脱离的负面影响。所以，为降低医护人员的心理脱离水平，医院需加强文化建设，增强医护人员职业使命感。课题组还采用多阶段抽样方法，将贵州省六盘水市医院分为三级、二级、民营医院以及乡镇卫生院 4 类，在各医院内按其医生、护士、药技人员和行政管理人员比例进行抽样，最终获得有效问卷 1406 份。结果发现，职业获得感对医护人员工作绩效具有直接正向影响。职业获得感通过积极计划对医护人员工作绩效产生间接正向影响，职业获得感高的个体，积极计划水平更高，未来职业获得预期正向调节了医护人员职业获得感与工作绩效间的关系。因此，医院应拓宽医护人员的职业发展路径，使之建立对未来职业发展的信心。

5. 社会支持对医校学生应对困难的影响

采用方便抽样的方法，对江西省某卫校的师生进行了问卷调查，最终获得 1050 份有效数据。结果发现，社会支持与积极应对行为呈显著正相关，在突发公共卫生事件中，社会支持可以显著地正向预测积极应对行为。这一研究结果也契合了社会支持的主效应模型，社会支持对个体身心健康具有增益作用，使其产生较多的积极应对行为，由此获得了提升青少年自我效能，进而提升抗逆力的积极应对行为的结构模型。本研究发现，抗逆力的中介作用效应量比例高达 43.68%。因此，要高度重视"自我效能"在社会支持和积极应对行为方面的中介作用，以及社会支持的"双刃剑"效应，它可能导致青少年在公共卫生事件中产生麻痹思想，放松对于突发事件的防范。因此，政府、学校都应加大风险管理的宣传，让青少年加大警觉，维持积极应对行为。

三、未来展望

在当前复杂多变的社会环境和公共卫生事件的挑战下，抗逆力作为个体面对压力、困境时展现出的积极适应能力,其实践应用的重要性日益凸显。今后,要进一步增强公众在面对全球性挑战时的适应能力。此外,要开展 BCTS 等心理测量工具的进一步普及工作,还要加强医护人员心理弹性与完善职业关怀体系。要让青少年积极参与社会支持的网络建设工作,通过政策引导,搭建线上线下的心理服务平台,加强青少年心理健康教育,确保他们在灾难面前能迅速调整心态、主动适应变化,形成良好的社会适应能力。

第二节　BCTS 的心理测量学验证[①]

威胁对伤害或损失的预测包括生活的方方面面,如健康、娱乐、休闲、教育和经济。本研究报告了 BCTS 的发展过程,以评估个体感知到的病毒威胁的状况。研究一采用探索性因素分析方法,研究二采用验证性因素分析方法,在北美、欧洲、以色列和中国成人中证实了该量表的结构效度,还为检验该量表的标准效度提供了证据。本研究得出:BCTS 是一个简洁、有效、可靠的诊断病毒威胁量表,并且在国际上具有普遍的应用价值。

一、理论和方法基础

根据交易理论构建的威胁量表(Lazarus & Folkman,1987),可以通过认知评估证实它与应对、焦虑和情绪的相互关系。具体来说,可以通过评估压力源是否有可能造成伤害或损失来获得威胁的程度。如果紧张性刺激被评估为具有威胁性,那么,通过评估个人应对紧张性刺激就能得到相应的结果。如果一个人感觉到紧张性刺激具有威胁性,并且遭遇的需求超出了克服紧张性刺激的承受能力,那么负面情绪(如焦虑)就会随之而来。因此,病毒威胁可以被解释为一种主要的鉴别形式,通过这种方式,个人就能获得预期的伤害或损失,而 BCTS 会受到相关威胁的激

---

① 本节作者:Daniel. Chiacchia、Esther Greenglass、时勘、Alexander-Stamatios Antoniou、Petra Buchwald、George Chrousos、Meletios A. Dimopoulos、Lisa Fiksenbaum、Lee GreenblattKimron、Zdravko Marjanovic、Yuval Palgi、Lia Ring,Albert Sesé。

发，这就是威胁量表所要强调的基本功能。此外，还有一个金融威胁量表（Marjanovic et al., 2015），该量表是在2008年金融衰退和金融威胁的背景下开发出来的（Fiksenbaum et al., 2017）。在本研究中，课题组将以调节经济压力对焦虑、抗议的影响为主展开相应的研究。

2020年3月之后的一段时期，发展和验证自我报告传染病压力的相关研究不断增加。首先，从理论上讲，BCTS在关注和应用压力与应对的交易理论方面取得了进展，特别是以恐惧、焦虑、恐惧症、苦恼等因素的测量为工具进行威胁量表的开发，这一工具包括群体间的威胁（Kachanoff et al., 2020）或措施（Conway et al., 2020）。通过这种方式测量病毒威胁，可以在理论上进行概念化（Tambling et al., 2021），以此作为应对情绪的中介因素。其次，BCTS可用作一般的威胁量度，其中威胁并不按照领域来区分。这种方式比其他压力指标测试更加简便。目前，BCTS在国际上得到了验证，以前，这种验证研究仅在北美进行，而本研究中对BCTS的检验则提供了国际比较的基础，这是一个重要变化。本研究采用了横断面设计，两次研究的被试总共为4719人，在9个国家成人样本中对BCTS进行了因素结构和标准效度的检验，9个国家分别是加拿大、美国、英国、德国、意大利、希腊、西班牙、中国和以色列。所有的数据和R代码都发布在国际科学期刊上。

二、研究一的探查

研究一的目的是采用探索性因素分析检验BCTS的因子结构。这是一个大型的国际研究项目，着眼于压力和应对传染病。由于本研究的目的是探索BCTS的因子结构，下面仅介绍与BCTS相关的变量，其他变量没有报告（但可以在开放的科学知识库中查阅到）。

1. 参与者

参与者（$N=784$）是来自加拿大、美国、英国、意大利和德国的成年人。本研究安排了亚马逊土耳其机器人来参加关于"人们如何应对病毒"的研究，数据收集时间为2020年3月28日—5月10日。由于财政资源的限制，数据采集到784个样本时停止。如果参与者年龄小于18岁（$n=3$），没有提供在线知情同意书或没有通过注意力检查，则参与者的数据会被删除。所有调查材料都是用英语编写和完成的，最终样本（$N=735$）由来自加拿大（$n=148$）、美国（$n=154$）、英国（$n=150$）、意大利（$n=142$）和德国（$n=141$）的成年人组成。在每个样本中，大多数参与者是受过大学教育的单身成年男性（表4-1）。

表 4-1　人口统计学变量的描述性统计（研究一）

类别		加拿大	美国	英国	意大利	德国
性别	女性	65（43.9）	59（38.3）	59（39.3）	46（32.4）	28（19.9）
	男性	83（56.1）	94（61.0）	90（60.0）	96（67.6）	113（80.1）
	其他	0（0.0）	1（0.6）	1（0.7）	0（0.0）	0（0.0）
受教育程度	小学	0（0.0）	0（0.0）	1（0.7）	0（0.0）	0（0.0）
	中学	22（14.9）	35（22.7）	30（20.0）	59（41.5）	45（31.9）
	中职	4（2.7）	11（7.1）	7（4.7）	2（1.4）	6（4.3）
	大学	95（64.2）	88（57.1）	83（55.3）	52（36.6）	62（44.0）
	研究生	27（18.2）	20（13.0）	29（19.3）	29（20.4）	28（19.9）
婚姻状况	已婚	81（54.7）	66（42.9）	65（43.3）	49（34.5）	35（24.8）
	离婚	1（0.7）	10（6.5）	4（2.7）	3（2.1）	3（2.1）
	未婚	65（43.9）	75（48.7）	80（53.3）	90（63.4）	103（73.0）
	丧偶	1（0.7）	3（2.0）	1（0.7）	0（0.0）	0（0.0）
年龄	M	32.99	37.66	31.35	30.97	29.48
	SD	9.36	11.85	10.24	9.66	8.09
	最小值	18	23	18	18	18
	最大值	64	68	66	64	58

注：括号外数据为人数，单位为人；括号内数据为百分比，单位为%；年龄数据的单位为岁

2. 方法和措施

BCTS 的所有项目（表 4-2）都以"通过回答以下问题，表明你对病毒的看法"为开头，并要求参与者按照 1（完全没有）到 5（非常多）的评分标准进行评分。这些项目改编自财务威胁量表，反映了威胁的本质：不确定性（即受伤害或损失的可能性）、风险（容易受到伤害或损失）、担忧（涉及忧虑）、认知专注（突出的），以及表面有效性等。

表 4-2　各国 BCTS 的因子载荷、群体性估计、可靠性系数和描述性统计（研究一）

题目	加拿大		美国		英国		意大利		德国	
	λ	h^2	λ	h^2	λ	h^2	λ	h^2	λ	h^2
你有多犹豫？	0.46	0.21	0.71	0.51	0.60	0.36	0.49	0.24	0.80	0.63
在危机中你感觉怎么样？	0.79	0.62	0.85	0.72	0.83	0.69	0.78	0.61	0.88	0.78
你觉得受到了多少威胁？	0.84	0.71	0.83	0.70	0.77	0.60	0.81	0.66	0.80	0.64
你有多担心它？	0.94	0.88	0.84	0.71	0.82	0.67	0.88	0.78	0.82	0.67
你认为它怎么样？	0.71	0.50	0.82	0.67	0.65	0.42	0.60	0.36	0.62	0.38
MacDonald's ω 系数	0.87		0.91		0.86		0.84		0.89	
M（SD）	3.53（0.78）		3.34（0.89）		3.28（0.89）		3.39（0.78）		2.97（0.85）	

注：λ=对应项目的完全标准化因子载荷，h^2=总体估计（即病毒威胁解释的项目差异），ω 系数即 omega 系数

本研究同时采用了 Marjanovic 等（2014）编制的尽责反应量表，用于检测作出随机回答的参与者。该量表由 5 个项目组成，指导应答者如何回答特定问题（例如，让参与者选择数字 1 "强烈不同意" 来回答该问题）。在 5 个项目中，若有 2 个项目回答不正确，表示参与者采取的随机反应模式，这些参与者将被排除在分析之外。

3. 程序和分析计划

通过 MTurk 招募参与者，参与者在 Qualtrics 上完成调查问卷，他们会收到一个随机生成的 ID，该 ID 允许出于支付目的进行识别。知情同意书通过网络获得。所有研究程序均获得伦理审查委员会批准。在所有分析中，模型拟合统计数据是通过 OLS 来评估的。所有分析都是针对每个国家单独进行的，以确定结果是否稳健和可复制。BCTS 采用利克特 5 点计分法，其中的项目是有序的，因此我们对项目的多重相关性进行了因子分析。在对 BCTS 进行探索性因素分析之前，我们还检验了 5 个项目之间的二元多向关系，以确定单因子模型是否适用于该数据。为了探索该量表的结构效度，我们检查了 Scree 图，并对简化的多轴相关矩阵进行了迭代的平行分析，还评估了标准化均方根残差、因子载荷和公因子估计。考虑到信度 MacDonald's ω 系数在 τ 等价条件下优于 Cronbach's α 系数，计算了 ω 系数，而不是 α 系数，以检验量表的内部一致性。本研究没有评估近似均方根误差，因为它可能不适用于小的自由度（如 $df=5$）和小样本量（$N=\sim200$）。所有分析都是采用 R 编程语言中的 Psych 软件包进行的。

4. 结果及分析

探索性因素分析的结果与 OLS 估计的因素载荷表明，单因素模型完全符合所有国家的数据（表 4-2）。Scree 图和对简化的多轴相关矩阵进行 100 次迭代的平行分析表明，单因素解决方案在加拿大、美国、英国、意大利和德国是可接受的，特征值分别为 3.26、3.64、3.17、3.05 和 3.46。此外，病毒威胁结构解释了量表方差的 58.25%（加拿大）、66.08%（美国）、54.91%（英国）、52.81%（意大利）和 62.15%（德国）变异。因子载荷范围为 0.46~0.94，公因子估计范围为 0.21~0.88。除英国（SRMR=0.14）以外，在加拿大（0.07）、美国（0.05）、意大利（0.08）和德国（0.08），df 校正的 SRMR 是可接受的。ω 系数表明，在所有 5 个国家，BCTS 量表的内部一致性系数都高于 0.80（0.84~0.91）。除了德国，其他国家 BCTS 量表的平均值在中间值以上，这反映了病毒威胁的突出特征。

5. 有关研究一的讨论

探索性因素分析的结果表明 BCTS 是病毒威胁结构的可靠测量工具。具体来说，在所有国家，该量表解释了超过 50% 的病毒威胁，因子载荷高于 0.40，然而，在加拿大、英国和意大利样本中，项目 1 的群体性估计低于 0.50，在英国、意大利和德国样本中，项目 5 的群体性估计低于 0.50，可靠性系数超过 0.80，这提供了初步的证据，表明 BCTS 是对北美和欧洲成年人病毒威胁的有效及可靠的测量工具。

三、研究二的探索

1. 目的

研究二的目的是确认 BCTS 在加拿大、中国、希腊、西班牙、以色列和德国样本中的结构效度。除确认量表的结构效度之外，研究二的目的还包括检查病毒威胁相关变量（即监测症状、避免可能传播的情况、预防行为和职业风险）、个体差异（即自我效能感、自我报告的健康、担忧、性别和年龄）、应对（即自我分心、积极应对、否认、物质使用、行为脱离、积极重构和自责），以及对病毒的心理困扰（即焦虑、抑郁、愤怒和疲劳等）。

2. 假设

在交易模型（Lazarus & Folkman，1987）和威胁、防御的焦虑-接近模型中，传染病和应对变量被包括在内。作为针对病毒可能性的一种二级评估模式，为了应对或保护自己免受病毒的威胁，病毒威胁较高的个体更有可能采取监控自身传播风险、降低感染可能性以及帮助个体克服压力的行为（例如，积极地规划）。在揭示个体差异方面，本研究假设，较高水平的自我效能感将预测较低水平的病毒威胁，因为具有高自我效能感的人，往往将应激源视为需要克服的挑战，而不是需要避免的威胁（Bandura，1997）。健康状况不佳和年龄较大将预示着更大的病毒威胁，因为传染病对老年人和已有健康问题的人来说更致命。此外，该大流行还具有一种持续的不确定性（Wu et al.，2021）。考虑到具有担心心理的个体往往不能容忍不确定性（Freeston et al.，1994），预计更大程度的担心将与病毒威胁相关。此外，由于女性报告的公共卫生事件发生以来自己的精神健康状况比男性更差（Moyser，2021），预计女性将报告更高水平的病毒威胁。最后，基于压力和应对的交易模型（Lazarus & Folkman，1987），本研究还假设更高水平的威胁预示着更多的负面情绪（如焦虑、抑郁和疲劳）。

3. 对象

若参与者年龄在 18 岁以下（$n=65$）或没有通过注意力检查（$n=172$），则参与者数据会被删除。最终的样本包括加拿大（$n=291$）、中国（$n=398$）、希腊（$n=2137$）、德国（$n=274$）、西班牙（$n=719$）和以色列（$n=165$）的成年人。数据收集停止是由于财政资源和能力的限制。成对删除了缺失的数据。6个国家的大多数参与者为成年女性,一半以上的人接受过大学教育。

4. 结果及分析

研究二中按国家划分的人口统计学变量的描述性统计结果见表4-3。

表4-3 按国家划分的人口统计学变量的描述性统计(研究二)

类别		加拿大	中国	希腊	德国	西班牙	以色列
性别	女性	237(81.4)	249(62.6)	1617(75.7)	192(70.01)	504(70.1)	117(70.9)
	男性	53(18.2)	148(37.2)	518(24.2)	82(29.9)	214(29.8)	48(29.1)
	其他	1(0.3)	1(0.3)	2(0.1)	0(0.0)	1(0.1)	0(0.0)
受教育程度	小学	1(0.3)	3(0.8)	2(0.1)	—	7(1.1)	2(1.2)
	中学	109(37.5)	53(13.3)	72(3.4)	—	91(14.2)	20(12.1)
	中职	1(0.3)	77(19.3)	230(10.8)	—	98(15.3)	12(7.3)
	大学	178(61.2)	199(50.0)	1077(50.4)	—	331(51.8)	131(79.4)
	研究生	2(0.7)	66(16.6)	756(35.4)	—	112(17.5)	0(0.0)
婚姻状况	已婚	33(11.3)	197(49.5)	772(36.1)	83(30.3)	356(49.5)	108(65.5)
	离婚	3(1.0)	19(4.8)	138(6.5)	115(42.0)	62(8.6)	22(13.3)
	未婚	255(87.6)	179(45.0)	1218(57.0)	12(4.4)	292(40.6)	33(20.0)
	丧偶	0(0.0)	3(0.8)	9(0.4)	59(21.5)	9(1.3)	2(1.2)
年龄	M	22.99	—	—	36.94	41.43	44.18
	SD	6.42	—	—	14.82	14.59	12.59
	最小值	18	—	—	18	18	19
	最大值	65	—	—	83	81	86

注:括号外数据为人数,单位为人;括号内数据为百分比,单位为%;年龄数据的单位为岁。德国参与者的受教育程度、中国和希腊参与者的年龄是分类测量的,而不是连续测量的,因而表中未列出。部分类别的数据有缺失,导致各部分之和不是100%

(1)各国被试的差异

研究二中各国连续变量的描述性统计见表4-4。德国参与者的受教育程度是分类测量的,而不是连续测量的,具体情况如下:有9人完成了普通中学学习,22人完成了实用中学学习,44人完成了贸易学校学习或获得了职业文凭,49人完成了高中(学术中学)学习,135人完成了大学学习,15人数据缺失。此外,中国和希腊参与者的年龄是分类测量的，而不是连续测量的，具体情况如下：在中国，有 15.1%（$n=60$）的人在 20 岁以下，33.4%（$n=133$）的人在 20～29 岁，18.3%（$n=73$）的人在 30～39 岁，18.6%（$n=74$）的人在 40～49 岁，12.3%（$n=49$）的人在 50～59 岁，有 2.3%（$n=9$）的人在 60 岁及以上；在希腊，18～27 岁的有 620 人，28～37 岁的有 711 人，38～47 岁的有 488 人，48～57 岁的有 243 人，58 岁及以上的有 61 人，14 人数据缺失。症状监测通过 7 个项目进行测量，等级从 1（完全没有）到 5（非常多），评估参与者参与传染病相关监测行为的频率。其中，有 4 个项目包含一个自我监测因素（例如，"注意我可能会做的任何咳嗽"），其 ω 系数为 0.87～0.93；3 个项目包含一个专业监测因素（例如，"去看医生或其他卫生保健专业人员"），ω 系数为 0.79～0.92。因素之间的相关系数为 0.66～0.77。

表 4-4　各国连续变量的描述性统计（研究二）

类别	日期	加拿大 M(SD)	ω系数	中国 M(SD)	ω系数	希腊 M(SD)	ω系数	德国 M(SD)	ω系数	西班牙 M(SD)	ω系数	以色列 M(SD)	ω系数
自我监控	1月5日	2.70(1.09)	0.90	3.14(1.15)	0.91	2.02(1.02)	0.87	1.64(0.85)	0.87	2.12(0.87)	0.87	2.31(0.98)	0.90
专业监控	1月5日	1.30(0.73)	0.84	1.88(1.06)	0.83	1.71(0.48)	0.62	1.13(0.40)	0.59	1.21(0.56)	0.72	1.29(0.60)	0.65
回避	1月5日	4.36(0.88)	0.94	3.94(0.96)	0.93	4.22(0.92)	0.92	4.06(0.71)	0.80	4.02(0.81)	0.69	3.31(1.28)	0.93
卫生预防	1月5日	4.11(0.90)	0.77	4.16(0.80)	0.81	4.06(0.85)	0.77	2.74(0.73)	0.58	3.59(0.96)	0.70	3.74(0.80)	0.73
健康预防	1月5日	3.09(0.99)	0.73	3.55(0.90)	0.76	3.08(1.01)	0.71	2.76(1.04)	0.76	2.80(0.90)	0.68	2.46(0.97)	0.57
职业风险	1月4日	—	—	1.93(0.98)	—	2.97(1.01)	—	2.72(1.46)	—	2.48(1.08)	—	2.28(1.08)	—
自我效能感	1月4日	2.91(0.52)	0.78	2.73(0.80)	0.90	2.55(0.69)	0.77	2.99(0.54)	0.68	2.56(0.63)	0.78	2.76(0.74)	0.87
健康	1月5日	2.12(0.98)	—	1.79(0.91)	—	1.84(1.02)	—	1.73(1.08)	—	2.01(0.74)	—	1.66(0.70)	—
担忧	1月5日	3.25(1.18)	—	3.81(1.09)	—	2.99(1.11)	—	2.19(0.85)	—	2.16(1.08)	—	2.82(1.14)	—
自我分心	1月4日	2.91(0.84)	0.65	2.47(0.85)	0.76	3.12(0.87)	0.65	2.65(0.85)	0.79	2.86(0.84)	0.51	2.52(0.96)	0.68
积极应对	1月4日	2.66(0.75)	0.68	2.63(0.84)	0.85	2.99(0.86)	0.72	—	—	2.51(0.87)	0.70	2.35(1.02)	0.81

续表

类别	日期	加拿大 M(SD)	ω系数	中国 M(SD)	ω系数	希腊 M(SD)	ω系数	德国 M(SD)	ω系数	西班牙 M(SD)	ω系数	以色列 M(SD)	ω系数
否认	1月4日	1.42(0.79)	0.83	1.53(0.78)	0.86	1.34(0.69)	0.85	1.32(0.56)	0.65	1.40(0.69)	0.81	1.77(1.03)	0.88
物质使用	1月4日	1.36(0.75)	0.95	1.62(0.81)	0.85	1.12(0.33)	0.56	1.21(0.50)	0.92	1.10(0.36)	0.84	1.33(0.67)	0.91
行为脱离	1月4日	1.60(0.76)	0.87	1.32(0.68)	0.9	1.20(0.46)	0.6	1.46(0.56)	0.62	1.18(0.46)	0.81	1.35(0.73)	0.94
积极重塑	1月4日	2.83(0.85)	0.78	2.54(0.79)	0.71	2.80(0.89)	0.71	2.71(0.84)	0.87	2.62(0.88)	0.77	2.60(0.87)	0.72
自责	1月4日	1.56(0.71)	0.68	1.43(0.70)	0.87	1.84(0.58)	0.51	1.22(0.44)	0.69	1.26(0.48)	0.64	1.66(0.62)	0.53
关于传染病的痛苦	1月5日	2.35(0.93)	0.94	1.90(0.82)	0.98	2.36(0.80)	0.95	1.85(0.63)	0.94	2.07(0.78)	0.96	2.07(0.93)	0.97

（2）疾病传播的评估

让参与者对病毒传播的避免行为进行评估，从1（完全没有）到5（很大程度）进行评分，检查个人避免可能传播病毒的情况（例如，"为避免感染病毒，我已经回避了咳嗽或打喷嚏的人"）。探索性因素分析表明，单因子模型很好地拟合了各国的数据，ω系数为0.80～0.96。

（3）预防行为调查

预防行为调查包括8个项目，参与者从1（完全没有）到5（非常多）进行评分，评估个人为避免病毒传播而采取卫生和健康行为的程度。其中，有4个项目反映了一个注重卫生的因素，ω系数为0.65～0.86，另外4个项目反映了一个注重健康的因素，ω系数为0.75～0.82。因素间的相关系数为0.10～0.77。职业风险通过一个项目来衡量，即"他们的职业给病毒感染带来的风险有多大"，参与者需要从1（完全没有）到4（非常有）进行评分。

（4）自我效能感

自我效能是指克服传染病的乐观的自我信念，自我效能感测量改编自10个条目的一般自我效能量表（General Self-Efficacy Scale，GSES）。评分从1（完全不正确）到4（完全正确），用以评估个人认为他们可以克服传染病的程度，例如，"我在面对（病毒）时可以保持冷静，因为我可以依靠我的应对能力"。该量表在所有国家都具有可接受的信度，ω系数为0.68～0.90。

（5）健康状况

本研究通过一个项目来衡量参与者的健康状况，要求参与者描述他们的总体健康状况，从1（优秀）到5（差）进行评分。焦虑也是通过一个项目来衡量的，即"总的来说，你会说你是一个焦虑者吗？那就是你一直担心吗？"参与者从1（完全不同意）到5（非常同意）对他们的同意程度进行评分。此外还采集了人口统计数据，如性别和年龄，以探索病毒威胁是否存在性别差异，并检查老年人是否比年轻人报告了更高水平的病毒威胁。

（6）应对能力

采用Carver（1997）的自我分心测量（例如，"我一直在转向工作或其他活动，以转移我对事情的注意力"）来衡量个体的应对能力，包括7个分量表：应对传染病的能力，ω系数为0.51~0.79；积极应对（如，"我一直在采取行动，试图让情况变得更好"），ω系数为0.68~0.85；否认（如，"我一直拒绝相信它已经发生了"），ω系数为0.65~0.88；物质使用（如"我一直在使用酒精或其他药物来帮助我渡过难关"），ω系数为0.56~0.95；行为脱离（例如，"我已经放弃了应付的尝试"），ω系数为0.60~0.94；积极重塑（如"我一直在寻找一些东西正在发生的好"），ω系数为0.71~0.87；自责（如，"我一直在为发生的事情责备自己"），ω系数为0.51~0.87。所有的分量表都包含两个项目，要求参与者具体说明他们是如何应对病毒的，从1（我从来没有这样做过）到4（我经常这样做）进行评分。在情绪方面，心理困扰通过一个由6个项目组成的问卷进行测量。参与者被要求在1（完全没有）至5（极度）的范围内描述自己最近对病毒的感受，ω系数为0.94~0.98。

5. 数据收集与结果分析

2020年4月2日—9月1日，课题组采用各种招募方法在线收集数据，如在社交媒体（如Facebook、Twitter和Instagram）上发帖，在高校主页上发消息，以及借助在线参与者招聘工具（Questionstar和SoSci）收集数据。在数据收集之前，研究人员将问卷翻译成适用语言，然后回译为英语。所有被试在接受调查之前均签署了知情同意书。整个研究获得了调查机构的伦理审查委员会的批准。

考虑到BCTS的标度点范围为1~5，这些项目被视为有序和分类的，因此，项目间属于多角度相关，而不是乘积矩相关，被估计为适合模型。参数估计和模型拟合指数通过稳健加权最小二乘法估计获得，其中对拟合统计和标准误差进行了萨托拉-本特勒型调整。在进行验证性因素分析之前，课题组检查了尺度项目之间的多轴相关性及其残差相关性，以及Scree图和多轴相关性，并进行了100次迭代的平行分析。使用lavaan和semTools进行验证性因素分析，采用R编程语言编写的软件包进行检验。来自验证性因素分析和探索性因素分析（即补充分析）的ω系数使用Psych软件包分析获得，来自现存量表（如应对变量）的ω系数使用MBESS软件进行分析。

为了评估 BCTS 的有效性，课题组在 6 个国家进行了一系列病毒威胁相关的双变量相关性、个体差异、应对和苦恼变量的分析，并采用随机效应模型对所有 6 个国家的双变量关联进行了荟萃分析。使用随机效应方法进行内部荟萃分析，以说明研究的异质性。由于效应大小是从不同人群中获得的，研究异质性或使用限制性采用最大似然法来计算估值，所有相关性都经过 Fisher's Z 变换进行分析，并转换回皮尔逊积差相关分析进行展示。采用 Robumeta 和 Correlation 软件包对数据进行分析，对于点序列关系（即病毒威胁和性别之间的关系），使用 Psych 软件包进行 Cohend 计算，并使用效应大小软件包将其转换为 r。荟萃分析根据 Quintana（2015）提出的指导方法进行。

6. 验证性因素分析的统计结果

总体而言，单因素模型的模型拟合统计数据（表 4-5）表明，该模型很好地拟合了 6 个国家的数据，CFI 为 0.96～0.99，TLI 为 0.92～0.99。除西班牙（SRMR=0.09）以外，其他国家的 SRMR 都是可以接受的，SRMR 值为 0.03～0.07。一般来说，CFI 和 TLI 大于 0.95 表示拟合良好，而 SRMR 小于 0.08 表示拟合可接受。因子载荷值为 0.51～0.97。此外，该量表在所有样本中都具有可接受的可靠性，ω 系数为 0.85～0.94。上述证据表明，BCTS 的病毒威胁结构是可接受的。

表 4-5 按国家分类的验证性因素分析结果（研究二）

题目	加拿大		中国		希腊		德国		西班牙		以色列	
	λ	ε	λ	ε	λ	ε	λ	ε	λ	ε	λ	ε
你有多犹豫？	0.51	0.74	0.68	0.54	0.62	0.62	0.80	0.36	0.81	0.34	0.89	0.21
在危险中你感觉怎么样？	0.81	0.35	0.86	0.27	0.94	0.13	0.87	0.24	0.91	0.17	0.97	0.07
你觉得你受到了多少威胁？	0.87	0.24	0.92	0.16	0.95	0.10	0.87	0.24	0.83	0.31	0.96	0.08
你有多担心它？	0.85	0.28	0.92	0.16	0.90	0.19	0.75	0.43	0.85	0.27	0.88	0.24
你认为它怎么样？	0.75	0.43	0.77	0.40	0.80	0.37	0.58	0.67	0.82	0.33	0.87	0.24
M（SD）	2.90（0.81）		3.36（0.92）		2.82（0.90）		2.73（0.76）		2.80（0.92）		2.53（1.02）	
CFI	0.96		0.99		0.99		0.97		0.96		0.99	
TLI	0.92		0.98		0.99		0.94		0.92		0.99	
SRMR	0.07		0.03		0.03		0.06		0.09		0.06	
ω 系数	0.85		0.90		0.90		0.86		0.91		0.94	

注：λ=对应题目的完全标准因子载荷，ε=标注化误差方差（即未被相关题目解释的病毒威胁的方差百分比），CFI=稳健的比较拟合指数；TLI=稳健的 Tucker-Lewis 指数；SRMR=df校正的标准化方根残差；ω 系数是通过稳健的对角加权最小二乘法计算得到的

(1) 模型拟合分析

为确定 BCTS 在全国范围内是否等效,本研究估计和比较了配置、度量、标量与严格不变性模型的拟合。结果发现,配置模型很好地拟合了数据,CFI=0.99,TLI=0.99,SRMR=0.05,这意味着相同数量的因子适用于每个国家,相同的变量定义了不同国家的因子。对所有因子载荷施加等式约束(即度量不变性)不会导致更差的模型拟合,ΔCFI=-0.004,ΔTLI=0.004,ΔSRMR=0.023。尽管对因子载荷和截距参数施加等式约束(即标量不变性)导致拟合较差,但根据ΔCFI(-0.018),其他指标略有改善或保持不变,ΔTLI=0.001,ΔSRMR=-0.022。此外,与标量不变性模型相比,对所有因子载荷、截距和观察到的变量误差(即严格不变性)施加等式约束,不会导致更差的拟合,ΔCFI=0.010,ΔTLI=0.006,ΔSRMR=0.001。因此,对于从加拿大、中国、希腊、德国、西班牙和以色列的个体中所获得的数据来说,BCTS 的调查结果是相当的。

(2) 标准效度分析

在传染病相关变量方面,本研究采用了随机效应荟萃分析,结果(表 4-6)表明,病毒威胁与自我监控行为呈强正相关。Baujat 图表明,这种关系在中国最弱,$r=0.21$,95%CI=[0.11,0.30]。除了自我监控行为外,病毒威胁也与专业人员的监控(即专业监控)呈正相关,这进一步提供了 BCTS 的聚合效度情况。病毒威胁与避免病毒传播可能的情况(即回避)呈正相关,重要的是,样本异质性具有统计学意义,其中加拿大样本的值最低,$r=0.10$,95%CI=[-0.02,0.22]。病毒威胁也与从事基于卫生预防的行为(即卫生预防)密切相关,其中这种关系在中国样本中最弱,$r=0.14$,95%CI=[0.04,0.24]。病毒威胁和参与基于健康的预防行为(即健康预防)之间的关系可以忽略不计,没有证据表明样本存在异质性。最后,那些从事有感染病毒风险职业的个体更有可能感受到病毒的威胁,这种关系在以色列样本中最强,$r=0.41$,95%CI=[0.27,0.53]。

表 4-6 病毒威胁和研究变量的皮尔逊积差相关性(研究二)

类别		加拿大	中国	希腊	德国	西班牙	以色列	随机效应相关性(95%CI)
与传染病相关	自我监控	0.39***	0.21***	0.44***	0.38***	0.35***	0.44***	0.37[0.30, 0.44]
	专业监控	0.15*	0.03	0.16***	0.13*	0.16***	0.30***	0.15[0.10, 0.20]
	回避	0.10	0.27***	0.32***	0.18***	0.28***	0.18*	0.24[0.17, 0.30]
	卫生预防	0.28***	0.14**	0.38***	0.29***	0.30***	0.38***	0.30[0.22, 0.37]
	健康预防	0.01	0.05	0.06**	0.02	0.01	0.06	0.04[0.01, 0.07]
	职业风险	—	0.21***	0.08***	0.05	0.19**	0.41***	0.18[0.06, 0.30]

续表

类别		加拿大	中国	希腊	德国	西班牙	以色列	随机效应相关性（95%CI）
个体差异	自我效能感	−0.24***	−0.04	−0.28***	−0.36***	−0.26***	−0.26***	−0.24[−0.32, −0.16]
	健康	0.20***	0.16*	0.14***	0.26***	0.23***	0.16	0.18[0.14, 0.23]
	担忧	0.37***	0.09	0.43***	0.62***	0.27***	0.61***	0.41[0.24, 0.56]
	年龄	0.03	—	—	0.21***	0.10**	0.05	0.10[0.03, 0.17]
	性别	0.14	0.03	0.11***	0.14*	0.10**	−0.03	0.10[0.07, 0.13]
	自我分心	0.11	0.22***	0.17***	0.16**	0.11**	0.23**	0.16[0.13, 0.19]
	积极应对	0.16**	0.23***	0.09***	—	0.21***	0.27***	0.18[0.11, 0.25]
	否认	0.06	0.07	0.05*	0.18**	0.25***	0.47***	0.18[0.05, 0.30]
	物质使用	0.12*	0.18***	0.07***	0.02	0.11**	0.13	0.10[0.06, 0.14]
	行为脱离	0.10	0.10*	0.14***	−0.04	0.18***	0.26***	0.12[0.06, 0.19]
	积极重塑	0.09	0.25***	−0.02	−0.26***	−0.06	0.11	0.04[−0.10, 0.17]
	自责	0.26***	0.13**	0.10**	0.16**	0.12**	0.20*	0.14[0.10, 0.19]
	关于传染病的痛苦	0.51***	0.29***	0.57***	0.52***	0.42***	0.70***	0.51[0.39, 0.61]

注：性别对应的系数为正表示女性得分较高，为负表示男性得分较高

（3）个体差异分析

感觉更能有效应对病毒的个体不太可能感觉受到病毒的威胁，但这种关系在中国样本中最弱，$r=-0.04$，95%CI=[−0.14, 0.06]。自我报告健康状况不佳的个体更有可能报告出更高水平的病毒威胁，而这种关系在希腊样本中最弱，$r=0.14$，95%CI=[0.10, 0.18]。自我报告的焦虑者更有可能在BCTS上获得更高的分数，尽管没有一个样本被识别为异常值，但样本存在很大的异质性。在中国，担忧和病毒威胁之间的关系较弱，$r=0.09$，95%CI=[−0.01, 0.19]，但在德国（$r=0.62$，95%CI=[0.54, 0.69]）和以色列（$r=0.61$，95%CI=[0.50, 0.70]），这种关系较强。最后，年龄和性别与病毒威胁的关系较弱，老年人和妇女报告的病毒威胁水平略高。目前还没有发现性别和年龄样本存在异质性的证据。

（4）压力及应对分析

支持压力和应对的交易理论指出，因传染病而受到更大威胁的个体更有可能通过自我分心、积极应对、物质使用、自责和行为脱离来应对传染病，而不是通过积极重塑来应对。虽然没有证据表明通过自我分心、物质使用或自责等的样本异质性，但有证据表明，积极应对和否认的样本存在异质性，这种关系在希腊最弱，$r=0.09$，95%CI=[0.05, 0.13]。此外，病毒威胁和行为脱离的关系在德国最弱，

$r=-0.04$，95%CI=[-0.16，0.08]。病毒威胁和积极重塑的关系在中国是积极和适度的，$r=0.25$，95%CI=[0.16，0.34]，但在德国是消极和适度的，$r=-0.26$，95%CI=[-0.37，-0.15]。从心理压力分析出发，病毒威胁与对该病毒的焦虑（即焦虑、抑郁、愤怒和疲劳）呈强正相关，但在统计学上存在显著的样本异质性。Baujat 图以及对异常值和有影响病例的分析表明，这种关系在以色列最大，$r=0.70$，95%CI=[0.61，0.77]。

7. 关于研究二的总体评估

研究二评估了 BCTS 在 6 个国家（加拿大、中国、希腊、德国、西班牙和以色列）的结构效度和收敛效度。增量拟合指数（CFI>0.95，TLI>0.92，SRMR≤0.09）、因子载荷（范围为 0.51～0.97）、可靠性估计（范围为 0.85～0.94），以及与理论和实践上重要的变量之间的相关性，为本研究提供了强有力证据，表明 BCTS 是病毒威胁结构的有效、可靠和有用的测量工具。

四、总体讨论和结论

第一，这两项研究的样本包括 4700 多名成年人，共 9 个国家参与，这为本研究数据的获得提供了支持。探索性因素分析和验证性因素分析的结果证明，病毒威胁结构解释了 BCTS 53%～66%的变异，因子载荷范围为 0.51～0.97，CFI 和 TLI 均大于 0.90，所有 9 个国家该量表的可靠性系数范围为 0.85～0.94。这表明 BCTS 是诊断病毒威胁量表的一个有效和可靠的工具，可以在国际范围内预测应对传染病的影响。

第二，从理论意义来讲，根据威胁和防御的焦虑-接近模型，如果一个人的期望（例如，"我需要感到安全"）与一个人的生活环境（例如，"我的安全面临丧失的风险"）之间存在差异，就会被视为威胁。通过行为抑制系统，人们通过认知或行为来关注威胁，即保持高度警惕或避免威胁，以减少这种差异产生的焦虑。随机效应的元分析模型表明，BCTS 与自我监控症状密切相关。自我监控是一种与传染病相关的警惕性，能够帮助人们回避与情境密切相关的、可能传播病毒的地方，而且可以避免对传染病的担忧。这些理论探索的结果为 BCTS 的有效性提供了充足的证据支持。

第三，除高度警惕和采取回避性行为之外，威胁和防御的焦虑-接近模型（Jonas et al., 2014）还假设，如果一个人的期望和他们的生活环境之间的差异是显而易见的，那么，个人将通过行为激活系统参与面向接近的行为。考虑到洗手和戴口罩等活动已被证明能有效缓解传染病的感染和传播，并且是解决个人需要和感觉安全的差异的可行解决方案，BCTS 的测量还能预测预防行为（例如，使用洗手液，戴口罩）。重要的是，病毒威胁与基于卫生的预防行为有密切关系，但与基于健康的卫生预防行为无关。

第四，压力和应对的交易理论假设，个体在感知有可能造成伤害或损失的压力时会有所不同（Lazarus & Folkman，1987）。正如 Lazarus 和 Folkman 所指出的，对威胁的认识需要将具有某些属性的环境与这类特定人群联系起来，因为这种人在受到环境威胁时会作出反应。研究二探讨了个体在克服传染病时的自我效能感、自我报告的健康状况和担忧倾向是否与病毒威胁相关的问题，结果发现，具有高度自我效能感的人倾向于将紧张性刺激理解为需要克服的挑战，而不是需要避免的威胁，他们以一种对威胁的控制感来对待威胁，因此，对于传染病具有高自我效能感的人较少感觉受到病毒的威胁。此外，由于传染病的影响通常在处于健康状况不佳的人群中更严重，报告健康状况不佳的个体会报告出更多与传染病相关的威胁。最后，由于焦虑者不能容忍不确定性，经常在记忆任务中记住与威胁相关的词，且对其的记忆效果优于对中性词的记忆效果，报告有担忧倾向的个体会报告出更大的病毒威胁。随机效应分析结果表明，自我效能感与病毒威胁呈中度负相关，而健康状况不佳与病毒威胁呈正相关，担忧与病毒威胁呈强正相关，这些结果为 BCTS 的效度验证提供了进一步的支持。

第五，根据压力和应对的交易理论，如果紧张性刺激被评估为具有威胁性，人们将参与第二次评估过程，通过这一过程，可以利用认知和行为努力来控制、减少或容忍压力遭遇所产生的内部/外部需求。压力和应对的交易理论表明，报告病毒威胁水平较高的个人，更有可能出现自我分心、积极应对、否认、物质使用和自责，以克服传染病引发的需求，他们更有可能在行为上摆脱压力源（即放弃应对的尝试）。虽然应对和病毒威胁之间的相关性很小，但重要的是，可能有许多调节因素影响着病毒威胁和应对行为之间的关系，如感知控制等。此外，当考虑到可能产生的负面后果时，小的负面影响实际上也是重要的，如采取不适应的应对方式、使用药物来应付等。

五、应用效果

首先，研究二发现，感染传染病的职业风险与病毒威胁有关。先前的研究表明，从事与他人频繁接触、近距离接触以及可能暴露于疾病和感染的工作的个体，更有可能患上严重的传染病。在 120 000 名参与者的英国国家调查中心的样本中，医疗保健工作者患严重传染病的可能性是非医疗保健工作者的 7.5 倍（Mutambudzi et al.，2020）。为了降低这些员工可能面临的高度威胁，有关组织可以采取一些措施来防止病毒在其工作场所的传播，包括确保物理距离和卫生习惯，确保适当的通风，在工作场所要与员工进行透明沟通等，从而为高风险员工提供支持。

其次，除职业上的挑战之外，本研究还发现，那些感觉受到传染病威胁更大的人更有可能通过使用药物来应对。事实上，传染病流行以来，1/4 的加拿大成年人的饮酒量增加，考虑到酒精滥用的长期健康后果，这是有问题的（Center for Disease Control and Prevention，2021）。也许更令人担忧的是，物质滥用会使个人更容易受到感染（例如，离家购买物品）或患上严重的传染病（Ornell et al.，2020）。减少与传染病相关联的威胁（例如，通过提供寻求社会支持的实际解决方案）可以防止个人出现物质滥用，进而可以防止个人感染和传播病毒。

最后，本研究还发现病毒威胁和相关心理变量之间的关系强度因国家而异。值得注意的是，国家差异可能反映了处理传染病问题时的国家政策，而不是文化差异本身。

六、研究局限性与未来展望

第一，在本研究中，病毒威胁和应对之间的关系很小。考虑到简易应对能力量表的分量表都只有两个项目，一些分量表的可靠性较差，对于病毒威胁和应对之间的关系应谨慎解释。为了更好地把握压力和应对的过程导向性质，未来的研究应该考察对威胁、应对和苦恼的感知随着时间的推移而变化的程度。考虑到环境经常变化，这种纵向和个人内部的方法将提供日常生态性和外部有效性的证据。

第二，在应对传染病威胁的未来变化研究中，随机效应分析结果表明，病毒威胁在许多国家因背景差异而存在不同，对病毒威胁和应对变量之间的元分析关系研究也发现存在大量的样本异质性。因此，研究者还应考察特定环境、政府政策和社会文化等相关变量可以在多大程度上解释国家因素对病毒威胁和相关变量之间关系的调节作用。

第三节 基于抗逆力的漂浮疗法对患者治疗效能的实验研究[①]

本研究的目的是探索基于抗逆力模型的漂浮疗法对病毒感染者的治疗效果，选取了存在焦虑和睡眠问题的20名病毒感染者，将其分为实验组和控制组，每组10人，实验组接受基于抗逆力培训的漂浮疗法，而控制组则采用常规医学治疗方法。本研究利用汉密尔顿焦虑量表、匹兹堡睡眠质量指数量表来评估被试治疗前后的焦虑水平和睡眠质量，结果发现，实验组的焦虑水平和睡眠障碍在干预后显著低于控制组，显示出结合抗逆力培训的漂浮疗法在减轻焦虑症状、提高睡眠质量方面的显著成效。此外，漂浮疗法还与中医"形神共养"原则联合应用，在调节病毒感染者的情绪和提高睡眠质量方面显示出效果，该联合疗法有效地整合了身体和心理的联合治疗效应，为漂浮治疗方法的发展提供了新的视角。

一、引言

公共卫生事件发生期间，全球有大量民众感染了传染性疾病，焦虑症状发生率提高了25.6%，抑郁症发生率提高了27.6%（Mazza et al., 2020）。尽管困难的时期已经过去，但遭遇病毒感染的部分患者仍然处于不适症状态。在生理层面，感染后患者可能遭遇一系列急性或慢性症状，如发热、咳嗽、呼吸困难和疲劳等，这些不仅会直接影响日常活动，还可能间接干扰正常的作息和睡眠。例如，持续的呼吸道问题可能导致夜间频繁觉醒，从而降低睡眠质量；而发热可能干扰体温调节，影响深度睡眠。在心理层面，传染病扩散给患者带来了很大的心理压力。当人们得知自身被感染后，急性期的严重呼吸道症状、疾病预后的不确定性、对家庭成员可能产生的交叉感染等因素，均可能加重患者的焦虑和抑郁情绪。因此，在对传染病患者的综合治疗中，提高他们的健康状况和睡眠质量尤为重要。

1. 漂浮疗法在医学治疗方面的功能

漂浮疗法具有放松精神、减压、提高睡眠质量、缓解疼痛、减少肌肉疲劳和增

[①] 本节作者：段红梅、刘红鑫、钟涛、时勘、吴庆宾、白小白、徐纪红。

强记忆力等多种功效,因而被应用于运动医学、疼痛管理的治疗领域。漂浮疗法是一种值得关注的治疗方法,漂浮液采用了成分接近饱和的七水硫酸镁($MgSO_4 \cdot 7H_2O$),其温度与人体正常体温相接近。伴随着信息化与物联网的发展,漂浮舱得到了不断优化和改进,尤其是我国生产出的智能化漂浮舱,通过声、光、色的综合应用,使漂浮环境得到进一步改善。相较于传统治疗方法,漂浮疗法主要具有两个优势:一是参与者不需要掌握任何特殊技能或主动努力即可实现放松,即这一过程完全是被动的;二是其具有非药物性和非侵入性的特点,无痛苦且无副作用,不会因参与者可能存在的预设问题而带来负面影响。总之,相较于传统治疗方法,漂浮疗法具有非药物性、非侵入性、无痛苦和无副作用等优点,通过让个体在高密度电解质溶液中悬浮,从而限制了环境中的各种刺激,减少了环境因素对人体的影响,使得个体的血压、心率、呼吸频率等得到舒缓。

2. 漂浮疗法对于身心疾病的治疗作用

大量研究表明,漂浮疗法对于个体的焦虑症状有较好的治疗作用。一项针对临床焦虑患者长达 6 个月的对照研究结果显示,患者在经历 12 次漂浮治疗后,其自我报告的焦虑症状显著减少。除焦虑症状之外,其他类型,如创伤后应激障碍、社交焦虑障碍等患者的情绪也得到了实质性改善(Feinstein et al., 2018)。对于那些受到严重压力或焦虑影响的人来说,漂浮治疗是一种值得尝试的康复手段(Jonsson, 2017)。Kjellgren 和 Westman(2014)对 65 名研究对象进行了为期 7 周的追踪调查发现,与控制组相比,漂浮治疗组的压力、疼痛、焦虑和抑郁水平均显著降低,睡眠质量和乐观情绪也得到了显著提升(Kjellgren & Westman, 2014)。还有研究测量了漂浮效果的可持续性,结果表明,漂浮治疗对患者的积极影响能持续 4~6 个月(Bood et al., 2006)。Bood 等(2006)还发现,漂浮疗法对治疗焦虑、肌肉紧张性疼痛、抑郁和睡眠障碍等疾病均有积极效果。这种治疗方法能够有效减少焦虑状态带来的肌肉紧张疼痛,同时可以减少抑郁,增加乐观情绪,提升个体的睡眠质量。总体来看,漂浮疗法对于治疗焦虑、肌肉紧张引起的疼痛、抑郁和睡眠障碍等疾病均显示出积极的效果。

3. 传统医学视角下的"形神共养"原理

漂浮疗法与抗逆力模型的结合使用,体现了"形神共养"的中医养生原则。漂浮疗法通过生理层面的深度放松,为个体提供了一个理想的内在环境,使其能够在无压状态下更好地吸收和内化抗逆力疗法的理念与技巧。这与中国医学传统所强调的"形与神俱"的观点相吻合,即形体与精神是相互依存的,形体的放松有助于精神的宁静和专注。抗逆力模型着重于挖掘个体面对生活压力、挑战以及逆境时的适应能力与应对策略,这与中国传统医学所倡导的"正气存内，邪不可干"的理念一致，通过提高自我效能感、建立积极心态和强化社会支持等方式，可以增强个体的心理弹性，从而使其更好地应对生活中的各种挑战和压力。

4. 课题组对漂浮治疗方法的介入

2019年8月12日，根据国内外漂浮技术的发展趋势，笔者所承担的国家社会科学基金重大项目"中华民族伟大复兴的社会心理促进机制研究"课题组决定，由中国科学院大学社会与组织行为研究中心与北京康桥诚品科技有限公司联合组建"国家健康漂浮示范基地"。在2022年北京冬奥会期间，课题组对漂浮技术解决冰雪运动员的体力康复问题展开了试点研究，取得了显著的康复效果。2022年初，在北京二七厂冰雪项目训练基地，课题组将此项体能训练的成果进行了展示，即采用漂浮舱等设备全方位地提高运动员体力恢复的治疗水平，为我国冰雪运动科技研发作出了重要贡献。2022年1月4日，中共中央总书记习近平亲临训练基地，视察了漂浮专项体能训练和康复治疗基地。习近平总书记详细了解了基地综合运用超低温冷疗舱、漂浮舱等设备，在全方位提高运动员康复治疗水平方面的情况。他强调，"二七厂冰雪项目训练基地肩负着我国冰雪运动科技研发的重要使命。希望你们担当使命、勇攀高峰，为加快发展我国冰雪运动作出更大贡献"[1]。习近平总书记的指示给予课题组全体成员极大的鼓励，促使我们将运动员康复治疗工作转向更广阔的领域。

5. 本次患者漂浮治疗的创新探索

为了进一步提升治疗效果，课题组在治疗过程中增加了对患者的心理辅导，特别是把提高患者面对困难的抗逆能力列为新的探索内容。抗逆力是指个体面对困难或者逆境时的积极应对和适应行为，不仅包含训练个体主动积极的应对方式，还包含促使个体主动学习和克服困难的潜能激发，即适应性应对能力的培养。为了帮助患者克服焦虑情绪，提高睡眠质量，除了采用常规的克服压力、焦虑、抑郁的方法之外，本研究还引入想象接触的技术。在进入漂浮舱之后，患者不能与医护人员直接接触，因此，在交流方式上为患者推荐了观点采择的新方法，即想象接触方法。这样，患者在进入漂浮舱之后，凭借入舱前在心理辅导中所获得的接触情境进行想象，心理辅导脚本越全面、越详细，后期想象接触的效果就越逼真，带来的心理咨询效果就越好。本次漂浮实验探究了想象接触对于改善患者治疗效果的深层次影响，达到了治疗中既有生理层面的效果，也取得了心理层面的成效。

---

[1] 习近平在北京考察 2022年冬奥会、冬残奥会等办赛备赛工作时强调 坚定信心再接再厉抓好各项筹备工作 确保北京冬奥会冬残奥会圆满成功 韩正陪同考察. （2022-01-05）. http://www.qstheory.cn/yaowen/2022-01/05/c_1128234340.htm[2024-08-01].

二、对象与方法

1. 对象

本研究选取存在焦虑和睡眠问题，且自愿参加漂浮治疗的病毒感染者20名，纳入标准是：①年龄在18周岁以上；②确诊为病毒感染者；③汉密尔顿焦虑量表得分≥14分。排除标准是：①有意识障碍，无完全行为能力患者；②不能配合填写问卷者且不同意代填写者；③患者和（或）家属拒绝签署知情同意书。剔除标准是：①在研究过程中，患者主动要求退出；②未按规定接受治疗，或未能完成量表，或资料不全者。

2. 测量工具

首先，通过整理患者的医疗档案，了解其康复情况，包括感染程度、治疗方案和治疗效果等。随后，对患者进行一般情况调查，并进行汉密尔顿焦虑量表、匹兹堡睡眠质量指数量表和个体抗逆力量表的测试，以评估患者的初始水平。最后，对患者进行访谈，以补充一些相关资料。具体测查量表如下。

1）一般情况调查表：通过患者的医疗档案了解其康复情况，包括感染程度、治疗方案、恢复效果等，并在治疗过程中对患者进行深度访谈，以了解患者在心理和生理上的变化。

2）匹兹堡睡眠质量指数量表：该量表是美国匹兹堡大学精神科医生Buysse等于1989年编制的，适用于评价睡眠障碍患者、精神障碍患者的睡眠质量，同时也适用于一般人群睡眠质量的评估。该量表包含睡眠质量、入睡时间、睡眠时间、睡眠效率、睡眠障碍、催眠药物、日间功能障碍七个维度，每个维度按0~3等级计分，各维度得分之和为量表总分，得分范围为0~21分，得分越高，表示睡眠质量越差。该量表具有良好的信度和效度，本研究中，该量表的Cronbach's α系数为0.83。

3）汉密尔顿焦虑量表：该量表由Hamilton于1959年编制，是精神科临床中常用的量表之一，包括14个项目。《中国精神障碍分类与诊断标准第3版（CCMD-3）》将其列为焦虑症的重要诊断工具，临床上常将其用于焦虑症的诊断及程度划分的依据。该量表主要用于评定神经症及其他疾病患者的焦虑症状的严重程度，但不适宜用于评估各种精神病患者的焦虑状态。该量表将焦虑因子分为躯体性和精神性两大类。躯体性焦虑是指个体在第7~13项上的得分比较高，精神性焦虑是指个体在第1~6项和第14项上的得分比较高。量表总分≥29分，可能为严重焦虑；量表总分≥21分，且低于29分，肯定有明显焦虑；量表总分≥14分，且低于21分，肯定有焦虑；量表总分≥7分，且低于14分，可能有焦虑；量表总分低于7分，表示没有焦虑症状。经过检验，该量表具有良好的信度和效度。

4）个体抗逆力量表：采用梁社红等（2014）编制的个体抗逆力量表。该量表共26个条目，部分题目采用反向计分。该量表采用利克特5点计分法，从1"非常不同意"到5"非常同意"，分数越高，表明个体的抗逆力水平越高。经过检验，该量表具有良好的信度和效度。

3. 实施过程

（1）实验组（联合治疗组）

第一步：实验前测量。包括一般情况调查表、个体抗逆力量表、汉密尔顿焦虑量表以及匹兹堡睡眠质量指数量表的测试，以评估患者的初始水平。

第二步：抗逆力培训。每周进行一次，每次培训时长约为45分钟，总计2次。培训内容涵盖积极心理建设、压力管理策略、如何应对挫折等方面。在本组实验条件下，患者将被统一安排在心理辅导中心，在医护人员的主导下接受抗逆力培训。医护人员要全程陪同患者，并及时给予帮助。

第三步：想象接触培训。在传统的漂浮治疗模式中，患者被要求在与外界隔离的漂浮舱内静默地沉浸于深度放松状态：在患者进入漂浮舱之前，引入针对性的心理辅导，并鼓励他们在漂浮过程中主动构建并沉浸于积极的心理场景，旨在引导个体在漂浮前积极调动心理资源，通过想象接触方法与医护人员进行接触，注入正向情感基调，提升治疗效果。

第四步：实施漂浮治疗。每周进行一次，时间约为45分钟，总计2次。在本组实验条件下，医护人员将尽量陪同患者完成治疗。漂浮治疗的具体流程如下：①准备：在使用漂浮舱前，研究对象需要把所有的金属物品（如首饰、手表）以及化妆品（如香水）移除。在进入漂浮舱之前，漂浮师（护士）会提供一套方便的衣服，以便研究对象轻松地进入漂浮舱。在入舱前，研究对象需完成淋浴。②漂浮：在漂浮过程中，研究对象将会感到没有重力压力，并能够完全放松身体，体验身体与水的融合、身体无边界的感觉。研究对象可以闭上眼睛，以放松心态进入睡眠状态。漂浮师（护士）全程通过舱内收音设备了解研究对象的状况，并通过扩音设备对研究对象进行问题解答及心理疏导。③退出：漂浮时间结束，当研究对象准备退出漂浮舱时，漂浮师（护士）应协助研究对象安全离开。出舱后再次淋浴，避免溶液残留在皮肤与毛发上。

第五步：再次完成问卷调查，包括个体抗逆力量表、汉密尔顿焦虑量表以及匹兹堡睡眠质量指数量表的测量。

第六步：展开深度访谈。每次漂浮后均需进行访谈。访谈过程应在相对独立且安静的房间内进行，避免受到干扰，访谈时间约为30分钟。访谈过程应按照访谈提纲进行，但询问问题的顺序可根据具体情况进行调整，细节内容可允许访谈者视情况做适当处理。告知患者整个访谈过程需要录音，以作为原始音频资料。

（2）控制组（常规治疗组）

第一步：研究对象填写问卷，包括一般情况调查表、汉密尔顿焦虑量表、匹兹堡睡眠质量指数量表和个体抗逆力量表的测试，以评估他们的初始水平。

第二步：接受常规的医学治疗。

第三步：2周后再次填写上述问卷。

第四步：对患者进行简单访谈。

4. 资料收集

为保护患者的隐私，对他们进行统一编号。量表数据根据前测、后测的不同分别进行录入和储存。转录文稿时，研究者还将访谈过程中患者的语气、表情、动作、神态等全部用文字形式记录。

5. 统计方法

使用SPSS 26.0软件对数据进行统计分析。采用独立样本 t 检验分析各量表获得的人口学数据以及患者在不同类型干预模式下的心理健康恢复效果的差异。

三、结果及分析

1. 焦虑水平、睡眠质量及抗逆力水平的分析

独立样本 t 检验结果表明（表4-7），在未接受治疗前，患者的初始焦虑水平、初始睡眠质量以及初始抗逆力水平在性别上均无显著差异。

表4-7　各项指标初始水平的性别差异

类别	男性（n=11）	女性（n=9）	t	p
初始焦虑水平	32.90±5.83	32.67±6.82	0.09	0.93
初始睡眠质量	13.45±2.70	15.78±2.49	−1.98	0.06
初始抗逆力水平	15.55±10.77	13.56±9.62	0.43	0.67

2. 实验组与控制组的组间差异分析

独立样本 t 检验结果表明（表4-8），干预前，实验组与控制组在焦虑水平、睡眠质量和抗逆力水平方面均无显著差异。干预后，实验组的焦虑水平与睡眠质量均显著低于控制组，实验组的抗逆力水平高于控制组。

表 4-8　实验组与控制组干预前后组间比较

类别	干预前 实验组	干预前 控制组	t	p	干预后 实验组	干预后 控制组	t	p
焦虑水平	32.60±5.17	33.00±7.24	−0.14	0.89	12.80±2.89	37.10±7.12	−15.25	<0.001
睡眠质量	15.10±1.79	13.90±3.54	0.96	0.35	6.40±1.84	14.30±3.59	−6.19	<0.001
抗逆力水平	13.70±6.86	15.60±12.82	−0.41	0.69	19.50±4.33	13.80±10.97	1.53	0.144

3. 实验组与控制组干预前后组内比较

配对样本 t 检验结果表明（表 4-9），实验组焦虑水平、睡眠质量水平前测得分与后测得分有显著差异，其中焦虑水平与睡眠质量水平显著下降；控制组前测得分与后测得分均不存在显著差异。

表 4-9　实验组与控制组干预前后组内比较表

类别	实验组（$n=10$）干预前	实验组（$n=10$）干预后	t	p	控制组（$n=10$）干预前	控制组（$n=10$）干预后	t	p
焦虑水平	32.60±5.17	12.80±2.90	10.57	<0.001	33.00±7.24	37.10±4.12	0.07	0.14
睡眠质量	15.10±1.79	6.40±1.84	10.72	<0.001	13.90±3.54	14.30±3.59	−0.25	0.81
抗逆力水平	13.70±6.86	19.05±4.33	−2.26	0.36	15.60±12.82	13.80±10.97	0.34	0.74

四、讨论和结论

1. 漂浮疗法的总体有效性

漂浮疗法在降低个体焦虑、抑郁水平以及提高睡眠质量方面展现出了显著的有效性。这一疗法基于限制环境刺激疗法（restricted environmental stimulation therapy，REST），通过在充满高浓度盐分溶液、低光照且几乎完全隔离外界刺激的漂浮舱内创造出一种模拟零重力的环境，使参与者能够深度放松身体和心灵，从而进入一种深层次的精神自我调整状态。特别需要指出的是，漂浮疗法对心理健康的具体影响体现在它能够有效平衡自主神经系统功能，减少体内应激激素皮质醇的分泌，而且皮质醇水平与个体的压力反应密切相关，因此，通过降低皮质醇水平，漂浮疗法可以缓解个体日常生活中的心理压力，并减轻由此引发的焦虑和抑郁症状。本研究结果特别揭示了漂浮疗法对于提高睡眠质量的独特作用。在漂浮状态下，由于深度放松，个体的大脑活动模式逐渐转向以 α 波和 θ 波为主导的状态。这两种脑电波通常与深度放松及快速眼动睡眠阶段相联系，是身心恢复和整合的关键时期。

2. 中国医学的"形神共养"的协同效应

漂浮疗法通过生理层面的深度放松为个体提供理想的内在环境，这种深度放松状态也符合中国医学推崇的"静以养生"的养生哲学，展现了中医关于心身相互作用的核心理念。通过对疗法的协同机制进行探索，本研究有如下发现：①通过深度放松，漂浮疗法降低了交感神经系统的活性，同时提高了副交感神经系统的活性。这导致个体体内释放了更多的 β-内啡肽和去甲肾上腺素，从而产生了镇定、抗焦虑的效果。②免疫系统的强化与炎症水平的调控。通过深度放松，漂浮疗法降低了炎症反应和免疫系统的过度活性，有助于提高免疫细胞的活性和效能。③漂浮疗法提供了一个无刺激的环境，使个体更容易进入深度冥想状态，减轻负面情绪，增强情绪调节能力。④感官刺激削减与认知训练的协同作用。漂浮疗法通过削减外界感官刺激，促使个体进入超感知状态，降低对环境的过度关注，增强个体的专注力。

3. 基于抗逆力模型的心理辅导的价值

首先，身体和心理的联动效应。漂浮疗法通过调整身体状态，影响心理状态，使个体更容易进入深度冥想状态，提高心理弹性。抗逆力疗法强调心理技能的培养，通过心理技能的提升影响身体的生理状态，使个体更能应对逆境。

其次，从临床实践的角度来看，单一的漂浮疗法已展现出强大的心理调适功能。漂浮疗法通过模拟零重力环境，使个体能够在深度放松的状态下减轻心理压力，缓解紧张情绪，从而有利于减轻焦虑抑郁症状并促进优质睡眠，这为处理情绪障碍提供了一种非药物的治疗选择。

再次，当漂浮疗法与抗逆力疗法协同作用时，抗逆力疗法致力于提高个体面对生活挑战的心理弹性，包括塑造积极的认知模式、强化应对策略和提升自我效能感。这一理念和技术与漂浮疗法相结合，使得心理弹性的提升达到更高层面。

最后，本研究中的实验组采用了基于抗逆力模型的漂浮治疗方法，患者与医护人员的想象接触使得这种联合治疗显示出协同效应，不仅实验组的效果优于控制组，而且相比此前其他的漂浮治疗方法也有了明显改善：患者不仅在情绪调控能力上有显著提高，还表现出更强的心理弹性与适应能力，这无疑为个体应对生活挑战、预防疾病复发，进而实现全面康复奠定了基础。

五、未来展望

1. 需要改进的问题

本研究存在的问题在于,实验样本量还需要增加。在未来研究中,需要增加传染病患者的样本量,使研究结果具有更广泛的代表性。尚不清楚漂浮疗法如何具体影响生理指标(如皮质醇水平),以及漂浮疗法与抗逆力模型培训如何产生系统效应,未来研究应对此进行探讨。此外,情绪状态的改变和睡眠质量的提升方法研究不足,因为尚不了解各种方法所产生效果的持续性。

2. 未来研究领域的扩展设想

首先,需要探索漂浮疗法对具体的生理指标(如皮质醇水平)影响的量化结果,特别是探索漂浮疗法与抗逆力模型的深层次关系,可以结合神经影像学技术和生理心理测量工具来探明两者的交互作用机理。

其次,对于疗效维持时间的问题,今后将采用长期追踪方法研究对象的情绪状态和睡眠质量,设立长期跟踪观察期,以便了解其持续性。并鼓励跨学科合作,以满足多元化心理健康服务的需求,为漂浮疗法的综合应用提供更加坚实的科学依据。

最后,一些实验基地已经尝试在心理健康领域尝试漂浮疗法,特别是通过心理筛查发现有心理痛苦、自伤自杀倾向的青少年后,在心理危机干预中适当引入漂浮治疗方法,探索在特殊的监控环境中,漂浮疗法能否帮助这些青少年摆脱困扰,回到正常的生活轨道上来。这是未来心理咨询辅导面对的具有挑战性的课题。

第四节 心理脱离对医护人员工作投入的影响[①]

本研究将探讨心理脱离对医护人员工作投入的影响,分析心理可得性和职业使命感在两者关系中的作用,为提高医护人员的工作投入提供参考。本研究采用整群抽样方法,对13家医院的医护人员进行了问卷调查,共获得1092份有效问卷。统计分析结果表明,心理脱离对心理可得性具有正向影响,还可通过心理可得性的中介作用正向影响工作投入,但是,心理脱离对工作投入具有直接负向影响,且这一负

---

① 本节作者:万金、时勘、周雯珺、李琼、周兴高、邵军。

向影响会受到职业使命感的调节作用。本研究获得的启示是，医护人员心理脱离和工作投入均处于中等水平，而心理脱离可通过提升心理可得性促进其工作投入，对于低职业使命感的医护人员，心理脱离对工作投入具有直接负向影响。在促进低职业使命感医护人员心理脱离的同时，应该提升其职业使命感，从而使其提高工作投入。

党的十九大报告提出"实施健康中国战略"，强调提高医疗服务水平和群众看病就医的获得感。医护人员的工作状态是影响医疗服务水平的重要因素。2018年发布的《中国医师执业状况白皮书》显示，医师群体在总体心理耗竭等级上显著高于参照群体[1]，影响其工作投入和工作质量。工作投入是一种积极的工作状态，体现了个体在工作中表现出的活力、奉献和专注的程度，可对员工、团队以及组织产生重要影响。提高护士的工作投入可提升其自豪感、工作满意度、服务质量，并能够提高患者满意度。因此，提升医护人员的工作投入，对于提高其工作质量和患者满意度，实现"健康中国"具有重要意义。心理脱离是个体在非工作时间内从工作情境中脱离出来的一种心理状态，可降低个体的疲劳和情绪衰竭，促进个体工作投入，如高心理脱离的护士工作投入水平更高。心理脱离还可帮助个体恢复及储备心理和生理资源，从而提升心理可得性。心理可得性是指个体对自身生理、情绪或心理资源的可用感受，对工作投入具有正向影响。因此，心理脱离可通过心理可得性提升工作投入。但有研究发现，在正性和负性情绪状态下，心理脱离对工作投入的作用相反（钱珊珊，2016），说明两者间存在负向中介机制并且该机制具有边界条件。有学者指出，心理脱离导致员工脱离组织情境，降低组织承诺，产生工作距离感，从而降低工作投入（Fritz et al.，2010）。但高职业使命感者本身的组织承诺水平较高，不易因脱离组织情境而降低组织承诺。因此，这种负向机制对高职业使命感者不成立。本研究旨在探讨心理脱离对工作投入的影响，检验其是否存在正负两条路径，并检验心理可得性的中介作用和职业使命感的调节作用，为提高医护人员的工作投入提供参考。

一、对象与方法

1. 对象

采用整群抽样方法，于2018年11—12月，对贵州省六盘水市13家二级和三

---

[1] 《中国医师执业状况白皮书》发布．（2018-01-12）．https://cn.chinadaily.com.cn/2018-01/12/content_35493502.htm[2024-08-01].

级医院的医护人员进行问卷调查，对象包含医生、护士和药技人员。共发放问卷1679份，剔除90%以上题项填同一选项、填写率不足80%、有变量得分超出3个标准差的数据后，回收问卷1293份，回收率为77.01%，其中有效问卷1092份，有效率为84.45%。

2. 测量工具

1）自编一般情况量表。该量表包括性别、年龄、婚姻、学历、岗位、工作单位、单位工作年限等题项。

2）心理脱离量表。采用Sonnentag和Fritz（2007）开发的量表，共4个题项，如"下班后，我能忘记工作相关的要求"。采用利克特5点计分法，得分越高说明心理脱离水平越高。本研究中，该量表的内部一致性系数为0.73。

3）心理可得性量表。采用May等（2004）开发的量表，共5个题项，如"我相信我能应对工作中的挑战性要求"。采用利克特5点计分法，得分越高说明心理可得性水平越高。本研究中，该量表的内部一致性系数为0.83。

4）工作投入量表。采用Saks（2006）开发的量表，共5个题项，如"我经常投入工作，以致忘记时间"。采用利克特5点计分法，得分越高说明工作投入水平越高。本研究中，该量表的内部一致性系数为0.71。

5）职业使命感量表。采用Duffy等（2012）开发的量表，共5个题项，如"我的工作使我能实现人生使命"。采用利克特5点计分法，得分越高说明职业使命感水平越高。本研究中，该量表的内部一致性系数为0.92。

本次调查中所采用的量表均为单维度量表，无须检验结构效度，所有题项载荷均在0.40以上，具有良好的测量效度。本研究中，变量均值低于2分为低水平，均值在2～4分为中等水平，均值高于4分为高水平。

3. 统计学方法

应用SPSS 25.0软件录入数据，进行描述性统计和信度检验。采用相关分析和层级回归分析，探讨心理脱离对医护人员工作投入的影响、心理可得性的中介作用及职业使命感的调节作用。采用PROCESS程序进行Bootstrap分析，验证中介和调节作用。

二、结果及分析

1. 调查对象的基本情况

有效样本为1092人，其中女性756人（69.2%），男性336人（30.8%）；19～

25岁177人（16.2%），26~35岁570人（52.2%），35岁以上345人（31.6%）；36.5%为大专及以下学历，62.8%为本科学历；46.6%为护士，31.5%为医生；73.2%在三级医院工作，26.8%在二级医院工作；47.9%的工作年限在1~5年，25.3%的工作年限在6~10年，17.0%的工作年限在11~20年。因数据缺失，部分分类数据之和不为100%。

2. 调查对象的心理脱离和工作投入情况

本研究中，医护人员的心理脱离得分为2.776分，工作投入得分为3.651分（表4-10）。方差分析结果显示，女性的工作投入（3.702分）显著高于男性（3.538分），护士的工作投入（3.731分）显著高于医生（3.590分）和药技人员（3.552分）。

表4-10 心理脱离、心理可得性、职业使命感与工作投入的描述性统计和相关分析

变量	得分（$M \pm SD$）	心理脱离	心理可得性	职业使命感	工作投入
心理脱离	2.776 ± 0.752	1			
心理可得性	3.612 ± 0.668	0.304**	1		
职业使命感	3.308 ± 0.811	0.323**	0.438**	1	
工作投入	3.651 ± 0.664	0.060*	0.411**	0.360**	1

3. 医护人员心理脱离、心理可得性、职业使命感与工作投入的相关性

相关分析结果显示，医护人员的心理脱离与心理可得性（r=0.304，p<0.01）、职业使命感（r=0.323，p<0.01）及工作投入（r=0.060，p<0.05）均呈显著正相关，心理可得性与工作投入呈显著正相关（r=0.411，p<0.01），见表4-10。

4. 中介及调节作用的Sobel分层检验

在模型M1中，控制人口统计学变量，将心理脱离作为自变量，将心理可得性作为因变量，结果表明，心理脱离对心理可得性有显著正向影响（β=0.311，p<0.001）。在模型M2中，控制人口统计学变量，将心理脱离作为自变量，将工作投入作为因变量，结果表明，心理脱离对工作投入有显著正向影响（β=0.069，p<0.05）。在模型M3中，控制人口统计学变量，将心理脱离、心理可得性作为自变量，将工作投入作为因变量，结果表明，心理脱离对工作投入有显著负向影响（β=-0.058，p<0.05），心理可得性对工作投入的正向影响显著（β=0.408，p<0.001），说明心理可得性部分中介了心理脱离对工作投入的影响。在模型M4中，控制人口统计学变量，将心理脱离、心理可得性、职业使命感、心理脱离与职业使命感的交互项作为自变量，将工作投入作为因变量，结果表明，心理脱离对工作投入具有显著负向影响（β=-0.128，p<0.001），心理可得性对工作投入具有显著正向影响

(β=0.293,p<0.001),部分中介效应依然存在。心理脱离与职业使命感的交互项对工作投入有显著正向影响(β=0.146,p<0.001),说明职业使命感在心理脱离与工作投入间起调节作用,见表4-11。

表4-11 中介与调节作用的Sobel分层检验

类别		心理可得性	工作投入		
		M1	M2	M3	M4
控制变量	性别	−0.100**	−0.064*	−0.023	−0.039
	年龄	−0.132*	−0.154*	−0.101	−0.118*
	婚姻	0.016	−0.018	−0.025	−0.024
	学历	−0.002	−0.060	−0.059*	−0.066*
	岗位	0.005	−0.059	−0.061	−0.034
	工作单位	0.040	−0.026	−0.043	−0.048
	单位工作年限	0.255***	0.303***	0.199***	0.211***
自变量	心理脱离	0.311***	0.069*	−0.058*	−0.128***
中介变量	心理可得性			0.408***	0.293***
调节变量	职业使命感				0.279
心理脱离×职业使命感					0.146***
ΔR^2		0.126	0.049	0.193	0.264
F		20.584***	8.017***	30.082**	36.512***

5. 中介和调节效应的Bootstrap检验

在SPSS 25.0软件中使用PROCESS程序对模型进行验证,采用Bootstrap方法重复抽样5000次,结果显示,心理脱离对心理可得性的正向效应显著,β=0.276,95%CI为[0.226,0.325];心理可得性对工作投入的正向效应显著,β=0.291,95%CI为[0.232,0.350];心理脱离通过心理可得性对工作投入的间接效应显著,β=0.080,95%CI为[0.059,0.111];心理脱离对工作投入的直接负向效应显著,β=−0.115,95%CI为[−0.165,−0.066]。

职业使命感在心理脱离和工作投入之间具有调节作用,β=0.127,95%CI为[0.082,0.173]。由表4-12可知,对于低职业使命感的医护人员,心理脱离对工作投入具有直接的负向影响,β=−0.219,95%CI为[−0.284,−0.154];对于高职业使命感的医护人员,心理脱离对工作投入的直接效应不显著,β=−0.012,95%CI为[−0.069,0.046]。

表 4-12　不同职业使命感下心理脱离对工作投入的直接影响

职业使命感	β	SE	t	p	95%CI
低（-0.81）	-0.219	0.033	-6.606	<0.001	-0.284，-0.154
中	-0.115	0.025	-4.609	<0.001	-0.165，-0.066
高（+0.81）	-0.012	0.029	-0.406	0.685	-0.069，0.046

采用简单斜率分析检验在高、低职业使命感组中，心理脱离对工作投入的直接影响，以获得不同职业使命感组中心理脱离对工作投入的总效应（图 4-1）。

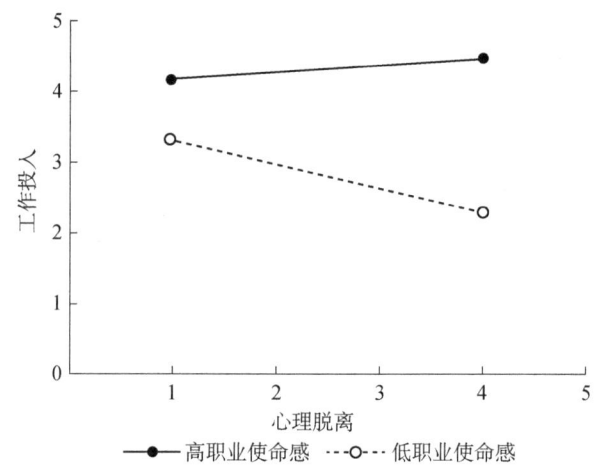

图 4-1　高、低职业使命感组中心理脱离对工作投入的总效应

三、讨论

1. 医护人员心理脱离和工作投入均为中等水平，女性工作投入水平更高

本研究中，医护人员的心理脱离和工作投入均处于中度水平，但其工作投入水平低于欧美国家医护人员（Simpson，2009）。2019 年的《中国医师执业状况白皮书》指出，国内医护人员每周工作时间更长，年休假制度执行不佳[①]，工作时间长造成心理耗竭，导致其工作投入降低。医院应提高医护人员的心理脱离水平，以促进其工作投入水平的提升。此外，女性医护人员的工作投入水平更高，可能是因为

---

① 《中国医师执业状况白皮书》发布.（2018-01-12）.https://cn.chinadaily.com.cn/2018-01/12/content_35493502.htm[2024-08-01].

女性的共情能力相对更好，更有耐心，更善于沟通，他们在医患互动中的表层情绪劳动强度低，心理资源消耗相对较少，在工作中的奉献、专注和活力水平更高。医生的工作投入水平低于护士的重要原因可能是医生工作难度和责任风险相对更大，消耗的心理资源更多。

2. 心理脱离通过心理可得性间接促进医护人员的工作投入

本研究证实，心理脱离确实能够提升医护人员的工作投入水平。但以往研究多为关于降低疲劳、情绪耗竭等方面的机制研究（Etzion et al., 1998），本研究则从资源储备角度验证了心理可得性在其中的作用。根据资源保持理论，心理脱离可帮助员工修复因工作要求而消耗的资源。个体资源可提升个体的心理可得性，且心理可得性对工作投入具有积极影响。因此，医院应该优化工作流程设计，保证医护人员有时间恢复因高强度工作所耗损的资源，并尽量避免在非工作时间联系员工，帮助其实现心理脱离。此外，医院在选拔工作负荷高的关键岗位人员时，除了要考虑工作能力之外，也要注重其心理脱离能力测试的结果。医院还应定期开展培训，通过提高医护人员的专业技能及其带来的自信来提升心理可得性，从而提升其工作投入。医院在安排工作时应充分考虑个人能力，尽量使医护人员能应对临床工作的挑战，增强心理可得性，从而使其能更积极主动地投入到工作中。

3. 心理脱离对工作投入的负向影响：职业使命感的调节作用

关于心理脱离和工作投入的关系，以往存在正向、负向等相互矛盾的结论。本研究发现了心理脱离对工作投入的"双刃剑"作用，为以往矛盾的结论提供了整合的解释。心理脱离通过心理可得性对工作投入产生间接的正向影响，但也可对心理可得性产生直接的负向影响。根据工作疏离感理论，心理脱离会导致员工脱离组织情境，降低组织承诺和组织认同度，产生对工作的距离感。而工作疏离感会减少个体的工作奉献等工作表现。因此，由于疏离感的影响，心理脱离对工作投入具有负向影响。高职业使命感能激发个体持久而稳定的组织承诺，不易因脱离组织情境而降低组织承诺，从而缓解工作脱离的负面影响，而对于高职业使命感者来说，这一负向影响不显著。这揭示了心理脱离对工作投入的负向影响存在边界条件，后续研究应将工作疏离感纳入模型，进一步检验这一机制。

对于低职业使命感的医护人员，提高心理脱离程度虽可通过提高心理可得性提升其工作投入，但心理脱离的直接负向影响更大，导致心理脱离的总效应为负。所以，在提升医护人员心理脱离水平的同时，医院还需加强文化建设，增强医护人员的职业使命感，从而改善其工作投入。

第五节　社会支持对卫校学生积极应对灾害的影响机制[①]

为探讨公共卫生事件期间社会支持、自我效能感和个体抗逆力对卫校学生积极应对行为的影响机制，本研究采用公共卫生事件社会支持量表、积极应对行为量表、公共卫生事件自我效能量表和个体抗逆力量表，对江西某卫校的1050名学生进行了调查。结果发现，社会支持和学生公共卫生事件期间的积极应对行为呈显著正相关。在控制性别、年龄、学历后，社会支持、自我效能和个体抗逆力均对积极应对行为具有显著的直接正向预测作用，自我效能、个体抗逆力在社会支持和积极应对行为之间起部分中介作用。在公共卫生事件预防常态化期间，要警惕自我效能的负向影响，需进一步发挥抗逆力的正向影响，并考虑将其与抗逆力成长相关的核心胜任特征成长评估和培训工作结合起来，从而改善青少年学生群体对突发公共卫生事件的应急反应模式。

一、引言

在突发公共卫生事件后期，迫切需要关注现阶段青少年在公共卫生事件中的心理适应特征和行为反应特点，以此为基础，发现突发公共卫生事件后期青少年在心理与行为反应方面存在的问题，并提出有效建议。因此，本研究开展了对国内某地区群体在此次突发公共卫生事件中的风险认知特征及行为反应规律的现状调查，特别关注的对象是青少年面对突发公共卫生事件的行为规律及其作用机制。从微观个体角度来看，当个体和外界环境产生相互作用，且这种相互作用超出自身的资源范围，并产生负担时，个体倾向于作出一定的应对行为。应对行为是指个体作出的认知、行为的努力过程，这一过程可以减轻个体在遭遇挫折和压力时的消极情绪以及影响（黄希庭等，2000），它是心理健康研究领域最为关注的概念之一。基于应对行为的选择与身心发展之间存在显著关系，吴素梅和郑日昌（2002）提出，应对行为主要包括积极应对行为和消极应

[①] 本节作者：时勘、宋旭东、李晓琼、李秉哲、周海明、焦松明、卢涛。

对行为。积极应对行为即解决问题和求助，有利于维护个体身心的健康发展；消极应对行为即自责、幻想、退避和合理化。此次突发公共卫生事件给我国青少年的认知、行为造成了很大的冲击，也占用了他们相当大的心理和公共认知资源，需要他们产生相应的积极应对行为来对抗突发公共卫生事件带来的压力和冲击，此时个体的积极应对行为对其身心保健平衡以及传染病控制都有重要的意义。为此，探究突发公共卫生事件下积极应对行为的影响因素及其作用机制是非常必要的。

二、文献综述与研究假设

本研究基于核心胜任特征的思想来重点探索职业技术学校学生的鉴别性胜任特征能力。20 世纪 70 年代，McClelland（1973）提出用胜任特征来取代传统智力测量的思想，并指出应当以绩优者和普通者之间差异的最显著特征作为人才选拔与开发的依据。经过多年的发展，胜任特征模型的鉴别性、可靠性已经得到了充分验证。具体来说，胜任特征模型是指担任某一特定任务角色所需要具备的胜任特征的总和，这一定义中包含外显的行为和内隐的动机等。胜任特征模型可以划分为两大部分：水上冰山部分（知识和技能），即基准性胜任特征，这只是对胜任者基础素质的要求，但是其不能将表现优异者和表现平平者区别开来；水下冰山部分，包括成就动机、心理特质、社会角色、自我概念等，这些作为鉴别性胜任特征，是区分表现优异者和表现平平者的关键因素。

青少年的"核心素养"是 21 世纪初世界各国面对未来社会变革尤为关注的问题之一。2014 年，教育部在《关于全面深化课程改革，落实立德树人根本任务的意见》文件中首次提出了要"研究制订学生发展核心素养体系和学业质量标准"。北京师范大学林崇德教授在研究中强调培养学生的"六大核心胜任特征"，拓展了国际教育界对学生核心胜任特征的定义范畴。2020 年，中共中央、国务院印发的《深化新时代教育评价改革总体方案》指出，"坚持科学有效，改进结果评价，强化过程评价，探索增值评价，健全综合评价"。时勘（2019）在核心素养培养方面进一步强调了强化国家认同、民族自信等元素的八项核心胜任特征。2019 年年底，突发公共卫生事件在国内发生，课题组及时调整了研究策略，开展青少年群体在突发公共卫生事件中的认知特征、行为反应及创伤后恢复和成长的现状调查，增加了青少年抗逆成长特殊要求，为制定新的增值评估方案提供了依据。

根据班杜拉（Bandura）的社会认知理论（social cognitive theory，SCT），人的

行为既受外部社会因素的影响，又受内部个体因素的影响。班杜拉在社会认知理论中极为强调自我效能对个体行为的影响，因此，本研究特别关注自我效能感在公共卫生事件中对个体积极应对行为的影响。此外，抗逆力作为个体面对危机和风险事件时尤为重要的独特内部心理因素，得到了大量研究的关注。基于社会认知理论，本研究旨在探讨社会支持（外部社会因素）与自我效能和个体抗逆力（内部个体因素）如何影响个体在公共卫生事件中的积极应对行为。

大量研究表明，社会支持是影响积极应对行为的重要外部因素。社会支持的概念主要涉及两个方面：一是客观的、实际的或可见的支持，如社会网络、团体关系、直接的物质援助等；二是主观的、情绪体验到的支持，多指在社会实践中个人受到尊敬、理解、支持的主观感觉和体验。社会支持作为一种必要的应对资源，能够帮助个体积极乐观地面对压力和挫折。社会支持的主效应模型（main-effect model）认为，对个体能产生积极作用的因素广泛地存在于各种类型的社会支持中。程素萍等（2009）探讨了社会支持对大学生心理健康的影响，并具体探究了社会支持对心理健康各个成分的作用，结果发现，社会支持对心理健康有显著影响。社会支持能够有效地调节个体的行为方式，使其避免产生不良的行为方式，产生较多的积极应对行为，如主动寻求帮助、努力应对困境等。综上，本研究提出如下假设：

H1：社会支持对个体积极应对传染病行为有显著正向影响。

就社会支持对个体心理影响的机制而言，社会支持既可能直接对个体的内在心理品质发生影响，也可能通过影响个体某些其他内在的心理因素进而影响该心理品质。外在社会因素对个体内在心理行为的影响，需经过自我概念的中介作用（刘凤娥，黄希庭，2001），而自我效能感是建立在自我概念基础上的（李娜，2011）。班杜拉提出，自我效能感是人们对自身能否利用所拥有的技能完成某项工作行为的自信程度（Bandura，1982），其所处的情境条件以及他人的积极鼓励、劝说等能有效地提高自我效能感。有关大学生的研究发现，受到社会支持的程度越高，大学生的自我效能感越高（宋灵青等，2010）。在对高职学生的学习倦怠研究中发现，提高高职学生的学业自我效能感，增加其社会支持，可以预防和减轻学习倦怠（王翠荣，2008）。高自我效能感的个体将产生足够多的努力，从而更容易成功，反之则容易失败（Sitzmann & Yeo，2013）。童星和缪建东（2019）指出，自我效能感高的个体可能有更多的积极体验。基于以上分析，高自我效能感的人往往能产生更加积极的应对行为。由此，本研究提出如下假设：

H2：个体的自我效能感在社会支持和积极应对传染病行为中发挥中介作用。

抗逆力是影响个体积极应对行为的重要内部心理因素，通常是指个体面对负性事件时所表现出来的、能够成功应对的能力，它能维持个体相对稳定的心理健康水平和生理功能（McMahon et al.，2007）。时勘等（2015）在对贫困大学生群体的调查中发现，抗逆力能够提高经历过负性生活事件的大学生的调整能力，对创伤后成长起到促进作用。抗逆力对于应对快节奏、高压力、不稳定的外部环境显得尤为重要。高抗逆力的个体通常采用幽默、创造性探究、放松和积极思考等应对方式（Fredrickson & Michele，2003）。也就是说，在抗逆力与应对行为的关系上，高抗逆力的个体倾向于采用积极的应对方式，它是外部因素和内部因素发生互动产生的结果。外部因素主要是指个体处在外部环境中的资源或资本，有助于个体克服逆境，积极应对压力危机，从而产生良好的社会适应行为。由此，本研究提出如下假设：

H3：个体的抗逆力在社会支持和积极应对传染病行为中发挥中介作用。

目前的研究已经证明，个体抗逆力、自我效能感、社会支持之间存在着密切的关系。国内学者对救援人员的研究发现，抗逆力包括理性应对、乐观感、坚强人格、自我效能感和柔性适应五项因素（梁社红等，2014）。而有学者则认为，抗逆力包括外部支持因素、内在优势因素和效能因素三个部分，其中外部支持因素与社会支持一致，主要来源于家庭、学校和同伴等，有助于个体克服逆境、积极应对压力危机。内在优势因素与外部支持因素相结合，可以增强个体的抗逆力。当个体面临挑战时，这些内在因素可以帮助他们更好地应对压力，从逆境中恢复过来，并从中获得成长。而效能因素与本研究中的自我效能感一致，主要包括解决问题的能力和信心等。何玲（2015）的研究证实，社会支持通过自我效能感对抗逆力产生影响。基于以上分析，本研究提出如下假设：

H4：社会支持可以通过自我效能感和个体抗逆力的链式中介作用显著正向影响个体的积极应对传染病行为。

综上所述，本研究预测社会支持、自我效能感和抗逆力对青少年积极应对传染病行为具有积极影响。本研究旨在探讨突发公共卫生事件背景下青少年受到的社会支持作为社会因素对积极应对行为的影响，并探究自我效能感和个体抗逆力作为个体因素在机制中可能产生的单独中介效应与链式中介效应，为提升青少年在突发公共卫生事件中的积极应对行为提供支持。

三、对象与方法

1. 对象

本研究采用方便抽样的方法，研究对象为江西省某卫校的师生。去除在测谎题上表现出说谎以及答题过快、有明显选择倾向的数据后，最终保留 1050 份有效数据。性别分布为：女性有 953 人（90.8%），男性有 97 人（9.2%）。年龄分布为：20 岁以下的有 950 人（90.5%），20~29 岁的有 84 人（8.0%），30 岁及以上的有 16 人（1.5%）。受教育程度分布为：中学的有 20 人（1.9%），职业技术学校的有 994 人（94.7%），大学本科及以上的有 36 人（3.4%）。

2. 测量工具

（1）公共卫生事件社会支持量表

该量表改编自 Caplan 等在 1980 年修订的社会支持量表，根据个体在此次突发公共卫生事件中可能接受的社会支持来源情况，对该量表的部分题目进行了修订，最终保留了 6 个条目，采用利克特 4 点计分法，1 代表"完全没有"，4 代表"很多"，分数越高，表明个体在突发公共卫生事件期间接受的社会支持越多。本研究中，整个量表的内部一致性系数为 0.91。

（2）积极应对行为调查问卷

该量表参考了 Moos 在 1993 年开发的应对行为量表。根据此次突发公共卫生事件的情况对该量表进行了修订，最终保留了 9 个条目，采用利克特 5 点计分法，1 代表"非常不同意"，5 代表"非常同意"，分数越高，表明个体的积极应对水平越高。本研究中，整个量表的内部一致性系数为 0.79。

（3）公共卫生事件自我效能量表

该量表改编自 Jerusalem 和 Schwarzer 在 1992 年修订的自我效能量表，研究者根据突发公共卫生事件的情况对该量表进行了修订，最终保留了 4 个条目，采用利克特 4 点计分法，1 代表"完全不符合"，4 代表"完全符合"，分数越高，表明个体在突发公共卫生事件期间的自我效能感越强。本研究中，整个量表的内部一致性系数为 0.90。

（4）个体抗逆力量表

该量表改编自 Siu 等 2009 年开发的个体抗逆力量表（Siu et al., 2009），根据此次突发公共卫生事件的情况对该量表进行了修订，采用利克特 5 点计分法，1 代表"非常不同意"，5 代表"非常同意"，分数越高，表明个体的抗逆力水平越高，该量表具有良好的信度和效度。本研究中，整个量表的内部一致性系数为 0.97。

3. 统计分析流程

采用 SPSS 24.0 和 AMOS 22.0 软件进行统计分析。首先，采用验证性因素分析对共同方法偏差进行检验；随后，对各变量之间的关系进行相关分析；最后，在相关分析的基础上，采用 PROCESS 程序分析自我效能和个体抗逆力的中介作用。

四、结果及分析

1. 共同方法偏差的检验

采用熊红星等（2012）推荐的"控制未测单一方法潜因子法"对共同方法偏差进行检验。首先，建构验证性因素分析模型 M1；其次，构建包含方法因子的模型 M2；最后，比较模型 M1 和模型 M2 的主要拟合指数，结果发现，Δ GFI=0.030，Δ IFI=0.019，Δ NFI=0.019，Δ CFI=0.019，Δ TLI=0.017，Δ RMSEA=0.008。各项拟合指数的变化均远小于 0.05，表明加入共同方法因子后，模型并未得到明显改善。综上所述，本研究不存在明显的共同方法偏差问题。

2. 描述性统计和相关分析

各变量之间的描述性统计以及皮尔逊积差相关分析结果如表 4-13 所示。结果表明，除了自我效能与积极应对行为之间的相关不显著外，社会支持、积极应对、自我效能和个体抗逆力两两之间均呈显著正相关。

表 4-13　变量之间的相关分析结果（N=1050）

变量	M	SD	1	2	3	4
1.社会支持	2.71	0.72	1			
2.积极应对行为	4.24	0.73	0.35**			
3.自我效能	2.62	0.75	0.24**	0.03	1	
4.个体抗逆力	3.43	1.02	0.39**	0.50**	0.31**	1

3. 自我效能与个体抗逆力的链式多重中介作用检验

采用 Hayes（2012）编写的 PROCESS 宏程序中的模型 6（该模型为包含两个中介变量的链式多重中介模型）进行分析，在控制了性别、年龄和受教育程度之后，对自我效能、个体抗逆力在社会支持和积极应对行为之间关系中的链式多重中介效应进行检验。结果如表 4-14 所示，社会支持对自我效能的正向预测作用显著（$\beta=0.25$，$t=7.93$，$p<0.001$），社会支持和自我效能对个体抗逆力的正向预测作用均显著（社会支持：$\beta=0.46$，$t=11.57$，$p<0.001$；自我效能：$\beta=0.32$，$t=8.35$，$p<0.001$），假设 H1 得到了验证。社会支持、自我效能和个体抗逆力对积极应对行为的正向预测作用均显著（社会支持：$\beta=0.23$，$t=7.53$，$p<0.001$；自我效能：$\beta=-0.17$，$t=-6.13$，$p<0.001$；个体抗逆力：$\beta=0.36$，$t=16.12$，$p<0.001$）。当将自我效能和个体抗逆力放入链式多重中介变量后，社会支持对积极应对行为的直接预测作用依然显著，说明自我效能和个体抗逆力在社会支持和积极应对行为之间起部分中介作用。同理，自我效能在社会支持和个体抗逆力之间起中介作用，个体抗逆力在自我效能和积极应对行为之间起中介作用。因此，假设 H2、H3、H4 均得到了证实。结果表明，自我效能、个体抗逆力在社会支持和积极应对行为之间起链式多重中介作用。

表 4-14 社会支持和积极应对行为之间的链式多重中介分析（$N=1050$）

变量	自我效能 β	自我效能 SE	自我效能 t	个体抗逆力 β	个体抗逆力 SE	个体抗逆力 t	积极应对行为 β	积极应对行为 SE	积极应对行为 t
常量	1.73	0.31	5.54***	0.72	0.40	1.81	2.47	0.28	8.71***
性别	−0.07	0.08	−0.87	0.32	0.10	3.28**	0	0.07	0.05
年龄	0.01	0.06	0.15	−0.06	0.08	−0.73	0.02	0.06	0.44
学历	0.09	0.10	0.94	0.11	0.12	0.88	−0.04	0.09	−0.51
社会支持	0.25	0.03	7.93***	0.46	0.04	11.57***	0.23	0.03	7.53***
自我效能				0.32	0.04	8.35***	−0.17	0.03	−6.13***
个体抗逆力							0.36	0.02	16.12***
R^2	0.06			0.21			0.30		
F	16.49***			55.57***			75.80***		

如表 4-15 所示，社会支持对积极应对行为影响的直接效应，以及以自我效能、个体抗逆力为中介的三条中介路径（路径 1：社会支持→自我效能→积极应对行为；路径 2：社会支持→个体抗逆力→积极应对行为；路径 3：社会支持→自我效能→个体抗逆力→积极应对行为）的效应分析结果表明，社会支持不仅能够直接影响积极应对行为，而且能够通过自我效能和个体抗逆力组成的三条中介路径显著间接影响积极应对行为，其中自我效能所在的路径 1 为负向效应，直接效应（0.230）、路径 1（−0.043）、路径 2（0.166）、路径 3（0.029）和总中介效应（0.151）分别占总效应（0.380）的 60.53%、−11.32%、43.68%、7.63% 和 39.74%，各路径的标准化系数详见图 4-2。

表 4-15 自我效能和个体抗逆力在社会支持和积极应对行为之间的链式多重中介效应检验

类别	β	SE	效应量（%）	95%CI
总效应	0.380	0.034	100.00	0.314，0.446
直接效应	0.230	0.034	60.53	0.164，0.297
路径 1	−0.043	0.010	−11.32	−0.065，−0.025
路径 2	0.166	0.019	43.68	0.130，0.202
路径 3	0.029	0.010	7.63	0.017，0.043
总中介效应	0.151	0.021	39.74	0.110，0.191

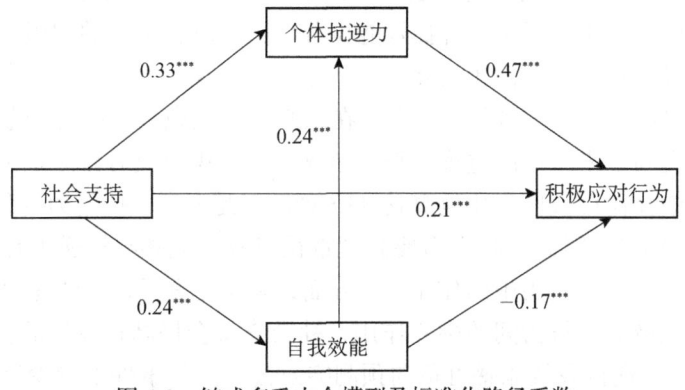

图 4-2 链式多重中介模型及标准化路径系数

五、讨论

1. 社会支持和积极应对行为的相互关系

相关分析显示，社会支持与积极应对行为存在显著的正相关关系，进一步的路径分析显示，在突发公共卫生事件中，社会支持可以显著正向预测积极应对行为，这验证了本研究的假设 H1。同时，这一研究结果也契合了社会支持的主效应模型，即社会支持对个体身心健康具有增益作用，能够有效地调节个体的行为方式，使其避免产生不良行为方式，而产生较多的积极应对行为，如主动寻求帮助、努力应对困境等，由此证明社会支持是突发公共卫生事件中青少年积极应对行为的重要促进因素。本研究从风险认知的角度来解释社会支持的主效应模型。焦松明等（2020）的风险认知调查发现，社会支持不仅仅是一种单向的关怀或帮助，而且是一种社会交换和社会互动。可见，青少年通过自己所拥有的社会支持网络不断获得各方面的支持，在人际沟通中不断交换所得信息，从而增强对生活环境的熟悉感、可预测感和稳定可控感，进而激发更多的积极应对行为。

2. 自我效能感和抗逆力对社会支持和积极应对行为的链式多重中介作用

本研究构建了从社会支持出发，通过提升青少年的自我效能感，进而提升抗逆力，最后产生积极应对行为的模型。研究结果表明，在社会支持对积极应对行为的影响机制中，由自我效能感和个体抗逆力构成的路径1、路径2、路径3这三条中介路径的效果均显著。这验证了班杜拉的社会认知理论的观点，社会因素与个体因素产生交互作用进而影响青少年的行为（Bandura，1982），也从社会认知理论的角度验证了社会支持的主效应模型。在本研究中，自我效能在社会支持和青少年积极应对传染病行为中起显著的中介作用，这验证了假设H2。在自我效能中介效应的后半路径中，自我效能显著负向预测青少年的积极应对行为，这与我们在假设中提出的正向预测相反，对于这一现象，孙天义和乔静瑶（2020）认为，在获取社会支持的过程中，人们在认知上存在患病概率的分散效应，而自我效能感的提高带来个体的过度自信，导致个体的积极应对行为减少。抗逆力在本研究中的中介作用效应量比例高达43.68%，由此突出了抗逆力的积极作用，同时验证了假设H3。因此，我们需要高度重视自我效能感与抗逆力在社会支持对个体积极应对传染病行为中的作用。一方面，应高度重视自我效能感在社会支持和青少年积极应对行为间的中介作用，社会支持会提高青少年的自我效能感。但是，本研究发现自我效能感可负向预测突发公共卫生事件中青少年的积极应对行为，原因可能在于青少年在常态化背景下表现出松懈、麻痹大意、过度自信等，伴随着青少年的消极应对行为的增加，这可能导致青少年出现不佳的风险行为。另一方面，应突出抗逆力在社会支持和积极应对行为间的中介作用。本研究结果表明抗逆力的效用是非常显著的。社会支持会提高个体抗逆力，从而积极预测青少年的积极应对行为。从路径3的结果可以发现，社会支持亦可以提高个体的自我效能感，而自我效能感的提高伴随着抗逆力的提升，进而促使青少年产生更多的积极应对传染病行为，由此验证了假设H4。

3. 社会支持对青少年应对行为带来的"双刃剑"效应

在社会认知理论、社会支持的主效应模型理论的基础上，我们构建了外部社会因素（社会支持）通过内部个体因素（自我效能感和个体抗逆力）影响青少年积极应对行为的理论模型。研究结果表明，社会支持会对青少年的积极应对行为产生"双刃剑"效应。社会支持既可以增加个体的积极应对行为，也可能导致青少年产生麻痹思想，对于突发公共卫生事件的防范采取放松、松懈态度。在公共卫生事件预防常态化期间，我们仍然要警惕社会支持的"双刃剑"效应，青少年教育一刻也不能放松。对此，政府、学校还应加大宣传力度，使青少年自觉维持积极的心理行为。

4. 抗逆成长：青少年核心胜任特征培养的凸显因素

在青少年核心胜任特征的培养教育中，我们要特别关注个体抗逆力的作用。在本研究中，核心胜任特征抗逆成长的组成因素包括自信心、乐观、社会支持和主控感。抗逆力指个体表现出来的一种维持稳定的心理健康水平，且成功应对逆境的胜任特征，也是民众面对生活压力和挫折的"回弹能力"。低抗逆力水平的个体在面对负性生活事件时缺少一些积极因素，体验到的成长较少。就学校而言，应关注并发展学生的核心胜任特征，培养学生在风险性和不确定性信息下的独立推理与问题解决能力，培养个体具备适应终身发展的必备品格和关键能力。如果青少年在抗逆力方面得到提高，他们在面对逆境时就能够保持理智客观的积极态度，从而合理、正向地解决问题。综上，应高度重视抗逆力在青少年核心胜任特征培养中的积极作用，考虑如何将与青少年抗逆成长相关的核心胜任特征成长评估和培训工作结合起来，争取取得更大的成效。

第六节　基于工作要求-资源模型的心理脱离影响机制研究[①]

心理脱离是指非工作时间内个体在时空和心理两个层面均从工作中脱离出来，不被工作相关问题所干扰，并停止对工作的思考。主流研究认为，心理脱离对工作投入具有正向影响，但也有研究发现，两者为负向关系。本研究认为，不同研究结果间的矛盾是由于未区分心理脱离状态和心理脱离行为、下班时间和工作间歇的心理脱离，或是由心理脱离程度差异造成的；也可能是因为两者之间存在方向相反的作用机制，或受到其他变量的调节作用等，因此未能得出一个整合的解释。本研究提出，应该区分心理脱离行为和心理脱离状态，先综合采用质性分析与定量分析来检验各自的内涵，在此基础上，依据工作要求-资源模型构建一个统一的综合模型。本研究采用了经验取样法和情境实验法，分别考察下班时间和工作间歇中的心理脱离行为和心理脱离状态对工作投入的影响机制，并考察紧急性任务和职业使命感等个体特征的调节作用，以期为以往的矛盾结论给出一个整合的理论解

---

① 本节作者：万金、时勘、周雯珺、周海明、李平平。

释。本研究还提出了相关的心理脱离管理对策，以提升员工的心理脱离状态，并促进医护人员的工作投入。

一、引言

医护人员是组织核心竞争力的创造者，他们能否积极、主动地投入工作，对于组织的发展至关重要。高工作投入的医护人员在工作中会更加充满活力，并能全身心投入工作，接受工作挑战，不轻易放弃，具有更高的绩效表现和幸福感。因此，工作投入是连接个体特质、工作因素和工作绩效的关键纽带，是组织创造竞争优势的重要影响因素，提高员工的工作投入对于员工自身和组织发展均有重要意义。然而，随着竞争加剧和工作节奏加快，个人工作与非工作的边界日益模糊。身体从工作单位下班容易，心理"下班"却越来越难。不少人"躺在床上休息却满脑子都是工作"，这容易造成身心疲惫，长此以往可能导致"身心耗竭综合征"（burn-out syndrome），不仅致使个体睡眠不稳、情绪波动和认知功能受损，还会降低其工作投入水平。因此，帮助员工在非工作时间尽可能放下工作，避免身心耗竭，并尽可能补充身心能量，成为提高其工作投入的潜在重要途径。

个体在下班后忘掉工作，真的就能在上班时满血复活、积极投入工作吗？虽然主流研究认为，心理脱离对工作投入具有正向影响（Chong et al., 2020; Kühnel et al., 2012），但是目前关于心理脱离对工作投入的影响存在着相互矛盾的结论。有研究表明，下班后的工作连通行为，可提升个体的工作灵活性和掌控感，并促进其工作投入（Weigelt et al., 2019）。而 Shimazu 等（2016）认为，心理脱离和工作投入呈倒 U 形关系。个体在非工作时间过度进行心理脱离，在第二天早上会有工作距离（Mazmanian et al., 2013）。非工作时间对工作问题的思考和积极工作反思，需要耗费更多的努力来"启动"工作，从而影响其工作投入（Fritz, 2010），其中的正向影响和负向影响是由同一机制由量变引发的质变造成的。

另外，有研究发现，当员工处于较低的积极情绪时，心理脱离对当日的工作投入有较强的正向作用，而当其处于较高的积极情绪时，心理脱离则会负向影响当日的工作投入（钱珊珊，2016）。因此，将心理脱离作为提升员工工作投入的手段，还缺乏坚实的科学证据。不同研究结果的矛盾不仅是由于心理脱离对工作投入存在方向相反的作用机制，还是由心理脱离程度差异造成的，或两者之间的关系受到其他变量的调节，目前的研究尚不能给出一个整合的解释。此外，现有研究大多考察了个体下班后的心理脱离对其次日工作投入的影响，而工作间歇中的心理脱离效果和机制与下班后的心理脱离是否存在差异，现有研究均未予以考察和解答。因此，本研究基于工作要求-资源模型，将探索心理脱离对工作投入的效应、机制及边界条件，以便对以往矛盾的结论给予整合性解释，特别是揭示心理脱离对工作投入的负面作用机制。具体来说，本研究采用经验取样法，研究前一天下班后的心理脱离对次日上午工作投入的影响，并采用情境实验法考察工作间歇中的心理脱离对当天后续时间的工作投入的影响，揭示下班后和工作间歇中的心理脱离效果及机制差异，以深化人们对这两种心理脱离效果和机制的认知。其结论将为管理者和员工针对不同工作情境和不同个体特点提供针对性的心理脱离建议，帮助员工有效进行心理脱离，保持健康和活力，提高工作投入，为组织的高效运行和可持续发展提供心理资本。

二、国内外研究现状

心理脱离是指非工作时间内个体在时空和心理两个层面均从工作中脱离出来，不被工作相关问题所干扰，并停止对工作的思考（Sonnentag & Fritz，2007）。然而，现有文献中的心理脱离是指达到心理脱离的状态，"能够真正放下工作"，但在测量时，"非工作时间，我会忘记工作"容易被理解为心理脱离行为，即"会主动放下工作"。心理脱离行为是指个体的情绪和认知调节行为，即个体在下班后有意识地从工作脱离出来。但心理脱离行为并不必然导致心理脱离状态，甚至产生相反结果，如个体下班后将工作微信群改为静音，但又总为可能错过重要工作通知而担忧。此外，作为自我调节方式，心理脱离行为需要消耗心理资源，从而不利于工作投入。但以往研究并未区分心理脱离行为和心理脱离状态。因此，本研究认为，为分析心理脱离对工作投入的影响，解释以往矛盾的结论，有必要区分心理脱离行为和心理脱离状态，并将以往研究中的"心理脱离"界定为"心理脱离状态"。为此，本研究提出八个假设，现分述如下。

1. 心理脱离行为对工作投入的"双刃剑"效应及机制

（1）心理脱离行为、心理脱离状态和工作投入

研究发现，在工作-家庭分离导向的组织内，员工倾向认为家庭和工作是两个分开的领域，应避免工作打扰个人生活，其心理脱离状态水平较高（Derks & Bakker，2014）。同时在个人层面，工作间歇中的微休息（Conlin et al.，2021）和正念（Hülshegeretal，2018）对心理脱离状态有促进作用，而非工作时间频繁接听

工作相关的电话（Derks & Bakker，2014；Park et al.，2018；王杨阳等，2021）及非工作时间的连通行为（石冠峰，郑雄，2021；王晓辰等，2019；吴洁倩等，2018）会降低个体的心理脱离状态水平。这表明个体有意识地在下班时间主动与工作相关线索隔离，这有助于个体从心理上与工作分开，心理资源不被与工作相关的事情所占据，实现心理脱离状态。因此，本研究提出假设1a：心理脱离行为对心理脱离状态具有显著正向影响。

工作投入是一种长时间持续的充满积极情绪的状态，包含活力、专注和奉献三个维度。活力是指个体在工作中保持积极向上的情绪状态，专注是指其将精力完全集中于工作并感到满足，奉献是指其对工作具有强烈认同度并自愿为工作付出精力（Schaufeli et al.，2002）。根据工作要求-资源模型，个体需要良好的生理和心理资源补充，才能产生工作投入（Bakker & Demerouti，2008）。若个体的生理和心理资源过度消耗，其在工作中难以产生活力、专注和奉献的投入状态。个体有意识地采用心理脱离行为，如在下班时间主动隔离工作相关线索，实现心理脱离状态，以减少心理资源损耗并恢复心理资源，这有助于提升个体的工作投入水平。现有研究验证了心理脱离状态可以降低疲劳（Sianoja et al.，2016），减少情绪衰竭和睡眠问题（Chen & Li，2020）。工作日晚上心理脱离状态水平高的个体，当晚睡觉时能体验到更多的愉悦感和更少的疲惫感，第二天早晨的疲惫感也更低（Clinton et al.，2017；Hülsheger et al.，2014）。通过心理资源的保持和恢复，心理脱离状态可以提升个体的工作活力（Rhee & Kim，2016；Sianoja et al.，2016）和旺盛感（石冠峰，郑雄，2021；Weigelt et al.，2019）。已有研究发现，心理脱离状态可以提高工作投入（Chong et al.，2020；Kühnel et al.，2012；万金等，2021）。因此，本研究提出假设1b：心理脱离状态对工作投入具有显著正向影响。

综上所述，心理脱离行为有利于个体达到心理脱离状态，减少心理资源损耗，并放松下来以恢复心理资源。心理资源的保持和恢复，可以提升个体的工作投入水平。因此，本研究提出假设1c：心理脱离状态在心理脱离行为和工作投入间起中介作用。

（2）心理脱离行为、情绪耗竭和工作投入

心理脱离行为是个体努力让自己放下工作，属于先行关注的自我调节行为（Gross，1998；Nes et al.，2011）。自我调节资源模型指出，自我调节是由有限的自我调节资源控制的（Baumeister & Newman，1994；Baumeister & Vohs，2003）。当个体从事一项自我调节任务时，其调节资源会被消耗，且在随后一段时间内都处于消耗状态。例如，情绪调节和思想抑制等自我调节行为都会引起自我损耗（詹鋆，任俊，2012），从而导致情绪耗竭（段锦云等，2020）。因此，心理脱离行为，如强制自己忽略工作信息，本身就需要消耗心理资源，会引起情绪耗竭。有研究证实，心理脱离对情绪耗竭有正向影响（Idris & Abdullah，2022）。根据自我调节资源模型及心理脱离行为和心理脱离状态的定义，此处的心理脱离应是指心理脱离行为，即心理脱离行为对情绪耗竭有正向影响。所以，本研究提出假设2a：心理脱离行为对情绪耗竭具有显著正向影响。

工作投入是个体在工作中能保持高度的生理卷入，在认知上保持高度的唤醒状态，并对工作中相关他人的情绪、情感保持敏感性（Kahn，1990）。根据工作要求-资源模型，工作投入需要良好的生理和心理资源补充（Bakker & Demerouti，2008）。若个体的生理和心理资源过度消耗，其在工作中难以产生活力和专注感，如睡眠问题会影响个体的生理和心理资源补充，从而降低工作投入（Santuzzi & Barber，2018）。而情绪耗竭即个体的情绪资源过度消耗，会影响其工作投入。此外，情绪耗竭是个体工作倦怠的核心特点之一，而工作倦怠与工作投入存在负相关关系（李宗波，任俊，2013）。因此，情绪耗竭与工作投入存在负向关系。因此，本研究提出假设2b：情绪耗竭对工作投入具有显著负向影响。

综上所述，非工作时间个体有意识地努力让自己放下工作，这需要消耗心理资源，会引起情绪资源消耗，进而导致心理资源减少，从而使其在工作中难以产生活力和专注力，即工作投入水平降低。研究发现，心理脱离对工作投入的专注维度具有负向影响（Santuzzi & Barber，2018）。据此，本研究提出假设2c：情绪耗竭在心理脱离行为和工作投入间起中介作用。

（3）工作要求特征的调节作用

工作要求-资源模型指出，工作资源和工作要求作为主要的工作特征，共同影响个体的生理和心理资源，从而影响其工作投入。在此过程中，工作资源和工作要求之间也存在交互作用（Crawford et al.，2010；Demerouti et al.，2001）。此外，个体的工作投入具有状态性特点，随着情境的变化而不断波动（陆欣欣，涂乙冬，2015）。因此，心理脱离行为对工作投入的效果，会受到工作要求因素的影响而有所变化。

首先，过高的工作要求会阻碍心理脱离状态的实现。研究发现，工作压力源和恶劣的环境条件对心理脱离状态具有负面影响（Sonnentag，2012），如高工作负荷和角色冲突（Potok & Littman-Ovadia，2014）、工作压力（Feldt et al.，2013）均会降低个体的心理脱离状态水平，而时间压力与工作脱离状态则存在曲线关系（周海明等，2020）。其次，心理脱离行为的效果受到工作要求特征的调节作用。根据工作要求-资源模型，任务的紧急性、难度和重要性是重要的工作要求变量。相比其他任务，高时间紧急性、难度和重要性的任务会占用个体更多的心理资源，导致心理资源减少（张少峰等，2021）。例如，时间压力具有刺激唤醒和资源耗损的双重特征，既增加个体唤醒水平，也消耗个体生理、认知和情绪等资源（Roskes et al., 2013）。因此，面临紧急/困难/重要的任务时，心理脱离行为所能调用的心理资源减少，使自我认知情绪调节的效果受到影响，进而更少体验到心理脱离状态。所以，本研究提出假设3a：面临紧急/困难/重要的任务时，心理脱离行为对心理脱离状态的正向影响减弱。

个体心理脱离状态水平较低，会导致生理和心理资源补充不足。由于生理和心理资源不足，个体会减少从事高自我调节资源消耗的工作活动（Wang et al., 2018），而工作投入需要个体高度的生理、心理资源投入（Kahn, 1990）。因此，低心理脱离状态会影响个体后续的工作投入水平，这一观点也为以往研究所证实（Chong et al., 2020; Kühnel et al., 2012）。面临紧急/困难/重要的任务时，由于心理脱离行为对心理脱离状态的正向影响减弱，个体的工作投入也会降低。因此，本研究提出假设3b：任务特征（时间紧急性/困难程度/重要性）会减弱心理脱离行为通过心理脱离状态对工作投入的正向影响，即面临紧急/困难/重要的任务时，心理脱离行为通过心理脱离状态对工作投入的正向影响减弱。

根据工作要求-资源模型，面对紧急/困难/重要的任务时，员工下班时间解决工作问题的思考和积极的工作反思可为其提供额外的时间资源（Weigelt et al., 2019），提升其工作灵活性和掌控感（Mazmanian et al., 2013; Fujimoto et al., 2016），有助于其应对工作要求，降低情绪耗竭。相反，在此情境下刻意进行心理脱离行为，不仅会减少应对工作压力的时间资源，而且时间的短缺会引发情绪焦虑（林忠，郑世林，2014），而焦虑与情绪耗竭具有正相关关系（陈瑞君，秦启文，2011）。为此，面临紧急/困难/重要的任务时，个体刻意的心理脱离行为更容易引发焦虑，从而导致情绪耗竭。因此，本研究提出假设4a：面临紧急/困难/重要的任务时，心理脱离行为对情绪耗竭的正向影响增强。

研究发现，高任务复杂性会提升工作任务难度与挑战性，并对员工的精神提出更高的要求，需要员工投入更多的个体资源以应对复杂的工作任务（Edwards et al., 2000）。此时，个体刻意进行心理脱离行为，会减少应对工作压力的时间资源，引发情绪焦虑，导致情绪耗竭。而个体的情绪资源消耗，会降低其工作投入水平（聂琦等，2020）。当面临紧急/困难/重要的任务时，个体刻意的心理脱离行为更容易引发情绪耗竭，导致个体工作投入水平降低。因此，本研究提出假设4b：任务特征（时间紧急性/困难程度/重要性）会增强心理脱离行为通过情绪耗竭对工作投入的负向影响，即面临紧急/困难/重要的任务时，心理脱离行为通过情绪耗竭对工作投入的负向影响增强。

2. 心理脱离状态对工作投入的"双刃剑"效应

（1）心理脱离状态、心理可得性和工作投入

关于心理脱离状态对工作投入影响的积极中介机制，研究发现心理脱离状态不仅能减少资源消耗，降低疲劳或焦虑，同时还具有资源储备功能。多数研究认为，心理脱离状态可帮助个体储备生理和心理资源，如提高个体活力和情绪幸福感（Rhee & Kim, 2016; 魏霞等, 2017），从而对其行为产生影响。目前较少研究关注心理脱离状态的资源储备功能对个体主观感知及通过主观感知对其行为的影响。个体在某个特定时刻对生理、情绪或心理资源的主观可用性感受被称为心理可得性（psychological availability），它在工作特征和资源因素与个体行为间起中介作用（Danner-Vlaardingerbroek et al., 2013）。工作相关的资源和个体生理、情绪或心理资源能够提高个体的心理可得性（Kahn, 1990）。

研究发现，心理脱离状态可促使个体体验到更多的愉悦感，而情绪资源可以提升个体的心理可得性（May et al., 2004）。因此，心理脱离状态可提升心理可得性，这一推论也被相关研究所验证（万金等, 2021）。为此，本研究提出假设5a：心理脱离状态对心理可得性具有显著正向影响。根据工作要求-资源模型，当个体认为具有足够可用的生理、情绪或心理资源时，个体在工作中更不易疲倦，更容易全身心投入工作，接受工作挑战。以往研究发现，心理可得性能够使员工产生更多的主动参与行为（景保峰, 2015）和建言行为（李君锐，李万明, 2016），促进需要高生理和认知投入的创新行为的产生（管春英, 2016；彭伟等, 2022；王永跃等, 2016）。而工作投入是典型的高生理和认知投入行为（Kahn, 1990），因此，心理可得性对工作投入有显著正向影响（Łaba & Geldenhuys, 2016）。因此，本研究提出假设5b：心理可得性对工作投入有显著正向影响。综上所述，在心理脱离状态下，个体放下工作，不再思考工作相关问题，不仅可以减少心理资源损耗，而且可以恢复心理资源，提高心理可得性。当个体认为具有足够的可用生理、情绪或心理资源时，其在工作中更可能不易疲倦，全身心投入工作。以往也有研究证实，心理可得性在生理、情绪或心理资源与工作投入间起中介作用（Olivier & Rothmann, 2007）。所以，本研究提出假设5c：心理可得性在心理脱离状态和工作投入间起中介作用。

（2）心理脱离状态、工作疏离感和工作投入

有研究指出，心理脱离状态和工作投入呈倒U形关系，非工作时间的过度心理脱离状态会降低工作投入（Fritz et al., 2010），他们认为，心理脱离状态对工作投入的正向和负向影响，是由同一机制由量变引发的质变造成的。但有研究表明，下班后的非心理脱离状态，如解决工作问题的思考和积极工作反思，可以促进工作

投入（Weigelt et al., 2019）。这从反面表明心理脱离状态对工作投入的负面影响，并非仅为心理脱离过度的问题，而是存在独立的消极机制。非工作时间的过度心理脱离状态导致个体在第二天早上会有工作距离感，重新"启动"工作存在困难，需要调动更多的时间和精力帮助其进入工作状态（Shimazu et al., 2016）。这种工作距离感本质上是一种工作疏离感，是个人对工作及工作场所心理分离和行为疏远的消极体验（Fedi et al., 2016）。工作疏离感往往与隔离于工作环境和组织场所之外、较少的同事互动相关（Mulki et al., 2008）。我们认为，高心理脱离状态的员工在下班时间能够真正脱离工作环境，减少工作相关的思考及与同事的工作互动，因此，容易产生工作疏离感。因此，本研究提出假设 6a：心理脱离状态对工作疏离感具有显著正向影响。

工作疏离感会造成资源损耗（赵琛徽，刘欣，2020）。高工作疏离感的员工重新回到工作时需要更多的努力来"启动"工作，从而需要消耗更多心理资源。此时，个体可用于工作本身的心理资源减少，从而对工作投入造成负面影响。研究发现，工作疏离感会导致与工作相关的消极行为，如降低个人的组织公民行为、知识共享行为（周浩，龙立荣，2011）和工作绩效（Chiaburu et al., 2014; Shantz et al., 2015; 孙秀明，孙遇春，2015）。而工作投入作为一种典型的积极工作行为，需要个体倾注大量心理资源以达到高度专注、奉献。当心理资源不足时，个体工作投入水平会受到影响。研究发现，工作疏离感会导致个体工作投入水平降低（Hirschfeld & Feild, 2000; Hirschfeld, 2002; 李明，凌文辁，2011）。因此，本研究提出假设 6b：工作疏离感对工作投入具有显著负向影响。

综上所述，高心理脱离状态的员工在下班时间较少有工作相关的思考与社会互动，容易产生工作疏离感。当重新回到工作时，个体需要更多的努力来"启动"工作，进入工作状态时需要消耗更多心理资源。个体用于工作的资源减少，从而对工作投入造成负面影响。因此，本研究提出假设 6c：工作疏离感在心理脱离状态和工作投入间起中介作用。

（3）职业使命感和组织承诺的调节作用

随着实证研究的发展，工作要求-资源模型也在不断拓展。大量的研究表明，乐观、心理弹性、基于组织的自尊和职业胜任力等个体资源在工作投入的生产过程中有重要作用，特别是个体的工作动机、工作取向等认知层面的心理特征在其中起调节作用（齐亚静，伍新春，2018）。例如，对于内部动机弱的人，工作资源的减少会加剧职业倦怠；而相对于内在取向的人，增加工作资源可以更显著地提升外在取向个体的工作投入水平。据此推测，影响工作认知的职业使命感和组织承诺等个体心理特征也可能在其中起调节作用。

此外，研究表明，心理脱离状态对工作投入的影响受到个体积极情绪的调节（钱珊珊，2016）。这表明，心理脱离状态对工作投入的影响确实会受到个体心理特征的调节。按照假设 6c 的推导，心理脱离状态对工作投入的负向影响是由工作疏离感传导的，而职业使命感和组织承诺作为个体对工作和组织的积极心理特征，有利于保持其对工作的热情与动力，缓冲工作疏离感造成的负面影响，职业愿望、组织认同和承诺可以应对工作疏离感的负面作用。因此，本研究将职业使命感和组织承诺作为影响心理脱离状态与工作投入关系的重要边界条件。

如前所述，心理脱离状态不仅可以减少心理资源损耗，同时可以恢复心理资源，帮助个人提升心理可得性，成为个体补充生理和心理资源的重要方式。而高职业使命感和组织承诺的个体对工作具有更多的热情与动力。研究发现，职业使命感对工作资源的效应具有强化调节作用。据此可推测，职业使命感和组织承诺能够促进心理脱离状态对心理可得性的正向影响。因此，本研究提出假设 7a：对于高职业使命感/组织承诺者，心理脱离状态对心理可得性的正向影响增强。

研究发现，控制主要的工作资源和个人资源之后，职业使命感仍能够解释额外的工作投入的变异（顾江洪等，2018）。当高职业使命感/组织承诺的个体在进行充分心理脱离后，来自心理脱离状态的资源储备和来自职业使命感/组织承诺的动力会产生累加效应，使得心理脱离状态对工作投入的正向影响得到增强（万金等，2021）。以往有研究已经证实，组织承诺在组织公平与组织公民行为间起正向促进作用。因此，本研究提出假设 7b：对于高职业使命感/组织承诺者，通过心理可得性的中介作用，心理脱离状态对工作投入的正向影响增强。

一般而言，个体实现心理脱离状态后，由于下班之后较少有工作相关的思考与社会互动，需要耗费更多的心理资源"启动"工作。而职业使命感是指个体对职业的积极态度和强烈的奉献意识，组织承诺是指个体对所在组织的认同和投入。高职业使命感/组织承诺的个体对工作具有更多的热情与动力，心理资源充足，不容易产生工作疏离感。因此，心理脱离状态对疏离感的负向作用减弱。所以，本研究提出假设 8a：对于高职业使命感/组织承诺者，心理脱离状态对工作疏离感的正向影响减弱。高职业使命感/组织承诺者，由于自身对工作具有更多的热情与动力，不仅可以帮助其在心理脱离后快速"启动"工作，减少工作"启动"的消耗资源，并有充足的心理资源弥补"启动"工作消耗的资源。而随着心理资源的损耗降低和补给增加，工作疏离感对工作投入的负向作用减弱。因此，心理脱离状态对工作投入的负向影响减弱。为此，本研究提出假设 8b：对于高职业使命感/组织承诺者，通过工作疏离感的中介作用，心理脱离状态对工作投入的负向影响减弱。

三、研究构想

本研究基于工作要求-资源模型,整合积极和消极视角,从资源获得和资源损耗两条路径揭开心理脱离对工作投入"双刃剑"效应的"黑箱",总体框架如图 4-3 所示。本研究将通过三个子研究回答以下问题:第一,心理脱离行为是否为作用效果不同于心理脱离状态的独立构念;第二,心理脱离对工作投入的影响是倒 U 形关系,还是存在方向相反的影响机制,其是否具有边界条件;第三,工作间歇中的心理脱离与下班后的心理脱离效果和机制是否一致。

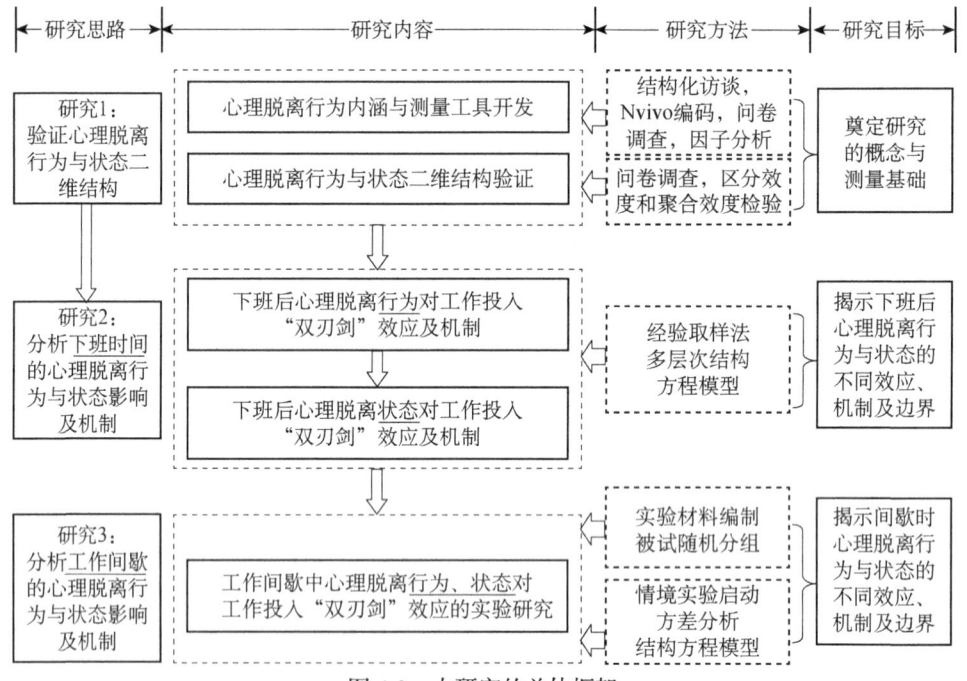

图 4-3 本研究的总体框架

1. 研究 1 心理脱离行为与状态的二维结构验证研究

现有研究未能区分心理脱离状态和心理脱离行为,容易造成歧义。根据定义的内涵,现有文献中的心理脱离是指达到心理脱离的状态,但在测量时容易被理解为心理脱离行为。但心理脱离行为并不必然导致心理脱离状态。心理脱离状态可以帮助个体恢复心理资源,有助于提升工作投入。但心理脱离行为是个体的情绪和认知调节行为,需要消耗心理资源,会对个体工作投入产生不利影响。为准确揭示心理脱离对工作投入的影响,首先应区分心理脱离行为与状态,奠定研究的概念与测量基础。

研究 1 在 2 个城市的 5 家单位随机选取 50 位员工进行结构化访谈，并发放 200 份开放式问卷。在给出相关定义后，由被试列举其认为属于心理脱离的具体行为。专家小组通过使用 Nvivo 软件，独立对访谈录音文本和开放问卷数据进行编码、合并与归类，得到心理脱离行为初始量表。随后分两批在 4 个城市的 10 个单位发放 600 份调查问卷，使用 SPSS 和 Mplus 软件对量表进行探索性因素分析、验证性因素分析和信度分析，形成相应的测量量表，利用成熟的心理脱离量表和开发的心理脱离行为量表收集 400 份数据，并进行结构效度、区分效度和聚合效度检验，以验证心理脱离行为与状态的二维结构。

2. 研究 2 下班后心理脱离对次日工作投入的"双刃剑"效应及机制研究

（1）子研究 2a：下班后心理脱离行为对次日工作投入的"双刃剑"效应及机制研究

心理脱离行为一方面会帮助个体实现心理脱离状态，减少心理资源损耗，放松下来以恢复心理资源，从而提高次日的工作投入水平。但另一方面，心理脱离行为是指个体努力让自己放下工作，本身需要消耗心理资源，可能引起情绪耗竭，从而影响次日的工作投入水平。因此，心理脱离行为对心理资源和工作投入存在"双刃剑"效应。

个体的工作投入具有状态性特点，随着工作情境的变化而不断波动。根据工作要求-资源模型，紧急/困难/重要的任务会占用个体更多的心理资源，导致心理资源减少。心理脱离行为所能调用的心理资源减少，导致认知情绪调节失败。此时，个体更有可能出现情绪耗竭，而更少体验到心理脱离状态。

研究 2a 将采用经验取样法研究个体下班后的心理脱离行为对次日上午工作投入的影响，检验心理脱离状态和情绪耗竭在其中的作用，以及两种机制如何受任务时间紧急性等工作特征的影响，并比较个体内和个体间不同层次的关系，以验证假设 1a～4b。

（2）子研究 2b：下班后心理脱离状态对次日工作投入的"双刃剑"效应及机制研究

研究 2a 考察了心理脱离行为对工作投入的正向影响，但这只是就总效应而言的。具体而言，心理脱离状态对工作投入同样存在"双刃剑"效应。

本研究依据工作要求-资源模型，提出心理可得性是其中的重要积极中介变量，而工作疏离感是其中的重要消极中介变量；高职业使命感和组织承诺不仅能够提高个体的工作动力，提升其心理可得性，而且能够弥补工作启动耗费的资源，抑制工作疏离感。

鉴于工作投入的状态波动特征，研究 2b 依然采用经验取样法，研究个体下班后的心理脱离状态对次日上午工作投入的影响,以及其如何受个体职业使命感和组织承诺的影响,并比较个体内和个体间不同层次的关系,以验证假设 5a~8b。

研究 2a 和 2b 的具体研究过程如下:采用问卷调查法,在 4 个城市选取 10 家单位的 400 名员工发放电子问卷,被试先填答职业使命感和组织承诺量表,再采用经验取样法,在连续 1 周的周日至周四晚上 9 点测量任务紧急性、任务重要性、任务困难性、心理脱离行为、心理脱离状态和情绪耗竭等变量,周一至周五上午 9 点测量心理可得性、工作疏离感和工作投入。

职业使命感采用 Duffy 等(2012)开发的量表,共 6 题;组织承诺采用 Gao-Urhahn 等(2016)开发的量表,共 5 题;任务紧急性采用 Zapf(1993)开发的量表,共 5 题;任务重要性采用 Morgeson 和 Humphrey(2006)开发的量表,共 4 题;任务困难性采用 Locke 和 Latham(1990)开发的量表,共 3 题;心理脱离状态采用 Sonnentag 和 Fritz(2007)开发的量表,共 4 题,心理脱离行为采用研究 1 开发的量表;情绪耗竭采用 Watkins 等(2015)开发的量表,共 3 题,心理可得性采用 May 等(2004)开发的量表,共 5 题;工作疏离感采用 Banai 和 Reisel(2007)开发的量表,共 8 题;工作投入采用 Saks(2006)开发的量表,共 5 题。所有量表均采用利克特 5 点计分法,得分越高,表明变量水平越高。此外,由于采用经验取样法收集数据,量表表述均会有一定的改写,如将"一般我会工作得忘记时间"改成"今天我工作得忘了时间"。

使用经验取样法采集的数据,为嵌套于个体的数据,不满足传统单层次结构方程模型(single-level SEM)变量间需独立的假设,因此,本研究首先用 Mplus 进行验证性因素分析,检验各变量间的区分度,其次使用 SPSS 计算各变量的信度、变量间的相关性,最后采用 Mplus 进行多层次结构方程模型(multilevel structural equation modeling, MSEM)分析。本研究对收集到的个体内数据进行中心化,把个体间和个体内的关系分解。具体来说:通过计算每个主体平均值的方法,把个体内状态层次的变量聚合到个体间层次;通过计算每次观测值的均值,得到个体内的变异(Beck & Schmidt, 2013),从个体间和个体内层次分析下班后心理脱离行为和心理脱离状态的作用机制与边界条件。

3. 研究 3 工作间歇中心理脱离行为与状态对工作投入"双刃剑"效应的实验研究

研究 2 检查工作日下班后个体的心理脱离行为及状态对其工作投入的影响及机制,研究 3 则聚焦于员工在工作间歇中的心理脱离。目前关于这种情境中的心理脱离研究较少,对于其作用机制是否与工作日下班后个体的心理脱离一致,并没有比较研究。例如,工作间歇中的心理脱离状态是否会引发心理疏离感,从而影响其工作投入?此外,虽有研究发现,午休中的心理脱离与一年后的疲劳程度降低和活力增强有关,揭示了工作间歇中的心理脱离对工作投入的长期影响,但未能检验其短期效应。因此,本研究从资源获得和资源损耗两条路径,考察工作间歇中的心理脱离行为、心理脱离状态对当天后续工作投入的影响。研究3将采用情境实验法,实验流程如下。

首先,根据结构化访谈和开放式问卷调查收集的常见、有效的工作间歇中的心理脱离行为,设计实验组的心理脱离行为。在某单位随机选择120人分成实验组和控制组,验证心理脱离行为操纵的有效性。

随后,在企业培训班和MBA课堂开展情境实验,采用2×2×2的被试间设计。其中,职业使命感为非操纵变量(组织承诺类似,此处仅以职业使命感举例),心理脱离行为和任务特征为操纵变量。先进行职业使命感测试,以得分高于或低于均值为标准将被试分为高、低职业使命感组,然后高、低职业使命感组被试被随机分配到高、低紧急性组(任务难度和任务重要性类似,此处仅以任务紧急性举例),形成4个小组。每组再被随机分配到心理脱离行为、非心理脱离行为小组,共形成8个实验组。

接着,以任务紧急性操纵为例,在一节课程结束时,任课老师宣布,被试将参加一个直播视频录制。高任务紧急组接到的通知为录制半小时后开始,低任务紧急组接到的通知为录制在3天后进行。课间休息15分钟。心理脱离行为组课间被引导进行设计的心理脱离行为,控制组课间不做任何引导,可自由活动。15分钟后继续上课,要求被试阅读课程相关材料10分钟。10分钟后,所有被试填写课间的心理脱离状态、情绪耗竭和心理可得性、阅读时的工作疏离感和工作投入量表。

研究3采用的量表与研究2相同,但会根据实验情境进行改编,如工作投入题项会改成"刚阅读工作材料时,我完全忘记了时间"。虽然实验设计中,心理脱离行为分为心理脱离行为组和非心理脱离行为组,单纯课间休息从实验操作上来说属于非心理脱离行为条件,但部分个体也可能认为这是一种比较弱的心理脱离行为。因此,为排除特殊个例,测量两组被试自评的心理脱离行为得分,以进行操作检验以及后续的结构方程模型分析,心理脱离行为的测量采用利克特5点计分法。

最后,采用SPSS计算各变量的信度、变量间的相关性,对各变量进行方差分析,检验实验操纵的有效性,比较心理脱离行为组和非心理脱离行为组在心理脱离状态、情绪耗竭和工作投入等方面的差异;采用Mplus进行结构方程模型分析,以发现工作间歇中的心理脱离行为和心理脱离状态的作用机制与边界条件。

四、结果及分析

1. 心理脱离行为与状态的二维结构的验证研究

通过访谈获取了心理脱离行为和心理脱离状态原始条目(表4-16),考虑后续需进行经验取样,出于简洁原则,各保留 3 个条目。先后分两批在 4 个城市的 10 个单位发放问卷调查,收集 929 份数据,其中 400 份数据用作探索性因素分析以及信度分析,529 份数据用作结构效度分析,从而验证心理脱离行为与状态的二维结构。

表 4-16　心理脱离行为与状态原始条目

维度	条目
心理脱离行为	1. 昨晚下班后,我努力忘记工作上的事情,如不查看工作群里的信息等
	2. 昨晚下班后,我特意不考虑工作相关事情,如不考虑今天的工作安排等
	3. 昨晚下班后,我尝试身心从工作中解脱出来,如不与他人讨论工作等
心理脱离状态	1. 昨天下班后,我真的忘记了工作上的事情
	2. 昨天下班后,我确实没有考虑工作上的事情
	3. 昨天下班后,我的身心从工作中解脱出来了

（1）探索性因素分析

首先,采用 SPSS 22.0 统计软件对 400 份心理脱离行为与状态问卷数据进行探索性因素分析。Bartlett 球形检验（χ^2=1910,df=15,p<0.001）及 KMO 检验（KMO=0.857）结果表明各条目之间可能共享潜在因子,适合进行因子分析。随后,采取主成分分析法对所得因子进行 Promax 斜交旋转,以因子载荷量 0.40 作为取舍点,提取特征根大于 1 的因子,结果表明,2 个因子的条目分布合理,而且每个条目在相应因子上的载荷较高,2 个因子累计方差解释率为 74.61%,这较好地支持了本研究前述的二维结构。结果详见表 4-17。

表 4-17　心理脱离行为与状态的二维结构的探索性因素分析结果

题项	心理脱离行为	心理脱离状态
XW1	0.888	
XW2	0.868	
XW3	0.841	
ZT1		0.776
ZT2		0.876
ZT3		0.908

注：XW 代表心理脱离行为,ZT 代表心理脱离状态,下同

（2）信度分析

通过信度系数、条目与总体的相关性检验以及删除该条目后信度系数的变化等三个方面对心理脱离行为与状态的二维结构进行信度分析,结果表明,心理脱离

行为与状态的信度系数分别为 0.910、0.909，可见各个因子内部条目的信度较好。从条目与总体的相关来看，所有条目与总分的相关性均比较高，这表明心理脱离行为与状态的二维结构具有较高的信度和稳定性（表 4-18）。

表 4-18　心理脱离行为与状态的信度分析

题目	信度系数	该条目与总体的相关性	删除该条目后的信度系数
XW1	0.910	0.853	0.840
XW2		0.849	0.845
XW3		0.910	0.770
ZT1	0.909	0.888	0.797
ZT2		0.852	0.841
ZT3		0.879	0.801

（3）结构效度检验

采用 Mplus 8.0 进行验证性因素分析，以检验心理脱离行为与状态的二维结构效度，结果表明，心理脱离行为与状态的二维结构具有较高的拟合效度，其中 χ^2=63.486, df=23, χ^2/df=2.760, CFI=0.977, TLI=0.958, RMSEA=0.114, SRMR=0.034，虽然 RMSEA 大于标准值 0.08，但仍在可接受范围内。心理脱离行为与状态两因子之间的相关系数为 0.748，$p<0.05$（图 4-4），这表明二者之间存在着二阶因子，因此对二阶结构模型进行检验，结果（图 4-5）表明，二阶结构模型具有较高的拟合度（χ^2=70.543, df=26, χ^2/df=2.713, CFI=0.963, TLI=0.964, RMSEA=0.132, SRMR=0.073），虽然 RMSEA 大于标准值 0.08，但仍在可接受范围内。

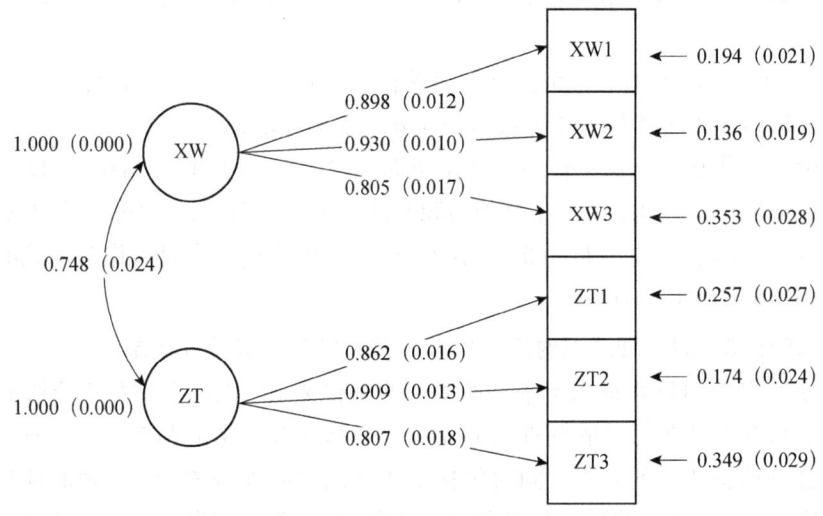

图 4-4　心理脱离行为与状态的二维结构效度检验

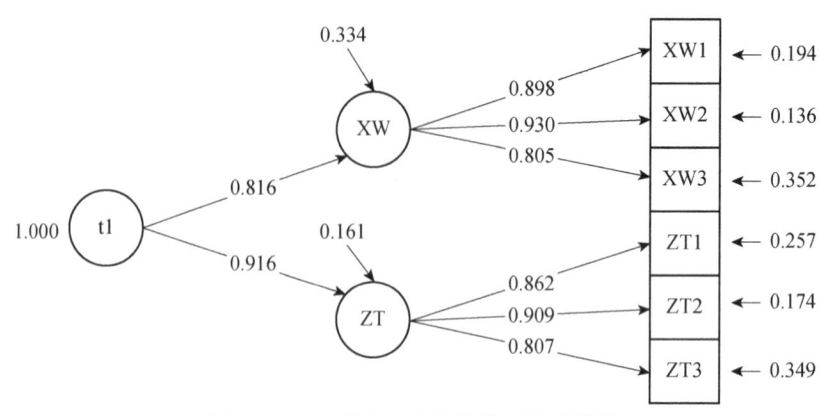

图 4-5　心理脱离二阶结构模型检验结果

2. 下班后心理脱离对次日上午工作投入"双刃剑"效应研究初步结果

在贵州省选取了 23 家单位的 1200 名员工发放问卷星，员工先填答职业使命感和组织承诺量表；再采用经验取样法，在连续 1 周的周日至周四晚上 9 点测量任务紧急性、任务重要性、任务困难性、心理脱离行为、心理脱离状态和情绪耗竭等变量，周一至周五上午 9 点测量心理可得性、工作疏离感和工作投入。采用 SPSS 22.0 软件对经验取样法所收集到的 713 份数据进行分析。

1）检验个体下班后的心理脱离行为对次日上午工作投入的影响，以及心理脱离状态和情绪耗竭在其中的作用，结果表明，心理脱离行为、心理脱离状态均对工作投入无显著直接影响，但是具有间接影响，心理脱离行为对心理脱离状态产生显著正向影响（$\beta=0.606$，$p<0.001$），且对情绪耗竭具有显著正向影响（$\beta=0.272$，$p<0.001$）。

2）心理脱离状态对心理可得性有显著正向影响（$\beta=0.462$，$p<0.01$），且心理脱离状态会通过心理可得性对工作投入产生正向影响（$\beta=0.470$，$p<0.01$），心理脱离状态会通过工作疏离感对工作投入产生负向影响（$\beta=-0.170$，$p<0.01$）。随后对职业使命感的调节作用进行检验，对于高职业使命感个体而言，心理脱离状态对心理可得性的正向影响减弱（$\beta=-0.051$，$p<0.05$），心理脱离状态对工作疏离感的正向影响增强（$\beta=0.068$，$p<0.05$）。

3. 工作间歇时心理脱离对工作投入"双刃剑"效应研究结果

本研究以贵州省六盘水市水钢医院作为被试来源，以问卷星和纸质版问卷为主，要求调查人员在每日的调查之前完成一个基准线水平的调查。在一般状态调查后，进行动态变量的测量，同时包括工作间歇时心理脱离行为（短时休息）的干预。具体来讲，每日的动态测量跟每日工作间歇时的心理脱离行为（短时休息）

干预同时进行。具体安排如下：①医护人员早上来到科室后进行诸如工作压力的测量；②在正式干预之前，课题组针对所要干预的被试群体进行了工作间歇时心理脱离行为（短时休息）习惯的调查，即在日常的工作期间每个医护人员是否有自己平时采用的工作间歇时心理脱离行为（短时休息）及类型。如果有，要求其在正式干预期间每天进行工作间歇时的心理脱离行为（短时休息），工作间歇时心理脱离行为（短时休息）的时间在10分钟以内；③医护人员在每天的下班前针对工作间歇时心理脱离行为（短时休息）的类型、频次和持续时间进行报告，同时报告积极情绪、工作意义等变量；④晚上睡前完成诸如工作投入、工作绩效等变量的测量。这样经过10个工作日的连续测量，考察医护人员工作间歇时心理脱离行为（短时休息）的干预以及动态机制等情况，从而真实反映医护人员的工作体验。研究者在工作日内的指定时间，通过问卷星发放和收集问卷，并告知调查者研究的目的。

研究者最初发放了100份问卷，剔除无效样本后，收回有效问卷共84份，有效率为84.0%。根据每个被试回答天数的数据，个体内的变量共获得706份问卷。问卷的剔除原则是：为了保证每个被试在一个工作日内数据的连贯性和有效性，将被试因为事假、病假等缺席填写每个时段的数据视为无效数据，同时对那些具有明显反应偏向的数据，如都填写某一个等级或者是反映具有明显的偏向，以及缺少人口统计学变量等的数据剔除。在这些有效被试样本中，在性别变量上，男性有19人，占22.6%，女性有65人，占77.4%；在年龄变量上，21～30岁的有34人，占40.5%，31～40岁的有28人，占33.3%，41岁及以上的有22人，占26.2%。

研究结果显示：①从心理脱离的趋势来看，心理脱离的整体水平较低，而且其随时间推移的变化不够明显。这一结论跟调研前期的预调研中半结构化访谈的结果一致。在半结构化访谈中，医护人员普遍反映每天的工作时间比较紧张，加班加点地工作成为常态，下班后回到家中在有限时间内较难参与工作之外的事情。②在控制了工作时长后，心理脱离活动对工作主动性和积极情绪均产生显著影响，但当心理脱离活动和积极情绪共同作用于工作主动性后，积极情绪的影响显著，而心理脱离活动的影响不显著。统计结果表明，心理脱离活动完全通过积极情绪对工作主动性产生影响，即积极情绪在心理脱离活动与工作主动性间起到完全中介作用。③在控制医护人员基准线的时间压力和心理脱离水平后，工作日内上午的时间压力与下午的心理脱离呈显著的U形曲线关系，即工作日内，上午体验到的适度的时间压力会产生积极的激励和唤醒作用，促使医护人员更多投入工作而难以从工作中脱离，然而超出一定水平之后的时间压力带来的资源流失和消极激励作用，反而会加速个人从工作中脱离。

五、理论建构与研究意义

　　随着竞争加剧和工作节奏加快,个人工作与非工作的边界日益模糊,身心耗竭综合征问题越来越严重。心理脱离的研究得到越来越多的关注,但仍存在一些不足,心理脱离作为提升员工工作投入的手段,还缺乏坚实的科学证据。第一,现有研究未区分心理脱离状态和行为,不仅在测量上容易造成歧义,而且两者对工作投入的影响不同,易造成结论的混淆。第二,关于心理脱离对工作投入的影响,存在正向影响、负向影响和倒 U 形关系等矛盾结论,目前研究未能给出一个整合的解释。第三,现有研究大多考察个体下班后的心理脱离对次日工作投入的影响,而工作间歇中与下班后的心理脱离效果和机制是否存在差异尚不清楚。第四,工作投入的状态性特征明显,以往研究多采用单时点的截面数据或双时点的时间延迟模型,难以准确揭示变量间的因果关系。

　　基于以上不足,首先,本研究提出应区分心理脱离行为与脱离状态,综合采用质性与定量分析揭示心理脱离行为和心理脱离状态的内涵;其次,基于工作要求-资源模型,建构如图 4-6 所示的理论模型,采用经验取样法和情境实验法,从资源获得和资源损耗两条路径,分别考察下班后和工作间歇中的心理脱离行为、心理脱离状态对工作投入的影响及机制。最后,根据影响机制研究结果,从组织和个体层面进行下班后、工作间歇中的心理脱离对策研究,以改善员工的心理脱离体验,进而提高其工作投入水平。本研究采用了经验取样法,"实时、实地"多次收集动态数据,运用同源一致多层模型,分析个体间和个体内两个层次的心理脱离对员工工

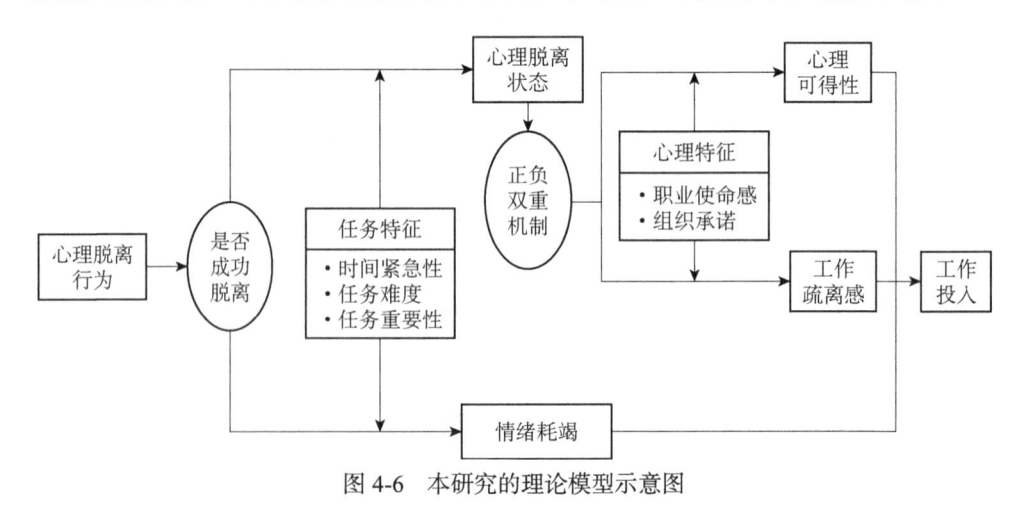

图 4-6　本研究的理论模型示意图

作投入的动态影响，可检验变量在层次间是否存在"凸现"（emergence）效应。本研究同时采用实验研究法，可以较好地控制无关变量，精确揭示变量间的因果关系，使结论具有良好的内部效度。

本研究的理论贡献在于以下几方面。

1）引入了心理脱离行为概念，强调区分心理脱离行为与状态，分别检验了两者对工作投入的效果差异。以往研究中的心理脱离是指达到心理脱离的状态，但现有的测量题项容易被理解为心理脱离行为。心理脱离状态可以帮助个体恢复心理资源，但心理脱离行为是指个体的情绪和认知调节行为，需要消耗心理资源。因此，本研究界定心理脱离行为与状态的内涵，有助于分别揭示两者对工作投入的影响，也可为后续研究提供更为精确的概念。此外，本研究开发的心理脱离行为量表，可为后续研究提供测量工具。

2）揭示了下班后的心理脱离和工作间歇中的心理脱离的作用差异。现有研究大多考察个体下班后的心理脱离对次日工作投入的影响，本研究则采用经验取样法对其进行探究，并在此基础上，进一步采用情境实验法考察工作间歇中的心理脱离对当天后续工作投入的影响，揭示工作间歇中和下班后心理脱离效果与机制差异，深化对两种时段心理脱离效果和机制的认知。由于身心耗竭综合征问题具有普遍性和严重性，且会对职场员工的工作投入产生负面影响，心理脱离被认为是应对该问题的重要手段而备受关注。但目前关于心理脱离的作用及其机制的研究不够充分，特别是其对工作投入的负面性关注不够。在如何避免心理脱离的潜在负面作用方面，现有研究没有给出很好的解答。因此，心理脱离作为提高工作投入的手段，还缺乏坚实的科学证据。本研究鲜明地指向于心理脱离管理的实践问题，在探究其关键正向、负向作用机制的基础上，考察这些机制的边界条件，为科学的心理脱离管理提供参考。这不仅有助于员工有效应对工作压力，保持健康和活力，提高工作投入，而且工作投入可以提高员工的工作绩效，帮助员工更好成长，提高组织绩效，推动组织发展，是组织获得持续竞争优势的重要法宝。

3）基于工作要求-资源模型，建构了一个整合的多重中介及调节模型，可解释以往研究中心理脱离与工作投入关系的矛盾结论。本研究认为这种矛盾结论不仅仅是由未区分心理脱离行为与状态造成的，心理脱离与工作投入间本身就存在独立的积极和消极机制，并且这一机制会受到工作情境和个人特征等的调节。因此，本研究基于工作要求-资源模型，建立了一个整合的解释模型，可以解释心理脱离行为、心理脱离状态对工作投入的效应、机制及边界条件，还可对以往有些矛盾的结论进行解释，特别是揭示了心理脱离对工作投入的负面作用机制。

第七节 医护人员抗逆力团体辅导有效性及其后效研究[①]

本研究的目的在于探讨团体心理辅导对于提升医护人员抗逆力的有效性，以及对他们的自我认知情绪调节、工作投入和情绪耗竭的影响。采用的方法是：在12家医院抽取432名医护人员，在每家医院内部将研究对象随机分成实验组和控制组，两组均接受抗逆力等变量的前测。之后，实验组接受4周基于团体辅导的抗逆力提升干预，控制组参加一般业务培训，结束时两组接受后测。1个月后进行追踪测试，两组各有209人和204人完成了全部测试。本研究的结果是：两组前测时各变量的得分均无显著差异（$p>0.05$）；干预结束后，实验组的抗逆力、积极关注、积极计划得分均高于控制组，但两组的工作投入和情绪耗竭仍无显著差异。干预结束1个月后，实验组的抗逆力、积极关注、积极计划和工作投入显著优于控制组，且实验组的情绪耗竭更多。

2020年初，国内一线医护人员挺身而出，为我国迅速控制突发公共卫生事件作出了重大贡献。面对确诊病例爆发式增长，身处高风险地区的不少医护人员出现了失眠、焦虑问题。在日常工作中，医护人员因工作时间长、风险大、过度接触到伤痛和死亡等，长期精神高度紧张，严重时造成身心耗竭。《中国国民心理健康发展报告（2019—2020）》显示，有27.7%的医护人员存在抑郁倾向，19.8%有焦虑倾向，相比其他岗位，医生面临着更大的工作倦怠（傅小兰等，2021）。医护人员的身心健康失衡易影响工作质量，容易造成医患矛盾，影响医护人员自身成长和医疗队伍的稳定，也影响"健康中国"战略的实施效果。而积极心理学倡导研究如何开发个体潜能及提高其幸福感。因此，抗逆力的提升问题得到了研究者的关注。

抗逆力是个体应对创伤事件和工作压力时保持心理健康的能力。以往研究者考察了医护人员抗逆力对其心理健康及工作态度的影响，发现抗逆力能够帮助医护人员降低负性情绪和离职倾向，提高心理健康水平和工作满意度（钟梦诗等，

[①] 本节作者：万金、李琼、时勘、潘堃婷、曾敏、周兴高。

2018；汪苗，杨燕，2015）。鉴于抗逆力的积极作用，国内外学者十分关注个体抗逆力的干预提升研究。例如，研究者在美国军队开展了抗逆力提升训练（Reivich et al.，2011），Rosenberg 等（2015）采用压力管理中的抗逆力提升（The Promoting Resilience in Stress Management）项目对重症患者进行抗逆力干预。此外，国内学者采用心智模式培训法针对救援人员（梁社红等，2017）和公务员（郝帅等，2013）展开训练，并采用短程心理辅导对实习护士（唐博，谌春仙，2019）进行抗逆力提升训练，这些事实均表明针对性的方案可有效提升个体的抗逆力。但现有研究较少采用实验研究法考察随着个体抗逆力的提升，个体的自我认知情绪调节能力和工作状态能否得到改善，以及这种提升与改善效果是否具有持续性。抗逆力情绪灵活性理论指出，高抗逆力者能够根据实际需要灵活进行情绪的生理响应和抑制，能通过有效的自我认知情绪调节减少资源消耗，持续应对困境，产生积极的心理变化（雷鸣等，2011）。现有的单时点数据研究表明，抗逆力对个体自我认知情绪调节（Kim et al.，2018）、工作投入（万金等，2016）和情绪耗竭（张阔等，2015）具有显著影响，但单时点数据难以检验抗逆力与其结果变量之间的因果关系，个体抗逆力提升的后效还需通过进一步的现场实验研究进行检验。因此，本研究将探讨团体心理辅导对医护人员抗逆力提升的有效性，以及其对于医护人员自我认知情绪调节、工作投入和情绪耗竭的短时及相对长期影响，为提高医护人员抗逆力提供参考。

一、对象与方法

1. 对象

在贵州省某市 12 家医院选择 432 名医护人员，包含一、二、三级医院的医生、护士、管理人员以及药技、设备人员等。被试选择由各医院完成，选择过程并非完全随机，而是考虑了被试是否有时间完成所有干预和测试。被试分配由课题组人员进行，在每家医院内部将不同类岗位的医护人员按随机分组法随机分成两组，通过查随机数字表，随机数字为奇数的研究对象被分到实验组，随机数字为偶数的研究对象被分到控制组。最终 12 家医院实验组和控制组分别是 218 人与 214 人。由于出差等工作原因，个别被试存在某次数据缺失的情况，最终实验组和控制组分别有 209 人和 204 人完成全部干预和测试。实验组和控制组在性别比例、婚姻状况、学历、岗位类别、平均年龄等方面无显著差异（p>0.05），具有可比性，见表 4-19。

表 4-19　两组医护人员一般资料的比较

项目		实验组（人）	控制组（人）	t（或 χ^2）	p
性别	女	154	152	0.001	0.978
	男	55	52		
婚姻状况	未婚	28	31	3.762	0.152
	已婚	172	156		
	离异或丧偶	9	17		
学历	初中及以下	1	1	2.803	0.591
	高中/中专	5	8		
	大专	53	57		
	本科	149	137		
	硕士及以上	1	1		
岗位类别	护士	80	77	4.557	0.334
	医生	78	70		
	药剂、设备	10	15		
	管理	32	31		
	其他	9	11		
年龄（岁）		37.672±8.704	37.860±9.243	−0.012	0.990

2. 方法

实验组和控制组均接受抗逆力、积极重新关注和重新关注计划两种自我认知情绪调节行为，以及工作投入和情绪耗竭的前测。实验组按医院分为 6 个班次，各班次分开进行培训，培训内容一致，培训教师为课题组的 4 位心理咨询师，各培训教师固定 2 个培训主题，不同班次同一主题的培训安排在同一周，但根据实际工作情况安排在不同工作日；控制组被试同时段参加所在科室的一般业务培训，根据所在科室职责差异，控制组被试的培训内容有所不同，如护理人员参加护理质量控制方法、护理新技术应用等培训。

借鉴以往研究经验，实验组的培训主要内容为情绪管理、自我效能、压力应对、沟通合作、综合训练和总结回顾。团体心理辅导（表 4-20）培训形式为讲座加团体活动，各班次均分为 5~6 个小组，每组 6~8 人，活动时以活动体验和讨论分享为重点，每次干预后要求完成相应的课后练习。干预培训活动共分 4 次，每周 1 次，前 3 周每次 1.5 小时，第 4 周除 1.5 小时的压力应对外，另有 45 分钟的总结回顾，干预结束时两组被试接受后测。之后，两组被试均不接受任何干预，1 个月后两组被试均接受追踪测试。3 次测试问卷相同，对比实验组和控制组前测与后测数据、前测与追踪数据的差异，以验证团体心理辅导对于提升抗逆力的有效性，并检验抗逆力提升对医护人员自我认知情绪调节、工作投入和情绪耗竭的影响。

表 4-20　团体心理辅导方案

次数	模块名称	模块目标	活动内容	作业
第一次	情绪管理	1. 了解活动目标及抗逆力 2. 体验积极情绪，正向思维 3. 塑造积极品质，梦想未来	1. 情绪管理讲解 2. 快乐清单 3. 快乐秘密武器 4. 梦想花开	1. 记录快乐事件 2. 感恩、关爱练习
第二次	自我效能	1. 自我接纳，改变不合理信念 2. 增强自信，提升自我效能感	1. 归因与自我效能讲解 2. 信念检查 3. 优点大轰炸 4. 自信心百宝箱 5. 自我体验训练	1. 自我微笑练习 2. 五步脱印合训练
第三次	沟通合作	1. 增强沟通能力，加深人际联结 2. 体验换位思考，改善情绪劳动 3. 体验信任、安全、温暖	1. 情绪沟通讲解 2. 你说我画 3. 空椅子体验 4. 风中劲草 5. 同舟共济练习	1. 家庭拥抱练习 2. EQ 沟通练习
第四次	压力应对	1. 正确认知，管理压力 2. 体验心理抽离技能	1. 压力管理讲解 2. 冥想减压 3. 心理抽离练习	1. 冥想练习 2. 抽离练习
回顾总结		1. 总结体会与收获，相互分享 2. 学会能力迁移，保持练习体验	1. 十句自我肯定 2. 成员分享与总结	整体练习

注：EQ（emotional quotient，情商）

3. 测量工具

1）抗逆力量表。选用 Smith 等（2008）开发的 6 个条目的单维度量表，如"我通常能轻松地处理困难的事情"。该量表采用利克特 5 点计分法，得分越高，说明抗逆力越强。本研究中，该量表的信度系数为 0.817。

2）积极重新关注和重新关注计划量表。采用朱熊兆等（2007）本土验证的认知情绪调节行为量表的相应维度，每个维度各有 4 个条目，如"发生不好的事时，我会去想一些愉快的事""发生不好的事时，我会计划如何去变得更好"。该量表采用利克特 5 点计分法，得分越高，说明自我认知情绪调节能力越强。本研究中，该量表的信度系数为 0.789。

3）工作投入量表。采用周兴高等（2020）翻译的 Saks（2006）的工作投入量表，共 5 个条目，如"我真的全身心投入到工作中"。该量表采用利克特 5 点计分法，得分越高，说明工作投入水平越高。唐春勇等（2018）的研究验证了其在本土情境中的信度，该量表的信度系数为 0.741。本研究中，该量表的信度系数为 0.738。

4）情绪耗竭量表。采用李超平和时勘（2003）进行了本土验证的工作倦怠量表的情绪耗竭维度，共 5 个条目，如"工作让我感觉身心俱疲"。该量表采用利克特 5 点计分法，得分越高，说明情绪耗竭量越高。本研究中，该量表的信度系数为 0.875。

4. 统计处理

采用 SPPSS 22.0 软件进行数据分析。计量资料用平均数±标准差描述，资料采用例数及百分比描述，比较采用卡方检验，分别对实验组和控制组前测、后测和追踪测试数据进行独立样本 t 检验。

二、结果及分析

1. 医护人员抗逆力、工作投入和情绪耗竭现状

本研究中，医护人员抗逆力的前测得分均值为 3.436，工作投入的前测得分均值为 3.895，情绪耗竭的前测得分均值为 2.784。

2. 前测比较

对实验组和控制组的干预前数据进行独立样本 t 检验，结果见表 4-21。干预研究前，实验组和控制组在抗逆力、积极重新关注、重新关注计划、工作投入和情绪耗竭上均不存在显著差异。

3. 后测比较

对实验组和控制组的干预后数据进行独立样本 t 检验，结果见表 4-21。干预结束后，实验组的抗逆力、积极重新关注、重新关注计划得分均优于控制组，但两组的工作投入和情绪耗竭无显著差异（$p>0.05$）。

4. 追踪测试比较

干预结束 1 个月后，对实验组和控制组数据进行独立样本 t 检验，结果见表 4-21。干预结束 1 个月后，实验组的抗逆力、积极重新关注、重新关注计划和工作投入显著优于控制组，实验组的情绪耗竭显著低于控制组。

表 4-21　实验组与控制组研究变量干预前后比较

变量	组别	干预前	干预后	追踪	t 干预前	p 干预前	t 干预后	p 干预后	t 追踪	p 追踪
抗逆力	实验组	3.469±0.660	3.670±0.511	4.067±0.381	1.038	0.300	3.791	0.000	9.222	0.000
	控制组	3.402±0.669	3.454±0.649	3.674±0.492						

续表

变量	组别	干预前	干预后	追踪	$t_{干预前}$	$p_{干预前}$	$t_{干预后}$	$p_{干预后}$	$t_{追踪}$	$p_{追踪}$
积极重新关注	实验组	3.666±0.762	3.845±0.600	4.256±0.417	1.784	0.075	3.886	0.000	7.783	0.000
	控制组	3.535±0.742	3.594±0.723	3.884±0.559						
重新关注计划	实验组	3.862±0.600	3.986±0.467	4.285±0.401	0.892	0.373	2.699	0.007	6.475	0.000
	控制组	3.807±0.683	3.838±0.656	3.995±0.515						
工作投入	实验组	3.887±0.606	3.950±0.556	4.363±0.402	−0.257	0.798	0.513	0.609	7.822	0.000
	控制组	3.903±0.637	3.921±0.611	4.006±0.533						
情绪耗竭	实验组	2.836±0.856	2.587±0.708	1.703±0.423	1.176	0.240	−1.122	0.262	−12.483	0.000
	控制组	2.732±0.943	2.676±0.908	2.459±0.780						

三、讨论

1. 医护人员抗逆力、工作投入和情绪耗竭现状分析

本研究中，医护人员的工作投入为中度水平，与国内研究结果一致（周兴高等，2020；王明雪等，2017），但低于欧美国家医务人员的工作投入水平（Simpson，2009）。2019年的《中国医师执业状况白皮书》指出，国内医护人员每周工作时间长，年休假制度执行不佳[①]，工作时间长造成心理耗竭，影响工作活力、专注和奉献状态，导致其工作投入更低。研究发现医护人员的抗逆力为中度偏低水平，与国内研究结果一致（周兴高等，2020；王明雪等，2017），医护人员通常承受着生理和心理上的双重压力，工作时间长，工作环境有被感染的风险。如果医护人员应对压力或者挫折等消极事件的能力不理想，将会影响他们的工作状态。医护人员的个体抗逆力提高能帮助他们更好地应对工作，医院应该提高医护人员的抗逆力水平。医护人员情绪耗竭处于中重度水平，与国内其他研究结果相近（刘玲等，2018；陈建军等，2020），医护人员长期精神高度紧张，压力过大，甚至出现焦虑等状况，不利于医护人员的身心健康，容易引发职业倦怠。因此，医院应当采取措施降低医护人员的情绪耗竭水平。

2. 通过团队心理辅导培训，医护人员抗逆力能够得到稳定提升

本研究对实验组、控制组的现场实验研究结果证实，团体心理辅导培训可以提高医护人员的抗逆力。这一结论验证了"抗逆力是类状态特质，兼具特质性和状态性，既有一定稳定性，又可以干预开发"（King et al., 2015）的观点，为提升医护

---

① 《中国医师执业状况白皮书》发布.（2018-01-12）. https://cn.chinadaily.com.cn/2018/01/12/content_35493502.htm[2024-08-01].

人员的抗逆力提供了实证依据。此外，以往研究证实基于心智模式培训法等方式可以提升个体抗逆力，本研究通过对医务人员进行情绪管理、自我效能、压力应对和沟通合作等方面的团队心理辅导培训，使他们的抗逆力水平也得到了提升。这说明，个体抗逆力提升具有多种可行方案，不同群体应根据其工作压力和情绪特点设计相应的抗逆力提升方案。此外，实验组追踪测试的抗逆力得分依然显著优于控制组，说明抗逆力干预效果具有持续性。

3. 医护人员抗逆力提升促进自我调节行为的原因

以往研究大多关注抗逆力能否通过培训得到改善，但较少采用实验研究法考察随着个体抗逆力的提升，其自我认知情绪调节能力和工作状态能否得到改善。本研究通过实验研究证实，提升医护人员的抗逆力有助于提高其积极重新关注和重新关注计划能力，缓解情绪耗竭，促进其工作投入。这一结论验证了抗逆力情绪灵活性理论与自我调节资源理论对医务人员抗逆力作用过程的解释。抗逆力情绪灵活性理论指出，高抗逆力者能够根据实际需要灵活进行情绪的生理响应和抑制，通过有效的自我认知情绪调节减少资源消耗，持续应对困境，产生积极的心理变化。自我调节资源理论认为，自我认知情绪调节是个体心理动态加工过程，需要心理资源提供动力源。抗逆力作为重要的内在心理资源可以改善个体自我认知情绪调节能力。本研究为这两个理论提供了实验证据。

4. 医护人员抗逆力提升后，其工作投入和情绪耗竭变化具有延迟性

在团队心理辅导培训刚结束时，实验组的抗逆力、积极重新关注和重新关注计划这三种自我认知情绪调节能力得分显著高于控制组，但工作投入和情绪耗竭水平与控制组不存在显著差异；而在干预培训结束1个月之后，实验组的工作投入水平明显高于控制组，而情绪耗竭程度则明显低于控制组。这可能是因为抗逆力是自我认知情绪调节能力的近端影响因素，是工作投入和情绪耗竭的远端影响因素。因此，抗逆力的提升在短期内可以提升自我认知情绪调节能力，而这种改善要传导至工作投入和情绪耗竭，还需要一定的时间，这也说明了自我认知情绪在抗逆力与工作投入、情绪耗竭之间起中介作用。

5. 抗逆力、自我调节与工作投入和情绪耗竭关系分析

以往研究表明，抗逆力对个体积极重新关注、重新关注计划、工作投入和情绪耗竭具有显著影响（Kim et al.，2018；张阔等，2015）。而积极的认知情绪调节策略能改善个体情绪，使其保持心理适应和心理健康（Tian et al.，2014），消极认知情绪调节策略与焦虑和抑郁均呈中等程度相关（刘文等，2018）。多数研究均通过单时点问卷调查得出以上结论，但在因果性的论证上存在一定缺陷。本研究通过现场实验收集先后3个时间点的数据对比发现，抗逆力的提升在短期内可以提升自我认知情

绪调节能力，而这种改善要传导至工作投入和情绪耗竭，还需要一定的时间，由此验证了抗逆力、认知情绪调节、情绪耗竭和工作投入等变量之间的因果关系。

医护人员时刻为人民的健康保驾护航，但长期的高压工作环境易引发身心耗竭，影响工作状态。抗逆力对于个体应对创伤事件和工作压力、保持心理健康具有重要作用。在突发公共卫生事件频繁发生的当代社会，提升医护人员抗逆力，从而提升其工作投入、降低其情绪耗竭，对于实现"健康中国"战略具有重要意义。本研究的实验组、控制组前后测结果表明，通过针对性的团体心理辅导，医护人员的抗逆力可以得到提升，而抗逆力的提升会提高自我认知情绪调节能力，提升工作投入和降低情绪耗竭。这一方案可为医护人员抗逆力干预培训提供参考借鉴。

第八节　职业获得感对医护人员工作绩效的影响[①]

本研究的目的在于探究职业获得感对医护人员工作绩效的影响，并分析积极计划和未来职业获得预期在其中的作用。主要采用多阶段抽样方法对某市23家医院的医护人员进行问卷调查，然后，对于获得的1406份有效数据进行层级回归和Bootstrap分析。获得的结果是：医护人员职业获得感对积极计划具有正向影响，并通过积极计划的中介作用正向影响工作绩效；职业获得感对工作绩效的直接作用受医护人员的未来职业获得预期的调节（$\beta=0.088$）。当未来职业获得预期处于低水平时，当下职业获得感对于工作绩效有直接的负向影响；而当未来职业获得预期为高水平时，当下职业获得感对于工作绩效有直接的正向影响。本研究的主要结论是：医护人员职业获得感可通过提升积极计划水平来提高其工作绩效，但当未来职业获得预期低时，职业获得感高的医护人员的工作绩效更容易受到负向影响。因此，在提升医护人员职业获得感的同时，应提升其未来职业获得预期。

党的十九大提出"健康中国"战略，为人民群众提供全方位、全周期健康服务，以满足多层次、多元化的健康需求。提供优质高效的医疗卫生服务，要充分发挥医护人员的积极性、主动性，不仅要提升其工作效率与质量等方面的任务绩效，也要提升其职业精神和服务态度等关系绩效。研究发现，工作满意度、职业幸福感和医

[①] 本节作者：万金、时勘、周雯珺、李琼、周兴高、黄运燊。

患和谐关系等均正向影响医护人员工作绩效（方朕，杨晓华，2018）。工作满意度和职业幸福感是个体根据自身工作投入和获得比较产生的主观体验。根据Vroom（1964）的期望理论，个体在工作时会产生期望，期望得到满足才会产生工作满意度和职业幸福感。因此，医护人员的职业获得感才是提高工作绩效的深层因素。职业获得感又称职业获益感，是指从业者感知到职业带来的实际获益，对所从事的职业感到喜欢，认为有价值，从而感到满足的积极情感状态，可提升个体工作幸福感、组织公民行为和工作绩效。

近年来，学者开始关注我国医护人员职业获得感研究，发现其职业获得感仍有较大提升空间，需要进一步激发其内在驱动力以提高职业获得感（白秀丽等，2020）。对农村基层医护人员的研究也发现，当医护人员的职业获得感处于较低水平时，其离职意愿更强（雷萌等，2020）。此外，高职业获得感者认为组织的发展与自身密切相关，对组织产生较高的认同，将个人目标与组织目标相统一，努力工作，使工作绩效得到提升（佘启发，2018）。但目前关于医护人员职业获得感对其工作绩效影响的实证研究较少，特别是对于其他中介机制的考察不足。根据自我调节资源理论，积极的心理资源能够提升个体认知情绪调节能力。当职业获得感处于高水平时，个体具有认同感、荣誉感和成就感，这些均构成个体工作中的心理资源，其积极计划水平更高。积极计划是面对负面事件时以行动为中心的积极应对方式（Ochsner & Gross，2005）。积极计划等认知情绪调节方式能够缓解负面情绪的不良影响，使个体保持稳定的工作表现和工作绩效水平（戴新梅等，2019；杨良媛，2021）。因此，本研究将考察积极计划在职业获得感与医护人员工作绩效间的中介作用。此外，个体工作绩效不仅受当前职业获得感的影响，未来职业获得预期同样重要。未来职业获得预期是对职业未来获得的预期，对个体发展具有推动作用（Lo & Aryee，2003）。根据相对剥夺感理论中的纵向剥夺感理论，人们往往希望未来获得的比现在获得的多，由此就会产生相对剥夺感（熊猛，叶一舵，2016）。研究发现，在组织中产生相对剥夺感的个体，其工作积极性会下降（Follmer & Jones，2017），容易产生沉默、反抗、辞职等行为（Grant，2008）。当医护人员当下的职业获得感较高，但其未来获得预期处于较低水平时，其纵向相对剥夺感增强，更容易产生消极情绪，对其工作绩效产生不利影响；反之，若其未来获得预期处于较高水平，其当下的职业获得感会增强其组织认同感，使其更加努力工作，从而使工作绩效得到提升。因此，本研究拟检验未来职业获得预期在职业获得感与医护人员工作绩效间的调节作用。综上所述，本研究将考察职业获得感对医护人员工作绩效的影响，并检验积极计划的中介作用和未来职业获得预期的调节作用，为提高医护人员的工作绩效提供针对性建议，以促进医疗卫生事业发展。

一、资料来源与方法

1. 资料来源

2018年11—12月,采用多阶段抽样方法,将某市医院分为三级、二级、民营医院以及乡镇卫生院4类,抽取6家三级医院、7家二级医院、6家民营医院和4家乡镇卫生院。在各医院内按其医生、护士、药技人员和行政管理人员比例进行抽样,但要求医护人员在本单位正式工作3个月以上才能被纳入取样范围。之后,向参与者说明调查目的和作出保密承诺,取得其同意后,在办公室现场发放和回收纸质问卷。共发放问卷2145份,回收问卷2031份,剔除90%以上题项填同一选项、填写率不足80%、有变量得分超出3个标准差的数据后,得到有效问卷1406份。

2. 测量工具

1)一般人口学资料,包括性别、年龄、婚姻、学历、岗位、工作单位和在本单位工作年限等。

2)职业获得感量表。根据马斯洛需求层次理论,从经济、社交、尊重和发展等维度自编职业获得感量表。共5个条目,如"作为医护人员,我获得了应得的收入水平"。采用利克特5点计分法,1代表"非常不同意",5代表"非常同意",得分越高说明职业获得感水平越高。本研究中该量表的Cronbach's α系数为0.772。

3)积极计划量表。采用Garnefski等(2001)开发、朱熊兆等(2007)根据中国情境修订后的认知情绪调节行为量表的积极计划维度。共4个题项,如"发生不好的事时,我会想怎样才能做到最好",采用利克特5点计分法,1代表"非常不同意",5代表"非常同意",得分越高,说明积极计划水平越高。本研究中该量表的Cronbach's α系数为0.852。

4)未来职业获得预期量表。该量表和职业获得感的测量内容一致,但测量个体对其未来职业获得的预期。共5个题项,如"我相信将来我的收入会提高",采用利克特5点计分法,1代表"非常不同意",5代表"非常同意",得分越高说明未来职业获得预期水平越高。本研究中该量表的Cronbach's α系数为0.925。

5)工作绩效量表。工作绩效量表在Tsui等(1997)开发的量表的基础上改编而成,原量表包括3个题目,分别从数量、质量、效率3个方面测量工作绩效,且信效度良好,得到了广泛应用。鉴于医护人员工作的特殊性,不宜测量工作数量,引入关系绩效的思路,将服务态度和职业精神纳入绩效概念中,修订后的量表共4个题项,采用利克特5点计分法,1代表"非常不同意",5代表"非常同意",得分越高说明工作绩效水平越高。本研究中该量表的Cronbach's α系数为0.851。

所用量表均为单维度量表,无须检验结构效度,所有题项载荷均在 0.40 以上,具有良好的测量效度。变量均值小于 2 分为低水平,2~4 分为中等水平,大于 4 分为高水平。

3. 统计学方法

采用 SPSS 25.0 进行信度分析、相关分析和层级回归分析,以检验量表信度,并考察各因素对医护人员工作绩效的影响。采用 Bootstrap 分析方法检验积极计划的中介作用及未来职业获得预期的调节作用。

二、结果及分析

1. 调查对象基本情况

最终有效问卷为 1406 份。其中,女性占 68.8%,男性占 31.2%;19~25 岁者占 17.2%,26~35 岁者占 51.6%,35 岁以上者占 31.2%;42.5%的人为大专及以下学历,56.7%的人为本科学历,0.8%的人为硕士及以上学历;43.5%的人为护士,35.7%的人为医生,其他职业占 20.8%;45.2%的人工作年限在 1~5 年,29.7%的人在 6~10 年,15.6%的人在 11~20 年,9.5%的人在 20 年以上。

2. 共同方法偏差检验

鉴于所有数据均由研究对象填答,可能产生共同方法偏差,采用 Harman 单因素分析法进行检验。第一个因子解释值为 35.754%,低于 40%,所以本研究不存在严重的共同方法偏差问题。

3. 职业获得感、积极计划、未来职业获得预期和工作绩效的相关分析

采用相关分析探究医护人员职业获得感、积极计划、未来职业获得预期和工作绩效等变量间的相关性,结果见表 4-22。职业获得感和工作绩效呈显著正相关($r=0.199$,$p<0.01$),职业获得感和积极计划呈显著正相关($r=0.258$,$p<0.01$),积极计划和工作绩效呈显著正相关($r=0.388$,$p<0.01$)。

表 4-22 各变量的描述性统计和相关分析

变量	$M±SD$	1	2	3	4
1. 职业获得感	3.068±0.791				
2. 未来职业获得预期	3.602±0.881	0.467**			
3. 积极计划	3.654±0.737	0.258**	0.427**		
4. 工作绩效	3.676±0.693	0.199**	0.386**	0.388**	

4. 医护人员工作绩效的层级回归检验

回归分析结果见表 4-23。模型 M1 显示，女性的积极计划水平高于男性（$\beta=-0.069$，$p<0.05$），模型 M1 和 M3 显示，在本单位工作年限越长，个体的积极计划水平越高（$\beta=0.217$，$p<0.001$；$\beta=0.122$，$p<0.05$）。模型 M2 显示，职业获得感对积极计划有显著正向影响（$\beta=0.243$，$p<0.001$），职业获得感水平越高，医护人员的积极计划水平越高。模型 M4 显示，职业获得感对工作绩效有显著正向影响（$\beta=0.193$，$p<0.001$），职业获得感水平越高，医护人员工作绩效水平越高。模型 M5 显示，职业获得感、积极计划进入方程后，职业获得感对工作绩效仍有显著正向影响（$\beta=0.111$，$p<0.001$），积极计划对工作绩效的正向影响显著（$\beta=0.340$，$p<0.001$），说明积极计划在职业获得感对工作绩效的影响中起中介作用。模型 M6 显示，将职业获得感、积极计划、未来职业获得预期、职业获得感与未来职业获得预期的交互项同时放入方程后，交互项对工作绩效具有显著正向影响（$\beta=0.124$，$p<0.001$），说明未来职业获得预期在职业获得感与工作绩效之间起调节作用。

表 4-23 医护人员工作绩效的回归分析

类别		积极计划			工作绩效		
		M1	M2	M3	M4	M5	M6
控制变量	性别	−0.069*	−0.079**	−0.038	−0.046	−0.019	−0.010
	年龄	−0.097	−0.086	0.105	0.114*	0.143**	0.163**
	婚姻状况	−0.024	−0.007	−0.024	−0.011	−0.008	−0.011
	学历	−0.015	0.023	−0.051	−0.021	−0.029	−0.019
	岗位	−0.023	−0.042	−0.066*	−0.081**	−0.067*	−0.062*
	工作单位	0.112***	0.083**	0.064*	0.041	0.013	−0.025
	本单位工作年限	0.217***	0.212**	0.122*	0.119*	0.046	−0.002
自变量	职业获得感		0.243***		0.193***	0.111***	0.009
中介变量	积极计划					0.340***	0.247***
调节变量	未来职业获得预期						0.287***
交互项	职业获得感×未来职业获得预期						0.124***
	R^2	0.036	0.091	0.053	0.088	0.193	0.247
	$\triangle R^2$	0.036	0.055	0.053	0.035	0.105	0.054
	F	6.491***	15.268***	9.648***	14.603***	32.224***	36.204***

5. 中介和调节效应的 Bootstrap 检验

Bootstrap 分析结果显示，职业获得感对积极计划的正向影响显著，$\beta=0.248$，95%CI=[0.200，0.296]；积极计划对工作绩效的正向效应显著，$\beta=0.228$，95%CI=[0.180，0.276]；职业获得感通过积极计划对工作绩效的间接效应显著，$\beta=0.057$，95%CI=[0.041，0.079]。未来职业获得预期在职业获得感和工作绩效间具有调节作用，$\beta=0.088$，95%CI=[0.052，0.124]。由表 4-24 可知，对于低未来职业获得预期（$-1\,SD$，$SD=0.881$）的医护人员，职业获得感对工作绩效具有直接的负向影响，$\beta=-0.060$，95%CI=[-0.119，-0.002]；对于高未来职业获得预期（$+1\,SD$，$SD=0.881$）的医护人员，职业获得感对工作绩效具有直接的正向影响，$\beta=0.095$，95%CI=[0.041，0.149]。采用简单斜率分析检验高、低未来职业获得预期组中职业获得感对工作绩效的直接影响，见图 4-7。

表 4-24　不同未来职业获得预期下职业获得感对工作绩效的直接影响

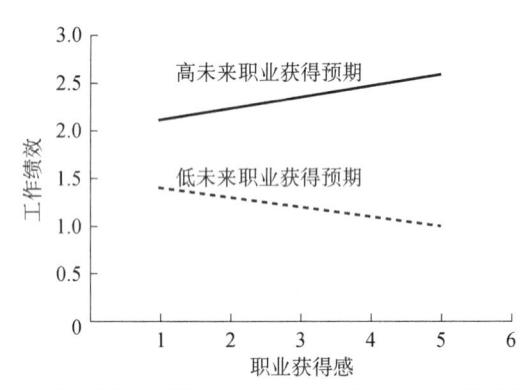

未来职业获得预期	β	SE	95%CI
低	−0.060	0.030	−0.119，−0.002
中	0.017	0.024	−0.029，0.064
高	0.095	0.028	0.041，0.149

图 4-7　高、低未来职业获得预期组中职业获得感对工作绩效的总效应

三、讨论

1. 职业获得感正向影响医护人员的工作绩效

本研究表明，职业获得感对医护人员工作绩效具有直接正向影响。以往研究主

要探讨了医护人员职业获得感与其职业倦怠、主观幸福感和工作投入的关系,这些都是提升医护人员工作绩效的重要前因变量,本研究则直接验证了职业获得感对医务人员工作绩效的影响。以往研究指出,职业获得感会影响职业倦怠、主观幸福感和工作投入,从而影响工作绩效,这一结果也符合社会交换理论的预测,当个体感知到职业获得感时,会产生积极正向影响,个体往往会进行正面回馈,承担更多工作责任与内容,并不懈奋斗,从而提高自身的工作绩效。因此,医院管理人员要重视医护人员的职业获得感,通过优化管理制度,人性化对待医护人员,实施匹配的薪酬福利制度,重视医护人员的技能培训、能力开发及长期发展,提升医护人员的职业获得感。

2. 积极计划在医护人员职业获得感与工作绩效之间发挥中介作用

本研究发现,职业获得感通过积极计划对医务人员工作绩效产生间接正向影响,职业获得感高的个体,积极计划水平更高,进而工作绩效水平更高。以往 Chen 等(2007)的研究从心理契约理论的角度出发,认为积极的体验会促使员工承担更多的责任与义务,拥有更多的组织责任感与使命感,从而促进其工作绩效的提升。另有研究发现,职业获得感是一种积极的体验感,会通过提升责任感来提升绩效(田贝,2020)。但本研究根据自我调节资源理论认为,当个体职业获得感水平较高时,个体的各层次需求得到满足,心理资源充足,因此更容易产生积极计划,从而提升工作绩效,这得到了本研究数据的验证,该结论拓展了职业获得感对工作绩效的影响机制研究。基于此,医院应加强医护人员心智模式培训和辩证行为等干预训练,提高其积极计划水平,使其能积极应对工作中的各种压力和挫折,建构积极的心理资源。

3. 未来职业获得预期对医护人员职业获得感与工作绩效间的关系有正向调节作用

本研究发现,未来职业获得预期正向调节了医护人员职业获得感与工作绩效间的关系。根据相对剥夺感理论,当医护人员当下的职业获得感处于较高水平,而未来职业获得预期处于较低水平时,会产生强烈的相对剥夺感,导致工作态度消极,工作绩效随之降低;而当未来职业获得预期处于较高水平时,当下职业获得感对其工作绩效会产生直接正向影响。此时,当医护人员未来职业获得预期为高水平时,他们较少产生相对剥夺感,而当下职业获得感能够满足其当下心理需求,激励其努力工作,进而提升工作绩效。这一结果揭示了职业获得感对医护人员工作绩效直接效应的边界条件。过往研究大多探讨个体与他人比较所产生的横向剥夺感对其工作态度与行为的影响。本研究聚焦个体自身现有获得感与预期收获的纵向比较，探究当下职业获得感与未来职业获得预期的交互作用对医护人员工作绩效的影响，同时，将医护人员的当下职业获得感与未来职业获得预期联系起来，提出了提升其工作绩效的新途径。因此，医院应对医护人员实行人性化管理制度，建立薪酬稳步增长机制，建立合理的晋升机制，拓宽其职业发展路径，使医护人员建立对未来职业发展的信心，产生高未来职业获得预期，从而提升其工作表现。

第五章

网络数据整合的危机决策研究

第一节 混合网络下突发公共卫生事件的公众心理服务平台[①]

本研究开展的是危机决策研究，主要探索混合网络下危机心理行为应对大数据平台的研究，旨在构建一个面向突发公共卫生事件下公众风险认知、行为规律及情绪引导的心理服务平台。本研究将进行多源大数据的特征抽取、表示与深度挖掘，并进行多来源、多模态的有效聚合和深入分析，针对网络媒体大数据聚合而来的深层内涵为本研究提供了解公众心理行为规律、情绪引导的决策依据。

一、本节拟解决的主要问题

当社会出现突发公共卫生事件时，民众会对诸如感染传染病这类风险的特征和严重性作出主观判断，在其导致生活困难时出现相应的心理反应和情绪变化，这些均会通过社会媒体及时地反映出来。那么，社交媒体大数据平台也会对这类反映受众情绪的信息进行收集汇总，并运用自然语言处理和机器学习理论及方法，建立符合媒体内容理解的计算模型，为了解突发公共卫生事件下风险认知、情绪反应及行为规律提供获取、分析、挖掘和展示的集成服务。此外，这类平台还会以示例方式，将虚拟空间的人职匹配、关键行为事件访谈技术收集的数据以及培训活动展示的数据收集起来，提供绩效反馈数据。以上这些内容总体汇成本研究的集成系统，这也是本研究的主要内容。随着信息传播技术的发展，政府若对于突发公共卫生事件采取"捂"的办法，不仅会降低公众对政府的信任度，使得谣言四出，错失及时制止事件发展的时机，还会导致事件的扩大化和不可控，给政府信誉带来极大的负面影响。因此，本研究希望利用计算机技术，结合我国发生的突发公共卫生事件，以大数据分析的方式对突发公共卫生事件中的风险认知、情绪变化、舆情应对进行分析。本研究开展的网络媒体大数据研究主要解决如下问题。

第一，针对突发公共卫生事件所涉及和收集的能够直接反映公众风险认知、行

[①] 本节作者：何军、时勘。

为规律及公众情绪的各种调查数据，基于区域决策研究、社区民众情绪反应以及医疗系统医患关系互动获得的调查问题的不同，通过调查问卷的形式获取能够反映公众心理及情绪变化的一些数据。这类数据质量高、有针对性，是本研究所依赖的最主要数据源。我们已经收集了调查问卷 1.7 万多份，被调查人员来自各行各业且遍布全国各地。

第二，通过抽取国内主流媒体的新闻报道，诸如新华社、《人民日报》、《中国新闻周刊》、《健康报》等，垂直领域权威自媒体，诸如丁香园、八点健闻等，以及全国性市场化媒体，诸如财新网、界面新闻、澎湃新闻、《三联生活周刊》、《人物》、第一财经等，武汉、温州、北京等地的地方机关媒体，通过爬取权威机构的官方微博和个体微博，以及官方微信公众号中的信息，对不同地区官方对突发公共卫生事件的处理、采取的措施及效果、普通民众的情绪变化、对患者的救治、对病例的通报、就诊状况、患者相关政策、对民众生活的影响等主题进行分析和评估，为政府和相关机构提供合理化建议。

第三，风险认知是人们对某个特定风险的特征和严重性所作出的主观判断，是测量民众心理恐慌的重要指标。本研究通过爬取 Twitter、Facebook 等覆盖全球的国际性社交网络，对比不同国家应对突发公共卫生事件的措施、对民众情绪的影响、民众情绪的引导及变化等，为各级政府制定政策和构建预警系统提供科学依据与相关措施。关于这些内容，前面三章中已解决了数据采集问题，本章将对大数据进行聚合，以形成最终结论。

第四，环境心理与危机决策研究还涉及资源分配、模型建构和培养模式的管理决策问题，本研究中将专门对此进行分析与展示，并将后两项的相关内容进行汇总，以形成智库报告和提供相应的管理对策建议。

二、国内外研究现状

1. 内容挖掘

近些年来，社会媒体大数据获取和深度挖掘的研究工作逐渐引起了国内外学术界的关注，包括用户行为分析、信息抽取、存储检索、社会化搜索、面向社区的内容挖掘等。有研究者考察了 Wikipedia 用户贡献内容的主要动机，结果发现，帮助别人、自学了解、社交朋友和娱乐等多方面的动机促进了 Wikipedia 的成功（Nov，2007）。关于社会化标签系统中的用户标注行为，学者分析了多种影响因素，包括动机因素（Rashid et al.，2006；Nov，2007）、社会因素（Sen et al.，2006）、认知和使用体验（Ames & Naaman，2007）等。而自动标注的机制则包括文本挖掘（Heymann et al.，2008）、词汇频率分析（Zhang et al.，2016）等自然语言处理技术以及机器学习与人工智能等路径。现在的网络挖掘技术包括结构挖掘、日志挖掘和内容挖掘/内容分析。其中，内容挖掘通常是指对网络资源（文本、图片、音视频等）的内容特征及语境特点进行分析。在这个方面，心理学研究成果比较多，这类研究通常通过情绪词或情感分类来计算情感态度。比如，Bracewell 等（2007）的研究发现，新闻中的语料资源（情绪词或短语）可以用来预测新闻作者的情感类型，但是对公众风险认知及公众情绪的分析和挖掘还有很大的研究空间。虽然已有研究在大数据决策上取得了一定进展，但其研究过程仍存在重方法轻理论、重局部而轻全局等不足，特别是应用于危机管理的实时决策分析及应急响应时机等亟待进一步探索，需要面向全局的、动态的、海量的大数据危机管理决策分析技术。

2. 用户规模

微博发布的 2023 年第四季度及全年财报显示，微博的月活跃用户已达 5.98 亿人。Twitter 是目前普及度较广泛全球化社交媒体之一，有 34 种语言版本，截至 2020 年第三季度，Twitter 的可货币化日活跃用户达 1.87 亿[1]。2017 年 5 月，Facebook 首次正式对外公布，其全球月活跃用户达到了 20 多亿人[2]。截至 2022 年 10 月，Instagram 的全球月活跃用户达到 20 亿人，而同属于 Meta Platform 旗下的社交网站 Facebook 的月活跃用户为 29.6 亿人[3]。微博用户基本上都是中文用户，Twitter 和 Facebook 的特点是国际化，运行的系统支持多种语言，拥有世界各国、各地区的用户，获取这两大平台上的数据，非常有助于对比不同国家应对突发公共卫生事件的措施、对民众情绪影响，以及民众情绪的引导及变化。本研究通过对不同国家和政府应对措施产生的效果进行比对，为我国未来构建预警网络和制定相应的危机管理政策等提供科学依据。

3. 数据融合

为了给接下来的数据分析工作做准备，需要对收集的各种调查数据和多源媒体大数据进行整合。本研究将综合运用多种方法，如不同阶段使用不同数据集的方法、基于数据特征的融合方法以及基于语义的融合方法等，对反映突发公共卫生事件的社会媒体大数据进行行为及心理分析，这是本研究的核心工作。首先，将综合

---

[1] Twitter 第三季度营收 9.36 亿美元 同比增长 14%.（2020-10-30）. https://www.163.com/tech/article/FQ6C96LE00097U7R.html[2024-08-01].

[2] 全球首个 20 亿月活 App，Facebook 的下半场会是怎样？（2017-07-28）. https://tech.sina.com.cn/roll/2017-07-29/doc-ifyinryq6813753.shtml[2024-08-01].

[3] Instagram 月活达到 20 亿，与 Facebook 差距缩小.（2022-10-27）. https://finance.sina.com.cn/tech/internet/2022-10-27/doc-imqqsmrp3905200.shtml[2024-08-01].

运用计算机、统计学、人工智能等技术对获取的社会媒体大数据进行特征抽取与表达，通过数据内在的关联性和一致性分析，获取高质量的数据；随后，要分析特征的分布以及相关特性，提出有效的特征抽取机制；接着，要进一步分析特征的显著性，对特征进行筛选；最后，实现对突发公共卫生事件中民众的行为规律的分析与深度挖掘，构建面向突发公共卫生事件的公众心理服务平台。

三、研究的具体发现

前文已呈现"生态环境治理的危机管理研究"、"社区风险认知与民众情绪引导"和"医患救治关系与抗逆成长研究"，本章将完成的是"网络数据整合的危机决策研究"，除了上文介绍的混合网络下突发公共卫生事件的公众心理服务平台，还包括以下方面的内容。

1. 联合张量补全与循环神经网络的时间序列插补法研究

本研究提出了一种联合张量补全与循环神经网络的时间序列缺失值插补模型——张量补全联合双向循环神经网络（tensor completion bidirectional recurrent neural network，TCBRNN），其可以有效地对多个多元时间序列中的缺失值进行插补。该模型同时考虑不同时间序列之间的相关性和复杂时序关系，直接"学习"出缺失值。本研究在多个数据集上对所提出的模型进行了性能评估，包括对缺失值的插补值的准确性进行了评估，并对插补后的数据进行了回归与分类模型的构建，测试其对后续时间序列分析任务的效果。实验结果表明，和其他的基线模型相比，本研究所提出的模型在插补上有更准确的效果，并且插补后的数据可以提升回归与分类模型的性能。未来工作可以对模型的插补结果进行可视化处理，这样可以直观地展示模型插补结果与真实数据的差异，还可以尝试用其他方法捕获不同时间序列的相关性来获得更好的效果，如可以用深度学习方法来代替张量补全。

2. 基于知识图谱分析的大学生核心素养结构研究

本研究基于中国知网、万方数据库、维普数据库、超星发现等中文数据库，以及 Web of Science（WOS）核心合集的 SCIE 引文数据库、Springer 电子期刊数据库、Elsevier Science Direct、Summon 发现等英文数据库来获取文献信息，分别以"学生核心素养""21 世纪核心素养""core competency in the 21st century""core competency training"等作为数据库搜索的主题词。主要的研究数据为中国知网、WOS 等数据库导出的相关信息。在研究工具上，使用 Citespace 软件进行网络结构优化，以突出图谱分析的特征。在分科上，涉及教育学、心理学、医学、计算机等不同学科。在发文量的国际比较上，使用 Citespace 的关键词突现功能进行研究前沿分析。本研究进行了关键词时区分析，将不同的聚类类别以纵向的时区进行排列。在词云分析上，采用 Nvivo 11.0 工具进行分析，通过对"核心素养"等关键词进行检索分析，为构建核心素养框架提供研究基础。

3. 环境治理人才选拔的智能匹配研究

环境治理人才是国家应对突发公共卫生事件必须考虑的一个重要群体。在招聘、甄选过程中，需要从各行各业人才中，将拥有这方面知识储备、管理技能和社会责任的人选拔出来，一旦出现非常规突发事件，则可以将他们派往各地，保护国家和人民的利益免受损失。长江三角洲是经济发展的领先地区，在危机应对方面，确实也紧缺环境治理人才。为此，本研究力图以环境治理人才的瓶颈问题为突破口，通过战略决策、大数据分析等途径，获得紧缺型岗位的职业特征要求，另外通过心理测评技术揭示求职群体的人格特征、领导风格和团队建设心理学要求，形成可操作的测量标准。在此基础上，借助大数据集成等方法，将各地区紧缺岗位的职业要求与求职人员心理特征匹配，完成人职智能匹配，以满足非常规突发事件的人才需求，进而为生态文明与环境治理工作作出特殊贡献。

4. 长江三角洲城市危机决策者胜任特征模型构建研究

长江三角洲是中国第一大经济区，在国家现代化建设大局和全方位开放格局中具有举足轻重的战略地位。为了提升长江三角洲的创新能力和竞争能力，其所属浙江省城市群领导者在建设现代化经济体系方面作出了重要贡献。特别是在抗击突发公共卫生事件最困难的时刻，该地区城市危机决策者和各行业管理者表现出超强的应对能力，从而在危机决策方面积累了丰富的经验。本研究尝试把抗击突发公共卫生事件期间该地区城市领导者、社区管理者、医护人员、企业家和学校领导者应急管理的经验按照关键行为事件访谈方法进行总结，以构建城市危机决策者的胜任特征模型，这项研究对于提升城市应急管理水平具有长远的战略意义。

5. 领导干部应急管理能力的培养模式研究

提升领导干部的应急管理能力是应对突发公共卫生事件、实现人才强国战略的重要途径之一。应急管理能力与通常的管理干部培训究竟存在怎样的区别？这是本研究将要回答的重要问题。本研究在原有的核心胜任特征模型成长评估的基础上，设计出包含变革应对行为、奋斗励志激发、心理资本拓展和团队合作沟通等四项核心能力的应急胜任特征模型，采用核心胜任特征前后测问卷，除了采用差异性检验（t 检验）之外，还引入了百分等级模型（SGP 模型）进行评估，结果发现，实验组在个人水平上获得的"成长"的效果显著优于控制组，证明了 SGP 模型对于评估领导干部胜任特征成长是卓有成效的。

6. 基于 360 度反馈的网络评价方法研究

本研究对基于 360 度反馈的网络评价方法进行了探索，这是应急管理人才培养模式的最后一个环节，也是整个系统最为关键的环节。一方面，该方法注重利用计算机技术对数据资源的高效抽取，整个反馈都会涉及数据资源的集聚问题；另一方面，在管理过程中，其体现在人才选拔、建模、培训等环节，最后为绩效反馈环节，这属于应急人力资源管理最为关键的环节。本研究全力推出了网络雷达图可视化评价新技术，借助网络大数据等人工智能方法，从多测度角度提供危机决策者的现状，并提出反馈建议。由于一般性观察是很难用量化方法进行全面、科学展示的，这种新方法将能保证所分析内容更加全面和科学，并形成未来职业发展建议。

7. 软著"风险认知与管理决策"可视化平台

针对多数社会网络系统存在的限制数据爬取的政策，结合本研究的特点，需要针对新浪微博、Twitter、Facebook 等主要社会网络平台来设计专门的网络爬虫系统。在对网络媒体大数据进行特征抽取与表达时，首先要对数据进行质量评估，通过数据内在的关联性和一致性分析获取高质量的数据，还要进一步分析特征的显著性，在此基础上构建面向公众风险认知、行为规律及情绪的媒体大数据特征抽取与表达框架。本研究所形成的软著"风险认知与管理决策"可视化平台将深入分析其中所蕴含的群体特征、事件来由与学术观点，并针对网络媒体大数据聚合而来的深层内涵，如用户的兴趣图谱、多尺度重叠的网络群体、热点或突发事件的来龙去脉与发展态势等，为相关部门提供可以了解公众行为规律、面向突发公共卫生事件的公众社会心理服务平台。

第二节 联合张量补全与循环神经网络的时间序列插补法[①]

现实世界充满了时间序列数据，然而，实际应用中的时间序列数据通常包含许多缺失值。缺失值影响时间序列的分析，因而如何对时间序列进行插补是值得研究的问题。现存的插补方法大致分为基于统计的插补法和基于深度学习的插补法。基

---

① 本节作者：何军、赖赵远、时勘。

于统计的插补法只能捕捉线性时间关系，导致无法精准建模时间序列的非线性关系；基于深度学习的插补法往往没有考虑到不同时间序列之间的相关性。针对现有方法的问题，本研究提出了联合张量补全与循环神经网络的时间序列插补法。首先，将多元时间序列建模成张量，通过张量的低秩补全捕获不同时间序列之间的关系；其次，提出了一个基于时间的动态权重，将张量插补结果和循环神经网络的预测结果进行融合，避免因为连续缺失导致的预测误差累积。最后，在多个真实的时间序列数据集上对所提出的方法进行实验评估，结果显示该模型优于已有相关模型，且基于插补后的时间序列可以提升时间序列预测效果。将此法用于危机管理决策研究，特别是用于面向突发公共卫生事件的公众心理服务平台，将会大大提升数据聚合和集成的效果。

时间序列分析通过对具有时序关系的一组数据进行建模，从而得到这组数据背后的变化规律，具有广泛的应用领域，如观测气象、预测股票价格变动、判断患者的适应度和诊断类别等。多数时间序列分析模型假设时间序列数据是完整的。然而在现实世界中，存在各种情况导致时间序列数据不完整。以Physoninet Challenge 2012 数据集为例，数据的缺失率在 80%以上（Silva et al., 2012）。时间序列数据中的缺失值会破坏时间序列中的时间相关性，使得现有的各种时间序列模型难以被应用，增加了时间序列预测任务的难度。因此，面对有缺失值的时间序列数据，需要研究对时间序列中的缺失值进行插补的方法，从而提高时间序列分析模型的准确性，另外，对于采集成本高的数据来说，也可以降低这类数据的采集成本。

虽然已经有对时间序列缺失值进行插补的研究，但这类研究很少同时考虑到单个时间序列的时间依赖性和多个时间序列之间的相关性。通过研究单个时间序列的时间依赖性，可以使得插补的缺失值更符合整个时间序列的变化规律；通过研究多个时间序列之间的相关性，可以获得时间序列的全局时间模式，例如，空气质量数据集是由多个不同地区的监测站记录数据构成的，其中邻近的监测站记录的数据具有较强的相关性。在缺失率较高的时间段，单个时间序列的时间依赖性由于缺失率较高而不可靠，此时可以从其他相关的时间序列中获得其变化规律。同时考虑这两个问题，对于时间序列缺失值的插补是十分重要的。针对时间序列缺失值插补的任务，本研究提出了一种联合张量补全（tensor completion）与循环神经网络（recurrent neural network，RNN）的时间序列缺失值插补模型——TCBRNN。该模型将多个时间序列建模成张量，通过张量补全可以捕获时间序列数据的全局模式。补全后的张量与循环神经网络动态结合，建模时间序列的时序信息，获得单个时间序列的时序模式，即局部模式，通过联合局部和全局的信息，从而对多个时间序列的缺失值完成插补。

本研究主要贡献如下：第一，本研究提出了一种联合张量补全与循环神经网络的插补模型。张量补全可以捕获多个时间序列之间的关系，发现数据的全局模式，循环神经网络建模可以捕获时间序列的时序关系；第二，为了让张量补全与循环神经网络有机地结合起来，本研究提出了一个基于连续缺失时间的动态权重因子，避免因连续缺失时间长导致预测误差累积，并在多个真实数据集上进行了实验，以评估所提出的缺失值插补模型，实验结果表明，该模型比现有的模型有更好的性能。

一、相关工作

缺失值插补在数据挖掘与分析中具有重要的作用，时间序列的缺失值插补有着更为广泛的应用和重要的研究意义。下面对已有的时间序列缺失值的插补方法做一概述分析。

1. 基于删除的插补法

早期的时间序列缺失值插补通常采用基于删除的插补方法，如成列删除和成对删除。成列删除是指在对统计量进行计算时，把含有缺失值的时间序列记录进行删除。成对删除适用于两两配对的变量，如果某个时间序列数据中含有一个或多个两两配对的变量，其中一个配对变量存在数据缺失，则在计算这对配对变量的统计量时需要将含有缺失值的所有数据删除。

2. 基于统计学的插补法

基于统计学的插补法是伴随统计学发展而出现的一种方法。平均值插补法和中位数插补法是两种最简单的统计学插补法。1980年，Gardner 和 Jones 分别讨论了利用 Kalman 滤波器计算平稳 ARMA（auto-regression and moving average）过程的可能性，其中 Jones 还展示了如何处理平稳序列的缺失观测值（转引自 Fung，2006）。1982年，Harvey 和 Pierse 将这些技术推广到非平稳 ARIMA（auto-regressive integrated moving average）模型中的缺失值情况（转引自 Harvey，1990）。

3. 基于机器学习和深度学习的插补法

常见的基于机器学习的插补法有正则化期望最大化（expectation-maximum，EM）、K近邻（K-nearest neighbor，KNN）、矩阵分解（matrix factorization，MF）等。其中，MF 法可得到两个因子矩阵，将因子矩阵相乘后即可得到缺失值插补结果。课题组对 MF 的插补法进行了改进，并提出了一个支持数据驱动的时间学习和预测的时间正则化矩阵分解（temporal regularized matrix factorization，TRMF）框架。

随着深度学习的发展，人们开始使用循环神经网络进行时间序列缺失值的插补。Yoon 等在 2017 年提出了 M-RNN 并在医学问题上取得了突破。Che 等在 2018 年对门循环单元（gate recurrent unit，GRU）进行了改进，提出了 GRU-D。Cao 等在 2018 年提出了 BRITS，并且突破了前两个模型在医疗数据集上的限制，取得了更好的插补效果。

4. 张量补全相关研究

Song 等在 2019 年发表了一篇参考文献达 243 篇的有关张量补全研究的综述论文。该论文从通用张量补全算法、使用辅助信息的张量补全算法（多样性）、可扩展张量补全算法（体积）和动态张量补全算法（速度）四个方面介绍了有关张量补全的研究进展，还讨论了未来研究的主要挑战和可能的一些研究方向。目前有关张量补全理论方面的研究进展不大，大多数研究针对一些应用领域做了方法改进。例如，智能交通系统中现有的交通监测方法难以被应用于拓扑结构复杂、状态多变的城市交通。目前，有一种时空约束低秩张量补全（space time low-rank tensor completion，ST-LRTC）方法，可以增强张量补全模型对复杂城市场景的适应性，从而更好地监测、诊断和优化城市交通状态。Liu 等（2021）针对物联网流数据的特性，假设数据张量位于时变子空间中，他们建立了一个基于动态分解的可更新框架，引入了一种被称为"时态多方面流"的算法来解决源自开发的模型的优化问题。本研究利用张量补全与循环神经网络各自的特点，将二者结合起来，提出了一种比较通用的联合张量补全与循环神经网络的插补法，下面对这一方法进行介绍。

二、问题定义

定义 1（多元时间序列）：多元时间序列 $X = \{x_1, x_2, \cdots, x_T\}$ 是一个有 t 个观测值的序列，第 t 个时间步的观测值 $x_t \in \mathbb{R}^D$ 包含 D 个特征 $\{x_t^1, x_t^2, \cdots x_t^D\}$，$s_t$ 代表第 t 个时间步的时间戳。其中第 d 个特征对应的时间序列为：$\{x_1^d, x_2^d, \cdots, x_T^d\}$。

定义 2（掩码向量）：为了表示 x_t 中的缺失值，引入掩码向量 $m_t = (m_t^1, m_t^2, \cdots, m_t^D)$，计算公式如下：

$$m_t^d = \begin{cases} 0 & \text{if } x_t^d \text{ is not observed} \\ 1 & \text{otherwise} \end{cases} \quad （式5-1）$$

定义3（时间间隔向量）：为了表示时间序列中的连续缺失值，引入时间间隔向量 δ_t，其计算公式如下：

$$\delta_t^d = \begin{cases} s_t - s_{t-1} + \delta_{t-1}^d & \text{if } t > 1, \ m_{t-1}^d = 0 \\ s_t - s_{t-1} & \text{if } t > 1, \ m_{t-1}^d = 1 \\ 0 & \text{if } t = 1 \end{cases} \qquad \text{（式5-2）}$$

假设 $X^1, X^2, \cdots, X^K$ 是 K 个多元时间序列，由于现实世界的各种情况，这个多元时间序列的数据包含缺失值。基于给定的 K 个多元时间序列 $X^1, X^2, \cdots, X^K$，时间序列插补任务是设计模型，填补所有时间序列中的缺失值，使插补的缺失值与真实值尽量接近。

下面结合一个例子说明以上定义。图 5-1（a）表示一个多元时间序列，其中 $x_1, x_2, \cdots, x_6$ 是第 1 天至第 6 天的观测值，时间戳 $s_t=t$，$t=1，2，3，4，5，6$。图 5-1（a）中的时间序列存在缺失值，根据时间序列的缺失情况，可以计算出掩码向量，如图 5-1（b）所示，观测值存在记为 1，不存在记为 0。根据掩码向量和时间戳 s_t 可以计算出时间间隔向量，如图 5-1（c）所示，以 δ_6^2 为例：$\delta_6^2 = 6 - 5 + \delta_5^2 = 4$。

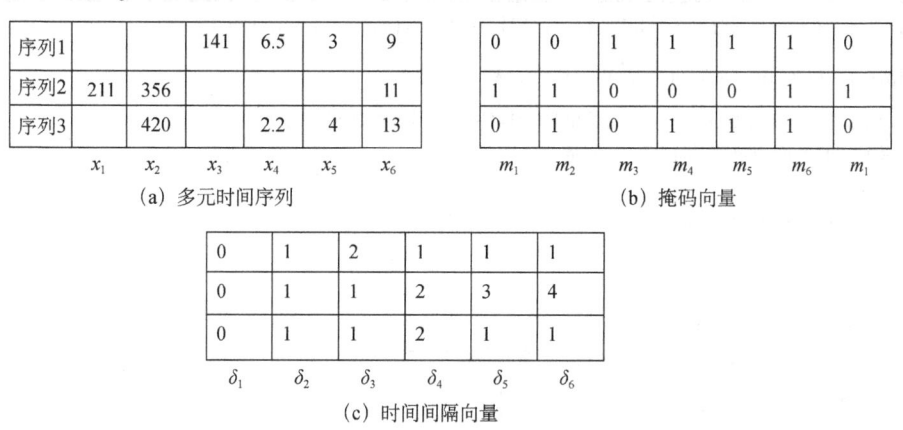

序列1			141	6.5	3	9
序列2	211	356				11
序列3		420		2.2	4	13
	x_1	x_2	x_3	x_4	x_5	x_6

（a）多元时间序列

0	0	1	1	1	1	0
1	1	0	0	0	1	1
0	1	0	1	1	1	0
m_1	m_2	m_3	m_4	m_5	m_6	m_7

（b）掩码向量

0	1	2	1	1	1
0	1	1	2	3	4
0	1	1	2	1	1
δ_1	δ_2	δ_3	δ_4	δ_5	δ_6

（c）时间间隔向量

图 5-1 多元时间序列、掩码向量、时间间隔向量示意图

三、联合张量补全的循环神经网络模型

本部分对联合张量补全的循环神经网络模型 TCBRNN 进行介绍，该模型整体结构如图 5-2 所示。首先，将多个多元时间序列建模为一个三维张量，利用张量的低秩补全可以得到一个初步插补结果。

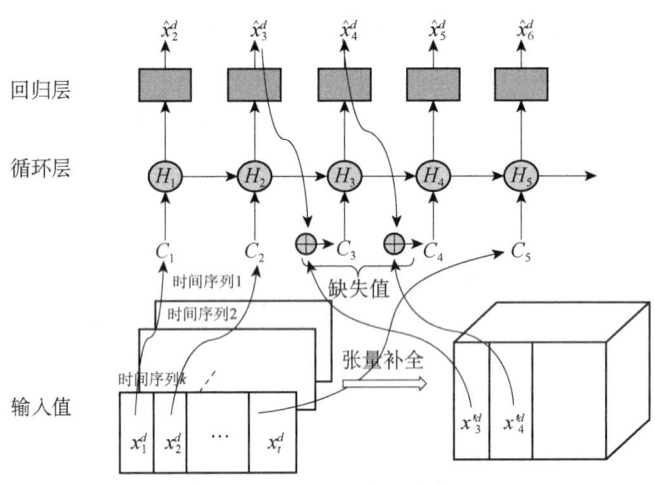

图 5-2　TCBRNN 模型结构图

其次,将多元时间序列和补全后的张量输入一个双向循环神经网络中。最后,将循环神经网络的预测值和张量补全的预测值通过基于时间的动态权重加和,得到最终的插补结果。TCBRNN 算法的伪代码如图 5-3 所示。

输入:n 个有值的多元时间序列 $\{X^1, X^2,…, X^n\}$,其中 $X^i = (x_1, x_2,…, x_t)$, $x_i \in \mathbb{R}^d$

输出:n 个插补后的多元时间序列 $\{X^{1'}, X^{2'},…, X^{n'}\}$

初始化张量分解的参数 A、B、C,初始化循环神经网络的所有参数 W、U、b
1. 将输入的多元时间序列拼接成一个张量
2. For i in epoch:
3. 对张量进行分解,更新参数 A、B、C
4. For t in time:
5. 计算时间步 $t-1$ 的估计值 $\hat{x}_t$
6. 计算时间步 $t-1$ 的插补值 c_{t-1}
7. 通过最小化损失函数 ℓ_t 来更新循环神经网络的参数 W、U、b
8. 返回插补后的多元时间序列 $\{X^{1'}, X^{2'},…, X^{n'}\}$

图 5-3　TCBRNN 算法的伪代码

1. 模型的输入

模型的整体输入是多个多元时间序列,所以需要将多个多元时间序列转化为一个三维张量。将一个多元时间序列 i 记为 $X^i = (x_1, x_2,…, x_T)$,其中 $x_t \in \mathbb{R}^D$;对于多个多元时间序列,将其记为 $\{X^1, X^2,…, X^K\}$,采用直接拼接的方式将其转化为一个三维张量 $\chi \in \mathbb{R}^{K \times D \times T}$,$\chi$ 是一个含有缺失值的不完整张量。

2. 低秩张量补全

多元时间序列的不同特性之间以及不同的时间序列之间通常存在相关性，例如，同一个地点的多个气象观测指标之间以及相邻地点的气象观测序列时间存在相关性。为了捕获这些关系，本研究所提方法的第一步是采用张量补全方法，得到一个缺失值的初步插补结果。对于有连续缺失值的时间序列数据，用时间间隔向量表达；对于有相关性的时间序列数据，用低秩张量补全缺失值。

利用张量的低秩逼近是一种张量补全的方法。一般来说，我们希望通过最小化张量 X 的秩，通过张量的低秩性质对张量进行补全。最小化张量 X 的秩可以通过凸松弛为最小化张量 X 的核范数，所以这一步需要对最小化张量 X 的核范数的目标函数进行求解。给定一个张量 X，张量补全的优化任务为：

$$\min_{X}: \operatorname{rank}(X)$$
$$s.t.: X_\Omega = M_\Omega$$
（式5-3）

其中，$X_\Omega = M_\Omega$ 表示补全后的张量与原张量在未缺失值的位置上相等。

张量的秩优化问题是非凸优化不可求解，所以可进行一个等价代换，通过使张量的迹范数 $|X|_*$ 最小化，从而近似逼近张量的最小秩。优化问题转化为：

$$\min_{X}: |X|_*$$
$$s.t.: X_\Omega = M_\Omega$$
（式5-4）

在张量运算中，张量 $\chi \in \mathbb{R}^{K \times D \times T}$ 可以展开为 $\chi \in \mathbb{R}^{K \times DT}$、$\chi \in \mathbb{R}^{D \times KT}$、$\chi \in \mathbb{R}^{T \times KD}$ 三种矩阵形式，依次记为 $\chi_{(1)}$、$\chi_{(2)}$、$\chi_{(3)}$，为了获得张量不同特征间的交互信息，一个张量可以写成三个张量展开矩阵的权重和形式 $\chi = \sum_{k=1,2,3} \alpha_k \chi_{(k)}, \sum_{k=1,2,3} \alpha_k = 1$，从而式（5-4）可以转化为：

$$\min_{X}: \sum_{k=1,2,3} \alpha_k |X_{(k)}|_*$$
$$s.t.: X_\Omega = M_\Omega$$
$$\sum_{k=1,2,3} \alpha_k = 1$$
（式5-5）

矩阵的迹范数的优化问题可以由交替方向乘子法（alternating direction method of multipliers，ADMM）算法进行求解，并且由 Liu 等（2012）给出了具体的算法过程，通过更新矩阵的元素对矩阵的最小秩进行逼近，在更新矩阵元素的过程中完成张量补全。在张量补全的过程中，通过沿三个方向展开张量，可以了解到张量三个特征之间两两交互的关系。

3. 基于时间的动态权重

在张量补全的基础上，TCBRNN 模型进一步利用循环神经网络进行缺失值的预测。循环神经网络的输入是每一个多元时间序列中每个特征的时间序列，假设 $\{x_1^d, x_2^d, \cdots, x_t^d\}$ 代表的是任一个多元时间序列中第 d 个特征的时间序列，其中每个时间步的取值就是循环神经网络的对应时间步的输入。对于时间步 t，如果 x_t^d 是缺失的，则利用张量补全步骤中得到的值 $x_t^{d'}$ 和循环神经网络上一时间步的预测值 $\hat{x}_t^d$，共同计算得到插补值 I_t^d。$\hat{x}_t^d$ 的计算方法如下：

$$\hat{x}_t^d = W_x h_{t-1} + b_x \quad (式5\text{-}6)$$

其中，h_{t-1} 是时间步 $t-1$ 的隐层状态向量，W_x 和 b_x 是要学习的网络参数，对应权重向量和偏置变量。如果存在连续的缺失值，后面的预测值就会累积前面插补产生的误差，随着连续缺失的时间变大，会产生累积效应。为了解决此问题，希望连续缺失天数越长，循环神经网络的预测值 $\hat{x}_t^d$ 的权重越小。因此，本研究设计了基于时间的动态权重，公式如下：

$$\gamma_t^d = \exp\{-\max(0, W_\gamma \delta_t^d + b_\gamma)\} \quad (式5\text{-}7)$$

从式（5-7）可以看出，γ_t 在缺失天数越大时越接近 0，在缺失天数越小时越接近 1，所以，最终插补值的计算公式如下：

$$I_t^d = \hat{x}_t^d \times \gamma_t^d + (1 - \gamma_t^d) \times \hat{x}_t^{d'} \quad (式5\text{-}8)$$

其中，$\hat{x}_t^d$ 是循环神经网络 RNN 前一个时间步的预测值，$\hat{x}_t^{d'}$ 是张量补全得到的插补值。

将初始隐藏状态 h_0 初始化为零向量，然后通过以下方式更新模型：

$$c_t^d = m_t^d \times x_t^d + (1 - m_t^d) \times I_t^d \quad (式5\text{-}9)$$

$$h_t = \text{RNN}(h_{t-1}, c_t^d) \quad (式5\text{-}10)$$

$$\hat{x}_{t+1}^d = W_x h_t + b_x \quad (式5\text{-}11)$$

$$\ell = \sum_t \sum_d m_t^d (x_t^d - I_t^d)^2 \quad (式5\text{-}12)$$

式（5-9）计算的是 RNN 的输入值，未缺失值直接用真实值作为输入，缺失值用张量补全的插补值和循环神经网络的估计值加权和替代。式（5-10）表示利用循环神经网络计算隐藏状态的计算方式。式（5-11）是时间步 t 的预测值，最后在式（5-12）中使用平方误差来计算一个时间序列的损失函数。

由于循环神经网络 RNN 估计缺失值的误差会被延迟到下一次观测的出现，为了减少这种误差延迟带来的影响，TCBRNN 模型最终选择双向循环神经网络

（LSTM）作为基础结构，在前向和后向的计算方法是相同的，最终输出是两个预测值的平均值。对于损失函数，除了计算两个预测值与真实值的平方误差之外，还计算两个预测值之间差值的平方，使得两个预测值尽量接近。

四、实验过程

1. 数据集

为了评估 TCBRNN 模型的效果，课题组在三个数据集上进行了实验评估，下面分别进行介绍。

（1）空气质量数据集

第一个数据集是空气质量数据集。该数据集包含 2017 年 11 月 1—15 日在北京 35 个监测站监控的 6 个空气指标（PM2.5、PM10、NO_2、CO、O_3、SO_2）。整个数据集数据缺失率约为 5.2%。在这个数据集上进行插补实验和利用插补后的数据进行回归预测实验。为方便测试，随机消除了 10% 的数据作为插补实验的测试集，并选取了 2017 年 11 月 16 日的数据作为回归实验的测试集。为了评估 TCBRNN 模型，选取了连续的 360 个时间步作为一个时间序列。

（2）医疗数据集

第二个数据集是 PhysioNet Challenge 2012 的医疗数据集。该数据集包括重症监护室（intensive care unit，ICU）的 12 000 名患者的健康测量数据，每条记录由大约 48 小时的多元时间序列数据组成，训练集包含 4000 条记录，其余记录组成测试集。每条记录包含 6 个静态特征值（编号、年龄、性别、身高、ICU 类型、体重）、数据的采集时间（单位秒），以及 37 个可以进行多次观测的动态时间序列特征值，这些值记录了患者在住院期间不同时间段的 37 个指标，分别是 Albumin、ALP、ALT、AST、Bilirubin、BUN、Cholesterol、Creatinine、DiasABP、FiO_2、GCS、Glucose、HCO_3、HCT、HR、K、Lactate、Mg、MAP、MechVent、Na、NIDiasABP、NIMAP、NISysABP、$PaCO_2$、PaO_2、pH、Platelets、RespRate、SaO_2、SysABP、Temp、TropI、TropT、Urine、WBC、Weight。这 37 个指标值的情况是不同的，有的只能被观察到一次，有的能被观察到多次，还有的可能根本观察不到，因而存在很多缺失值。整个数据集的数据缺失率约为 80.53%。在这个数据集上进行插补和分类预测实验，数据集处理方式与上一个数据集相同，选取连续 48 个时间步作为一个时间序列。

(3) 人类活动识别数据集

第三个数据集是 UCI-HAR（UCI Human Activity Recognition，人类活动识别）数据集。该数据集包括利用智能手机采集的用于机器学习测试的有关人体活动识别的共计 10 299 个多变量时间序列传感器样本数据。数据的采集由年龄在 19～48 岁的 30 名志愿者完成，采集数据时，每名志愿者的左/右脚踝、胸部和腰带上都有传感器，他们执行了六种基本活动，包括三种静态姿势（站立、坐着、躺着）和三种动态活动（走路、下楼、上楼），记录的运动数据是来自智能手机的 x、y 和 z 三轴的加速度计数据（线性加速度）和陀螺仪数据（角速度），采样频率为 50Hz（每秒 50 个数据点），共采集了 19 项人体行为活动数据。2015 年，UCI-HAR 数据集进行了更新，增添了在静态姿势之间发生的姿势转换，除此之外，还包括动态活动与静态活动之间发生的姿势转换，分别是站到坐、坐到站、坐到躺、躺到坐、站到躺和躺到站。本研究选取连续 40 个时间步作为时间序列。在这个数据集上，消除了不同百分比的数据作为测试集，检验 TCBRNN 模型对不同趋势率的性能变化。

2. 实验设置

为了检验 TCBRNN 模型的性能，进行了插补准确值的衡量以及后续分析任务分类和回归性能的实验，将 TCBRNN 模型与其他基线模型进行了直接和间接的对比，以验证前者的优势。对于插补任务，均采用了随机抽取原序列中的数据作为测试集，将插补后的数据与原序列进行比较。为了公平比较，所有抽取的数据都不会在实验中出现。TCBRNN 模型使用了双向 LSTM 作为基础的循环神经网络结构，使用 Adam 优化器训练模型，学习率为 0.001，批次大小为 64。对所有数据集的数据进行了零均值标准化。三个数据集建模的张量大小分别为 $35 \times 6 \times 360$、$4000 \times 35 \times 48$、$4000 \times 3 \times 40$。

误差的衡量使用 RMSE（root mean squared error，均方根误差）和 MRE（mean relative error，平均相对误差）作为插补和回归任务的评价指标，使用 AUC[area under curve，指 ROC（receiver operating characteristic，接收者操作特征）曲线下的面积]作为分类任务的评价指标。

假设 x_i 是缺失的真实值，$\hat{x}_i$ 是模型输出的插补值，一共有 N 个缺失值。RMSE、MRE 的计算公式如下：

$$\text{RMSE} = \sqrt{\frac{\sum_{i=1}^{N}(x_i - \hat{x}_i)^2}{N}} \quad\quad \text{（式 5-13）}$$

$$\text{MRE} = \frac{\sum_{i=1}^{N}|x_i - \hat{x}_i|}{\sum_{i=1}^{N}|x_i|} \times 100\% \quad\quad \text{（式 5-14）}$$

3. 基线方法

本研究将 TCBRNN 模型与以下基准时间序列插补模型进行比较。

MEAN：用相应的全局平均值来替换缺失值。

MF：将数据矩阵分解为两个低秩矩阵，并通过矩阵补全来填充缺失值。

CP：将数据矩阵张量分解为三个低秩矩阵，并通过张量补全来填充缺失值。

TRMF：MF 与自回归（auto regressive, AR）模型的结合，并通过矩阵补全来填充缺失值。

LATC：利用张量的低秩逼近与自回归模型结合，并通过张量补全来填充缺失值。

BRITS：利用双向循环神经网络对缺失值进行插补，并结合多元时间序列特征的相关性。

4. 实验结果分析

（1）多个模型在不同数据集上插补结果的准确性比较

表 5-1 展示了所有模型在三个数据集上的插补实验结果。由此可以看出，MEAN 插补法是最不准确的，在空气质量、人类活动识别数据集上都取得了最差的效果。一些简单的机器学习插补法，如 MF 和 CP 都十分不稳定，MF 在人类活动识别数据集上的效果很好，但在另外两个数据集上的效果很差；CP 则是在前两个数据集上效果不错，但在人类活动识别数据集上的效果较差。利用了自回归的两个模型 TRMF、LATC 表现虽然稳定，且相对于 MF 和 CP 有了提升，但是和前面分析的一样，自回归只能建模线性的时间关系，所以它们的表现都不如基于循环神经网络的插补模型。TCBRNN 模型在所有数据集上的表现都是最优的，并且 TCBRNN 是基于 BRITS 的双向 LSTM 结构进行改进的，这证明通过捕获不同时间序列的相关性可以提高插补性能。在空气质量数据集和医疗数据集上，TCBRNN 取得了较大的提升。这是因为构建这两个数据集的三个特征有较强的相关性，例如，空气质量数据集中不同观测站和不同空气指标、地区邻近的观测站的观测指标会有较强的相关性，同一观测站的不同观测指标之间也会有相关性，张量补全的过程中会将观测站和观测指标进行交互，沿时间展开成为一个新的矩阵，通过更新矩阵的过程就可以获得这两个特征之间的相关性，从而提升了插补的效果。

表 5-1 多个模型在不同数据集上的实验结果比较

模型	空气质量数据集	医疗数据集	人类活动识别数据集
MEAN	0.9439（93.17%）	0.7501（65.48%）	2.0081（99.98%）
MF	0.8673（83.28%）	0.9225（86.73%）	0.2521（9.45%）
CP	0.5555（47.54%）	0.7801（66.80%）	0.3529（15.54%）

续表

模型	空气质量数据集	医疗数据集	人类活动识别数据集
TRMF	0.4402（37.15%）	0.8567（81.56%）	0.2067（7.05%）
LATC	0.3317（25.92%）	0.6345（45.55%）	0.1920（6.70%）
BRITS	0.2596（19.33%）	0.6581（39.37%）	0.1910（7.01%）
TCBRNN	0.1650（12.86%）	0.1866（7.29%）	0.1236（5.41%）

注：括号外为 RMSE 数值，括号内为 MRE 数值

（2）多个模型的插补结果对提升回归和分类准确性的影响比较

图 5-4 中展示了回归和分类的实验结果。本研究采用 LSTM 模型加全连接层作为回归实验的回归模型，然后用不同方法插补后的空气质量数据对回归模型进行训练，最后发现 TCBRNN 插补后的数据有助于提升回归模型的性能，且提升效果优于其他模型。用一个简单的随机森林作为分类器，将不同方法插补后的医疗数据集输入随机森林，并把预测患者死亡情况看作二分类问题。预测结果表明，TCBRNN 插补后的数据可以提升分类的准确性，且提升效果优于其他模型。

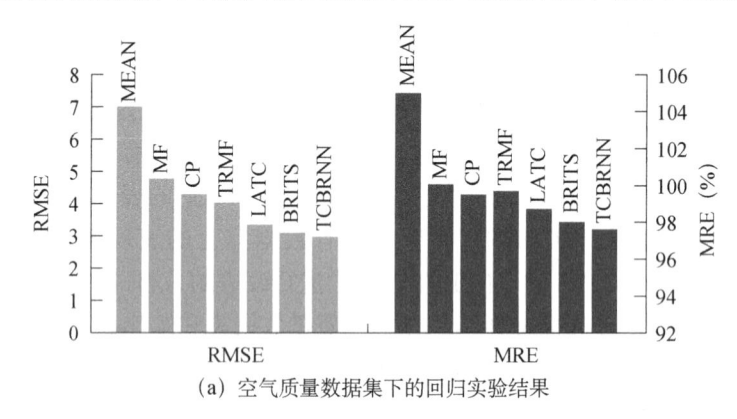

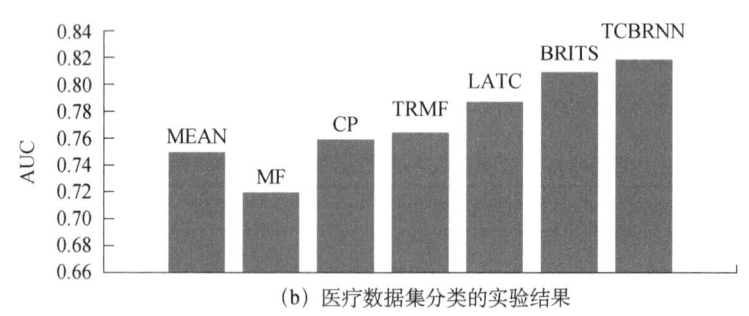

(a) 空气质量数据集下的回归实验结果

(b) 医疗数据集分类的实验结果

图 5-4　回归和分类实验比较结果

图 5-5 展示了所有模型在 10%、20%、40%、80%的缺失率下人类活动识别数据集的实验结果，可以看出除了 MEAN、CP 算法外，大部分算法表现很好，且 TCBRNN 在所有缺失率下均取得了最好的插补效果。

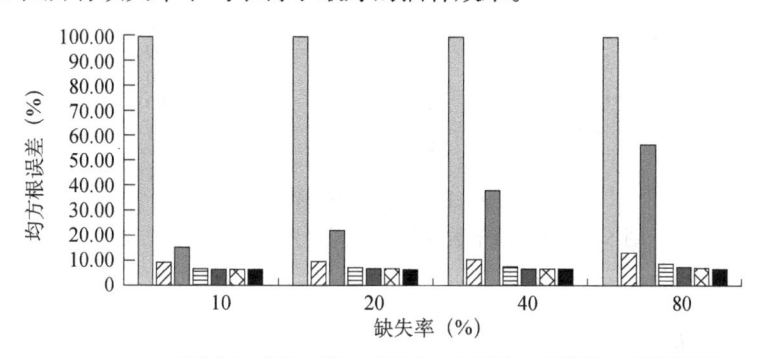

(a) 不同缺失率数据集的均方根误差

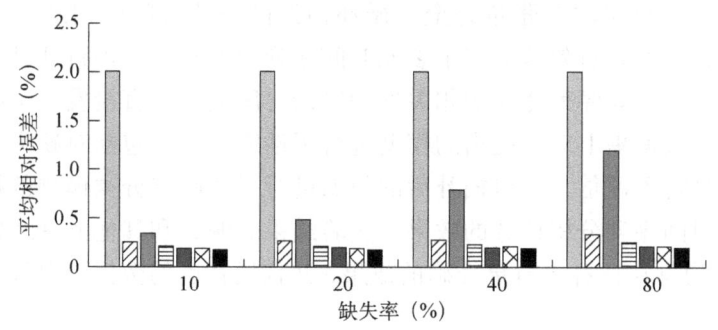

(b) 不同缺失率数据集的平均相对误差

图 5-5　人类活动识别数据集下不同缺失率的数据集不同模型实验结果

（3）节点数及序列长度对插补结果准确性的影响

循环神经网络模型隐藏层的节点个数是可变的，选择了 24、48、64、128 四个不同的隐藏层节点数。结果表明，随着节点数的增大，误差在降低，当隐藏层节点数为 64 时，插补效果最好，当隐藏层节点数大于 64 时，插补效果没有明显提升。对于空气质量数据集，通过变换时间序列的长度（120、240、360、480，单位为时间步），分析长度对插补效果的影响。图 5-6 结果表明，当序列长度为 120 时，插补效果比较差，随着长度的增大，误差在降低，当序列长度为 360 时，插补效果最好。从对实验结果的分析中可以看出，对时间序列的时序性建模越精确，模型的插补性能越好；模型中张量补全模块可以捕获不同时间序列的相关性，利用相关性可以提升模型的插补效果。

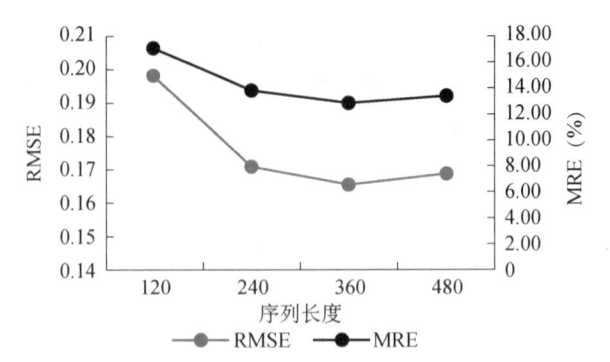

图 5-6　空气质量数据集中不同序列长度的实验结果

五、结语

本研究提出了联合张量补全与循环神经网络的时间序列缺失值插补模型 TCBRNN，其可以有效地对多个多元时间序列中的缺失值进行插补。该模型同时考虑了不同时间序列之间的相关性和复杂时序关系，直接发现了缺失值。本研究在多个数据集上对所提出的模型进行了性能评估，包括对缺失值的插补值的准确性进行了评估，并对插补后的数据进行了回归与分类模型的构建，测试其对后续时间序列分析任务的效果。实验结果表明，和其他的基线模型相比，TCBRNN 模型在插补上有更准确的效果，并且插补后的数据可以提升回归与分类模型的性能。

未来工作可以对模型的插补结果进行可视化处理，这样可以直观地展示模型插补结果与真实数据的差异，还可以尝试用其他方法捕获不同时间序列的相关性来获得更好的效果，如可以用深度学习的方法来代替张量补全。

第三节　基于知识图谱分析的大学生核心素养结构探索[①]

本研究通过知识图谱分析等检索技术，对于当代大学生核心素养，即核心胜任

---

① 本节作者：时勘、宋旭东、周薇。

特征要求进行了文献计量学分析。文献数据来源于中国知网核心期刊 CSSCI 数据库和 WOS 数据库，本研究对这些文献进行了发文量分析，特别是基于 Citespace 6.1.R1 软件进行作者合作以及关键词的共现、聚类与时区分析，最终形成了科学知识图谱的可视化结果。目前，美国等西方发达国家在核心素养研究的规模和影响效应方面具有较大的优势，国内的此类研究虽然初具规模，但素养教育的落脚点多集中于针对如何帮助学生个人发展方面。然而，怎样通过"教学""课程""学科""培养模式""战略布局"等内容的变革，特别是结合外部挑战的背景，建构大学生的核心胜任特征模型，进而在素养教育的整体结构方面进行变革，尚缺乏从人才强国的战略布局及培养模式的路径和方法层面出发开展的工作，本研究在此基础上提出了对策建议。

  21 世纪以来，计算机技术、数字教学技术的高速发展，使得数字空间涌现了海量知识与信息，促进了知识生产、传播的泛化。信息技术的快速发展促使社会数字化程度越来越高，此社会背景下的高等教育正经历一次深刻的变革，大学的学术地位和运行模式正面临挑战。随着科技的发展，知识的生产模式也在发生变化，这对大学的人才培养模式提出了严峻挑战。全球的各类高等教育机构越来越关注大学生的核心素养培育问题。"核心素养"这一概念的界定是不可避免的。我国将核心素养定义为"学生应具备的适应终身发展和社会发展需要的必备品格和关键能力"（于冰，2008）。经济合作与发展组织于 1997—2005 年开展了大规模的跨国研究项目——"素养的界定与遴选：理论框架与概念基础"（Definition and Selection of Competencies: Theoretical and Conceptual Foundations，DeSeCo），该项目是有关核心素养的最具代表性的项目。DeSeCo 将核心素养界定为个人实现自我、终身发展、融入主流社会和充分就业所必需的知识、技能及态度的集合（转引自林崇德，2017），因此，大学生的核心素养不仅影响青少年能否适应社会，而且影响他们能否在今后进入的行业中发挥作用。我们认为，对于大学生的核心素养培养不仅要关注在校知识学习情况，更要关注技能能力和品德基础的建构。从教育未来性特点和新科技革命、产业革命发展的新趋势来看，大学生的核心素养培育已经成为人才强国建设的关键性内容，因此，必须探究 21 世纪全球化和信息化对于人的素养和能力的新型要求，这样才能使我国青年成为应对全球竞争、社会变革的中坚力量。

  从 20 世纪末核心素养研究提出的时间节点来看，无论是 21 世纪变革所带来的外部挑战，还是大学生群体自身在国家人才培养中的特殊地位，解决好大学生应对未来挑战所必须要面对的问题，是我国面向 21 世纪核心素养教育框架的建立以及青少年未来发展的关键问题。为此，本研究决定从知识图谱分析的角度来探索大学生核心素养的结构路径和培养方法。

一、对象与方法

1. 对象

本研究基于中国知网、万方数据库、维普数据库、超星发现，以及WOS核心合集的SCIE引文数据库、Springer电子期刊数据库、Elsevier Science Direct、Summon发现等数据库来获取文献信息，检索日期至2022年10月14日，分别以"学生核心素养""21世纪核心素养""核心素养培养""大学生核心素养"以及"students' core competency""core competency in the 21st century""core competency training""college students' core competency"作为中、英文数据库的主题词，经过去重处理后，共收集到中文文献720篇、英文文献786篇，具体文献检索流程见图5-7。

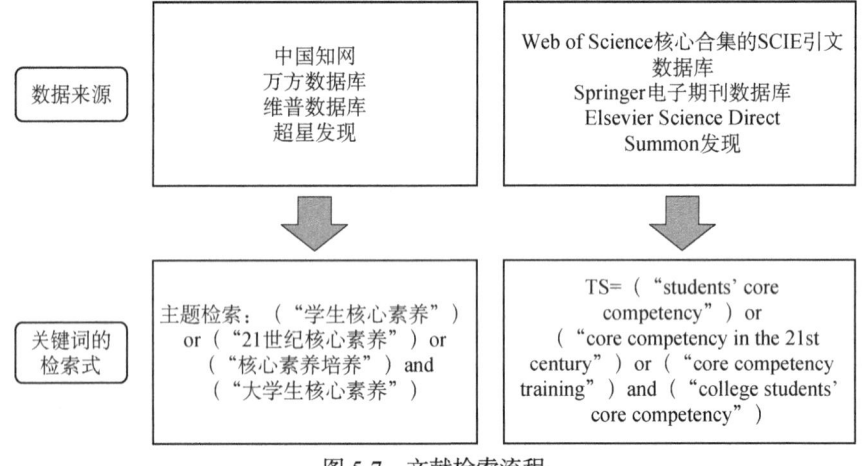

图 5-7　文献检索流程

2. 研究工具

本研究使用Citespace 6.1.R1版本进行分析。主要的研究数据为中国知网、WOS等数据库导出文章的相关信息。使用Citespace软件，将时间跨度（Time Slicing）设置为2004—2022年，将时间分割区（Years Per Slice）设置为1年，节点类型（Node Types）分别选择了"关键词（Keywords）"、"作者（Author）"和"机构（Institute）"。裁剪功能区（Pruning）选择裁剪切片网策略（Pruning sliced networks）进行网络结构优化，以突出图谱分析的特征。

二、结果及分析

1. 基本情况分析

（1）发文量分析

如图 5-8 所示，2013 年后，国内外关于 21 世纪大学生核心素养研究的文章发表量呈先升高后下降的趋势，在 2017 年达到顶峰。

（2）学科分布分析

如图 5-9 所示，学科主要分布在初等教育、中等教育、教育理论与教育管理、高等教育及职业教育等领域，涉及教育学、心理学、医学、计算机等不同学科发展领域。

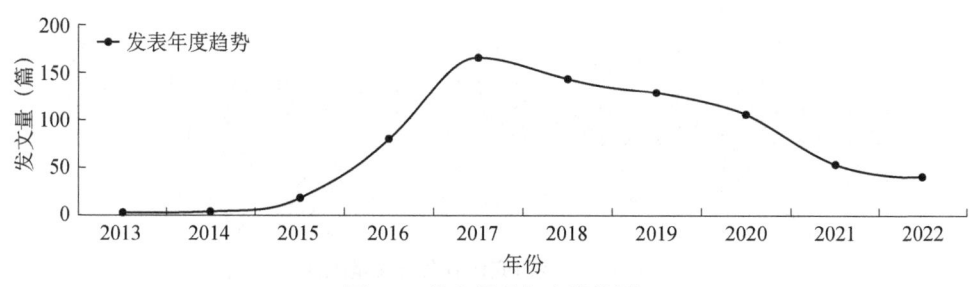

图 5-8　发文量的年度趋势图

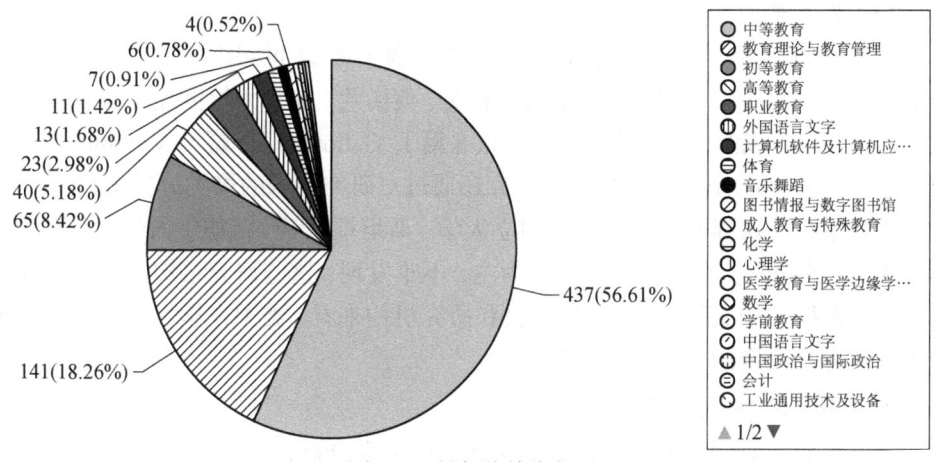

图 5-9　研究学科分布图

（3）国内论文主要作者分析

如图 5-10 所示，在国内，发文量最多的作者是刘坚（11 篇）和魏锐（11 篇），其次是辛涛（8 篇）。在我国学生核心素养领域方面，有一些学术机构贡献较为突出，如"北京师范大学中国基础教育质量监测协同创新中心""东北师范大学教育学部""北京师范大学中国教育创新研究院"等。不难发现，北京师范大学及其机构、学部等已经成为我国学生核心素养领域的关键机构，对这些代表性机构所发表的文章进行精读和分析，有利于把握国内学生核心素养的主流研究取向。

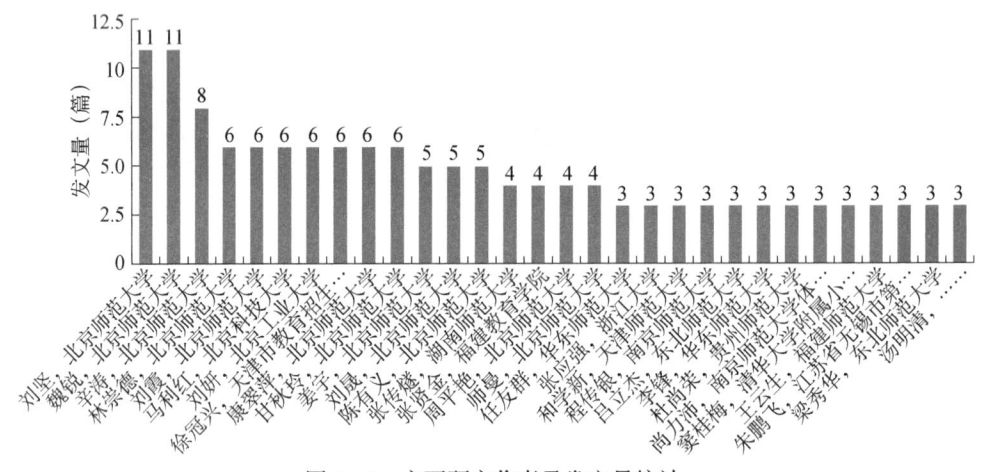

图 5-10 主要研究作者及发文量统计

（4）发文量的国际比较

如图 5-11 所示，在国际层面，美国（433 篇）是 21 世纪大学生核心素养研究相关论文的主要产出国家，领先于澳大利亚、英格兰、加拿大等世界其他国家的发文量。该研究领域的主要作者为 Uccelli（8 篇）、Galloway（7 篇）、Vaughn（6 篇）、Connor（5 篇）和 Drew（5 篇）。本研究还通过对研究机构的聚类分析了解到，21世纪大学生核心素养研究以密歇根州立大学、斯坦福大学、范德堡大学、佛罗里达州立大学、密歇根大学、华盛顿大学为主，不难发现，这些研究结构主要是高等学府。以上表明，从目前国际上的发文量和研究机构来看，美国在学生核心素养的研究方面已存在一定的规模和影响效应。

2. 关键词的突现分析

本研究首先对国内的文献进行了关键词的突现分析，不过，并没有得到突现分析的具体结果，因为国内有关大学生核心素养的研究结果还没有表现出针对某一主题呈爆发式增长的现象。所以，本研究主要利用所查找到的国外有关大学生核心素养的文献，使用 Citespace 的关键词突现功能进行了研究前沿分析，以理解国际上有关大学生核心素养的一些主题突现结果。由图 5-12 可知，此领域中的主要研究前沿包括文本特征青春期早期、教学策略、教材、新素养、内容素养、理论视角、信息文本、青少年、阅读策略和学习策略等不同方面的内容。

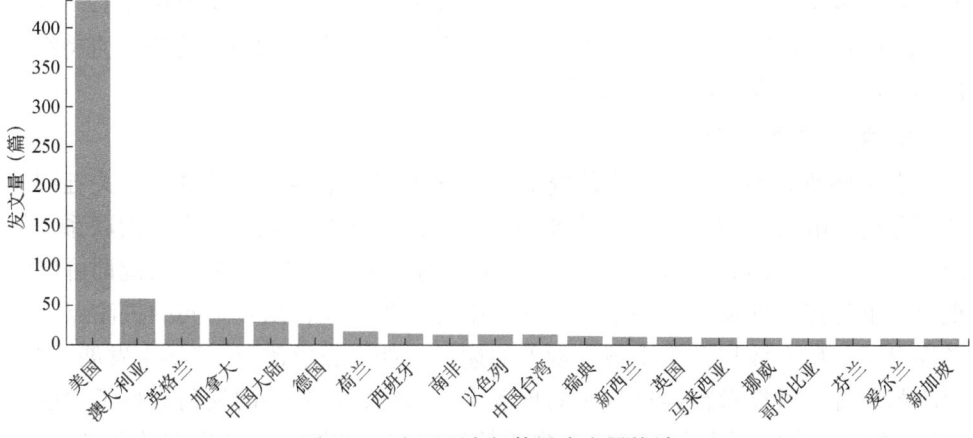

图 5-11　主要研究机构及发文量统计

引用次数最高的22个关键词

关键词	年份	强度	开始	结束	2004—2022
青春期早期	2004	6.74	2012	2015	
教学策略	2004	4.93	2012	2016	
教材	2004	4.76	2012	2015	
新素养	2004	4.61	2012	2015	
内容素养	2004	4.55	2012	2014	
理论视角	2004	3.87	2012	2013	
信息文本	2004	3.87	2012	2016	
青少年	2004	3.25	2012	2014	
文本特征	2004	3.17	2012	2014	
阅读策略	2004	4.41	2013	2015	
学习策略	2004	3.47	2013	2014	
英语语言学习者	2004	3.55	2014	2015	
英语学习者	2004	3.45	2015	2018	
历史	2004	3.73	2016	2017	
数字素养	2004	3.14	2016	2019	
信息	2004	4.16	2018	2019	
国家核心标准	2004	3.24	2018	2019	
实施	2004	3.23	2018	2022	
支持	2004	3.91	2019	2020	
教学法	2004	3.50	2019	2022	
参与	2004	3.15	2019	2022	
干预	2004	3.49	2020	2022	

图 5-12　核心素养关键词突现分析结果

在研究的过程中，关于某一主题的研究往往存在爆发性增长的现象，课题组利用 Citespace 软件呈现出不同关键词出现的强度、年份以及爆发时间，例如，"青春期早期""教学策略""教材"等概念持续的时间在 3～5 年，并且集中在 2012—2016 年，而有关"支持""教学法""参与""干预"等的议题从 2019 年左右一直持续至检索截止时，是国际上关于学生核心素养研究的热点。

3. 关键词的共现分析

在国外研究的基础上，本研究对国内学生核心素养的文献进行了关键词的共现分析。由图 5-13 可知，国内研究热点与国际研究热点存在直接的联系，从国外文献的"key competency"到中文文献的"核心素养"，中文关键词可以体现出如下特点，即从"核心素养"这一中心议题出发，结合不同的关注点，学者提出了一些有效提升学生核心素养的途径，如"教学改革""学生发展""课程改革"等。时勘教授经过三年的现场实验研究，以独特的视角进行了学前、小学、初中、高中到大学学生的系列成长评估实验的胜任特征模型的演进实验，提出了"中国学生发展核心素养框架与指标体系"，并着重填补了胜任特征模型在学生成长评估方法上的不足。此外，由于我国政策的导向性较强，教育政策的颁布对我国的教育和学生素养的发展具有非常大的影响，所以研究者围绕"政治认同""公共参与""教学目标""国际比较""教育部"等关键词进行了深入的分析和研究。

图 5-13 核心素养关键词聚类网络

4. 关键词的时区分析

本研究在聚类分析的基础上进行了关键词的时区分析（图 5-14），通过将不同的聚类类别以纵向的时区进行排列，发现学生核心素养走过了从特殊向一般，再逐步深入的过程，从一开始关注学生学习的"质量标准"逐渐转向对教育设计和学生发展的关注。这种转变与国际、国内针对学生的教育政策的发展和演进的过程相符。

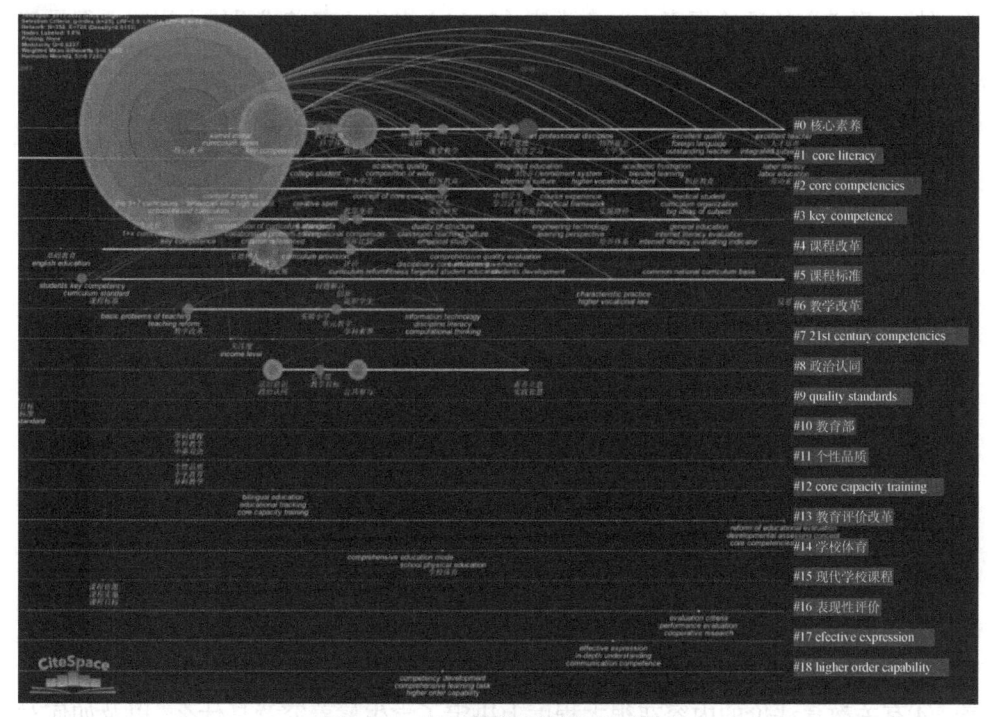

图 5-14　核心素养关键词时区分析

21 世纪以来，"核心素养"在美国、英国、德国、法国、日本等发达国家早已成为通用的教育概念。早在 20 世纪 70 年代，美国就将学生标准化考试成绩作为问责标准。2001 年，美国国会通过了新教育法案——《一个都不能少法案》（No Child Left Behind Act，NCLB）。NCLB 的最核心理念就是达标（proficient）和问责（accountability）。2015 年，美国国会通过了新教育法案——《每一个学生都成功法案》（Every Student Succeeds Act，ESSA），与强调"一个都不能少"相比，新教育法案强调"人人成功"，其突出特点是以"达标+成长"的概念取代原来的"达标"概念。实际上，许多学生不能达到最低知识和能力要求。Betebenner（2011）提出了 SGP 模型，该模型最早被应用于学校教育领域，基于学生以往成绩来估计其当前成绩的条件分布，即在同类学生中，其学业成绩所处的条件百分位数为其成长百分等级，这就为比较不同起点学生的学业进步提供了可能。成长模型最初只用于差生群体，后来逐步添加了对所有学生成绩进步的评估，这才是全面的"成长评估"。

这里在问责中加大了评价学生成长进步的比重。对比之下，我国目前强调的"成长"的着眼点还是那些基础较好的学生。由此可知，我国在改革中小学素养教育时需要改变的关键是，不仅力争帮助学生"达标"，更要帮助他们获得实际的"成长"。在"核心素养"的理论探索中，谢小庆（2014）提出"审辩式思维"思想，倡导培养学生"不懈质疑，包容异见，力行担责"的品质；林崇德（2017）发布的《中国学生发展核心素养》报告提出，素养结构包括文化基础、科学精神、社会参与、实践创新、自主发展、健康生活六方面要求；王洪礼（2003）建议补齐"高级情感"等素质教育短板。当前，高端科技人才的短缺主要在于"重知识、轻创新"问题突出，推进素养教育改革成为解决"钱学森之问"的关键所在。

本研究认为，未来的研究趋势可能包括但不限于以下几个方向：①必须从发展的观点来看待大学生核心素养结构的形成。应从幼儿阶段开始，通过学前、小学、初中、高中直至大学阶段，分别探讨不同阶段需要重点培养的核心要素，在此基础上为形成大学生核心素养的各项指标和细目指标奠定基础。具体可以针对不同年龄阶段的学生核心素养进行分类研究，如对幼儿、基础教育全年级学生、高等教育群体、成人群体等进行进一步研究。②大学生的核心素养越来越倾向于培养具有跨学科创造力的人才，因此需要针对跨学科、跨领域的方法和技术融合进行着重培养。比如，计算机领域的"深度学习"、法律领域的"法治意识"、体育领域的"体育教学"等均与学生核心素养研究产生交叉。③大学生核心素养的形成离不开相关心理行为模型、影响因素的探究，未来需要通过实证研究方法来探索学生核心素养。④有关教育评价的内容在很大程度上决定了学生素养究竟是什么，以及如何对学生核心素养进行评价。教育评价在理念上需要引入"成长评估"的思路，将国际上的前沿评估所采用的 SGP 模型等加入学生的评价系统，并且在我国教育评价领域进行实践。综上，深化基于学生核心素养的教育改革，必须从课程标准改革、课程实施、教师培训、考试评价四个方面入手，全方位、多角度地对教育各个环节进行优化调整。

5. 词云分析

本研究进一步采用 Nvivo 11.0 工具，对上述文献进行词云分析，结果如图 5-15 所示。从学生核心素养的相关核心词出发，"学生"是除了"素养""核心"外，众多文献所关注的主要关键词，其次为"教学""课程""学科""发展"等。由此不难发现，学生核心素养研究主要的落脚点在于两方面：一方面是针对"学生"如何更好地"发展"；另一方面是通过"教学""课程""学科"等内容变革，更好地实现学生核心素养的培育。

图 5-15　核心素养文献关键词的词云图

三、讨论

1. 我国"核心素养"概念的起源与发展

本研究通过大学生"核心素养"等关键词对国内外文献进行了检索分析，发现"核心素养"的定义在国内存在一定混淆。在基于科学知识图谱分析和重点高被引权威论文的内容分析的基础上，需要对"核心素养"的起源与发展进行简要分析。国内的"核心素养"研究起初是从"素质教育"演变而来的。"素质教育"和"核心素养"的区分问题是早期学者理解"核心素养"的认识路径。"核心素养"与"素质"在描述、刻画身心特征时所使用的衡量单位或程度明显不同。"素质"更强调描述人的活动的某一方面及其质量，而"核心素养"更强调人从事某种活动时在整体上所具备的某种特征。基于这种认识，我们就不难理解为何"核心素养"框架更强调从整体上描述人在不同维度所应具备的不同能力，而不是在某一个特征上的深度挖掘，二者属于广度与深度的研究关系。核心素养是对素质教育内涵的解读与具体化，是全面深化教育改革的重要方面之一。同时，不能忽视这些年国内的素质教育研究为未来构建大学生核心素养框架提供了研究基础。

促进大学生核心素养的发展可以从培养学生的核心胜任特征的思路出发。国际上，学生的核心素养的英文翻译为"students' core competency"，概念上与核心胜任特征（core competency）类似。"胜任特征"（competency）的概念可以追溯到古罗马时代，当时的研究者曾通过构建胜任剖面图来说明"一名好的罗马战士"的属性（McClelland，1973），后来这一概念被广泛运用于工业与组织心理学研究中，用来探查各个岗位的核心胜任特征，提高各行各业从业者的工作绩效。参考 Spencer 夫妇（Spenser L M & Spenser S M，1993）提出的定义，胜任特征是指能将某一工作（或组织、文化）中有卓越成就者与表现平平者区分开来的个人的潜在特征，它可以是动机、特质、自我形象、态度或价值观、某领域知识、认知或行为技能——任何可以被可靠测量或计数的并能显著区分优秀与一般绩效的个体特征。大学生核心素养的界定与培养也可以运用核心胜任特征的理论和方法。其中，深层次胜任特征指人格中深层和持久的部分，显示了学生的认知、思维和行为方式，具有跨情境和跨时间的稳定性，能够预测多种情境或学习过程中人的行为。大学生的核心胜任特征模型可以被描述为水面上漂浮的一座冰山，水上部分代表表层的特征，如知识、技能等；水下部分代表深层的胜任特征，如社会角色、自我概念、特质和动机等，后者是决定学生的思维、行为及发展的关键因素。本研究认为，若将"核心胜任特征"的理论和方法运用于教育领域，将学生中表现优异者的个体所具有的个性品质、心理特征以及认知与行为技能的分析结果提炼出来，将真正有助于学生核心素养的具体化、可操作培养，并且由于其本身与效标变量（如学习成绩、成就动机等）紧密相联，其相较于原来的核心素养模式更具良好的预测效度。

2. 外部环境挑战：大学生核心素养在 21 世纪的新时代要求

本研究通过对大学生核心素养研究的关键词进行聚类分析和时区分析，发现大学生核心素养在新时代具有一些新的特征和研究领域，这是面向 21 世纪新时代对大学生"核心素养"所提出的挑战。通过对结果的内容分析，本研究将其总结为外部环境挑战与自身内在挑战。其中，外部环境挑战包括两大方面。

一方面，全球化、数字信息化的兴起以及智能化、终身学习观点的日渐普及对大学生应对时代变革提出的外部挑战。20 世纪中期以来，高等教育普及的速度不断加快，传统的大学象牙塔地位逐渐被打破。大学承载了探索新知识、发展新思想的重要任务，但也在某种情形下为社会的发展添置了"枷锁"。21 世纪以来，知识经济的全球化发展进一步打破了大学在知识培养中的象牙塔地位，越来越多的群众能够通过各种各样的方式发展自身的知识与能力。知识经济是指以知识的生产、传播及应用为基础的经济。其基本特征在于知识在生产活动中的地位逐步上升，培养具备新知识、掌握新技能、领略新思想的人成为未来竞争的焦点，与此同时，新知识和新技能发展、应用与更新的时间周期越来越短，且各行各业对参与者的素养要求越来越高。在大数据时代，人们对于数据和信息越来越依赖，随着教育的信息化发展以及在新一轮科技革命背景下，信息素养成为人才培养的重点。这对于学生自主学习和终身教育有着积极作用，并且与高质量教育体系和教育现代化建设息息相关，信息素养也成为大数据时代大学生核心素养的重要方面。上述的诸多现状对各类高等教育学校的培养目标、课程标准、教育方式等产生了极大的压力。由此，身处大学校园中的大学生群体不得不转向通过数字化的方式获取信息，提升自身的素养以应对时代的挑战。与此同时，信息化社会的发展使得社会信息和知识呈指数级增长，如何在浩如烟海的信息中根据自身的目的准确地获取知识、发展技能，成为广大大学生群体所面临的重要问题。

另一方面，西方国家对我国核心技术发展的打压和"卡脖子"行为。改革开放以来，中国的科技实力伴随着经济发展而同步壮大，取得了"两弹一星"等重大技术突破。近年来，中美经贸摩擦日益增多，我国出现了关键核心技术受制于人的问题。2018年，《科技日报》曾详细列出我国在科技领域面临的35项关键核心技术挑战，时至今日，我国已经成功突破了其中33项技术难关，进入发展新阶段[①]。本研究在梳理对外引进对策时发现，不能把问题解决主要放置于人才引进，而是要从我国自身培养模式进行改革，从根本上解决创新人才的培养路径问题。从根本上来看，为更好地培育我国大学生21世纪新时代的核心素养，必须直面我国发展的这一现实困境。据此，为破解西方发达国家"卡脖子"行为，首要解决的就是关键核心技术领域突破的人才培养问题，改革我国自身的核心素养教育体制，在国内一流理工科高校开展大学生核心胜任特征模型的探索，从战略布局的角度，从根本上改变"重知识、轻创新"的人才培养现状，建立新型的人才培养模式。

3. 内部挑战：大学生核心素养发展的客观规律

除此之外，大学生自身的身心特点及其发展规律是其发展道路中的内部挑战。当前，绝大多数大学生个体处于20~25岁，此阶段的个体具有自身独特的身心特点和发展规律。根据埃里克森的社会发展理论，大学生正处于成年早期阶段，在就业的关键技能和认知能力、自身的人格和价值观以及与人交往的社会交互层面处于关键转折期。具体来说，此时的大学生希望自己被他人视为成人，也愿意主动表现出类似成人的行为和反应，处于一个从依赖到独立、从幼稚到成熟、从被动到主动的心理活动复杂而多变的时期。这一时期的心理特点集中表现为心理日趋成熟，个性心理特征进一步发展，其机制、结构渐渐完善，心理承受能力不断提高。此外，大学阶段也是个体形成人际信任的关键时期，特别是会对他们日后的共处意识、合作精神以及人际关系等方面产生较大的影响。综上，大学生

---

① 实力与强国梦并行，我国已攻破欧美多个"卡脖子"技术！（2024-05-09）. https://cn.chinadaily.com.cn/a/202405/09/WS663c4afaa3109f7860ddcc2a.html[2024-08-01].

身心特点综合表现出生理完全成熟，心理认知、人格与社会交往还未完全成熟的特点。综上，特殊的身心特点与特定的发展阶段等构成了制约大学生核心素养培养的内部挑战。

在心理与认知发展上，大学生个体逐渐表现出更强的自主性与独立性，并且其个人思维方式、思想观念等都随着知识、年龄的增长而发生巨大的变化。同时，成长问题趋于复杂化，竞争和挑战激烈化，因此遵循其心理认知发展的客观规律至关重要。在人格特征上，此阶段是人格形成与发展的转折期。因此，除了专业知识之外，道德、礼仪、法律等社会知识也必不可少。导致人格发展变化的因素既有客观的体制变革、教育改革、社会文化等因素，也有自身观点、态度等主观因素。但综合来看，人格健康是身心健康的基础，是个体成长和成才的保障，也关系着民族的未来与希望。由此，人格特征方面的培养也将是大学生核心素养的重要关注点之一。此外，关于社会交往问题，有调查报告指出，引起大学生心理健康问题的原因有人际交往压力、工作就业压力、自我管理压力、情感压力等（McClelland，1973）。显然，在交往方面存在困难是当今大学生群体所面临的主要困境。从高中转入大学，活动范围与人际交往的对象更加广泛，良好的社交处理能力成为大学生应对社会交往挑战的重要能力。加之大学生普遍希望能够与成年人平等相处，很容易对家长、教师如同自己高中时那样的无微不至的关心、教育产生逆反情绪，心生不满，甚至会出现抵抗，从而产生人际关系障碍。

综上，在针对大学生核心素养的结构研究中，需要参照学生在大学阶段的身心发展客观规律和学校培养的客观内容，在此基础上形成认知技能、人格特质和社会交往的结构与培养新模式。基于此，课题组提出"中国学生发展核心素养框架与指标体系"，形成了认知技能、人格特征和社会交往共三大方面、八大模块的内容（时勘等，2022）。首先，认知技能。在审辩式思维的研究基础上，大学生面对复杂事物时的认知思维能力应该包括逻辑推理、事实判断、论证评价。这决定了大学生的核心素养不再是专业知识的储备量，不再是灌输专业知识，而是发展其认知思维品质。其次，人格特征。大学生在学校生活中应该锤炼自身的人格，包括德性宽容、人格健全两大方面。要培养造就德才兼备的现代化人才，因为大学生一旦人格缺失、思想动摇，对国家民族的负面影响会成倍增长，因此，在培养的过程应注重才能与人格的同步推进。最后，社会交往。大学生的社会交往品质应该包括责任担当、文化自信、抗逆成长三大维度，强调以家国情怀、文化自信和抗逆成长为核心的素养要求，突出情怀培养，将人文、文化教育融入发展全过程，努力实现自我价值与社会价值的统一。

四、研究结论

本研究利用 Citespace 软件对国内外大学生核心素养进行了文献计量学的统计与分析,结果发现,总体上我国学者针对学生核心素养模型的探索与实践层层推进,并注重立足我国的历史和国情构造核心素养的结构。可以认为,早期素质教育方针的提出为我国学生核心素养模型的建构提供了政策与现实背景。学科核心素养的构建研究为走出应试教育、落实核心素养培养提供了基础。例如,林崇德教授"以全面发展的人"为核心,建构了我国第一个学生核心素养发展的综合模型(林崇德,2017);还有研究者构建了以创新能力、审辩式思维、合作和沟通为主的现代核心素养的 21 世纪核心素养 5C 模型(张可,杨萌,2017)。通过对绘制的科学知识图谱的分析,本研究厘清了我国"核心素养"的概念及其起源,并且特别提出在未来学生素养模型框架的建立与培养上,应采用"核心胜任特征"的科学理论与方法发展的学生核心素养。最后,本研究一方面分析了 21 世纪新时代大学生核心素养的外部挑战,包括全球化、数字信息化的兴起及智能化的发展要求和西方国家对我国核心技术发展的打压和"卡脖子"行为,亟须面向关键核心技术领域培养拔尖人才;另一方面分析了 21 世纪新时代大学生核心素养的内部挑战,初步形成了认知技能、人格特质和社会交往的大学生核心素养结构与培养新模式。据此,未来为构建 21 世纪大学生核心素养框架,需要进一步思考如何在现有研究的基础上,结合 21 世纪时代风险挑战背景、大学生群体的年龄与身心特征,提炼出大学生应对未来挑战所需的各项核心胜任特征,并将其融入核心素养框架,进而衍生出有针对性且契合我国国情的大学生核心胜任特征模型。

第四节 环境治理人才选拔的智能匹配研究[①]

环境治理人才是国家应对突发公共卫生事件必须考虑的一个重要群体,在对其进行招聘、甄选的过程中,需要从各行各业人才中,将拥有此类专业知识储备、管理技能和社会责任的人员选拔出来,一旦出现非常规突发事件,则可以将他们派

---

① 本节作者:时勘、王译锋、谭辉、宋旭东、焦松明。

往各地,保护国家和人民的利益免受损失。长江三角洲是经济发展的领先地区,在危机应对方面确实紧缺环境治理人才。为此,本研究将此类人才选聘作为突破口,通过战略决策、大数据分析途径,获得紧缺型人才岗位的职业特征要求,并通过心理测评技术揭示求职群体的人格特征、领导风格和团队建设的素养要求,形成可操作的测量标准,在此基础上,借助大数据集成等方法,将各地区紧缺岗位的要求与求职人员的心理特征模型相匹配,完成人职智能匹配的初选过程,然后,通过让这些基准性胜任特征符合要求的人员进入结构化面试、图片投射和情境评价阶段,完成评价中心测试,最后,按照城市管理的差异性分类需求,完成环境治理人才的选拔工作。

人才是实现民族振兴、赢得国际竞争的战略资源,环境治理人才则是在各个行业内拥有知识储备、专业能力和应急能力的优秀人员,是国家人才培养的重点。2020年9月,习近平主席在第七十五届联合国大会一般性辩论上宣布:"中国将提高国家自主贡献力度,采取更加有力的政策和措施,二氧化碳排放力争于2030年前达到峰值,努力争取2060年前实现碳中和。"[1]党的十九届六中全会通过的《中共中央关于党的百年奋斗重大成就和历史经验的决议》中也再次明确了我国"碳达峰、碳中和"的目标。因此,双碳产业是战略性新兴产业的核心内容,对于全面建设社会主义现代化国家、促进中华民族永续发展和构建人类命运共同体都具有重要意义。而在双碳目标的环境治理建设中,环境治理人才扮演着未来引领者的角色。如何寻觅各行各业的环境治理人才,需要用一整套什么方法来筛选这类人才,是本研究亟待解决的核心问题。

一、人职匹配的总体构思

1. 环境治理人才的核心岗位

从理论维度看,危机管理融合了风险评估、应急响应、恢复重建等知识体系,要求针对不同类型的公共卫生事件,设计并实施有针对性的策略和措施。本研究经过大量访谈调研,在自然灾害、事故灾难和公共卫生事件方面,识别并界定出十大类环境治理人才,如表5-2所示。

---

[1] 习近平在第七十五届联合国大会一般性辩论上的讲话(全文).(2020-09-22). http://www.qstheory.cn/yaowen/2020/09/22/c_1126527766.htm[2024-08-01].

表 5-2　环境治理人才的核心岗位

岗位类别	主要领域	工作内容
1. 医疗救援管理	医疗/公共卫生	负责协调资源，应对突发公共卫生事件
2. 城市交通治理	城市管理/公共安全	负责城市级别的应急响应，协调不同部门和机构
3. 学校安全管理	教育/学校安全	负责学校的日常安全管理和危机事件的应对
4. 企业安全管理	企业/商业	负责企业的危机预防、应对和恢复工作
5. 社区监管治理	社区/社会服务	在社区层面协调资源和信息，应对危机
6. 政府应急处置	政府/应急管理	负责危机管理政策的制定、执行和监督
7. 交通运输调度	交通运输/物流	监督和管理交通运输系统的安全
8. 灾害救援管理	环境保护/自然资源	监测和应对环境危机，评估自然灾害风险
9. 非营利组织岗位	非营利组织/人道援助	管理人道主义援助项目，应对危机
10. 城市通信管理	技术/通信/网络安全	应对网络安全事件，恢复和维护通信设施

在面对不同利益相关者的诉求冲突时，环境治理人才需要发挥沟通协调能力，平衡各方利益，确保决策的公正性，与政府、媒体、社区等各方建立有效的沟通渠道，传递准确的信息，减少误解，维护组织的信誉。环境治理人才还要在危机中学会引导组织进行反思，提升组织的竞争力，当出现重大非常规突发事件时，可以保护国家和人民的利益免受损失。

2. 人职匹配的层次划分

人职匹配划分为两个层次，即基准性胜任特征层次和鉴别性胜任特征层次，如图 5-16 所示。

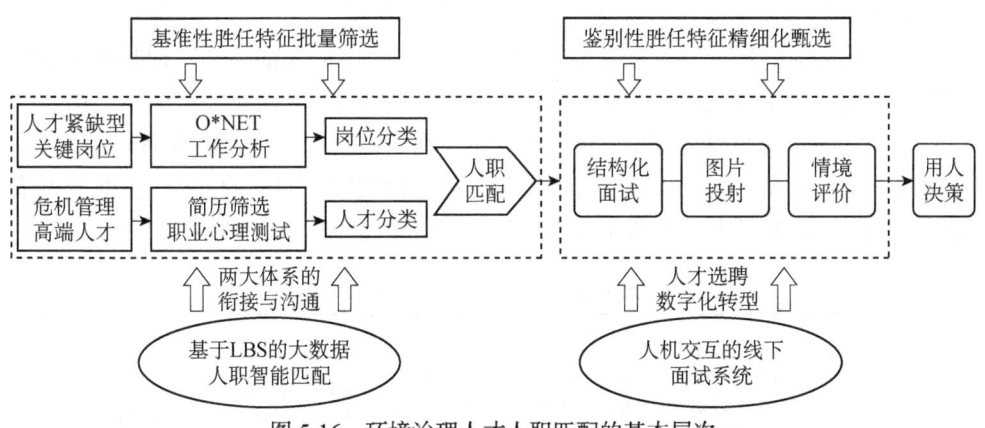

图 5-16　环境治理人才人职匹配的基本层次

注：O*NET，Occupational Information Network，职业信息网络

(1) 基准性胜任特征的人职匹配

基准性胜任特征层次，指岗位工作所应达到的基本要求（如知识、技能、职业倾向性等），这些特征更易被观察和测量，常被应用为人才招聘的准入标准。所有人员并不需要到达现场，只是接受职业兴趣测试、职业人格测试、职业能力测试和情绪焦虑测试，完全可以通过网络系统接受测试，而简历等数据资料也通过网络传送来完成。

(2) 鉴别性胜任特征的人职匹配

鉴别性胜任特征层次用于区分表现平庸者与表现卓越者的深层次特征（如自我概念、成就动机等），这些特征在短时间内较难改变，因为它们更多地强调了行业内卓越人才的鉴别能力，是胜任特征概念的核心内容。基准性招聘主要在虚拟网络空间进行，借助大数据、人工智能和虚拟空间等，完成具备基准性胜任特征人才的招聘工作，另外也会运用大数据和系统集成的人工智能方法。但对于涉及测试鉴别性胜任特征的招聘，主要是在已获得初步录用的环境治理人才中进行，即这些被录用人员已经来到环境治理岗位进行试用，将要面对面地接受评价中心技术的测试，具体是接受结构化面试、图片投射和情境评价的测试。可以认为，人职匹配即在明确岗位对人才需求的前提下，先对候选人各项基准性胜任特征进行探查，从而快速筛选出一批符合岗位基本要求的候选人，再通过其他方式对候选人的鉴别性胜任特征开展精细化甄选。

二、基准性胜任特征的人职匹配

美国职业指导专家霍兰德从个体特征与要素维度出发，提出六种人格类型和六种与之相对应的职业特征（表5-3）。研究发现，大多数人都属于六种职业类型中两种以上类型的不同组合，其职业满意感、稳定性和职业成就取决于个体人格类型和职业环境的匹配与融合程度。在此基础上，我们编制了职业人格自测问卷，被试可通过该问卷测量自己的人格类型，为职业选择提供较为明确的方向，企业也可依据被试职业人格特质与岗位性质间的匹配程度进行选拔。

表 5-3　职业人格类型分类表

职业人格类型	人格特征	职业特征
现实型（R）	非社交的、物质的、遵守规则的、实际的、安定的、缺乏洞察力的、敏感性不丰富的，不善与人交往等特征	需要进行明确的、具体的，且按一定程序要求进行的技术性、技能性工作

续表

职业人格类型	人格特征	职业特征
研究型（I）	分析的、内省的、独立的、好奇心强烈的、慎重的、敏感的、喜好智力活动和抽象推理等特征	通过观察、科学分析而进行的系统性、创造性活动，研究对象侧重于自然科学
艺术型（A）	想象力丰富、理想的、直觉的、冲动的、独创的、缺乏秩序性的、感情丰富的，但缺乏事务性办事能力等特征	通过系统化的、自由的活动进行艺术表现，但精细的操作能力较差
社会型（S）	助人的、易于合作的、社交的、有洞察力的、重友谊的、有说服力的、责任感强的、比较关心社会问题等特征	从事更多时间与人交往的说服、教育和治疗工作
管理型（E）	支配的、乐观的、冒险的、冲动的、自我表现的、自信的、精力旺盛的、好发表意见和见解的，但有时是不易被人支配的，喜欢管理和控制别人等特征	从事需要胆略、冒风险且承担责任的活动，主要指管理、决策方面的工作
常规型（C）	自我抑制的、顺从的、防卫的、缺乏想象力的、持续稳定的、实际的、有秩序的、回避创造性活动等特征	严格按照固定的规则、方法进行重复性、习惯性的活动，希望能较快地收获自己的劳动成果，有自控能力

经过深入细致的实地调研与走访，基于 O*NET 工作分析这一权威工具，课题组系统地梳理并总结了十大类环境治理高端人才岗位的核心职业特征，并进一步探索了与这些职业特征相匹配的人格特征，从而构建了一套全面、科学的鉴别性胜任特征选拔标准（表 5-4）。符合此标准的候选人往往能够更好地适应危机管理的复杂性和不确定性。

表 5-4　环境治理人才的人职匹配表

职业人格类型	职业特征	心理特征	人格类型
医疗救援管理	需要具备医学知识和心理干预能力，能够应对紧急医疗情况，处理医疗危机，以及进行心理疏导和安抚	冷静、沉着，具备较强的心理承受能力和应对压力的能力。注重具体和操作，善于解决问题和应对紧急情况	研究型（I）社会型（S）
城市交通治理	需要具备城市规划和管理知识，能够应对城市安全事件，包括自然灾害、事故灾难，以及公共卫生事件等，并具备快速响应和协调资源的能力	具备宏观思维和战略眼光，善于规划和组织资源。富有领导力和组织能力，有着强烈的成就动机	企业型（E）社会型（S）
学校安全管理	需要具备教育心理学和安全管理知识，能够应对学校安全事件和危机，包括校园暴力、火灾、地震等，并具备紧急疏散和安抚学生的能力	细致、耐心，善于沟通和协调，具备较强的危机应对和危机干预能力。注重人际交往和团队合作，善于理解和支持他人	社会型（S）常规型（C）
企业安全管理	需要具备企业管理、公关和风险管理知识，能够应对企业公共卫生事件，以及财务危机、品牌危机、产品质量问题等，并具备快速响应和危机控制的能力	敏锐的市场洞察力和决策能力，具备较强的风险评估和危机应对能力。善于分析和解决问题，对创新和变革有浓厚兴趣	企业型（E）社会型（S）

续表

职业人格类型	职业特征	心理特征	人格类型
社区监管治理	需要具备社会工作、社区管理和危机干预知识,能够应对社区公共卫生事件,以及社区矛盾等,并具备组织协调和安抚居民的能力	具备较强的同理心和责任心,善于协调和沟通,有强烈的社区意识和归属感。注重人际交往和团队合作,善于理解和支持他人	社会型(S) 常规型(C)
政府应急处置	需要具备政治学、公共管理和应急管理知识,能够应对政治危机和社会不稳定事件,包括恐怖袭击、政治危机等,并具备协调政府资源和社会力量的能力	具备较强的政治敏锐性和责任心,善于制定和执行政策。关注社会和政治问题,具备较强的领导力和决策能力	研究型(I) 常规型(C)
交通运输调度	需要具备交通运输和物流管理知识,能够应对交通运输过程中的紧急情况和危机,包括交通事故、航班延误等,并具备协调资源和快速响应的能力	具备较强的计划性和组织能力,对物流和交通运输有浓厚的兴趣和热情。注重细节和规范,善于组织和计划	现实型(R) 研究型(I)
灾害救援管理	需要具备灾害风险管理和应急救援知识,能够应对自然灾害和人为灾害等紧急情况,包括地震、洪水、火灾等,并具备灾害救援和灾后重建的能力	具备较强的冒险精神和应变能力,能够在压力下冷静应对紧急情况。注重具体和操作,善于解决问题和应对紧急情况	研究型(I) 现实型(R)
非营利组织	需要具备组织管理和社会工作知识,能够应对非营利组织的各种挑战和危机,包括资金短缺、组织冲突等,并具备组织协调和资源整合的能力	具备较强的责任心和服务意识,愿意为公益事业奉献自己的力量。注重人际交往和团队合作,善于理解和支持他人	社会型(S) 企业型(E)
城市通信管理	需要具备信息技术和通信管理知识,能够应对技术和通信领域的紧急情况和危机,包括网络攻击、通信中断等,并具备快速响应和解决问题的能力	具备较强的技术能力和创新思维,对新事物和新技术有浓厚的兴趣和追求。善于分析和解决问题,对创新和变革有浓厚兴趣	研究型(I) 现实型(R)

从表 5-4 可以发现,通过职业人格测试和工作分析获得的职业特征匹配,我们可以初步划分出适合某一工作岗位的人格特征,比如,城市通信管理人才需要具备研究型和现实型等类型的人格特征。之后,就可以进入人职匹配环节了。

1. 基于位置服务的大数据人职匹配方法

在基于大数据的人职匹配智能评估过程中,简历智能筛选、职业心理测试、人岗供需对接为人职智能匹配不断深化的三个过程。面对人才数量大、结构复杂的人力资源市场,环境治理人才选拔方法应具有大批量、高效率的特点。大数据技术的合理运用在其中起到关键性作用。

(1)简历智能筛选

此阶段进行的环境治理人才筛选,需要对人才心理特征和职业岗位需求进行初步匹配。一般通过文本智能分析技术的语义拟合度进行计算,以细化求职群体,缩小人职匹配的范围。百度 AI 平台依托大数据、网页数据、用户行为数据以及高性能集群（GPU①、CPU②和 FPGA③），打造了基于 DNN（deep neural networks，深度神经网络）和概率图模型的语义计算引擎，可进行包括语义匹配、语义检索、文本分类、序列生成以及序列标注在内的计算。首先，从多渠道获得各岗位应聘者的求职简历，并将其存入数据库中，以工作分析结果为基础，分别归纳各岗位关键词标签并分析其权重。随后，调用 GhatGPT 4.0 接口，对海量简历进行文本智能分析，在关键词与简历之间进行语义比对，按权重计算并统计每份简历与岗位信息的匹配度。最后，为简历匹配度高于阈值的求职者安排下一步的职业心理测试。

（2）职业心理测试

"时勘博士胜任特征测试系统"后端采用 7 层技术架构，具有扩展性强、性能高、易管理等优势，以及面向集合的存储、动态查询、完整的索引支持、查询监视、复制及自动故障转移等特点，支持较为复杂的量表测验系统。该系统可供用户注册登录并进行职业心理网络测试、生成测试报告并批量导出测试结果，为收集问卷填写数据等提供便捷、高效的途径、手段和方法。以人格测试为例，图 5-17 的结果显示，该求职者在现实型、研究型和常规型三方面得分较高，可以根据这个结果初步为求职者提出环境治理的工作方向。

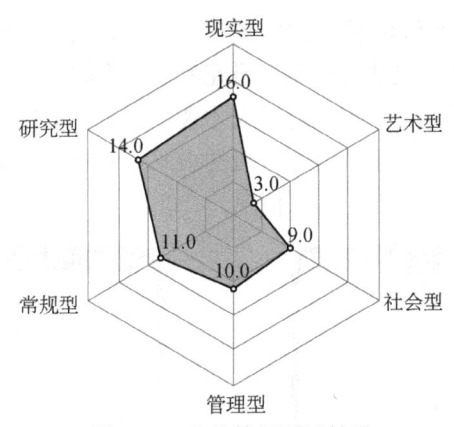

图 5-17 人格特征测试结果

在对大批量候选人开展职业心理测试的过程中，为保证测试过程的公平性与有效性，课题组还开发了"招考宝"考务系统，实现了被试报名、准考证下载、考场签到、题目作答、电子监考、人职匹配的全流程自动化服务。被试在报名时需通过人脸识别确认身份信息；基于"电子围栏"的签到系统自动识别被试身份信息及

---

① GPU（graphics processing unit，图形处理器）。
② CPU（central processing unit，中央处理器）。
③ FPGA（field-programmable gate array，现场可编程门阵列）。

其所在地理位置，避免替考情况的发生；在测试结束后，系统将根据预设的权重、岗位的职业特征，通过"人才盘点"功能进行人职智能匹配。

（3）人岗供需对接

人职匹配的关键阶段，是对环境治理人才进行职业测试之后，与各关键岗位的岗位需求进行对接，实现人才类型与岗位需求的精准匹配，即系统获得区域民众的职业人格测试数据之后，内部的代码逻辑自动将被试群体分为六大类型；随后，将此分类结果对标工作分析所得各岗位的职业需求，通过智能算法将六类人才与岗位进行匹配，匹配后的人才可作为企业精细化筛选的备选依据。

2. 可视化平台的建立

在完成初步的求职者测试匹配之后，系统就会根据人职匹配的结果，通过后端逻辑关系，一方面给求职者发送适合其岗位的信息，另一方面给企业提供满足岗位匹配要求的求职者信息，这样可以促进社会资源与用人单位之间的良性沟通，为后续的人才精细化筛选创造条件。随着互联网的不断发展，专注于社交强关系招聘、垂直行业招聘等的招聘方式正蓬勃发展，其中，LBS招聘通过确定移动设备或用户所在的地理位置，可以为用户提供与位置相关的各类信息服务。在获得人职匹配的信息后，在个人层面，系统可显示LBS的应聘建议，企业也可查询一定范围内与岗位需求适配的高端人才；在社会层面，研究者利用人职匹配的结果使宏观人力资源供求关系可视化、透明化，提高政府对人才现状的宏观把控，推动形成良性有序的引才、用才环境。图5-18所示的就是一般的求职者用户直接用手机终端查询到的已经有相关招聘筛选结果的可视化信息情况。

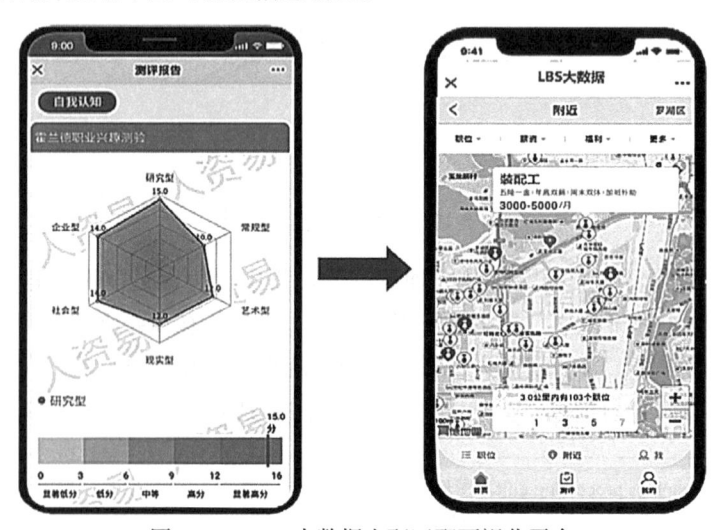

图 5-18　LBS 大数据人职匹配可视化平台

三、鉴别性胜任特征的人职匹配

1. 鉴别性胜任特征人职匹配的实施前提

任职者在所在群体工作或生活半年以上,就有可能在所在群体参加鉴别性胜任特征的人职匹配。通过采用自评和他评两种形式进行变革型领导风格和团队工作绩效测试,并对测试结果进行对比,根据录用的胜任特征水平的要求,公司就可以获得其变革型领导和团队合作测试结果,作为后期录用的标准。

2. 变革型领导及其测试结果

环境治理人才的领导风格是务必考量的因素之一。Bass(1995)认为,变革型领导通过让员工意识到所承担任务的重要意义,激发下属的高层次需要,建立互相信任的氛围,促使下属为了组织的利益牺牲自己的利益,并达到超出原来期望的结果。李超平和时勘(2005)根据 Bass(1995)的变革型领导的定义,总结出变革型领导是一个四因素的结构,具体包括德行垂范、愿景激励、领导魅力与个性化关怀,由此编制了适合我国国情的变革型领导问卷。该问卷的主要维度及其含义如表 5-5 所示。

表 5-5　变革型领导问卷维度及其含义

维度	含义
德行垂范	被评价者的奉献精神、以身作则、牺牲自我利益、言行一致、说到做到、严格要求自己的程度
愿景激励	被评价者向员工描述未来,让员工了解单位/部门的前景,为员工指明奋斗目标和发展方向,向员工解释所做工作意义的程度
领导魅力	被评价者业务能力是否过硬,思想是否开明,是否具有较强的创新意识和事业心,在工作上是否非常投入,能否用高标准来要求自己工作的程度
个性化关怀	被评价者在领导过程中考虑员工的个人实际情况,为员工创造成长的环境,关心员工的发展、家庭和生活的程度

变革型领导问卷为环境治理人才选拔提供了一个有效的框架,强调德行垂范、愿景激励、领导魅力和个性化关怀等品质,将这些特质纳入选拔标准,有助于选拔出具备高尚道德、高瞻远瞩、坚定信念和个性化关怀的领导者,为环境治理管理注入强大的道德力量,推动各项工作的顺利开展。因此,将变革型领导理论应用于环境治理人才选拔是十分必要的。

图 5-19 所示的是对某环境治理部门人员入职半年后考核结果的详细分析。考虑到被试担任的是社区环境治理干部这一特定岗位,本研究特别关注德行垂范和

个性化关怀这两个维度。在德行垂范方面，这一岗位的被试需要展现出高尚的道德品质和行为示范能力，以树立良好的榜样并赢得社区居民的信任。通过评估被试在工作中的行为表现，发现他们具备强烈的道德责任感和良好的行为规范。在个性化关怀方面，由于社区环境治理工作者需要深入了解居民的需求和关注点，被试需要具备良好的人际交往能力和关怀意识。这些数据主要来自了解被试所在的社区的群众。通过测试，本研究发现"被试2"在这两项维度上的得分显著高于其他被试，表明该被试具备较强的沟通能力和关注居民需求的意识，这符合社区环境治理干部岗位的特殊要求。这一结果表明该部门在选拔和培养具备良好德行及个性化关怀意识的干部方面取得了成效。

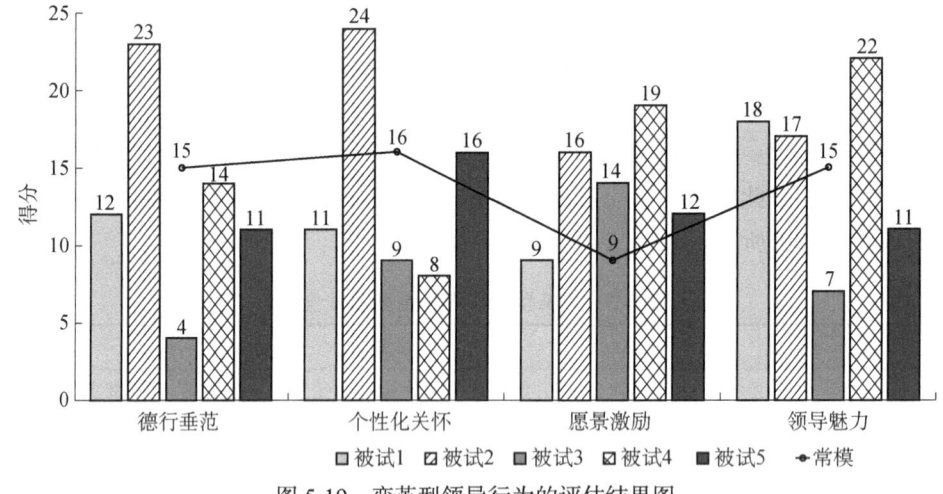

图 5-19 变革型领导行为的评估结果图

3. 合作性团队因素测试结果

在团队层面的研究中，根据 Alper 等(1998)提出的合作性目标，以及 Tjosvold (1998)提出的建设性冲突维度，本研究编制了合作性团队测试量表，包括合作性目标、建设性冲突两个维度。其中，合作性目标是指团队成员共同努力、共同达成一致的目标；建设性冲突则是指团队成员之间通过表达不同意见和观点，促进团队的成长和改进。这种冲突是有益的，可以帮助团队发现问题，并提高决策质量。这两方面的因素成为选拔环境治理人才的测量标准。

将合作性目标和建设性冲突的测评应用于环境治理人才的选择中，主要是因为这些维度能够有效地预测和评估领导者的素质与能力。首先，合作性目标反映了领导者设定和引导团队目标的能力。一个优秀的领导者应该能够明确地设定目标，激发团队成员的热情，并确保团队朝着共同的目标前进。对合作性目标的测评可以评估领导者在目标设定、团队引导和激发团队动力方面的能力。其次，建设性冲突反映了环境治理人才处理和转化冲突的能力。在领导过程中，领导者不可避免地会遇到各种冲突。一个好的领导者应该能够妥善处理这些冲突，将其转化为团队成长和进步的动力。对建设性冲突的测评有助于选拔出那些能够有效处理和转化冲突的领导者。此外，对合作性目标和建设性冲突的测评还有助于评估领导者的创新与应变能力。在环境治理与危机管理中，领导者需要具备创新思维和应变能力，以应对不断变化的挑战。通过测评这两个维度选拔出的领导者将能够更好地引领团队应对环境治理的挑战，推动工作的顺利开展。合作性目标及建设性冲突维度含义如表 5-6 所示。

表 5-6 合作性目标及建设性冲突维度含义

维度	维度含义
合作性目标	团队成员之间建立了一种互相信任、互相支持、共同协作的关系，以实现团队共同的目标。在这样的团队中，成员们愿意分享信息、资源和经验，积极参与团队决策，共同承担责任，并相互鼓励和支持
建设性冲突	团队成员在追求共同目标的过程中，因为观点、意见或方法的不同而产生正向冲突。这种冲突能够激发团队成员的创造力和竞争力，促进团队的创新和发展

本研究对某社区的环境治理干部展开了测试，主要关注的是社区环境治理干部的特定素质，具体来说，期望参与者在合作性目标和建设性冲突这两个关键领域展现出高于平均水平的得分。合作性目标强调的是成员间的协作精神和能力，而建设性冲突则涉及个体在面对争议时能够坚持原则并寻求建设性的解决方案。此次测试共有 5 名被试参与，根据测试结果，这些被试的表现更符合岗位要求。他们都是潜在的环境治理干部候选人。经过严谨的评估，从中选拔出两名在合作性目标和建设性冲突方面均表现出色的优秀干部，结果见图 5-20。选拔的标准不仅仅是基于被试的知识和技能，更重要的是其在实际情境中展现出的团队协作能力和解决冲突的技巧。这样的选拔将确保所选干部具备在复杂环境中有效应对合作与争议的能力，为社区的环境治理工作注入新的活力。

4. 环境治理人才的领导行为综合评价

为了确保选拔出的治理人才具备全面性和适应性，还需从整体角度关注候选人的变革型领导和团队建设能力。为此，最终将变革型领导的四要素（德行垂范、愿景激励、领导魅力和个性化关怀）和团队建设的两个维度（合作性目标、建设性冲突）加入鉴别性胜任特征模型的选拔标准中，其中，团队建设绩效评估结果见

图 5-20，而环境治理人才的鉴别性胜任特征选拔标准见表 5-7。

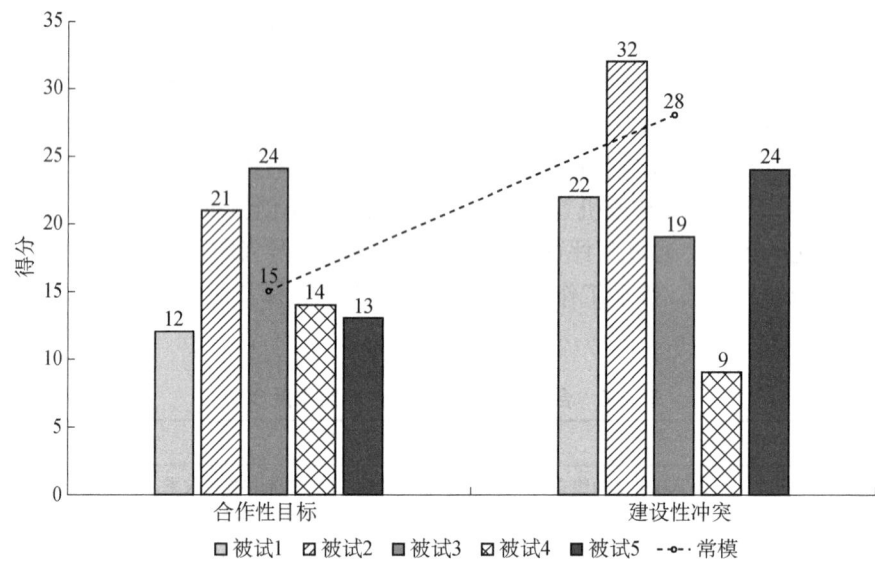

图 5-20 团队建设绩效评估结果

表 5-7 环境治理人才的鉴别性胜任特征选拔标准

岗位	职业特征	变革型领导	团队建设
医疗危机管理	需要具备医学知识和心理干预能力，能够应对紧急医疗情况，处理医疗危机，以及进行心理疏导和安抚	德行垂范 个性化关怀	合作性目标 建设性冲突
城市危机管理	需要具备城市规划和管理知识，能够应对城市安全事件，包括自然灾害、事故灾难，以及公共卫生事件等，并具备快速响应和协调资源的能力	德行垂范 领导魅力	合作性目标 建设性冲突
学校危机管理	需要具备教育心理学和安全管理知识，能够应对学校安全事件和危机，包括校园暴力、火灾、地震等，并具备紧急疏散和安抚学生的能力	领导魅力 个性化关怀 愿景激励	合作性目标 建设性冲突
企业危机管理	需要具备企业管理、公关和风险管理知识，能够应对企业公共卫生事件，以及财务危机、品牌危机、产品质量问题等，并具备快速响应和危机控制的能力	德行垂范 愿景激励 个性化关怀	合作性目标 建设性冲突
社区危机管理	需要具备社会工作、社区管理和危机干预知识，能够应对社区公共卫生事件，以及社区矛盾等，并具备组织协调和安抚居民的能力	德行垂范 个性化关怀	合作性目标 建设性冲突
政府危机管理	需要具备政治学、公共管理和应急管理知识，能够应对政治危机和社会不稳定事件，包括恐怖袭击、政治危机等，并具备协调政府资源和社会力量的能力	德行垂范 领导魅力 愿景激励	合作性目标 建设性冲突

续表

岗位	职业特征	变革型领导	团队建设
交通运输管理	需要具备交通运输和物流管理知识,能够应对交通运输过程中的紧急情况和危机,包括交通事故、航班延误等,并具备协调资源和快速响应的能力	德行垂范 愿景激励	合作性目标 建设性冲突
灾害危机管理	需要具备灾害风险管理和应急救援知识,能够应对自然灾害和人为灾害等紧急情况,包括地震、洪水、火灾等,并具备灾害救援和灾后重建的能力	领导魅力 愿景激励	合作性目标 建设性冲突
非营利组织管理	需要具备组织管理和社会工作知识,能够应对非营利组织的各种挑战和危机,包括资金短缺、组织冲突等,并具备组织协调和资源整合的能力	德行垂范 领导魅力 个性化关怀	合作性目标 建设性冲突
技术和通信管理	需要具备信息技术和通信管理知识,能够应对技术和通信领域的紧急情况和危机,包括网络攻击、通信中断等,并具备快速响应和解决问题的能力	德行垂范 个性化关怀 愿景激励	合作性目标 建设性冲突

四、评价中心技术的测试方法

环境治理人才招聘目前主要采用公务员招聘的方法,在一个大的区域内公开招聘,因此需要采用评价中心技术来识别不同地区的人员,开展严格的、鉴别性胜任特征评价中心技术招聘。应采用新近研发并获得全国人力资源大奖赛优胜奖的环境治理人才公开招聘方法,即评价中心招聘方法,通过结构化面试、图片投射和情境评估等方法,来探查各岗位的鉴别性胜任特征,并通过 5G 技术与虚拟现实(virtual reality,VR)技术,为各项胜任特征测试项目赋能,实现鉴别性胜任特征的人职智能高级匹配,引入远程、实时、沉浸式测评方法,实现 5G-VR 评价中心技术与数字科技的完美结合。

1. 远程实施的结构化面试

在通过结构化面试选拔环境治理人才的过程中,应注重危机应对、决策判断、沟通协调、心理抗压等鉴别性胜任特征的考察。经过严格筛选的候选人不仅要具备快速响应和精准分析危机的能力,能在复杂情境中冷静判断、果断决策,还要有卓越的沟通技巧与协调本领,能够在压力之下保持稳定的心理状态,并依靠丰富的专业知识与实战经验为组织提供科学有效的危机解决方案。以下是一道选拔危机管理类人才的面试题目示例。

题目：假设你是一家大型企业的危机管理团队负责人，突然接到报告，称公司的产品出现了严重的质量问题，已经导致多名消费者受到伤害。请说明你将如何应对这一危机，包括你的初步行动计划、如何与内外部利益相关者沟通以及如何从这次危机中吸取教训，并改进公司的危机管理体系。

评分标准：

优：初步行动计划明确、具体，且能够迅速启动应急响应机制，有效控制危机扩散。与内外部利益相关者的沟通策略得当，能够平衡各方利益，维护公司形象。对危机原因进行深入分析，提出针对性的改进措施，并能够从长远角度完善公司的危机管理体系。整体表现自信、冷静，展现出高度的责任心和专业能力。

中：初步行动计划基本可行，但部分细节需要进一步完善。沟通策略基本正确，但可能在某些方面缺乏足够的考虑或经验。对危机原因有一定的认识，提出的改进措施相对一般，需要进一步加强深度和广度。整体表现较为稳定，但在某些环节可能稍显紧张或不够自信。

差：初步行动计划模糊、缺乏条理，无法有效指导危机应对工作。沟通策略不当，可能导致利益相关者关系紧张或公司形象受损。对危机原因缺乏深入认识，提出的改进措施缺乏针对性和可行性。整体表现紧张、慌乱，缺乏应对危机的基本素质和能力。

这道题通过模拟一个真实的危机管理场景，要求候选人描述自己的应对策略和行动计划。在回答过程中，候选人需要展现出快速应对、决策判断、沟通协调的心理素质和专业知识等多方面胜任特征。通过候选人的回答和表现，面试官可以评估其危机管理的综合能力，从而判断其是否适合担任危机管理类岗位。同时，这道题也能够帮助组织选拔出那些具备高度责任心和专业能力的优秀人才，为组织的危机管理工作提供有力保障。

请注意：在结构化面试过程中，本研究采用了 VR 技术，搭建了基于私有云的虚拟现实直播系统。该系统可实时转播位于 5G 评价中心的面试现场，被试可在全国各地，通过 VR 设备身临其境地参与到结构化面试中，面试官也可以通过摄像头从多个测度实时观察到被试的一举一动。相较于其他网络面试系统，该系统保留了结构化面试的完整性，能够异地收集多模态信息，还突破了线下结构化面试受时空条件制约的局限性，见图 5-21。

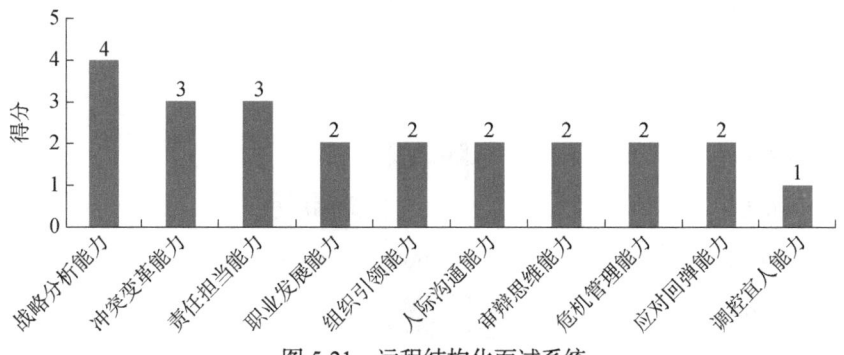

图 5-21　远程结构化面试系统

2. 虚拟现实的图片投射测试

图片投射测试的关键在于为被试展现一个意义模糊、指向性不明确的刺激，然后要求被试根据这一图片投射情境展开联想，将自己带入情境中的某一角色，将自己内心深处的人格特征投射出来。虚拟现实的图片投射测试需要被试在测试过程中有较高的心理卷入性，采用 5G-VR 技术，为被试展现全景、动态的投射情境，让其设身处地地思考"模拟"刺激产生的反应，更好地将自己的心理状态真实地投射出来，这种情境模拟技术较大地提高了图片投射测试的效果。

以图 5-22 为例，给被试呈现一张图片和一段引导语，要求被试根据图片发挥想象，续写一段故事，被试只能看到图片，文字的解释只有主试能够看到。这项技术已经被应用于航天员、飞行员等高端人才的选拔过程中，可以有效避免社会赞许性的影响，精准地测试出被试的鉴别性胜任特征。基于此，我们将这项技术应用于环境治理人才的选拔中。

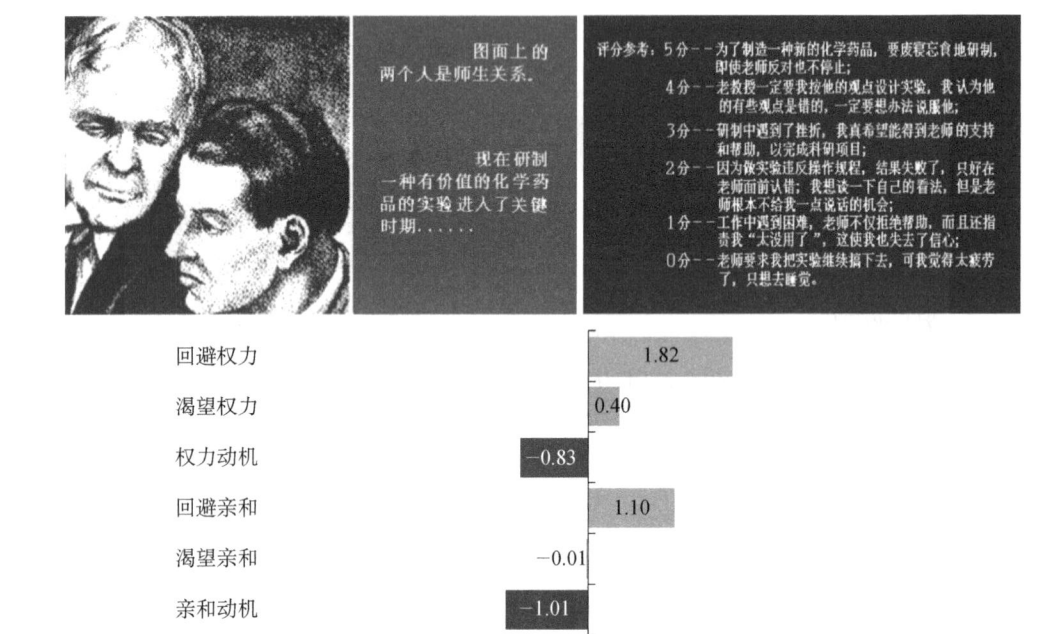

图 5-22　图片投射测试示例

3. 5G-VR 的情境评估方法

情境评估通常通过文字信息创设一个危机情境，让被试参与 4 人组成的团队互动，分阶段参与讨论与争论，被试由于处于竞争这一情境之中，必须全身心地投入讨论。在此情境下，面试官需要同时观察处于竞争中的 4 人的表现，观察的难度较大。本研究在这种团体竞争中增设了 5G-VR 技术，使得对于每一位参与者，除了观测和记录其言语争论之外，还对其语气、行动等非言语行为进行观测和记录。也就是说，将心理学的情感分析技术引入其中，由于依赖情境的生动性与卷入性，情境评估的效能得以大大提升。本研究采用这种虚拟现实技术创设了全景危机情境，以"海上逃生"情境评估场景为例，在虚拟现实环境中，被试身处一艘在大海上航行的、摇摇欲坠的科考船内，船上的 15 件逃生物品都可选择，从而使所有被试展开互动，这将巧妙地激活被试的主动意识，使其全身心地投入到所创设的情境中去，此时，面试官将在观察室内观察每一位被试的一举一动，根据既定的评价标准进行评价，从而使得情境评估效能得到更好发挥（图 5-23）。这样基于危机情境选拔出来的环境治理人才,可以为未来环境治理提供高质量的服务。

被试1的情境评估结果示例

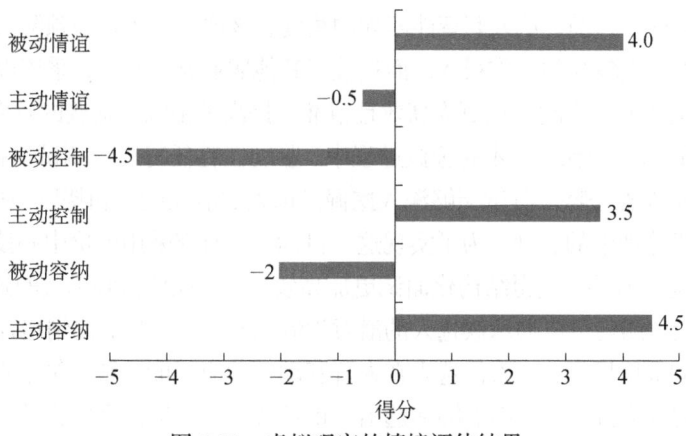

图 5-23 虚拟现实的情境评估结果

项目	得分
被动情谊	4.0
主动情谊	−0.5
被动控制	−4.5
主动控制	3.5
被动容纳	−2
主动容纳	4.5

五、关于人职匹配的研究结论

第一,当前经济发展、科技进步、日益激烈的国际竞争态势使组织总体战略与发展方向、内部的雇佣关系、工作职业结构以及组织业务流程不断改变。在环境治理人才的甄选方面,本研究列出了 10 类紧缺人才的职业特征要求,这是人职匹配的重要进步。随着人才的迭代,环境治理人才应该不断适应竞争环境和技术进步所带来的新需求。本节对危机管理变化的探讨,进一步明晰了各个关键岗位的职业特征,更主要的是通过人职智能匹配,进一步提升人职匹配的效率和精准性,这将大大地促进人力资源科学配置的成效。

第二，通过智能词向量分析，按岗位搜集并分析海量简历在专业对口、知识与技能达标等方面的要求，能在较大程度上减少人工简历初筛的烦琐工作，更重要的是将企业被动接受简历的地位转化为主动地位，通过大数据和智能化，在长江三角洲寻觅环境治理人力资源，满足人才迭代的关键岗位人才需求。基于互联网的职业心理测试和后来的变革型领导、团队测试结果，均可以为被试提供网络系统上报服务，为人才归类提供更为系统、良好的网络背景与数据条件。在大数据分析背景下，服务器性能可通过搭建分布式节点的方式横向扩展，为长江三角洲甚至全国范围内关键岗位的批量测试与匹配提供技术支撑。

第三，将获得的岗位人力资源供求关系可视化上升至国家层面，形成可视化平台，进而为政府、企业提供有价值的信息，以促进形成良性有序的引才、用才环境。人格具有独特性、稳定性、统合性、功能性的特征，在个体对环境的主观选择与适应过程中具有重要影响。目前，从入职智能匹配的角度，该评估能较好地预测人员能否长期任职，是否能产生较高的工作投入。而相较于其他职业倾向测试，采用以霍兰德职业人格理论为主的入职匹配方式更为高效且精准，提高了精细化筛选的效率。

第四，在对环境治理人才的选拔过程中，鉴别性胜任特征的测试显得尤为关键。这是因为鉴别性胜任特征测试能够深入挖掘候选人的潜在能力和特质，从而更准确地预测其在危机管理中的表现。为了实现这一目标，本研究采用评价中心技术，特别将5G-VR 技术运用其中，使得结构化面试更加高效、精准地评估候选人的知识、技能和经验，图片投射测验可以揭示候选人的潜意识倾向和情感态度，而情境评估技术则通过模拟真实的危机场景，观察候选人在人群互动中的应对能力和决策水平。通过这些科学、严谨的选拔方法，我们能够筛选出真正具备卓越环境治理能力的人才，为加强长江三角洲的风险决策人才储备和促进组织管理的稳健发展提供有力保障。

第五节 长江三角洲城市危机决策者胜任特征模型构建[①]

长江三角洲简称"长三角"，位于我国长江下游地区，濒临黄海与东海，地处江海交会处，沿江沿海港口众多，是长江入海之前形成的冲积平原。长江三角洲城市

---

① 本节作者：时勘、李秉哲、梁开广。

群是国际公认的六大世界级城市群之一，属于全球重要的先进制造业基地和亚太地区的国际门户。作为中国的第一大经济区，长江三角洲创造出中国近 1/4 的经济总量，在国家现代化建设大局和全方位开放格局中具有举足轻重的战略地位。浙江省是长江三角洲最具活力的一个地区。课题组选择的浙江省城市、社区、企业和学校的危机决策者，在"长三角"一体化发展中具有重要的影响力，为提高该地区的经济集聚度、区域连接性和政策协同度，建设现代化经济体系作出了重要贡献。本研究将在城市领导者和各行业管理干部的应急管理方面开展调研工作。

一、危机决策研究

在现代社会，城市管理者难免会面临紧急情况，具备卓越的应急管理和危机决策能力是其胜任能力结构中不可或缺的组成要素，这不仅直接关系到社会的安全和稳定，也深刻地影响着社会的长期发展。本节将深入探讨政府相关人员需具备哪些应急管理能力，才能胜任所承担的领导工作。由于危机决策根植于社会管理工作的现实，城市危机决策者需要借助应急处置技能来协调资源、组织行动，保障广大民众的生命安全，在日常管理中辨别和评估潜在风险，进而作出有效的决策，这种双重能力的嵌套结构为在不同情境下分析问题和解决问题奠定了能力基石，使决策者在面对危机时及时作出反应，同时还具有远见卓识，这是减轻不确定性带来的负面冲击的必备条件。为探讨这种危机决策能力，仅依赖传统的经验总结法是不能揭示危机决策的内在机制的，采用传统方法来获取专家信息容易受到受访者主观意愿和记忆倾向的影响，存在信息失真的风险。那么，怎样来构建城市危机决策者的胜任特征模型呢？

1. 危机决策的"事前验尸法"

城市危机决策者面临的外部环境，不论是自然环境还是社会环境，几乎都处于前所未有的变化中。长江三角洲面临海洋、湖泊和山地的变化，且由于数字经济的发展，工业领域会遇到全新的复杂变化与挑战。在突发公共卫生事件发生的背景下，城市各行业的管理者都迎来了新的变化，面对这种复杂的生态环境，务必要有新的思想来面对这种复杂的挑战。大家可能对"复盘"并不陌生，无论是组织还是个人，都会通过将已知结果与预期目标进行全方位的剖析比对，来分析成功或者失败的原因及教训，以实现更好的发展。这里讲的复盘又被称为"验尸"（post-mortem），是一种在"患者"死后，通过进行详细"解剖"来寻找"解药"的方法。与之相关的方法叫作"事前验尸法"（pre-mortem）。事前验尸法假设"患者"已经死亡，即在事情发生/方案实施之前假设"已经失败"了，其目的是尽可能多地提前找出导致失败的一系列原因，以便及时规避风险。事前验尸法作为一种风险评估方法，核心是提前预设计划中可能出错/失败的地方，通过分析研判以提前预知并作出正确的判断决策。这是美国著名认知心理学家加里·克莱因（Gary Klein）提出来的著名的决策原理。加里·克莱因主要进行专家经验和关键决策方面的研究，能够将复杂的心理思想通过引人入胜和令人共鸣的故事表达出来，并因此而闻名。他研究的主要课题就是在现实、真实而复杂（而非实验室）的环境中，使包括城市管理者、战斗指挥官、飞行员和医务人员在内的专家利用直觉和经验进行有效的决策，由此开创了决策领域的自然主义决策（naturalistic decision making，NDM）理论，是管理决策研究最重要的成果之一。事前验尸法在专家关键决策、企业内部方案评估、项目可行性论证等方面具有非常重要的作用，并且已被许多全球知名金融投资机构、跨国公司、管理咨询公司（如麦肯锡等）以及知名公司（如中国的华为公司等）在作出重大决策前广泛采用。这里需要指出的是，事前验尸法必须采用关键行为事件访谈法来具体实施和获得决策经验。事前验尸法给本研究的启示是：通常在计划或行动失败后进行的检讨，由于已经到了收场的时候，其对于后期计划/行动的帮助甚微。而如果在计划开展前就事先设想可能的失败，并追究其原因，则能有效地提升计划实施的成功率。在直觉决策方面，还要注意吸收丹尼尔·卡尼曼（Daniel Kahneman）避免思维偏差的思想，不能唯一信任自己的判断，要多一点质疑，多一点理性决策，少用一些直觉判断，别让理性偷懒，让其多参与思考。据此，决策者要时刻清醒地知道自己处在什么认知位置，让理性和感性都参与判断。

2. 关键行为事件访谈

传统的人员测量和选拔侧重于对人的能力或智力状况进行考查，但往往会忽视一些关键的非智力因素，导致难以从整体上把人的深层次心理特征揭示出来。针对这一问题，1973年，戴维·麦克利兰（David McClelland）教授发表了文章"Testing for competence rather than for 'intelligence'"，提出用胜任特征取代传统智力测量的思想（McClelland，1973）。麦克利兰教授所提出的关键行为事件访谈方法之所以是一种创造，主要原因在于研究者通过在自然的谈话情境中获取更为全面的资料，并通过对这些谈话资料的分析，找出绩效优异者的最显著特征。本研究首先立足于城市危机决策者胜任特征模型构建，采用新型的访谈法，以突发公共卫生事件下公众风险认知、行为规律及管理对策为研究出发点，来获得城市管理者危机决策的访谈材料；其次，采用关键行为事件访谈法和团体焦点访谈法，分别对城市危机决策者的不同岗位进行深度访谈，厘清危机决策的现状及未来发展趋势，并面向未来需求使得本研究更能体现事前决策的优越性，从而形成系统化、多视角的调研数据，进而获得不同岗位城市危机决策者的核心胜任特征模型，以便用于未来的领导干部应急管理培训。

二、访谈的准备与实施

1. 访谈前的准备工作

访谈之前，需要将访谈者的提问内容及形式予以严格规定，提纲中的访谈问题设计应注意两个方面：第一，访谈问题应辅助被访谈者展开思路，将其自身经验投射出来；第二，访谈问题主要是让被访谈者能够根据 STAR 模式[situation（情境），task（任务），action（行为），result（结果）]来讲述其自己的故事，要符合通用胜任特征词典的编码要求。通常所引用的 Spencer 于 1973 年制定的通用胜任特征词典没有以独立著作的形式出版，而是与 McBer & Company 的研究和咨询项目相关，作为公司内部开发用于评估企业胜任力的工具（Spencer L M & Spencer S M，1993）。尽管具体的通用胜任特征词典的胜任特征编码手册没有正式作为出版物发布，但其内容和思想在 McClelland 及他的合作者的著作中得到了充分的体现。课题组在之前研究的基础上对其进行了修订，根据编码等级来确定访谈材料中的内容属于哪一个级别（等级）以及发生了多少次（频次）。目前采用新的参照指标的编码手册，其内容丰富了 Spencer 的编码系统。选择被访谈者方法必须能区分绩效优秀和绩效一般的被试，可以选择在绩效指标上相对出色者。还有一种方法是采用"上级提名"。对参与访谈的主试、被访谈者实行双盲设计，即主试并不知道被访谈者是来自优秀组还是一般组，被访谈者也不知道自己属于哪个组别，这样就能保证获取的访谈内容具有可比性。研究对胜任特征资料的主试要求很高，一般为具有访谈和胜任特征编码经验的专业工作者。此外，根据事前验尸法的建议，课题组还要求访谈者在访谈提问时能针对未来发展需求，使获得的访谈结果对未来危机决策具有预测指导作用。

2. 行为事件访谈的实施

行为事件访谈法是一种开放式的行为回顾式探察技术，是揭示胜任特征的主要方法。访谈前要事先了解被访谈者的姓名、职务、工作内容和单位性质。访谈中需要被访谈者列出在工作中遇到的关键情境，然后选择一个情境，尽可能详尽地描述在这一情境中发生了什么。具体包括：这个情境是怎样引起的？牵涉到哪些人？被访谈者当时是怎么想的？感觉如何？在当时的情境中想怎么做？实际上又做了些什么？结果如何？如果未来要做得更好，能否根据需要再提一些新要求？访谈提纲将引导被访谈者提供关键事件的小故事。一般故事内容必须集中于被访谈者身临其境的行为、想法和做法。访谈者事先不知道被访谈者属于优秀组还是普通组。

在进行行为事件访谈之前，还需要选定一个安静的访谈环境，准备好录音设备，这样可以准确地记录访谈内容、步骤和注意事项，总之，要严格遵照行为事件访谈纲要进行访谈。还需注意：在进行行为事件访谈时，访谈者不要以研究者的口吻与被访谈者谈话，而是以平等交往者的口吻同对方交流，鼓励被访谈者积极参与，同时强调保密性原则；访谈不是为了进行个人评估，只是为了了解情况，要确保被访谈者提供的信息中没有自己和相关人的名字，这样才能与被访谈者建立相互信任的关系；要在征得被访谈者同意后使用录音设备。

3. 行为事件访谈的内容

被访谈者详细地谈论工作中最成功的三件事、最失败的一件事和未来应该注意的一件事，特别是可能犯错误的事情以及怎样避免。从中选择一种内容即可，一般从成功的事件开始谈起，以引起被访谈者的谈话热情，并确保被访谈者讲述的是真正发生过的事件，而不是抽象的理论或假想的事件。

4. 访谈过程的注意事项

在访谈过程中，访谈者要想得到充分的编码资料，必须要注意以下事项：①避免提出抽象的访谈问题，因为这会导致被访谈者在回答这类问题时更倾向于使用抽象的假设理论，这样就偏离了访谈的目的。②不要提出诱导性的问题，或对被访谈者的谈话进行总结归纳，这样会使被访谈者迎合访谈者的意向。③不要试图解释被访谈者所说的话。这种解释会对被访谈者造成误导，使故事失真，最好的反应就是点头、微笑或者提问"你是如何认为的"。④不要限制被访谈者谈话的主题。这样会给被访谈者提供一种暗示，认为调查者提出的问题是其所关心的问题，这样被访谈者就不会再谈论自己选择的事件了。⑤尽可能获得更多的关键事件。被访谈者描述完第一个关键事件后，访谈者需要鼓励其继续说下去。⑥认真做好总结工作。首先要感谢被访谈者的配合，其次，访谈结束之后，要认真总结访谈过程中发现的问题，并提出改进措施。

三、多模态信息处理技术

采用行为事件访谈构建胜任特征模型的过程，本质上是通过对单模态信息的处理提取出结构化的意义、概念和内涵等信息的过程。一般行为事件访谈法仅对言语文字信息进行处理，而对访谈中出现的诸如身体语言、图像、声音等多模态信息未能有效加以利用。因此，从多模态信息处理的视角出发，采用计算机辅助方式进行访谈，将有效提升后续编码工作的准确性，充分揭示信息的全面性、精准性特点，构建更为可靠的模型。

1. 多模态信息处理的理论依据

语篇分析学家认为，语言只是意义生成的手段之一，谈话时的手势、身体语言、面部表情等都是生成意义的符号模态（semiotic modes）。符号学家对多模态信息的日益关注使其意义得到充分挖掘，采用计算机辅助方式对这些符号进行实时记录，可以使所获信息更加全面。因此，多模态信息处理的出现，为智能计算时代的语篇分析提供了全新路径，丰富了语篇分析的手段。

2. 多模态信息处理的优势

多模态信息处理是将所有交际模态看作意义生成资源的一种信息处理。在这一视角下，所有的模态都可以变成符号资源。在多模态信息处理中，每一个模态（如言语、形象、声音、动作）都成为具有独立意义的生成资源，因而能够为每一种模态规定语法，进而提取该模态所具有的意义生成资源。通过多种模态信息的汇总与整理，研究者可以获得远大于单个模态所表达的意义。传统的语言信息处理着眼于单词、短语、句子、语篇等视角下的语言使用。而数码相机、手机、便携式心率监测设备等信息收集设备的普及，以及数字多媒体数据储存提取技术的发展，使得言语、视觉、听觉以及生物识别特征等信息的收集成为可能，促使信息的呈现方式更加多元化。

3. 多模态信息的处理、融合与提取

多模态信息的融合主要有数据级融合、特征级融合和决策级融合等三个层次。在图像和文本融合中，特征级融合是最为常见的方式。线性融合可直接将文本和图像的特征向量拼接或加权求和。而基于注意力机制的融合则通过注意力机制建立图像与文本之间的跨模态关联，赋予原始文本和图像相对应区域特征不同的权重，从而得到一个带有注意力的文本-图像融合向量，其可以更好地体现文本和图像的重要特征。多模态信息提取可以结合分析的具体信息，以统计的方式提取文本、图像、生物特征中的形式特征，并将其量化。

4. 可收集和挖掘的多模态信息

在行为事件访谈中，被访谈者进行表述时的语音语调、面孔表情、肢体动作、生理特征及其所蕴含的情绪情感、动机水平等多模态信息往往被忽略，这些多模态信息的提取和解读对提高胜任特征建模的准确性、可靠性有着至关重要的意义。被访谈者进行陈述时往往伴随着外显动作行为、表情、声音、图像和生理指标的变

化,这为信息挖掘提供了言语文字之外的丰富原始材料。综合考量信息的外显性、可靠性和可用性,以下几种类型信息可被纳入信息收集和挖掘范围。

1)面部表情。通过分析人脸表情所传达的信息,有助于高效、可靠地挖掘文字表达背后的情绪情感信息。通过捕捉人脸特征点变化的方式对面部表情加以识别,即可定义表情背后的惊奇、恐惧、厌恶、愤怒、高兴、悲伤等基本情感状态,从而挖掘被访谈者言语内外的深层意义。

2)肢体动作。与人脸五官的变化相比,肢体动作更为多样化,能表达更为丰富和复杂的情感。通过对肢体动作特征的提取,将动作表情进行捕捉、分析和分类,可形成以肢体动作为元数据的情感信息。肢体动作的捕捉可以通过图像(视频)的方式加以记录,也可以通过可穿戴传感器加以记录。

3)生理指标。心率和血压等生理指标反映了个体的压力水平、情绪强度以及心电信号,这种信息测量的时间分辨率相较于其他信息来说更高。可以通过穿戴式心率带、血压计等设施设备,实现对心理水平的衡量。将这类量化数据与面部表情、肢体动作等定性数据进行对照,可以为胜任特征建模提供更全面的参考。

4)语音信号。语音、语速、基音、强度等韵律特征和发音清晰度等存在着明显不同的模式组合。语音情感的识别应当从韵律特征和音质特征的提取入手,按照记录—特征抽取—分类的流程,最终确定语音信号背后的情感信息。如果将数据模态拓展至交互轨迹等多个方面,就能实现对访谈中多模态信息的处理。

四、基于自然语言处理的自动化编码

1. 胜任特征编码概述

通过分析访谈对象汇报的言语文本,确定通过胜任特征编码框架获得关键胜任特征指标,然后进行言语文本的编码。在这个过程中,需对用效标区分的两个组——优秀组和普通组的访谈原稿进行对照,之后分别进行编码。编码之后,再将编码所得到的数据进行汇总、登录和统计,对优秀组和普通组在每一项胜任特征上出现的频次与等级的差别进行比较分析和检验。最后,将差异检验显著的胜任特征确定出来,并建立胜任特征模型。胜任特征建模工作中的劳动密集型工作有望由计算机代替,开发自动化胜任特征建模工具已成为可能。基于行为事件访谈的胜任特征建模流程如图 5-24 所示。

关键事件访谈 ＋ 音频转录 ＋ 文稿编码（编码手册）＋ 数据统计 ＋ 团体焦点访谈 ＝ 最终模型

图 5-24 基于行为事件访谈的胜任特征建模流程

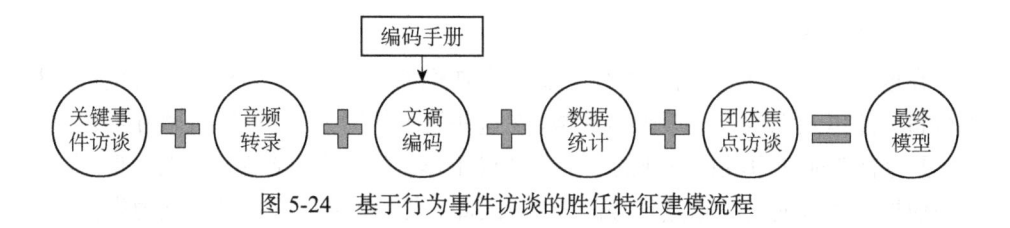

2. 自动化编码实现路径

本研究通过人工智能赋能下的自动化技术，建立一批代表性高端人才岗位的胜任特征模型，为评估、匹配、培养提供可操作标准，按照《胜任特征编码手册》的标准，采用基于机器学习的自然语言处理技术等 AI 分析技术，依照"感知（语音转录）—决策（自然语言处理）—行为（自动化编码）—反馈（模型构建）"的顺序构建 AI 工作闭环，采用深度学习技术为该流程提质提速，结合海量数据进行语言模型训练、文本相似度模型训练和通用实体识别训练，完成自动化编码实现路径。

3. 自动化建模的解决路径

在胜任特征自动化建模过程中，专业性要求最高的是访谈（获取原始文稿）和编码（抽取关键信息）这两项流程。访谈文稿非结构化的特点决定了信息需要经过提取、索引、概括和理论化等流程方可被采用，即要遵循一定的规律对信息进行编码。编码是一种科学化、可重复的质性研究方法，旨在将非结构性数据进行梳理，提取出研究所需的信息。胜任特征的自动化建模作为一项人工智能系统，在研发过程中需着重考虑技术依托、技术路径选择、信效度保证三个关键性问题。

（1）技术依托

计算机软件在胜任特征建模中始终扮演着辅助工具的"配角"，即便是人工智能技术也无法使其真正堪用。理解人类语言以实现非结构化数据的提取，可以视为胜任特征自动化建模中的关键性人工智能技术。人工智能、自然语言处理是庞杂的概念，胜任特征的自动化建模主要涉及以下 AI 技术：语音识别，即将原始的语音信号转换成文本信息；自然语言处理，即将识别出来的文本信息转换为机器可以理解的语义，负责非结构性材料的结构化；情感分析，实现对原始文稿数据的情绪、情感、态度、观点的分析挖掘；声纹识别，根据语音中所包含的说话人的个性信息，自动鉴别说话人身份的一种生物特征识别技术；命名实体识别，识别文本中指定类别的人名、地名、机构名、专有名词等实体。对于自然语言处理这一概念，其包括词法与句法分析、语义分析、语篇分析、文本分类与聚类、信息抽取等多层次的具体技术。

(2) 技术路径选择

在这些 AI 技术的背后，还有更多基础神经网络、机器学习模型、大量数据积累材料标注以及无数人工规则与策略。在这些技术的助力下，计算机软件可越过鸿沟，更为有效地助力胜任特征的自动化建模工作。对于使用者而言，人工智能就是一项模拟人类智能完成指定任务的技术。因此，人工智能处理任务的能力高低也有赖于大量的知识以及对这些知识的学习。目前，针对自然语言处理的技术方法主要包括以下几种：以规则为主的自然语言处理方法，该方法通过利用预先编制词典中的词条，结合否定、转折、递进等语法规则，对文本进行判别；基于深度学习的情感分析方法，神经网络模型的复兴使得深度学习在语音、图像、文本处理方面获得了广泛的应用。不同的技术路径有其自身特点，需要根据科研技术储备、应用场景、科研任务要求等具体情况进行取舍和审慎选择。

(3) 信效度保证

无论是面向通用任务的 AI 技术，还是基于 AI 的胜任特征自动化建模，AI 处理任务的信效度都是自动化建模究竟能否得到实际应用的关键。换言之，必须考虑 AI 能够在多大程度上模拟人类对编码、建模的精确处理。由于算法、词典、训练材料和规则的特殊性，同一 AI 系统在不同应用场景中所表现出的处理能力有所不同。在胜任特征自动化建模系统的开发中，要注意自动化建模系统开发时所选取的岗位是否具有代表性，以便提前突破场景迁移的技术壁垒。

五、城市危机决策者访谈的基本安排

1. 访谈调查的参与者

本研究根据城市危机决策者应对突发公共卫生事件和组织发展的调查需求，在浙江省一些城市和大型企业开展了管理决策、医院救治、社区协调和企业经营等方面的关键行为事件访谈和事后的团体焦点访谈。抽样对象分别是各级城市各部门负责人、高校领导、社区危机干预者、企业家以及医护人员。本次调查共完成访谈 48 人，参与深度关键行为事件访谈和团体焦点访谈的危机决策者为政府机关干部、公安系统和城市交通管理系统工作人员 24 人，而高校、社区、各类企业、科技单位人员有 24 人。共收集视频资料 732GB，录音录像时长达 4500 分钟，转录文字稿在 60 万字以上。课题组研究生进行了访谈资料的整理工作。

2. 访谈内容的设置

本次访谈旨在探讨城市、企业、学校、社区、医院如何面对突发公共卫生事件，或者如何解决改革中的发展问题，只要能体现城市变革或面临重大事件，包括组织发展变化的事件、涉及民众生命安全的突发事件，以及组织未来发展的重大决策均可，以考察领导者如何进行危机决策，使得所在地区、组织转危为安。研究者采取经验分析法来收集资料，具体问题如下：①在管理危机决策中，你曾经在哪些方面发挥过重要作用？请举例说明。②在管理危机决策中，你经历了什么困难，留下了哪些遗憾？请举例说明。③在面对非常规突发事件的过程中，你所在组织、企业有哪些举措获得了成功？请举例说明。④在助推企业创业创新发展中，你在哪些方面靠自身努力取得了成功？⑤作为组织机构的主要领导者，你主要抓了哪些工作，从而取得了突破性进展？⑥你对于普通民众应对传染病灾难，做了哪些富有成效的关爱工作？⑦在突发公共卫生事件中，民心安定是极为重要的，你在心理干预方面有哪些成功的举措？

3. 访谈环境的安排

访谈在安静的封闭房间进行，所有流程严格依照关键行为事件访谈的要求进行。在获得被访谈者知情同意的基础上，对谈话内容进行了录音、录像，具体关键行为事件访谈情境如图 5-25 所示。

图 5-25　关键行为事件的访谈情境

4. 胜任特征编码

对于访谈中所获得的言语、行为表现等文字信息记录和视频记录进行整理，形成纸质版编码材料，以建立胜任特征模型，供后期的团体焦点访谈参考。访谈录音采用科大讯飞提供的 API（application program interface，应用程序编程接口）予以转录，校对后整理为文本材料，共约 60 万字以上。之后，采用时勘等编制的《胜任特征编码手册》，该手册是在 Spencer（1971）的通用胜任特征词典的基础上修订而成的。整个手册的要素由六级行为等级构成，采用背靠背编码方法，由两名接受过培训的心理学研究生针对同一被访者的原始材料，依照该手册分别独立进行编码，最终由专家组对获得的编码资料进行更为全面的内容分析，以确定编码结果。

5. 数据处理和胜任特征建模

对独立编码者的编码数据进行汇总，对绩效优异组和绩效平庸组在每一胜任特征上表现出的频次和等级进行比较分析，而后采用 SPSS 26.0 进行差异性检验，构建胜任特征模型。后期将胜任特征模型草案分发给参与团体焦点访谈的专家。将访谈专家对模型的意见建议汇总，通过专家讨论进而补充修订，最终形成共同性胜任特征模型和差异性胜任特征模型。在未来的研究中，将坚持开发胜任特征自动化建模系统，为大批量、高效率的胜任特征模型构建提供具有海量数据库的胜任特征模型智库，以助力城市危机决策者胜任特征模型构建的持续研究。

六、危机决策者胜任特征模型的访谈结果

1. 共同性胜任特征模型

本次访谈涉及政府机关、城市社区、高等院校、国内著名企事业单位，通过对访谈资料的整理，获得了长江三角洲城市危机决策者的共同性胜任特征模型。这些共同性胜任特征包括宏观决策、危机应对、团队组建、心理干预、危机处置、责任担当等特征。

（1）宏观决策

所谓宏观决策，是指从整体战略角度来看待自然、社会和所面对的具体问题。在决策中，要保持与系统各方面的紧密联系而后果断决策。下面案例展示的是针对突发公共卫生事件进行关键行为事件访谈的结果。

病毒是近来人类遭遇的影响范围较广的全球性传染病，在历次传染病流行期间，面对突如其来的公共卫生事件，很多人失去了生命，为此，我们深感痛惜。大家知道，由于事发突然，我们所在的城市在努力遏制传染病的扩散与蔓延中往往精神准备都不充分，初期阶段往往由于处理不当，会给人民群众带来不可弥补的损失。在应对传染病时，一些地区由于应急准备仓促，甚至医护人员会在应急中牺牲自己的生命来换取民众的生命安全，但是，回顾走过的艰难历程，得来的胜利确实不容易。此次预防也暴露出公共卫生应急管理体系存在的不足，今后将切实提高危机的应对能力。2024 年 1 月，在瑞士达沃斯召开的世界经济论坛上，世界卫生组织与多国代表研讨如何应对未来可能出现的"X 疾病"，这种研讨就是面向我们的

未来，以提前做好防范工作，这是非常必要的。(某市政府工作人员)

(2) 危机应对

危机应对是城市危机决策者特别需要具备的核心胜任特征之一。要具备危机应对能力，关键在于在分析问题之前，要注意积累预测经验。实现预知事故发生之前对导致的后果的分析，就像医生对于患者的诊断，通过采取事前验尸法，从而提前避免事故的发生。

我是国内某航空公司飞行大队的飞行员，记忆中最深刻的一次事故应对经验是，机长与我执飞的飞机从机场往北飞行，不到两分钟，飞机遭到了鸟击，致使两个发动机均失效，马上面临坠毁的危险，而留给我们的反应时间只有200秒。机长和我目光对视后，果断决定迫降在邻近的河面。为了让机上人员存活概率提高，我们以几乎失速的速度撞击河面，撞击后飞机的货舱门被打开，向0℃的河水冲入。机长在飞机停下不到几秒钟，命令我打开驾驶舱门，并给出乘客撤离的命令。接着，所有乘客快速撤离飞机，机长和我在客舱内来回巡视多次，以确保乘客全部疏散。我们撤离飞机后统计，155人中仅有5人伤势较重。此案例让我终生不忘。最大的启示就是，应该事前进行各种事故检测，积累经验，也就是说，在事故没有发生之前积累应对各种可能出现的事故的经验，从而杜绝不测事件的发生。(某航空公司某飞行员)

(3) 团队组建

在突发公共卫生事件发生期间，面对严峻的风险形势，在医护人员紧缺的情况下，可以开展就地快速组建团队的现场工作。过去有研究曾经归纳总结出全球不同行业120多个高管团队快速组建团队的经验，发现组建表现优异团队特别重要 (Spencer L M & Spencer S M，1993)。那么，如何把各地支援的医务人员快速组建起来呢？课题组提出了目标感召、环境支持等来完成这一组建任务。

我们选择了最急需的医护人员团队组建作为紧迫问题。首先选择了"五步十分钟"法来快速组建团队。例如，在某个城市医疗服务中心快速组建团队时，我们选择医护人员进行动态组建工作。共组建了三支小分队，每个团队由六名成员组成，这些成员事先相互之间并不熟悉。通过十分钟明确行动整体目标，让团队成员相互熟悉，明晰各自的职责及界限，并采用特殊情况下可能发生的情境展开预演，并针对遗留问题与关注事项进行总结。通过电话核实配药信息，打包分类药物，专人对接协助，这些举措保障了年老患者的日常用药，实现了医疗团队的全方位服务。因此，新组建团队受到了客户和社区领导的表扬。(上海某医疗服务中心)

(4) 心理干预

心理干预是指在心理学理论的指导下，有计划、按步骤地对一定对象施加影响，使之发生朝向预期目标变化的过程。下面展示的是一个成功的心理干预事件。

有一天，我在心理援助热线值机，接到一名年轻女子来电。自述身上没有太多财物，现停留在网吧里面，准备效仿日本女孩子去网上约会一些男性，进行援助交际行为。通过询问了解到，该女子因为家庭不和，已经辍学流浪在社会多日。身上带着的钱全部花光了，没有地方吃饭和过夜，于是想去进行援助交际。我通过该女子的描述，判断她进行援助交际的实际伤害和后续危险程度，决定在线上对其进行干预。我首先明确她此刻环境是否安全，是否通过网络开始约会男性。听到她的背景声音有车辆经过和商场广告声音，确认她在前往网吧途中，并没有和任何男性在一起，便劝说她和自己的朋友、老师取得联系并寻求他们的帮助。但是该女子一再拒绝我的建议。接下来我关心她这几日是怎么度过的，她是如何吃饭、在哪里过夜的，得知该女子一直在网吧，现在身上已经没有钱了，于是我问她，"你今天吃饭了没有？"得到的回答是"没有"。为了明确该女子的确切位置，验证来电是否为恶作剧，我便让该女子提供所在位置，这样，我可以给她点外卖送过去。经过一再劝说，该女子告知了我其所在位置。我便用另外一部手机对她提供的位置进行核实，确认位置后，我又查询到其所在地派出所电话。我告知该女子可以先挂断电话以等待外卖。随后我将事件来龙去脉告知警方，帮助寻找该女子。半小时后当地警方回电告知，已经找到该女子，并妥善安置。（某心理咨询专家）

（5）危机处置

危机处置是日益应引起管理者重视的管理思想和生存策略，如果处置不当，企业或组织遇到的小小的意外或者事故的影响范围很有可能就会扩大，甚至产生较严重的后果。

有一次，四川籍孕妇王某在某村农家福超市门口违章占道经营摆摊。该村治保会人员在处理过程中与王某发生冲突，致使孕妇王某倒地，引来大量外来人员聚集、围观讨说法。镇领导闻信后，开着救护车到场，立即对王某及其丈夫唐某进行劝说，唐某同意调解，并决定将王某送镇医院检查。当王某被送上救护车时，治保人员因说了一句歧视外地人的话语，引发众怒，围观群众阻挠孕妇上车。至22时35分许，现场逐渐聚集约上百人，部分不法分子向现场做工作的镇政府工作人员以及处警人员投掷矿泉水瓶及砖块，并从超市门口逐步向当地派出所聚集，导致多台警车和私家车辆被损坏。此后，围观群众一度达到了1000多人。事态扩大后，市政府主要领导及时到达现场，立刻安抚群众，并安排救护车将王某送医院检查。救治后王某基本恢复正常，并通过当地电视台向公众报平安，劝导围观群众不要轻信谣言，要求大家返回住所。此时，公安部门增派武警维护秩序，将蓄意滋事破坏分子带离现场接受调查,并临时对事发地段进行交通管制。当地政府事后启动问责机制,对引发事件的治保会人员进行严肃处理,追究打人者的法律责任,并将治保会主任撤职查办,此事件经三日得以平息。(某地区管理部门)

(6)责任担当

责任担当是指强化责任意识,知责于心、担责于身、履责于行,这是对城市危机决策者的个人要求。使命任务越艰巨,风险挑战越严峻,领导干部越要具有强烈的责任担当,通过不断增强使命感和自觉性,在具体的行为表现上率先垂范,起到模范带头作用。

一位退役军人在某小区送菜、送药、送服务上门。那天突发一起火灾,情况紧急,很多人穿着睡衣就往楼外跑,小区里一片惊呼声。正当小区居民慌张无措时,这位退役军人挺身而出,部署指挥,他让社区工作人员马某报火警,让另外两名民警以最快速度把行动不便的孤寡老人和残疾人从火场抬出来。而他自己两手各提2个灭火器,在往外跑的人群中逆行而上,冲进失火的房子,因为里面还有人没有救出。在浓浓的烟雾中,退役军人数次进入火场,抢救出无力逃出的残疾老人。消防队来后,大火终于被扑灭。灰头土脸的他从楼门走出,所有在场的群众响起一片掌声,当被问及他怎么会有如此大的勇气逆行而上时,他淡淡说了一句:"我过去是军人,保家卫国,没多想什么!"这种行动立即安定了小区居民的情绪,增强了群众对政府危机管理的高度信任。与此同时,小区在应对安全风险,群众在突发事件的应急准备和响应工作方面也得到了明显改善。(某社区管理部门)

2. 差异性胜任特征模型

在胜任特征的建模过程中,研究发现,每一类管理岗位确实存在着独有的差异性胜任特征。在这些政府机关、企事业单位、高等院校和社区部门的访谈中发现,可以将这些岗位分为领导干部、科技人员和管理工程三大方向,共六项差异性胜任特征:战略决策、系统思维(领导干部);敢为人先、科技创新(科技人员);数据驱动、安全心智(管理工程)。

(1)战略决策

战略决策是战略管理中极为重要的环节,起着承前启后的枢纽作用。特别是在企事业单位发展过程中,领导人必须从战略发展的高度,依据管理决策分析所提供的信息,包括行业机会、竞争格局、企业能力等,根据组织自身的特点进行决策。下面所展示的是与大自然和地质资源开采有关的特殊案例。

川中油气矿位于四川盆地中部复兴地带,区域跨34个县级行政区,是某地区唯一"油气并举"的集油气生产、销售化工于一体的生产基地。从1956年春建矿开始,川中石油人就在特低孔渗,非均制、非常规、复杂的地区油气层进行艰苦卓绝的奋斗和坚持不懈的探索。在艰难岁月中，川中油气矿经历了三四度会战，其中有南充会师、龙女擂鼓、华蓥试剑和广安决战等战役。这几代石油人用双手、用肩头来书写芳华。历经近半个世纪的艰难探索，但尚未取得突破。近三年来，川中油气矿实行了"科技兴矿、油气并举、效益开发、持续发展"的新方针，大大地提高了油气田产能建设速度和油气田开发实力，不到三年时间相继探明两个千亿立方米大气田，实现了储量到产量的快速转化，使油气当量从200万吨级迅速飙升至1000万吨级，建成了千万吨级油气田，实现了几代川中石油人的夙愿。如今，川中油气矿的天然气储量增长近833.39亿立方米，成为西南油气田最具发展潜力的综合性矿区，2023年年产天然气达到了127亿方，石油液体达11万吨，圆满地实现了再上千万吨目标。预计到2025年，西南油气田将达到500亿方产量，可望超过大庆、渤海油田，成为全国第二大油气田。目前，川中油气矿已经通过四川省安全文化建设示范企业复审验收，连续安全生产3400余天。"雄关漫道真如铁，而今迈步从头越。"通过领导者正确的战略决策，川中油气矿将实现勘探大发现，为建设千万吨级油气矿，谱写中国式现代化建设的石油新篇章！（川中油气矿）

（2）系统思维

系统思维是指把组织作为一个复杂系统来思考。在应对各种环境变化时，领导者应从战略方向出发，同时考虑到系统各个层次的关键领域，协调各方资源，克服困难，实现全面发展，这些是领导者需要考虑的问题。

高等院校的科技实力提升靠什么？只要在战略上做好这三方面的协调就行：治水、治学、治校。这三方面是高等院校生命中的主线，协调好就能够当好组织的领导。对于治水，我们承担了国家科技重大专项"生态友好型分散式污水处理技术研究与示范"项目，有效提高了污水处理率，实现了污水资源化利用；对于治学，深入钻研、严谨学问，先后承担多项国家重大、重点及基金项目，获得浙江省自然科学奖和教育部自然科学奖等多项奖励；对于治校，坚持大学一直奉行的"顶天立地"办学经验，发扬"求学问是、敢为人先"的人文精神，努力使学校更好地服务于所在城市。作为本地区唯一的地方综合性大学，学校肩负着推动区域企业科技进步的时代责任。学校理应担负起历史的责任，为这个区域的人民作出贡献，包括人才培养、科研支撑、文化传承和社会服务等。此外，还要坚持"顶天立地"。顶天，就是要研究全国性问题，为国家战略作出贡献，还要为地方做好服务，如智能制造、生命健康产业等提供支持。立地，就是要为企业成果转化作出贡献，学校更加注重搭建好平台，不遗余力地引进人才。用治水之法，悟治学之道，行治校方略。全面提升学科专业水平和服务区域发展的能力，服务浙江、辐射全国、面向世界，开启建设具有鲜明地域特色、教学研究型大学新征程。（温州大学）

（3）敢为人先

敢为人先，是科技人员追求创新的精神，指比别人早预知到事情，果断地作出相应的决策，敢于做别人不敢做的事情。"心忧天下，敢为人先"（阳信生，2020），意思是心里装着天下苍生，敢于让自己走在人们的前面，不管即将面对的是什么，都会勇于迎接挑战。

我们民营企业有一个产品，其发明创造的路途是非常艰难的。当时国内没有这种设备。西方国家卡我们的脖子，就是想更多地赚我们的钱。我从外商处花大价钱购买了一台这样的设备之后，经过不断地探索、改进，终于做出来了类似产品。但是，只靠这一台设备还不能满足生产需求。我们用了十多万元把它研制出来了。后来国内就有了类似的两台设备：一台在宁波；另一台在上海。我们派员工去国外学技术，回来后就能处理这种设备的维修和保养工作了。这个产品的技术含量高，是比较高端的产品，维修要求也比较高。我的爱人是上海师傅带出来的徒弟，加上公司请了一些高技术人才，从复制零件到组装，一步步把这台设备研制出来了。后来我们做出来的很多东西跟前面的一代差不多。别家公司也有人做出来类似的产品，但规格达不到要求，一个继电器，一个零件处理放上去，可能要试验无数次才能正常使用。但我们的设备比较节省，继电器中间部分一般是用银来代替，我们的替代品效果差不多，节省了很多成本……已经在这方面超过国外同行。这种创业精神还在发展之中。我们主张向国外同行学习，同时从模仿国外技术中逐渐走出来。（温州乐清某企业）

（4）科技创新

科技立则民族立，科技强则国家强。加强基础研究是科技自立自强的必然要求，在公共卫生事件背景下，展开基础研究，勇于探索，拓展认识自然的边界，更要应用牵引、突破瓶颈，从经济社会发展和国家安全面临的实际问题中凝练科学问题，弄懂"卡脖子"技术的基础理论和技术原理，形成持续稳定的投入机制，实现科技创新突破。

2021年11月3日，2020年度国家科学技术奖励大会在北京举行。由温州大学戴瑜兴教授领衔完成的"海岛/岸基高过载大功率电源系统关键技术与装备及应用"获得国家科技进步奖二等奖。该团队针对我国海岛/港口建设对特种电源装备的重大需求，历经近十年刻苦攻关，突破了海岛/岸基大功率电源系统面临的能量快速变换、系统稳定控制、恶劣环境不间断可靠供电的三大技术难题，首创能量快速变换电源系统结构及其虚拟柴油机同步控制技术，并联均衡阻抗环流抑制技术，发明特种电源掉电故障快速识别与切换方法，提出了器件降损调制及多重散热与防护技术。项目成功应用于海岛、港口、船厂等国家重点建设工程和西气东输国家重大工程，并推广于西昌卫星发射基地、北京大兴机场等重要场所。此次荣获国家科技奖励，是牢记习近平总书记殷殷嘱托，加快推进高水平教学研究型大学建设取得的重要成果，是面向国家重大需求、勇攀科技高峰的生动实践。（温州大学某科研中心）

（5）数据驱动

数据驱动指面对危机决策时，数据驱动意识促使决策者通过深入分析各种数据，更准确地识别潜在的风险因素。在防范城市洪水风险时，数据驱动决策能够通过历史降雨数据、河流水位等信息，科学评估风险程度。对病毒传播，可以通过大数据分析病例传播趋势、人口流动情况等信息，及时采取科学合理的预防措施，最大限度地降低病毒传播风险。

面对城市危机决策，需要依赖准确的数据进行分析，数据驱动决策能够通过降雨数据、河流水位等信息，科学评估风险程度，有针对性地制定防洪策略。面对病毒传播，我们团队已建立起强大的数据分析系统，能迅速获取各地区数据，包括感染人数、医疗资源使用、物资库存情况，这些数据成为制定行动计划的基础。我们的物流团队获知信息后能行动起来，协调各方资源，确保物资迅速运抵目标地，及时展开救援服务，并在这一过程中保持实时数据更新，根据传染病动态情况进行调整。通过数据的支持，我们能更准确地判断物资的分配优先级，确保最需要的地方得到最迅速的支援，社区管理者可以及时为灾区提供救援服务。通过及时获取、分析和利用数据，我们能够更有针对性地采取行动，最大程度地保障人民的生命安全和身体健康。在应急管理中，我们也看到了一些需要改进的地方，包括数据共享和协同工作机制，将在今后工作中不断总结经验教训，进一步完善应急体系，更好地应对未来挑战。（某单位数据分析系统）

（6）安全心智

安全心智模式包含情感、认知和态度三要素，倡导在安全生产过程身、心、灵的和谐统一。安全心智模式培训法通过逐步深入的七个教学环节，实现受训者心智模式的改变和重塑。安全心智培训模式在我国城市风险管理中也发挥着重要作用。

浙江某企业在煤矿企业应用了安全心智模式七步法。第一步，目标定向。目的在于通过访谈沟通，促使学员明确所在岗位在生产系统中的作用，发现自身与受培训企业风险管理要求的差距，确定培训的学习目标以及培训方案。第二步，情境体验。通过让违章员工从负面角度亲身体验因安全事故致残人员的生活情境，触动其心理防线，使其认同安全文化建设的必要性。第三步，心理疏导。关键是促进学员心智模式的正面转化，促其改变不合理的认知观念，为掌握安全心智模式奠定基础。第四步，规程对标。着重掌握规程的基本原理和对标操作的基本方法，通过案例教学、情景模拟等方式，使员工掌握行业通用的安全知识和工作标准，为安全心智模式重塑奠定基础。第五步，心智重塑。通过对煤矿系统风险诊断图和所在岗位风险源辨识-应对卡的学习，使员工掌握各关键岗位的风险源、后果原因及应对措施，达到心智重塑的目的。第六步，现场践行。通过到地面指挥系统参观、原有岗位的现场体验，达到使员工将所学安全心智模式迁移到实践中的目的，使新的认知模式得以固化。第七步，综合评审。按照国家职业资格标准化的鉴定模式，分别从理论知识、专业技能与实践操作三个环节，全面考查员工在知识、技能和态度等方面的现有状态，以检验安全心智模式的形成效果，促进煤矿企业的安全文化建设。（浙江地区某企业）

七、城市危机决策管理者胜任特征模型的确认

课题组邀请长江三角洲各城市领导干部、专家和技术人员共 57 人参加了三轮团体焦点访谈，针对前面所获得的共同性胜任特征模型和差异性胜任特征模型的初步访谈结果，展开"头脑风暴"式的团体焦点访谈，对获得的危机管理决策模型进行确认。由于需要对获得的访谈结果进行系统化整理和归纳，分四个小组进行讨论，最后就长江三角洲城市危机决策者在突发公共卫生事件中必需具备的共同性胜任特征和差异性胜任特征达成了一致意见。通过团体焦点访谈（图5-26），我们形成了包括共同性胜任特征和差异性胜任特征的城市危机决策者的胜任特征模型。

图 5-26 团体焦点访谈的情境

访谈结果表明，长江三角洲危机决策者的共同性胜任特征模型包括宏观决策、危机应对、团队组建、心理干预、危机处置和责任担当等六项特征；而关键岗位的差异性胜任特征模型分为领导干部、科技人员和管理工程三大类，包括战略决策、系统思维，敢为人先、科技创新，以及数据驱动、安全心智等六项胜任特征。课题组将团体焦点访谈的结果进行公示后，得到了被访谈者的认同。图 5-27 就是通过团体焦点访谈所获得的城市危机决策者的胜任特征模型。

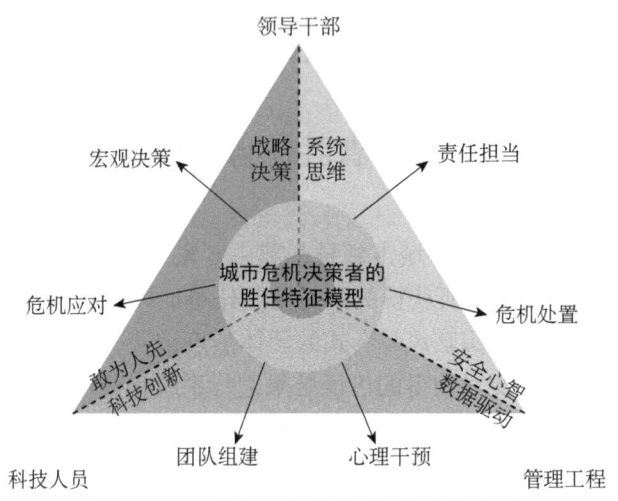

图 5-27 城市危机决策者的胜任特征模型

八、研究结论

在战略分析的基础上，我们通过关键行为事件访谈和团体焦点访谈，特别是采用多模态技术，构建了长江三角洲危机决策者的胜任特征模型。这些核心胜任特征模型包括共同性胜任特征模型和领导干部、科技人员、管理工程人员的差异性胜任模型。本研究结论如下。

第一，在建模方法上，本研究采用了较为完善的多模态数据和计算机辅助访谈的新方法，深入了解危机决策者在应急管理中的多方面行为表现，避免了过度依赖口头陈述带来的主观偏见。多模态数据收集包括书面资料、视频记录等多种信息，使得研究者能够从不同角度了解城市危机决策者的行为特征，并在计算机辅助访谈的支持下，使得调研结果更能深入地揭示长江三角洲城市危机决策者的专家经验，并能进行深入的比较分析。

第二，本研究更为重要的创新点在于突出了事前验尸法的指导思想，在访谈中特别强调了对于未曾出现的情境和事件的预测分析，这对于获得城市危机决策者的胜任特征是一个重大突破，使得通过本次经验分析法获得的长江三角洲危机决策专家经验不仅是对公共卫生事件应急管理经验的总结，而且对于未来的环境治理和生态文明建设也具有重要的指导价值。

第三，本研究获得的长江三角洲城市危机决策者的共同性胜任特征模型包括宏观决策、危机应对、团队组建、心理干预、危机处置和责任担当六项核心胜任特征，同时还分别获得了不同岗位的差异性胜任特征：领导干部的战略决策、系统思维；科技人员的敢为人先、科技创新；管理工程的数据驱动、安全心智。这样汇合而成的城市危机决策者的胜任特征模型对于后期指导城市风险管理者的决策工作具有重要意义，将会提高培训开发和绩效反馈的精准性、预见性，是危机管理胜任特征模型开发领域的重要创新。

第四，对于本研究获得的城市危机决策者的共同性胜任特征模型和差异性胜任特征模型，事后征求了浙江省组织部门、各城市领导、科研单位研究人员的意见，得到了他们的积极认可，大家普遍认为，这种事前验证和预设方法确实超越了过去"事后诸葛亮"式的思维方式，能更全面地揭示出内隐的专家经验，使得获取的胜任特征更具有预见性，确实为领导干部应急管理能力培训的内容设计提供了更加量化的依据，有助于在突发公共卫生事件情境下领导干部更好地应对危机决策。

第六节　领导干部应急管理能力的培养模式[①]

提升领导干部的应急管理能力是实现人才强国战略的重要途径之一。应急管理能力与通常的管理干部培训究竟存在怎样的区别？这是本节将要回答的重要问题。本研究在原有的核心胜任特征模型成长评估的基础上，设计出包含变革应对行为、奋斗励志激发、心理资本拓展和团队合作沟通等四项核心能力的胜任特征模

---

① 本节作者：时勘、宋旭东、陈旭群。

型，进行核心胜任特征问卷前后测，除采用差异性检验（t检验）之外，还引入了百分等级模型（SGP模型）进行评估。干预培训的评估结果表明，实验组在团体水平上的得分显著高于控制组，在个人水平上获得的"成长"效果显著优于控制组，证明了SGP模型在评估管理干部应急胜任特征模型成长上是卓有成效的。今后将继续验证和完善这种应急管理能力培训模式，以明显提高基于胜任特征的培养模式的有效性。

一、胜任特征理论的研究现状

1. 胜任特征的概念和理论

胜任特征是指能将某一工作（或组织、文化）中有卓越成就者与表现平平者区分开来的个人的潜在特征，它可以是动机、特质、自我形象、态度或价值观、某领域知识、认知或行为技能——任何可以被可靠测量或计数的、并能显著区分优秀与一般绩效的个体特征（Spencer L M & Spencer S M，1993）。胜任特征的概念可以追溯到古罗马时代，当时的研究者通过构建胜任剖面图来说明"一名好的罗马战士"的属性（孟斌，2020），后来这一概念被广泛运用于工业与组织心理学研究，用来探查各个岗位的核心胜任特征，以提高各行各业从业者的工作绩效。

2. 核心胜任特征培养的模型框架

课题组在国家社会科学基金重点项目"核心胜任特征的成长评估模型研究"的研究基础上，通过深入危机突发事件的胜任特征模型，揭示基于环境心理与危机决策的短板，分析我国管理干部在风险事件应对中的不足，以补齐危机决策的短板，并引入新的成长评估模型，以探索政府相关人员、社区管理者、企业决策人员和医院领导和关键岗位的医护人员的素养教育新途径，并将此项探索称为"领导干部的应急管理能力的培养模式"研究。我们认为，这一研究不仅对于促进我国危机管理体制改革具有重要价值，同时对于提升一线管理者应急管理能力也具有重要的应用价值。本研究基于领导干部核心胜任特征模型的现场实验研究，结合历时三年在政府、社区、企业和医院开展的管理干部成长评估演进实验，提出了"变革型领导核心素养框架与指标体系"，形成了涵盖认知技能、人格特征和社会交往三大方面、八大模块的核心胜任特征模型（表5-8），由此形成符合全球化、数字信息化及智能化发展要求的关键领导干部队伍。

表 5-8 变革型领导核心胜任特征培养的模型框架

维度	模块	内涵
认知技能	逻辑推理 事实判断 论证评价	在审辩式思维的研究基础上，提出领导干部在面对复杂事物时的认知思维能力。这决定了领导干部的核心素养不再是指专业知识的储备量，也不再是指专业知识，而是指认知思维品质
人格特征	德性宽容 人格健全	领导干部在应急管理中应该锤炼自身的人格，培养造就德才兼备品质，这是因为领导干部一旦人格缺失、思想动摇，对国家民族的负面影响会成倍扩大，因此应在培养过程注重才能与人格同步推进
社会交往	责任担当 文化自信 抗逆成长	领导干部的社会交往品质强调以家国情怀、文化自信和抗逆成长为核心的素养要求，突出情怀培养，将人文、文化教育融入发展全过程，努力实现自我价值与社会价值的统一

二、核心胜任特征培养的课程设计

针对领导干部的变革管理课程设计不同于一般的教育课程。由于危机管理决策侧重于对审辩式思维能力的培养，对领导干部人格和社会交往的要求也进入一个新的阶段。开展领导干部核心胜任特征培养探究，需要根据危机管理中核心胜任特征模型的框架要求来设计具体的课程内容，侧重于在培训课程中穿插一定的定量评价，特别是对于突发公共卫生事件中经常出现的短板和发展情况，提供客观可测量的指标。核心胜任特征培养的课程内容设计只能给出一种设想的样板模式，以浙江地区为例，培训旨在重点解决突发公共卫生事件期间管理干部危机决策的难点问题，供未来研究者和实践者在设计党校、专题培训班的核心胜任特征培养课程时参考。下面具体介绍已经形成的危机管理课程的主要内容。

1. 变革应对行为

变革应对行为课程强调对领导干部认知技能的培养。不同于传统的领导干部教育，本研究基于提出的核心胜任特征模型的认知技能维度，从培养审辩式思维技能出发，强调通过危机突发事件来引导领导干部主动产生变革意识，并且使其能够在这些状态下表现出审辩式思维能力，展现出如何在新形势下形成创新思维。课程设计方面涉及"逻辑推理""事实判断""论证评价"等应变技能要素的培训。此外，本类型课程将邀请在突发公共卫生事件中有经验的领导干部从发散思维、灵感思维、辩证思维和想象思维的角度来展开讲述。比如，发散思维要求公务员从不同角度来探究解决问题的途径，灵感思维要求激励管理干部表达其忽然闪现的独到想法等，引导他们在解决问题时突破传统思维框架,直至问题解决。在认知技能的培养上,这一类型的课程要落实到实际的管理决策中。概言之,通过设立变革思维的培养内容,引导领导干部完成从创意产生、创意识别到创新实施的全过程,最后,通过对具体的突发公共卫生事件的应对获得决策经验。对于培训过程中训练者的知识搜寻行为、思维灵活性与获得民众支持等方面分别进行评分,通过反馈评估来引导领导干部在危机应对行为方面获得进步。

2. 奋斗励志激发

对于领导干部,奋斗励志激发培养是尤为关键的灾难救援能力培养活动。根据社会学习理论,具有影响力的领导干部的语言和故事,可以有效激发受训干部对榜样行为的模仿和强化。在这个过程中,受训干部自身的情感共享、愿景激励与价值追求会得到激发。据此,奋斗励志激发课程安排具有引领力和影响力的应急专家、成功企业家来充分发挥其魅力和模范作用,通过讲解优秀领导干部应急管理的先进事迹,向受训干部生动描述其如何在危机管理的道路上艰难奋斗,最后迎难而上,对抗风险,以此来激发受训干部形成"敢为人先""责任担当"等方面的优秀品质,从而培养领导干部在求知、为人等方面的应急管理品质,达到"奋斗励志激发"的目的。该课程旨在培养领导干部勇于自我革新、实事求是、主动担当的工作作风,进而提升其辨识能力,同时该训练与人格特征培养密切相关。为了进一步提高领导干部的参与度和投入程度,还要吸引领导干部深度参与情境互动活动,只有投身于生动的危机情境中,才更能激发受训干部的主动性,进而发挥奋斗励志激发培训的作用。

3. 心理资本拓展

心理资本(psychological capital)是指人们在成长过程中表现出来的一种积极心理状态,是促进领导干部个人成长的心理资源,包含自我效能感、希望、乐观、坚韧、情绪智力等心理品质。研究团队发现,在此次突发公共卫生事件中,培养广大领导干部的心理资本在激发其潜能方面具有不可替代的作用。在危机决策能力培养过程中,我们应该把激发内心潜在的心理资本作为个性品质修炼和提升的关键内容。心理资本拓展课程通过邀请有成功应急管理决策经验的一线领导干部来讲解"心理资本"等成功案例,或者增加生动的案例来介绍老一辈无产阶级革命家在战争年代的英雄事迹,激励受训干部承先启后、继往开来,使他们在今后的日常生活中勇于克服困难、塑造人格素质,特别是可以提升受训干部的自我效能、乐观、抗逆力等心理资本品质。此外,心理资本拓展课程还可以培养企业、社区、医院和机关工作人员的感恩宽恕、乐观向上心理品质,以使他们在未来的应急管理中奋发图强、抗逆成长。

4. 团队合作沟通

在培养领导干部的社会性发展方面，本研究设计了团队合作建设的课程内容。在合作型团队建设的过程中，我们的着眼点是如何处理团队内外的合作和竞争的问题，因为在现实中，人们对于如何处理坚持己见和与人合作之间的关系较难把握。团队合作沟通课程主要基于合作竞争理论（人际互动过程）开展，旨在培养个体团队合作的意识和精神品质，包括建立愿景、团结合作、树立信心、深入探索、总结反省五个环节。例如，在该课程中，可以将受训干部分为不同的团队，让他们针对"中国是否需要大力发展轿车业"这一两难问题进行两阶段的深度讨论：在课程前期，要求双方团队根据自身观点收集论据，并进行逐一辩论，双方团队可能会因为意见不一致而发生激烈争议；在双方讨论到一定阶段后，进入课程后期，要求持不同观点的团队互换观点，通过换位思考来达成一致意见，并形成共同目标，从而培养领导干部的团队合作意识与精神品质。这种课程可以促进领导干部在应急管理中理解他人立场，在需要合作的情境下推动建立更好的团队合作关系。

三、危机决策胜任特征模型培养的路径探索

危机决策胜任特征模型形成的路径是多层次的，本研究从个体层面、组织层面和文化层面出发，提出了开展认知决策的师徒辅导、推进多层次结合的育人模式和营造助推创新的文化氛围三种培养路径。

1. 个体层面：开展认知决策的师徒辅导

师徒辅导制作为一种教育制度，要求导师和学生之间建立辅导关系。在培养过程中，导师所发挥的作用是最直接的，因为导师相比于其他人更了解受训者的能力发展现状，并且知道如何对其进行针对性的训练。一般说来，年轻的领导干部开始独立承担管理任务时，亟需经验丰富、思维成熟的专家的个别辅导。例如，在对实习期的公务员进行认知决策辅导时，可以通过"认知地图"来体现主体的关系-认知复杂性。认知地图是一种图形表征，在危机决策中，可以通过"认知地图"使认知主体对于特别的、可选择思想元素的理解可视化（Peer et al., 2021）。首先，通过知识梳理与深度访谈引出元素（element），即研究的主要问题。其次，采用"三项选择法"突出解决特定问题的结构（construct），并建立栅格表格矩阵（Kelly, 1955）。最后，进行多因素交互作用的结果分析，最终获得认知地图。通过比较专家的认知地图与自身的认知地图，有利于领导干部直观地理解二者之间在认知决策上的差异，从而主动改变自身的思维方式，获得认知技能方面的成长。另外，对于认知决策的

发散性问题，导师可以组织领导干部开展"头脑风暴"活动。头脑风暴培训方法是一种以联合小组形式进行的创造性工作培训方法，目的是在短时间内获得大量的想法，并通过富有逻辑的方式来形成团队创意。结构化建模培训方法则是一种探索现象模拟的培训方法，目的是探究对象的特征、预测作用和结果，从而找到最佳路径（Nikonova，2020）。这种个体层面认知决策的师徒辅导是领导干部核心胜任特征培养的重要路径之一。

2. 组织层面：推进多层次结合的育人模式

在危机管理培训中，多层次结合的育人模式受到了广泛关注，并被认为是在危机风险沟通中提升决策能力的有效途径。在风险管理人才培养过程中，要革新课程教学内容，提倡在这个过程中融入核心应急管理能力的客观培养要求。随着人才迭代的不断深化和知识结构的不断演进，知识创新越来越需要政府、企业、高校、医院和社区的变革行为联合体共同协作。比如，高校所涉及的基础研究、科研院所擅长的应用研究以及企业所负责的产业化市场，需要找到三者的契合点并进行深度合作。而领导干部的培养质量直接决定了多层次合作的成效。在这种情况下，政府、社区和企业聚焦于某一应急管理科学问题的合作难度更大，培育面向未来的具有核心胜任特征的人才的任务不能仅仅落在学校内部，需要高校、企业、政府三者都承担起人才培养的责任，并开展问题导向的跨学科、多层次协同创新，形成产学研共同合作的育人模式。因此，在领导干部的应急管理培训中，我们主张推动校企合作、校地合作，强化它们在领导干部核心胜任特征培养中的作用。为此，建议从组织层面出发，让受训干部主动参与到危机管理等不同组织场景中进行实地实习，通过问题导向进行具体专业技能学习，从而综合提升领导干部的核心胜任特征能力。

3. 文化层面：营造助推创新的文化氛围

创新文化与管理干部人才培养是近年来改进应急管理教育的新热点，不少研究者将创新文化的塑造视为人才培养的基础，认为创新文化是创新能力的根源。我们认为，领导干部的应急管理能力培养也需要宽松的文化氛围。首先，宽松文化意味着对既有规则的审视，并渴望在管理中打破规则，实现创新。这就需要培养审辩式思维能力，授人以鱼不如授人以渔，应传授给领导干部科学方法论，鼓励他们采用批判的眼光进行进一步探索。其次，宽松文化要求构建研讨式的培养方式，注重与团队互动。要激发受训干部的创新主动性，实现师生双方的互动，从本质上提高知识的创新频率。最后，宽松文化需要形成助推创新的环境。对这种环境的理解有两层含义：一种是物理上的客观环境；另一种是研究上的学术环境。在客观环境方面，充满了秩序的环境会对个体的创造力产生不利影响。所以，培训中并不一定追求井井有条的客观环境，可以允许设计更多个性化和多元化活动，营造跨学科和多元化的合作倾向有利于助推创新创造，旨在培养出危机应对的专门人才。目前，面对国际危机突发事件也需要领导干部具有综合应对能力，需要他们在国际合作中进行交叉点上的创新。综上，人是环境的产物，文化环境在领导干部应急管理能力培养中起着潜移默化的作用，需要营造助推创新的文化氛围。

四、基于成长百分等级模型的成长评估方法

1. 从"达标模型"到"达标+成长模型"

美国从2015年开始正式实行《每一个学生都成功法案》，提出学习不仅要追求"达标"，更要追求"成长"，这种从"达标模型"到"达标+成长模型"的变化，给改革评价模式带来了启发。在以往的评价方式中，高水平学生在测试中的相对位次提升难度高于中低水平学生，起点不同的学生个体在学生群体中相对位次的变化相同，并不能说明两者的进步情况一样，强行给出两者进步情况一致的结论显然是缺乏说服力的。为了解决这类问题，Betebenner（2011）提出了SGP模型，该模型最早被应用于学校教育领域，基于学生以往成绩来估计其当前成绩的条件分布，这就为研究团队比较不同起点学生的学业进步提供可能。随着其理念影响规模的不断扩大，SGP模型逐渐被应用在管理、人才测评、绩效考核等领域，成为目前国际上使用最为广泛的数学模型。通过与同类个体集合的比较，SGP模型可以更加准确地反映其进步情况（图5-28），如果进步超过了大多数同类个体，说明其取得了较好的成绩；反之，如果进步低于大多数同类个体，则说明其进步情况不佳。大多数情况下，SGP模型的标准界定值为50，也可以依据具体的需求和情况进行调整，一般而言，若计算得出的SGP分数大于50，则认为该个体在同类群体中的进步很大，获得了"成长"。

2. SGP模型的统计方法

SGP模型使用分位数回归来描述学生在"先前"测试表现背景下的"当前"状态。在实践中，"当前"状态要么是可用的最近一组考试分数，要么是一个特别感兴趣的时间点的考试分数，而"先前"指的是当前时间点之前的一个或多个时间点的分数变量。其原理是根据个人和群体过去的得分，使用回归模型，将个体或群体定位在经验性的"可比较"的参照组中。在Castellano和Ho（2013）之后，在个人层面上，研究团队将这些度量称为"条件状态度量"，因为其是根据给定过去分数的条件分布来确定个人状态的。

图 5-28 SGP 模型评估示意图

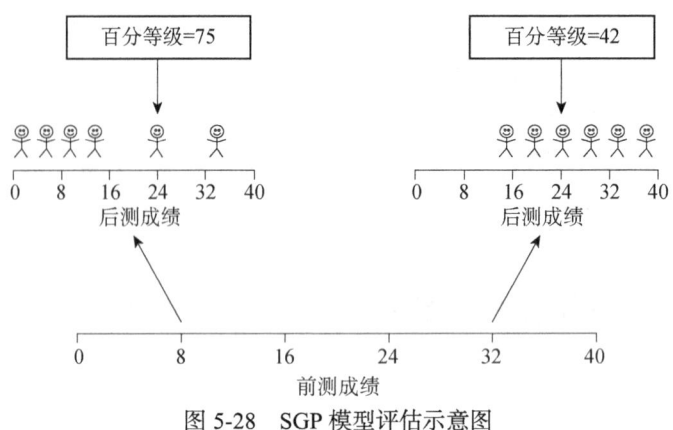

3. SGP 值的运算程式

Betebenner（2010）将 SGP 值的运算程式记录在 R 软件的"SGP"包中，可供调用运算。在统计方法上，SGP 值估算过程包括以 0.01 增量估计 100 个条件分位数曲面，这些分位数对应于 0.005～0.995 的分位数。这些分位数曲面代表边界，当观察到当前分数落在两个相邻表面之间时，处于中间的学生获得一个 SGP 值，这个值由这些边界之间的中点分位数表示。以下简单介绍基于 B-spline 参数的条件分位数运算以及 SGP 值的产出。使用 $Q_\tau(Y|X)$ 表示当前成就分数 Y 的第 τ 个条件分位数，这基于给定的前一年成就分数的向量长度，写作 $J=X_1, X_2, \cdots, X_J$。在 SGP 模型的计算中，Betebenner（2009）使用 B-spline 参数替代传统的线性参数，来解决测试分数的数据中出现的非线性和方差不齐的问题。B-spline 要求明确多项式的次数及结点的数量和位置，B-spline 方法的有效性得到了很好的解释和评价。SGP 模型值的操作定义为，与学生"当前"观察分数（$y=y_i$）接壤的拟合条件分位数之间的中点，其中，X_i 是学生 i "先前"观察到的分数的向量。一个学生观察到的"当前"分数介于对 1/4495 和 1/4505 回归曲面的拟合值之间，那么他的 SGP 值为 50，从而可以确定学员在群体中的位置。

五、核心胜任特征成长评估的实验研究

1. 实验过程的设计

本次培训实验共 18 课时，共有 62 名应急管理干部参加。培训之前，将被试随机分配到实验组与控制组，实验组 31 人，控制组 31 人，各进行 3 次单独的培训。

对实验组进行干预培训的内容主要包括变革应对行为、奋斗励志激发、心理资本拓展和团队合作沟通四个方面，其内容前面已有介绍。对控制组进行常规的领导干部应急管理培训。在同一时间内发放培训资料供双方阅读。通过 SGP 模型来衡量实验组在干预培训前后的变化情况，并与控制组的前后测结果进行比较，以验证干预培训在实验组八项核心胜任特征提升方面的作用。

阶段一：培训前测试。研究者委派专家首先对整个实验的整体情况进行初步简单讲解，随后进行核心胜任特征的培训前测试，以获得受训群体在核心胜任特征各维度上的基线水平。培训前测试所使用的工具为课题组开发的核心胜任特征培训前问卷，包括 40 个条目。

阶段二：应急管理能力干预培训。完成培训前测试后，进行核心胜任特征干预培训，采取线下培训方式，培训时间与数量为每天上午和下午各进行一场讲座互动培训，共计 18 个课时，历时一周。干预培训由课题组心理学家完成，控制组邀请培训机构讲师举办讲座培训。在培训过程中，课题组对实验组还采用了汇编栅格方法、智能模拟培训方法和合作型团队等方法进行培训。

阶段三：培训后测试。在干预培训后对被试进行培训后测试。培训后测试所使用的工具为课题组开发的大学生核心胜任特征培训后问卷，根据核心胜任特征模型编制而成，包括 40 个条目。最后，通过 SGP 模型来衡量两组领导干部在个人水平上培训前后的变化，来验证干预培训模式在受训领导干部应急管理能力提升方面的有效性。

2. 差异性检验和 SGP 模型分析

（1）组间差异：差异性 t 检验分析

对于获得的数据，本研究分别采用配对样本 t 检验和独立样本 t 检验进行前后测对比分析，结果如表 5-9 所示。对于实验组与控制组的前测情况，两组均采用随机分组的方式，独立样本 t 检验发现，实验组前测得分略低于控制组前测得分[$M_{实前}$=23.16，$M_{控前}$=25.19，$t(30)$=-2.19，p>0.05]，通过 99%CI 标准，获知实验室和控制组的前测得分无显著差异。对于实验组而言，前测得分显著低于后测得分[$M_{实前}$=23.16，$M_{实后}$=27.65，$t(30)$=-4.15，p<0.05]；对于控制组而言，前测得分与后测得分不存在显著差异。此外，实验组后测得分显著高于控制组后测得分[$M_{实后}$=27.65，$M_{控后}$=24.00，$t(61)$=3.41，p<0.01]。根据后测成绩检验干预培训的效果，实验组得分显著高于控制组得分；经过干预后，实验组的后测得分显著高于前测得分。综上，t 检验结果证实，核心胜任特征干预培训是有效的。

表 5-9　实验组与控制组胜任特征测试前后测 t 检验

项目	类型	M	SD	平均差值	t
实验组前后测	前测	23.16	4.26	-4.48	-4.15*
	后测	27.65	5.52		
控制组前后测	前测	25.19	2.04	1.19	5.32
	后测	24.00	2.10		
实验组与控制组前测	实验组	23.16	4.26	-2.03	-2.19
	控制组	25.19	2.04		
实验组与控制组后测	实验组	27.65	5.52	3.65	3.41**
	控制组	24.00	2.21		

（2）组内分析：个体培训效果的 SGP 模型分析

根据 SGP 模型的原理和对数据的要求，将实验组和控制组的实验数据合并，汇总成为原始数据表。本次进行的 SGP 模型分析包括 62 名被试的测试结果，实验组和控制组各 31 名。运用 R 语言编程调用 SGP 数据包来计算被试的 SGP 值。在第二次施测中，实验组有 18 名被试进步明显（SGP≥50），控制组有 4 名被试进步明显（表 5-10）。实验结果表明，经过培训干预后，实验组大多数被试（58.06%）取得显著进步。从 SGP 检验结果可以看到，干预培训效果再次得到了验证。

表 5-10　实验组与控制组被试 SGP 值分布情况

组别	维度	人数（人）	百分比（%）	程度	人数（人）	百分比（%）
实验组	SGP<50	13	41.94	低（0~19）	6	19.35
				较低（20~39）	3	9.68
				正常（40~49）	4	12.90
	SGP≥50	18	58.06	正常（50~59）	3	9.68
				较高（60~79）	6	19.35
				高（80~100）	9	29.03
控制组	SGP<50	27	87.10	低（0~19）	13	41.94
				较低（20~39）	7	22.58
				正常（40~49）	7	22.58
	SGP≥50	4	12.90	正常（50~59）	2	6.45
				较高（60~79）	2	6.45
				高（80~100）	0	0

六、讨论

1. 应急管理者核心胜任特征模型的有效性

本次培训中,对于实验组主要进行应急管理者的变革应对行为、奋斗励志激发、心理资本拓展和团队合作沟通四项核心胜任特征培训,取得了明显优于控制组的成效。研究团队在应急管理核心胜任特征模型的开发过程中,非常注重"Johari窗口"理论,针对"自己和他人都了解的事情"采用情境评价;针对"自己了解而他人不了解的事情"采取结构化面谈和阅历核查;针对"自己不了解而他人了解的事情"采用360度评估的方式;针对"自己和他人都不了解的事情"采用能力测评和人格测评。从应急管理核心胜任特征的生成过程来看,本研究所建立的模型更加关注深层次的核心胜任特征,并且强调文化环境、人格特质、社会交往等因素的影响,具有一定的超前理论价值。

在本实验中,两组被试分别接受不同内容的培训:实验组接受应急管理核心胜任特征训练,课程时长为18个课时;而控制组采用规范训练教材进行培训。t检验和SGP模型分析结果表明,实验组的应急管理能力水平得到了显著提高,而控制组接受的培训方法效果不明显。实验结果表明,本研究设计的应急管理核心胜任特征成长评估模型为培训变革注入新的活力。随着增值评价模型的不断完善,其在未来危机决策和危机管理中将发挥越来越大的作用。

2. 应急管理核心胜任特征培训的重要发现

核心胜任特征培训本质上并不过多注重知识、技能等表层上的基准性胜任特征,而是更加看重处于内核的应急管理核心胜任特征。这些胜任特征培训更加培养领导干部的思维、认知、心智等方面,并且强调人格因素在其中的重要作用。从宏观视角来看,当今社会已经进入注重环境心理和危机决策的时代,基于应急管理核心胜任能力的培养模式将更有利于领导干部的发展。再切换到微观视角,根据自我决定理论,三种基本心理需求——自主、胜任、关系,与个体的心理健康有着显著的相关关系,因此,核心胜任特征培养有助于个体获得胜任感、自主感和控制感。本实验创造的新型课程和培训方法,完全符合领导干部的自身发展需求,有利于促进受培训干部回到工作岗位后更好地应对未来发展;另外,胜任感、自主感和控制感的获得将有利于领导干部自我同一性的达成,包括需要、情感、能力、目标、价值观等特质整合为统一的人格框架,即具有自我一致的情感与态度,自我贯通的需要和能力,自我恒定的目标和信仰;特别是在其中引入了抗逆成长的相关内容,这不仅具有现实意义，而且有利于培养领导干部遇到困难和挫折时不断抗逆向前的态度和心理弹性。

3. SGP 模型和成长评估理念的启示

由于传统的原始分析和排序的评估方法存在局限性，本研究引入了 SGP 模型，该模型基于大样本的可靠估计，通过常模参照样组对受训干部成长进行描述和预测，可以计算出受训干部在各自"学习小组"中的百分等级，并用 1～99 来表示。传统的差异性检验很难做到在个体水平上的针对性评估，只能对实验组和控制组的团体平均数作出粗略的统计决断，但是 SGP 模型则克服了由不同领导干部本身的被试差异所导致的误差，在评估的针对性和有效性上具有理论和现实意义。

4. 领导干部的培训成效和学员们的具体反馈

本研究采用 SPSS 进行差异性检验，使用 R 软件进行成长百分等级检验，通过这两种方式，从团体和个人的角度对领导干部进行成长评估，从而实现一体化分析。特别是通过 SGP 模型分析，我们可以发现个体在水平相似的一组领导干部中的相对位置的变化，进而反映出不同的成长评估效果的差异。整个培训活动结束后，参与培训的领导干部都能通过成长百分等级检验了解自己是否确实获得了成长，且都能懂得这种相对位置变化的实质性意义。

七、研究结论

本研究以领导干部为研究对象，开展了突出应急管理核心胜任特征的对比培训研究。采用了两种检验方法验证培训效果，从组间差异来看，实验组取得了明显优于控制组的效果。另外，实验组获得个体成长的人数远多于控制组。以上结果表明，本研究设计的包含变革应对行为、奋斗励志激发、心理资本拓展和团队合作沟通等项目的应急管理能力核心胜任特征培训取得了显著成效。

本研究采取成长评估的评价思路对管理能力核心胜任特征的培训结果进行了评价，不仅将实验组和控制组作为一个整体来进行团队比较，还将关注点放到了每一个受训干部在核心胜任特征上有无成长上面。实验发现，SGP 成长评估方法和传统的差异性 t 检验的结果是相互印证的，表明 SGP 成长评估方法可以作为未来核心胜任特征培训效果评估的重要方法之一，弥补了核心胜任特征模型在成长评估方法上的不足。

第七节　基于360度反馈的网络评价方法研究[①]

本章有关网络数据整合的危机决策研究，以面向公众心理服务平台为起点，全面展示突发公共卫生事件的网络数据系统研究，在"联合张量补全与循环神经网络的时间序列插补法""基于知识图谱分析的大学生核心素养结构探索"的基础上，开展了"环境治理人才选拔的智能匹配研究""长江三角洲城市危机决策者胜任特征模型构建""领导干部应急管理能力的培养模式"等研究，本节则是人才培养模式最后的关键环节。一方面，我们注重计算机技术对数据资源的高效抽取，反馈评价则会涉及数据资源集聚问题；另一方面，我们注重在管理过程中体现对人才的选拔、建模和培训的关注，最后进入绩效反馈环节，这属于应急人力资源管理的最后阶段。在本节中，我们推出了网络雷达图可视化评价新技术，借助网络大数据等人工智能方法，从多侧度探查危机决策者的业绩表现，并提出反馈建议。一般性观察是很难用量化方法进行全面、科学展示的，而这种新方法将能保证所分析内容更加全面，并形成未来职业发展的建议。这种可视化方法使得反馈结果更易被理解和接受，恰好能解决人力资源开发和应急管理存在的短板问题，将突发公共卫生事件管理推向新的高度。希望本节推出的基于雷达图的360度评价方法，能够为环境心理学和危机决策学的未来发展提供新的理论与方法依据。

多测度反馈评价是组织行为学和人力资源管理的重要环节。本节主要在网络数据整合的危机决策研究中展开这一工作，将在环境治理人才的人职智能匹配、基于大数据的城市危机决策者胜任特征模型建构和数字化背景下领导干部应急管理能力培训的基础上，借助公众心理服务平台完成360度反馈（360-degree feedback）评价工作，从而为长江三角洲所属城市危机决策者的培养模式研究工作划上一个圆满的句号。

[①] 本节作者：时勘、王译锋、时雨。

一、360 度反馈评价的理论依据

1. 什么是 360 度反馈评价

360 度反馈评价又称多源评估或多评价者评估。在此模式中，评价者不仅仅包括被评价者的上级主管，还包括其他与之密切接触的人员，如同事、下属、客户等，此外也包括被评价者的自评。这种评价模式从不同层面群体角度收集评价信息，评价结果主要反馈给被评价者，供未来职业发展之用。目前，管理学界认为，360 度反馈评价对于提升组织内部人才储备库的水平、明确培训和发展的需求、改进组织内部的沟通、了解他人的看法和期望、促进个人能力发展有重要作用。该模式对于突发公共卫生事件的管理也具有重要意义。这是因为 360 度反馈评价关注能力发展，它的作用类似三棱镜，可以反映四面八方的信息。除从上司那里获得反馈信息以外，其他的信息都是通过以无记名方式获取的，能够帮助个体收集各种"看法"，但这些"看法"并不一定是"真相"，还有待进一步验证。不过，反馈结果还可用作常模，帮助被评价者明确自己所应承担的责任，如图 5-29 所示。

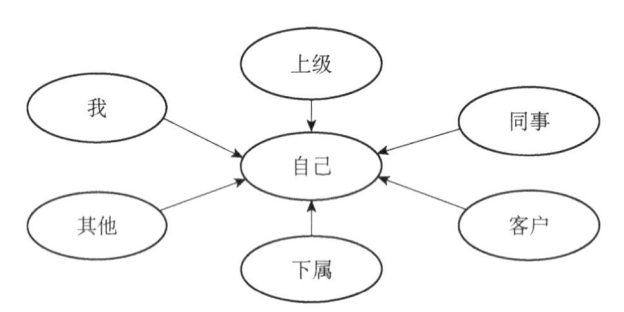

图 5-29 360 度反馈评价视角的示意图

2. 反馈评价的"乔哈里视窗"

360 度反馈评价区别于其他评价的危机决策评估，特别突出危机决策的预见性。360 度反馈评价与美国心理学家乔瑟夫（Joseph）和哈里（Harry）提出的乔哈里视窗（Johari Window）理论有着密切的关系，本研究称之为"自我意识的发现-反馈模型"。这是一种建立在预见性基础上的信息沟通模式。如图 5-30 所示，传播内容的熟悉程度可分为 4 个象限：开放区（open area）、隐秘区（hidden area）、盲点区（blindspot area）和未知区（unknown area）。"开放区"是自己知道、他人也知道的信息；"盲点区"是自己不知道、他人知道的信息；"隐秘区"是自己知道、他人可能不知道的信息；"未知区"是自己和他人都不知道、尚待挖掘的盲区。那么，怎样通过基于网络大数据的反馈新方式，使得这种乔哈里视窗反馈模式得到改进呢？读者可以通过图 5-30 进一步了解乔哈里视窗所表述的原理。

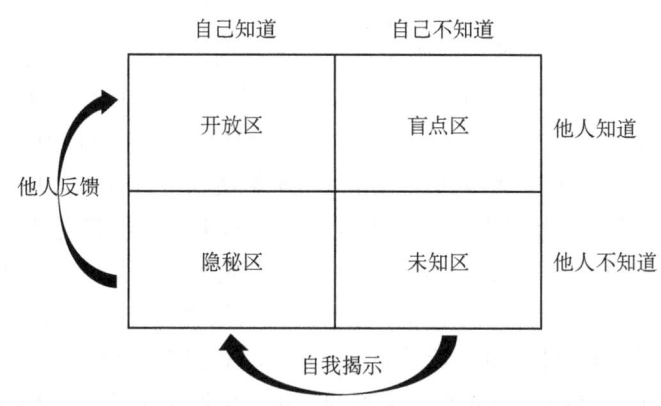

图 5-30　胜任特征 360 度反馈评价的"乔哈里视窗"

在胜任特征的反馈评价过程中，个体对自我的了解一般是较为全面的，但进行自我报告时有时容易出现对以往经验与行为的歪曲，而且这种伪装是无意识的。因此，相对于自我报告法，他评方法的明显优势在于可以比较有效地避免社会赞许性。这是因为：首先，个人可能会受到社会赞许性的影响，通过有色眼镜对自己过去的行为进行描述；而观察者也会受到社会赞许性的影响，有可能夸大被评价者提出的优点，尽可能地缩小其缺点。其次，被评价者为了避免自评与他评结果过于悬殊，会更倾向于从社会经验角度出发，仔细回忆评价标准在自己身上的体现，但仍然难以准确地反映真实情况。比如，对于工作行为、工作绩效的评价较难避免社会"人情""关系"等因素的影响，尤其当评价内容与被评价者自身利益联系较为紧密时，由于涉及自身人格层面的影响，个体进行他评时容易产生与被评价者真实情况不一致的偏误。因此，在组织评价过程中，管理部门一般要通过自评与他评相结合的方式进行比较，进而通过三个区域的信息交流来扩大"开放区"，这样做的结果是可以在很大程度上避免评价结果的片面性。受历史经验、评价角度等因素的影响，不同评价者对被评价对象，如上级、下级、同级员工等的评价结果会产生偏差，所以，本研究主张在评价过程中将各方面人员组成专家小组，充分讨论后再进行评价，这样会获得相对客观的评价结果。当然，胜任特征评价并非评价结果的终点，应该发挥其面向未来的激励导向作用。

3. **反馈评价的危机预见性**

在本研究中，360 度反馈评价主要被用于城市危机决策者行为评估，因而对其有着特殊的要求，那就是反馈评价要体现危机决策分析的预见性。加里·克莱因是著名的认知心理学家，其针对企业组织、消防队员所作的直觉研究名闻遐迩。他探究出了直觉在个人表现中所扮演的重要角色，开发了风险评估的事前评估方法，并帮助形成了自然决策运动，通过将已知结果与预期目标进行全方位的剖析比对，能够分析成功或失败的原因及教训，这有助于未来实现更好的发展。他认为，在作出一项重大决定，如开展新业务、撰写新书或结成新联盟之前，熟悉提案细节的人都会接到一项任务——假设在未来的某个时间，计划已经实施，而结果却是一场灾难，这时个体应该怎么办。为了解决这一问题，加里·克莱因提出了"事前验尸法"，也就是在事情发生或治疗方案实施之前假设其"已经失败"，要尽可能多地提前找出导致失败的一系列原因，及时规避这些不当措施带来的风险。我们认为，这一观点应该是未来城市危机决策者行为评估需要考虑的重点。"事前验尸法"作为一种危机决策的方法，其核心是提前预设可能出错/失败之处，通过分析与研判，提前预防并作出正确的决策。诺贝尔奖获得者丹尼尔·卡尼曼教授是理性决策研究的首创者，他将"事前验尸法"写入了书中。加里·克莱因在专家经验和关键决策方面的研究，就是将复杂的心理思想通过引人入胜和令人共鸣的故事表达出来，例如，每个人都高度重视灾难，如果早点加以预防，就可以避免灾难的发生。他研究现实中真实而复杂（而非实验室）的环境，研究对象包括消防员、军事指挥官、飞行员和医生在内的专家，以探讨他们如何利用直觉和经验进行有效预测，由此开创的决策领域的自然主义决策理论特别值得在反馈评估时参考。

还需指出，偏见的"克星"是预审，这可以让人们一开始就能聪明，在此基础上提出有效的解决方法。具体实施程序是：首先，发现困境，如总结会议有助于项目团队准确地发现项目出错的时间和地点，探明为什么项目团队不能提前发现这些问题。然后，在开展研究时避免考虑过多的潜在问题及原因，比如制定的计划是否合理、每一步是否可行等。研究结果表明，大多数人不敢直言不讳地反对团队意见，也不敢明确指出计划中存在的问题。有的团队成员会为了保护组织利益而忍气吞声。补救措施为确保项目得到所需的审查，其成员需要按照乔哈里视窗想象出某计划已经失败，再进行事前预测。这种练习促使每个人重新审视计划，并预测潜在的威胁和障碍。与其他风险分析方法相比，这种预审大大地降低了团队的过度自信。通过预审，团队可以发现各种潜在的绊脚石，其中很多是之前没有考虑过的，这有助于形成一种坦率的文化：对于不舒服的事实可以说出来，团队反而会对这种聪明举动表示感谢。总之，进行事前评估可以帮助预测失败，并提供一些有效的解决方法。

二、360 度反馈评价的准备工作

进行 360 度反馈评价前，需要事先进行必要的准备工作。

1. 组建 360 度反馈评价队伍

第一，注意，对于评价者的选择，无论是由被评价人自己选择还是由上级指定，都应该得到被评价者的同意，这样才能保证被评价者对结果的认同和接受。

第二，对选拔的评价者，需要进行提供反馈和评估方法的训练和指导。

第三，实施 360 度反馈评价时，需要对具体施测过程加强监控和质量管理。从问卷开封、发放、宣读指导语到疑问解答、收卷和加封保密的过程，均要实施标准化管理。如果实施过程不严谨，整个结果可能是无效的。

第四，统计评分数据并报告结果。目前，已有专门的 360 度反馈评价软件可提供统计评分和报告结果，还可绘制网络雷达图等多种统计图表，使用起来相当方便。

第五，对被评价者进行接受他人反馈的训练，可采用讲座和个别辅导的方法进行，关键在于建立对于评价目的和方法可靠性的认同。与奖励、薪酬挂钩的作用是有限的，在宣传时要弱化物质的作用，这有利于被评价者少受无关因素的影响。实施评价之前，更要让被评价者体会到，360 度反馈评价结果主要用于管理者改进工作和未来发展。

第六，管理部门针对反馈的问题制定行动计划，也可以由咨询公司协助实施，由他们独立进行数据处理和结果报告，其优越性在于，报告的结果比较客观，并能提供通用的解决方案和发展计划。但是，资源管理部门应当尽可能在评价实施过程中起主导作用，因为任何上级组织都有自己特有的问题，而且发展战略与管理者的工作行为息息相关，多方面的专家结合可以使评价效果更全面。

2. 360 度反馈评价问卷的编制

依据本研究构建的长江三角洲危机决策者的胜任特征模型，除了六项共同性胜任特征，把体现领导干部、科技人员和管理工程人员的差异性胜任特征分别加入不同类型管理者的测评工具中，并编写题项相同的行为自评问卷和专家评价问卷，分别由被评价者和各类人员，即被评价者的上级、同事、服务对象、评价专家填写，具体编制方法如下。

第一，依照构建的特定危机决策岗位的胜任特征模型，选择共同性胜任特征和各人才序列的差异性胜任特征。本研究获得的长江三角洲城市危机决策者的胜任特征模型包括宏观决策、危机应对、团队组建、心理干预、危机处置和责任担当六项核心胜任特征，每个独特的岗位再分别增加差异性胜任特征模型：领导干部的战略决策、系统思维；科技人员的敢为人先、科技创新；管理工程的数据驱动、安全心智。针对各岗位序列的胜任特征要求，分别包含 6 项共同性胜任特征与 2 项差异性胜任特征，每个岗位共计 8 项胜任特征要求。

第二，编制题项。从时勘等（2001）编制的《胜任特征编码手册》和访谈获得的原始文本中选择测验项目，这些项目主要是对人才行为表现的描述，每一胜任特征所包含的项目数相同。

第三，筛选题项。请危机决策研究和心理学专业研究人员评价测验项目的准确性、清晰性，根据他们提出的意见修订项目，删除表述不清、表面区分度较差的项目。

第四，将项目编排成行为自评问卷与专家评价问卷。测验项目采用利克特 5 点计分法：1 代表"非常不符合"，2 代表"比较不符合"，3 代表"不确定"，4 代表"比较符合"，5 代表"非常符合"。测验时，增加了用于了解个人背景资料的人口统计学信息。

三、社区领导干部的 360 度反馈评价

课题组选择社区领导干部作为本次城市危机决策者 360 度反馈评价的试点人群，进而探讨雷达图方法在社区领导干部反馈评价方面的作用。在前述研究的基础上，课题组编制完成了社区领导干部 360 度反馈评价网络雷达图问卷。

1. 项目设置

第一步，确定测评维度。根据本章第五节有关城市危机决策者共同性胜任特征和差异性胜任特征的调查结果，社区领导干部的核心胜任特征模型为 6+2 项，分别是宏观决策、危机应对、团队组建、心理干预、危机处置和责任担当 6 项和战略决策、系统思维 2 项，将其列入评价问卷中。

第二步，明确维度含义。针对所提出的共同性胜任特征和差异性胜任特征的维度，结合所要评价的社区领导干部危机决策的具体要求，对各维度含义给予精确解释，以避免评价者产生歧义。

第三步，规定分数等级。所设置的评价维度为五个等级，要求评价者根据自己的实际情况选定自己的评价。

2. 问卷施测

领导干部危机决策胜任特征模型评价问卷见表 5-11 所示。

表 5-11 领导干部危机决策胜任特征模型评价问卷（自评）

以下句子是对你在危机决策工作中各项表现的描述，你在多大程度上同意这些描述，请在相应的数字程度上划"√"。		非常不符合	比较不符合	不确定	比较符合	非常符合
1. 宏观决策	指从整体系统的战略角度来看待自然、社会和所遇到的具体问题，在决策中，要保持与系统的各个方面紧密联系，果断决策	1	2	3	4	5
2. 危机应对	要具备危机应对能力，在问题分析之前，要注意积累预测经验。要实现预知事故发生之前对导致的后果的分析，就像医院对于患者的诊断，采取"事前验尸法"，从而提前避免	1	2	3	4	5
3. 团队组建	面对严峻的风险管理形势，在人员紧缺的情况下，开展就地快速组建团队的现场工作。曾经归纳总结了全球不同行业120多个高管团队快速组建团队的经验，发现组建表现优异团队特别重要	1	2	3	4	5
4. 心理干预	指在心理学理论的指导下有计划、按步骤地对一定对象的个性特征施加影响，使之发生朝向预期目标变化的过程	1	2	3	4	5
5. 危机处置	是公共关系活动中日益引起重视的管理思想和生存策略，特别是在全球化的今天，企业或组织一个小小的意外或者事故就会扩大到全国甚至更大的范围内，产生严重后果	1	2	3	4	5
6. 责任担当	强化责任意识，知责于心，就是使命任务越艰巨，风险挑战越严峻，越需要领导干部强烈的责任担当，通过不断增强使命感和自觉性，在具体的行为表现上率先垂范，起到模范带头作用	1	2	3	4	5
7. 战略决策	领导人在危机决策中，从战略发展的高度，依据所提供的决策信息，包括行业机会、竞争格局、企业能力等方面，还要根据自身的工作对象的特点进行决策	1	2	3	4	5
8. 系统思维	把组织作为一个复杂系统来思考，从战略方向出发，能够同时考虑到系统各个层次的关键领域，协调各方资源，克服困难，实现全面发展	1	2	3	4	5

本研究选取了10位负责社区领导工作的管理者，采用自评+他评的方式进行评价。其中，"自评"由被试对自己危机决策胜任特征模型的能力结构进行；"他评"由被试的同事、上级、主持胜任特征调查访谈的第三方人士等组成专家小组进行。

3. 评价方法

本研究通过关键行为事件访谈方法获得胜任特征。在完成应急管理任务过程中，只有有效的工作行为才能导致成功，无效的工作行为会导致失败。这些工作行为统称为"关键事件"。课题组采用关键行为事件访谈法获得了城市危机决策者的核心胜任特征模型，不是抽象地说"该管理者工作非常认真负责"等，而是将行为事件作为衡量的尺度，为考评者提供客观的事实依据。在前述研究中，课题组将量表评价法与关键行为事件访谈法结合起来，使其兼具两者之长，同时为所要考核的危机决策者设计了360度反馈评价量表，并将一些项目与关键事件密切相关的评分标准一一对应，考核者结合评分量表对管理者进行评分。在建立多测度行为锚定评价量表时，形成了绩效评估的等级，将关键行为事件归并为若干绩效指标，并给出确切定义，邀请管理人员对关键事件作出重新划分，将它们归入最合适的绩效指标中，这样就确定出绩效考评结果，按由优到差、从高到低进行排列。建立行为锚定法考评体系。下面是针对"危机应对"的360度反馈评价锚定方法。

危机应对是日益受到重视的管理思想和生存策略，特别是在全球化的今天，某城市或组织的一次小小意外或者事故若未得到妥当处理，就可能会扩大到其他地区甚至全国范围，产生迅雷不及掩耳的恶化后果。因此，在网络化时代，组织更应该建立起完备的危机紧急处理系统，并懂得如何运用新的技术全方位地传播和收集信息，使损失降至最低。

[行为等级1]面对危机时，不能完全沉着、冷静地面对，有时表现出急躁、随意，不能客观看待工作中的危机事件，盲目担心危机的发生。

我们有时需要组织青工去野外活动，活动中有两名青工找不到了，不知道他们是去哪儿玩了，还是和大家走散了。当时我虽然想到了这种情况，但心里仍是惴惴不安。当他们再次出现在我面前时，我狠狠地批评了他们。

[行为等级2]根据个别情况，调整行动以完成危机处理，能够对工作中的公共卫生事件保持一定的敏感性，但仍缺少一定的变通性和灵活性。

在公安管理工作中，我们时不时会遇到安全问题，如果处处都依赖规章制度来进行处理，可能效率会很低下，需要进行一定的变通。可是我在最初加入这个行业时，并不是太懂这个道理，使自己的工作受到了一定的影响。

[行为等级3]勇于承担责任，寻找解决问题的契机，变被动为主动，使不利因素变为有利因素。应对危机最好的办法就是公布事实。

受到暴雨影响，昨日京广线雨量超过了警戒值。为了确保列车能够安全运行，暂时实行限速行驶，途经京广线的列车出现不同程度的晚点，铁路部门已启动应急预案，并通过列车和站车广播向旅客通报晚点信息。

[行为等级4]尽最大可能控制事态的恶化和蔓延，把因危机造成的损失降到最低程度。突发事件发生后，能迅速作出反应，果断进行处理，并能够及时积累经验。

当社区发生危机时，领导干部是比较紧张的，会进行危机公关。危机公关的目的在于处理突发事件，尽最大可能控制事态的恶化和蔓延，把因危机造成的损失降到最低程度，在最短的时间内挽回组织的损失，维护组织的形象。事件发生后，公关人员要迅速作出反应，果断进行处理，赢得了时间就等于赢得了形象。

[行为等级 5]对危机进行有针对性、灵活性的处理。由于危机多属于突发性的，不可能有既成的措施和手段，需根据实际情况进行灵活处理。当危机发生后，应做好善后工作，包括对公众损失的补偿、对社会的歉意、对自己问题的检讨等。

进行危机处理的目的在于尽最大努力控制事态的恶化和蔓延，把因危机造成的损失降到最低限度，在最短的时间内重塑或挽回组织原有的良好形象和声誉。

由上可以看到，这种行为事件锚定可以为评价反馈提供明确的锚定点，使考核者在评价社区管理者时有一个相对客观的尺度。由于参与本方法设计的人员众多，而且其对本领导岗位熟悉，所以，其精确度更高，考评标准更明确。这样，通过行为表述锚定评定等级，可以使考评标准更加明确。总之，360度反馈评价量表的行为描述可以为反馈提供更多的信息，使之具有良好的连贯性。不过，由于典型事件的文字描述数量总是有限的，不可能涵盖被考核者在实际生活中各种各样的行为表现，还需要填答者根据所处情况理解文字描述后再进行回答，这样才能达到评价反馈的目的。

四、基于雷达图的 360 度评价反馈方法

雷达图也被称作蜘蛛网图或戴布拉图，因其绘图形状酷似飞机探测雷达显示屏或蜘蛛网而得名。雷达图是一种将图形与多变量数值相结合的评价方法，能够形象地将多维数据直观地反映在二维平面上，可有效地表示数据的聚合值，显示数据在各个方向所达到的峰值。课题组在应对突发公共卫生事件中，提出了通过人机交互手段的灵活化处理，以建立符合混合网络时代环境治理人才、危机决策者评价要求的心理映像（mental image）的可视化系统，这种可视化展示图就是网络雷达图的展现方法。由于雷达图可以多测度呈现，所以，它与360度反馈评价的功能是相当吻合的。

雷达图可视化方法的突出优势在于其可直观展现数据水平优劣，是评价领导干部胜任特征的关键。基于传统的雷达图表示方法，课题组采用"及格线"来直观展示胜任特征的合格水平，采用不同颜色标示来直观区分不同的分数区间，还采用了计算雷达图围城面积大小的方法来反映整体能力。通过这种方法，可对比某一个体雷达图面积相较于"及格线"所围成面积的大小，量化整体胜任特征能力水平高低，也可进行横向对比，直观考察各维度及整体胜任特征能力水平高低。相较于传

统行为评价,这种评价方式由于采用了扁平化、可视化的方式来展现个体的工作行为,也就突破了一般性报表与图表的时空局限性。为了更好地理解和使用雷达图,下面以社区领导干部个体层面360度反馈评价结果为例进行展示(图5-31)。

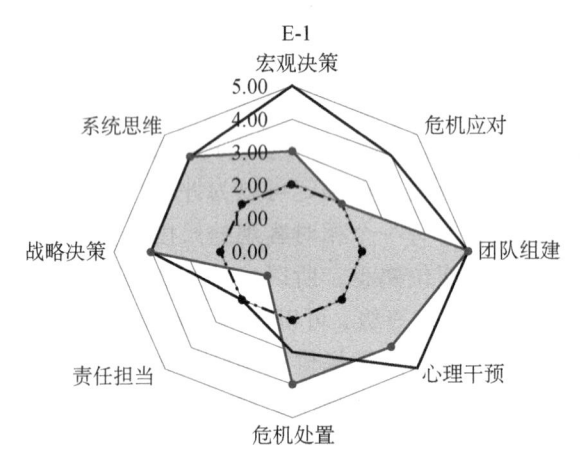

图 5-31 某社区领导干部雷达图个体评价结果

自评雷达图面积:38.21　他评雷达图面积:25.86
及格线雷达图面积:9.40　与及格线面积的差值:16.46
——自评　——他评　——基准线

从整体角度来看,该领导干部他评结果所围成的面积大于"及格线(2分线)"雷达图面积,表明该领导干部的综合能力较强。由图5-31可以清晰地看出,该领导干部在团队组建、心理干预、危机处置、战略决策和系统思维等维度上的得分较高,均达到或接近优秀水平。这表明该领导干部在团队管理、危机处理、战略规划和系统思考等方面具备一定的能力和经验。然而,在宏观决策、危机应对和责任担当等维度上,该领导干部的得分较低,特别是在责任担当维度上的得分仅为1分,表明这是其一项明显的短板。

从长板和短板两个层面进行进一步分析,在长板方面,该领导干部在团队组建方面表现出色,说明其具备很强的团队协作和管理能力,能够有效激发团队成员的积极性和创造力,形成高效的工作氛围。同时,在心理干预和危机处置方面,该领导干部也表现出一定的专业素养和应对能力,能够在突发公共卫生事件发生时迅速作出反应,采取有效措施稳定人心,化解危机。这些优势对于危机管理领导岗位来说至关重要,有助于提升团队的凝聚力和战斗力,确保其在关键时刻能够迅速、准确地应对各种挑战。然而,在短板方面,该领导干部存在的尤为突出的问题在于,其在宏观决策维度上的得分较低,可能意味着该领导在把握全局、制定长远规划方面存在不足，这对于危机管理领导干部来说是一个致命的弱点，因为危机往往伴随着复杂多变的环境，需要领导干部具备高瞻远瞩的能力，以应对各种不确定性。在危机应对方面，该领导干部的得分也较低，表明其在面对突发危机时可能缺乏足够的应变能力和处置经验。这可能会导致其在危机发生时无法迅速作出正确的判断和决策，从而延误战机，甚至造成严重的后果。最后，在责任担当方面，该领导干部的得分极低，仅为1分。这反映出该领导干部可能缺乏足够的责任感和担当精神，在面对困难和挑战时可能选择逃避或推诿责任。这种态度和行为对于领导干部来说是极不可取的，不仅会损害个人形象和信誉，更会对团队与组织的凝聚力和战斗力造成严重影响。

综上所述，该领导干部在团队组建、心理干预和危机处置等方面表现出一定的优势和能力，但在宏观决策、危机应对和责任担当等方面存在不足。针对这些问题，建议该领导干部在今后的工作中加强自我反思和学习提升，特别是在宏观决策、危机应对和责任担当等方面应下大力气进行改进和提升。同时，社区的上级领导也应加强对该领导干部的培训和辅导，帮助其尽快补齐短板，提升领导水平。

从图5-31中还能捕获到其他非常关键的信息，如从八项评价指标显示的结果来看，宏观决策、危机应对两个维度的自评分数要明显高于他评分数，表明该领导干部在这两个维度上的自我评价存在偏差，即"我认为我在宏观决策、危机应对两个维度上的表现很不错"，而现实并非如此，他评结果表明，该领导干部在这两个维度上的表现似乎不尽如人意。遵从"发展第一"的原则，在对该干部进行胜任特征的绩效面谈时，必须先帮助其明确自己真实的短板所在，即"扩大开放区"，深刻认识自己的问题，再开展针对性的改进。

五、基于360度反馈评价的发展性建议

1. "发展第一"的原则

在危机决策的反馈评价中，要贯彻的普遍原则是"发展第一"。具体的主张是：集中于发展的重点，落实到每日工作计划，定期进行反思，寻求反馈意见和支持并学以致用，从而使自身水平提升到更高的层次。

2. 反馈面谈主要方法

作为社区领导干部的上级，在获得360度反馈评价意见之后，需要代表组织，从危机决策和应急管理的角度，与社区领导干部进行绩效面谈。一般来说，作为普

及环境心理与危机决策知识和技能的前提要求,可以发放相关的辅导资料给被访谈的领导干部,让他们知晓雷达图的特殊作用,特别是反馈评价的意义,然后进行反馈评价的面谈。一般来说,绩效面谈主要包括如下步骤。

第一步,为会谈双方营造和谐的面谈气氛。

第二步,说明讨论的目的、步骤和所需要的时间。

第三步,向领导干部报告八项胜任特征的含义,以及自评、他评的胜任特征评价的考核结果。

第四步,结合介绍的基准线、误差值的概念,分析领导干部个人业绩表现和同一类社区领导干部相互比较的情况,重点在于分析成功的原因、存在问题的地方及改进建议。

第五步,报告领导干部行为表现评价的最后结果,特别强调领导干部在工作能力上的强项和有待改进的方面,获得领导干部自身的评价意见。

第六步,共同讨论新的一年(一般反馈面谈是在年终进行的)培训发展计划,为下一阶段的工作设定新的目标,特别是明确需要学习哪些新的知识和技能、是否需要外出学习等。

第七步,根据领导干部提出的需要获得的支持和资源进行讨论,有必要时,相关领导部门负责同志也可以参与此次谈话。

第八步,双方达成一致,在业绩考核表签字,结束绩效反馈谈话。

3. 反馈面谈实施技巧

在反馈面谈时,建议上级部门谈话者关注以下面谈技巧。

第一,上级部门管理者一定要摆好自己与社区领导干部的位置,双方应当是具有共同目标的交流者,具有同向关系,管理者不是评价者和判断者,双方是完全平等的交流者。面谈不是演讲,而是沟通。

第二,通过正面鼓励或者反馈,关注和肯定社区领导干部的长处;不过,也要从危机的预见性角度出发,强调有一些公共卫生事件的苗头,以便其后期开展管理工作时多加关注。

第三,要提前向社区领导干部提供他评结果,强调客观事实。这里尤为重要的是提醒社区领导干部注意双方在目标设计中达成一致的内容,提示事先的承诺,包括对于结果指标和行为指标的承诺,便于考核时逐项落实。

第四,应当鼓励社区领导干部参与讨论,发表自己的意见和看法,以核对考核评价结果是否合适。

第五,针对社区领导干部的360度雷达图的行为评价结果,考虑新一年度的(培训)发展计划。

4. 群体事件的处置案例

【问题情境】你是某公司人力资源部总监，所在的零部件制造工厂接到通知，生产订单出现了断崖式减少，近 2 个月的生产计划只需要 1/3 的人力作业。收到消息后，管理层立刻商议决定，需要安排大部分人员休假。消息还没有正式发布，就有 10 余个员工情绪激动地到人力资源部要求给予经济赔偿，不愿意接受放假轮休方案，否则，他们将围堵工厂大门，让所有人都不能上班。情况十分危急，如果不妥善处理，将可能引发更为极端的事件。你作为公司人力资源部总监，获悉该情况后会采取怎样的应急处置措施来解决这一问题。

【处置方式】在面对这一危机的时候，管理者要表现出较强的应对非常规突发事件的能力，从企业内部、企业外部方面来分析，最后，特别是对滋事人员进行分析与判断，明确企业员工的哪些要求是可以满足的，并尽量予以满足，而哪些问题是暂时不能解决的，并将其作为应对危机的关键之处。课题组决定召开"停工待产工作协调会"，尽量调动各方人员参会，面对面地进行平等协商，力争使问题得到合理解决，会议结束之后，再行处置个别滋事员工，通过合理的法律处置方式来结束此次争端。

【企业内部】安排人力资源部经理，将 10 余人带到会议室，做好人员名录和诉求登记。然后，请这些人员的部门主管到会议室，协同人力资源部安抚员工情绪，然后将所属人员带回部门，并通知选派代表，参加次日下午三点由政府部门和企业管理层共同召开的"停工待产工作协调会"。此次内部协调需要联系总经理，向其报告应急召开的"停工待产工作协调会"的部署，并请求生产厂长和各部门经理配合人力资源部，参加次日下午的会议。同时，联系周边工厂人事负责人，看看是否有用人需求。也通知外包公司负责人，做好外包员工临时撤离公司的紧急准备。外包公司员工先行离厂，按劳务外包合同办理。更为重要的正式员工的处理方案：首先，由部门经理安排课长带队，每天包交通车将工龄较长的老员工临时带领到其他工厂做临时工，劳动合同和社会保险关系保持不变；对不愿借调到其他厂的剩余技术熟练的员工，由原来的两班倒生产改为三班倒；对于既不愿意外调，也不愿意倒班的人员，按照国家关于停工停产的规定，依法支付其停工休假期间的工资。

【企业外部】马上电话报告上级单位主管劳动关系的领导、总工会主席及派出所主管领导，说明实际情况并寻求支援，请求劳动监察大队、劳动关系仲裁委员会、工会三个单位安排经验丰富的主管人员，到企业参加停工待产工作协调工作。

会议结果是，在多个职能部门的现场督办下，"停工待产工作协调会"取得圆满成功。这样，此次工厂停工待产的应急群体性劳动风险事件得到了妥善解决。对于 3 名带头闹事、不接受安排的员工，协商解除劳动合同。

5. 团队组建的几点要求

本研究对于社区领导 360 度反馈评价的介绍，只是选取了城市危机决策者的一项胜任特征"危机应对"来进行绩效反馈，并阐明了"发展第一"的重要性。其实，在危机事件的危机决策中，"团队组建"也是需要按照评价反馈来促进领导行为的积极改变的。团队组建方面的要求如下。

第一，在反馈评价过程中，对于社区领导干部要"寄予期望"，也就是说，提升在应急管理过程中对于自我洞察和个人动力的重要性的认识也是至关重要的，"皮格马利翁效应"讲的就是寄予期望的重要影响。在古希腊神话中，有一位国王叫皮格马利翁，因为父亲在他早年不幸去世，皮格马利翁很早就继承了王位。可是，他对于当国王不太感兴趣。于是，他在皇宫的地下室安排了一个雕塑室，每天的主要精力是在地下室进行雕刻。由于年轻，尚没有女友，他就亲手雕刻自己想象中美丽的未婚妻。在地下室满怀期望地雕刻了整整 500 天，他终于完成了所期望的未来妻子的雕像。他"寄予期望"的行动终于感动了上帝，上帝就把这一雕像变成了一个真正的、活生生的"美女"，后来还成为他的妻子。这就是"寄予期望"的"皮格马利翁效应"。

第二，社区领导干部的团队组建尤为重要，作为一个地区的领导人，仅仅一个人在"危机应对"中有卓越表现是不行的，必须在社区危机事件应对中，通过加深对个人胜任特征水平的自我认识和洞察，把社区危机应对的有效工作方法传授给其他团队成员，并且要加强与成员的合作交流，让每一个成员在社区应急管理中都能明确自己能力发展的侧重点，大家为今后的社区发展制订行动计划，每个人都成长起来，共同锻炼领导能力。

第三，建立社区高层管理团队的评价模式，要先明白如下问题：自己处在什么位置？自己的目标是什么？在自己的价值观中，什么是最重要的？大家怎么看待自己？组织的标准和要求是什么？如图 5-32 所示，社区高层管理团队组建的评估标准包括如下四个方面：①人际关系，团队的凝聚力、士气是人力资源开发的首要内容。②内部程序，从信息管理角度而言，团队的沟通和监控方式是影响团队稳定性和团队控制的关键；③开放系统，高层管理团队务必具有灵活性，行动迅速，以便获取更多的资源，实现更好的成长；④目标达成，团队必须有明确的行动计划，目标设定精准，从而达到提高生产力、提升工作效率的最终目标。

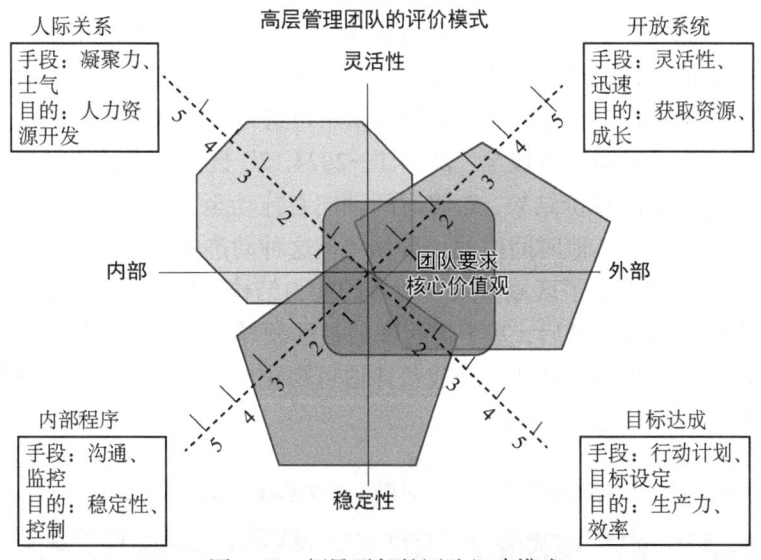

图 5-32　领导干部的团队组建模式

第四，面向未来的团队组建目标。由于社区工作风险的复杂特征，未来的社区领导班子要在事件的不确定性、物理环境和心理环境的耦合脆弱性、客观-主观应急管理因素要求方面更加明确相应的任务，在核心胜任特征的来源分析上明确团队组建的关键问题：①社区不确定条件下的各种危险性的识别方法；②周围物理环境-内在心理耦合的动态脆弱性分析；③继续完善客观-主观交互作用的抗逆力模型；④建立和完善社区风险的综合理论模型，并提升其安全管理模式。

六、基于时空多维反馈评估的可视化展示

在对社区管理者进行 360 度评估时，需要事先确定短板并进行针对性培训，还需要研发并形成能够体现不同时空下领导干部的动态可视化系统，以便全方位了解管理工作的进展。360 度评价可视化系统基于前期评估结果进行数据集成，绘制并生成成长后的雷达图展示结果，分个体层面与组织层面两部分进行展示（图 5-33）。由于评价的是长江三角洲各城市的特定单位，该系统会自动在主页显示组织层面与个人层面的评估结果。若想查看某一岗位序列中所有个人的评价结果，只需点击相应社区即可。该系统较为注重人机交互层面的引导与个性化面板定制。例如，界面右上角为用户提供了各种指标的可选项，用户选中的指标便会在雷达图中自动展现；提供个性化的对比功能，通过"升序/降序"按钮可根据被

评价者的能力区间（以他评为主）进行排序，以便分辨出在组织中表现卓越的个体与表现一般的个体，达到行为评估的目的。除此之外，主页底端的时间轴也可供用户进行拖动，雷达图的评价结果会根据用户选择时间区间的不同而进行动态变化。例如，若将时间轴拖拽至"2024.1—2024.12"区间，雷达图会展现这段时间内相应评价对象的评价结果，若将时间轴向右拖动至下一个区间，雷达图便会自动发生变化，展现其他时间段的评价结果。这种动态的、可供操作的展现方式为浙江省有关城市提供了区域应急管理者的能力结构时空多维变化信息，为加强城市管理提供了依据。最后，基于雷达图的社区领导干部工作现状可视化展示将与人职匹配大数据展示、胜任特征成长评估可视化展示连接起来，以便领导干部获取更多信息，具体如图 5-33 所示。

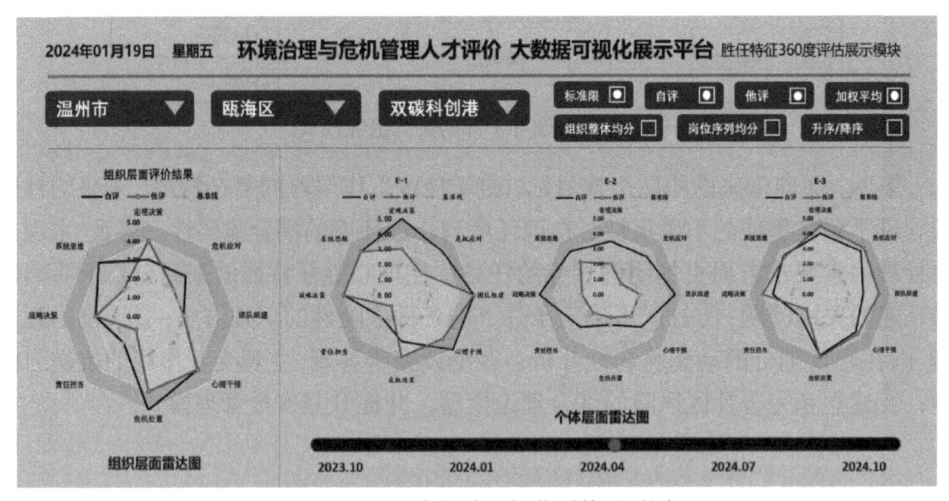

图 5-33 360 度评价可视化系统展示图

数字技术创新和产业的融合，突破了要素供给和生产消费的时空局限，带来了社会新财富的增长和经济潜力的释放，提高了经济和社会发展的活力与抗风险能力。基于反馈评估的大数据可视化平台，本研究综合大数据与人工智能手段，就环境治理人才的人职智能匹配、城市风险管理者胜任特征建模、领导干部的管理能力培训模式和基于 360 度评价的网络雷达图评估等方面的内容进行总结，建立起了可视化管理系统，从而全面展示了高端人才管理评价效能。

课题组基于 360 度反馈的网络评价方法及雷达图可视化呈现模式开展了研究，获得了浙江省各试用单位的积极响应与一致好评。试用单位一致认为，此次新增设的评价系统精准地刻画了每位成员、团体和组织在各项核心胜任特征能力上的优势与不足，为加强其所在地区应急管理工作提出了全面且细致的素养要求，明确了现状并提供了未来的发展建议，这是加强应急管理工作的重要变革。本研究对于浙江省加强未来突发事件危机管理具有长远的意义。

第八节 软著"风险认知与管理决策"可视化平台[①]

相比于物理世界人与人之间的交流方式，社交媒体平台因具有如下特有的优点，自问世后得到了广泛的普及和发展。第一，虚拟性，社交媒体提供了虚拟空间，使人们能在数字环境中进行社交互动，不需要面对面接触。第二，广泛性，社交媒体打破了地域限制，允许用户与世界各地的人进行交流，扩大了社交范围。第三，实时性，信息在社交媒体上传播迅速，用户能够及时获取最新动态和新闻。第四，多测度，用户可以轻松分享图片、视频和链接，使社交更为多样化和生动。第五，互动性，社交媒体平台强调用户间的互动，通过评论、点赞等方式增强社交体验。第六，个性化，用户可以根据个人兴趣、观点选择社交圈子，形成更为个性化的社交体验。第七，无时差，社交媒体消除了时区差异，使人们能够随时进行交流，增加双方的互动和信任。"风险认知与管理决策"可视化平台利用先进的数据分析和可视化技术，帮助用户更好地理解和管理各种风险，进一步提升了社交媒体在决策支持方面的价值。

一、"风险认知与管理决策"可视化平台的社会需求

与物理世界的社交相比，社交媒体带来了一些挑战，如虚假信息较多、缺乏真实感等，不仅如此，社交媒体的使用常常会对人的心理和情绪产生影响，这主要体现在如下几个方面：①社交比较，导致人们与他人进行比较，可能引发焦虑和不满。②信息过载，大量信息可能引起压力和混乱。③虚假信息，不准确或虚假信息可能导致误导和困扰。④社交孤立，过度使用社交媒体可能导

---

① 本节作者：许佳炜、何军、时勘、王译锋、焦松明。

致面对面社交减少，加重孤独感。⑤情绪传染，看到他人的情绪表达可能影响自己的情绪状态。

目前，我国微博的月活跃用户在全球居于领先地位。Twitter 于 2023 年公布其月活跃用户数已经超过了 5.41 亿人[①]，它提供在线翻译功能，支持多种语言，在很多国家有广泛的用户群体，成为具有全球影响力的应用程序。而另一个社交网络服务巨头 Meta 旗下的 Facebook，截至 2022 年第二季度，拥有约 29.3 亿月活跃用户，是全球使用人数最多的在线社交网络平台[②]。截至 2023 年 6 月 30 日，Meta 旗下所有应用（包括 Facebook、Instagram、WhatsApp 和 Messenger）的月活跃用户数达到 38.8 亿人，其中，Facebook 拥有 30.3 亿月活跃用户[③]。由于社交媒体平台用户的广泛性和地域性，且社交媒体可提供实时和广泛的信息，帮助用户了解最新情况，以社交媒体平台数据作为"风险认知与管理决策"平台的分析数据来源，不但具有数据代表的广泛性、实时性等特点，而且具有数据量大、维度多和精准度高的特点，因此，本研究将以 Twitter 和 Facebook 作为平台分析的主要数据来源。

此外，"风险认知与管理决策"可视化平台的用户基本上都是中文用户，而 Twitter 和 Facebook 的特点是用户国际化，其系统支持多种语言，拥有世界各个国家和地区的用户，获取这两大平台上的数据，有助于将"风险认知与管理决策"系统用于对比不同国家应对突发公共事件的不同措施及其对民众心理行为和情绪特征的影响，也可以通过对不同国家和政府应对各种非常规突发事件的管理决策效果进行对比，为我国未来构建全球预警网系统和相关管理对策可视化展示提供科学依据。

二、平台的脚本信息的采集器

上述几个最具数据价值的社交网络均属于 Deep Web，其数据采集存在很多技术难题，特别是每个平台均设有防范爬取其平台数据的一些机制。首先办理了非经营性互联网信息服务网站的备案手续，然后对这几个社交网络的采集技

[①] 5.41 亿，马斯克宣布 X 推特月活跃用户创新高．(2023-07-29)．http://www.caischina.cn/cj/202307/27700.html[2024-08-01]．

[②] 月活量 29.3 亿用户的 Facebook 频繁封号，卖家们是否该放弃这块蛋糕？（2022-11-28）．https://zhuanlan.zhihu.com/p/586542654[2024-08-01]．

[③] Meta 旗下应用用户达 38.8 亿 Facebook 月活跃用户超过 30 亿．(2023-07-27)．https://www.sohu.com/a/706684932_362225[2024-08-01]．

术展开了多方面科研攻关，以便设计出专门的数据爬取器。例如，对于微博的 API 受限情况，使用多代理、多渠道分散采集的方法，打散采集请求，提高单位时间的采集能力；又如，对于评论、视频源地址等脚本信息的采集，拟通过全自动模拟浏览器用户上的行为，稳定地对各种脚本信息实施异步、分布式的高速采集，从而为接下来的数据分析工作做准备。之后，需要对收集上来的各种调查数据和多源媒体大数据进行整合，具体将综合运用多种方法，例如，在不同阶段使用不同的数据集的方法，或者基于数据特征的融合方法以及基于语义的融合方法等。

能反映突发公共事件中的社会媒体大数据的可视化平台的构建方法如下：首先，平台要能够满足心理行为分析工作需要，综合运用计算机、统计学、人工智能等技术对获取的社会媒体大数据进行特征抽取与表达，通过数据内在的关联性和一致性分析，获取高质量的数据；其次，要分析特征的分布以及相关特性，提出有效的特征抽取机制；再次，要进一步分析特征的显著性，对特征进行筛选；最后，在前述基础上，最终实现对突发公共事件中民众的行为规律的分析与深度挖掘，构建面向突发公共事件的公众心理服务可视化平台。

三、技术框架图

可视化平台的技术框架图如图 5-34 所示，以下就技术框架图中涉及的一些关键技术和实现方法做一详细说明。

1. 调查数据与多源异构媒体大数据的高效获取与整合方法

本研究将构建一个面向突发公共事件下公众风险认知、行为规律及公众情绪的公众心理服务平台。该平台包括能反映公众心理与行为指标的调查问题，相关调查通过该平台发布和收集数据，平台会对社会网络中各类异构的中英文媒体数据进行采集，涵盖微博、论坛、新闻、音视频分享服务。目前，Twitter、Facebook，还有一些国外地区或群体的 BBS 等互联网信息发布与交换通道均能够提供实时、增量、鲁棒的采集系统架构。针对多数社会网络系统存在的限制数据爬取的要求，结合本研究的特点，课题组将针对新浪微博、Twitter、Facebook 等主要社会网络平台来设计专门的网络爬虫系统。该爬虫系统采用以爬取队列为中心的架构，设置的增量采集技术可以避免重复采集未曾变化的网页带来的时间和资源上的浪费。课题组还将设计模型及相应算法来估计网页的变化，实现网页的增量采集，并降低信息的冗余度，提高采集效率。

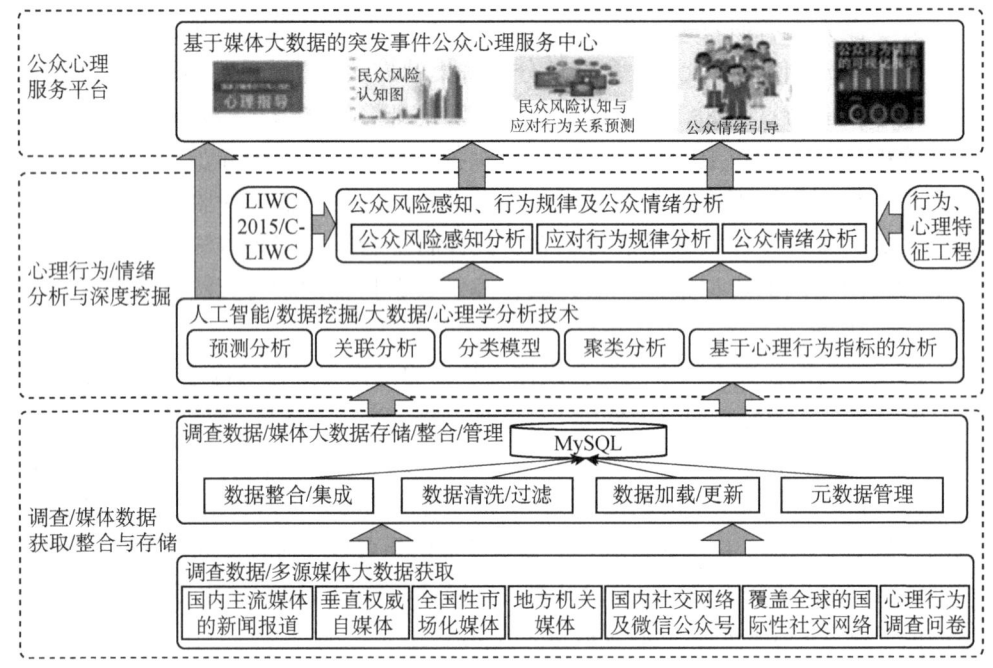

图 5-34 技术框架图

注:"LIWC"和"2015/C-LIWC"为文本分析工具名称缩写,全称为"Linguistic Inquiry and Word Count"(语言调查与词汇计数)

2. 风险认知、行为规律及情绪特征抽取、表示与深度挖掘

在对网络媒体大数据进行特征抽取与表达时,本研究将采取特征工程的方法,对数据进行质量评估,通过数据内在的关联性和一致性分析,来获取高质量的数据。本研究将分析特征的分布及特性,提出有效的特征抽取机制,并进一步分析特征的显著性,对特征进行筛选,在此基础上,构建面向公众风险认知、行为规律及情绪媒体的大数据特征抽取与表达框架。

3. 面向突发公共事件的公众心理服务平台构建

本研究将对多源媒体大数据反映的公众风险认知、行为规律及公众情绪的内容进行多来源、多模态的有效聚合,并深入分析其中所蕴含的群体特征、事件来由与学术观点,按不同的层次和维度,以可视化的形式呈现用户所关心的个体与群体的社会心理特征,并针对网络媒体大数据聚合而来的深层内涵,如用户的兴趣图谱、多尺度重叠的网络群体、热点或突发事件的来龙去脉与发展态势等,为相关部门提供了解公众行为规律、引导公众情绪提供决策依据,从而构建面向突发公共事件的公众社会心理服务平台。总之,建立该平台的目标就是分析突发公共事件下公众的风险认知、行为规律及情绪特征，并且在社会媒体大数据的基础上，探索多源异构媒体大数据的高效获取方法以及风险认知、行为规律和情绪特征的抽取、表示与深度挖掘的方法，以加强面向突发公共事件的社会心理服务平台的建设。

四、可量化模型的构建

课题组希望构建一个可量化的模型，通过大数据方式，研究突发公共事件中民众的心理、行为和情绪的变化规律。由于网络媒体、调查问卷、移动 App 等多源大数据具有的结构复杂、动态演化、数据差异大和语义表示不规范等特点，要实现对心理与行为内容的精确提取与深度挖掘，构建能支撑基于大数据的社会心理服务平台，面临如下挑战性问题。

1. 如何将反映民众情绪及行为的调查数据与来自互联网大数据进行高质量收集与聚合？

数据是构建公众社会心理服务平台的基础，课题组有来自多种不同途径的社会网络媒体大数据、调查问卷大数据、移动应用大数据，以及基于某些指标获得的舆情监控、公众施救等大数据，这些多源数据样本规模巨大、特征空间多维、数据类型多变（如网页、文本、图片、视频等），这使得多源大数据结构复杂、差异性大，不仅要求信息获取方法具有很强的普适性，而且对多源大数据内容提取中最基本特征的空间维度表达及计算提出了挑战。因此，如何高效地获取多源大数据，是本研究的关键问题之一。

2. 如何用人工智能技术对突发公共事件中民众的行为规律进行分析与深度挖掘？

面对用户规模巨大、用户特征的多样性和个性化明显等特点，要挖掘用户的心理特征，需要对用户的行为进行归纳，提炼出不同心理特征的共性属性，这需要有基于社会心理学知识的语义表示模型和理解方法、信息增量和进化的学习方法，构建基于突发公共事件中多源大数据的公众心理服务平台，最终向用户呈现不同个体和群体的心理、情绪及行为规律。所以，我们需要对多源大数据的社会心理内容进行多来源、多模态的有效聚合，并深入分析其中所蕴含有关群体事件的观点，按不同的层次和维度呈现用户所关心的个体和群体的心理、情绪及行为规律。此外，还需要建立多通道媒体信息的统一数据存储与管理系统，构建用于支持数据分析的心理、情绪及行为规律指标库，为进一步的加工及分析、处理提供统一的规范。

3. 如何建设面向突发公共事件的风险认知、行为规律及情绪特征的心理服务平台？

针对社会媒体大数据体量巨大、异构多源、模态多样等特征，本研究将秉持系统、深入和实用的原则，围绕基于媒体大数据突发公共事件下社会心理服务平台建设所面临的问题，探索利用机器学习支持的大数据分析技术，从全局、多方位、多角度展开基于媒体大数据个体与群体的心理、情绪及行为规律分析，研究内容包括多源异构媒体大数据高效获取方法，突发公共卫生事件的多源大数据民众心理、情绪及行为规律的特征抽取、表示与深度挖掘，以及面向突发公共事件的社会心理服务平台建设。

五、"风险认知与管理决策"可视化平台的功能说明

1. 开发背景

21世纪以来，人类进入"风险社会"时代。党中央把生态文明建设摆在治国理政的突出位置，坚持"人与自然和谐共生"，倡导增强忧患意识，以应对一些重大风险带来的挑战。为此，本研究围绕突发公共卫生事件中的系列问题，针对民众在社区、医院和学校的行为表现，获取了丰富的案例。此外，对于长江三角洲各级领导面对突发公共事件采用的危机决策的成功经验，除了利用科学研究进行总结之外，课题组还通过"风险认知与管理决策"可视化平台积累了丰富的胜任特征模型案例资料。总之，课题组通过行为科学研究的数据聚合，完成了可视化平台的开发工作。此外，课题组还从生态文明大局出发，邀请有关专家，围绕全球气候、生态保护、绿色转型和法律保护等方面进行访谈，也积累了风险认知、生态教育和身心健康案例，最终形成了"风险认知与管理决策"可视化平台，并完成了"风险认知与管理决策"可视化平台的软著申请工作。该平台已经进入运行阶段，将在使用中不断完善。

2. 开发目的

"风险认知与管理决策"可视化平台具备典型事件情境构建和模拟分析能力，支持典型事件的复盘与结果评估，可对污染高值实现自动化分析、直观化表达、动态化跟踪、图形化展示，推动环境形势综合分析从经验判断向科学决策的转变。

3. 运行环境

软件环境：Windows 10、Python 3.7.8。

硬件环境：Intel 酷睿 i7 处理器、显存在 6G 及以上的 GPU、16G 内存、200G 硬盘、Gazepoint 眼动仪、键盘。

4．用户界面介绍

用户界面由三个部分组成，即初始用户界面和生态治理行为大数据分析界面（图 5-35）。初始用户可以通过点击"开始"进行模拟，点击"操作设置"改变键位，点击"退出程序"即可退出。平台利用联机分析处理方式对系统数据信息存储、集成与呈现的数据库信息进行系统化总结，形成可视化展示评价的五大模块。

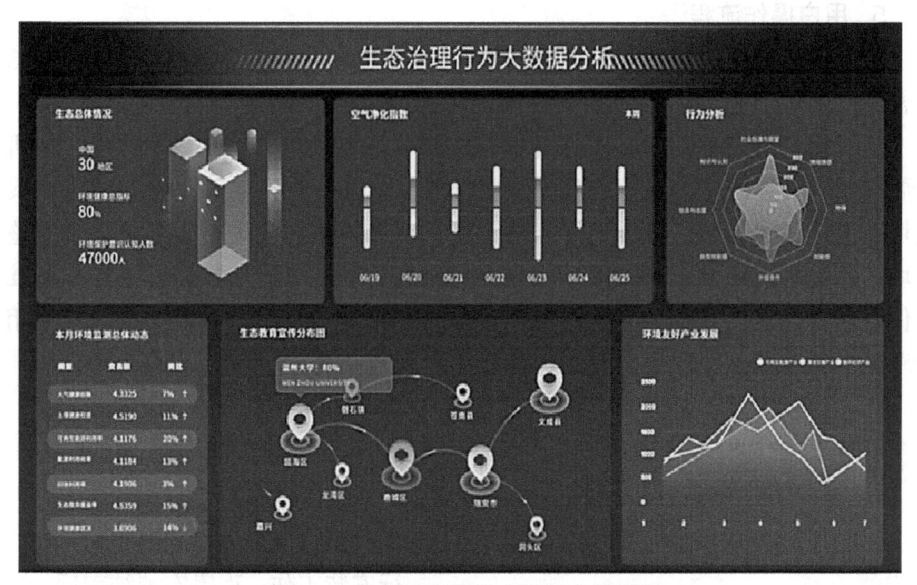

图 5-35　生态治理行为大数据分析界面

第一，整体展示模块。该模块中的"宏观布局"指未来研究成果涉及的全国范围的地缘分布；"调查分析"呈现的是各研究方向在环境监测、治理行为和生态意识调研中获得的关键性数据和研究结果；"综合展示"提供了生态治理的总结性信息，展示了各模块之间的联系，从动态角度呈现了整体运行情况。

第二，数据监测模块。该模块集中展示了监测评估和污染预防的成果，既包括室内实验获得的动态数据，也包括现场调查和第三方评价的结果。该模块包括数据的来源、收集、存储的方法以及实时的动态变化，以智能化方法进行了可视化呈现。

第三，环保认知模块。该模块展示了民众环保意识的变化过程和调查成果，包括民众的心理状态、社会反应等，也包括被试的受教育程度以及不同地区的差异，并通过数据整合将调查结果以图表化方式呈现。这些内容可提供给有关领导查阅。

第四，治理行为模块。该模块聚焦于对评估现状的分析和处理意见，具体包括各种评价指标，还通过 360 度反馈评价雷达图展示各类评价结果的差异，并提出改进建议。

第五，数据整合模块。该模块将各方面情况通过大数据挖掘、集成和整合等方式加以展示，特别要求通过智能系统对原始数据进行再加工，对多源异构数据加以清洗、深度挖掘，形成整合后的智库数据包，并以动态图表、词云方式呈现，以便各级领导通过环境监测管理系统及时获得现状情况，形成对策建议。

5. 用户操作流程

本软件要求用户按照规范进行操作，使得各功能模块正常运作，并使最终结果符合用户要求。

打开服务端之后，就可以打开生态文明与环境治理可视化展示平台。本研究主要展示"环境心理与危机决策"可视化平台。前已述及，该平台包括五大展示模块：整体展示模块、数据监测模块、环保认知模块、治理行为模块、数据整合模块。运行完 Python 文件之后，根据系统的校准程序，进一步通过校准和校准反馈保证平台的正常运行，直至达到预期效果。稳定运行后，系统按要求结束相应程序。一般来说，用户会按照操作流程进行操作，平台能保证用户满意使用，直至结束操作流程。

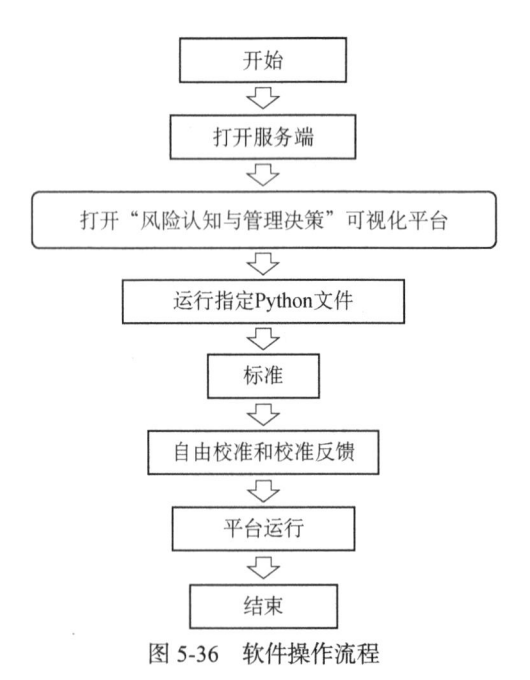

图 5-36 软件操作流程

6. 使用说明

（1）安装和初始化

运行 manual_control.py，就能进行安装工作。程序安装结束后，进入初始化阶段，使得程序能够稳定运行。软件操作流程见图 5-36。

（2）操作说明

在虚拟环境中可通过点击"R"键开始保存每一帧的图片，之后点击"T"键将图片保存到根目录"\PythonAPI\examples_outs"，最后对数据进行分析，得出分析结果。如果还有其他需要，可以和该系统的对外服务地址（www.wenzhoumodel.com）联系。

7. 软著说明

"风险认知与管理决策"可视化平台于 2023 年 8 月开发完成，并于 2024 年 2 月获得中华人民共和国国家版权局计算机软件著作权登记证书（图 5-37）。

图 5-37　软著"风险认知与管理决策"可视化平台登记证书

作为浙江省哲学社会科学规划新兴（交叉）学科重大项目"重大突发公共卫生事件下公众风险认知、行为规律及对策研究"的阶段性成果，以及浙江省"生态文明与环境治理"文科实验室的探索性成果，该软著利用大数据技术、云计算技术等一系列高科技技术，优化了传统对于突发公共卫生事件的治理过程，以一种智慧和科学的方式实现了这一领域的社会治理智能化，可望为创新社会治理作出有益的贡献。

第六章

本研究的讨论、结论与应用价值[1]

---

[1] 本章作者：时勘。

第一节　本研究的总体讨论

以习近平同志为核心的党中央把生态文明建设作为关系中华民族发展的根本大计，通过探索外部环境和人类行为的互动关系，来保障国家稳定健康发展。在前行的道路上，有风有雨是常态，极端天气频发，洪涝、台风、地震等自然灾害不时见诸报端，这给人类的发展与进步带来了极大的挑战。值得关注的是，中国可能很快就会从年度碳排放第一大国变成累计碳排放第一大国，碳减排的国际压力日益增大。为此，应主动迎接挑战，这是发展新质生产力的内在要求。只有如此，才能解决从多到好、从粗到精的转变。多年来，我国政府始终为保护人民的生命健康不懈努力，为构建人类卫生健康共同体贡献了中国智慧和力量。当前，各种突发传染病风险仍然存在，务必总结相关的成功经验，这对于提升我国社会治理成效具有重要的战略意义。课题组用四年时间完成了浙江省哲学社会科学规划新兴交叉学科重大课题"重大突发公共卫生事件下公众风险认知、行为规律及对策研究"。回顾走过的历程，从2020年开始，我们就在全国展开基于网络的民众心理与行为系统调查，从风险认知、应对行为、决策行为等方面开展调查。在各级领导、普通民众、医务人员和困难群体等的支持和参与下，共收回近2万份有效问卷，并完成了数据分析工作，获得了公众风险认知和行为规律。从心理筛查的危机干预、患者的漂浮治疗、医护人员的心理脱离和城市管理者的危机决策方面展开了实验研究，从生态环境治理、社区风险认知、医患救治关系和网络数据整合等方面展开了研究，本研究不仅涉及环境心理学的紧迫问题，还对于多学科的危机决策规律展开了系统探索。下面从四方面对研究内容进行总结。

一、宏观环境治理与危机管理研究

1. 区域危机管理

在突发公共卫生事件中，首先，政府领导者应正确地识别面临的各种突发情况，从而进行科学决策；其次，如何破解这些突发信息隐含的问题，这需要对于各地民众的风险认知、行为规律进行深入的规律探讨；最后，在实施突发公共卫生事件应对决策中，面对问题时领导者的灵活处理是解决问题的关键。为此，本研究采用风险认知熟悉度、积极应对方式、组织污名化及负性情绪等四类量表进行了测查，构建了一个有调节的中介模型。结果表明，组织污名化在民众的风险认知和积极应对方式的关系中起到明显的调节作用。回顾过去可以看到，在突发公共卫生事件发生初期，有些不明真相的民众，把发生传染病的原因直接与所在地民众联系起来。为了解决这种偏见问题，我们通过展示调研结果对民众进行耐心说服，特别是通过领导者对于群众的引导工作，改善了不同地区民众的相互关系。组织污名化问题在国外表现得更为突出。由于初期各国对于传染病的来源存在争议，一些西方国家领导者还对疾病的来源进行了错误引导。在此背景下，我们在国际媒体和研究论文中用事实驳斥这些不实之词。2020年3月27日，《科学》杂志刊发了一篇社论，期望全球科学界携手合作，启动21世纪"麦哈顿计划"，开展一场特殊的国际大合作来解决传染病的根治问题。在此情况下，时勘教授联合美国、加拿大、英国、新加坡和中国近30位学者，发起了"基于人类命运共同体的全球心理学研究合作倡议"（A Psychological Research Initiative against the Novel Coronavirus Pneumonia Based on the Community of Shared Future for Mankind），倡导全球心理学、管理学的学者联合起来，开展"心理学的曼哈顿计划"，就风险认知、"心理台风眼"效应、组织污名化、留学文化变迁等展开国际合作研究。该倡议指出，我们的政治信仰可能不同，但应丢弃往日的误解，齐心协力地团结起来，面向未来，共同书写人类命运共同体的新篇章！

2. 环境监测评估

在全球化的浪潮下，气候变迁、人类活动、物种传播等因素对环境风险和生态危机的影响有目共睹。在生态环境治理方面，我们立足国家碳达峰、碳中和要求，依托浙江地区海洋、山地、湖泊的特殊优势，探索生态环境保护、生态文明建设与环境智能治理的关系。在区域治理研究向度方面，我们围绕大气污染控制的关键技术问题，构建了污染控制的研发平台，开展了二氧化碳电解催化剂、电化学反应器的研发和实验工作。课题组先后承担了"社会主义现代化先行区新农村生态友好型水环境治理体系"等国家社会科学基金重大项目，进行了农村污水智能化监管技术系统运行的专门化研究，并开发了农村污水运维监管系统，此外，还在温州地区建设了三垟湿地生态环境实验基地，基于生态环境研究的需要，形成了生态环境监测评价系统，并且建立了由生态保护、资源利用、环境质量、生态安全、绿色发展、循环经济、文化建设、民生环境、国际合作和法律管理等10项指标组成的评价系统。这一评价系统的最大创新点在于，采用管理熵方法分析监测系统各维度指标的正、负熵流值，从而识别出所评价地区生态环境的变化趋势，将管理熵耗散模型用于生态环境评估中，使各项指标叠加成统一的系统，这一举措丰富了管理熵理论在生态学领域的应用效果，且在生态评价学领域具有重要的创新价值。

3. 松紧文化机制

在区域危机管理方面，本研究经过路径分析发现，松紧文化对领导行为决策的影响机制颠覆了我们过去的认识。传统的组织行为学研究认为，紧密文化一般会对工作投入产生消极影响，而本研究结果却发现，紧密文化对于领导行为决策的影响要视问题情境和任务要求而定。在突发公共卫生事件中，对于调动组织资源去应对突发事件来说，文化松紧性具有独特的促进作用。在突发公共卫生事件初期，外部环境需要采用高度同步和一致投入的决策方式来应对出现的挑战，这正和我国传统文化中倡导的"家国情怀"精神一致，其从实质上表达的也是承担国家和家庭的责任，以便共同抵御灾难。在此背景下，当然要求决策者在危机情境中设立高强度的组织规范，对组织内个体的偏差行为采取低容忍态度，以激发广大民众全身心投入其中。面对突发公共卫生事件威胁，组织领导只有基于紧密文化领导风格，才能使民众团结一心，共同面对危机与挑战，这是及时控制局势的关键。我们还发现，只有增强了组织整体的文化紧密度，达到了组织目标的一致性，才会引发民众更高水平的工作投入。当然，在日常的管理决策中，我们依然同意采用松散文化方式来应对组织创新的要求。因此，关于松紧文化的这一研究结果表明，在危机管理决策中采取权变理论更加适应客观变化的需求。由此可见，组织文化紧密性对变革型领导决策的正面影响得到了研究实践的充分证实，具有重要的创新价值。

二、民众风险认知与情绪引导研究

1. 民众风险认知

本研究结果表明，突发公共卫生事件一般会激发公众的风险信息感知，人们会依赖主观直觉判断来对情境中各种危险事物进行评估。我们从风险沟通入手，考察了风险信息对民众应对行为的影响。研究发现，恐惧可能激活长期记忆，让人们更长时间地记住不良事物（Rafiq et al., 2020），从而产生负面情绪，而紧张、恐惧和焦虑会导致恐怖情绪。为此，本研究展开了四轮（涉及近2万名民众）心理行为调查，从风险沟通视角入手，考察了风险信息对民众风险认知、应对行为的影响，重点探讨了风险认知的中介作用及其对民众心理紧张度的调节作用。研究结果表明，在风险信息上，治愈信息和患病信息对民众的风险认知影响最大，且显著高于与自身关系密切的信息和政府的防范措施的影响。针对不同地区民众的调查数据进行的对比分析发现，湖北地区民众对传染病的控制程度显著高于新疆、西藏等地区的民众。这是因为，湖北地区民众在经历突发公共卫生事件之后容易产生麻木心态，当看到治愈人数快速增加时会产生盲目乐观的心态。受这种"心理台风眼"效应的启发，我们将调查获得的事实用于宣传和教育大众，使得不同地区民众的心态和行为向正确的方向变化，使大家都能客观地看待突发公共卫生事件的发展趋势，从而迅速地投入复工复产的工作之中。

2. 弱势群体关爱

风险认知的第二项研究是与加拿大万方团队合作开展的健康心理和财务状况的跨文化比较研究。通过对于3834名被试的调查，获得健康心理和财务状况的关系，从而探查出被试在应对行为和放弃倾向方面存在的特殊现象。研究发现，男性更有可能放弃对突发公共卫生事件的限制措施，关键原因在于其经济状况较差，从而导致放弃应对行为。后来，中加心理学者在国际杂志联合发文，建议各国官员把缺乏财政资源支持作为洞察人们放弃积极努力的原因之一。我们还特别建议各国政府相关人员对于经济方面的弱势群体采取激励措施，为需要财政支持的人们提供经济资源，以便他们能有效地应对贫穷。此后，浙江省等地的政府相关人员通过发放购物优惠券、免费食品或者现金奖励等方式帮助困难群众，取得了良好的成效。在我国城市地区，进城务工的弱势群体大多生活在密集和拥挤的社区，这助长了病毒的传播。本研究有助于人们进一步理解病毒传播的途径，从而使得决策者把财政救助工作更精确地集中于经济困难人群。可以认为，上述管理对策至今仍然对进城农民工生活环境的改善具有积极作用。因此，健康心理和财务状况的研究成果对于社会学、管理学是具有创新贡献的。

3. 心理健康筛查

突发公共卫生事件会对人们的工作、学习和生活均产生较大影响，学生的心理健康问题研究显得尤为重要。在中国科学院心理研究所发布的《中国国民心理健康发展报告（2021—2022）》的基础上，课题组在河南郑州某高校展开了大学生心理筛查与危机干预研究。本研究提出了心理健康筛查的三级干预系统，从初级干预的心理应对、网络依赖入手，切入中级干预的特质焦虑、压力反应的调查，直至高级干预阶段的抑郁症状、心理痛苦到自伤自杀行为，通过这一系列因素的联合调查，真正揭示出大学生自伤自杀的成因，进而形成干预措施和方法。本次调查体现了三级干预分层揭示的创新举措，一方面解决了个体普遍存在的心理压力、特质焦虑、情绪调节和心理应对等问题，另一方面聚焦于存在抑郁症状、心理痛苦和自伤自杀行为者，专门展开了"一对一"的关键行为事件访谈，查明了导致其心理痛苦和自伤自杀行为的原因，并采取了针对高危人群的心理辅导陪护措施。在开展了5个月的心理辅导之后，本研究再次对全校学生进行了与上次内容相同的问卷调查，结果发现，学生在心理健康的各项指标上都有了明显改善，特别是具有抑郁症状、心理痛苦和自我伤害行为的学生人数明显减少。令人鼓舞的是，整个学校心理健康管理水平也得到了显著提升。这一实证研究结果表明，本研究所创造的心理健康三级干预模式得到了突破性进展。由此证实，心理筛查与危机干预模型具有重要的创新价值和应用前景。

三、医患救治关系与抗逆成长研究

1. 病毒威胁量表

在普通民众、患者和医护人员危机应对研究中，课题组参与了 9 个国家的病毒威胁量表，即 BCTS 的编制和验证研究，从根本上解决了有关病毒感受的测量工具问题。首先，在中国、加拿大、希腊、西班牙和以色列等 5 个国家对 4700 多名成年人被试展开了 BCTS 量表测试，以验证其结构效度，结果表明，该工具在中国是切实可行的。其次，对各国提供的数据进行的比较分析结果表明，采用 BCTS 量表可以帮助预测和评价病毒的影响。随机效应的元分析模型结果表明，BCTS 是一种提示传染病的警示工具，可以帮助人们回避可能的传播病毒，而且避免人们对突发公共卫生事件的担忧。再次，通过激活系统能有效地缓解病毒感染和传播。研究还发现，医护人员患传染病的可能性是非医护人员的 7.5 倍。为了降低这种可能面临的高强度威胁，课题组采取了专门措施来防范病毒在工作场所的传播。最后，传染病毒威胁和心理变量之间的关系强度因国家而异，各国管理政策是重要的影响因素之一。

2. 漂浮治疗方法

医患救治关系研究涉及传染病期间的患者治疗问题，通过漂浮治疗环境，人躺在充满高浓度电解质液体的密闭舱内，可以较大程度地减少视觉、听觉、嗅觉、味觉以及触觉等感官输入信息的干扰。课题组率先将此方法用于 2022 年冬奥会冰雪运动员的体能恢复中，取得了初步成效，并得到了习近平总书记的亲自关怀和支持。本研究选取了传染病恢复期患者，让他们自愿参加漂浮治疗实验，首度将漂浮治疗方法引入患者的焦虑治疗和睡眠改善中。课题组还开展了以医护人员和心理辅导者为主导的漂浮疗法，并增加了治疗中的抗逆力培训，在控制组只接受传统医学方法治疗时，将抗逆力辅导引入实验组治疗过程中，专门设置了想象接触方法，实验结果证实，在漂浮中训练患者想象某个治疗场景与医护人员互动交流的情境，心理辅导脚本越精细、越具体，其增益效应就越强。研究发现，接受漂浮治疗的实验组在缓解焦虑、抑郁情绪以及提高睡眠质量方面呈现出更积极的变化。漂浮疗法不仅有助于降低患者的应激水平，促进内在平静状态的建立，还有效地提高了其睡眠质量，尤其在改善生活质量方面证实了漂浮治疗方法的优势，提高了患者的心理弹性与适应能力，这应该是漂浮治疗方法的新发展。

3. 抗逆力培训

在医疗体系中，不可忽视的是医护人员身心健康改善问题。首先，基于工作要求-资源模型，课题组从资源获得和资源损耗两条路径，分别考察了下班后和工作间歇中心理脱离行为的影响机制，揭示出心理脱离状态和心理脱离行为的作用差异。本研究基于工作要求-资源模型重新建立了整合的解释模型，展示出工作投入的边界条件、行为机制的干预效应。其次，通过对医务人员的情绪管理、压力疏导等方面的团队辅导，课题组发现抗逆力作为重要的内在心理资源，可以提升情绪调节的效能。但是，这种改善传导需要一定的时间，而积极的情绪调节策略则能提升心理适应能力。总之，提升医护人员抗逆力可以降低其情绪耗竭，促进工作投入，本研究通过团体心理辅导提升了医护人员的抗逆力，并在改善心理脱离方面作出了贡献，这对于实现医院环境的健康战略具有重要意义。

四、网络数据整合的危机决策研究

1. 数据整合平台

在充分利用数字经济最新科技成果的基础上，课题组在提升传染病预防的精准性方面也取得了重要进展。本研究对网络资源的内容特征、情感分类和言语拓展展开了专门探索，所倡导的网络数据整合是通过内容逐层挖掘而获得的，主要表现在如下方面：在用户规模控制方面，由于本研究所构建的数据整合平台拥有世界各国的用户资源，这有助于对比不同国家应对突发危机事件的措施差异，通过对比不同的危机应对举措的效果，为构建预警系统提供科学依据。在网络数据提取方面，本研究对收集到的各种调查数据进行整合，通过关联性和一致性分析，获取了高质量的海量数据。在信息平台展示方面，在数据整合过程中开展了 LBS 招聘信息分析。在个人和组织层面，分别利用人职匹配效果的透明化，提高了政府、企业对于高端人才现状的宏观把控。此外，在应聘人员通过初选进入企事业单位后，通过远程的沉浸式测评方法，实现 5G-VR 评价技术与数字科技的完美结合。由于建立了虚拟现实的面试现场，可以借助人工智能技术，从多测度实时观察到来自各地的高端人才的一举一动，增加了招聘者对于求职者语气、表情和行动等非言语行为的观测,大大地提升了全景情境测试的效能,使高端人才更能全身心投入到创设的测试情境之中。

2. 危机管理决策

浙江省城市领导在抗击突发公共卫生事件最困难的时刻,表现出超强的应对能力,这些高端人才在危机决策方面积累了丰富的经验,需要研究者抓住时机对经验进行总结。本研究尝试通过关键行为事件访谈方法,对抗击突发公共卫生事件期间城市领导者、社区管理者、医护人员、企业家和学校负责人的应急管理经验进行总结,构建出城市危机决策者的胜任特征模型,在危机决策的理论和方法研究中取得新的突破。在城市危机决策者胜任特征模型研究中,课题组特别强调了加里·克莱因的"事前验尸法",即在事件发生之前进行预测,也吸取了丹尼尔·卡里曼的经典发现,将冲动转化为自主行为,避免失误。这项研究使得城市危机决策者能提前报告出导致失败的原因,并避免"损失厌恶、过度自信、后见之明和代表性启发"的片面性,这是课题组在危机决策者胜任特征模型探索中的重大突破。此后,课题组通过基于网络集成的团体焦点访谈,构建出城市决策者的共同性胜任特征模型,包括宏观决策、危机应对、团队组建、心理干预、危机处置和责任担当等六项特征,还获得了这些决策者的差异性胜任特征模型,包括战略决策、系统思维(领导干部)、敢为人先、科技创新(科技人员)和数据驱动、安全心智(管理工程)。这一研究成果获得了浙江省委组织部门的认可。最后,课题组全力推出了网络雷达图可视化评价新技术,从多测度展示了危机决策者的胜任特征模型,并基于360度反馈评价雷达图法,将图形与多变量数值结合起来,以雷达图可视化方法展现了胜任特征模型,大大拓展了评价方法的外延。该成果引起了浙江省委领导的高度重视,实现了建模方法的创新。

3. 数据联机整合

课题组利用联机分析处理方式,对系统数据信息存储、集成与呈现的数据库信息进行了可视化展示,所构建的"风险认知与管理决策"可视化平台获得了中华人民共和国国家版权局计算机软件著作权登记证书。该平台包括五大模块:第一,整体展示模块。该模块包括"宏观布局""调查分析""综合展示"三个方面。第二,数据监测模块。该模块集中展示了监测评估和污染预防的成果,包括室内实验获得的动态数据和现场调查及第三方评价的结果。第三,环保认知模块。该模块展示了民众环保意识的变化过程和调查成果,包括民众的心理状态、社会反应、受教育程度以及不同地区的差异等。第四,治理行为模块。该模块聚焦于对评估现状的分析,还通过360度反馈评价雷达图展示各类评价结果的差异,并提出了改进建议。第五,数据整合模块。该模块将各方情况通过大数据挖掘、集成和整合等方式加以展示，并通过智能系统对原始数据进行再加工，对多源异构数据加以清洗、深度挖掘，形成整合后的智库数据包，以动态图表、词云方式呈现。各级领导均能通过环境监测管理系统及时获得数据联机整合的现状，进而根据数据呈现状况，形成对策建议。该平台通过数据联机整合系统的运行，获得了应用性创新成果。

五、课题组取得的学术成就

1. 智库报告

1）浙江省领导于 2022 年 8 月 22 日对课题组发表在《浙江社科要报》2022 年第 111 期的智库报告作出重要批示：《新冠疫情下民众的心理行为特征及管理对策》是温州大学教育学院、温州模式发展研究院时勘的研究成果。该文分析了民众对新冠疫情防控处置的基本态度及对核酸检测行为的认知盲点，提出了对策建议，主要观点有：一是运用居家办公网络会议服务技术，将安全多媒体会议与企业组件应用集成，开辟理想的虚拟工作空间环境；二是通过分组管理、分时操作、分区活动增加绝对无疫的中间交接点来打断传播链，实现疫情防控半封闭管理模式。浙江省委领导的批示在新冠疫情期间已传达各基层单位，对于促进新冠疫情期间的复工复产发挥了重要作用。

2）中国科学院办公厅发布了课题组撰写的《新冠疫情下民众心理行为特征及对策建议》（第 150 期，2022 年 5 月 3 日）和《专家建议借助大数据挖掘和智能算法系统，科学确定常态化核酸检测采样点选址》（第 183 期，2022 年 5 月 24 日）两个智库报告，其中，课题组提出的"科学确定常态化核酸检测采样点选址"建议，已被中国科学院和高校系统采纳。

3）课题组提交给国家自然科学基金委员会的报告《新冠疫情中民众心理行为亟需重视》（第 7 期，2022 年 5 月 26 日），已经被国家自然科学基金委员会信息处传达给下属各单位，这对于如何引导新冠疫情中的民众心理行为提供了有创新价值和实践意义的建议。

2. 学术贡献

1）发表学术文章。正式发表论文 37 篇，包括英文论文 6 篇（SSCI 论文 5 篇）、中文核心论文 9 篇、中文一般论文 22 篇。待发表论文 3 篇。

2）获得学术奖励。2021 年 4 月获得亚洲组织与员工促进（EAP）协会授予的"学科建设成就奖"；2024 年 6 月《中华民族伟大复兴的社会心理促进机制研究——社会心理服务体系的探索》获第二十二届浙江省哲学社会科学优秀成果奖一等奖。

第二节　本研究的主要结论

本书通过生态环境治理、社区风险认知、医患救治关系、网络数据整合的环境心理与危机决策研究，获得了丰富的研究结论。

第一，课题组通过"中华民族共同体意识与民众应对突发事件的交互关系研究"，完成了四轮近2万名全国民众的心理行为调查。从风险沟通的视角，考察了突发公共卫生事件期间风险信息对民众应对行为的影响。研究发现，治愈信息和患病信息对民众的风险认知影响最大。与2003年SARS期间风险认知因素空间位置图的调研结果相比较，突发公共卫生事件的"病因"从"不熟悉"和"不可控"一端转向"可控"和"熟悉"一端。这表明，我国民众的风险认知能力比2003年有了较大的改善，但对于"愈后对身体的影响"和"愈后有无传染性"的认识还是比较陌生的，依然会产生恐慌情绪。研究结果表明，课题组研发的"心理行为调查系统"经过近20年的不断完善，已能较全面地揭示突发公共卫生事件下公众风险认知和行为规律，提出的管理对策具有重要的创新意义，对于全国其他地区危机管理均具有借鉴价值。

第二，课题组在区域管理的生态文明与环境治理的关系探索中发现，领导者危机决策是务必关注的核心问题之一。本研究从研究向度的多维视角出发，特别关注了城市突发公共卫生事件的战略问题，可以通过公众信息发布、治理政策认同和流程管理优化等方面来检验危机管理的成效。在突发危机事件的治理中，领导者应当关注事前对策，事中对策和事后对策等关键环节的危机决策规律。最重要的发现还在于，对于突发公共危机事件，紧密文化对领导行为决策具有独特的促进作用。特别强调，在传染病泛滥初期，应采用高度同步和一致投入的决策方式应对挑战，对组织内个体的偏差行为务必采取低容忍态度。在突发公共卫生事件对生命健康构成强大威胁时，要促使民众团结一心，共同面对危机。因此，倡导文化紧密性的领导风格是对危机决策理论的重要发展，是对管理科学的重要的创新。

第三，在生态环境治理方面，课题组立足国家生态文明建设的要求，借助于温州大学依托的海洋、山地、湖泊的特殊优势，探索了大气污染、碳中和、碳达峰在环境监测评价方面的重要作用，特别是采用管理熵方法来分析监测系统各维度指标的正、负熵流值，进而识别生态环境的协同变化趋势，所构建的基于管理熵耗散模型的生态环境指标系统，将涉及的生态法治、社区健康、医院管理等多项内容纳入可比较的环境监测系统之中，这体现了新质生产力理论在生态学评价中的应用，这种新型的评价体系具有重要的创新价值和应用价值。

第四，课题组与加拿大研究团队联合展开的"心理健康和财务状况"的跨文化比较研究结果显示，经济状况较差的人群更容易放弃应对传染病的限制行为，其中男性更有可能放弃对传染病的限制措施，其原因在于缺乏应对危机的经济资源支持。我们认为，解决问题的关键在于，采取对弱势群体提供更大的财政支持来激发其态度的改变。我国进城务工的弱势群体目前大多数还生活在密集和拥挤的环境中，这可能是导致较大的病毒传播风险的重要原因，因此，我国的城市管理务必解决这一问题。我们呼吁政府决策者进一步改善弱势群体的困难处境，把资助的工作重点放在低收入的健康人群上，这对于乡村振兴、城市管理具有重要的促进作用。

第五，本研究基于心理健康筛查的三级干预模式构思，编制完成了包括心理应对、网络依赖、特质焦虑、压力反应、抑郁症状、心理痛苦、自我伤害和健康管理的心理筛查量表，并根据河南某大学近万名大学生的测查结果，进行了5个月的分层次心理辅导干预。后测结果显示，心理健康干预辅导实验取得了突破性进展，除了一级、二级被试心理辅导的有效性得到了证实之外，特别是对有自伤自杀倾向大学生的高级干预取得突破性进展，筛查出的自伤自杀人数明显减少，其中，心理痛苦指标在预测自伤自杀行为方面表现出更明确的预测性。本研究提出的危机干预模式取得了突破性进展，具有重要的创新价值和应用价值。

第六，课题组参与了9个国家的病毒心理感受量表（即BCTS）的研制工作，在将其用于医院疾病患者的筛查和诊断中取得了显著成效。事前将漂浮治疗方法成功地应用于北京冬奥会运动员的体力康复中并取得了良好的成效，本次将这一疗法引入医院疾病患者的治疗中，实验组接受以医护人员为主导的漂浮疗法，结果发现实验组在缓解焦虑情绪、提高睡眠质量方面均取得显著优于控制组的成效，特别是抗逆力训练与漂浮治疗相结合带来的协同效应，在提高睡眠质量、缓解焦虑情绪方面发挥了较大作用。通过想象接触让患者深入体验治疗场景，结果发现，想象接触治疗的脚本越精细，治疗的效果越好，这也是一项有创新意义的研究结果。

第七，课题组在研究中特别吸收了加里·克莱因的"事前验尸法"的思想，并适度采纳了丹尼尔·卡尼曼教授的建议。研究发现，进行重大决策时不能相信直觉，要将冲动转化为自主行为，让理性参与判断决策，在不确定情境中充分挖掘城市管理者的决策经验，并创造性地采用胜任特征建模方法来展现危机决策的预见性，特别是通过感知（语音转录）—决策（自然语言）—行为（自动编码）—反馈（模型构建）的关键行为事件访谈，来实现危机决策的多模态建构，进而获得城市危机决策者的共同性胜任特征模型，即包括宏观决策、危机应对、团队组建、心理干预、危机处置和责任担当等方面，并得到决策者的差异性胜任特征模型，包括战略决策、系统思维（领导干部），敢为人先、科技创新（科技人员）和数据驱动、安全心智（管理工程）等。本研究还在网络数据整合的基础上，基于360度反馈评价雷达图方法，将多维数据反映在二维平面上，更直观地展现了胜任特征模型评价数据的聚合值，使得管理者危机决策模型构建获得了从选拔、建模、培训到反馈的整合性方法创新，这一新型的胜任特征模型构建也是值得肯定的方法学创新。

第八，本研究通过多源媒体大数据整合，构建出面向突发公共卫生事件的心理服务平台，通过LBS人员智能匹配，在确定移动设备和地理位置前提下，高效率地实现了各类高端人才的精准选拔，并且通过5G-VR技术让求职者身临虚拟现实情境，录用单位可对进入复试的求职者进行多测度观测。此项新技术明显突破了时空条件制约，提高了虚拟环境下人才甄选效率。这一新型的高端人才招聘方法也突破了西方国家对我国高端人才的"卡脖子"封锁。基于大数据背景的招聘方法，获得人力资源和社会保障部网络人才资源全国大赛优胜奖。

第九，本研究利用联机分析处理方式，对系统信息存储、集成与呈现的数据库进行系统化总结，所开发的软著"风险认知与管理决策"可视化平台获得中华人民共和国国家版权局软著登记证书。该平台共包括整体展示模块、数据监测模块、环保认知模块、治理行为模块和数据整合模块五大部分，主要创新在于，通过大数据挖掘、集成加以整合，以360度雷达图方式展示各类评价结果。该平台经各级领导采用证实后，通过环境监测系统把握现状及进展，形成了更加科学的对策建议，这属于有创新价值的计算机应用开发系统。

第十，在完成专著《环境心理与危机决策》的基础上，以专家智库报告方式向浙江省哲学社会科学联合会、国家自然科学基金委和中国科学院分别提交了四份智库报告，这些报告全面揭示了城市领导者面对突发公共卫生事件的科学决策的规律危机预防处置的科学方法，并介绍了课题组为各地民众应对突发公共卫生事件提出的居家办公的网络服务技术。课题组提交的智库报告经浙江省社科办公示后，得到了浙江省领导、国家基金委和中国科学院办公厅的充分肯定，已经在浙江和其他地区的危机管理和社会治理中产生了较大的影响。希望刊发的智库报告能对我国突发公共卫生事件的应急管理和危机之后的常态化管理发挥更加重要的作用。

第三节 应用价值与未来展望

一、应用价值

课题组开展的"重大突发公共卫生事件下公众风险认知、行为规律及对策研究",从生态环境治理、社区风险认知、医患救治关系和网络数据整合等四方面开展研究,其应用价值主要在于如下方面。

第一,在生态环境治理方面,开展了以生态环境保护、大气污染控制、碳达峰碳中和的环境监测第三方评价工作,特别是采用管理熵方法分析了监测系统各维度指标的正、负熵流值,识别出所评价地区生态环境的协同变化趋势,并构建出基于管理熵耗散模型的生态环境指标系统,这种评价方法已经取得了一定的进展。目前课题组将通过温州大学"环境心理与湿地生态联合基地",将环境监测新指标和系统评估方法推广至长江三角洲地区和其他地区。我们的合作单位中国科学院生态中心、潍坊环境工程学院专门为此建设了生态环境相关实验室,在监测实验和评价系统方面全力配合生态环境监测工作。今后的环境监测工作将在生态环境监测系统中与各地找到新的结合点,把生态文明建设方面的评价工作融合起来,争取有新的拓展空间。

第二,在前期突发公共卫生事件研究中发现,经济状况较差的人群更易放弃应对传染病,这促使我们在后期的疾病预防和危机管理方面,深入探究与此有关的乡村发展战略的对接融合问题。国家放开了农村劳动力进城务工的限制,目前,进城务工群体大多数仍然居住在密集和拥挤的环境中,这极易导致更大的病毒传播风险。要使农村脱贫人口不再返贫,不论是进城务工者,还是依然生活在农村者,改善生活环境是至关重要的问题。课题组于2020年12月研发出困难问题调查问卷,包括传染病风险威胁、公共卫生管理计划、生活状况识别、相对收入和生活信心等维度的测查量表,该工具具有良好的信效度验证结果。我们认为,乡村振兴不仅仅应该搞建设,而且还要让农民工像城镇居民一样改善居住环境,建设宜居、和美乡村。因此,未来可以进一步扩展研究范围,将这方面应用研究与乡村振兴战略的实施结合起来,这应该是有重要的应用价值的举措。

第三,编制完成的、经实证研究验证的心理应对、网络依赖、特质焦虑、压力反应、抑郁症状、心理痛苦和自我伤害的三级心理危机筛查系统，被证明完全达到了测量学标准。特别是通过专门方法筛查出的心理痛苦、自伤自杀倾向者，采用专门的危机干预措施对其进行心理辅导和个别陪护工作，完全可以有效地预防心理痛苦和自我伤害的蔓延，因此，这一危机干预模式具备可推广应用的价值。未来的研究中，将把研究对象扩展至中小学生范围，还可以延伸到企事业单位开展心理筛查和危机干预的心理辅导工作，在危机干预模式获得效度验证后，将在国内进行大面积的推广工作。

第四，开展的漂浮治疗方法在医院疾病患者方面已经取得了成功，尤其是将抗逆力模型和想象接触方法融入治疗过程中，大大增强了漂浮治疗的成效。我们为此已经建立了国家健康漂浮示范基地。下一步的应用工作打算将漂浮治疗新模式尝试应用于青少年的焦虑和睡眠治疗中，特别是将有抑郁症状、心理痛苦、自伤自杀倾向的青少年群体作为漂浮治疗实验的重点人群，并将团体心理辅导、抗逆力培训和想象接触方法融入其中，相信有可观的推广价值。

第五，本研究成果可以从应对突发公共卫生事件，扩展至企事业单位、社区和教育机构的通用人力资源管理模式中。这里，首先需要通过开展网络大数据平台的 LBS 人职智能匹配，进而开展 5G-VR 技术的结构化面试，然后完成 360 度情境评价的反馈工作。在一些初期尝试应用本成果的行业和部门，还需要开展以"事前验尸法"为导向的胜任特征模型建构工作，并运用感知—决策—行为—反馈等多模态技术建模方法获得研究成果，之后才能开展研究成果的推广工作，课题组将为这些合作单位提供全面的技术支持。最后，360 度反馈的网络评价雷达图方法也是值得各个应用单位采纳的方法，以便贯彻反馈评价中"发展第一""寄予期望"的原则。

第六，利用联机分析处理方式已经获得中华人民共和国国家版权局认定的"风险认知与管理决策"可视化平台的计算机软著登记证书，该平台包括整体展示模块、数据监测模块、环保认知模块、治理行为模块和数据整合模块系统等五大模块系统，完全可以根据所确定的行业、地区的应用需要，不断完善该平台的服务内容和呈现系统。这方面的应用研究首先还必须解决具体研究对象的需求，不断完善可视化平台的设置要求，才能为本项目推广服务。

二、未来展望

2023 年 7 月 21 日，浙江省社科联立项论证会在温州大学成功召开，时勘教授作为首席科学家，申请的浙江省"生态文明与环境治理"文科实验室获得浙江省专家组的初审批准。2024年7月29日，浙江省教育厅公布了首批浙江省高校文科实验室立项建设名单。浙江省教育厅制定了《浙江省高校文科实验室建设方案》，决定立项建设首批10家浙江省高校文科实验室，温州大学"生态文明与环境治理"实验室包含在首批实验室之中。为此，课题组决定，在圆满完成浙江省哲学社会科学规划新兴（交叉）学科重大课题"重大突发公共卫生事件下公众风险认知、行为规律及对策研究"之后，对接这一省级高校文科实验室的工作，力争取得新的突破。为此，我们在未来主要开展以下工作。

第一，将环境心理学的研究与生态文明建设更紧密地结合起来，使得"环境心理与危机决策"研究向自然环境（全球气候、生态保护、环境修复）、社会治理（绿色转型、区域统筹、法律保护）和心理适应（风险认知、生态教育、身心健康）三大方面逐步拓展，并进一步凝练方向，将研究问题具体化，更好地建设和发展"生态文明与环境治理"省文科实验室。

第二，我们知道，在现实生活中，还会出现自然环境、洪涝灾害、气候变化等方面的问题。虽然产生的各种自然灾害现象并不一定能达到突发公共卫生事件的严重程度，但按照常态化方式处置面对的各类事件时，本次重大项目所取得的成果完全可以在未来研究中得以转化。当前，突发公共卫生事件虽然过去了，但贫穷饥饿、老年疾病、身体残疾、粮食安全等问题依然存在，需要依托主动健康管理模式，从危机预防角度出发，有效地监测危险因素，并采取针对性的管理对策。在此背景下，本次重大项目在风险认知、情绪特征和行为规律探索取得的成果，完全可以根据生态文明建设新思路予以转化和应用。突发公共卫生事件期间，课题组已研制出心理行为调查系统，未来可以将其植入新的预防体系之中，开展"防患于未然"的科学研究和应用推广工作。

第三，在高等院校、中小学的心理健康教育中，将继续展开心理筛查与危机干预工作，目前，课题组已经具备成型的三级心理干预模式，可用于解决青少年的心理健康异常问题。目前，我们面临的关键问题在于，测查出来的抑郁症状者或者心理痛苦者，并非每一位均会产生自伤自杀行为，而某些测查出有一般心理健康问题者，反而有可能出现突发性自伤自杀行为。因此，课题组所获得的心理行为预测模型还有待继续探究和完善。目前，针对存在的网络依赖、压力反应、抑郁症状、心理痛苦，甚至自我伤害的问题，在青少年日常生活中可能依然存在，需要将获得的研究范式融入到未来学校的生活和学习中。我们相信，这也将是浙江省文科实验室未来研究的重点问题之一。

第四，本项目通过漂浮治疗和心理脱离方法，解决了过去患者的疑难病症和医护人员心理健康问题，具有重要的创新价值。但除了针对患者的心理治疗之外，还可以探索正常人的心理健康干预系统的问题，此外，面对医护人员，还可以持续开展心理脱离和抗逆力研究，以便医护人员在工作-家庭平衡方面达到更加完全的协调。此外，普通学校和企业管理中也存在较为严重的心理健康问题，也可以开展心理脱离和漂浮治疗的专题研究。

第五，课题组开展的"重大突发公共卫生事件下公众风险认知、行为规律及对策研究"，应该说达到了预期目标，但就"环境心理与危机决策"研究而言，还可以在领导者决策方面展开更富有成效的探索，将智能治理技术引入其中。此外，关于与"生态文明与环境治理"研究全面对接的问题，必要时还可以研制"生态文明与环境治理"的软著和可视化平台，以实现与浙江省文科实验室的全面对接。总之，我们对于未来的研究是充满信心的。

参 考 文 献

白秀丽, 贺燕, 李静文, 包彩玲, 蒙莉萍, 刘阳, 斯琴高娃, 贺建霞, 王雪燕. (2020). 护士职业获得感现状及其影响因素分析. *中国护理管理, 20*(1), 67-73.

陈建军, 董浩, 魏文革. (2020). 外科住院医师职业倦怠与抑郁情况调查研究. *国际外科学杂志, 47*(7), 456-459.

陈娟, 李丽君. (2018). 农村地区高血压患者心理弹性对其健康行为能力的影响研究. *中国医药导报, 15*(9), 41-44.

陈娟娟, 李惠萍, 杨娅娟, 张婷, 王全兰. (2019). 家庭韧性对癌症患者心理韧性的影响: 领悟社会支持和生命意义感的链式中介作用. *中国临床心理学杂志,* (6), 1205-1209.

陈玲玉, 蚁金瑶, 钟明天. (2014). 消极情绪对执行功能的影响. *中国临床心理学杂志, 22*(3), 424-427.

陈秋婷, 李小青. (2015). 大学生生命意义与社会支持、心理控制源及主观幸福感. *中国健康心理学杂志, 23*(1), 96-99.

陈晓晨, 蒋薇, 时勘. (2016). 青少年跨群体友谊与群际态度的关系研究. *心理发展与教育, 32*(3), 285-293.

陈祉妍, 郭菲, 方圆. (2023). 2022年国民心理健康调查报告: 现状、影响因素与服务状况. 见傅小兰, 张侃, 陈雪峰, 陈祉妍(编), *中国国民心理健康发展报告(2021—2022)*(pp. 1-29). 北京: 社会科学文献出版社.

陈祉妍, 王雅芯, 郭菲, 章婕, 江兰. (2019). 国民心理健康素养调查. 见 傅小兰, 张侃, 陈雪峰, 陈祉妍(编), *中国国民心理健康发展报告(2017—2018)*(pp. 220-263). 北京: 社会科学文献出版社.

程素萍, 张潮, 贾建荣. (2009). 社会支持对大学生心理健康的影响. 中国健康心理学杂志, *17*(1), 35-37.

戴新梅, 邓燕君, 张小文. (2019). 护士心理资本、核心自我评价与情绪调节的关系. *中国健康心理学杂志, 27*(2), 279-282.

邓云龙, 潘辰, 唐秋萍, 袁秀洪, 肖长根. (2007). 儿童心理虐待与忽视量表的初步编制. *中国行为医学科学, 16*(2), 175-177.

丁煌. (2004). *西方行政学说史*. 武汉: 武汉大学出版社.

范春梅, 贾建民, 李华强. (2012). 食品安全事件中的公众风险感知及应对行为研究: 以问题奶粉事件为例. *管理评论, 24*(1), 163-168, 176.

方朕, 杨晓华. (2018). 医务工作者职业幸福感与工作绩效、医患关系的相关性. *中国健康心理学杂志, 4*, 591-594.

傅小兰, 张侃, 陈雪峰, 陈祉妍. (2021). *中国国民心理健康发展报告(2019—2020)*. 北京: 社会科学文献出版社.

傅小兰, 张侃, 陈雪峰, 陈祉妍. (2023). *中国国民心理健康发展报告(2021—2022)*. 北京: 社会科学文献出版社.

顾江洪, 江新会, 丁世青, 谢立新, 黄波. (2018). 职业使命感驱动的工作投入: 对工作与个人资源效应的超越和强化. *南开管理评论, 21*(2), 107-120.

管春英. (2016). 包容性领导对员工创新行为的多链条作用机制研究. 科学学与科学技术管理, *37*(6), 159-168

国家卫生健康委员会. (2020). *2020 中国卫生健康统计年鉴*. 北京: 中国协和医科大学出版社.

郝帅, 江南, 时勘. (2013). 公务员抗逆力的干预策略实证研究. *中国人力资源开发*, (9), 12-16, 63.

何玲. (2015). 流动儿童的抗逆力与自尊、社会支持、自我效能感的关系研究. *首都师范大学学报(社会科学版)*, (3), 120-127.

胡倩倩, 杜静, 宋宝莉. (2022). 生命意义主导下的灵性照护对喉癌患者心理痛苦水平、希望水平及社会支持度的影响. *山东医学高等专科学校学报, 44*(5), 352-354.

黄亮. (2014). 中国企业员工工作幸福感的维度结构研究. *中央财经大学学报*, (10), 84-92, 112.

简留生, 郑蕊, 时勘. (2006). 核恐怖袭击救援人员的风险知觉研究. *防化学报*, (5), 1-4.

景保峰. (2015). 包容型领导对员工创造力的影响——基于内在动机和心理可得性的双重中介效应. *技术经济, 34*(3), 27-32.

雷萌, 罗银波, 汪瓒, 郭千千, 刘军安. (2020). 农村基层医务人员获得感与离职意愿的关系研究——以工作满意度为中介. *中国卫生政策研究, 13*(12), 48-53.

雷萌, 汪瓒, 刘军安, 罗银波, 卢祖洵. (2020). 基于工作获得感和满意度的农村基层医务人员离职意愿的影响因素研究. *中国卫生统计, 4*, 547-549, 553.

雷鸣, 戴艳, 肖宵, 曾灿, 张庆林. (2011). 心理复原的机制: 来自特质性复原力个体的证据. *心理科学进展, 19*(6), 874-882.

雷希, 王敬群, 张苑, 叶宝娟, 刘翠翠. (2018). 核心自我评价对大学生抑郁的影响: 应对方式和人际关系困扰的链式中介作用. *中国临床心理学杂志, 26*(4), 808-810, 830.

李超平, 时勘. (2005). 变革型领导的结构与测量. 心理学报, (6), 97-105.

李国杰, 程学旗. (2012). 大数据研究：未来科技及经济社会发展的重大战略领域——大数据的研究现状与科学思考. 中国科学院院刊, 27(6), 647-657.

李君锐, 李万明. (2016). 工作自主性、心理可得性与员工建言行为：差错反感文化的调节作用. 中国人力资源开发, (15), 66-72.

李明, 凌文辁. (2011). 工作疏离感及其应对策略. 中国人力资源开发, (7), 54-57, 65.

李娜. (2011). 大学生自我概念、自我效能感、社会支持与自我效能感的关系研究. 昆明：云南师范大学.

李强, 高文珺, 许丹. (2008). 心理疾病污名形成理论述评. 心理科学进展, (4), 582-589.

李纾, 刘欢, 白新文, 任孝鹏, 郑蕊, 李金珍, 汪祚军. (2009). 汶川"5.12"地震中的"心理台风眼"效应. 科技导报, (3), 87-89.

李锡炎. (2009). 转危为机的领导模式选择：变革型领导. 中国浦东干部学院学报, 6, 17-21.

李旭培, 时雨, 王桢, 时勘. (2010). 抗逆力对工作投入的影响：积极应对和积极情绪的中介作用. 管理评论, 25(1), 114-119.

李宗波, 李锐. (2013). 挑战性-阻碍性压力源研究述评. 外国经济与管理, 35(5), 40-49, 59.

梁社红, 刘晔, 时勘. (2017). 基于安全心智培训的抗逆力干预研究. 心理与行为研究, 15(6), 833-838.

梁社红, 时勘, 刘晓倩, 高鹏. (2014). 危机救援人员的抗逆力结构及测量. 人类工效学, 20(1), 36-40, 5.

梁社红, 时勘. (2016). 团队抗逆力对个体抗逆力的影响作用. 电子科技大学学报(社科版), 18(2), 29-32.

林崇德, 杨治良, 黄希庭. (2003). 心理学大辞典. 上海：上海教育出版社.

林崇德. (2017). 构建中国化的学生发展核心素养. 北京师范大学学报(社会科学版), 1, 66-73.

林丽华, 曾芳华, 江琴, 廖美玲, 张瑜敏, 郑金娣. (2020). 福建省中学生心理弹性家庭亲密度与非自杀性自伤行为的关系. 中国学校卫生, 41(11), 1664-1667.

林忠, 郑世林. (2014). 时间压力对沉浸体验影响的内在机理——基于工作场所的实证研究. 财经问题研究, (9), 107-113.

刘得格, 尹平, 魏蕾, 时勘. (2009). 地震伤病员的心理辅导策略研究. 宁波大学学报(人文科学版), 22(2), 49-53.

刘凤娥, 黄希庭. (2001). 自我概念的多维度多层次模型研究述评. 心理学动态, 9(2), 136-140.

刘玲, 马倩, 孙凤. (2018). 新疆某骨科专科医院骨科医生情绪劳动及职业倦怠现状调查及相关分析. *系统医学, 3*(17), 40-42.

刘文, 张靖宇, 于增艳, 高爽. (2018). 焦虑、抑郁与消极认知情绪调节策略关系的元分析. *中国临床心理学杂志, 26*(5), 938-943.

刘亚楠, 张舒, 刘璐怡, 刘慧瀛. (2016). 感恩与生命意义: 领悟到的社会支持与归属感的多重中介模型. *中国特殊教育*, (4), 79-83, 96.

陆欣欣, 涂乙冬. (2015). 工作投入的短期波动. *心理科学进展, 23*(2), 268-279.

吕艺芝, 李婷, 王秋芳, 刘磊, 倪士光. (2020). 社会支持与新冠肺炎抗疫一线医务工作者创伤后成长的关系: 心理韧性和表达抑制的作用. *中国临床心理学杂志*, (4), 743-746.

聂琦, 张捷, 彭坚, 毕砚昭. (2020). 养精蓄锐: 工间微休息研究述评与展望. *外国经济与管理, 42*(6), 69-85.

欧文·戈夫曼. (2009). *污名: 受损身份管理札记*. 宋立宏, 译. 北京: 商务印书馆.

彭伟, 徐晓玮, 韩丽娟, 陈佳贤. (2022). 领导正念对员工越轨创新行为的影响机制: 心理脱离和上下级关系的作用. *中国人力资源开发, 39*(7), 41-56.

彭宗超, 黄昊, 吴洪涛, 谢起慧. (2020). 新冠肺炎疫情前期应急防控的"五情"大数据分析. *治理研究*, (2), 5-20.

钱珊珊. (2016). *心理脱离对员工任务绩效的影响及作用机制研究*. 哈尔滨: 哈尔滨工业大学.

任杰. (2009). 大学生心理健康现状分析及对症状自评量表(SCL-90)的反思. *中国健康心理学杂志*, (8), 958-961.

任佩瑜, 王苗, 任竞斐, 吕力, 戈鹏. (2013). 从自然系统到管理系统——熵理论发展的阶段和管理熵规律. *管理世界*, (12), 182-183.

任佩瑜, 张莉, 宋勇. (2001). 基于复杂性科学的管理熵、管理耗散结构理论及其在企业组织与决策中的作用. *管理世界*, (6), 142-147.

任佩瑜. (1997). 中国大型工业企业组织再造论. *四川大学学报(哲学社会科学版)*, (4), 16-20.

任孝鹏, 王辉. (2005). 领导-部属交换(LMX)的回顾与展望. *心理科学进展, 13*(6), 788-797.

佘启发, 叶龙. (2018). 工作嵌入、工作满意度对工作绩效的影响研究. *江西社会科学, 1*, 227-235.

石冠峰, 郑雄. (2021). 非工作时间工作连通行为对工作繁荣的"双刃剑"影响. *软科学, 35*(4), 106-111.

时勘, 范红霞, 贾建民, 李文东, 宋照礼, 高晶, ..., 胡卫鹏. (2003). 我国民众对SARS信息的风险认知及心理行为. *心理学报*, (4), 546-554.

时勘, 范红霞, 许均华, 李启亚, 付龙波. (2005). 个体投资者股市风险认知特征的研究. *管理科学学报*, (6), 74-82.

时勘, 郭慧丹. (2018). 社会心理服务体系在社区的探索. *党政干部参考*, 24(8), 37-38.

时勘, 江新会, 王桢, 王筱璐, 邹义壮. (2008). 震后都江堰市高三学生的心理健康状况及抗逆力研究. *管理评论*, (12), 9-14, 63.

时勘, 李晓琼, 宋旭东, 覃馨慧, 焦松明, 王译锋, ……周海明. (2021b). 新冠肺炎疫情下我国社区民众的心理应对研究. *社区心理学研究*, (2), 18-32.

时勘, 覃馨慧, 宋旭东, 焦松明, 周海明. (2021a). 中华民族共同体意识与抗击新冠肺炎疫情的应对研究. *民族教育研究*, 32(1), 46-56.

时勘, 张中奇, 赵雨梦, 宋旭东, 陈翼. (2024). 基于管理熵模型的生态文明监测评价研究——以温州市为例. *可持续发展*, 14(7), 1670-1681.

时勘, 周海明, 焦松明, 郭慧丹, 董妍. (2022). 新冠肺炎疫情信息对民众风险认知和应对行为的影响机制研究. *管理评论*, 34(8), 217-228.

时勘, 周海明, 马丙云. (2015). 贫困大学生负性生活事件与创伤后成长的关系: 抗逆力的调节作用. *中国健康心理学杂志*, 23(10), 1571-1575.

时勘. (2019). *心理健康教育(第二版)*. 北京: 外语教学与研究出版社.

时雨, 罗跃嘉, 徐敏, 时勘. (2008). 基于组织危机管理的员工援助计划. *宁波大学学报(人文科学版)*, 21(4), 24-27, 43.

宋华岭, 王今. (2000). 广义与狭义管理熵理论. *管理工程学报*, (1), 30.

苏晶, 段东园, 张学民. (2016). 负性情绪刺激对大学生多目标追踪能力的影响. *心理发展与教育*, 32(5), 521-531

孙天义, 乔静瑶. (2020). 重大疫情应对中的社会心理分析与社会心态调整——以新冠肺炎(COVID-19)疫情为例. *信阳师范学院学报(哲学社会科学版)*, 40(5), 41-44.

汤超颖, 龚增良, 时勘. (2009). 地震灾难中民众的心理行为特征及管理对策. *宁波大学学报(人文科学版)*, 22(2), 54-58.

唐博, 谌春仙. (2019). 焦点解决短程心理辅导对实习护士心理弹性和职业倦怠感的影响. *中国健康心理学杂志*, 27(1), 151-156.

唐春勇, 陈冰, 赵曙明. (2018). 中国文化情境下包容性领导对员工敬业度的影响. *经济与管理研究*, 39(3), 110-120.

田贝. (2020). *企业员工工作获得感问卷的编制及相关应用*. 开封: 河南大学.

童星, 缪建东. (2019). 自我效能感与大学生学业成绩的关系: 学习乐观的中介作用. *高教探索*, (3), 16-21.

万金, 时勘, 朱厚强, 丁晓沧. (2016). 抗逆力对工作投入和工作幸福感的作用机制研究. *电子科技大学学报(社科版)*, 18(1), 33-38, 32.

万金, 周雯珺, 李琼, 周兴高, 邵军, 时勘. (2021). 心理脱离对六盘水市医务人员工作投入的影响. *医学与社会*, 34(6), 88-91.

汪苗, 杨燕. (2015). 护士职业倦怠、离职倾向和心理弹性. *中国健康心理学杂志*, 9, 1327-1330.

王才康. (2002). 情绪智力与大学生焦虑、抑郁和心境的关系研究. *中国临床心理学杂志*, 10(4), 298-299.

王翠荣. (2008). 高职学生学习倦怠与学业自我效能感及社会支持的关系研究. *中国健康心理学杂志*, (7), 743-744.

王甫勤. (2011). 风险社会与当前中国民众的风险认知研究. *上海行政学院学报*, 11(2), 83-91, 96.

王洪礼. (2003). 素质教育理论及其课堂教学实践操作之探讨. *贵州师范大学学报(社会科学版)*, (3), 105-109.

王辉, 张文慧, 谢红. (2009). 领导-部属交换对授权赋能领导行为影响. *经济管理*, 31(4), 99-104.

王孟成, 蚁金瑶, 蔡琳, 胡牡丽, 王瑜萍, 朱熊兆, 姚树桥. (2012). 青少年健康相关危险行为问卷的编制及信效度检验. *中国心理卫生杂志*, 26(4), 287-292.

王淼, 李欢欢, 包佳敏, 黄川. (2020). 父母控制、父母婚姻冲突与中学生心理危机的关系: 歧视知觉的中介作用. *心理科学*, 43(1), 102-109.

王明雪, 孙运波, 邢金燕, 尤薇, 杨赛楠, 梁馨之, ..., 邢金燕. (2017). ICU 护士医护合作水平、职业获益感与工作投入的相关性研究. *中国护理管理*, (9), 1186-1189.

王芹, 白学军, 郭龙健, 沈德立. (2012). 负性情绪抑制对社会决策行为的影响. *心理学报*, 44(5), 690-697.

王晓辰, 徐乃赟, 刘剑, 李清. (2019). 非工作时间连通行为对工作-家庭平衡满意度的影响研究: 一个有调节的中介模型. *心理科学*, 42(4), 956-962.

王杨阳, 杨婷婷, 苗心萌, 宋国萍. (2021). 非工作时间使用手机工作与员工生活满意度: 心理脱离的中介作用和动机的调节作用. *心理科学*, 44(2), 405-411.

王永跃, 葛菁青, 张洋. (2016). 授权型领导、心理可得性与创新: 组织支持感的作用. *应用心理学*, 22(4), 304-312.

王志涛, 苏春. (2014). 消费者风险感知、风险偏好与企业食品安全的风险控制. *上海经济研究*, (9), 120-129.

魏霞, 李利平, 王笑天. (2017). 工作特征影响员工情绪幸福感的机制研究: 心理脱离的中介效应. *中国人力资源开发*, (6), 6-13, 54.

吴洁倩, 张译方, 王桢. (2018). 员工非工作时间连通行为会引发工作家庭冲突? 心理脱离与组织分割供给的作用. *中国人力资源开发*, 35(12), 43-54.

吴素梅, 郑日昌. (2002). 广西高师学生应对方式与心理健康. *中国心理卫生杂志*, 16(12), 862-863.

项一嵌, 张涛甫. (2013). 试论大众媒介的风险感知: 以宁波 PX 事件的媒介风险感知为例. *新闻大学*, (4), 17-22.

肖水源. (1994).《社会支持评定量表》的理论基础与研究应用. 临床精神医学杂志, 4(2), 98-100.

肖泽元. (2014). 矿工风险感知与不安全行为的关系研究. 西安: 西安科技大学.

谢爱, 蔡太生, 何金波, 刘文俐, 刘佳僖. (2016). 负性情绪对大学生情绪性进食的影响: 消极应对方式的中介作用. 中国临床心理学杂志, 24(2), 298-301.

谢佳秋, 谢晓非, 甘怡群. (2011). 汶川地震中的心理台风眼效应. 北京大学学报(自然科学版), (5), 944-952.

谢小庆. (2014). 审辩式思维在创造力发展中的重要性. 内蒙古教育, (11), 13-15.

熊红星, 张璟, 叶宝娟, 郑雪, 孙配贞. (2012). 共同方法变异的影响及其统计控制途径的模型分析. 心理科学进展, 20(5), 757-769.

熊猛, 叶一舵. (2016). 相对剥夺感: 概念、测量、影响因素及作用. 心理科学进展, 24(3), 438-453.

熊卫平. (2012). 危机管理理论实务案例. 杭州: 浙江大学出版社.

薛澜. (2020). 疫情恰好发生在应急管理体系的转型期. 知识分子, 2, 29.

薛倚明, 朱厚强, 邱孝一, 时堪. (2017). 管理熵理论应用于HT信托公司员工激励的实证分析. 管理评论, 29(8), 147-155.

闫春梅, 毛婷, 李日成, 王建凯, 陈亚荣. (2022). 新冠肺炎疫情封闭管理期间大学生心理健康状况及影响因素分析. 中国学校卫生, 43(7), 1061-1065, 1069.

阳信生. (2020). 勇与忧: 近代湖湘精神谱系中的两个关键字. https://www.hunantoday.cn/news/xhn/202011/14435684.html. 2020-11-24.

杨建敏. (2021). 以价值引领为导向的大学生核心素养培育路径. 中学政治教学参考, (23), 103.

杨良媛. (2020). 抗逆力对员工工作绩效影响机制研究——以JBH银行员工为例. 南昌: 华东交通大学.

杨竹青. (2022). 县级政府应对突发公共卫生事件的应急管理研究——以PY县新冠肺炎疫情防控为例. 太原: 太原理工大学.

姚星亮, 黄盈盈, 潘绥铭. (2014). 国外污名理论研究综述. 国外社会科学, (3), 119-133.

叶宝娟, 周秀秀, 雷希, 杨强. (2020). 亲子依恋对大学生利他行为的影响: 领悟社会支持和人际信任的中介作用. 中国临床心理学杂志, (2), 265-268.

叶乃沂, 周蝶. (2014). 消费者网络购物感知风险概念及测量模型研究. 管理工程学报, 28(4), 88-94.

于冰. (2008). 中学思想政治课创设"问题情境"的策略探讨. 课程·教材·教法, (5), 56-59.

张光磊, 胡婷, 陈丝璐. (2021). 人力资源实践的双重关注模型与员工绩效: 领导-成员交换的差异作用. 华南师范大学学报(社会科学版), (6), 89-104, 206-207.

张阔, 张雯惠, 杨珂, 吴捷. (2015). 企业管理者心理弹性、积极情绪与工作倦怠的关系. *心理学探新, 35*(1), 45-49.

张乐, 童星. (2010). 污名化: 对突发事件后果的一种深度解析. *社会科学研究,* (6), 101-105.

张少峰, 张彪, 卜令通, 魏玖长. (2021). 不合规任务对员工创新行为的作用机制研究——基于情绪耗竭和道德型领导视角. *软科学, 35*(9), 88-92, 99.

章婕, 吴振云, 方格, 李娟, 韩布新, 陈祉妍. (2010). 流调中心抑郁量表全国城市常模的建立. *中国心理卫生杂志, 24*(2), 139-143.

赵琛徽, 刘欣. (2020). 工作疏离感对网络闲散行为的影响——基于自我控制的视角. *暨南学报(哲学社会科学版), 42*(12), 117-129.

赵琛徽, 于姗姗. (2013). 社会支持对离退休员工主观幸福感的影响: 基于应对方式的调节作用. *经济管理, 35*(3), 173-182.

赵蔓, 孙春荣. (2017). 2 型糖尿病患者心理弹性与自我管理行为的关系研究. *齐鲁护理杂志, 23*(3), 34-36.

郑建君. (2019). 大数据背景下的社会心理建设. *哈尔滨工业大学学报(社会科学版), 21*(4), 8-13.

钟梦诗, 唐楠, 陈星, 范延婷, 朱小慧, 李晓波. (2018). 新入职护士负性情绪与心理弹性的相关性. *中国健康心理学杂志, 5*, 732-735.

周海明, 陆欣欣, 时勘. (2020). 时间压力与心理摆脱的曲线关系: 特质性工作投入的调节作用. *山东科技大学学报(社会科学版), 22*(6), 92-99, 108.

周浩, 龙立荣. (2011). 工作疏离感研究述评. *心理科学进展, 19*(1), 117-123.

周兴高, 李琼, 曾敏, 韦安枝, 左正敏, 邵军, 万金, 时勘. (2020). 六盘水市医务人员工作压力及其对工作投入的影响. *中国健康心理学杂志, 28*(6), 868-873.

朱晓伟, 范翠英, 刘庆奇, 张冬静, 周宗奎. (2018). 校园受欺负对儿童幸福感的影响: 心理韧性的作用. *中国临床心理学杂志, 26*(2), 396-400.

朱熊兆, 罗伏生, 姚树桥, Auerbach, R. P., Abela, J. R. Z. (2007). 认知情绪调节问卷中文版(CERQ-C)的信效度研究. *中国临床心理学杂志, 2*, 121-124, 131.

Adu-Manu, K. S., Tapparello, C., Heinzelman, W., Katsriku, F. A., & Abdulai, J. D. (2017). Water quality monitoring using wireless sensor networks: Current trends and future research directions. *ACM Transactions on Sensor Networks, 13*(4), 1-41.

Aldabbas, H., Pinnington, A., Lahrech, A., & Blaique, L. (2023). Extrinsic rewards for employee creativity? The role of perceived organisational support, work engagement, and intrinsic motivation. *International Journal of Innovation Science, ahead-of-print.*

Alper, S., Tjosvold, D., & Law, K. S. (1998). Interdependence and controversy in group decision making: Antecedents to effective self-managing teams. *Organizational Behavior and*

Human Decision Processes, 74(1), 33-52.

Amabile, T. M., Conti, R., Coon, H., Lazenby, J., & Herron, M. (1996). Assessing the work environment for creativity. *Academy of Management Journal, 39*(5), 1154-1184.

Ames, M., & Naaman, M. (2007). Why we tag: Motivations for annotation in mobile and online media. Proceedings of the SIGCHI Conference on Human Factors in Computing Systems, 971-980.

Amor, A. M., Vázquez, J. P. A., & Faíña, J. A. (2020). Transformational leadership and work engagement: Exploring the mediating role of structural empowerment. *European Management Journal, 38*(1), 169-178.

Ancarani, A., Mauro, C., & Giammanco, M. D. (2017). Hospital safety climate and safety behavior: A social exchange perspective. *Health Care Management Review, 42*, 341-351.

Ayranci, E., Kalyoncu, Z., Guney, S., Arslan, M., & Guney, S. (2012). Analysis of the relationship between emotional intelligence and stress caused by the organization: A study of nurses. *Business Intelligence Journal, 5*(2), 334-346.

Bakker, A. B., & Demerouti, E. (2008). Towards a model of work engagement. *The Career Development International, 13*(3), 209-223.

Banai, M., & Reisel, W. D. (2007). The influence of supportive leadership and job characteristics on work alienation: A six-country investigation. *Journal of World Business, 42*(4), 463-476

Bandura, A. (1982). Self-Efficacy mechanism in human agency. *American Psychologist, 37*, 122-147.

Bandura, A. (1997). *Self-Efficacy*: *The Exercise of Control*. New York: Henry Holt & Co.

Baron, R. M., & Kenny, D. A. (1986). The moderator-mediator variable distinction in social psychological research: Conceptual, strategic, and statistical considerations. *Journal of Personality and Social Psychology, 51*(6), 1173-1182.

Bass, B. M. (1995). Theory of transformational leadership redux. *The Leadership Quarterly, 6*(4), 463-478.

Bass, B. M., & Riggio, R. E. (2010). The transformational model of leadership. *Leading organizations*: *Perspectives for a New Era, 2*, 76-86.

Baumeister, R. F., Heatherton, T. E., Tice, D. M. (1995). Losing control: How and why people fail at self-regulation .*Clinical Psychology Review, 15*(4), 367-368.

Betebenner, D. (2009). Norm- and criterion-referenced student growth. *Educational Measurement: Issues and Practice, 28*, 42-51.

Betebenner, D. W. (2010). *SGP*: *Student Growth Percentile and Percentile Growth Projection/Trajectory Functions* [Computer software manual]. R Package Version 0.0-6.

Betebenner, D. W. (2011). *A Technical Overview of the Student Growth Percentile*

Methodology: *Student Growth Percentiles and Percentile Growth Projections/Trajectories*. National Center for the Improvement of Educational Assessment.

Biong, H., Nygaard, A., & Silkoset, R. (2010). The influence of retail management's use of social power on corporate ethical values, employee commitment, and performance. *Journal of Business Ethics*, *97*, 341-363.

Bood, S. Å., Sundequist, U., Kjellgren, A., Norlander, T., Nordström, L., Nordenström, K., & Nordström, G. (2006). Eliciting the relaxation response with the help of flotation-rest (restricted environmental stimulation technique) in patients with stress-related ailments. *International Journal of Stress Management*, *13*, 154-175.

Boscarino, J., Adams, R., & Figley, C. (2011). Mental health service use after the World Trade Center disaster: Utilization trends and comparative effectiveness. *The Journal of Nervous and Mental Disease*, *199*, 91-99.

Bouncken, R. (2009). Creativity in cross-cultural innovation teams: Diversity and its implications for leadership. In J. Funke (Ed.), *Milieus of Creativity* (pp. 189-200). Dordrecht: Springer.

Bracewell, D. B., Davidson, R., Tomlinson, M. T., & Nikko, T. (2007). Multilingual sentiment analysis: Classification of news articles in Chinese and English. *Proceedings of the 2007 International Conference on Natural Language Processing and Knowledge Engineering (NLP-KE)*, 26-31.

Brcic, V., Eberdt, C., & Kaczorowski, J. (2011). Development of a tool to identify poverty in a family practice setting: A pilot study. *International Journal of Family Medicine*, (1), 1-7.

Bui, H. T., Zeng, Y., & Higgs, M. (2017). The role of person-job fit in the relationship between transformational leadership and job engagement. *Journal of Managerial Psychology*, *32*, 373-386.

Calati, R., Ferrari, C., Brittner, M., Oasi, O., Olié, E., Carvalho, A. F., & Courtet, P. (2019). Suicidal thoughts and behaviors and social isolation: A narrative review of the literature. *Journal of Affective Disorders*, *245*, 653-667.

Caplan, R. D., Cobb, S., French, J. R. P., van Harrison, R., & Pinneau, S. R. (1980). *Job Demands and Worker Health: Main Effects and Occupational Differences*. Ann Arbor, MI: Survey Research Center, Institute for Social Research, University of Michigan.

Carver, C. S. (1997). You want to measure coping but your protocol's too long: Consider the Brief COPE. *International Journal of Behavioral Medicine*, *4*(1), 92-100.

Carver, C. S., Scheier, M. F., & Weintraub, J. K. (1989). Assessing coping strategies: A theoretically based approach. *Journal of Personality and Social Psychology*, *56*, 267-283.

Center for Disease Control and Prevention. (2021). *Alcohol and public health*. Retrieved from the CDC website: https://www.cdc.gov/alcohol/fact-sheets/alcohol-use.htm.

Chen, E., & Miller, G. E. (2013). Socioeconomic status and health: Mediating and moderating factors. *Annual Review of Clinical Psychology*, *9*, 723-749.

Chen, E., Miller, G. E., Lachman, M. E., Gruenewald, T. L., & Seeman, T. E. (2012). Protective factors for adults from low childhood socioeconomic circumstances: The benefits of shift-and-persist for allostatic load. *Psychosomatic Medicine*, *74*(2), 178-186.

Chen, Z. X., & Aryee, S. (2007). Delegation and employee work outcomes: An examination of the cultural context of mediating processes in China. *Academy of Management Journal*, *50*(1), 226-238.

Chiaburu, D. S., Thundiyil, T., & Wang, J. (2014). Alienation and its correlates: A meta-analysis. *European Management Journal*, *32*(1), 24-36.

Cho, E., & Kim, S. (2015). Cronbach's coefficient alpha: Well known but poorly understood. *Organizational Research Methods*, *18*, 207-230.

Cho, J., & Lee, J. (2006). An integrated model of risk and risk-reducing strategies. *Journal of Business Research*, *59*(1), 112-120.

Chong, S., Kim, Y. J., Lee, H. W., Johnson, R. E., & Lin, S.H. J. (2020). Mind your own break! The interactive effect of workday respite activities and mindfulness on employee outcomes via affective linkages. *Organizational Behavior and Human Decision Processes*, *159*, 64-77.

Clinton, M. E., Conway, N., & Sturges, J. (2017). "It's tough hanging-up a call": The relationships between calling and work hours, psychological detachment, sleep quality, and morning vigor. *Journal of Occupational Health Psychology*, *22*(1), 28-39.

Conway, L. G., Woodard, S. R., & Zubrod, A. (2020). Social psychological measurements of COVID-19: Coronavirus perceived threat, government response, impacts, and experiences questionnaires. https://doi.org/10.31234/osf.io/z2x9a.

Corrigan, P. W., Tsang, H. W., Shi, K., Lam, C. S., & Larson, J. (2010). Chinese and American employers' perspectives regarding hiring people with behaviorally driven health conditions: The role of stigma. *Social Science & Medicine*, *71*(12), 2162-2169.

Crawford, E. R., LePine, J. A., & Rich, B. L. (2010). Linking job demands and resources to employee engagement and burnout: A theoretical extension and meta-analytic test. *Journal of Applied Psychology*, *95*(5), 834-848.

Cropanzano, R., & Mitchell, M. S. (2005). Social exchange theory: An interdisciplinary review. *Journal of Management*, *31*, 874-900.

Dai, Y. D., Zhuang, W. L., & Huan, T. C. (2019). Engage or quit? The moderating role of abusive supervision between resilience, intention to leave and work engagement. *Tourism Management*, *70*, 69-77.

Danner-Vlaardingerbroek, G., Kluwer, E. S., Steenbergen, E. F. V., & Lippe, T. V. D. (2013). Knock, knock, anybody home? Psychological availability as link between work and relationship. *Personal Relationships*, *20*(1), 52-68.

Dawson, M., & Pooley, J. A. (2013). Resilience: The role of optimism, perceived parental autonomy support and perceived social support in first year university students[J]. *Journal of Education and Training Studies*, *1*(2), 38-49.

Demerouti, E., Bakker, A. B., & Fried, Y. (2012). Work orientations in the job demands-resources model. *Journal of Managerial Psychology*, *27*(6), 557-575.

Demerouti, E., Bakker, A. B., Nachreiner, F., & Schaufeli, W. B. (2001). The job demands-resources model of burnout. *Journal of Applied Psychology*, *86*, 499-512.

Derks, D., & Bakker, A. B. (2014). Smartphone use, work-home interference, and burnout: A diary study on the role of recovery. *Applied Psychology*, *63*(3), 411-440.

Dhingra, S., Madda, R. B., Gandomi, A. H., Patan, R., & Daneshmand, M. (2019). Internet of Things mobile-air pollution monitoring system(IoT-Mobair). *IEEE Internet of Things Journal*, *6*(3), 5577-5584.

Dorrance Hall, E., Shebib, S. J., & Scharp, K. M. (2021). The mediating role of helicopter parenting in the relationship between family communication patterns and resilience in first-semester college students. *Journal of Family Communication*, *21*(1), 34-45.

Du, Y. W., & Gao, K. (2020). Ecological security evaluation of marine ranching with AHP-entropy-based TOPSIS: A case study of Yantai, China. *Marine Policy*, *122*, 104223.

Duffy, R. D., Bott, E. M., Allan, B. A., Torrey, C. L., & Dik, B. J. (2012). Perceiving a calling, living a calling, and job satisfaction: Testing a moderated, multiple mediator model. *Journal of Counseling Psychology*, *59*(1), 50-59.

Edwards, J. R., Scully, J. A., & Brtek, M. D. (2000). The nature and outcomes of work: A replication and extension of interdisciplinary work-design research. *Journal of Applied Psychology*, *85*(6), 860-868.

Etzion, D., Eden, D., & Lapidot, Y. (1998). Relief from job stressors and burnout: Reserve service as a respite. *Journal of Applied Psychology*, *83(4)*, 577-585.

Everly, G. S., & Lating, J. M. (2013). *A Clinical Guide to the Treatment of the Human Stress Response*. New York: Springer.

Fang, S., Xu, L., Zhu, Y., Ahati, J., Pei, H., Yan, J., & Liu, Z. (2014). An integrated system for regional environmental monitoring and management based on internet of things. *IEEE Transactions on Industrial Informatics*, *10*(2), 1596-1605.

Fedi, A., Pucci, L., Tartaglia, S., & Rollero, C. (2016). Correlates of work-alienation and positive job attitudes in high-and low-status workers. *Career Development International*, *21*(7), 713-725.

Feinstein, J. S., Khalsa, S. S., Yeh, H. W., Wohlrab, C., Simmons, W. K., Stein, M. B., & Paulus, M. P. (2018). Examining the short-term anxiolytic and antidepressant effect of Floatation-REST. *Plos One*, *13*(2), e0190292.

Feldt, T., Huhtala, M., Kinnunen, U., Hyvönen, K., Mäkikangas, A., & Sonnentag, S. (2013). Long-term patterns of effort-reward imbalance and over-commitment: Investigating occupational well-being and recovery experiences as outcomes. *Work & Stress*, *27*(1), 64-87.

Felfe, J., & Schyns, B. (2010). Followers' personality and the perception of transformational leadership: Further evidence for the similarity hypothesis. *British Journal of Management*, *21*, 393-410.

Ferris, D. L., Brown, D. J., Berry, J. W., & Lian, H. (2008). The development and validation of the Workplace Ostracism Scale. *Journal of Applied Psychology*, *93*(6), 1348-1366.

Fiksenbaum, L., Marjanovic, Z., & Greenglass, E. (2017). Financial threat and individuals' willingness to change financial behavior. *Review of Behavioral Finance*, *9*(2), 128-147.

Fredrickson, B. L., Tugade, M. M., Waugh, C. E., & Larkin, G. R. (2001). What good are positive emotions in crises? A prospective study of resilience and emotions following the terrorist attacks on the United States on September 11th, 2. *Journal of Personality and Social Psychology*, *84*(2), 365-376.

Fritz, C., Yankelevich, M., Zarubin, A., & Barger, P. (2010). Happy, healthy, and productive: The role of detachment from work during nonwork time. *Journal of Applied Psychology*, *95*(5), 977-983.

Fritz, S., See, L., Bayas, J. C. L., Waldner, F., Jacques, D., Becker-Reshef, I., ... McCallum, I. (2019). A comparison of global agricultural monitoring systems and current gaps. *Agricultural Systems*, (168), 258-272.

Fujimoto, Y., Ferdous, A. S., Sekiguchi, T., & Sugianto, L. F. (2016). The effect of mobile technology usage on work engagement and emotional exhaustion in Japan. *Journal of Business Research*, *69*(9), 3315-3323.

Fung, D. S. (2006). *Methods for the estimation of missing values in time series*. Western Australia: Edith Cowan University.

Gao-Urhahn, X., Biemann, T., & Jaros, S. J. (2016). How affective commitment to the organization changes over time: A longitudinal analysis of the reciprocal relationships between affective organizational commitment and income. *Journal of Organizational Behavior*, *37*(4), 515-536.

Gedik, Y., & Ozbek, M. F. (2020). How cultural tightness relates to creativity in work teams: Exploring the moderating and mediating mechanisms. *Creativity and Innovation*

Management, 29(4), 634-647.

Gelfand, M. (2018). *Rule Makers, Rule Breakers: Tight and Loose Cultures and the Secret Signals that Direct Our Lives*. New York: Scribner.

Gelfand, M. J., Caluori, N., Jackson, J. C., & Taylor, M. K. (2020). The cultural evolutionary trade-off of ritualistic synchrony. *Philosophical Transactions of the Royal Society B: Biological Sciences, 375*(1805), 20190432.

Gelfand, M. J., Nishii, L. H., & Raver, J. L. (2006). On the nature and importance of cultural tightness-looseness. *Journal of Applied Psychology, 91*(6), 1225-1244.

George, J. M., & Zhou, J. (2001). When openness to experience and conscientiousness are related to creative behavior: An interactional approach. *Journal of Applied Psychology, 86*(3), 513-524.

Ghadi, M. Y., Fernando, M., & Caputi, P. (2013). Transformational leadership and work engagement: The mediating effect of meaning in work. *Leadership & Organization. Development Journal, 34*(6), 532-550.

Golden, J. H., & Shriner, M. (2019). Examining relationships between transformational leadership and employee creative performance: The moderator effects of organizational culture. *The Journal of Creative Behavior, 53*, 363-376.

Goncalo, J. A., & Staw, B. M. (2006). Individualism-collectivism and group creativity. *Organizational Behavior and Human Decision Processes, 100*(1), 96-109.

Hajjaji, Y., Boulila, W., Farah, I. R., Romdhani, I., & Hussain, A. (2021). Big data and IoT-based applications in smart environments: A systematic review. *Computer Science Review,* (39), 100318.

Hamilton, M. (1959). The assessment of anxiety states by rating. *British Journal of Medical Psychology, 32*, 50-55.

Harvey. A. C. (1989). *Forecasting, Structural Time Series Models and the Kalman Filter*. New York: Cambridge University Press.

Hayes, A. F. (2017). *Introduction to Mediation, Moderation, and Conditional Process Analysis: A Regression-Based Approach*(2nd ed.). New York: The Guilford Press.

Haynie, J. J. (2012). Core-self evaluations and team performance: The role of team-member exchange. *Small Group Research, 43*(3), 315-329.

Henson, R. K. (2001). Understanding internal consistency reliability estimates: A conceptual primer on coefficient alpha. *Measurement and Evaluation in Counseling and Development, 34*, 177-189.

Herrman, H., Stewart, D. E., Diaz-Granados, N., Berger, E. L., Jackson, B., & Yuen, T. (2011). What is resilience? *The Canadian Journal of Psychiatry, 56*(5), 258-265.

Heymann, P., Ramage, D., & Garcia-Molina, H. (2008). Social tag prediction.

Proceedings of the 31st Annual International ACM SIGIR Conference on Research and Development in Information Retrieval, 531-538.

Hirschfeld, R. R. (2002). Achievement orientation and psychological involvement in job tasks: The interactive effects of work alienation and intrinsic job satisfaction. *Journal of Applied Social Psychology*, *32*(8), 1663-1681.

Hirschfeld, R. R., & Feild, H. S. (2000). Work centrality and work alienation: Distinct aspects of a general commitment to work. *Journal of Organizational Behavior*, *21*(7), 789-800.

Hofstede, G. (1980). Culture and organizations. *International Studies of Management & Organization*, *10*(4), 15-41.

House, R. J., Hanges, P. J., Javidan, M., Dorfman, P. W., & Gupta, V. (2004). *Culture, Leadership, and Organizations*: *The GLOBE Study of 62 Societies*. Thousand Oaks: Sage Publications.

Howell, J. M., & Shamir, B. (2005). The role of followers in the charismatic leadership process: Relationships and their consequences. *Academy of Management Review*, *30*, 96-112.

Hu, T., Zhang, D., Wang, J., Mistry, R., Ran, G., & Wang, X. (2014). Relation between emotion regulation and mental health: A meta-analysis review. *Psychological Reports*, *114*(2), 341-362.

Hu, Y. Q., & Gan, Y. Q. (2008). Development and psychometric validity of the resilience scale for Chinese adolescents. *Acta Psychologica Sinica*, *40*(8), 902-912.

Huang, S., Wang, D., Zhao, J., Chen, H., Ma, Z., Pan, Y., ... & Fan, F. (2022). Changes in suicidal ideation and related influential factors in college students during the COVID-19 lockdown in China. *Psychiatry Research*, *314*, 114653.

Hülsheger, U. R., Lang, J. W., Depenbrock, F., Fehrmann, C., Zijlstra, F. R., & Alberts, H. J. (2014). The power of presence: The role of mindfulness at work for daily levels and change trajectories of psychological detachment and sleep quality. *Journal of Applied Psychology*, *99*(6), 1113-1128.

Idris, M. A., & Abdullah, S. S. (2022). Psychosocial safety climate improves psychological detachment and relaxation during off-job recovery time to reduce emotional exhaustion: A multilevel shortitudinal study. *Scandinavian Journal of Psychology*, *63*(1), 19-31.

Idris, M. A., Dollard, M. F., Winefield, A. H. (2010). Lay theory explanations of occupational stress: The Malaysian context. *Cross Cultural Management*: *An International Journal*, *17*(2), 135-153.

Irwin, M. R., Pike, J. L., Cole, J. C., & Oxman, M. N. (2003). Effects of a behavioral intervention, Tai Chi Chih, on varicella-zoster virus specific immunity and health functioning in older adults. *Psychosomatic Medicine*, *65*(5), 824-830.

Jerusalem, M., & Schwarzer, R. (1992). Self-efficacy as a resource factor in stress appraisal processes. In R. Schwarzer (Ed.), *Self-Efficacy*: *Thought Control of Action* (pp. 195-213). Washington: Hemisphere.

Jonas, E., McGregor, I., Klackl, J., Agroskin, D., Fritsche, I., Holbrook, C., ... & Quirin, M. (2014). Threat and defense: From anxiety to approach. *Advances in Experimental Social Psychology*, *49*, 219-286.

Jonsson, K., & Kjellgren, A. (2017). Characterizing the experiences of flotation-REST(restricted environmental stimulation technique) treatment for generalized anxiety disorder(GAD): A phenomenological study. *European Journal of Integrative Medicine*, *12*, 53-59.

Jyoti, J., & Bhau, S. (2016). Empirical investigation of moderating and mediating variables in between transformational leadership and related outcomes: A study of higher education sector in North India. *International Journal of Educational Management*, *30*(6), 1123-1149.

Kachanoff, F. J., Bigman, Y. E., Kapsaskis, K., & Gray, K. (2021). Measuring realistic and symbolic threats of COVID-19 and their unique impacts on well-being and adherence to public health behaviors. *Social Psychological and Personality Science*, *12*(5), 603-616.

Kahn, W. A. (1990). Psychological conditions of personal engagement and disengagement at work. *Academy of Management Journal*, *33*(4), 692-724.

Kamdar, D., & van Dyne, L. (2007). The joint effects of personality and workplace social exchange relationships in predicting task performance and citizenship performance. *Journal of Applied Psychology*, *92*, 1286-1298.

Katz, D., & Kahn, R. (2015). The social psychology of organizations. In J. B. Miner (Ed.), *Organizational Behavior 2*: *Essential Theories of Process and Structure* (pp. 152-168). New York: Routledge.

Katz, D., & Kahn, R. L. (1978). Organizations and the system concept. *Classics of Organization Theory*, *80*, 480.

Khorakian, A., & Sharifirad, M. S. (2019). Integrating implicit leadership theories, leader-member exchange, self-efficacy, and attachment theory to predict job performance. *Psychological Reports*, *122*(3), 1117-1144.

Kiliç, K. C., Toker, I. D., Karayel, D., Soyman, T., Zengin, G. (2020). Mediating role of tightness-looseness on the effect of paternalistic and transformational leadership style on work engagement. *OPUS International Journal of Society Researches*, *15*, 2875-2911.

King, D. D., Newman, A., & Luthans, F. (2015). Not if, but when we need resilience in the workplace. *Journal of Organizational Behavior*, *37*(5), 782-786.

Kjellgren, A., & Westman, J. (2014). Beneficial effects of treatment with sensory isolation in flotation-tank as a preventive health-care intervention—A randomized controlled pilot trial. *BMC Complementary and Alternative Medicine, 14*, 417.

Klonsky, E. D., & May, A. M. (2015). The three-step theory(3ST): A new theory of suicide rooted in the "ideation-to-action" framework. *International Journal of Cognitive Therapy, 8*(2), 114-129.

Ko, J. (2005). *Impact of leadership and team members' individualism-collectivism on team processes and outcomes: A leader-member exchange perspective.* Tucson: The University of Arizona.

Kühnel, J., Sonnentag, S., & Bledow, R. (2012). Resources and time pressure as day-level antecedents of work engagement. *Journal of Occupational and Organizational Psychology, 85*(1), 181-198.

Kumako, S. K., & Asumeng, M. A. (2013). Transformational leadership as a moderator of the relationship between psychological safety and learning behaviour in work teams in Ghana. *SA Journal of Industrial Psychology, 39*, 1-9.

Kumar, R., Singh, S., Bilga, P. S., & Jatin, J. (2021). Revealing the benefits of entropy weights method for multi-objective optimization in machining operations: A critical review. *Journal of Materials Research and Technology, 10*, 1471-1492.

Kwon, K., & Kim, T. (2020). An integrative literature review of employee engagement and innovative behavior: Revisiting the JD-R model. *Human Resource Management Review, 30*(2), 100704.

Łaba, K., & Geldenhuys, M. (2018). Positive interaction between work and home, and psychological availability on women's work engagement: A 'shortitudinal' study. *SA Journal of Industrial Psychology, 44*(4), 1-11.

Lee, J., Hong, J., Zhou, Y., & Robles, G. (2020). The relationships between loneliness, social support, and resilience among Latinx immigrants in the United States. *Clinical Social Work Journal, 48*, 99-109.

Lee, M. C. C., Idris, M. A., & Delfabbro, P. H. (2017). The linkages between hierarchical culture and empowering leadership and their effects on employees' work engagement: Work meaningfulness as a mediator. *International Journal of Stress Management, 24*, 392-415.

Li, D., Bao, Z., Li, X., & Wang, Y. (2016). Perceived school climate and Chinese adolescents' suicidal ideation and suicide attempts: The mediating role of sleep quality. *Journal of School Health, 86*(2), 75-83.

Li, D., Wang, G., Qin, C., & Wu, B. (2021). River extraction under bankfull discharge conditions based on sentinel-2 imagery and DEM data. *Remote Sensing, 13*(14), 2650.

Li, H., Xie, W., Luo, X., Fu, R., Shi, C., Ying, X., ... & Wang, X. (2014). Clarifying the role of psychological pain in the risks of suicidal ideation and suicidal acts among patients with major depressive episodes. *Suicide and Life-Threatening Behavior*, *44*(1), 78-88.

Li, S. , Rao, L. L. , Ren, X. P. , Bai, X. W. , Zheng, R. , Li, J. Z, ... & Zheng, R. (2009). Psychological typhoon eye in the 2008 Wenchuan earthquake. *Plos One*, *4*(3), e4964.

Liang, L., Wang, Z., Li, J. (2019). The effect of urbanization on environmental pollution in rapidly developing urban agglomerations. *Journal of Cleaner Production*, *237*, 117649.

Liao, F. Y., Yang, L. Q., Wang, M., Drown, D., & Shi, J. (2013). Team-member exchange and work engagement: Does personality make a difference? *Journal of Business and Psychology*, *28*, 63-77.

Liden, R. C., Wayne, S. J., & Sparrowe, R. T. (2000). An examination of the mediating role of psychological empowerment on the relations between the job, interpersonal relationships, and work outcomes. *Journal of Applied Psychology*, *85*, 407-416.

Link, B. G. (1987). Understanding labeling effects in the area of mental disorders: An assessment of the effects of expectations of rejection. *American Sociological Review*, *52(1)*, 96-112.

Liu, J., Musialski, P., Wonka, P., & Ye, J. (2012). Tensor completion for estimating missing values in visual data. *IEEE Transactions on Pattern Analysis and Machine Intelligence*, *35*(1), 208-220.

Liu, J., Musialski, P., Wonka, P., & Ye, J. (2013). Tensor completion for estimating missing values in visual data. *IEEE Transactions on Pattern Analysis and Machine Intelligence*, *35*(1), 208-220.

Liu, Y., Wu, J., Yi, H., & Wen, J. (2021)) Under what conditions do governments collabor ate? A qualitative comparative analysis of air pollution control in China. *Public Management Review*, 23(11), 1664-1682.

Locke, E. A., & Latham, G. P. (1990). *A Theory of Goal Setting & Task Performance*. Englewood: Prentice-Hall, Inc.

Lucke, J. F. (2005). "Rassling the hog": The influence of correlated item error on internal consistency, classical reliability and congeneric reliability. *Applied Psychological Measurement*, *29*, 106-125.

Lukes, M., & Stephan, U. (2017). Measuring employee innovation: A review of existing scales and the development of the innovative behavior and innovation support inventories across cultures. *International Journal of Entrepreneurial Behavior & Research*, *23*(1), 136-158.

Mahammad, S., Islam, A., & Shit, P. K. (2023). Geospatial assessment of groundwater quality using entropy-based irrigation water quality index and heavy metal pollution indices. *Environmental Science and Pollution Research*, *30*(55), 116498-116521.

Markos, S., & Sridevi, M. S. (2010). Employee engagement: The key to improving performance. *International Journal of Business and Management, 5*, 89.

Martin, R., Thomas, G., Legood, A., & Dello Russo, S. (2018). Leader-member exchange (LMX) differentiation and work outcomes: Conceptual clarification and critical review. *Journal of Organizational Behavior, 39*(2), 151-168.

Martins, E. C., & Terblanche, F. (2003). Building organisational culture that stimulates creativity and innovation. *European Journal of Innovation Management, 6*(1), 64-74.

Maslach, C., & Leiter, M. P. (2008). Early predictors of job burnout and engagement. *Journal of Applied Psychology, 93*, 498-512.

May, A. M., & Klonsky, E. D. (2013). Assessing motivations for suicide attempts: Development and psychometric properties of the inventory of motivations for suicide attempts. *Suicide and Life-Threatening Behavior, 43*(5), 532-546.

May, D. R., Gilson, R. L., & Harter, L. M. (2004). The psychological conditions of meaningfulness, safety and availability and the engagement of the human spirit at work. *Journal of Occupational and Organizational Psychology, 77*(1), 11-37.

Mazmanian, M., Orlikowski, W. J., & Yates, J. (2013). The autonomy paradox: The implications of mobile email devices for knowledge professionals. *Organization Science, 24*(5), 1337-1357.

McClelland, D. C. (1973). Testing for competence rather than for "intelligence". *American Psychologist, 28*, 1-14.

McMahon, C. A., Gibson, F. L., Allen, J. L., & Saunders, D. (2007). Psychosocial adjustment during pregnancy for older couples conceiving through assisted reproductive technology. *Human Reproduction, 22*, 1168-1174.

Melber, B. D., Nealey, S. M., Hammersla, J., & Rankin, W. (1977). *Nuclear Power and the Public: Analysis of Collected Survey Research*. Seattle: Battelle Memorial Institute, Human Affairs Research Center.

Meng, J., & Berger, B. K. (2019). The impact of organizational culture and leadership performance on PR professionals' job satisfaction: Testing the joint mediating effects of engagement and trust. *Public Relations Review, 45*, 64-75.

Miehl, G. F. (2011). Community emergency response: Have you met your neighbors yet? *Professional Safety, 56*(12), 35-41.

Miron, E., Erez, M., & Naveh, E. (2004). Do personal characteristics and cultural values that promote innovation, quality, and efficiency compete or complement each other? *Journal of Organizational Behavior, 25*(2), 175-199.

Mittal, R. (2015). Charismatic and transformational leadership styles: A cross-cultural perspective. *International Journal of Business and Management, 10*(3), 26-33.

Moos, R. H. (1993). Coping responses inventory: Adult form professional manual. *Psychological Assessment Resources, 5*, 35-59.

Morgeson, F. P., & Humphrey, S. E. (2006). The work design questionnaire (WDQ): Developing and validating a comprehensive measure for assessing job design and the nature of work. *Journal of Applied Psychology, 91*(6), 1321-1339.

Moussa, M. T., Lovibond, P. F., & Laube, R. (2001). Psychometric Properties of a Chinese Version of the 21-item Depression Anxiety Stress Scales (DASS21). *Report for New South Wales Transcultural Mental Health Centre.*

Moyser, M. (2021). Gender differences in mental health during the COVID-19 pandemic. *StatCan COVID-19: Data to Insights for a Better Canada*, catalogue no. 45-28-0001. Ottawa: Statistics Canada.

Mulki, J. P., Locander, W. B., Marshall, G. W., Harris, E. G., & Hensel, J. (2008). Workplace isolation, salesperson commitment, and job performance. *Journal of Personal Selling & Sales Management, 28*(1), 67-78.

Murauskiene, D., Sharma, S., Dutta, S. R., & Ahmed, M. (2017). Zika virus diseases—The new face of an ancient enemy as global public health emergency(2016): Brief review and recent updates. *International Journal of Preventive Medicine, 8*(1), 6.

Murillo, A. G. (2006). *A longitudinal study of the development of team member exchange*. Florida: Florida Institute of Technology.

Nolte, I. M., & Boenigk, S. (2013). A study of Ad Hoc network performance in disaster response. *Nonprofit and Voluntary Sector Quarterly, 42*(1), 148-173.

Nov, O. (2007). What motivates Wikipedians? *Communications of the ACM, 50*(11), 60-64.

Olivier, A., & Rothmann, S. (2007). Antecedents of work engagement in a multinational oil company. *SA Journal of Industrial Psychology, 33*(3), 49-56.

Ornell, F., Moura, H. F., Scherer, J. N., Pechansky, F., Kessler, F. H. P., & von Diemen, L. (2020). The COVID-19 pandemic and its impact on substance use: Implications for prevention and treatment. *Psychiatry Research, 289*, 113096.

Park, Y., Fritz, C., & Jex, S. M. (2018). Daily cyber incivility and distress: The moderating roles of resources at work and home. *Journal of Management, 44*(7), 2535-2557.

Peters, E., & Slovic, P. (1996). The role of affect and worldviews as orienting dispositions in the perception and acceptance of nuclear power. *Journal of Applied Social Psychology, 26*(16), 1427-1453.

Potok, Y., & Littman-Ovadia, H. (2014). Does personality regulate the work stressor-psychological detachment relationship? *Journal of Career Assessment, 22*(1), 43-58.

Qin, X., Yam, K. C., Chen, C., Li, W., Dong, X. (2021). Talking about COVID-19 is positively associated with team cultural tightness: Implications for team deviance and creativity. *Journal of Applied Psychology, 106*, 530-541.

Rashid, A. M., Albert, I., Cosley, D., Lam, S. K., McNee, S. M., Konstan, J. A., & Riedl, J. (2006). Motivating participation by displaying the value of contribution. Proceedings of the SIGCHI Conference on Human Factors in Computing Systems, 955-958.

Rattrie, L. T., Kittler, M. G., Paul, K. I. (2020). Culture, burnout, and engagement: A meta-analysis on national cultural values as moderators in JD-R theory. *Applied Psychology. 69*, 176-220.

Raykov, T., & Marcoulides, G. A. (2017). Evaluation of true criterion validity for unidimensional multicomponent measuring instruments in longitudinal studies. *Structural Equation Modeling, 24*, 599-608.

Regester, M., & Larkin, J. (2008). *Risk Issues and Crisis Management in Public Relations*. Philadelphia: Kogan Page.

Reivich, K. J., Seligman, M., & Mcbride, S. (2011). Master resilience training in the U.S. army. *American Psychologist, 66*(1), 25-34.

Rhee, H., & Kim, S. (2016). Effects of breaks on regaining vitality at work: An empirical comparison of "conventional" and "smart phone" breaks. *Computers in Human Behavior, 57*, 160-167.

Riva, P., & Eck, J. (2016). The many faces of social exclusion. In P. Riva & J. Eck (Eds.), *Social Exclusion: Psychological Approaches to Understanding and Reducing its Impact* (pp. ix-xv). New York: Springer.

Rosenberg, A. R., Yi-Frazier, J. P., Lauren, E., Wharton, C. (2015). Promoting resilience in stress management: A pilot study of a novel resilience-promoting intervention for adolescents and young adults with serious illness. *Journal of Pediatric Psychology, 40*(9), 992-999.

Roskes, M., Elliot, A. J., Nijstad, B. A., & de Dreu, C. K. (2013). Time pressure undermines performance more under avoidance than approach motivation. *Personality and Social Psychology Bulletin, 39*(6), 803-813.

Salovey, P., & Mayer, J. D. (1990). Emotional intelligence. *Imagination, Cognition and Personality, 9*(3), 185-211.

Sánchez-Álvarez, N., Extremera, N., & Fernández-Berrocal, P. (2016). The relation between emotional intelligence and subjective well-being: A meta-analytic investigation. *The Journal of Positive Psychology, 11*(3), 276-285.

Santuzzi, A. M., & Barber, L. K. (2018). Workplace telepressure and worker well-being: The intervening role of psychological detachment. *Occupational Health Science, 2*(4), 337-363.

Scandura, T. A., & Graen, G. B. (1984). Moderating effects of initial leader-member exchange status on the effects of a leadership intervention. *Journal of Applied Psychology*, *69*(3), 428-436.

Schaufeli, W. B., & Bakker, A. B. (2004). Job demands, job resources, and their relationship with burnout and engagement: A multi‐sample study. *Journal of Organizational Behavior*, *25*, 293-315.

Schaufeli, W. B., & Bakker, A. B. (2010). Defining and measuring work engagement: Bringing clarity to the concept. In A. B. Bakker (Ed.), *Work Engagement: A Handbook of Essential Theory and Research* (pp. 10-24). New York: Psychology Press.

Seers, A. (1989). Team-member exchange quality: A new construct for role-making research. *Organizational Behavior and Human Decision Processes*, *43*, 118-135.

Seers, A., Petty, M. M., & Cashman, J. F. (1995). Team-member exchange under team and traditional management: A naturally occurring quasi-experiment. *Group & Organization Management*, *20*, 18-38.

Sen, S., Lam, S. K., Rashid, A. M., Cosley, D., Frankowski, D., Harper, F. M., & Riedl, J. (2006). Tagging, communities, vocabulary, evolution. Proceedings of the 2006 20th Anniversary Conference on Computer Supported Cooperative Work, 181-190.

Shamir, B., House, R. J., & Arthur, M. B. (1993). The motivational effects of charismatic leadership: A self-concept based theory. *Organization Science*, *4*(4), 577-594.

Shantz, A., Alfes, K., Bailey, C., & Soane, E. (2015). Drivers and outcomes of work alienation: Reviving a concept. *Journal of Management Inquiry*, *24*(4), 382-393.

Shimazu, A., Matsudaira, K., de Jonge, J., Tosaka, N., Watanabe, K., & Takahashi, M. (2016). Psychological detachment from work during non-work time: Linear or curvilinear relations with mental health and work engagement? *Industrial Health*, *54*(3), 282-292.

Shin, S. J., & Zhou, J. (2007). When is educational specialization heterogeneity related to creativity in research and development teams? Transformational leadership as a moderator. *Journal of Applied Psychology*, *92*, 1709-1721.

Shuck, B., Adelson, J. L., & Reio, T. G. (2017). The employee engagement scale: Initial evidence for construct validity and implications for theory and practice. *Human Resource Management*, *56*(6), 953-977.

Sianoja, M., Kinnunen, U., de Bloom, J., Korpela, K., & Geurts, S. (2016). Recovery during lunch breaks: Testing long-term relations with energy levels at work. *Scandinavian Journal of Work and Organizational Psychology*, *1*(1), 1-12.

Siegrist, M., Keller, C., & Kiers, H. (2005). A new look at the psychometric paradigm of perception of hazards. *Risk Analysis*, *25*, 211-222.

Silva, I., Moody, G., Scott, D. J., Celi, L. A., & Mark, R. G. (2012). Predicting in-hospital mortality of ICU patients: The PhysioNet/Computing in Cardiology Challenge 2012. *Computing in Cardiology, 39*, 245-248.

Sitzmann, T., & Yeo, G. (2013). A meta-analytic investigation of the within-person self-efficacy domain: Is self-efficacy a product of past performance or a driver of future performance? *Personnel Psychology, 66*, 531-568.

Siu, O. L., Hui, C. H., Phillips, D. R., Lin, L., Wong, T. W., & Shi, K. (2009). A study of resiliency among Chinese health care workers: Capacity to cope with workplace stress. *Journal of Research in Personality*, (43), 770-776.

Slemp, G. R., & Vella-Brodrick, D. A. (2013). The job crafting questionnaire: A new scale to measure the extent to which employees engage in job crafting. *International Journal of Wellbeing, 3*(2), 126-146.

Slovic, P. (1987). Perception of risk. *Science, 236*(4799), 280-285.

Smith, B. W., Dalen, J., Wiggins, K., Tooley, E., Christopher, P., & Bernard, J. (2008). The brief resilience scale: Assessing the ability to bounce back. *International Journal of Behavioral Medicine, 15*(3), 194-200.

Song, Q., Ge, H., Caverlee, J., & Hu, X. (2019). Tensor completion algorithms in big data analytics. *ACM Transactions on Knowledge Discovery from Data, 13*(1), 1-48.

Sonnentag, S. (2012). Psychological detachment from work during leisure time: The benefits of mentally disengaging from work. *Current Directions in Psychological Science, 21*(2), 114-118.

Sonnentag, S., & Fritz, C. (2007). The recovery experience questionnaire: Development and validation of a measure for assessing recuperation and unwinding from work. *Journal of Occupational Health Psychology, 12*(3), 204-210.

Spencer Jr., L. M., & Spencer, S. M. (1993). *Competence at Work: Models for Superior Performance.* New York: Wiley.

Stefano, D. D., & Ferdinando, F. (2015). We are at risk, and so what? Place attachment, environment risk perceptions and preventive coping behaviors. *Journal of Environmental Psychology, 43*, 66-78.

Steger, M. F., Frazier, P., Oishi, S., & Kaler, M. (2006). The meaning in life questionnaire: Assessing the presence of and search for meaning in life. *Journal of Counseling Psychology, 53*(1), 80-93.

Stein, J. Y., & Tuval-Mashiach, R. (2015). The social construction of loneliness: An integrative conceptualization. *Journal of Constructivist Psychology, 28*(3), 210-227.

Stevens, D. L. (1994). Implementation of a national monitoring program. *Journal of Environmental Management, 42*(1), 1-29.

Thapa, A., Cohen, J., Guffey, S., & Higgins-D'Alessandro, A. (2013). A review of school climate research. *Review of Educational Research*, *83*(3), 357-385.

Tims, M., & Bakker, A. B. (2010). Job crafting: Towards a new model of individual job redesign. *SA Journal of Industrial Psychology*, *36*(2), 1-9.

Trizano-Hermosilla, I., & Alvarado, J. M. (2016). Best alternatives to Cronbach's alpha reliability in realistic conditions: Congeneric and asymmetrical measurements. *Frontiers in Psychology*, *7*, 769.

Tse, H. H., & Dasborough, M. T. (2008). A study of exchange and emotions in team member relationships. *Group & Organization Management*, *33*(2), 194-215.

Tsegaye, W. K., Su, Q., & Malik, M. (2020). The quest for a comprehensive model of employee innovative behavior: The creativity and innovation theory perspective. *The Journal of Developing Areas*, *54*(2), 164-178.

Tsui, A. S., Pearce, J. L., Porter, L. W., & Tripoli, A. M. (1997). Alternative approaches to the employee-organization relationship: Does investment in employees pay off? *Academy of Management Journal*, *40*(5), 1089-1121.

Tyagi, D., Wang, H., Huang, W., Hu, L., Tang, Y., Guo, Z., ... & Zhang, H. (2020). Recent advances in two-dimensional-material-based sensing technology toward health and environmental monitoring applications. *Nanoscale*, *12*(6), 3535-3559.

Ullo, S. L., & Sinha, G. R. (2020). Advances in smart environment monitoring systems using IoT and sensors. *Sensors*, *20*(11), 3113.

Uz, I. (2015). The index of cultural tightness and looseness among 68 countries. *Journal of Cross-Cultural Psychology*, *46*(3), 319-335.

van de Vliert, E. (2009). *Climate, Affluence, and Culture*. New York: Cambridge University Press.

van de Vliert, E., Yang, H., Wang, Y., & Ren, X. P. (2013). Climato-Economic Imprints on Chinese Collectivism. *Journal of Cross-Cultural Psychology*, *44*, 589-605.

Vohs, K. D. (2013). It's Not Mess. It's Creativity. *The New York Times*. September 15, page SR12.

Vroom, V. H. (1964). *Work and Motivation*. New York: Wiley.

Wang, X., Li, A., Liu, P., & Rao, M. (2018). The relationship between psychological detachment and employee well-being: The mediating effect of self-discrepant time allocation at work. *Frontiers in Psychology*, *9*, 2426

Watkins, M. B., Ren, R., Umphress, E. E., Boswell, W. R., Triana, M. D. C., & Zardkoohi, A. (2015). Compassion organizing: Employees' satisfaction with corporate philanthropic disaster response and reduced job strain. *Journal of Occupational and Organizational Psychology*, *88*(2), 436-458.

Weigelt, O., Gierer, P., & Syrek, C. J. (2019). My mind is working overtime—Towards an integrative perspective of psychological detachment, work-related rumination, and work reflection. *International Journal of Environmental Research and Public Health*, *16*(16), 2987.

Wolmer, L., Laor, N., Dedeoglu, C., Siev, J., & Yazgan, Y. (2005). Teacher-mediated intervention after disaster: A controlled three-year follow-up of Children's functioning. *Journal of Child Psychology and Psychiatry*, *46*(11), 1161-1168.

Xie, S., & Zhang, W. (2012). The relationships between transformational leadership, LMX, and employee innovative behavior. *Journal of Applied Business and Economics*, *13*(5), 87-96.

Yao, M. H. (2022). The impact of corporate culture on employee innovation behavior: A study of Zhejiang textile and Garment Enterprises. *International Journal of Science and Business*, *8*(1), 12-25.

Yukl, G., O'Donnell, M., & Taber, T. (2009). Influence of leader behaviors on the leader-member exchange relationship. *Journal of Managerial Psychology*, *24*(4), 289-299.

Zapf, D. (1993). Stress-oriented analysis of computerized office work. *The European Work and Organizational Psychologist*, *3*(2), 85-100.

Zhang, W., & Fuligni, A. J. (2006). Authority, autonomy, and family relationships among adolescents in urban and rural China. *Journal of Research on Adolescence*, *16*(4), 527-537.

Zhang, Z., Jin, X., & Zhou, D. (2016). A comparative study on text mining for automatic tag recommendation. Data Mining and Knowledge Discovery, *30*(2), 449-472.

Zhao, J., Liu, X., & Wang, M. (2015). Parent-child cohesion, friend companionship and left-behind children's emotional adaptation in rural China. *Child Abuse & Neglect*, *48*, 190-199.

附　　录

附录1　生态文明监测评价问卷

这是有关答卷者背景信息的调查，请细心阅读后作出回答。
1）受访者信息：（略）
2）调查机构的基本信息：
机构类型：○高校　○科研机构　○非政府组织　○政府部门　○其他
机构所处的地区：_____（省/直辖市）_____市 _____地区 _____
3）组织结构与资源配置：
单位员工人数：○1~10人　○10~30人　○30人以上
环境治理及科研人员占比：○0~10%　○10%~30%　○30%以上
是否设有专门的生态保护、环境科学等相关研究中心或部门：○是　○否
4）评价方式：○自评估　○上级评估　○客户评估　○第三方评估

1. 生态保护

1）我了解所在地自然保护区覆盖面积相对于地区总面积的比例。

| 非常不同意 | 不同意 | 有点不同意 | 有点同意 | 同意 | 非常同意 |
| 1--------------- | 2--------------- | 3--------------- | 4--------------- | 5-------------6 |

2）我了解所在地对于濒危物种保护工作的认知程度和执行力度。

| 非常不同意 | 不同意 | 有点不同意 | 有点同意 | 同意 | 非常同意 |
| 1--------------- | 2--------------- | 3--------------- | 4--------------- | 5-------------6 |

3）我了解受到有效保护的濒危物种及其保护措施。

| 非常不同意 | 不同意 | 有点不同意 | 有点同意 | 同意 | 非常同意 |
| 1--------------- | 2--------------- | 3--------------- | 4--------------- | 5-------------6 |

4）我了解所在地是否建立完善的濒危物种保护和繁育机制及运行情况。
非常不同意   不同意   有点不同意   有点同意   同意   非常同意
1---------------- 2--------------- 3---------------- 4--------------- 5-------------6

5）我了解所在地开展的生态修复或重建项目的具体内容和实施范围。
非常不同意   不同意   有点不同意   有点同意   同意   非常同意
1---------------- 2--------------- 3---------------- 4--------------- 5-------------6

2. 资源利用

1）我了解所在地水资源利用效率情况。
非常不同意   不同意   有点不同意   有点同意   同意   非常同意

1---------------- 2--------------- 3---------------- 4--------------- 5-------------6

2）我了解所在地为了提高水资源利用效率而采取的相关技术和政策措施。
非常不同意   不同意   有点不同意   有点同意   同意   非常同意
1---------------- 2--------------- 3---------------- 4--------------- 5-------------6

3）我了解所在地能源利用效率的整体状况和相关改进措施。
非常不同意   不同意   有点不同意   有点同意   同意   非常同意
1---------------- 2--------------- 3---------------- 4--------------- 5-------------6

4）我了解所在地能源利用效率提升技术、节能措施。
非常不同意   不同意   有点不同意   有点同意   同意   非常同意
1---------------- 2--------------- 3---------------- 4--------------- 5-------------6

5）我了解所在地土地资源利用效率及提升措施。
非常不同意   不同意   有点不同意   有点同意   同意   非常同意
1---------------- 2--------------- 3---------------- 4--------------- 5-------------6

3. 环境质量

1）我了解所在地大气污染指数（如 AQI、PM2.5 等）。
非常不同意   不同意   有点不同意   有点同意   同意   非常同意
1---------------- 2--------------- 3---------------- 4--------------- 5-------------6

2）我了解所在地过去一年内大气污染指数的变化趋势和原因。
非常不同意   不同意   有点不同意   有点同意   同意   非常同意
1---------------- 2--------------- 3---------------- 4--------------- 5-------------6

3）我了解所在地周边水源（河流、湖泊、饮用水等）的水质状况。
非常不同意   不同意   有点不同意   有点同意   同意   非常同意

1---------------- 2--------------- 3---------------- 4--------------- 5-------------6

4）我了解所在地最近一次公开发布的水质检测报告。

非常不同意　　不同意　　有点不同意　　有点同意　　同意　　非常同意

1--------------- 2--------------- 3--------------- 4--------------- 5---------------6

5）我了解土壤污染对所在地农业生产和居民生活的影响。

非常不同意　　不同意　　有点不同意　　有点同意　　同意　　非常同意

1--------------- 2--------------- 3--------------- 4--------------- 5---------------6

4. 生态安全

1）我了解所在地生态系统稳定性的现状。

非常不同意　　不同意　　有点不同意　　有点同意　　同意　　非常同意

1--------------- 2--------------- 3--------------- 4--------------- 5---------------6

2）我了解所在地区的自然灾害（如洪涝、干旱、滑坡、森林火灾等）风险评估。

非常不同意　　不同意　　有点不同意　　有点同意　　同意　　非常同意

1--------------- 2--------------- 3--------------- 4--------------- 5---------------6

3）我了解所在地针对主要生态灾害制定的风险预防和应对措施。

非常不同意　　不同意　　有点不同意　　有点同意　　同意　　非常同意

1--------------- 2--------------- 3--------------- 4--------------- 5---------------6

4）我了解所在地区近期成功预防或治理的一项生态灾害案例。

非常不同意　　不同意　　有点不同意　　有点同意　　同意　　非常同意

1--------------- 2--------------- 3--------------- 4--------------- 5---------------6

5. 绿色发展

1）我了解所在地温室气体排放总量及其变化趋势。

非常不同意　　不同意　　有点不同意　　有点同意　　同意　　非常同意

1--------------- 2--------------- 3--------------- 4--------------- 5---------------6

2）我了解所在地可再生能源（如风能、太阳能、水能等）开发和利用情况。

非常不同意　　不同意　　有点不同意　　有点同意　　同意　　非常同意

1--------------- 2--------------- 3--------------- 4--------------- 5---------------6

3）我了解所在地为提高可再生能源利用率而采取的政策、项目或技术创新措施。

非常不同意　　不同意　　有点不同意　　有点同意　　同意　　非常同意

1--------------- 2--------------- 3--------------- 4--------------- 5---------------6

4）我了解所在地环境友好产业（如低碳经济、循环经济、清洁生产等）的发展水平。

非常不同意　　不同意　　有点不同意　　有点同意　　同意　　非常同意
1---------------- 2-------------- 3---------------- 4---------------- 5-------------6

6. 循环经济

1）我了解所在地废物处理设施的建设和运行状况。
非常不同意　　不同意　　有点不同意　　有点同意　　同意　　非常同意
1---------------- 2-------------- 3---------------- 4---------------- 5-------------6

2）我了解所在地推行的废物分类回收政策及实施细则。
非常不同意　　不同意　　有点不同意　　有点同意　　同意　　非常同意
1---------------- 2-------------- 3---------------- 4---------------- 5-------------6

3）我了解所在地企业为控制原材料消耗所采取的各类措施和理念。
非常不同意　　不同意　　有点不同意　　有点同意　　同意　　非常同意
1---------------- 2-------------- 3---------------- 4---------------- 5-------------6

4）我了解所在地正在实施或已经形成的循环经济模式。
非常不同意　　不同意　　有点不同意　　有点同意　　同意　　非常同意
1---------------- 2-------------- 3---------------- 4---------------- 5-------------6

5）我了解所在地政府推出的循环经济相关政策。
非常不同意　　不同意　　有点不同意　　有点同意　　同意　　非常同意
1---------------- 2-------------- 3---------------- 4---------------- 5-------------6

7. 文化建设

1）我了解所在地生态教育在学校、社区和企事业单位等层面的覆盖率。
非常不同意　　不同意　　有点不同意　　有点同意　　同意　　非常同意
1---------------- 2-------------- 3---------------- 4---------------- 5-------------6

2）我曾参加过任何形式的生态教育活动。
非常不同意　　不同意　　有点不同意　　有点同意　　同意　　非常同意
1---------------- 2-------------- 3---------------- 4---------------- 5-------------6

3）我了解所在地生态文化传播渠道。
非常不同意　　不同意　　有点不同意　　有点同意　　同意　　非常同意
1---------------- 2-------------- 3---------------- 4---------------- 5-------------6

4）我了解所在地生态文化标志场所。
非常不同意　　不同意　　有点不同意　　有点同意　　同意　　非常同意
1---------------- 2-------------- 3---------------- 4---------------- 5-------------6

5）我了解所在地政府部门为推动生态文化建设制定的政策。
非常不同意　　不同意　　有点不同意　　有点同意　　同意　　非常同意
1---------------- 2---------------- 3---------------- 4---------------- 5------------6

8. 民生环境

1）我了解所在地环境健康状况（如空气、水质、土壤对居民健康的潜在影响）。
非常不同意　　不同意　　有点不同意　　有点同意　　同意　　非常同意
1---------------- 2---------------- 3---------------- 4---------------- 5------------6

2）我了解所在地居民生活环境质量（包括噪音污染、绿化覆盖率、公共设施等）。
非常不同意　　不同意　　有点不同意　　有点同意　　同意　　非常同意
1---------------- 2---------------- 3---------------- 4---------------- 5------------6

3）我认为环境改善会影响到当地居民的生活水平。
非常不同意　　不同意　　有点不同意　　有点同意　　同意　　非常同意
1---------------- 2---------------- 3---------------- 4---------------- 5------------6

4）我了解所在地生活垃圾处理设施及运行情况。
非常不同意　　不同意　　有点不同意　　有点同意　　同意　　非常同意
1---------------- 2---------------- 3---------------- 4---------------- 5------------6

5）我了解所在地政府或社区在推广绿色生活方式方面的方法。
非常不同意　　不同意　　有点不同意　　有点同意　　同意　　非常同意
1---------------- 2---------------- 3---------------- 4---------------- 5------------6

9. 国际合作

1）我了解所在国家或地区加入了哪些重要的国际环境公约。
非常不同意　　不同意　　有点不同意　　有点同意　　同意　　非常同意
1---------------- 2---------------- 3---------------- 4---------------- 5------------6

2）我了解所在国家或地区在国际环境谈判中扮演的角色及达成的国际环境合作协议。
非常不同意　　不同意　　有点不同意　　有点同意　　同意　　非常同意
1---------------- 2---------------- 3---------------- 4---------------- 5------------6

3）我认为所在国家或地区应该履行国际环境义务和承诺。
非常不同意　　不同意　　有点不同意　　有点同意　　同意　　非常同意
1---------------- 2---------------- 3---------------- 4---------------- 5------------6

4）我了解所在国家或地区在环保技术转让、国际合作项目等方面的实例。
非常不同意　　不同意　　有点不同意　　有点同意　　同意　　非常同意
1---------------- 2---------------- 3---------------- 4---------------- 5------------6

10. 法律管理

1）我了解所在地关于生态保护的重要政策。

非常不同意	不同意	有点不同意	有点同意	同意	非常同意
1	2	3	4	5	6

2）我了解所在地引入或实施的创新性环保管理措施。

非常不同意	不同意	有点不同意	有点同意	同意	非常同意
1	2	3	4	5	6

3）我认为所在地环保部门对环境违法行为的监管力度和执法效能良好。

非常不同意	不同意	有点不同意	有点同意	同意	非常同意
1	2	3	4	5	6

4）我所在地各级政府和其他相关部门支持力度很大、资源配置合理。

非常不同意	不同意	有点不同意	有点同意	同意	非常同意
1	2	3	4	5	6

5）我了解所在地环保法律法规修订进程与最新规定。

非常不同意	不同意	有点不同意	有点同意	同意	非常同意
1	2	3	4	5	6

11. 总体评价

1）我对该地区（被评价单位）生态文明建设总体表现评分：

非常不满意	不满意	有点不满意	有点满意	满意	非常满意
1	2	3	4	5	6

2）我认为该地区（被评价单位）生态文明建设需要全面改革：

非常不满意	不满意	有点不满意	有点满意	满意	非常满意
1	2	3	4	5	6

3）为该地区（被评价单位）在生态文明建设方面提供一至两条改进建议：

_____

_____

4）我认为这些改进措施实施后，可以为本地生态文明建设带来显著改善：

_____

_____

附录2 民众风险认知调查（A卷）

一、在您评估现阶段病毒的风险大小时，以下各因素对您的影响程度如何？

	无影响	有较少影响	有影响	有较大影响	有很大影响
1）新增发病人数。	1□	2□	3□	4□	5□
2）累计发病人数。	1□	2□	3□	4□	5□
3）新增疑似病人数。	1□	2□	3□	4□	5□
4）累计疑似病人数。	1□	2□	3□	4□	5□
5）治疗条件和环境改进的报道。	1□	2□	3□	4□	5□
6）公交、水电、商场供应信息。	1□	2□	3□	4□	5□
7）亲友、家人和朋友的信息交流。	1□	2□	3□	4□	5□
8）互联网病毒信息传播。	1□	2□	3□	4□	5□

二、下列是有关病毒的一系列事件，有些事件是您熟悉的，有些不是。请您指出熟悉程度：

	很陌生	陌生	一般	熟悉	很熟悉
1）病毒的病因。	1□	2□	3□	4□	5□
2）传播途径和传染性。	1□	2□	3□	4□	5□
3）治愈率。	1□	2□	3□	4□	5□
4）预防措施和效果。	1□	2□	3□	4□	5□
5）患者治愈后对身体的影响。	1□	2□	3□	4□	5□
6）患者治愈后有无传染问题。	1□	2□	3□	4□	5□
7）微信发布的各种信息。	1□	2□	3□	4□	5□
8）政府发布的各种信息。	1□	2□	3□	4□	5□
9）政府控制疾病流行的措施。	1□	2□	3□	4□	5□
10）病毒的总体熟悉情况。	1□	2□	3□	4□	5□

三、下列是有关病毒的一系列事件，有些事件是能够控制的，有些不是。下面请您判断一下，对于这些事件，您或者您周围的人们在多大程度上能够控制，请您评价一下对于病毒发展有关的多方面情况的控制程度：

	完全失控	难以控制	部分控制	多数控制	完全控制
1）病毒的病因。	1□	2□	3□	4□	5□
2）传播途径和传染性。	1□	2□	3□	4□	5□
3）治愈率。	1□	2□	3□	4□	5□
4）预防措施和效果。	1□	2□	3□	4□	5□
5）患者治愈后对身体的影响。	1□	2□	3□	4□	5□
6）患者治愈后有无传染问题。	1□	2□	3□	4□	5□
7）微信发布的各种信息的真实性。	1□	2□	3□	4□	5□
8）政府发布的各种信息的真实性。	1□	2□	3□	4□	5□
9）政府控制疾病措施的有效性。	1□	2□	3□	4□	5□
10）疾病的总体控制程度。	1□	2□	3□	4□	5□

四、您认为，人们对病毒的恐惧心理主要来自以下哪些方面：

	很不同意	不同意	一般	同意	非常同意
1）病毒的传染性。	1□	2□	3□	4□	5□
2）病毒的快速致命性。	1□	2□	3□	4□	5□
3）患者的死亡率高。	1□	2□	3□	4□	5□
4）康复后可能有后遗症。	1□	2□	3□	4□	5□
5）致病原因不清楚。	1□	2□	3□	4□	5□
6）还没有有效的治疗方法。	1□	2□	3□	4□	5□
7）广泛的新闻媒体报道。	1□	2□	3□	4□	5□
8）周围人们的害怕和传言。	1□	2□	3□	4□	5□
9）人人戴口罩，处处见告示。	1□	2□	3□	4□	5□
10）来自互联网的多方面消息。	1□	2□	3□	4□	5□
11）其他_____。	1□	2□	3□	4□	5□

五、当提到传染病时，您会联想到什么其他的词语或事件（请写出四项）：

A. _____　　B. _____　　C. _____　　D. _____

六、请谈谈您对病毒的看法：

	很不同意	不同意	一般	同意	非常同意
1）我对能否完全治愈传染病是怀疑的。	1□	2□	3□	4□	5□
2）我感觉自己的生命受到了威胁。	1□	2□	3□	4□	5□
3）对病毒的预防都是无效的。	1□	2□	3□	4□	5□
4）人的生死是听天由命的。	1□	2□	3□	4□	5□
5）对病毒我有一种无能为力的感觉。	1□	2□	3□	4□	5□
6）面对病毒，感到更应买人身保险了。	1□	2□	3□	4□	5□

七、以下问题是关于您近期行为方式的描述，请仔细阅读下面的每一句话，然后判断最近一周来您有这种行为的频率，并在相应数字上打"√"。您最近一周来是不是：

	绝不	偶尔	有时	较多	经常
1）重视消毒、洗手的习惯。	1□	2□	3□	4□	5□
2）更加注意均衡饮食，户外锻炼。	1□	2□	3□	4□	5□
3）公共场所尽量少与他人接触，以免被传染。	1□	2□	3□	4□	5□
4）用这段时间完成过去想做而无法做的事情。	1□	2□	3□	4□	5□
5）帮助他人掌握预防病毒知识的方法。	1□	2□	3□	4□	5□
6）劝说亲友或同事在治疗中与医生配合。	1□	2□	3□	4□	5□
7）我开始吸烟（喝酒）或者比平常更厉害。	1□	2□	3□	4□	5□
8）祈祷神灵保佑自己不会染上病毒。	1□	2□	3□	4□	5□
9）我开始大量吃东西，以缓解自己的情绪。	1□	2□	3□	4□	5□

八、以下问题是关于您近期心理状态的描述，请仔细阅读下面的每一句话，然后判断最近一周来您有这种状况的频率，并在相应数字上打"√"。您最近一周来

是不是：

		绝不	偶尔	有时	较多	经常
1）	做事能集中注意力。	1□	2□	3□	4□	5□
2）	因为担忧而失眠。	1□	2□	3□	4□	5□
3）	觉得自己在不少方面都担当着有用的角色。	1□	2□	3□	4□	5□
4）	觉得处事时可以拿定主意。	1□	2□	3□	4□	5□
5）	觉得总是有精神上的压力。	1□	2□	3□	4□	5□
6）	觉得无法克服困难。	1□	2□	3□	4□	5□
7）	觉得日常生活是有趣味的。	1□	2□	3□	4□	5□
8）	能够勇敢地面对问题。	1□	2□	3□	4□	5□
9）	觉得心情抑郁，不快乐。	1□	2□	3□	4□	5□
10）	对自己失去了信心。	1□	2□	3□	4□	5□
11）	觉得自己没用。	1□	2□	3□	4□	5□
12）	总的来说，自己的生活是快乐的。	1□	2□	3□	4□	5□

九、目前，对病毒的感染率及感染后的死亡率还没有明确的结论。如有以下两种可能性，您更希望是哪一种：

希望是 A	两者都一样	希望是 B
□	□	□

A 有 1%的可能性受感染，感染后死亡的可能性为 20%
B 有 2%的可能性会感染，感染后死亡的可能性为 10%

十、面对本地的传染病，我感受到的风险大小程度是_____（请给出 0 到 10 之间的某个数）。

完全没有		很小		比较小		比较大		很大		非常大
0	1	2	3	4	5	6	7	8	9	10

十一、总体来说，想到目前本地病毒流行的情况，我的感受是：_____

无紧张感		有点紧张感		有些紧张		紧张、感到慌张		有些恐慌		非常恐慌
0	1	2	3	4	5	6	7	8	9	10

十二、总体来说，自己面对本地病毒流行，在应对行为方面的表现是：_____

感到无助		无所事事		能做一些事		能做主要的事		应对基本如常		完全正常
0	1	2	3	4	5	6	7	8	9	10

十三、总体来说，我对未来一周的传染病发展趋势的预感是：_____

完全正常		接近正常		患病率明显下降		维持现状		患病率明显上升		完全失控
0	1	2	3	4	5	6	7	8	9	10

十四、总体来说，我对传染病之后本地未来经济发展的前景预期是：_____

损失巨大，难复苏		损失大，需长时间恢复		短期能恢复，影响小		仍将高速发展
0	1	2	3	4	5	6	7	8	9	10

附录3 民众应对行为调查（B卷）

一、有人认为，下面这些语句可以代表多数人对潜在传染病的态度，您是否同意？请选择您的同意程度，并在相应数字上打"√"。希望您明确表明看法，尽量不要选择"说不清"。

	非常不同意	不同意	说不清	同意	非常同意
1）潜在的传染病威胁我的健康。	1□	2□	3□	4□	5□
2）潜在的传染病威胁我的财产。	1□	2□	3□	4□	5□
3）潜在的传染病影响我的生活质量。	1□	2□	3□	4□	5□
4）我对潜在的传染病威胁表现出担忧。	1□	2□	3□	4□	5□
5）我对潜在的传染病威胁表现出害怕。	1□	2□	3□	4□	5□
6）像我这样的人很难抵御此次传染病。	1□	2□	3□	4□	5□
7）我对潜在的传染病威胁感到无助。	1□	2□	3□	4□	5□

二、有人认为，下面这些语句可以代表多数人对病毒患者或出院患者的态度，您是否同意。请选择您的同意程度，并在相应数字上打"√"。希望您明确表明看法，尽量不要选择"说不清"。

	非常不同意	不同意	说不清	同意	非常同意
1）大多数人都不介意和患过传染病的人做好朋友。	1□	2□	3□	4□	5□
2）大多数人都认为住过院的传染病患者的智力和普通人没有差别。	1□	2□	3□	4□	5□
3）大多数年轻女性都不愿和感染过病毒的男人约会。	1□	2□	3□	4□	5□
4）大多数人都接受感染过病毒但已完全康复了的人做小学老师。	1□	2□	3□	4□	5□

5) 大多数人都觉得被传染病传染住进医院是个人生活失败的标志。	1□	2□	3□	4□	5□
6) 如果感染过病毒的人适合某工作岗位，大多数单位会愿意雇佣他。	1□	2□	3□	4□	5□
7) 大多数人对因被传染病感染住过院的人不会有过高的评价。	1□	2□	3□	4□	5□
8) 在我住的地方，大多数人对待患过传染病的人和对待其他人没什么差别。	1□	2□	3□	4□	5□
9) 大多数人不会雇患过传染疾病的人去照顾自己的孩子，即使他已经康复很久了。	1□	2□	3□	4□	5□
10) 大多数单位不会录用感染过病毒的人，而是选择条件相当的其他人。	1□	2□	3□	4□	5□
11) 大多数人都认为感染过病毒的人和普通人一样值得信赖。	1□	2□	3□	4□	5□
12) 大多数人一旦知道某人曾因感染病毒住过院，就不太会把他当回事。	1□	2□	3□	4□	5□

三、请对下列语句做出判断，在相应的数字上打"√"。

	非常不符合	比较不符合	不确定	比较符合	非常符合
1) 我有信心克服目前或将来的困难，能解决面对的难题。	1□	2□	3□	4□	5□
2) 我应对逆境的能力很高。	1□	2□	3□	4□	5□
3) 面临巨大的压力时我仍能保持冷静。	1□	2□	3□	4□	5□
4) 即使在困难的环境下我仍能积极面对。	1□	2□	3□	4□	5□
5) 即使身处充满压力环境，我从未感到焦虑。	1□	2□	3□	4□	5□
6) 即使我受到挫折，我也能很快恢复过来。	1□	2□	3□	4□	5□
7) 我们的团队有能力获得解决困难或应对逆境的资源。	1□	2□	3□	4□	5□

8） 对于从事的工作，我们的团队总是看到事情光明的一面。	1□	2□	3□	4□	5□
9） 遇到困难或逆境时，我们相信"黑暗背后就是光明，不用悲观"。	1□	2□	3□	4□	5□
10） 在工作中遇到困难或逆境时，我们的团队成员能够承担压力。	1□	2□	3□	4□	5□
11） 在工作中，我们的团队能经受住挫折和逆境的煎熬。	1□	2□	3□	4□	5□
12） 在工作中遇到不确定的事情，大家能够坚持期盼最好的结果。	1□	2□	3□	4□	5□

四、本项调查由 12 个描述性短语或句子组成，请您逐条对照，依据您自己所具有的特点和行为作出相应选择，以下从左到右的五个等级分别对应行为出现的频率，请根据自己的真实情况进行选择，并在相应的数字上打"√"。

	从不	较少	偶尔	经常	总是
1） 重要事情上的失败会让我因为自己的不足而备受折磨。	1□	2□	3□	4□	5□
2） 我试着理解和耐心对待性格中自己不喜欢的部分。	1□	2□	3□	4□	5□
3） 当伤心的事情发生时，我会试着以稳定的心态去面对。	1□	2□	3□	4□	5□
4） 当情绪低落的时候，我会感到其他人都比自己快乐。	1□	2□	3□	4□	5□
5） 我会把自己的失败看作人之常情。	1□	2□	3□	4□	5□
6） 当处于一段相当艰难的时期，我会给自己更多的关怀和照顾。	1□	2□	3□	4□	5□
7） 每当难过时，我会试着控制自己的情绪。	1□	2□	3□	4□	5□
8） 每当在重要的事情上失败了，我通常觉得自己在未来的道路上会很无助、很孤单。	1□	2□	3□	4□	5□
9） 当情绪低落的时候，我通常会被办错了的事情所困扰并且念念不忘。	1□	2□	3□	4□	5□

10）当我觉得自己在某方面不完美时，我会提醒
自己，大多数的人都是不完美的。　　1□　　2□　　3□　　4□　　5□

11）我不满意自己存在缺点和不足。　　1□　　2□　　3□　　4□　　5□

12）我不能忍受自己性格中不喜欢的部分。　　1□　　2□　　3□　　4□　　5□

五、请仔细阅读以下项目，结合你的实际经历进行选择，请在相应的数字上打"√"。

	非常不明显	很不明显	中等程度	很明显	非常明显
1）对于生活中重要的事情，我改变了它们的优先顺序。	1□	2□	3□	4□	5□
2）我现在对于自己的生活价值有了更多的欣赏。	1□	2□	3□	4□	5□
3）我培养了新的兴趣爱好。	1□	2□	3□	4□	5□
4）我现在对自己有了更多的信任感。	1□	2□	3□	4□	5□
5）我现在对精神生活有了更加深刻的理解。	1□	2□	3□	4□	5□
6）我现在更加确信，在遇到麻烦时我可以向人求助。	1□	2□	3□	4□	5□
7）我为自己的生活建立了新的方向。	1□	2□	3□	4□	5□
8）我现在与其他人之间的亲密感更加强烈了。	1□	2□	3□	4□	5□
9）我现在更愿意去表达自己的感情。	1□	2□	3□	4□	5□
10）我现在更加确信，我能够应付困难。	1□	2□	3□	4□	5□
11）我现在能够更好地去做生活中力所能及的事情。	1□	2□	3□	4□	5□
12）我现在能够更好地接受事物发展的方式。	1□	2□	3□	4□	5□
13）我现在能够更好地欣赏每一天的生活。	1□	2□	3□	4□	5□

14）目前的生活中出现了其他情况下可能不会出现的机会。	1□	2□	3□	4□	5□
15）我现在对其他人更有同情心。	1□	2□	3□	4□	5□
16）我现在对自己的亲密关系投入了更多的精力。	1□	2□	3□	4□	5□
17）我现在更有可能去改变那些需要改变的事物。	1□	2□	3□	4□	5□
18）我现在的宗教信仰更加虔诚了。	1□	2□	3□	4□	5□
19）我发现自己比以前想象的要更加强大。	1□	2□	3□	4□	5□
20）关于人的美好之处，我有了很多新的发现。	1□	2□	3□	4□	5□
21）我现在能够更加坦诚地接受，我需要其他人的帮助。	1□	2□	3□	4□	5□

附录4 民众情绪与行为调查（C卷）

一、回答以下问题，说明你对病毒的看法：

1=完全没有	2=有点	3=一般	4=较多	5=非常多
1）你感觉有多不确定？	1=完全没有	2　3　4		5=极不确定
2）你感觉到多大风险？	1=完全没有	2　3　4		5=非常大
3）你觉得受到多大威胁？	1=完全没有	2　3　4		5=极大威胁
4）你有多担心它？	1=完全没有	2　3　4		5=非常多
5）你想起它的频率？	1=完全没有	2　3　4		5=非常高

二、选出最能描述你经历的选项，说明受病毒影响的程度（取消、推迟、打断）。

1=完全没有	2=有点	3=一般	4=较多	5=非常大
1）旅行计划。	1=完全没有	2　3　4		5=非常大
2）工作。	1=完全没有	2　3　4		5=非常大
3）社交活动，如聚会。	1=完全没有	2　3　4		5=非常大
4）重大生活事件，如毕业派对。	1=完全没有	2　3　4		5=非常大
5）和朋友去餐厅或酒吧。	1=完全没有	2　3　4		5=非常大
6）其他（请具体说明）。	1=完全没有	2　3　4		5=非常大

三、你身边有人感染（过）病毒吗？　　　　1=有　　2=没有　　3=不清楚

四、你认为，谁应该对病毒负责？选出最能描述你感受的选项。

1=完全没有	2=有点	3=一般	4=非常多
1）自己。	1=完全没有	2　3	4=非常多
2）政府。	1=完全没有	2　3	4=非常多
3）其他人。	1=完全没有	2　3	4=非常多
4）卫生保健工作者。	1=完全没有	2　3	4=非常多
5）我个人的责任。	1=完全没有	2　3	4=非常多
6）其他（请具体说明）。	1=完全没有	2　3	4=非常多

五、如何描述你总体的健康状况？　　1=非常好　2=好　3=中等　4=较差　5=很差

六、你会多久做一次以下项目来确定是否可能患有传染病？

1=完全没有	2=有点	3=一般	4=较多	5=非常多
1）测量自己的体温。	1=完全没有	2　　3	4	5=非常多
2）看医生或其他保健专业人员。	1=完全没有	2　　3	4	5=非常多
3）对这个问题，请选择5，"非常多"。	1=完全没有	2　　3	4	5=非常多
4）密切关注自己任何可能咳嗽的行为。	1=完全没有	2　　3	4	5=非常多
5）密切关注自己任何可能打喷嚏的行为。	1=完全没有	2　　3	4	5=非常多
6）密切关注自己可能有的疲倦感。	1=完全没有	2　　3	4	5=非常多
7）拨打医院或病毒热线。	1=完全没有	2　　3	4	5=非常多
8）做过病毒检测。	1=完全没有	2　　3	4	5=非常多

七、当想到病毒时，选出以下表述与你的心情符合的程度：

1=完全不符合	2=几乎不符合	3=基本符合	4=完全符合
1）我相信我能有效地应对它。	1=完全不符合　　2　　3		4=完全符合
2）多亏了我的机智，我知道如何应对它。	1=完全不符合　　2　　3		4=完全符合
3）对这个问题，请选择1，"完全不符合"。	1=完全不符合　　2　　3		4=完全符合
4）面对困难时我可以保持冷静，因为我可以依赖自己的应对能力。	1=完全不符合　　2　　3		4=完全符合
5）当我面临这个问题时，我通常能找到几种解决办法。	1=完全不符合　　2　　3		4=完全符合

八、对于以下项目，选出你在应对病毒方面从各项目中得到了多少支持：

1=完全没有	2=一点	3=较多	4=很多
1）你的朋友或家人。	1=完全没有	2　　3	4=很多
2）社交媒体（如Facebook、Twitter）。	1=完全没有	2　　3	4=很多
3）网络。	1=完全没有	2　　3	4=很多
4）新闻、电视或广播。	1=完全没有	2　　3	4=很多
5）邮件。	1=完全没有	2　　3	4=很多
6）同事、主管或老师。	1=完全没有	2　　3	4=很多
7）其他（请具体说明）。	1=完全没有	2　　3	4=很多

九、以下问题涉及你处理病毒的方式。请选出最能描述你所做的应对方式以避免感染病毒，我做了：

1=完全没有	2=有点	3=一般	4=较多	5=非常多
1）避免去病毒感染地区旅行。	1=完全没有	2　3　4		5=非常多
2）避免在餐厅吃饭。	1=完全没有	2　3　4		5=非常多
3）避免与他人握手、拥抱。	1=完全没有	2　3　4		5=非常多
4）避免乘坐地铁或通勤列车。	1=完全没有	2　3　4		5=非常多
5）避免在美食街吃饭。	1=完全没有	2　3　4		5=非常多
6）避免去工作或学校。	1=完全没有	2　3　4		5=非常多
7）避免人们的大型聚会。	1=完全没有	2　3　4		5=非常多
8）避免乘坐飞机。	1=完全没有	2　3　4		5=非常多
9）避免触摸自己的脸。	1=完全没有	2　3　4		5=非常多
10）回避咳嗽或打喷嚏的人。	1=完全没有	2　3　4		5=非常多

十、为避免感染病毒，我做了：

1）戴口罩。	1=完全没有	2　3　4	5=非常多
2）戴手套。	1=完全没有	2　3　4	5=非常多
3）更经常洗手。	1=完全没有	2　3　4	5=非常多
4）用消毒洗手液。	1=完全没有	2　3　4	5=非常多
5）均衡饮食。	1=完全没有	2　3　4	5=非常多
6）定期锻炼。	1=完全没有	2　3　4	5=非常多
7）确保自己有充足的睡眠。	1=完全没有	2　3　4	5=非常多
8）服用维生素和/或草药补充剂。	1=完全没有	2　3　4	5=非常多
9）谷歌搜索病毒症状，查看自己是否患病。	1=完全没有	2　3　4	5=非常多

十一、在下面的量表，选择最符合你感受的选项来表明最近你对病毒的感觉。

1=完全没有	2=有点	3=一般	4=较多	5=非常多
1）紧张。	1=完全没有	2　3　4		5=非常多
2）急切。	1=完全没有	2　3　4		5=非常多
3）不安。	1=完全没有	2　3　4		5=非常多
4）神经过敏。	1=完全没有	2　3　4		5=非常多
5）焦虑。	1=完全没有	2　3　4		5=非常多

6）焦躁。　　　　　　　1=完全没有　　2　3　4　　5=非常多
7）不开心。　　　　　　1=完全没有　　2　3　4　　5=非常多
8）伤心。　　　　　　　1=完全没有　　2　3　4　　5=非常多
9）无价值。　　　　　　1=完全没有　　2　3　4　　5=非常多
10）忧郁。　　　　　　 1=完全没有　　2　3　4　　5=非常多
11）无望。　　　　　　 1=完全没有　　2　3　4　　5=非常多
12）沮丧。　　　　　　 1=完全没有　　2　3　4　　5=非常多
13）痛苦。　　　　　　 1=完全没有　　2　3　4　　5=非常多
14）无助。　　　　　　 1=完全没有　　2　3　4　　5=非常多
15）生气。　　　　　　 1=完全没有　　2　3　4　　5=非常多
16）气恼。　　　　　　 1=完全没有　　2　3　4　　5=非常多
17）恼怒。　　　　　　 1=完全没有　　2　3　4　　5=非常多
18）暴躁。　　　　　　 1=完全没有　　2　3　4　　5=非常多
19）气愤。　　　　　　 1=完全没有　　2　3　4　　5=非常多
20）狂怒。　　　　　　 1=完全没有　　2　3　4　　5=非常多
21）敌视。　　　　　　 1=完全没有　　2　3　4　　5=非常多
22）疲劳。　　　　　　 1=完全没有　　2　3　4　　5=非常多
23）疲乏。　　　　　　 1=完全没有　　2　3　4　　5=非常多
24）精疲力竭。　　　　 1=完全没有　　2　3　4　　5=非常多
25）倦怠。　　　　　　 1=完全没有　　2　3　4　　5=非常多
26）疲惫不堪。　　　　 1=完全没有　　2　3　4　　5=非常多

十二、总体看来，你会觉得自己是抑郁者，并一直担心吗？请选择最能描述你感受的数字。

1=是	2=否	3=不清楚
1）你是否感染传染病病毒？	1=是　　2=否	3=不清楚
2）在最近几个月里，你是否因传染病而被隔离？	1=是　　2=否	3=不清楚

十三、以下陈述是对医院疾病患者或出院患者的态度。选择最能描述你感受的选项。

1= 很不赞成	2= 有点赞成	3=一般	4=较多赞成	5= 完全赞成
1）年轻女性都不愿和患过传染病男人约会。	1=很不赞成	2　3　4	5=完全赞成
2）公司不会录用患过传染病的人。	1=很不赞成	2　3　4	5=完全赞成

3）患传染病者和普通人不会一样值得信赖。	1=很不赞成	2	3	4	5=完全赞成
4）知道某人因传染病住过院，会把这当一回事。	1=很不赞成	2	3	4	5=完全赞成
5）大多数人都认为，住过院的传染病患者的智力和普通人没有差别。	1=很不赞成	2	3	4	5=完全赞成
6）大多数人都接受已完全康复、患过传染病的人做小学老师。	1=很不赞成	2	3	4	5=完全赞成
7）在我住的地方，大多数人对患过传染病的人同其他人没什么差别。	1=很不赞成	2	3	4	5=完全赞成
8）多数人不会雇佣传染病患者去照顾自己的孩子，即使他已经康复很久了。	1=很不赞成	2	3	4	5=完全赞成

十四、下面所述是你的实际生活情况，选择最能准确描述你目前生活状况的项目。

1=非常不同意	2=不同意	3=有些不同意	4=无所谓	5=有些同意	6=同意	7=非常同意

1）在过去的一年里，有几天我或我的家人因没有足够的钱买食物而挨饿。	1=非常不同意	2	3	4	5	6	7=非常同意
2）我吃得起均衡的食品。	1=非常不同意	2	3	4	5	6	7=非常同意
3）付完账单后，我通常有足够的钱买其他食物。	1=非常不同意	2	3	4	5	6	7=非常同意
4）我担心失去我的住处。	1=非常不同意	2	3	4	5	6	7=非常同意
5）去年我不得不搬到预算能承受的地方住。	1=非常不同意	2	3	4	5	6	7=非常同意
6）我很难在月底保持收支平衡。	1=非常不同意	2	3	4	5	6	7=非常同意
7）与我所在地区平均生活水平相比，我目前的收入与生活水平是：	1=极低	2	3	4	5	6	7=极高
8）与自身5年前的生活水平相比，我目前的收入与生活水平是：	1=极低	2	3	4	5	6	7=极高

在下面的空白处，我们愿意听听您对病毒的想法和感受，以及它对您的影响：

附录5　领导行为与组织文化调查（D卷）

一、以下题目是有关您所在单位领导的描述，请根据真实情况选出最合适的表现：

1=非常不同意	2=不同意	3=不好确定	4=同意		5=非常同意
1）我的领导廉洁奉公，不图私利。	1=非常不同意	2	3	4	5=非常同意
2）我的领导吃苦在前，享受在后。	1=非常不同意	2	3	4	5=非常同意
3）我的领导不计较个人得失，尽心尽力工作。	1=非常不同意	2	3	4	5=非常同意
4）我的领导为了部门/单位利益，能牺牲个人利益。	1=非常不同意	2	3	4	5=非常同意
5）我的领导能把个人利益放在集体和他人利益之后。	1=非常不同意	2	3	4	5=非常同意
6）我的领导不会把别人的劳动成果据为己有。	1=非常不同意	2	3	4	5=非常同意
7）我的领导能与员工同甘共苦。	1=非常不同意	2	3	4	5=非常同意
8）我的领导不会给员工穿小鞋，搞打击报复。	1=非常不同意	2	3	4	5=非常同意
9）我的领导能让员工了解单位/部门的发展前景。	1=非常不同意	2	3	4	5=非常同意
10）我的领导能让员工了解本单位/部门的经营理念和发展目标。	1=非常不同意	2	3	4	5=非常同意
11）我的领导会向员工解释所做工作的长远意义。	1=非常不同意	2	3	4	5=非常同意
12）我的领导向大家描绘了令人向往的未来。	1=非常不同意	2	3	4	5=非常同意
13）我的领导能给员工指明奋斗目标和前进方向。	1=非常不同意	2	3	4	5=非常同意
14）我的领导经常与员工一起分析其工作对单位/部门总体目标的影响。	1=非常不同意	2	3	4	5=非常同意
15）我的领导在与员工打交道的过程中，会考虑员工个人的实际情况。	1=非常不同意	2	3	4	5=非常同意

16）我的领导愿意帮助员工解决生活和家庭难题。	1=非常不同意	2	3	4	5=非常同意
17）我的领导能经常与员工沟通交流，以了解员工的工作、生活和家庭情况。	1=非常不同意	2	3	4	5=非常同意
18）我的领导耐心地教导员工，为员工答疑解惑。	1=非常不同意	2	3	4	5=非常同意
19）我的领导关心员工的工作、生活和成长，真诚地为他（她）们的发展提建议。	1=非常不同意	2	3	4	5=非常同意
20）我的领导注重创造条件，让员工发挥自己的特长。	1=非常不同意	2	3	4	5=非常同意
21）我的领导业务能力过硬。	1=非常不同意	2	3	4	5=非常同意
22）我的领导思想开明，具有较强的创新意识。	1=非常不同意	2	3	4	5=非常同意
23）我的领导热爱自己的工作，具有很强的事业心和进取心。	1=非常不同意	2	3	4	5=非常同意
24）我的领导对工作非常投入，始终保持高度的热情。	1=非常不同意	2	3	4	5=非常同意
25）我的领导能不断学习，以充实提高自己。	1=非常不同意	2	3	4	5=非常同意
26）我的领导敢抓敢管，善于处理棘手问题。	1=非常不同意	2	3	4	5=非常同意

二、以下题目是有关"国家文化"的描述，请根据自己体会的真实情况做出选择：

1=完全不同意	2=不同意	3=有点不同意	4=不确定	5=有点同意	6=同意	7=非常同意

1）我觉得在我国，人民应该遵守社会准则。	1=完全不同意	2	3	4	5	6	7=非常同意
2）我觉得我国对人民在大多数情况下应该如何行动，有着非常明确的期望。	1=完全不同意	2	3	4	5	6	7=非常同意
3）我觉得我国人民大多数情况下都会一致同意，什么样的行为是适当的或不适当的。	1=完全不同意	2	3	4	5	6	7=非常同意
4）我觉得我国人民有很大的自由来	1=完全不同意	2	3	4	5	6	7=非常同意

决定他们在大多数情况下的行为。

5) 我觉得我国人民应该遵守许多社会准则。　　1=完全不同意　2　3　4　5　6　7=非常同意

6) 我觉得在我国如果有人行为不当，其他人会强烈反对。　　1=完全不同意　2　3　4　5　6　7=非常同意

7) 我觉得我国人民几乎总是遵守社会规范。　　1=完全不同意　2　3　4　5　6　7=非常同意

三、以下所给的个人行为对你来说有多合适？

1=完全不同意	2=不同意	3=有点不同意	4=不确定	5=有点同意	6=同意	7= 非常同意

1) 在电梯里吃饭。　　1=完全不同意　2　3　4　5　6　7=非常同意

2) 在图书馆交谈（或者进行对话）。　　1=完全不同意　2　3　4　5　6　7=非常同意

3) 在工作场所诅咒或咒骂（使用脏话）。　　1=完全不同意　2　3　4　5　6　7=非常同意

4) 在教室里大声发出笑声。　　1=完全不同意　2　3　4　5　6　7=非常同意

5) 在葬礼上男女调情。　　1=完全不同意　2　3　4　5　6　7=非常同意

6) 在工作面试中相互争论。　　1=完全不同意　2　3　4　5　6　7=非常同意

7) 在餐厅用餐时用耳机听音乐。　　1=完全不同意　2　3　4　5　6　7=非常同意

8) 在医生办公室哭泣（流泪）。　　1=完全不同意　2　3　4　5　6　7=非常同意

9) 在公园里看报纸。　　1=完全不同意　2　3　4　5　6　7=非常同意

10) 在卧室里诅咒/咒骂（使用脏话）。　　1=完全不同意　2　3　4　5　6　7=非常同意

11) 在城市的人行道上放声歌唱。　　1=完全不同意　2　3　4　5　6　7=非常同意

12) 在公共汽车上大声说笑。　　1=完全不同意　2　3　4　5　6　7=非常同意

13) 在餐厅亲吻（亲嘴）。　　1=完全不同意　2　3　4　5　6　7=非常同意

14) 在观看电影时与人讨价还价（交换商品、服务或特权）。　　1=完全不同意　2　3　4　5　6　7=非常同意

四、下面是与提高收入与生活水平相关态度的描述，请选择最符合你的看法：

1=非常不符合	2=不符合	3=有些不符合	4=不确定	5=有些符合	6=符合	7=非常符合

1) 我会主动思考能提高生活水平的办法。　　1=非常不符合　2　3　4　5　6　7=非常符合

2) 那些能改善收入与生活境况的工作，即便做起来十分困难，也对我非常有吸引力。　　1=非常不符合　2　3　4　5　6　7=非常符合

3）对于能提高工作水平能力的培训，我愿意付出时间甚至金钱。　　1=非常不符合　2　3　4　5　6　7=非常符合

4）我对提高收入和生活水平有信心。　　1=非常不符合　2　3　4　5　6　7=非常符合

5）我对于改善生活状况已有具体计划。　　1=非常不符合　2　3　4　5　6　7=非常符合

五、以下是你自己在团队的行为表现，请选出最符合自己情况的行为等级：

1=完全不同意	2=不同意	3=有点不同意	4=不确定	5=有点同意	6=同意	7=非常同意

1）我经常给团队其他成员提供好的工作建议。　　1=完全不同意　2　3　4　5　6　7=非常同意

2）如果因为我使团队其他成员工作变得困难时，他们通常会告诉我。　　1=完全不同意　2　3　4　5　6　7=非常同意

3）当团队其他成员使我的工作变得困难时，我通常会告诉他们。　　1=完全不同意　2　3　4　5　6　7=非常同意

4）其他团队成员承认我的潜力。　　1=完全不同意　2　3　4　5　6　7=非常同意

5）其他团队成员理解我所遇到的问题和需要。　　1=完全不同意　2　3　4　5　6　7=非常同意

6）我可以灵活转换自己的工作职能，为团队其他成员提供方便。　　1=完全不同意　2　3　4　5　6　7=非常同意

7）在工作任务繁重时，团队其他成员经常找我帮忙。　　1=完全不同意　2　3　4　5　6　7=非常同意

8）在工作任务重时，我经常自愿帮助团队其他成员。　　1=完全不同意　2　3　4　5　6　7=非常同意

9）我愿意帮助团队其他成员完成他们份内的工作。　　1=完全不同意　2　3　4　5　6　7=非常同意

10）团队其他成员愿意帮助我完成份内的工作。　　1=完全不同意　2　3　4　5　6　7=非常同意

六、请阅读以下项目，根据自己的真实情况，选出最为适合的态度：

1=非常不明显	2=很不明显	3=中等程度	4=很明显	5=非常明显

1）我现在对于自己的生活价值有了更多的理解。　　1=非常不明显　2　3　4　5=非常明显

2）我现在对精神生活有了更加深刻的理解。　　1=非常不明显　2　3　4　5=非常明显

3）我现在更加确信，遇到麻烦时可以向人求助。　　1=非常不明显　2　3　4　5=非常明显

4）我现在与其他人之间的亲密感更加强烈了。　1=非常不明显　2　3　4　5=非常明显

5）我现在更愿意去表达自己的感情。　1=非常不明显　2　3　4　5=非常明显

6）我现在更加确信，我能够应付困难。　1=非常不明显　2　3　4　5=非常明显

7）我现在能更好地做生活中力所能及的事情。　1=非常不明显　2　3　4　5=非常明显

8）我现在能够更好地接受事物发展的方式。　1=非常不明显　2　3　4　5=非常明显

9）我现在能够更好地欣赏每一天的生活。　1=非常不明显　2　3　4　5=非常明显

10）目前的生活中出现了其他情况下可能不会出现的机会。　1=非常不明显　2　3　4　5=非常明显

11）我现在对其他人更有同情心。　1=非常不明显　2　3　4　5=非常明显

12）我对自己建立亲密关系投入了更多的精力。　1=非常不明显　2　3　4　5=非常明显

13）我现在更有可能去改变需要改变的事情。　1=非常不明显　2　3　4　5=非常明显

14）我发现自己比以前想象的要更加强大。　1=非常不明显　2　3　4　5=非常明显

15）关于人的美好之处，我有了很多新的发现。　1=非常不明显　2　3　4　5=非常明显

16）我现在能够更加坦诚地接受这一点，即使我需要他人的帮助。　1=非常不明显　2　3　4　5=非常明显

七、以下是有关创新行为的看法，请根据自己的真实情况，选出最为适合你的态度：

1=完全不符合	2=部分不符合	3=不确定	4=部分符合	5=完全符合

1）工作中，我经常会产生一些有创意的点子或想法。　1=完全不符合　2　3　4　5=完全符合

2）我会向同事或领导推销自己的新想法，以便获得支持与认可。　1=完全不符合　2　3　4　5=完全符合

3）为了实现我的构想或创意，我会想办法争取所需要的资源。　1=完全不符合　2　3　4　5=完全符合

4）我会积极地制定适当的计划或规划来落实我的创新性构想。　1=完全不符合　2　3　4　5=完全符合

5）为了实现同事的创新性构想，我经常献计献策。　1=完全不符合　2　3　4　5=完全符合

附录6 心理筛查与危机干预问卷

参与同意书

本人愿意参与此次调查,并理解本问卷内容只作学术研究之用,个人资料及数据将全部保密。

参与者姓氏:_____ 班级(或单位):_____ 身份证号后四位:_____

一、心理应对

请你认真阅读下列每一个题目,并根据自己的真实情况在题后四种选项中做出一种选择。

题项	总是	经常	很少	从不
1)对于不开心的事,我会反复想很久。	1	2	3	4
2)对于不开心的事,我会让自己少想它。	1	2	3	4
3)遇到不开心的事,我会转移自己的注意力。	1	2	3	4
4)想到不开心的事,我会告诉自己,多想也没用。	1	2	3	4
5)心情不好的时候,我会去忙点别的事。	1	2	3	4
6)心情不好的时候,我会想自己是不是钻牛角尖了。	1	2	3	4
7)心情不好的时候,我会问自己是不是想得太悲观了。	1	2	3	4
8)心情不好的时候,我会提醒自己:自己的想法不一定对。	1	2	3	4
9)心情不好的时候,我会找人说一说。	1	2	3	4
10)心情不好的时候,我会一个人待着。	1	2	3	4
11)心情不好的时候,我会找亲友陪陪我。	1	2	3	4

二、网络依赖

请你认真阅读下列每一个题目,并根据自己的真实情况在题后六种选项中做出一种选择。

题项	非常不同意	有些不同意	有点不同意	有点同意	有些同意	非常同意
1）因使用智能手机会无法完成计划中的学习或工作。	1	2	3	4	5	6
2）因使用智能手机，在做作业或工作时很难集中精力。	1	2	3	4	5	6
3）因使用智能手机，手腕或脖子后部感到疼痛。	1	2	3	4	5	6
4）我不能忍受没有智能手机等情况。	1	2	3	4	5	6
5）当智能手机不在手边时，我会感到不耐烦和烦躁不安。	1	2	3	4	5	6
6）即使不使用智能手机，我也时刻惦记它。	1	2	3	4	5	6
7）即使智能手机已对我的生活造成影响，我也不放弃它。	1	2	3	4	5	6
8）为了不错过从社交软件（如微信、微博和QQ等）获得新信息，我会不断翻看智能电子设备。	1	2	3	4	5	6
9）我的智能手机使用的时间超出了预期。	1	2	3	4	5	6
10）身边人都说我使用智能手机等设备的时间太长了。	1	2	3	4	5	6

三、特质焦虑

人的情绪状态对从事各种活动是否有很大的影响？请你阅读下列每一个题目，并根据自己的真实情况在题后四种选项中做出一种选择。

题项	几乎不这样	很少这样	有时这样	总是这样
1）我很容易疲劳。	1	2	3	4
2）我的自我感觉总是不好。	1	2	3	4
3）我往往会把事情看得很复杂。	1	2	3	4
4）我觉得生活中困难越来越多，简直无法克服。	1	2	3	4
5）我是一个情绪不稳定的人。	1	2	3	4

续表

题项	几乎不这样	很少这样	有时这样	总是这样
6）我总设法回避困难和挑战。	1	2	3	4
7）我因不能当机立断而失去了许多机会。	1	2	3	4
8）我很灰心失望，并难以摆脱这种心境。	1	2	3	4
9）我期待任何事情来临时，都会心烦、意乱。	1	2	3	4
10）我常担心着一些实际上并不重要的事情发生。	1	2	3	4
11）如果发现自己陷入了困境，我能想出办法摆脱出来。	1	2	3	4
12）遇到挫折时，我能从中恢复过来，并继续前进。	1	2	3	4
13）我通常能对压力泰然处之。	1	2	3	4
14）在遇到不确定的事情时，我通常期盼能有最好的结果。	1	2	3	4
15）我总会去看事情光明的一面。	1	2	3	4
16）我的生活愉快。	1	2	3	4
17）我感到快乐。	1	2	3	4
18）我能专注于所做的事。	1	2	3	4
19）我喜欢做那些使我快乐的事。	1	2	3	4
20）我感到我是一个有价值的人。	1	2	3	4

四、压力反应

请你认真阅读下列每一个题目，并根据自己的真实情况在题后四种选项中做出一种选择。

题项	几乎不这样	很少这样	有时这样	总是这样
1）想到失败抬不起头来的时候，我就会忧心忡忡。	1	2	3	4
2）做重要的决定之前，我会有很多顾虑。	1	2	3	4

续表

题项	几乎不这样	很少这样	有时这样	总是这样
3）做事情的时候我总是顾虑：做不好怎么办？	1	2	3	4
4）在重要的事情到来之前，我总感到非常不安。	1	2	3	4
5）我真希望可以不像我现在这样烦恼。	1	2	3	4
6）一想到重要事情即将来临，我的身体就发僵。	1	2	3	4
7）当截止时间临近时，我便会开始不安起来。	1	2	3	4
8）有重要事情发生时，我会心跳加速，很久不能恢复常态。	1	2	3	4
9）当我公开发言时，会紧张得手足无措。	1	2	3	4
10）办事情时，我总会觉得之前没做好，妨碍了我集中精力。	1	2	3	4
11）我越想做好一件事，就越慌乱。	1	2	3	4
12）一想到其他人做得比我好，我就着急上火。	1	2	3	4
13）获得心理满足最重要途径是，将这件事做得很完美。	1	2	3	4
14）我总觉得自己把目标定得太高了。	1	2	3	4
15）每当去做事时，常会突然觉得还没有准备好。	1	2	3	4
16）做重要决定时见到人就烦，真想去没人的地方轻松一下。	1	2	3	4
17）听到别人向我提起某件事时，就会心烦意乱。	1	2	3	4
18）一想到不得不做这么多事情，我就会害怕。	1	2	3	4
19）当我公开发言前，大家都在关注我，这让我更加紧张。	1	2	3	4
20）我真希望家人除了要求我取得成就外，能不能说点别的。	1	2	3	4

五、抑郁症状

请你认真阅读下列每一个题目，并根据自己的真实情况在题后四种选项中做出一种选择。

题项	几乎不这样	很少这样	有时这样	总是这样
1）我最近烦一些原来不烦心的事。	1	2	3	4
2）我不想吃东西，胃口不好。	1	2	3	4

续表

题项	几乎不这样	很少这样	有时这样	总是这样
3）我觉得沮丧，就算有家人和朋友帮助也不管用。	1	2	3	4
4）我觉得自己不比别人差。	1	2	3	4
5）我不能集中精力做事。	1	2	3	4
6）我感到消沉。	1	2	3	4
7）我觉得做每件事都费力。	1	2	3	4
8）我感到未来有希望。	1	2	3	4
9）我觉得一直以来都很失败。	1	2	3	4
10）我感到害怕。	1	2	3	4
11）我睡不安稳。	1	2	3	4
12）我感到快乐。	1	2	3	4
13）我讲话比平时少。	1	2	3	4
14）我觉得孤独。	1	2	3	4
15）我觉得人们对我不友好。	1	2	3	4
16）我生活愉快。	1	2	3	4
17）我哭过或想哭。	1	2	3	4
18）我感到悲伤难过。	1	2	3	4
19）我觉得别人不喜欢我。	1	2	3	4
20）我提不起劲儿来做事。	1	2	3	4

六、心理痛苦

下面是有关心理痛苦状态的描述，请仔细阅读。然后根据自己近期的这种心理状态，选出与你的实际感受最符合的一项。

题项	非常不符合	比较不符合	一般	比较符合	非常符合
1）我以往的经历非常不幸，这让我感到非常痛苦。	1	2	3	4	5
2）我太痛苦了，死亡可能是逃避痛苦的唯一方法。	1	2	3	4	5
3）我感受到的痛苦是没有原因的，也无法解释。	1	2	3	4	5
4）我有过失败的经历（学习、工作或感情方面），那段伤心的记忆经常让我感到痛苦。	1	2	3	4	5

续表

题项	非常不符合	比较不符合	一般	比较符合	非常符合
5）当我想到自己有着严重的缺陷时，就觉得非常痛苦。	1	2	3	4	5
6）痛苦是一种痛在心里的感觉。	1	2	3	4	5
7）这种精神上的痛苦是无法忍受的，非常想摆脱，却毫无办法。	1	2	3	4	5
8）我感到周围人都不理解我并排斥我，这是痛苦的根本原因。	1	2	3	4	5
9）自杀对我来说是一种解脱，因为这样做可以让我的痛苦停止。	1	2	3	4	5
10）我常想起自己会失去了重要的人，这些回忆让我很痛苦。	1	2	3	4	5
11）我曾为摆脱痛苦想尽办法，但却在痛苦的黑洞里越滑越深。	1	2	3	4	5
12）为了让痛苦消失，我差点自杀。	1	2	3	4	5
13）当情绪低落时，我感受到的痛苦更加强烈，这使我害怕。	1	2	3	4	5
14）我感觉到的痛苦就像是心被碾碎一样。	1	2	3	4	5
15）痛苦的感觉是一种情绪上的，而不是身体上。	1	2	3	4	5
16）我的痛苦在于经常回想起以前不愉快或不幸的经历。	1	2	3	4	5
17）我感受到的痛苦是精神上的，远比身体上的疼痛严重。	1	2	3	4	5

七、自我伤害

请仔细阅读以下每一条表述，根据你最近一个月的实际情况，选择最适合的答案。最后四题的选项有所不同，请你注意看清问题和选项。

题项	完全不符合	比较不符合	比较符合	完全符合
1）我变得很难集中注意力。	1	2	3	4
2）我有伤害别人的冲动。	1	2	3	4
3）我感到心慌。	1	2	3	4
4）我觉得自己很没用。	1	2	3	4

续表

题项	完全不符合	比较不符合	比较符合	完全符合
5）我头晕、头疼。	1	2	3	4
6）我将离家出走。	1	2	3	4
7）我记忆力下降。	1	2	3	4
8）我睡眠浅或失眠。	1	2	3	4
9）我拒绝别人的帮助。	1	2	3	4
10）我比以前更频繁地旷课、逃学或旷工。	1	2	3	4
11）我食欲下降或暴饮暴食。	1	2	3	4
12）我觉得自己无法解决当前的问题。	1	2	3	4
13）我变得对声音、光线敏感。	1	2	3	4
14）我总想上厕所。	1	2	3	4
15）我比以前更频繁地抽烟、喝酒。	1	2	3	4
16）我变得不愿意参加集体活动。	1	2	3	4
17）我经常做噩梦。	1	2	3	4
18）我变得容易与人发生冲突。	1	2	3	4
19）我变得很难做出决定。	1	2	3	4
20）我很容易生气。	1	2	3	4
21）我有自杀的想法。	从未	有时	经常	总是
22）我能控制自杀的想法。	从未有过自杀的想法	有过，比较容易控制	有过，比较难控制	有过，几乎不能控制
23）我尝试过自杀，且因此受伤。	从未尝试过	有过，不严重	有过，比较严重	有过，非常严重
24）我故意伤害自己，但不是为了自杀。	从未尝试过	有过，不严重	有过，比较严重	有过，非常严重
25）若伤害过自己，请写出具体次数和方式。	（　　）次，具体方式是_____

八、健康管理

下面是你对所在社区、学校、企业或机关的心理健康管理看法，请认真阅读下列题目，并根据真实情况在题后四种选项中做出一种选择：

题项	非常不符合	比较不符合	一般	比较符合	非常符合
1）在我们单位，有一整套健全的健康管理措施、方法、原则。	1	2	3	4	5

续表

题项	非常不符合	比较不符合	一般	比较符合	非常符合
2）在日常管理中，会实施例行的心理健康筛查工作。	1	2	3	4	5
3）所在单位有专门机构来负责出现心理问题的人员。	1	2	3	4	5
4）我们单位配置有足额的心理咨询管理人员。	1	2	3	4	5
5）一旦出现心理异常人员，单位领导会第一时间进行关注和帮助。	1	2	3	4	5
6）对待出现抑郁症状者，单位有不同的救治和应对方法。	1	2	3	4	5
7）当发现心理痛苦和自伤行为人员，会及时救治和专人监护。	1	2	3	4	5
8）一旦出现自杀事件，会有及时制止和事后防范的应对措施。	1	2	3	4	5

附录7　诊断病毒威胁简易量表

（Psychometric Validation of the Brief Coronavirus Threat Scale，BCTS）

【计分方法】

1-----------2-----------3---------4---------5
完全没有　有点　　一般　　较多　　非常多

共5道题目，采用五点评分，变量取平均分。
得分越高证明个体对传染病风险威胁感知越高：

1）你感觉有多不确定？
2）你感觉到多大风险？
3）你觉得受到多大威胁？
4）你有多担心它？
5）你想起它的频率？

附录8　医院患者治疗调查问卷

1. 患者人口统计学信息

请你认真阅读下列每一个题目，并根据自己的真实情况填写表格或在题后的选项中做出一种选择，并在合适的括号里打"√"。

1）姓名：　　　2）年龄：　　　　3）电话：

4）婚姻状况：未婚（　）；已婚（　）；同居（　）；分居（　）；离异（　）；丧偶（　）。

5）最高学历：

6）职业：

7）收入（元/月）：5000以下（　）；5000~8000（　）；8000~10000（　）；10000以上（　）。

8）健康意识：定期查体（　）；经常看医生（　）；很少查体（　）。

9）睡眠时间：少于6小时（　）；6~8小时（　）；多于8小时（　）。

10）睡眠状况：定时起睡（　）；无规律（　）；多梦（　）；早醒（　）；入睡困难（　）；安眠药帮助入睡（　）。

11）每天运动时间：无（　）；少于1小时（　）；1~2小时（　）；多于2小时（　）。

12）每周运动次数：少于3次（　）；4~5次（　）；多于6次（　）。

13）疾病史：高血压（　）；糖尿病（　）；心脏病（　）；脑卒中（　）；精神病（　）；其他（　）。

14）第（　）次感染传染病。

2. 汉密尔顿焦虑量表

请你认真阅读下列每一个题目，并根据自己的真实情况在题后的5个选项中做出一种选择，并在合适的选项上打"√"。

题目	评分				
1）焦虑心境：担心、担忧、感到有最坏的事发生，容易激惹。	0	1	2	3	4
2）紧张：紧张感、易疲劳、不能放松、情绪反应，易哭，颤抖，感到不安。	0	1	2	3	4

续表

题目	评分			
3）害怕：害怕黑暗、陌生人、一人独处、动物、乘车或旅行及人多的场合。	0	1	2	3	4
4）失眠：难以入睡、易醒、睡得不深、多梦、夜惊、醒后疲劳感。	0	1	2	3	4
5）认知功能：或称记忆注意障碍，注意力不集中，记忆力差。	0	1	2	3	4
6）忧郁心境：丧失兴趣，对以往爱好缺乏快感、抑郁、早醒、昼重夜轻。	0	1	2	3	4
7）躯体性焦虑（肌肉系统）：肌肉酸痛、活动不灵活、肌肉抽动、肢体抽动、牙齿打颤、声音发抖。	0	1	2	3	4
8）躯体性焦虑（感觉系统）：视物模糊、发冷发热、软弱无力感、浑身刺痛。	0	1	2	3	4
9）心血管系统症状：心动过速、心悸、胸痛、心跳动感、昏倒感。	0	1	2	3	4
10）呼吸系统症状：胸闷、窒息感、叹息、呼吸困难。	0	1	2	3	4
11）胃肠道症状：吞咽困难、嗳气、消化不良、肠动感、肠鸣、腹泻、体重减轻、便秘。	0	1	2	3	4
12）生殖泌尿系统症状：尿意频数、尿急、停经、性冷淡、早泄、阳痿。	0	1	2	3	4
13）自主神经系统症状：口干、潮红、苍白、易出汗、起鸡皮疙瘩、紧张性头痛、毛发竖起。	0	1	2	3	4
14）会谈时行为表现：①一般表现：紧张、不能松弛、忐忑不安、咬手指、紧紧握拳、摸弄手帕、面肌抽动、不宁顿足、手发抖、皱眉、表情僵硬、肌张力高、叹气样呼吸、面色苍白。②生理表现：吞咽、安静时心率快、呼吸快（20次/分以上）、腱反射亢进、震颤、瞳孔放大、眼睑跳动、易出汗、眼球突出。	0	1	2	3	4

注：0无症状，1轻微，2中等，3较重，4严重。总分<7分没有焦虑；7~13分可能有焦虑；14~20分肯定有焦虑；21~28分明显焦虑；≥29分严重焦虑

3. 匹兹堡睡眠质量指数量表

请你认真阅读下列每一个题目，并根据自己的真实情况填写横线上的内容。

1）近1个月，晚上上床睡觉通常是_____点钟。

2）近1个月，从上床到入睡通常需要_____分钟。

3）近1个月，早上通常起床时间_____点钟。

续表

4）近1个月，每夜通常实际睡眠时间_____小时（不等于卧床时间）。

5）近一个月，您有没有因下列情况而影响睡眠，请从①②③④四项中选一项，在上面打"√"。

A．入睡困难（30分钟内不能入睡）	①无	②不足1次/周	③1~2次/周	④3次或以上/周
B．夜间易醒或早醒	①无	②不足1次/周	③1~2次/周	④3次或以上/周
C．夜间去厕所	①无	②不足1次/周	③1~2次/周	④3次或以上/周
D．呼吸不畅	①无	②不足1次/周	③1~2次/周	④3次或以上/周
E．大声咳嗽或鼾声高	①无	②不足1次/周	③1~2次/周	④3次或以上/周
F．感觉冷	①无	②不足1次/周	③1~2次/周	④3次或以上/周
G．感觉热	①无	②不足1次/周	③1~2次/周	④3次或以上/周
H．做噩梦	①无	②不足1次/周	③1~2次/周	④3次或以上/周
I．疼痛不适	①无	②不足1次/周	③1~2次/周	④3次或以上/周
J．其他影响睡眠的事情（请写明）____	①无	②不足1次/周	③1~2次/周	④3次或以上/周

6）近1个月，您的睡眠质量　　①很好　　②较好　　③较差　　④很差

7）近1个月，您是否经常使用催眠药物才能入睡
①无　②不足1次/周　③1~2次/周　④3次或以上/周

8）近1个月，您是否常感到困倦　①无　②不足1次/周　③1~2次/周　④3次或以上/周

9）近1个月，您做事是否精力不足　　①没有　　②偶尔有　　③有时有　　④经常有

4．抗逆力量表

请你认真阅读下列每一个题目，并根据自己的真实情况在题后的5个选项中做出一种选择。评分从应对能力低（1分），直至应对能力高（5分）。

A．个体水平

题目	评分				
1）我有信心克服目前或将来的困难，能解决面对的难题。	1	2	3	4	5
2）我面对逆境的能力很高。	1	2	3	4	5
3）面临巨大的压力时，我仍能保持冷静。	1	2	3	4	5
4）身处在充满压力的环境中时，我从未感到焦虑。	1	2	3	4	5
5）在压力下犯错时，我还是喜欢自己。	1	2	3	4	5
6）即使在困难的环境下，我仍能积极面对。	1	2	3	4	5

续表

题目	评分				
7)在压力下放松自己时,我能体会到宁静,而没有担忧。	1	2	3	4	5
8)即使身处恐怖的环境,我仍能保持冷静。	1	2	3	4	5
9)即使我受到挫折,也能很快恢复过来。	1	2	3	4	5

B. 团体水平

题目	评分				
1)能够很好地化解在危机过程中遭遇的压力及负面情绪。	1	2	3	4	5
2)能精力饱满地处理危机工作中的困难及层出不穷的逆境。	1	2	3	4	5
3)即使身处在压力巨大的危机工作中,从未感到焦虑。	1	2	3	4	5
4)面对突发危机事件,总能找到办法迅速调整自己的情绪。	1	2	3	4	5
5)即使面临突发危机事件,仍能够保持冷静和镇定。	1	2	3	4	5
6)即使面临种种棘手问题,仍能按照事情的轻重缓急进行处理。	1	2	3	4	5
7)无论在工作中发生什么,都不会放弃对岗位责任的坚守。	1	2	3	4	5
8)工作任务涉及国家与人民利益,将把完成它视为极高的荣誉。	1	2	3	4	5
9)当接受上级分配给我的工作任务时,承诺一定全力以赴。	1	2	3	4	5
10)在工作中,能够牺牲自身利益以保证工作任务的完成。	1	2	3	4	5
11)无论工作中发生什么,都不会放弃自己的做人做事原则。	1	2	3	4	5
12)对自己从事的工作,总是看到事情光明的一面。	1	2	3	4	5
13)在工作中,遇到不确定的事情时,通常期盼最好的结果。	1	2	3	4	5
14)对工作未来会发生什么,总是乐观的。	1	2	3	4	5

续表

题目	评分				
15）面临工作时，总相信"黑暗的背后就是光明，不用悲观"。	1	2	3	4	5
16）相信我们能够向周围的人准确陈述信息。	1	2	3	4	5
17）在我的工作范围内，我相信自己能够设定具体目标。	1	2	3	4	5
18）相信自己对团队任务的顺利完成有贡献。	1	2	3	4	5
19）在讨论会中，在陈述自己工作范围之内的事情时很自信。	1	2	3	4	5
20）相信能够完成上级分配给我的工作任务。	1	2	3	4	5
21）在工作中，如果我不得不去做，也能独立应战。	1	2	3	4	5
22）工作中，能经受住挫折和逆境对自己的煎熬。	1	2	3	4	5
23）工作中，即使遭受再多的挫折或逆境，也不气馁。	1	2	3	4	5
24）通过应对工作中的挫折和困难，能变得更坚强。	1	2	3	4	5
25）会把工作中的困难或逆境看作磨炼自己的机会。	1	2	3	4	5
26）在工作中遇到挫折时，能够从中恢复过来，并继续前进。	1	2	3	4	5